工业和信息化部"十四五"规划教材

智能制造工程

理论、方法与技术

主　编 ◎ 胡耀光

副主编 ◎ 郑联语　潘旭东

北京理工大学出版社
BEIJING INSTITUTE OF TECHNOLOGY PRESS

内 容 简 介

本教材以制造系统为对象，以智能制造系统"动态感知、实时分析、智能决策、精准执行"的典型特征为主线，围绕产品研发设计、生产制造、运维服务的全生命周期智能化，系统阐述了智能制造工程的基本概念、理论基础与模式、产品智能化设计、制造系统智能感知、设计开发与运行控制、智能工厂运行管理等关键技术，拓展了工业大数据分析与智能决策、数字孪生等智能制造共性技术。全书体系完整、重点突出、主线清晰，从理论、方法与技术的体系化视角，构建起智能制造工程新工科专业核心课程知识体系。

本教材可作为高等院校智能制造工程、机器人工程等新工科专业本科生教材，以及机械工程、自动化等相关专业本科生和硕士研究生的参考教材，也可供从事智能制造专业的技术人员阅读参考。

图书在版编目（CIP）数据

智能制造工程：理论、方法与技术／胡耀光主编
. －－ 北京 ：北京理工大学出版社，2023.12
工业和信息化部"十四五"规划教材
ISBN 978－7－5763－3248－3

Ⅰ．①智… Ⅱ．①胡… Ⅲ．①智能制造系统－高等学校－教材 Ⅳ．①TH166

中国国家版本馆 CIP 数据核字（2023）第 249695 号

责任编辑：多海鹏	文案编辑：多海鹏
责任校对：周瑞红	责任印制：李志强

出版发行 ╱ 北京理工大学出版社有限责任公司
社　　址 ╱ 北京市丰台区四合庄路 6 号
邮　　编 ╱ 100070
电　　话 ╱ （010）68944439（学术售后服务热线）
网　　址 ╱ http://www.bitpress.com.cn

版 印 次 ╱ 2023 年 12 月第 1 版第 1 次印刷
印　　刷 ╱ 保定市中画美凯印刷有限公司
开　　本 ╱ 787 mm×1092 mm　1/16
印　　张 ╱ 36
彩　　插 ╱ 2
字　　数 ╱ 850 千字
定　　价 ╱ 79.00 元

编写名单

主　编　胡耀光

副主编　郑联语　潘旭东

参编人员（按姓氏笔画排序）

　　　　于天宇　王艺玮　刘丽兰　刘艳强

　　　　李跃峰　李端玲　杨晓楠　郝　佳

　　　　郝　娟　高增桂　蔡红霞

当前，世界各国都在抢争智能制造的战略制高点，大力推动人工智能与制造技术的深度融合，全新的智能制造技术体系正在成为制造业高质量发展的关键支撑。智能制造，是中国制造强国战略的主攻方向，是国家未来制造业发展的核心驱动力。在世界制造业发展的历史背景、现实需求与未来趋势下，以"制造为基、智能为魂"，形成支撑制造业发展的关键技术、核心系统与工程应用等构成的智能制造工程概念体系，是掌握智能制造工程专业知识、构建知识体系的基础。

2018年，智能制造工程被列入国家首批新工科专业建设序列，目前全国已有近300所高校设立了智能制造工程专业。从国家战略领域人才培养角度看，我国已进入"以价值效率为牵引，重构工业制造资源；以生态质量为重点，重构产业发展格局"的制造强国战略发展新阶段，但与此阶段相适应的智能制造领域紧缺人才培养与国家战略需求、产业变革与产业安全的现实需要还存在很大差距。在此背景下，如何将新工科教育理念、跨学科知识体系融入专业课程与教材建设中，成为智能制造工程专业多元化、创新型人才培养需要解决的关键问题。因此，适应新工科专业特色的教材建设迫在眉睫。

2021年，工业和信息化部启动了"十四五"规划教材建设项目，本教材立足于面向智能制造工程新工科专业的核心课程，结合新工科专业开展研究型教学与项目制学习的教学创新需求，满足高等院校培养制造强国战略所需智能制造领域紧缺人才之急需，成功入选。教材编写组以北京理工大学、北京航空航天大学、哈尔滨工业大学等部属高校智能制造工程新工科专业教学团队为主体，联合上海大学、北京邮电大学等高校专业教师，在充分吸收各高校专业建设经验的基础上，遵循"学生为中心、能力为导向"的教学理念，紧扣新工科专业人才培养需求、培养特色，结合培养方案、课程体系确定教材知识边界、章节脉络和教材形态。

本教材从理论、方法与技术的体系化视角，为国内智能制造工程新工科专业核心课程提供了系统的教学内容：打破传统课程教材内容的人为割裂，按照新工科理念，强调跨学科内容整合；围绕产品设计、生产制造、运维服务等产品全生命周期的智能化，构建智能制造工程的理论基础、核心方法、关键技术等系统化的教材内容。

　　本教材的核心内容按章节以模块化方式呈现，方便教学内容的单元化重构。按照"动态感知、实时分析、智能决策、精准执行"的智能制造系统典型特征，形成各模块相互联系又可自成体系，可裁剪、可扩展的教材内容的模块化组织，以更好地支持专业课程教学所需。同时，每章以本章概要、学习目标、知识点思维导图三个部分作为全章内容的导引，每章配有课后习题，对于教师、学生等不同读者，可以根据各自目的快速获取关键内容。

　　全书共计11章，由胡耀光构思了全书的结构和大纲，并在编写组集体研讨的基础上确定了各章节的细分结构。第1、2章为绪论和智能制造工程的理论基础与模式，为全书的概念与理论体系提供指引，由胡耀光编写。第3章从产品研发设计角度，阐述了产品智能化设计技术，由郝佳编写。第4～7章从制造系统的智能化角度，围绕制造系统感知方法、设计开发技术、运行控制技术、智能工厂运行管理等内容展开，第4章由潘旭东、李跃峰牵头编写，其中4.3节由杨晓楠编写；第5、6章由郑联语牵头编写，其中5.5、6.2、6.3、6.4节分别由胡耀光、刘艳强、郝娟、李端玲编写；第7章由胡耀光编写。第8章结合生产制造过程中的两大核心主题——产品质量与生产调度，阐述了工业大数据驱动的智能制造决策方法，由刘丽兰、蔡红霞牵头编写，其中8.5节由于天宇编写。第9章从制造系统运维角度，阐述了制造系统典型机械设备的智能运维相关技术与方法，由王艺玮编写。第10章介绍了数字孪生技术驱动下的智能制造发展趋势，由刘丽兰、高增桂编写。第11章选取了新能源汽车和农机装备两个领域，从产品智能化到产品制造过程的智能化和运维服务智能化，具体介绍了智能制造技术与系统的应用案例，由胡耀光编写。

　　本书在编写过程中得到了国内众多专家学者与兄弟单位的支持，感谢哈尔滨工业大学机电工程学院对本书编写期间的会议研讨提供支持，感谢北京理工大学对智能制造工程新工科项目制课程教学改革的支持，感谢同济大学陈明教授、天津大学孙涛教授、哈尔滨工业大学吴春亚教授及北京理工大学付铁教授、王儒副研究员等参加编写研讨，感谢国珊编辑、多海鹏编辑和北京理工大学出版社为此书出版付出的努力，感谢本书编写过程中引用的各类参考文献和资料的原作者及其单位。在编写本书的过程中，北京理工大学工业与智能系统工程研究所研究生任维波、王敬飞、牛红伟、龙辉、邓若凡、李作轩、张朔阳、刘炳毅，上海大学机电工程与自动化学院汪伟龙、荣志强、卞蕴琦、黄思博、张微、高凌燕、郭凯等同学参与了部分章节资料的收集工作，一并致谢！

　　鉴于作者对智能制造及其生产管理的理解所限，书中不足之处在所难免，敬请读者批评指正。

编　者

目 录
CONTENTS

第1章

绪　论

本章概要

　　智能制造是中国制造强国战略的主攻方向，是国家未来制造业发展的核心驱动力。在世界制造业发展的历史背景、现实需求与未来趋势下，以"制造为基、智能为魂"，形成支撑制造业发展的关键技术、核心系统与工程应用等构成的智能制造工程概念体系，是掌握智能制造工程专业知识、建构知识体系的基础。

　　本章结合智能制造在全球工业化进程中的发展背景、需求与趋势，重点阐述智能制造工程的核心概念，形成智能制造工程的概念视图。围绕智能制造工程研究的核心对象——制造系统，深入分析制造系统"自动化－数字化－网络化－智能化"的技术演进脉络，并给出各个阶段制造系统的主要特点。结合产品生命周期管理的演进历程，从产品研发设计、生产制造、运维服务的视角，分析了智能制造推动产品生命周期各业务环节的管理变革，包括重新定义产品边界、重新定义制造范式、重构产品运维模式。最后，从先进制造与信息技术融合层、传感器层、产线与装备层、工业软件层四个层面构建了智能制造工程的技术体系。

学习目标

1. 能够准确描述智能制造工程的概念体系与技术体系。
2. 能够准确辨析制造系统智能化演进不同阶段的主要特点。
3. 能够解释产品全生命周期的基本概念及阶段划分。
4. 能够描述产品生命周期各阶段智能化的主要特点。

知识点思维导图

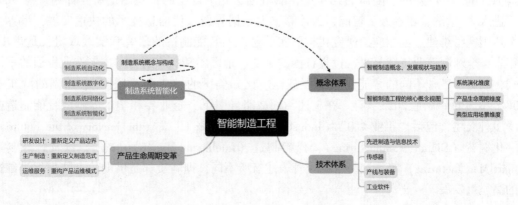

1.1 智能制造工程的概念体系

1.1.1 智能制造工程的发展背景、需求与趋势

1. 智能制造概念的提出

1988 年，美国纽约大学的赖特教授（P. K. Wright）和卡内基梅隆大学的布恩教授（D. A. Bourne）共同撰写的《制造智能》（*Manufacturing Intelligence*）一书出版，书中首次提出了智能制造的概念，阐述了通过集成知识工程、制造软件系统、机器人视觉与控制系统相关技术，对工程师的制造技能与专家知识进行建模，实现机器在没有人工干预的情况下进行小批量生产。三十多年过去后，人类已经进入第四次工业革命时代，《制造智能》这本书中的观点及提出的包括知识工程、工业软件、机器视觉与控制等技术，仍然是智能制造工程发展中的重要使能技术。进入 20 世纪 90 年代，美国艾奥瓦大学的安德鲁·库夏克（Andrew Kusiak）于 1990 年出版了《智能制造系统》（*Intelligent Manufacturing System*）一书，系统介绍了柔性制造系统的发展历程，阐述了基于知识的系统、机器学习、工艺设计、设备布局以及生产调度等知识。清华大学出版社于 1993 年翻译出版了《智能制造系统》的中译本，也是国内较早介绍智能制造的书籍。

1990 年，安德鲁·库夏克创办了《智能制造杂志》（*Journal of Intelligent Manufacturing*），三十多年来一直致力于推动智能制造相关技术的交流、传播与发展。在该杂志的创刊语中指出："制造业正在面临一个巨大的挑战——人工智能（AI，Artificial Intelligence）的挑战。我们正在见证人工智能在工业领域应用的快速发展，从金融、营销到设计和制造流程。AI 工具已经被整合进计算机辅助设计软件、车间调度软件，以及物流系统中。"近些年来，人工智能技术的发展及其在制造业中的不断融入，不断见证着智能制造的发展进程。

1995 年，日本经过 5 年的持续推动，智能制造系统（Intelligent Manufacturing System, IMS）国际合作计划在日本正式启动。当时，人们认识到一个国家的工业发展不可能重塑制造业的所有方面，世界制造业的发展需要所有工业化国家共同努力。因此，在日本的大力推动下，美国、韩国和欧洲的主要工业企业相继参与到智能制造系统国际合作计划中，共同致力于塑造现代制造业。随着日本公司在美国工业体系中的不断壮大，美国的 IMS 研究活动主要通过非营利性组织推动的"下一代制造系统计划"（Next Generation Manufacturing Systems Program）开展，随后的几年里，欧盟也建立了自己的智能制造研究计划。

进入 21 世纪，随着人工智能、云计算、大数据等新一代信息技术的快速发展，世界主要发达国家纷纷建立起相应的研究机构与实验基地，智能制造的研究和实践取得长足进步。近年来，全球制造业持续复兴，世界各国的企业、地区不断探索适合本国制造业发展的不同模式，制定了各种不同的智能制造发展战略，比如美国的"工业互联网"、德国的"工业4.0"、中国的"制造2025"等。在上述不同战略导引下，企业界和学术界围绕智能制造提出了多种表述，包括"工业4.0"（Industry 4.0）、"未来工厂"（the Factory of the Future）、数字化制造（Digital Manufacturing）、智能制造（Intelligent Manufacturing），以及智慧制造（Smart Manufacturing）等。这些术语尽管表述有所不同，但本质都是借助信息技术促进制造业的高质量发展。

在学术领域，尚未对智能制造形成统一表述，或者说智能制造的学术概念仍在不断发展当中。2019 年 5 月，原中国工程院院长、中国机械工程学会荣誉理事长周济院士在第七届智能制造国际会议上，首次提出面向新一代智能制造中的"人 – 信息 – 物理系统"（Human – Cyber – Physical Systems，HCPS）概念，并概括了"数字化制造、互联网 + 制造、新一代智能制造"分别具有的"数字化、网络化、智能化"特征，形成了智能制造伴随"智能升级"的范式演进路径，如图 1 – 1 所示。

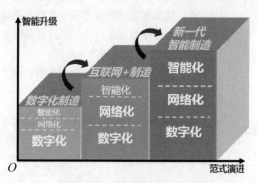

图 1 – 1 智能制造的范式演进

2. 世界制造业发展现状与趋势

2008 年全球金融危机之后，以美国为首的发达国家认识到"去工业化"发展的严重弊端，制定了"重返制造业"的发展战略，世界各国都纷纷认识到以制造业为主体的实体经济的重要性，开启了制造业的"复兴"之旅，同时也伴随着对全球制造强国地位的激烈争夺。

美国自 2008 年金融危机之后，先后制定了多项有关重振制造业的国家战略/计划，其中具有代表性的战略/计划如表 1 – 1 所示。

表 1 – 1 2009—2020 年美国重振制造业的国家战略/计划

发布时间	战略/计划名称	主要内容
2009 年	《重振美国制造业框架》	将重振制造业和确保先进制造业优势地位确立为国家战略
2010 年	《制造业促进法案》	通过法律形式推动重振制造业的相关战略落地，创建了有利于制造业发展的税收条件等
2011 年	《先进制造业伙伴计划》	确定了先进传感（ASCPM），可视化、信息化和数字化制造（VIDM），先进材料制造（AMM）作为美国下一代制造技术力图突破的核心，三大关键措施：支持创新、确保人才输送、完善商业环境
2012 年	《先进制造业国家战略计划》	客观描述了全球先进制造业的发展趋势及美国制造业面临的挑战，提出了先进制造业研发投入的指导战略，聚焦 5 大目标：加快中小企业投资、提高劳动力技能、建立健全伙伴关系、调整优化政府投资、加大研发投资力度

发布时间	战略/计划名称	主要内容
2013 年	《美国制造业创新网络：初步设计》	完善美国制造业创新生态系统，建设制造业不同细分领域的专业创新研究机构，明确美国制造业发展愿景——"本土发明、本土制造"，确立四大可能的焦点领域： 1）制造工艺技术——增材制造、先进连接、聚合物加工； 2）智能制造使能技术——智能制造框架和全数字化工厂； 3）产业应用与发展——医疗设备或生物材料，以下一代车辆或航空航天制造工艺研发为重点； 4）先进材料开发——低成本碳纤维复合材料及能提高太阳能动力或下一代 IC 可制造性的新材料
2015 年	《美国创新战略》（2015 版）	围绕投资创新基础、激发私营部门创新、营造一个创新者的国家、创造高质量就业岗位和持续经济增长、推动国家优先领域突破、建设创新型政府服务大众六个关键要素，并提出具体的行动计划
2018 年	《美国先进制造领先战略》	展示了新阶段美国引领全球先进制造的愿景，提出通过发展和推广新的制造技术，教育、培训和匹配制造业劳动力，扩大国内制造业供应链能力三大任务，确保美国国家安全和经济繁荣
2020 年	《美国制造业创新网络计划宪章》	重申了国家制造业创新网络的成立背景、功能定位和运营理念，并再次指出国家制造业创新网络的根本目标是确保美国在先进制造业的全球领先地位。在《振兴美国制造业和创新法案》（RAMI）通过之后，美国联邦政府各部门成立的新研究院以及在美国制造业创新网络计划之外建立的现有、合格且通过认定的研究院都是该网络的构成单位。目前，美国制造业创新网络已经包括由商务部（DOC）、国防部（DOD）和能源部（DOE）赞助的14 家研究院，重点关注的领域包括增材制造和机器人等

美国除了在国家层面部署重振制造业的系列战略/计划外，在推动先进制造业、智能制造关键技术研发方面，美国的一些科研机构、大型企业也积极进行智能制造技术的研发与应用推广。美国国家标准与技术研究院承担了一系列重大科研项目，如"智能制造系统模型方法论""智能制造系统设计与分析""智能制造系统互操作"等。2014 年，由美国通用电气公司牵头，AT&T、思科、IBM 和英特尔联合成立了"工业互联网联盟"，提出将互联网等技术融合在工业产品的设计、研发、制造、营销和服务等生命周期各个环节，实现以"创新"为核心，充分发挥高端技术领先优势，以新的理念、新的技术形成一个完整的、全新的制造体系。

在世界制造业的强国之列，德国一直以其严谨务实的作风及强大的先进装备制造能力与工业软件的雄厚实力，保持着制造业的领先优势。但随着全球产业转移以及发展中国家技术实力的不断增强，德国制造业也面临严峻挑战。一方面，要对经济全球化过程中的市场做出快速响应，满足消费者的个性化需求，需要推动制造业实现差异化、个性化的生产，同时要保持制造业国际领先地位，还需要对大量中小企业的生产进行一定的标准化。另一方面，德国不断加剧的老龄化社会带来的劳动力减少，以及制造业资源匮乏等问题，迫切需要提升制造业的整体能效。

2013 年，在德国工程院、德国弗劳恩霍夫研究院、西门子公司等德国学术界和产业界的推动下，西门子公司在汉诺威工业博览会上正式推出"工业 4.0"的概念与框架。2015年，德国电子电气制造商协会等向德国政府提交了《保障德国制造业的未来——关于实施工业 4.0 战略的建议》，并作为德国《2020 高科技战略》的重要组成部分。2019 年，《德国工业 4.0 愿景 2030》发布，明确指出"工业 4.0"成功实施至关重要的三个领域：数字主权、互操作性和可持续性。

"工业 4.0"是对以智能制造为主导的第四次工业革命的"简称"。如图 1-2 所示，在德国"工业 4.0"的概念与框架中，描述了 18 世纪以来人类社会四次工业革命的主要标志，并进行了阶段划分。

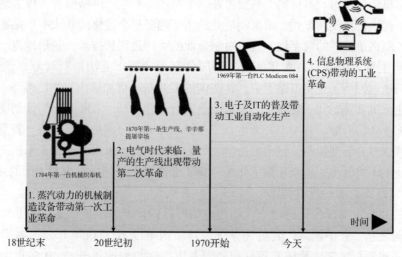

图 1-2 德国工业 4.0 对工业革命进程的阶段划分

德国"工业 4.0"战略的本质就是以机械化、自动化和信息化为基础，建立智能化的新型生产模式与产业结构。其战略要点可以概括为"一个核心""两大主题""三类集成"和"八项举措"。"一个核心"就是以信息物理系统（Cyber - Physical System，CPS）为核心，建立智能工厂，实现智能制造。基于 CPS 系统，德国"工业 4.0"利用"领先的供应商战略""领先的市场战略"来增强制造业的竞争力。"工业 4.0"包含的两大主题——智能工厂和智能生产，都是围绕着"创造智能的产品、系统、方法和流程"的目标。这两大主题的核心特征就是智能化，本质上要通过信息物理系统（Cyber - Physical Systems，CPS）来实现。智能工厂是通过具有智能化的设备、物料、信息等构建智能化的生产系统及过程，以物联网等技术建立网络化分布式生产设施。智能生产是针对智能化的产品、物料，实现整个企业的生产物流的智能化管理，以智能化人机交互，以及增材制造等智能制造技术在工业生产过程中的应用为重点。在"工业 4.0"具体实施过程中起支撑作用的三大集成分别是：关注产品的生产过程，在智能工厂内建成生产的纵向集成；关注产品在整个生命周期不同阶段的信息，使其信息共享，以实现工程数字化集成；关注全社会价值网络的实现，达成德国制造业的横向集成。因此，在德国的"工业 4.0"体系中，定义了一个在"智能的、网络化的世界中"，通过不断增加的智能产品和系统构成的垂直网络、端到端的工程、跨越产业价值网络的制造环境，实现"创造智能的产品、系统、方法和流程"的清晰目标。德国"工业

4.0"战略，突出体现了以"创新"为核心，充分发挥已有装备制造领先优势，从标准、软件、硬件及人才等方面，长期占据全球制造业领先地位的国家目标。

在第四次工业革命浪潮的推动下，除美国、德国外的其他发达国家也纷纷制定了智能制造相关发展战略。2014年，日本发布《制造业白皮书》，提出重点发展机器人、下一代清洁能源汽车、再生医疗以及3D打印技术。2016年1月，日本政府发布《第五期科学技术基本计划》，首次提出"社会5.0"概念。2018年出版的《制造业白皮书》中指出，在生产一线的数字化方面，应充分利用人工智能的发展成果，加快技术传承和节省劳动力。2013年10月，英国政府科技办公室推出了《英国工业2050战略》报告，提出了英国制造业发展与复苏的政策，展望了2050年制造业的发展状况，并据此分析英国制造业的机遇和挑战。报告的主要观点是科技改变生产，信息通信技术、新材料等科技将在未来与产品和生产网络融合，极大地改变产品的设计、制造、提供甚至使用方式。未来制造业的主要趋势是个性化的低成本产品需求增大、生产重新分配和制造价值链的数字化，这将对制造业的生产过程和技术、制造地点、供应链、人才甚至文化产生重大影响。2013年9月，法国公布了"新工业法国"计划。该计划为期10年，旨在推动法国回到工业化道路上去，让法国的工业基因更加强大。2015年5月，"新工业法国"计划进入其实施的第二阶段："未来工业"计划出台。"未来工业"计划明确提出以数字技术推进工业转型升级，并提出九大重点工业解决方案，分别是数据经济、智慧物联网、数字安全、智慧饮食、新型能源、城市可持续发展、生态出行、未来交通和未来医药。从这些重点领域中，我们不难看出，创新和数字化是"新工业法国"计划的灵魂和无形的强大推动力。

3. 中国制造业发展的现实需求

在我国的社会主义现代化进程中，制造业始终是国民经济发展的主体，是立国之本、兴国之器、强国之基。在中国共产党的领导下，14亿中国人坚持改革开放，取得了举世瞩目的伟大成就。建党百年来，我国从积贫积弱到百废待兴再到改革开放40多年中国成为世界第二大经济体，中华民族迎来了从站起来、富起来到强起来的伟大飞跃。习近平主席指出，要加快建设制造强国，加快发展先进制造业，推动互联网、大数据、人工智能和实体经济深度融合；支持传统产业优化升级，加快发展现代服务业，瞄准国际标准，提高水平；促进我国产业迈向全球价值链中高端，培育若干世界级先进制造业集群。

中华人民共和国成立尤其是改革开放以来，我国制造业持续快速发展，建成了门类齐全、独立完整的产业体系，有力地推动了工业化和现代化进程，显著增强综合国力，在建党百年之际成功在中国大地上全面建成小康社会。然而，与世界先进水平相比，我国制造业仍然大而不强，在自主创新能力、资源利用效率、产业结构水平、信息化程度、质量效益等方面差距明显，制造业转型升级和实现高质量发展的任务紧迫而艰巨。

伴随新一轮科技革命和产业变革与我国加快转变经济发展方式形成历史性交汇，国际产业分工格局正在重塑。全球主要制造业大国均在积极推动制造业转型升级，以智能制造为代表的先进制造已成为主要工业国家抢占国际制造业竞争制高点、寻求经济新增长点的共同选择。2014年以来，美国工业互联网、德国"工业4.0"的浪潮，似乎一夜之间传遍中国！对于当时的中国而言，只经历过短短30年的工业化快速奔跑，同样也在思考：在第四次工业革命浪潮中，如何走好自身的工业变革之路！不同的国家意志、不同的核心优势、不同的目标设定却在同一个时代思考着同一个命题——这就是互联网时代工业的变革之路。

2015年可以称之为互联网时代的中国工业变革元年。2015年5月8日，国务院正式印发《中国制造2025》，标志着我国正式向世界制造强国之列起步迈进。《中国制造2025》是在新的国际国内环境下，中国政府立足于国际产业变革大势，作出的全面提升中国制造业发展质量和水平的重大战略部署，其根本目标在于改变中国制造业"大而不强"的局面，通过10年的努力，使中国迈入制造强国行列，为到2045年将中国建成具有全球引领和影响力的制造强国奠定坚实基础。其核心目标是：坚持"创新驱动、质量为先、绿色发展、结构优化、人才为本"的基本方针；坚持"市场主导、政府引导；立足当前、着眼长远；整体推进、重点突破；自主发展、开放合作"的基本原则，通过三步走实现制造强国的战略目标。

第一步：力争用10年时间，迈入制造强国行列。到2020年，基本实现工业化，制造业大国地位进一步巩固，制造业信息化水平大幅提升；掌握一批重点领域的核心技术，优势领域竞争力进一步增强，产品质量有较大提高；制造业数字化、网络化、智能化取得明显进展；重点行业单位工业增加值能耗、物耗及污染物排放明显下降。到2025年，制造业整体素质大幅提升，创新能力显著增强，全员劳动生产率明显提高，两化（工业化和信息化）融合迈上新台阶；重点行业单位工业增加值能耗、物耗及污染物排放达到世界先进水平；形成一批具有较强国际竞争力的跨国公司和产业集群，在全球产业分工和价值链中的地位明显提升。

第二步：到2035年，我国制造业整体达到世界制造强国阵营中等水平。创新能力大幅提升，重点领域发展取得重大突破，整体竞争力明显增强，优势行业形成全球创新引领能力，全面实现工业化。

第三步：中华人民共和国成立一百年时，制造业大国地位更加巩固，综合实力进入世界制造强国前列。制造业主要领域具有创新引领能力和明显竞争优势，建成全球领先的技术体系和产业体系。

《中国制造2025》确定了五大工程、十大领域（见图1-3），其中的工业强基工程是《中国制造2025》的核心任务，决定制造强国战略的成败，是一项长期性、战略性、复杂性的系统工程。

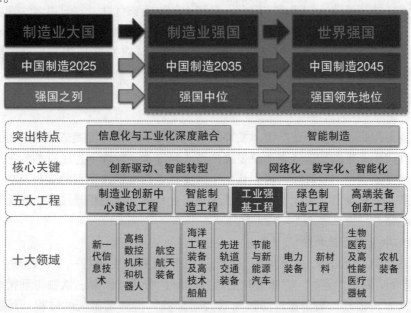

图1-3 《中国制造2025》的主要内容

2021 年 12 月，工业和信息化部等八部门联合印发了《"十四五"智能制造发展规划》（以下简称《规划》）。《规划》全面总结了《中国制造 2025》战略发布及"十三五"以来，我国制造业数字化、网络化、智能化水平显著提升，形成了央地紧密配合、多方协同推进的工作格局，发展态势良好；供给能力不断提升，智能制造装备国内市场满足率超过 50%，主营业务收入超 10 亿元的供应商达 43 家；支撑体系逐步完善，构建了国际先行的标准体系，发布国家标准 285 项，主导制定国际标准 28 项，培育具有一定影响力的工业互联网平台 70 余个；推广应用成效明显，试点示范项目生产效率平均提高 45%，产品研制周期平均缩短 35%，产品不良品率平均降低 35%，涌现出离散型智能制造、流程型智能制造、网络协同制造、大规模个性化定制、远程运维服务等新模式新业态。

随着全球新一轮科技革命和产业变革的深入发展，新一代信息技术、生物技术、新材料技术、新能源技术等不断突破，并与先进制造技术加速融合，为制造业高端化、智能化、绿色化发展提供了历史机遇。同时，国际环境日趋复杂，全球科技和产业竞争更趋激烈，大国战略博弈进一步聚焦制造业，美国"先进制造业领导力战略"、德国"国家工业战略 2030"、日本"社会 5.0"和欧盟"工业 5.0"等以重振制造业为核心的发展战略，均以智能制造为主要抓手，力图抢占全球制造业新一轮竞争制高点。

当前，我国已转向高质量发展阶段，正处于转变发展方式、优化经济结构、转换增长动力的攻关期，但制造业供给与市场需求适配性不高、产业链供应链稳定面临挑战、资源环境要素约束趋紧等问题凸显。站在新一轮科技革命和产业变革与我国加快转变经济发展方式的历史性交汇点，要坚定不移地以智能制造为主攻方向，推动产业技术变革和优化升级，推动制造业产业模式和企业形态的根本性转变，以"鼎新"带动"革故"，提高质量、效率效益，减少资源能源消耗，畅通产业链供应链，助力碳达峰、碳中和，促进我国制造业迈向全球价值链中高端。

《规划》确定了"十四五"及未来相当长一段时期的发展路径和目标，推进智能制造要立足制造本质，紧扣智能特征，以工艺、装备为核心，以数据为基础，依托制造单元、车间、工厂、供应链等载体，构建虚实融合、知识驱动、动态优化、安全高效、绿色低碳的智能制造系统，推动制造业实现数字化转型、网络化协同、智能化变革。到 2025 年，规模以上制造业企业大部分实现数字化网络化，重点行业骨干企业初步应用智能化；到 2035 年，规模以上制造业企业全面普及数字化网络化，重点行业骨干企业基本实现智能化。

1.1.2　智能制造工程的核心概念视图

智能制造工程是在智能制造产生、发展的时代背景下，将智能制造技术与制造业紧密融合，实现工程应用并推动制造业高质量发展的新工科专业。智能制造工程的知识与概念体系仍然处于不断发展当中。现阶段，可以从三个维度概括智能制造工程的知识范畴，这三个维度分别是产品生命周期管理维度、制造系统演化维度和典型应用场景维度，进而形成智能制造工程的核心概念视图，如图 1-4 所示。

1. 产品生命周期管理维度

产品生命周期（Product Life Cycle，PLC），从字面意思看是指一个产品从"诞生"到"消亡"的整个周期。"诞生"意味着产品经过设计、分析、仿真、试制再到批量生产正式上市的过程，而"消亡"则是指产品淘汰后经过回收、拆解至报废的过程。从概念发展的历程看，最早提出"产品生命周期"一词的是美国经济学家 Dean，1950 年他研究了新产品

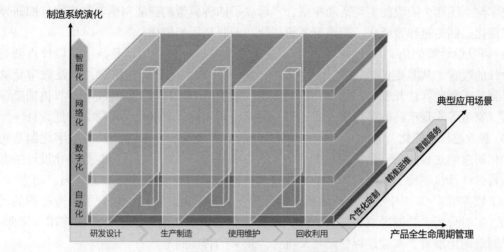

图 1-4　智能制造工程概念视图

进入市场后不同阶段中的定价策略。随后，在 20 世纪 60 至 70 年代，产品生命周期理论受到了来自经济学界的广泛关注并趋于成熟，逐步演变为按照产品在市场中的变化过程，将产品的生命周期划分为四个阶段，即进入期、成长期、饱和期和衰退期，如图 1-5 所示。

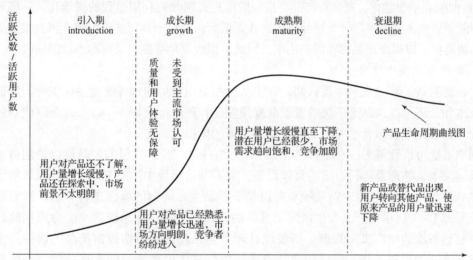

图 1-5　市场化视角定义的产品生命周期阶段

　　产品生命周期管理（Product Life-cycle Management，PLM），源自对产品生命周期概念的延展，是市场化视角定义的产品生命周期阶段在工程领域的拓展与延伸。20 世纪 80 年代开始，来自工业界的研究和实践将产品生命周期的概念从经济管理领域扩展到了工程领域，使得产品生命周期的范围从市场阶段扩展为从产品初始概念到产品最终报废，包含了产品需求分析、产品设计、产品开发、产品制造、产品销售、产品售后服务等多个阶段的产品完整生命周期。

　　由于对产品设计开发到生产制造以及销售服务等活动分类的颗粒度不同，从工程角度进行的产品全生命周期划分的阶段也不尽相同。因此，在充分考虑智能制造及其关键技术在产品生命周期各个阶段发挥的核心作用，本书将产品全生命周期管理划分为：研发设计、生产制造、使用维护和回收利用四个核心阶段（如图 1-4 所示的产品全生命周期管理）。智能制造技术与上述四个阶段的主要活动相结合，形成了四种典型的智能制造业务模式，即研发设计智能化、制造过程智能化、运维服务智能化和回收利用智能化。

1）研发设计智能化，是针对产品开发过程的智能化，一般经历产品数字化设计再到智能化设计的过程。从基础的数字化设计、数字化建模、数字化分析与仿真，以及数字化验证，再到基于智能算法开展的产品设计迭代优化，运用科学计算与工程建模、计算机辅助设计/工艺/制造等实现产品数字化研发的过程。因此，研发设计智能化又可称为智能设计。

2）制造过程智能化，是针对产品生产制造过程的智能化，一般经历产品数字化制造再到智能化制造的过程。数字化制造起源于计算机集成制造，一般可以认为在数字化设计的基础上，通过计算机辅助工艺规划，并基于数控系统的可编程控制器进行加工代码自动生成，再借助于数控机床/加工中心实现产品制造的过程。进入智能化阶段，包含了制造过程的动态感知、实时分析、智能决策和精准执行，是智能制造技术在制造系统的全面应用。因此，从狭义制造的角度看，制造过程智能化又可称为狭义的智能制造。

3）运维服务智能化，是针对产品运行/维修/维护（又称为 MRO，即 Maintenance、Repair、Operation）等使用及售后服务等过程的智能化，一般理解为通过智能制造相关技术手段，对产品进行运行状态监测、故障预警、故障诊断甚至是远程维修维护等设备健康管理活动的智能化，以保障产品安全稳定运行。因此，运维服务智能化又可称为智能服务。

4）回收利用智能化，是针对产品在报废阶段进入回收再利用过程的智能化，一般理解为通过智能制造相关技术手段，对产品进入回收渠道后，进行产品智能化拆解，再到报废处理等活动的智能化，以提高产品回收的利用率。因此，回收利用智能化又可称为智能回收。

2. 制造系统演化维度

对智能制造工程的概念体系认知，除了从产品全生命周期管理维度去认识智能制造及其相关技术外，还可以从制造系统的发展演变角度进行理解（见图 1-4），进而形成对智能制造工程与制造业紧密融合过程中更为全面、准确的把握。

制造系统可以理解为一套多种"产品"的"有机组合"，这里的产品可以是制造系统中实现具体加工、装配及物料运输的具体设备，或者制造系统中被加工或装配的具体对象，如原材料/零件等。因此，对制造系统也可以基于产品生命周期的概念进行分析。针对制造系统，按照图 1-4 所示的产品全生命周期维度的分析，形成制造系统四个生命周期阶段的划分是对制造系统的"广义"理解。研发设计环节等工程活动直接控制产品的设计研发、工艺开发与验证等系列工作，而这些是制造系统执行具体生产活动的先决条件。生产制造环节，是制造系统创造产品的直接活动。运维服务环节，是制造系统在正确的条件下生产交付具体产品，并通过提供服务，保障在产品使用阶段出现问题时能够得到及时处理。回收利用环节则是制造系统通过对回收产品的拆解再利用，以达到节约资源的目的。

将制造系统作为一个整体来看，为完成产品的生产制造，制造系统也存在着从无到有、从有到优并不断进化的过程。因此，制造系统也有其自身的生命周期，包括从最初的系统设计（如工厂选址、产线规划、设备选型）、系统集成开发、测试直至整个制造系统交付投产的全过程，有些则因产能过剩或者伴随产品退出市场而被淘汰。随着全球能源紧张以及环境保护压力急剧增加，世界各国对碳排放都提出了管控举措。我国计划在 2030 年实现碳达峰，2060 年实现碳中和。而制造系统在生产制造过程中，不仅产品的环保要求在提高，对制造系统的减排要求也在不断提高。因此，在设计制造系统时，要充分考虑系统对多品种的适应性，提高制造系统的柔性，智能制造技术在提高制造系统柔性方面发挥了重要作用。

如图 1-6 所示，从制造系统发展的历史进程看，从 18 世纪 60 年代开始（1760 年代）的第一次工业革命，制造系统从原来的手工作坊式进入了工厂化时代，核心标志有四点：蒸汽机、传统机床、珍妮纺织机、工厂系统；到了 19 世纪 70 年代（1870 年代），以大规模生产、装配线、科学管理以及电力进入到工厂为标志的第二次工业革命，特别是在 1913 年福特海兰帕克工厂建立了第一条可移动装配流水线，制造系统从传统的手工作业、机械辅助到了电力时代，实现了大规模生产，自动化技术逐步在制造系统中得到深入应用；进入 20 世纪 70 年代（1973 年代），电子计算机的出现促进了计算机技术与制造业的融合，20 世纪 80 年代美国首先提出了计算机集成制造系统的概念，开启了制造系统的数字化时代；进入 21 世纪，随着互联网技术的发展及其在工业领域的不断应用，以物联网、工业互联网以及工业机器人的集成应用，推动了信息技术与工业技术的深度融合，我国制造业进入了两化融合/两化深度融合的发展阶段（两化：分别指信息化和工业化）；2015 年，随着德国“工业4.0”、《中国制造 2025》等智能制造战略规划的发布，以及人工智能技术在制造业的应用发展，制造系统智能化推动了制造系统的高柔性、可重构，以满足客户日益增长的产品个性化需求。

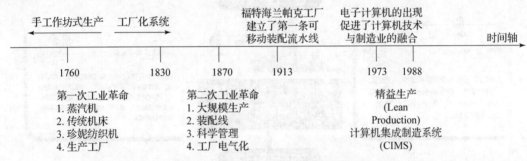

图 1-6　从历史进程看制造系统的发展

制造流程的互联互通已非新鲜事物。然而，第四次工业革命（“工业 4.0”）的兴起以及数字世界和物理世界的融合，包括信息技术和运营技术，正使供应链转型日益成为可能。从线性序列式的供应链运营模式转变为互联互通的开放式供应链体系（又被称为“数字化供应网络”），能够为企业的未来竞争奠定基础。但是，要充分实现数字化供应网络的转型，制造企业需具备多方面的能力——推动企业运作的众多运营系统间横向整合的能力。

智能工厂代表了从传统自动化向完全互联和柔性系统的飞跃。这个系统能够从互联的运营和生产系统中源源不断地获取数据，从而了解并适应新的需求。真正的智能工厂能够整合全系统内的物理资产、运营资产和人力资本，推动制造、维护、库存跟踪及通过数字孪生实现运营数字化和整个制造网络中其他类型的活动。其产生的结果可能使系统效率更高也更为敏捷，生产停工时间更少，对工厂或整个网络中的变化进行预测和调整适应的能力更强，从而进一步提升市场竞争力。许多制造企业已经开始在多个领域采用智能工厂的流程方式，如利用实时生产和库存数据进行先进计划与排产，或利用虚拟现实技术进行设备维护等。但是真正的智能工厂是更为整体性的实践，不仅仅会转变工厂车间，更会影响整个企业和更大范围内的生态系统。智能工厂是整个数字化供应网络不可分割的一部分，能够为制造企业带来多重效益，使之更为有效地适应不断变化的市场环境。

3. 典型应用场景维度

应用场景维度是指从工程应用及具体案例角度对智能制造及其相关技术进行描述，建立起对智能制造工程在解决制造业实际问题或发展新型制造模式的具体认知。按照国家《"十四五"智能制造发展规划》中指出的：智能制造是基于新一代信息技术与先进制造技术深度融合，贯穿于设计、生产、管理、服务等制造活动各个环节，具有自感知、自决策、自执行、自适应、自学习等特征，旨在提高制造业质量、效益和核心竞争力的先进生产方式。所以，在智能制造的实际应用场景中主要以设计、生产、管理、服务等制造活动的智能化为主体。

1）从设计角度看，智能制造典型应用场景包含了工厂设计、产品研发、工艺设计等活动，如图 1-7 所示。车间/工厂数字化设计，具体应用工厂三维设计与仿真软件，集成工厂信息模型、制造系统仿真、专家系统和 AR/VR 等技术，高效开展工厂规划、设计和仿真优化。各车间/工厂数字化交付，通过搭建智能车间/智能工厂的数字化交付平台，集成虚拟建造、虚拟调试、大数据和 AR/VR 等技术，实现基于模型的工厂数字化交付，打破工厂设计、建造和运维期的数据壁垒，为工厂主要业务系统提供基础共性数据支撑。

图 1-7　从设计角度看智能制造典型场景

2）从生产角度看，智能制造典型应用场景包含了计划调度、生产作业、仓储配送、质量管控以及设备管理、安全管控、能源管理、环保管控等大部分生产活动，如图1-8所示。

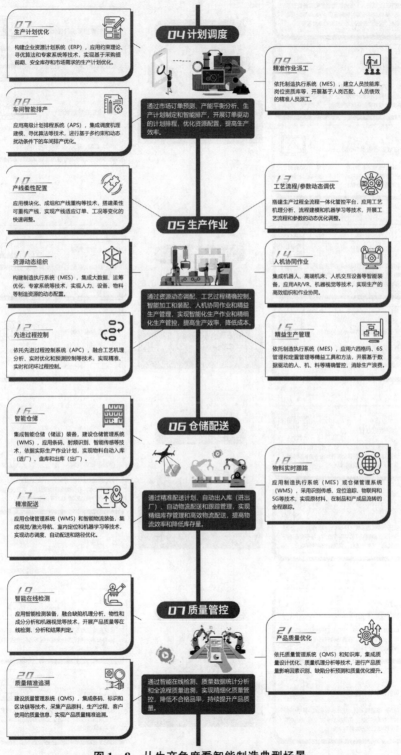

图1-8 从生产角度看智能制造典型场景

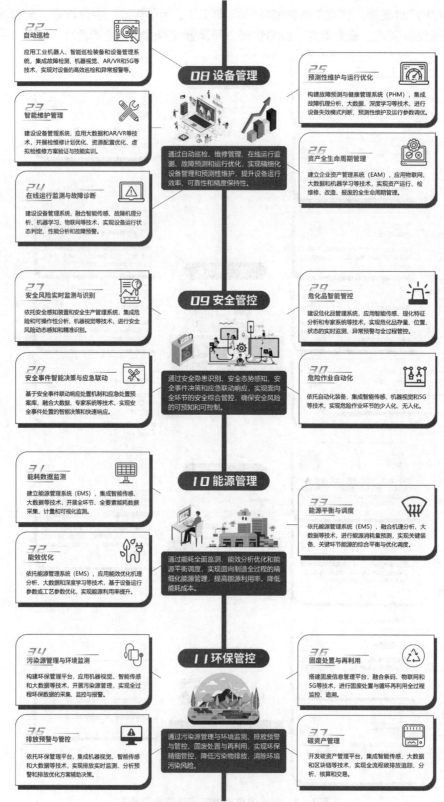

22 自动巡检

应用工业机器人、智能巡检装备和设备管理系统，集成故障检测、机器视觉、AR/VR和5G等技术，实现对设备的高效巡检和异常报警等。

08 设备管理

通过自动巡检、维修管理、在线运行监测、故障预测和运行优化，实现精细化设备管理和预测性维护，提升设备运行效率、可靠性和精度保持性。

25 预测性维护与运行优化

构建故障预测与健康管理系统（PHM），集成故障机理分析、大数据、深度学习等技术，进行设备失效模式判断、预测性维护及运行参数调优。

23 智能维护管理

建设设备管理系统，应用大数据和AR/VR等技术，开展检修计划优化、资源配置优化、虚拟检修维修方案验证与技能实训。

26 资产全生命周期管理

建立企业资产管理系统（EAM），应用物联网、大数据和机器学习等技术，实现资产运行、检维修、改造、报废的全生命周期管理。

24 在线运行监测与故障诊断

建设设备管理系统，融合智能传感、故障机理分析、机器学习、物联网等技术，实现设备运行状态判定、性能分析和故障预警。

27 安全风险实时监测与识别

依托安全感知装置和安全生产管理系统，集成危险可操作性分析、机器视觉等技术，进行安全风险动态感知和精准识别。

09 安全管控

通过安全隐患识别、安全态势感知、安全事件决策和应急联动响应，实现面向全环节的安全综合管控，确保安全风险的可预知和可控制。

29 危化品智能管控

建设危化品管理系统，应用智能传感、理化特征分析和专家系统等技术，实现危化品存量、位置、状态的实时监测、异常预警与全过程管控。

28 安全事件智能决策与应急联动

基于安全事件联动响应处置机制和应急处置预案库，融合大数据、专家系统等技术，实现安全事件处置的智能决策和快速响应。

30 危险作业自动化

依托自动化装备，集成智能传感、机器视觉和5G等技术，实现危险作业环节的少人化、无人化。

31 能耗数据监测

建立能源管理系统（EMS），集成智能传感、大数据等技术，开展全环节、全要素能耗数据采集、计量和可视化监测。

10 能源管理

通过能耗全面监测、能效分析优化和能源平衡调度，实现面向制造全过程的精细化能源管理，提高能源利用率，降低能耗成本。

33 能源平衡与调度

依托能源管理系统（EMS），融合机理分析、大数据等技术，进行能源消耗量预测，实现关键装备、关键环节能源的综合平衡与优化调度。

32 能效优化

依托能源管理系统（EMS），应用能效优化机理分析、大数据和深度学习等技术，基于设备运行参数或工艺参数优化，实现能源利用率提升。

34 污染源管理与环境监测

构建环保管理平台，应用机器视觉、智能传感和大数据等技术，开展污染源管理，实现全过程环保数据的采集、监控与报警。

11 环保管控

通过污染源管理与环境监测、排放预警与管控、固废处置与再利用，实现环保精细化管控，降低污染物排放，消除环境污染风险。

36 固废处置与再利用

搭建固废信息管理平台，融合条码、物联网和5G等技术，进行固废处置与循环再利用全过程监控、追溯。

35 排放预警与管控

依托环保管理平台，集成机器视觉、智能传感和大数据等技术，实现排放实时监测、分析预警和排放优化方案辅助决策。

37 碳资产管理

开发碳资产管理平台，集成智能传感、大数据和区块链等技术，实现全流程碳排放追踪、分析、核算和交易。

图1-8 从生产角度看智能制造典型场景（续）

3) 从管理和服务角度看，智能制造典型应用场景包含了营销管理、售后服务、供应链管理等活动，如图 1-9 所示。

图 1-9 从管理和服务角度看智能制造典型场景

4）从模式角度看，智能制造典型应用场景主要为模式创新等活动，如图1-10所示。

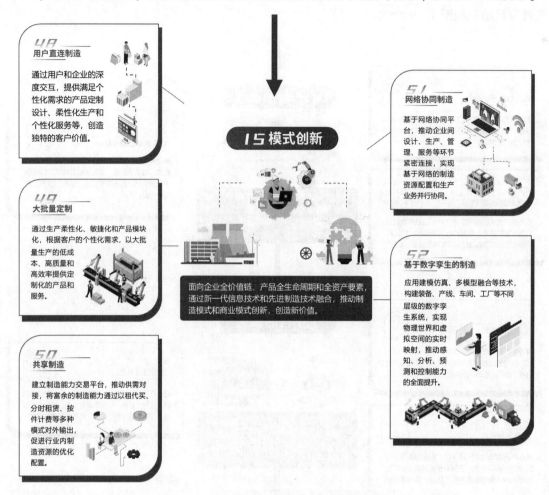

图1-10　从模式角度看智能制造典型场景

1.2　制造系统智能化演进

1.2.1　制造系统概念与构成

1. 制造系统概念

无论是有形产品的产出还是无形产品（服务）的提供，都是一种"投入-转换-产出"的过程，这种"将生产要素（投入物）转换为有形（产品）和无形（服务）的生产财富，由此而增加附加价值（价值增值过程），并产生效用的功能（或过程）"，我们称之为"生产"。

生产的主要特征表现如下：

1）能够满足人们某种需要，即有一定的使用价值。

2）需要投入一定的资源，经过一定的变换过程才能实现。

3）在变换过程中需投入一定的劳动，实现价值增值。

根据以上对生产定义及特征的描述,可以用图 1 – 11 概括描述其主要构成(生产要素、转换过程与产出)。

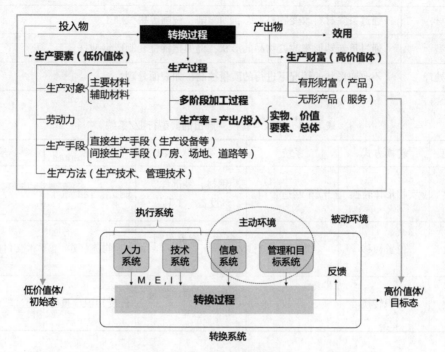

图 1 – 11 生产的概念构成

M—Material,材料;E—Energy,能源;I—Information,信息

1)投入物,即生产要素(低价值体),包括生产对象、劳动力、生产手段和生产方法,简称生产的四要素。其中的生产对象包括了生产过程中需要被加工、检测或装配的各种物料;劳动力主要指生产工人;生产手段包括了直接用于生产的各种设备、工具,也包括工厂厂房、测试场地、物流通道等间接生产手段;生产方法则泛指生产过程中用到的各种生产技术、管理技术等。伴随计算机、工业互联网、软件等技术的发展,在传统生产方法的基础上,融入了信息技术,形成信息技术支持下的生产活动。因此,生产方法会随着企业信息技术的深入应用而不断改进、提升,生产系统的数字化、智能化程度也将不断提高。

2)转换过程,即企业从事产品制造和完成有效服务的主体活动,不同行业对应的转换过程的内容、对象有所差异,见表 1 – 2。以制造业、运输业和教育业为例,其投入 – 转换 – 产出的内容见表 1 – 3。

表 1 – 2 转换过程

项目	说明
分离	一种物质作为多种物质的来源,如炼油过程,原油生产出汽油和其他化工品
装配	几个零件/部件组装到一起形成一个产品,大多数的机械生产都属于这种过程

续表

项目	说明
减材	通过去除材料改变物料形态，如车削、铣削等机械加工
成型	通过重新塑形来改变物品的形状，例如把钢锭轧制成钢型材
质量处理	不改变形状的情况下进行的质量控制，如表面处理

表 1-3　投入-转换-产出的典型行业/系统

行业类型	转换方式	系统	主要输入资源	转换	输出
制造业	实物形体转换	汽车制造公司	钢材、零部件、设备、工具	制造、装配汽车	汽车
运输业	位置转移	物流公司	货物、物流车辆、人员	物流配送	交付的货物
教育业	知识转换	学校	学生、教师、教材、教室	传授知识、技能	受过教育的人才

3）产出物，即生产财富（高价值体），包括具有实物特征的产品和没有实物特征的服务。

综合对生产的定义及特征的分析，可以概括生产的本质，即：运用"5M1E"达成"Q、C、D"的活动，即：运用材料（Material）、机械设备（Machine）、人（Man），结合作业方法（Method），使用相关检测手段（Measurement），在适宜的环境（Environment）下达成产品的品质（Quality）、成本（Cost）、交期（Delivery）要求。

生产系统则是在生产概念的基础上，增加了系统的特征。因此，可以将生产系统定义为：以实现产品生产和服务输出为目标，通过集成人、设备、技术、物料、信息、能源等要素，执行生产和运作一系列活动的集成系统。

而对于制造系统，从严谨的定义角度看，制造系统是包含了生产系统的，生产系统又包括了零件/部件生产系统和装配系统，如图 1-12 所示。因此，制造也可以被理解为比生产更宏观一个层级。为理解一致，本书对制造系统和生产系统不做区别，都统一为与生产系统的概念相一致。

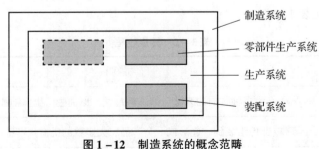

制造系统

零部件生产系统

生产系统

装配系统

图 1-12　制造系统的概念范畴

图 1-13 所示为生产系统的一般形式。其主线是"投入-转换过程-产出"的生产过程，针对客户化定制的产品或服务，会有顾客或用户参与到生产过程中。信息的实时反馈是指产品生产过程中进行的生产过程工艺状态监测、零件或产品的质量检测，并将获得的生产过程信息实时反馈到生产过程的各个工艺阶段，以实现对产品的质量控制和生产过程的实时管控。

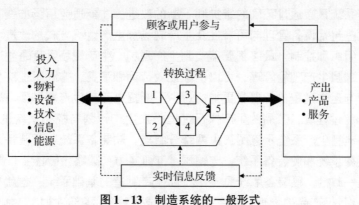

图 1-13　制造系统的一般形式

2. 生产运作

随着服务业的发展，传统生产活动所需要的专业化服务越来越受到企业和客户的重视，生产管理活动也逐步衍生出对服务的管理要求，由此产生了生产与运作管理。因此，生产与运作，是对制造产品或提供服务的人、设备、物料、能源和信息等资源进行管理的过程活动。该过程活动从广义上来看，包含了有形产品和无形服务两项产出，即广义的生产；而狭义的生产，则是指对有形产品的产出；运作则包含了支持产品生产的物流、服务等各项活动。

生产与运作的目标是：高效、低耗、灵活、准时地生产出合格产品或提供满意服务。高效是指从产品生产周期角度刻画生产与运作活动能够迅速满足用户需要，在当前激烈的市场竞争条件下，谁的交货周期短，谁就更可能争取更多用户。低耗是指生产同样数量和质量的产品或提供同样的服务，所耗费的人力、物力和财力最少，低耗才能保证低成本，才能以更低的价格争取用户。此外，低耗也同样意味着节能环保的要求。灵活是指能根据用户的个性化需求，快速生产/开发出满足用户需求的产品或服务，快速响应市场的变化。准时是在高效的基础上按照用户要求的时间、数量，提供所需的产品和服务。

从企业的三大职能——营销管理、生产与运作管理、财务管理来看，生产与运作管理所关注的核心对象是生产与运作系统。因此，生产与运作的内容就围绕着生产与运作系统的战略及策略制定、生产与运作系统的设计、运行及维护四个方面展开。

生产与运作战略决定产出什么，如何组合各种不同的产出品种，为此需要投入什么，如何优化配置所需要投入的资源要素，如何设计生产组织方式，如何确立竞争优势等，其目的是为产品生产及时提供全套的、能取得令人满意的技术经济效果的技术文件，并尽量缩短开发周期，降低开发费用。

生产与运作系统设计包括设施选择、生产规模与技术层次决策、设施选址、设备选择与购置、生产与运作系统总平面布置、车间及工作地布置等，其目的是以最快的速度、最少的投资建立起最适宜企业的生产系统主体框架。

生产与运作系统的运行是对生产与运作系统的正常运行进行计划、组织和控制。其目的是按技术文件和市场需求，充分利用企业资源条件，实现高效、优质、安全、低成本生产，最大限度地满足市场销售和企业盈利的要求。生产与运作系统的运行管理包括三方面内容：计划编制，如编制生产计划和生产作业计划；计划组织，如组织制造资源，保证计划的实施；计划控制，如以计划为标准，控制实际生产进度和库存。

生产与运作系统只有通过正确的维护和不断的改进，才能适应市场的变化。生产与运作系统的维护和改进包括设备管理与可靠性及生产现场和生产组织方式的改进。生产与运作系统运行的计划、组织和控制，最终都要落实到生产现场。生产现场管理是生产与运作管理的基础和落脚点，加强生产现场管理，可以消除无效劳动和浪费，排除不适应生产活动的不合理现象，使生产与运作过程的各要素更加协调，不断提高劳动生产率和经济效益。

从生产运作的过程看，产品的生产执行过程是在生产计划与控制系统的作用下展开的。图1-14所示为典型生产系统示意图，由两部分组成：软装备系统与硬装备系统。

这里的软装备系统和硬装备系统，与德国"工业4.0"战略、智能工厂的核心——信息物理生产系统是一致的。硬装备系统是整个产品生产制造的基础系统，也就是将原材料转换为半成品、成品/目标产品的物理生产系统，由完成原材料/零部件加工、制造/装配的加工系统和生产物流系统所构成。

图1-14中的基础流程，则是负责基于工作对象（如待加工的原材料等）对构成基础系统的各个系统组件的运作执行，并可以进一步分解为加工系统、物流系统的子流程。这些流程即构成了产品加工的全部工艺流程。各个工艺流程包含着具体的工艺步骤，并与特定的加工设备构成加工单元。

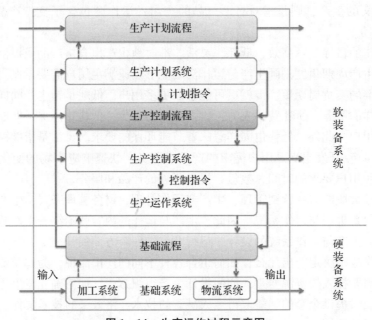

图1-14 生产运作过程示意图

软装备系统，则负责对生产系统的实际控制，包含了生产计划系统、生产控制系统与生产运作系统。生产计划系统包含了一系列用于制定生产计划及计划指令的计算机及软件，通过计划系统确定生产系统要出产的具体产品（种类及数量）及其出产的时间点，并输出计划指令用于指导基础系统的实际生产过程。生产计划流程决定了何时及在何种条件下执行生产计划的相关活动，如重计划/滚动计划或者重调度等。同理，生产控制系统是由一系列用于制定生产控制程序及控制指令的计算机和软件组成的，并影响着基础流程。而且，生产控制决策只对已经进入基础流程的（待加工）的对象产生影响。与此相对应的控制流程决定了何时及在何种条件下将特定的生产控制算法应用于具体的生产控制程序当中。

最后，生产运作系统负责对基础流程的即时控制，即控制指令通过运作系统作用于基础流程。生产运作系统通常包含了代表着构成基础系统的各种系统组件及基础流程的加工对象的具体状态，是基础系统与基础流程的映射。通常，生产运作系统执行的结果保存于数据库中，并通过基础流程反馈给生产计划系统和生产控制系统。生产计划系统、生产控制系统和生产运作系统，以及生产经营决策者构成了信息物理生产系统中的"信息系统"。

3. 制造系统构成

从制造系统的构成来看，一般包括两个组成部分：生产设施和生产支持系统，如图 1 – 15 所示。

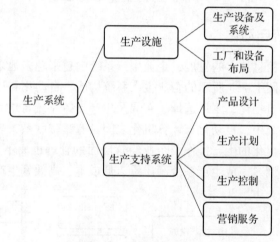

图 1 – 15　制造系统构成

（1）生产设施

生产设施是指构成生产系统的物理设备，包括厂房、机床等加工设备、物料运输系统、检测设备，以及控制生产过程的计算机系统等硬件设备以及设备布局、工厂选址等。通过对比前述生产这一术语中描述的生产要素（投入物），可以将生产设施理解为生产手段。生产设施中的设备布局是指完成零部件及产品的加工、装配等活动的硬件设备、工人等要素进行成组化布置的过程。对于构成生产系统的硬件设备，可以根据人参与的程度划分为三类：手工生产系统、机械制造系统和自动化制造系统。

1）手工生产系统（Manual Work Systems）：在没有动力系统辅助的情况下，依靠工人完成生产的全过程。

2）机械制造系统（Worker – Machine Systems）：工人通过操作带有动力的设备，如机床或其他生产设备，实现产品的加工、装配的过程。这是当前最为常见的一种生产系统。

3）自动化制造系统（Automated Manufacturing Systems）：生产过程不需要工人直接参与

的生产系统，一般通过控制系统执行事先编制好的程序完成加工、装配的全过程。由于很多机械系统也包含了一些自动化的设备，因此有时很难将自动化系统与机械系统明确区分开来。

（2）生产支持系统

为实现生产系统的高效运行，企业需要进行产品设计、工艺设计、计划控制，并确保产品质量。生产支持系统就是确保生产系统的物理设备能够在产品设计、工艺设计、计划控制等功能的支持下，实现对人、设备、物料等的合理安排，按照确定的标准工艺流程生产符合用户质量要求的产品。如图1-16所示，生产支持系统包含了营销服务、产品设计、生产计划、生产控制四项核心活动及其信息和数据的处理流程。

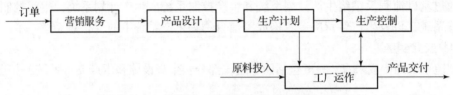

图1-16 制造企业典型的信息处理活动序列

1.2.2 制造系统自动化

随着自动化技术和信息技术的发展，企业生产系统中越来越多地采用了自动化和计算机等先进技术手段。根据图1-15所示的企业生产系统构成，自动化和计算机化分别体现在生产设备及系统等硬件的自动化，工厂选址、布局及生产支持系统等的计算机化，如图1-17所示。在现代的生产系统中，自动化与计算机化之间具有紧密联系，表现在自动化系统的执行离不开计算机，计算机化的生产操作及企业经营层面的管理也离不开自动化系统的支持，两者相互依存、相互协调，完成生产系统高质量、低成本、高效率生产产品的具体任务。

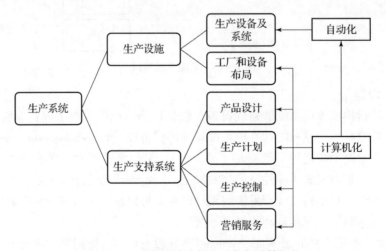

图1-17 生产系统中的自动化与计算机化

对于生产设备及系统的自动化，核心是在没有人工直接参与或较少的人工间接干预下，将原材料加工成零件或将零件组装成产品，在加工过程中实现管理过程和工艺过程自动化。其中的管理过程包括产品的优化设计、程序的编制及工艺的生成、设备的组织及协调、材料的计划与分配、环境的监控等。工艺过程包括工件的装卸、储存和输送；刀具的装配、调整、输送和更换；工件的切削加工、排屑、清洗和测量；切屑的输送、切削液的净化处理；零组件的装配定位、拧紧等操作。一般可以将自动化制造系统分为三种基本类型：刚性自动化、可编程自动化及柔性自动化。

1. 刚性自动化

"刚性"的含义是指生产系统只能生产某种或生产工艺相近的某类产品，表现为生产产品的单一性。刚性自动化系统包括组合机床、专用机床和刚性自动化生产线等。

组合机床是一种广泛应用于箱体类零件加工的机床，通常指以系列化、标准化的通用部件为基础，再配以少量专用部件而组成的专用机床。这种机床既具有一般专用机床结构简单、生产率及自动化程度高、易保证加工精度的特点，又能适应工件的变化，具有一定的重新调整、重新组合的能力。因此，组合机床特别适于在大批、大量生产中对一种或几种类似零件的一道或几道工序进行加工，一般可以完成钻孔、扩孔、铰孔、镗孔、攻螺纹、车、铣、磨、滚压等工序。

专用机床是一种专门适用于某种特定零件或者特定工序加工的机床，而且往往是组成自动化生产线式生产制造系统中不可缺的机床类型。一般采用多轴、多刀、多工序、多面或多工位同时加工的方式，生产效率比通用机床高几倍至几十倍。由于通用部件已经标准化和系列化，可根据需要灵活配置，能缩短设计和制造周期。因此专用机床兼有低成本和高效率的优点，在大批、大量生产中得到广泛应用，并可用以组成自动化生产线。专用机床一般用于加工箱体类或特殊形状的零件，加工时，工件一般不旋转，由刀具的旋转运动和刀具与工件的相对进给运动来实现钻孔、扩孔、锪孔、铰孔、镗孔、铣削平面、切削内外螺纹以及加工外圆和端面等。

刚性自动化生产线是根据特定的生产任务需要将专用机床组合在一起，以取得最优生产效益的制造系统。通常，刚性自动化生产线采用工件输送系统将各种刚性自动化加工设备和辅助设备按一定的顺序链接起来，在控制系统的作用下完成单个零件加工。刚性自动化生产线主要适合于成熟期产品的大批量生产，生产成本相对较低。在刚性自动化生产线上，被加工零件以一定的生产节拍，顺序通过各个工作位置，自动完成零件预定的全部加工过程和部分检测过程。采用专用机床组成的刚性线加工对象单一，可变性差，不能及时适应生产任务的变化。但刚性自动化生产线生产率高，柔性较差，当加工工件变化时，需要停机、停线并对机床、夹具、刀具等工装设备进行调整或更换（如更换主轴箱、刀具、夹具等），通常调整工作量大，停产时间较长。整个生产线有统一的节拍，一台机床因故停机，全线工作将被迫中断，因此这种加工线不能太长。

2. 可编程自动化

"可编程"是指生产设备及系统能够根据不同的产品配置需求，通过程序设定加工的工艺过程，具备生产多种不同产品/零件的能力。比较常见的可编程自动化系统包括数控加工中心和工业机器人等。

3. 柔性自动化

"柔性"是指生产组织形式和生产产品及工艺的多样性和可变性，可具体表现为机床的柔性、产品的柔性、加工的柔性、批量的柔性等。柔性制造包括柔性制造单元、柔性制造系统、柔性装配线等。

柔性制造的概念是由美国工业工程师和发明家莱梅尔森在 20 世纪 50 年代初提出的，在其 1956 年的一项自动化专利中，阐述了包括"机器视觉"和一个基于机器人的系统，可以实现焊接、铆接、传送和检测等功能。1967 年，美国的怀特·森斯特兰公司建成 Omniline I 系统，它由八台加工中心和两台多轴钻床组成，工件被装在托盘上的夹具中，按固定顺序以一定节拍在各机床间进行传送和加工。1976 年，日本发那科公司展出了由加工中心和工业机器人组成的柔性制造单元（Flexible Manufacturing Cell，FMC），为后续发展 FMS 提供了重要参考。柔性制造单元（FMC）一般由 12 台数控机床与物料传送装置组成，有独立的工件储存站和单元控制系统，能在机床上自动装卸工件，甚至自动检测工件，可实现有限工序的连续生产，适于多品种、小批量生产应用。柔性制造系统是在中央计算机控制下，由一组或多组机床，包括数控机床（NC）、计算机数控机床（CNC）与分布式数控机床（DNC）和物料搬运设备组成，用于对具有灵活路线的托盘化零件进行自动加工。柔性自动生产线是把多台可以调整的机床（多为专用机床）连接起来，配以自动运送装置组成的生产线。该生产线可以加工批量较大的不同规格的零件。柔性程度低的柔性自动生产线，在性能上接近大批量生产用的自动生产线；柔性程度高的柔性自动生产线，则接近于小批量、多品种生产用的柔性制造系统。

1.2.3 制造系统数字化

数字化，就是将复杂信息转变为可以运用 0 和 1 组成的二进制代码进行度量的数字、数据，并建立起适当模型通过计算机进行处理的过程。简而言之，就是将具体业务进行信息建模，转变为数据、数字等进行计算机管理的过程。制造系统数字化是对制造系统各个组成部分借助数字技术手段实现相互通信和实时数据交换，并通过数据分析，显著提高系统灵活性、效率和适应能力，以此从容不迫地应对制造系统无法提前预测的突发事件；凭借海量数据、高性能计算以及先进的智能算法、机器学习等技术，提高制造系统的效率，无须人为干预。

制造系统数字化正是在制造系统计算机化的基础上发展而来的。制造系统计算机化的本质是对生产支持系统的自动化，其目的是通过运用计算机手段减少在产品设计、生产计划与控制、企业营销活动及设施布局等方面的工人数量，并降低产品生产成本、提高生产效率。现代工厂在生产与运作管理的所有环节都广泛采用了计算机技术，其中最有代表性的是计算机集成制造系统（Computer Integrated Manufacturing System，CIMS），即通过运用计算机技术，实现对企业所有生产与运作相关的业务活动的有机集成，包括产品设计、生产计划与控制、经营管理等所有业务活动及其信息的集成处理。计算机集成制造系统通常包括计算机辅助设计（Computer‑aided Design，CAD）、计算机辅助工艺规划（Computer‑aided Process Planning，CAPP）、计算机辅助制造（Computer‑aided Manufacturing）。因此，计算机集成制造系统实际上是在信息技术、自动化技术与制造技术的基础上，通过计算机技术把分散在产品设计制造过程中各种孤立的自动化子系统有机地集成起来，形成适用于多品种、小批量生产，实现整体效益的集成化的生产系统。

制造系统数字化的核心是实现数字化制造，其起源于计算机辅助制造（Computer Aided Manufacture，CAM）技术，即以产品全生命周期的相关数据为基础，根据产品的 CAD 模型自动生成零件加工的数控代码，对加工过程进行动态模拟，同时完成加工时的干涉检查；在计算机虚拟环境中，对整个生产过程进行仿真、评估和优化，并进一步扩展到整个产品生命周期的新型生产组织方式。数字化制造是现代数字制造技术与计算机仿真技术相结合的产物，同时具有其鲜明的特征。它的出现给制造业注入了新的活力，主要作为沟通产品设计和产品制造之间的桥梁。如图 1 – 18 所示，制造系统数字化是以基于模型（MBD，Model Based Design）的产品设计为基础，在给定零件 MBD 设计模型后，通过 MBD 零件工艺设计，建立起结构化的零件工艺数据模型，同步建模完成数控加工编程/仿真、检测编程/仿真，将 NC（Numerical Control，数控）代码导入 DNC（DNC，Distributed Numerical Control，分布式数控）系统，进而在制造车间的数控加工中心或数控机床中完成生产制造。

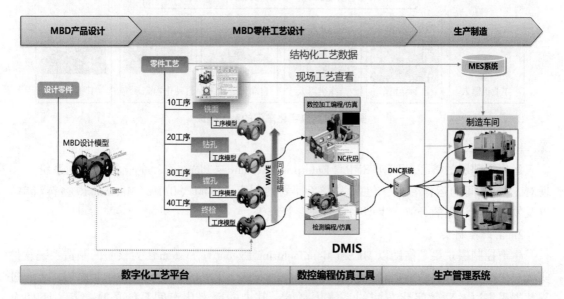

图 1 – 18　数字化制造过程

制造系统数字化的另一个重要表现就是企业构建起数字化车间。数字化车间是指以制造资源（Resource）、生产运作（Operation）和产品（Product）为核心，将数字化的产品设计数据，在现有实际制造系统的数字化现实环境中，对生产过程进行计算机仿真、优化控制的新型制造方式。相对于以人工、半自动化机械加工为主，以纸质信息传递载体为主要特征的传统生产车间，数字化车间融合了先进的自动化技术、信息技术、先进加工技术及管理技术，是在高性能计算机、工业互联网的支持下，采用计算机仿真与数字化现实技术，实现从产品概念的形成、设计到制造全过程的三维可视及交互的环境，以群组协同工作的方式，在计算机上实现产品设计制造的本质过程，具体包括产品的设计、性能分析、工艺规划、加工制造、质量检验、生产过程管理与控制等，并通过计算机数字化模型来模拟和预测产品功能、性能及可加工性等各方面可能存在的问题。

从数字化车间的构成来看，既包含构成生产单元/生产线的自动化、数字化、智能化加工单元及生产装备等，又包括辅助产品数字化设计、制造及车间运行管控的软件系统。数字化车间的系统构成如图 1 – 19 所示，主要包括运作管理层、生产控制层、网络通信层、系统控制层以及生产执行层。

图 1-19　数字化车间的系统构成

1. 运作管理层

运作管理层的核心是依托 ERP（Enterprise Resources Planning，企业资源计划系统）实现对工厂/车间的运作管理，包括主生产计划的制定、BOM（Bill of Materials，物料清单）以及物料需求计划的分解、生产物料的库存管理等。

2. 生产控制层

生产控制层主要是借助以 MES（Manufacturing Executive System）为核心的制造系统软件实现对生产全过程的管理控制，包括生产任务的安排、工单的下发、现场作业监控、生产过程数据采集以及对数字化车间的系统仿真等。其中的数字化车间系统仿真包括以下四个方面：

1）数字化车间层仿真：对车间的设备布局和辅助设备及管网系统进行布局分析，对设备的占地面积和空间进行核准，为车间设计人员提供辅助的分析工具。

2）数字化生产线层仿真：主要关注所设计的生产线能否达到设计的物流节拍和生产率、制造的成本是否满足要求，帮助工业工程师分析生产线布局的合理性、物流瓶颈和设备的使用效率等问题，同时也可对制造的成本进行分析。

3）数字化加工单元层仿真：主要是对设备之间和设备内部的运动干涉问题进行分析，并可协助设备工艺规划员生成设备加工指令，再现真实的制造过程。

4）数字化加工操作层仿真：在加工单元层仿真的基础上，对加工过程的干涉等进行分析，进一步对可操作人员人机工程方面进行分析。

通过这四层的仿真模拟，达到对数字化车间制造系统的设计优化、系统的性能分析和能力平衡以及工艺过程的优化和校验。

3. 网络通信层

网络通信层主要是为数字化车间的信息、数据以及知识传递提供可靠的网络通信环境，一般以工业以太网为基础实现底层（生产执行层）之间的设备互联，以工业互联网实现运作管理层、生产控制层以及系统控制层、生产执行层之间的互联互通。

4. 系统控制层

系统控制层主要包括 PLC、单片机、嵌入式系统等实现对生产执行层加工单元、机器人及自动化生产线的控制，是构成数字化车间自动化控制系统的重要组成部分。

5. 生产执行层

生产执行层是构成数字化车间制造系统的核心，主要包括各种驱动装置、传感器、智能加工单元、工业机器人及智能制造装备等生产执行机构，如工业机器人、自动化物流小车、自动化装配线和自动化物流系统等，如图 1 - 20 所示。

智能机器人

智能加工系统

智能输送设备

3D可视化监控系统

自动化装配检测机器人

自动导引小车

图 1 - 20　生产执行层的系统构成示意图

借助工业机器人实现的数字化车间是真正意义上将机器人、智能设备和信息技术三者在制造业的完美融合，涵盖了对工厂制造的生产、质量、物流等环节，是智能制造的典型代表，主要解决工厂、车间和生产线以及产品的设计到制造实现的转化过程。

数字化车间改变了传统的规划设计理念，将设计规划从经验和手工方式，转化为计算机辅助数字仿真与优化的精确可靠的规划设计，在管理层通过 ERP 系统于企业层面针对生产计划、库存控制、质量管理、生产绩效等提供业务分析报告；在控制层通过 MES 系统实现对生产状态的实时掌控，快速处理制造过程中物料短缺、设备故障、人员缺勤等各种生产现场管控问题；在执行层由工业机器人、移动机器人和其他智能制造装备系统完成自动化生产流程。

1.2.4　制造系统网络化

网络化，是对互联网在广义制造领域应用的一种概括。制造系统网络化的本质是在数字化的基础上，借助互联网技术实现制造系统内的设备互联、资源共享，进而提高系统生产效率的一种新模式。

制造系统网络化是实施网络化制造模式的基础和重要支撑。网络化制造是将先进的网络技术与制造技术相结合，构建面向企业特定需求的基于网络的制造系统，以突破空间对企业生产经营范围和方式的约束，开展覆盖产品整个生命周期全部或部分环节的企业业务活动（如产品研发设计、生产制造、市场销售、物料采购、售后服务等），实现企业间业务协同和各种社会资源的共享与集成，达到高效率、高质量、低成本地为市场提供所需的产品和服务的目标。

在网络化制造发展的历程中，以互联网为代表的信息技术推动着网络化制造的不断变革，产生了一系列新的概念和思想，如基于互联网的制造（Internet – based Manufacturing）、全球制造（Global Manufacturing）、电子化制造（E – manufacturing）等。但至今对网络化制造概念尚无明确、统一的定义，可以从狭义和广义两个角度来进一步理解网络化制造的含义：

1）从狭义的角度看，网络化制造是指使用计算机网络技术实现制造资源集成，主要通过网络技术促进分布式资源的信息共享，从而使制造过程中设备之间的信息能够充分交互，进而使得各制造单元之间协同制造。

2）从广义的角度看，网络化制造是指基于信息技术和网络技术参与产品生命周期和制造活动各个方面制造技术和制造系统的总称，通过各制造活动之间的协同，以实现对市场需求的快速响应。其中网络技术是指广泛的网络，例如 Internet、Intranet 和 Extranet。

通过对制造系统网络化和网络化制造的概念理解，可以发现要实现制造系统网络化或网络化制造，高度依赖于网络技术以及在此基础上建立的网络化制造平台，具体涉及网络、数据库、软件体系结构、平台/系统基本功能等方面。网络化制造集成平台是一个基于网络等先进信息技术的企业间协同支撑环境，它为实现大范围异构分布环境下的企业间协同提供基础协议、公共服务、模型库管理、使能工具和系统管理等功能，并为企业间信息集成、过程集成和资源共享提供基于服务方式的透明、一致的信息访问与应用互操作手段，从而促进实现不同企业间人员、应用软件系统和制造资源的集成，形成具有特定功能的网络化制造系统。网络化制造集成平台又可以分成三层，自下向上分别是基础层、应用与使能工具层、网络化制造应用系统层。

在推动国家制造业能力发展过程中，从 1988 年开始，国家"863"计划 CIMS（Computer Integrated Manufacturing Systems，计算机集成制造系统）主题专家组较早认识到，网络化制造给制造业带来的变革和机遇，相继支持了多项相关关键技术攻关与应用验证工作，并取得了一系列成果，如分散网络化生产系统（Distributed Network Production Systems，DNPS）、现代集成制造系统网络（Contemporary Integrated Manufacturing Systems，CIMSNET）等。

国外在网络化制造发展中也投入了极大的关注，并取得很多重要成果。1994 年美国能源部提出了"敏捷制造的使能技术（Technology Enabled Agile Manufacturing，TEAM）"，TEAM 集成产品的设计和制造，建立了一个"产品实现过程模型"；"全美工厂网络（Factory American Net，FAN）"建立于 1995 年，是国家工业数据库，提供包括生产能力，以及各种工程服务项目、产品及其价格和性能数据、销售和用户服务等专门服务；1995 年洛克希德·马丁航空公司建立"制造系统的敏捷基础设施网络（Agile Infrastructure of Manufacturing Systems Net，AIMSnet）"，利用国际互联网支持和管理敏捷企业的供应链；美国通用电气研究和开发部的"计算机辅助制造网络（Computer Aided Manufacturing Net，CAMnet）"建立于 1996 年，通过 Internet 网提供多种制造支撑服务，如产品设计的可制造性、加工过程仿真及产品的试验等，使得集成企业的成员能够快速连接和共享制造信息。德国 Produktion 2000 框架方案旨在建立一个全球化的产品设计与制造资源信息服务网。欧盟"第五框架计划"将虚拟网络企业列入研究主题，其目标是为联盟内各个国家的企业提供资源服务和共享的统一基础平台。在此基础上"第六框架计划（2002—2006 年）"的一个主要目标是进一步研究利用 Internet 技术改善联盟内各个分散实体之间的集成和协作机制。2000 年 2 月，通用汽车公司、福特汽车和戴姆勒—克莱斯勒、雷诺—日产公司终止各自的零部件采购计划，转向共同建立零部件采购的电子商务市场（采购环节的动态联盟）。

　　2004 年，波音提出面向新机型的数字化网络协同框——全球协同研发制造的框架。在设计波音 787 飞机的过程中，通过全球协同网络环境（Global Collaboration Environment，GCE），采用这一最先进的网络协同方式，如图 1 – 21 所示，使用 DOORS IGE – XAO、CATIA V5、DELMIA V5、ENOVIA 和 Teamcenter 等不同软件作为产品建模和数据管理的工具，用来构建逻辑相关的单一产品数据源（Logical Single Source of Product Data，LSSPD）。LSSPD 使波音 787 飞机不仅具有完整的几何数字样机，而且具有性能样机、制造样机和维护样机，便于波音公司与分布在全球的合作者通过网络顺利地进行产品各项功能的协同研制工作。

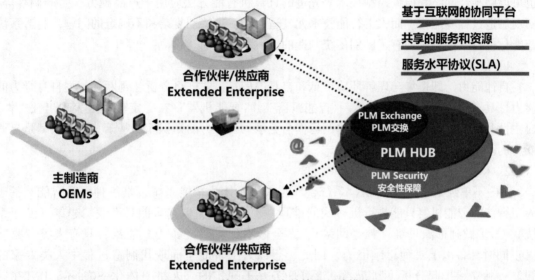

图 1 – 21　基于网络平台的协同制造模式

　　以 GCE 为基础、以民用客机为代表的复杂装备制造在波音公司的引领下，已经从"分包"转向"扩展企业（Extended Enterprise）"网络化协同制造的模式，作为主制造商的波音公司在飞机研制中的工作重心也发生了重大转变，更专注于"总体架构和集成"，从而把更多的设计、制造工作授权给风险共担的合作伙伴，引导扩展企业全面进入型号研制的每个阶段，甚至于某些创新和科学研究领域。正是这一协同制造模式的巨大变革，使得原来集中式的产品研制团队，逐渐演变为基于网络的分布式研制团队，即产品设计协同团队不用再集中到一地，而是分布在世界各地，通过网络进行协同设计，交换产品的相关设计信息。

1.2.5　制造系统智能化

　　制造系统智能化是在自动化、数字化的基础上，进一步结合人工智能、大数据等新一代信息技术实现智能制造的过程。智能制造（Intelligent Manufacturing，IM）是一种由智能机器和人类专家共同组成的人机一体化智能系统，它在制造过程中能进行智能活动，诸如分析、推理、判断、构思和决策等，通过人与智能机器的合作共事，去扩大、延伸和部分地取代人类专家在制造过程中的脑力劳动。它把制造自动化的概念更新，扩展到柔性化、智能化和高度集成化。

智能制造系统是综合应用物联网技术、人工智能技术、信息技术、自动化技术、先进制造技术等实现企业生产过程智能化、经营管理数字化，突出制造过程精益管控、实时可视、集成优化，进而提升企业快速响应市场需求、精确控制产品质量、实现产品全生命周期管理与追溯的先进制造系统。智能生产系统是构成"工业4.0"时代智能化工厂的核心，以智能传感器、工业机器人、智能数控机床等智能设备与智能系统为基础，以物联网为核心实现生产过程的智能化。

毫无疑问，智能化是制造自动化的发展方向。在制造过程的各个环节中几乎都广泛应用人工智能技术。专家系统技术可以用于工程设计、工艺过程设计、生产调度和故障诊断等，也可以将神经网络和模糊控制技术等先进的计算机智能方法应用于产品配方、生产调度等，实现制造过程智能化。而人工智能技术尤其适合于解决特别复杂和不确定的问题。制造系统智能化使得制造系统拥有了区别传统制造的以下一些特征。

1. 自律能力

自律能力，即搜集与理解环境信息和自身的信息，并进行分析、判断和规划自身行为的能力。具有自律能力的设备称为"智能机器"，"智能机器"在一定程度上表现出独立性、自主性和个性，甚至相互间还能协调运作与竞争。强有力的知识库和基于知识的模型是自律能力的基础。

2. 人机一体化

IMS不单纯是"人工智能"系统，而是人机一体化智能系统，是一种混合智能。基于人工智能的智能机器只能进行机械式的推理、预测、判断，它只能具有逻辑思维（专家系统），最多做到形象思维（神经网络），完全做不到灵感（顿悟）思维，只有人类专家才真正同时具备以上三种思维能力。因此，想以人工智能全面取代制造过程中人类专家的智能，独立承担起分析、判断、决策等任务是不现实的。人机一体化一方面突出人在制造系统中的核心地位，同时在智能机器的配合下，更好地发挥出人的潜能，使人机之间表现出一种平等共事、相互"理解"、相互协作的关系，使二者在不同的层次上各显其能、相辅相成。

因此，在智能制造系统中，高素质、高智能的人将发挥更好的作用，机器智能和人的智能将真正地集成在一起，互相配合，相得益彰。

3. VR/AR技术

VR/AR技术是实现虚拟制造的支持技术，也是实现高水平人机一体化的关键技术之一。虚拟现实技术（Virtual Reality）是以计算机为基础，融合信号处理、动画技术、智能推理、预测、仿真和多媒体技术为一体；借助各种音像和传感装置，虚拟展示现实生活中的各种过程、物件等，因而也能拟实制造过程和未来的产品，从感官和视觉上使人获得完全如同真实的感受。但其特点是可以按照人们的意愿任意变化，这种人机结合的新一代智能界面，是智能制造的一个显著特征。

4. 自组织超柔性

智能制造系统中的各组成单元能够依据工作任务的需要，自行组成一种最佳结构，其柔性不仅突出在运行方式上，而且突出在结构形式上，所以称这种柔性为超柔性，如同一群人类专家组成的群体，具有生物特征。

5. 自学习与自维护

智能制造系统能够在实践中不断地充实知识库，具有自学习功能。同时，在运行过程中自行进行故障诊断，并具备对故障自行排除、自行维护的能力。这种特征使智能制造系统能够自我优化并适应各种复杂的环境。

制造系统智能化具体可以通过智能工厂来呈现。智能工厂是现代工厂信息化发展的新阶段，是在利用现代新信息技术于自动化、网络化、数字化和信息化的基础上，融入人工智能和机器人技术，形成的人、机、物深度融合的新一代技术支撑下的新型工厂形态。智能工厂通过工况在线感知、智能决策与控制、装备自律执行，不断提升装备性能，增强自适应能力；以提升制造效率、减少人为干预、提高产品质量，并融合绿色智能的手段和智能系统等新兴技术于一体，构建一个高效节能、绿色环保、环境舒适的工厂。

智能工厂的核心是利用信息物理系统（CPS, Cyber–Physical Systems）技术，将虚拟环境中的设计、仿真、工艺与工厂的实物生产环境相结合，在生产过程中大量采用数字化、智能化的生产设备和管理工具，利用物联网的技术和设备监控技术加强工厂的信息管理和服务，使得生产制造过程变得透明化、智能化，做到生产全过程可测度、可感知、可分析、可优化、可预防。

1.3 智能制造驱动产品生命周期管理变革

1.3.1 产品生命周期管理的演进历程

在产品生命周期管理概念及相关理论方法发展过程中，自20世纪80年代起，计算机辅助设计/制造技术（Computer Aided Design/Manufacturing, CAD/CAM）、产品数据管理（Product Data Management, PDM）、业务流程管理（Business Process Management, BPM）等概念及方法起到了助推作用。一个典型的应用案例是在1985年，美国汽车公司（American Motors Corporation, AMC）在制定公司战略时决定通过加速产品开发进程的方法来与规模更大的竞争对手进行竞争，他们采用了现代PLM中的一些核心方法和技术，包括使用计算机辅助设计技术加快新产品的开发效率，以及将工程图纸与文件存储在中央数据库以支持新的通信系统，快速解决设计冲突和减少工程更改。到了20世纪90年代，随着并行工程（Concurrent Engineering, CE）、计算机集成制造系统（Computer Integrated Manufacturing Systems, CIMS）等制造模式的发展，以及90年代后期在互联网技术迅猛发展的背景下客户关系管理（Customer Relationship Management, CRM）系统、供应链管理（Supply Chain Management, SCM）系统的出现，PLM的解决方案逐渐转向以产品为基础，利用互联网技术实现信息共享，同时支持产品生命周期不同阶段应用技术的集成与协同。但由于产品生命周期管理覆盖范围的广泛性以及业务的复杂性，在该阶段中产生的工具、系统和平台只能覆盖现代PLM中的一部分内容，尚不能实现全系统内的信息集成与协同管理。

到了21世纪，随着信息技术的飞速发展，通过PLM实现真正意义上的产品全生命周期管理逐步成为现实，并使企业能够有效集成和协同管理产品的需求分析、产品设计、产品开发、产品制造、产品销售、产品售后服务等多个阶段的信息、资源和业务过程。

尽管PLM发展至今已经受到了各行各业的广泛关注，并在各个领域得到大量应用，但对于 PLM 的定义尚未完全统一，各行各业往往根据自身特点和需求而对 PLM 有不同的定义和解释，其中比较有代表性的有以下几种：

1）美国国家标准与技术研究院（National Institute of Standards and Technology，NIST）将 PLM 定义为一个有效管理和使用企业智力资产的战略性商业方法。

2）国际知名的市场研究公司 AMR Research 认为 PLM 是一种辅助的技术策略，通过软件将跨越产品研发、物料采购、生产制造等多个业务流程和不同业务领域用户的多个单点应用集成起来。

3）国际知名 PLM 研究机构 CIMdata 认为 PLM 是一种企业信息化的商业战略，它实施一整套的业务解决方法，把人、过程、商业系统和信息有效地集成在一起，作用于整个虚拟企业，遍历产品从概念到报废的全生命周期，支持与产品相关的协作研发、管理、分发和使用。

4）IBM 公司认为 PLM 是一种商业哲理，产品数据应可以被管理、销售、市场、维护、装配、购买等不同领域的人员共同使用，而 PLM 系统是工作流和相关支撑软件的集合，其允许对产品生命周期进行管理，包括协调产品的计划、制造和发布过程。

5）产品生命周期管理联盟认为 PLM 是一个概念，用来描述一个支持用户管理、跟踪和控制产品全生命周期中所有的产品相关数据的协同环境。

尽管这些对 PLM 的定义有不同的侧重点，但可以从中抽取出一些被广泛认同的共性特征：

1）PLM 是一种现代商业战略或商业哲理，而不仅仅是一个软件系统，PLM 软件系统是实现 PLM 的工具和手段。

2）PLM 的应用范围涵盖产品需求分析、产品设计、产品开发、产品制造、产品销售、产品售后服务等产品生命周期的所有阶段。

3）PLM 的管理对象是与产品相关的数据、信息和知识，这包括产品生命周期各阶段内的产品定义、业务流程、与产品相关的设备，以及与人员和成本相关的资源等，这些数据、信息和知识共同描述了产品是如何被设计、制造、使用和服务的。

4）PLM 通过对产品生命周期各阶段内与产品相关的数据、信息与知识进行集成和协同管理，实现加快新产品开发、提升产品质量、减少中间过程浪费等目标，以提高企业在市场中的竞争力。

5）PLM 的实现需要考虑人、过程和技术三方面的因素。

1.3.2　智能制造重新定义产品边界——研发设计视角

智能制造在产品研发设计中的重要作用主要体现在两个方面：一是产品设计从经验到"数据 + 知识"的实践，客户与合作伙伴广泛参与众智创新设计，重新定义了产品模型和数据交换标准，使智能化产品设计在价值链上的不同部门、不同用户之间能够进行完整、精确、及时的数据交换，通过一致性的产品模型，数据集成和提取更加安全；二是智能制造重新定义产品边界，驱动产品智能化演变，按照"产品 – 智能产品 – 智能互联产品 – 智能产品系统 – 系统的系统"渐进路线，深刻改变企业间的竞争。

从产品模型及数据交换标准定义角度看，不同公司在产品设计阶段采用不同的设计软件，会带来产品模型集成的复杂度。如 A 工程师使用 Siemens 的 NX PLM 软件、B 工程师使用达索的 Catia、C 工程师使用 Autodesk 的 Inventor，A、B、C 三位工程师所设计的产品模型相互间很难互换使用。但随着 ISO 10303 的诞生，使得 A、B、C 三个工程师之间都能看懂相互之间的设计。值得一提的是，ISO 10303 - 242 的基于模型的 3D 系统工程非常有价值，该标准广泛应用于航空航天、汽车等行业中的制造商和其供应商。该标准的主要内容包括产品数据管理 PDM、设计准则、关联定义、2D 制图、3D 产品和制造信息等。因此，在智能制造实施过程中，参考国际通用的产品设计标准，能提高智能化产品设计过程中数据交换和使用的效率，形成一致性的产品模型，保障信息与数据的安全性。

智能制造技术正在革新产品。其产品曾经仅仅由机械和电子部件组成，现在已经变成了以无数种方式结合硬件、传感器、数据存储、微处理器、软件和连接的复杂系统。智能互联产品要求企业构建并支持一种全新的技术基础设施，如图 1 - 22 所示。这个"技术堆栈"由多个层次组成，包括新产品硬件、嵌入式软件、连接性、由运行在远程服务器上的软件组成的产品云、一套安全工具、外部信息源的网关，以及与企业业务系统的集成。该技术不仅能够快速开发和运营产品应用程序，还可以收集、分析与共享产品内部和外部产生的潜在的大量纵向数据。

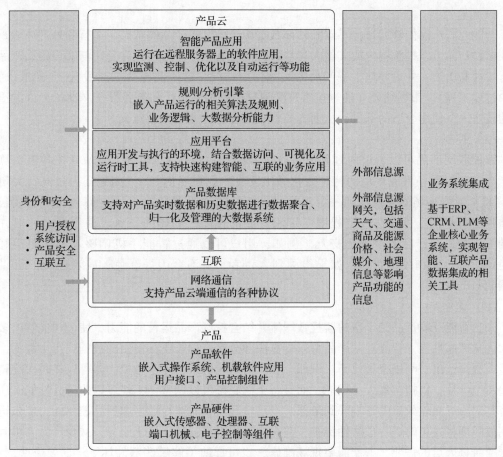

图 1 - 22 智能互联产品的新技术"堆栈"

智能制造驱动产品智能化，形成智能互联产品，其核心功能可以分为四个方面：监控、控制、优化和自主，且四项功能/能力之间具有很强的耦合性，后一项功能/能力都要以前序功能/能力为基础，如产品要具有控制能力，则必须具有监控能力。图 1 - 23 所示为对智能互联产品的功能定义。

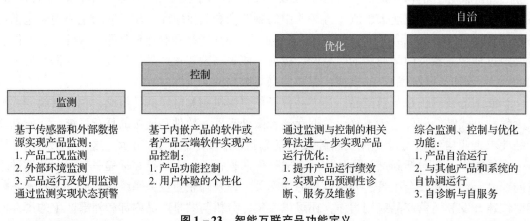

基于传感器和外部数据源实现产品监测：
1. 产品工况监测
2. 外部环境监测
3. 产品运行及使用监测
通过监测实现状态预警

基于内嵌产品的软件或者产品云端软件实现产品控制：
1. 产品功能控制
2. 用户体验的个性化

通过监测与控制的相关算法进一步实现产品运行优化：
1. 提升产品运行绩效
2. 实现产品预测性诊断、服务及维修

综合监测、控制与优化功能：
1. 产品自治运行
2. 与其他产品和系统的自协调运行
3. 自诊断与自服务

图 1-23　智能互联产品功能定义

（1）监控

智能互联产品能够通过传感器和外部数据源全面监控产品的状态、运行和外部环境。使用数据，产品可以提醒用户或其他人环境或性能的变化。监控还允许公司与客户跟踪产品的运行特性和历史，并更好地了解产品的实际使用情况。这些监控数据对设计（例如，通过减少过度工程）、市场细分（通过按客户类型分析使用模式）和售后服务（通过允许派遣合适的技术人员使用合适的部件，从而提高首次修复率）具有重要意义。

（2）控制

智能联网产品可以通过内置到设备或驻留在产品云中的远程命令或算法来控制。算法是指导产品对其条件或环境的特定变化做出反应的规则（例如，"如果压力过高，关闭阀门"或"当停车场的交通达到一定水平时，打开或关闭顶灯"）。通过嵌入在产品或云中的软件进行控制，可以在一定程度上定制产品的性能。同样的技术也使用户能够以许多新的方式控制与产品的个性化交互。例如，用户可以通过智能手机调整飞利浦照明灯泡的色调，并打开和关闭它们，如果检测到入侵者，灯泡会闪烁红色，或者在晚上可以逐步调暗灯光。

（3）优化

来自智能互联产品的丰富的监控数据流并结合控制产品运营的能力，使公司能够以多种方式优化产品性能。智能互联产品可以将算法和分析应用于正在使用的数据或历史数据，从而显著提高产出、利用率和效率。例如，在风力涡轮机中，一个微控制器可以在每次旋转时调整每个叶片，以捕获最大的风能，而且每个涡轮都可以调整，不仅可以改善其性能，还可以将其对附近涡轮效率的影响降到最低。产品状况的实时监控数据和产品控制能力使公司能够在故障即将发生时进行预防性维护，并完成远程维修，从而优化服务，减少产品停机时间和派遣维修人员的需要。即使需要现场维修，也可提前了解哪些部件坏了、需要哪些部件，以及如何完成修复，从而降低服务成本，提高首次修复率。

（4）自主

监控、控制和优化功能相结合，使得智能互联产品能够实现以前无法达到的自主水平。最简单的是像 iRobot Roomba（一种智能扫地机器人）这样的自主产品操作，使用传感器与软件扫描和清洁不同布局房间的地板，同时能够自我诊断服务需求，并适应用户偏好。具有自主能力的产品不仅可以减少作业人员的需求，还可以提高危险环境下的安全性。自主产品还可以与其他产品和系统协同工作。随着越来越多的产品相互连接，这些功能的价值可以呈指数级增长。例如，随着越来越多的智能电表被连接起来，电网的能源效率就会提高，这使得电力公司能够洞察需求模式，并对其做出适当响应。

智能制造技术重新定义产品边界。智能互联产品的能力不断增强，不仅重塑了行业内的竞争，也扩大了行业边界，这发生在竞争的基础从离散的产品，到由密切相关的产品组成的产品系统，再到将一系列产品系统连接在一起的系统的系统之间。例如，一家拖拉机公司可能会发现自己在更广泛的农业自动化行业面临竞争。如图 1–24 所示，约翰迪尔公司（John Deere）和爱科（AGCO）将农业机械、灌溉系统、土壤和养分来源与天气、作物价格和商品期货等信息联系起来，以优化整体农场业绩。

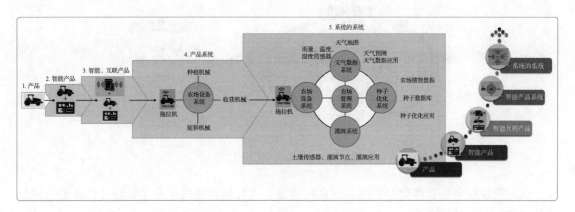

图 1–24 拖拉机产品的"智能化演进"

＊Harvard Business Review（2014.11）How Smart Connected Products Are Transforming Competition

1.3.3 智能制造重新定义制造范式——生产制造视角

从生产制造的角度看，智能制造促进了制造资源网络化，即实现产品生产从地理位置相对集中向分散化、网络化转变；智能制造促进了制造装备智能化，即伴随智能制造的实施，制造过程感知能力不断提升，制造装备智能化程度不断提高；智能制造促进了工程运行控制实时化，即工厂制造过程控制从离线、离散向实时在线、连续可控转变。因此，制造资源网络化、制造装备智能化、工厂运行控制实时化成为智能制造时代制造的新范式。

1. 制造资源网络化

制造资源是产品生产的物质基础。制造资源网络化其本质是在分布式制造（也称为分布式生产/云制造）模式下，制造资源的异地共享，是企业使用地理分散的制造设施网络（通过信息技术进行协调）进行的分散制造的一种形式。分布式制造的主要属性是能够通过制造在地理位置分散的位置创造价值的能力。例如，当产品在地理位置上接近其预期市场时，运输成本可以降至最低。此外，可以使用分布在广泛区域中的许多小型工厂生产的产品进行个性化定制，并根据个人或地区口味定制细节。在不同的物理位置制造组件，然后管理供应链，以将它们组合在一起，并进行产品的最终组装，也被认为是分布式制造的一种形式。数字网络与增材制造相结合，使公司可以进行分散和地理上独立的分布式生产（云制造）。

制造资源网络是由小规模制造单元基于物理、数字、通信等新兴技术组成的生产系统，通过实现制造设施的本地化和供应链参与者的全面沟通，促进客户主导的按需生产，提高系统的灵活性、适应性、敏捷性和鲁棒性。

2. 制造装备智能化

制造装备是加工过程的基础。智能制造装备是指通过融入传感、人工智能等技术，使得装备能对本体和加工过程进行自感知，对装备及其加工状态、工件和环境有关的信息进行自分析，根据零件的设计要求与实时动态信息进行自决策，依据决策指令进行自执行，实现加工过程的"感知—分析—决策—执行与反馈"的大闭环，保证产品的高效、高品质及安全可靠加工，如图 1-25 所示。

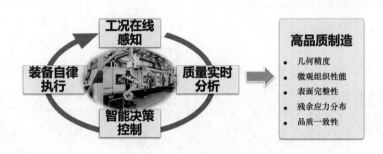

图 1-25 加工过程控制优化

通过制造装备的智能化，实现工况在线检测、工艺知识在线学习、制造过程自主决策与装备自律执行等关键功能。

（1）工况在线检测

在线检测零件加工过程中的切削力和夹持力，切削区的温度，刀具的热变形、磨损，主轴的振动等一系列物理量，以及刀具—工件—夹具之间热力行为产生的应力应变，为工艺知识在线学习与制造过程自主决策提供支撑。

（2）工艺知识在线学习

分析加工工况、界面耦合行为与加工质量/效率之间的映射关系，建立描述工况、耦合行为和加工质量/效率映射关系的知识模板，通过工艺知识的自主学习理论，实现基于模板的知识积累和工艺模型的自适应进化，为制造过程自主决策提供支撑。

（3）制造过程自主决策

将工艺知识融入装备控制系统决策单元，根据在线检测识别加工状态，由工艺知识对参数进行在线优化并驱动生成制造过程控制决策指令。

（4）装备自律执行

智能装备的控制系统能根据专家系统的决策指令对主轴转速及进给速度等工艺参数进行实时调控，使装备工作在最佳状态。

3. 工厂运行控制实时化

工厂运行控制实时化是指利用智能传感、大数据、人工智能等技术，实现工厂运行过程的自动化和智能化，基本目标是实现生产资源的最优配置、生产任务的实时调度、生产过程的精细管理等，其主要功能架构包括智能设备层、智能传感层、智能执行层、智能决策层。

如图1-26所示，智能设备层主要包括各种类型的智能制造和辅助装备，如智能机床、智能机器人、AGV/RGV、自动检测设备等；智能传感层主要实现工厂各种运行数据的采集和指令的下达，包括工厂内有线/无线网络、各种数据采集传感器及系统、智能产线分布式控制系统等；智能执行层主要包括三维虚拟车间建模与仿真、智能工艺规划、智能调度、制造执行系统等功能和模块；智能决策层主要包括大数据分析、人工智能方法等决策分析平台。

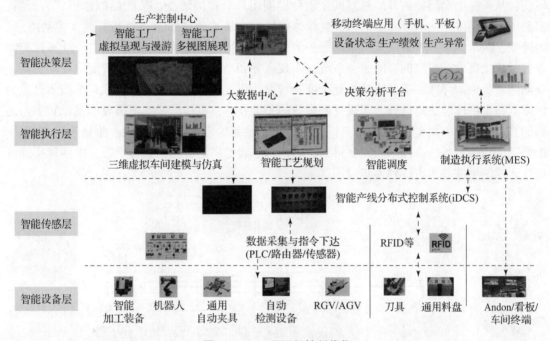

图1-26 工厂运行控制优化

工厂运行控制实时化的关键技术包括制造系统的适应性技术、智能动态调度技术等。

（1）制造系统的适应性技术

制造企业面临的环境越来越复杂，比如产品品种与批量的多样性、设计结果频繁变更、需求波动大、供应链合作伙伴经常变化等，这些因素会对制造成本和效率产生很不利的影响。智能工厂必须具备通过快速的结构调整和资源重组，以及柔性工艺、混流生产规划与控制、动态计划与调度等途径来主动适应这种变化的能力，因此，适应性是制造工厂智能特征的重要体现。

（2）智能动态调度技术

车间调度作为智能生产的核心之一，是对将要进入加工的零件在工艺、资源与环境约束下进行调度优化，是生产准备和具体实施的纽带。然而，实际车间生产过程是一个永恒的动态过程，不断会发生各类动态事件，如订单数量/优先级变化、工艺变化、资源变化（如机器维护/故障）等。动态事件的发生会导致生产过程不同程度的瘫痪，极大地影响生产效率。因此，如何对车间动态事件进行快速、准确处理，保证调度计划的平稳执行，是提升生产效率的关键。车间动态调度是指在动态事件发生时，充分考虑已有调度计划以及系统当前的资源环境状态，及时优化并给出合理的新调度计划，以保证生产的高效运行。动态调度在静态度已有特性（如非线性、多目标、多约束、解空间复杂等）的基础上增加了动态随机性、不确定性等，导致建模和优化更为困难，是典型的 NP – hard 问题。

1.3.4　智能制造重构产品运维模式——运维服务视角

从运维服务视角看，智能制造技术改变了传统的产品运营与产品维修维护方式。从产品运营方面看，实现了从离线监测向实时在线监测的转变，从产品拥有者管理向多元化管理的转变，从产品生命周期的开环管理向全生命周期闭环管理的转变。从产品维修模式方面看，实现了从定期维护向基于状态的预测性维修的转变，从被动维修向"状态监测 + 主动维修"的转变，从单纯售后服务向运营维修服务的转变。在智能制造的驱动下，制造企业通过持续改进，建立高效、安全的智能服务系统，实现服务和产品的实时、有效、智能化互动，为企业创造新价值。伴随制造系统功能复杂度和智能化程度的不断提升，可持续运维技术已成为保障制造系统连续稳定运行、实现提质增效的关键技术，可持续运维所需要的基础知识与面临的技术挑战，如图 1 – 27 所示。针对制造系统/设备的监测诊断与预测、维修策略与规划、维修调度与执行等核心技术的发展得到了国内外学者的广泛关注，机器学习、增强现实等可持续运维的支撑技术也得到逐步应用。

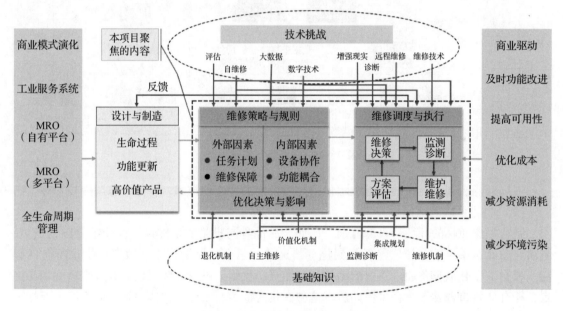

图 1 – 27　可持续运维所需要基础知识与面临的技术挑战

1. 制造系统预测维护与故障预测技术

制造系统的预测性维护对于保障系统持续运行、延长设备使用寿命、降低运维成本具有重要意义。目前故障预测的方法主要有三种：基于故障机理、基于数据驱动和混合方法。

基于故障机理的预测方法通常用于结构简单、机理明确的设备，不适合复杂的制造系统。随着传感器与通信技术的发展，数据驱动的预测方法广泛应用于故障诊断与预测分析。基于数据驱动的故障预测方法需要结合大量的历史故障数据和制造系统的实时状态。但是实际制造系统的历史故障数据量较小，采集的实时数据与系统的运行状态缺少相关的联系，严重影响了故障预测模型训练的效率与准确性。而利用数字孪生技术能够实现物理世界与虚拟世界的融合，可以有效解决以上两个问题，实现制造系统的故障分析与预测。

数字孪生模型通常采用机理模型驱动的方法进行构建。机理模型主要包括3D几何结构模型、力学模型、多物理场模型等。模型驱动的数字孪生可解释性强、准确性高，但是随着制造系统和设备的复杂度增加，基于机理模型的构建方法难度增大，难以满足复杂制造系统的高保真映射。因此，近年来出现了模型与数据混合驱动的方法进行建模，结合数据驱动的方式对机理模型补充完善，利用强化学习修正了数字孪生模型的误差，提高了模型的自适应能力和性能。

2. 增强现实辅助维修技术

增强现实技术（Augmented Reality，简称 AR）是一种借助现场识别并在该位置叠加增强信息的技术，其可以解决 2D 图纸可视化程度较差、查询和检修现场操作时缺少场景的信息反馈、操作者理解效率和工艺操作引导效率低等问题，为快速、精准维修提供了新思路。增强现实技术中的人机交互（Human - Computer Interaction，HCI）通过使用多种交互手段实现了人与增强现实设备之间的信息交换，而其中手势和运动控制等交互手段应用较为广泛。

基于增强现实的人机交互辅助维修技术已经成为维修领域中的研究热点。美国空军联合哥伦比亚大学 Henderson 等开发了一种实验性的增强现实应用原型系统，支持维修人员进行装甲车辆维护任务。可穿戴式辅助维修设备与增强现实技术形成的增强现实维修诱导原型系统相结合，在航空发动机外场维修中进行了应用。增强现实技术正在广泛应用到产品全生命周期各环节，基于增强现实的设备维修维护已成为设备运维领域研究的热点方向之一，并在辅助维修维护方面取得了一定的成果。但目前，在多模态交互信息的意图识别与维修导引等方面与实际需求还有较大差距。

1.4 智能制造工程的技术体系

从智能制造工程整体技术体系看，智能制造工程以制造技术为基础，在传统制造业的产品研发设计、生产制造、运行维护、回收利用等生命周期的各个环节融合人工智能、大数据、云计算、物联网/工业互联网等智能技术，实现产品创新研发、智能生产、精准运维与绿色循环，推动制造业创新变革、转型升级，进而实现制造业高质量发展。"制造为基、智能为魂"强调的是智能制造工程的发展内涵，核心在于借助智能技术与传统制造技术的融合发展，促进制造业由大变强。

智能制造作为制造强国战略的主攻方向，在推进制造业高质量发展过程中发挥了不可替代的作用。智能制造工程所涉及的关键技术具体包含哪些，尚未形成统一共识。美国波士顿咨询公司 2021 年发布报告，介绍了"工业 4.0"时代的九大技术趋势（见图 1 - 28），包括大数据与分析、自主式机器人、仿真模拟、垂直和水平系统集成、工业互联网、工业网络安全、云计算、增材制造和增强现实技术，这些新技术将改变企业生产方式，独立和优化的单元将完全整合为自动化的生产流程，改变供应商、生产商和客户之间的传统关系，也改变了人和机器之间的关系。

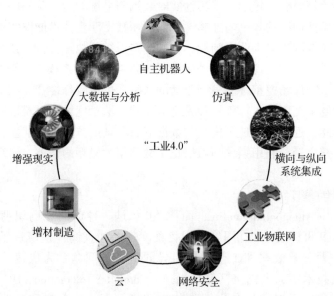

"工业4.0"是未来工业生产的愿景

图1-28 波士顿咨询公司提出的"工业4.0"九大技术

综上，从学术界和产业界对智能制造工程概念理解与应用实践的角度看，可以将智能制造工程的技术体系划分为四个层级，如图1-29所示，包括先进制造与信息技术融合层、传感器层、产线与装备层和工业软件层。

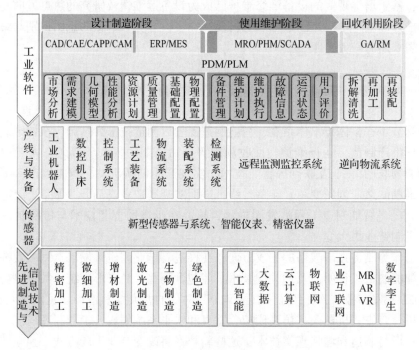

图1-29 智能制造工程技术体系

1. 先进制造与信息技术融合层

先进制造与信息技术融合层，包含了精密加工、微细加工、增材制造、激光制造、生物制造、绿色制造等先进制造技术，以及人工智能、大数据、云计算、物联网、工业互联网、混合现实 MR（Mixed Reality）/增强现实 AR（Augmented Reality）/虚拟现实 VR（Virtual Reality）、数字孪生（Digital Twin）等信息技术。在大数据及分析方面，随着制造系统的智能化演进，工业领域产生、传输、处理及分析利用的数据呈现出大数据的基本特征［海量的数据规模（Volume）、快速的数据流转和动态的数据体系（Velocity）、多样的数据类型（Variety）、巨大的数据价值（Value）］，进而形成了"工业大数据"，即工业领域的大数据基础。因此，基于大数据的分析模式在"工业大数据"的基础上，在制造领域将发挥重要作用，其核心优势在于能够优化产品质量、节约能源、提高设备服务水平。在"工业 4.0"背景下，将对来自开发系统、生产系统、企业与客户管理系统等不同来源的数据进行全面的整合评估，使其成为支持实时决策的标准。

工业机器人已经在汽车、航空、航天等众多制造领域广泛应用，通过工业机器人来处理复杂的作业。随着智能技术的发展，机器人也在不断进化，甚至可以在更复杂、更多变的实用程序中使用，将逐步发展成为"自主式机器人"，机器人将更加自主、灵活。在未来的制造场景中，机器人与人类并肩合作完成复杂作业将更加普遍，并且相比于制造业之前使用的工业机器人，它们的适用范围更广泛。同时，这些机器人也能够相互连接，以便机器人之间也可以协同工作，并自动调整行动，以配合下一个未完成的产品线。自主式机器人中的高端传感器和控制单元可保证与人类密切合作，计算机视觉技术的应用保证了安全互动和零件识别的实现。

目前，在产品研发的工程设计阶段，充分运用了三维仿真材料和产品，但在未来，模拟仿真将更广泛地应用于装置运转中，形成"硬件在环"的仿真。硬件在环仿真（Hardware – in – loop，简称 HIL），是一个与快速控制原型 RCP 反过来的过程。通俗来讲，硬件在环仿真 = 真的控制器 + 假的被控对象，就是将真的控制器连接假的被控对象（用实时仿真硬件来模拟），以一种高效、低成本的方式对控制器进行全面测试。以汽车控制器为例，在实车测试之前，以 HIL 的形式先对控制器做一个全面的功能测试，因为该被控对象是假的，所以 HIL 比实车测试安全高效，而且可以测试一些实车测试中不容易实现的极端。因此，智能制造时代的仿真模拟将利用实时数据，在虚拟模型中反映真实世界，包括机器、产品、人，等等，这使得运营商可以在虚拟建模中进行测试和优化。

2. 传感器层

传感器层包括支撑智能制造工程的新型传感器与系统、智能仪表、精密仪器感知技术。人类正在进入"人 – 机 – 物"三元融合、万物互联的时代，而当前在物联网技术的应用上，制造企业只有部分传感器与设备进行了联网和嵌入式计算，它们通常处于一个垂直化的金字塔中，距离进入总体控制系统的智能化和自动化水平仍有一定距离。随着物联网产业的发展，更多的设备甚至更多的未成品将使用标准技术连接，可以进行现场通信，提供实时响应。驱动和控制系统供应商博世力士乐生产了一种半自动的阀门生产设施，可以分散地分析生产过程。产品通过无线电频率识别码进行识别，并且工作站能够"获知"每个产品必须执行的生产步骤，从而适时地进行特定的操作。

3. 产线与装备层

产线与装备层主要是以实现智能制造的具体设备、生产单元、产线的设计开发为目标，如工业机器人、数控机床、控制系统、工艺装备、物流系统、装配系统、检测系统等，以及对装备运行的状态监测与运行维护的远程监测监控系统，支持产品回收利用的逆向物流系统等。智能制造的推进实施，高度依赖于数据采集与监控（SCADA）、分布式控制系统（DCS）、过程控制系统（PCS）、可编程逻辑控制器（PLC）等工业控制系统，广泛运用于工业、能源、交通、水利以及市政等领域，用于控制生产设备的运行。"工业4.0"时代，工业设备连接性增强，网络安全威胁也急剧增加，一旦工业控制系统信息安全出现漏洞，将对工业生产运行和国家经济安全造成重大隐患。随着计算机和网络技术的发展，特别是信息化与工业化的深度融合以及物联网的快速发展，工业控制系统产品越来越多地采用通用协议、通用硬件和通用软件，以各种方式与互联网等公共网络连接，高度信息化的同时也减弱了控制系统及SCADA系统等与外界的隔离，病毒、木马等威胁正在向工业控制系统扩散，工业控制系统信息安全问题日益突出。因此，工业网络安全技术是构成智能制造工程技术体系的重要组成部分。

4. 工业软件层

工业软件是推进智能制造的关键要素，是利用工业技术软件化实现工业化与信息化深度融合的核心，是智能制造工程技术体系的重要组成部分。按照产品生命周期管理阶段，工业软件层面包含了计算机辅助设计CAD（Computer Aided Design）/计算机辅助工程CAE（Computer Aided Engineering）/计算机辅助工艺规划CAPP（Computer Aided Process Planning）/计算机辅助制造CAM（Computer Aided Manufacturing），企业资源计划ERP（Enterprise Resource Planning）/制造执行系统MES（Manufacturing Executive System），运维服务软件MRO（Maintenance Repair Operation）/故障预测与健康管理软件（Prognostic and Health Management）/监测控制与数据采集SCADA（Supervisory Control And Data Acquisition），以及绿色制造GM（Green Manufacturing）/再制造（Remanufacturing），产品数据管理PDM（Product Data Management）/产品生命周期管理PLM（Product Lifecycle Management）软件等。以制造企业为例，实施智能制造涉及的各类工业软件及其关系如图1-30所示。

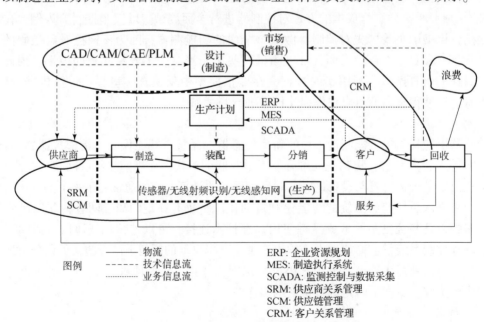

图1-30　制造企业中各类工业软件及其关系

1.5　小结与习题

本章以智能制造概念的提出和智能制造工程的发展背景、需求及趋势为切入点，给出了智能制造工程的核心概念视图，从产品生命周期管理维度、制造系统演化维度和典型应用场景维度，阐述了智能制造工程的核心概念。

智能制造工程研究的核心对象——制造系统，伴随先进制造技术和信息技术的融合发展与相互促进，呈现出智能化演进的技术特征。本章详细阐述了制造系统"自动化 – 数字化 – 网络化 – 智能化"的技术演进脉络，分析了各个阶段制造系统的主要特点。

从产品生命周期管理的视角看，智能制造推动着产品研发设计、生产制造、运维服务等生命周期各业务环节的管理变革，重新定义产品边界、重新定义制造范式、重构产品运维模式。本章从先进制造与信息技术融合层、传感器层、产线与装备层、工业软件层四个层面构建了智能制造工程的技术体系。

【习题】

（1）简述智能制造的基本概念、现实需求及发展趋势。

（2）简述制造系统的基本概念与构成。

（3）简述制造系统智能化演进的不同阶段及其主要特点。

（4）简述产品全生命周期的基本概念及阶段划分。

（5）如何理解智能制造对产品生命周期管理变革的作用。

第 2 章
智能制造理论基础与模式

本章概要

  智能制造概念的提出有其产业需求和技术驱动双重因素作用下的历史发展必然性，但智能制造的理论基础尚未形成统一共识，智能制造的基本范式和典型模式在制造业产业发展过程中不断升级更新。

  本章从控制论与系统工程理论对智能制造提出并发展的促进作用视角，构建起智能制造的理论基础，概述"工业4.0"的产生、"工业4.0"的核心特征与参考架构，以及信息物理系统等概念，丰富智能制造的理论体系。结合中国工程院对智能制造数字化、网络化、智能化的基本技术特征总结分析，概括了智能制造的三种基本范式，并结合市场需求和技术进步，分析制造模式演进，详细论述了大规模生产方式、大规模定制生产方式和个性化生产方式。

学习目标

1. 能够阐释控制论/系统工程理论等智能制造的理论基础。
2. 能够清晰刻画智能制造演进的基本范式及其特点。
3. 能够结合制造业实际场景分析智能制造的主要模式及特点。

知识点思维导图

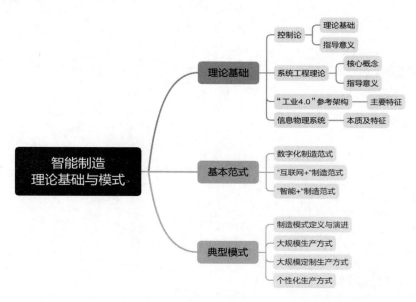

2.1　智能制造理论基础

自 20 世纪 90 年代智能制造这一术语被提出后，经过近 30 年信息技术与制造技术的融合发展，智能制造已被广泛接受。但在学术领域，尚未对"智能制造"形成统一表述，或者说智能制造的学术概念仍在不断发展，对智能制造的理论基础仍在不断探讨之中。结合智能制造的发展演进脉络，探究其制造本质及其与自动化、系统工程的紧密联系，可以发现控制论和系统工程理论包含的基本理论对智能制造的发展具有重要的指导作用，即成为智能制造工程的重要理论基础。另外，德国"工业 4.0"的参考架构和信息物理系统的概念及技术体系对智能制造工程相关的理论发展也具有积极的参考作用。为此，本书重点围绕控制论、系统工程理论、"工业 4.0"参考架构和信息物理系统阐述智能制造工程的理论基础。

2.1.1　控制论

1. 控制论研究的核心问题

控制论，源自 1948 年美国数学家诺伯特·维纳的专著（*Cybernetics*）——《关于在动物和机器中控制与通信的科学》，该著作也成为控制论理论诞生的重要标志。维纳认为一切通信和控制系统都包含信息传输和信息处理过程的共同特点，确认了信息和反馈在控制论中的基础性。

控制论指出一个通信系统总能根据人们的需要传输各种不同思想内容的信息，一个自动控制系统必须根据周围环境的变化自行调整自己的运动，而且，通信和控制系统接收的信息带有某种随机性质并满足一定的统计分布，通信和控制系统本身的结构也必须适应这种统计性质，并能做出预期的动作响应。

控制论的核心问题是从一般意义上研究信息提取、信息传播、信息处理、信息存储和信息利用等问题。控制论用抽象的方式揭示包括生命系统、工程系统、经济系统和社会系统等在内的一切控制系统的信息传输与信息处理的特性和规律，研究用不同的控制方式达到不同控制目的的可能性和途径，而不涉及具体信号的传输和处理。总体来看，控制论的核心问题涉及 5 个基本方面。

（1）通信与控制之间的关系

一切系统为了达到预定的目的必须经过有效的控制。有效的控制一定要有信息反馈，人控制机器或计算机控制机器都是一种双向信息流的过程，包括信息提取、信息传输和信息处理。

（2）适应性与信息和反馈的关系

适应性是系统得以在环境变化下能保持原有性能或功能的一个特性，人的适应性就是通过获取信息和利用信息，并对外界环境中的偶然性进行调节而有效的生活的过程。

（3）学习与信息和反馈的关系

反馈具有用过去行为来调节未来行为的功能。反馈可以是简单反馈或复杂反馈。在复杂反馈中，过去的经验不仅用来调节特定的动作，而且用来对系统行为进行全盘策略使之具有学习功能。

（4）进化与信息和反馈的关系

生命体在进化过程中一方面表现有多向发展的自发趋势，另一方面又有保持祖先模式的趋势。这两种效应基于信息和反馈相结合，通过自然选择会淘汰掉那些不适应周围环境的有机体，留下能适应周围环境的生命形式的剩余模式。

（5）自组织与信息和反馈的关系

人根据神经细胞的新陈代谢现象和神经细胞之间形成突触的随机性质来认识信息与系统结构的关系。可以认为，记忆的生理条件乃至学习的生理条件就是组织性的某种连续，即通过控制可把来自外界的信息变成结构或机能方面比较经久的变化。

控制论通过信息和反馈建立了工程技术与生命科学和社会科学之间的联系。这种跨学科性质，不仅可使一个科学领域中已经发展得比较成熟的概念和方法直接用于另一个科学领域，避免不必要的重复研究，而且提供了采用类比的方法特别是功能类比的方法产生新设计思想和新控制方法的可能性。尤其值得指出的是，运用控制论方法研究工程系统的调节和控制问题方面，我国"两弹一星"功勋、著名科学家钱学森先生创立了工程控制论，于1954年在美国出版了《工程控制论》专著，提出工程控制论的对象是控制论中能够直接应用于工程设计的部分，奠定了工程科技领域控制工程学科、系统工程学科发展的重要基础。

在维纳提出的控制论中，"控制"的定义是为了"改善"某个或某些受控对象的功能或发展，需要获得并使用信息，以这种信息为基础而选出并附加于该对象之上的具体作用。因此，控制的基础是信息，一切信息传递都是为了控制，而任何控制又都有赖于信息反馈来实现。信息反馈是控制论的一个极其重要的概念。通俗他说，信息反馈就是指由控制系统把信息输送出去，又把其作用结果返送回来，并对信息的再输出发生影响，起到控制的作用并达到预定目的。

2. 控制论的发展阶段

从控制论的发展历程看，主要经历了三个重要发展阶段：经典控制论、现代控制论和大系统理论。

经典控制论主要研究单输入和单输出的线性控制系统的一般规律，它建立了系统、信息、调节、控制、反馈、稳定性等控制论的基本概念和分析方法，研究的重点是反馈控制，核心装置是自动调节器，主要应用于单机自动化，为现代控制理论的发展奠定了基础。

现代控制论的研究对象是多输入和多输出系统的非线性控制系统，其中重点研究的是最优控制、随机控制和自适应控制，主要应用于机组自动化和生物系统。

大系统理论的主要研究对象是众多因素复杂的控制系统（如宏观经济系统、资源分配系统、生态和环境系统、能源系统等），研究的重点是大系统的多级递阶控制、分解—协调原理、分散最优控制和大系统模型降阶理论等。

在智能制造工程技术领域，有很多问题需要运用控制论的相关理论与方法，比如最优控制理论、自组织系统理论、模糊理论与大系统理论等。

（1）最优控制理论

在现代社会发展、科学技术日益进步的情况下，各种控制系统的复杂化与大型化已越来越明显，不仅系统技术、工具和手段更加科学化、现代化，而且各类控制系统的应用技术要求也越来越高，这就促使控制论进入多输入和多输出系统控制的现代化阶段，由此而产生了最优控制理论。这一理论是通过数学方法，科学、有效地解决大系统的设计和控制问题，强调采用动态的控制方式和方法，以满足各种多输入和多输出系统的控制要求，实现系统最优化。最优控制理论主要在工程控制系统、社会控制系统等领域得到广泛的应用和发展。

（2）自适应、自学习和自组织系统理论

自适应控制系统是一种前馈控制的系统，所谓前馈控制，是指环境条件还没有影响到控制对象之前，就进行预测而去控制的一种方式。自适应控制系统能按照外界条件的变化，自动调整其自身的结构或行为参数，以保持系统原有的功能，如自寻最优点的极值控制系统、条件反馈性的简单波动自适应系统等。随着信息科学与技术的发展，自适应系统理论得到进一步完善和深化，并逐步形成一种专门的工程控制理论。自学习系统就是系统具有能够按照自己运行过程中的经验来改进控制算法的能力，它是自适应系统的一个延伸和发展。因此，自学习系统理论也被广泛应用于工程控制领域，它有"定式"和"非定式"两个方面，前者是根据已有的答案对机器工作状态作出判断，由此来改进机器的控制，使之不断趋近于理想的算法；后者是通过各种试探、统计决策和模式识别等手段对机器进行控制，使之趋近于理想的算法。自组织系统就是能根据环境变化与运行经验来改变自身结构和行为参数的系统，自组织系统理论的主要目标是通过仿真、模拟人的神经网络或感觉器官的功能，探索实现人工智能的途径。

（3）模糊理论

模糊理论是在模糊数学的基础上形成的一种新型的数理理论，主要用来解决一些不确定性的问题。模糊数学包括模糊代数、模糊群体、模糊拓扑等。在现实社会中，存在着大量不够明确的信息和含糊的概念，人们只能根据经验对事物进行估计、推理和判断。因此，在一个复杂系统中，往往就有一些不确定性的问题需要处理。对此，仅用一般的数学模型和计算机是难以完成的，这就必须根据模糊数学来求得解决问题的结论。

（4）大系统理论

大系统理论是现代控制论最近发展的一个新的重要领域。它以规模度大、结构复杂、目标多样、功能综合、因素繁多的各种工程或非工程的大系统自动化问题作为研究对象，其研究和应用涉及工程技术、社会经济、生物生态等许多领域，如城市交通系统、社会系统、生态环境保护系统、消费分配系统、大规模信息自动检索系统等。尤其是在生产管理系统方面，如在生产过程综合自动化管理控制系统、区域电网自动调节系统、综合自动化钢铁联合企业系统等方面应用性更强。大系统理论所要研究的问题，主要是大系统的最优化问题。

3. 控制论对智能制造的指导意义

1）智能制造领域的一些核心概念和关键技术都源于控制论。维纳的《控制论》原著使用的书名是 Cybernetics（Cybernetics 被翻译成中文时使用了"控制论"这个词）。尽管"控制论"这个译名并不能充分反映"cybernetics"一词的丰富内涵，但在中文的语境中，控制论也已被广泛接受并发展，也在各个领域体现了维纳运用"cybernetics"的本意：着眼于动物和机器中的通信与控制理论。

根据北京大学出版社 2020 年出版收录于科学元典丛书的《控制论》导读部分的内容，中国科学院数学与系统科学研究院胡作玄教授指出：由于汉语翻译的原因，我们常常把控制论与大约同时出现的一个技术科学领域——控制理论（Control Theory）混淆起来。控制理论来源于比较具体而实际的问题，从蒸汽机的自动调节、温度的自动控制到导弹的自动制导等，在这些问题的基础上建立起物理和数学模型，进一步发展成为现代控制理论。相对于控制理论，控制论更应该被视为跨学科的学科群。

如图 2 - 1 所示，以信息物理系统（Cyber - Physical System，简写为 CPS）为核心的智能制造系统，本质上是物理空间的制造系统，包含了制造过程的自动化系统、机床、工业机器人等制造设备，以及工厂设施、物流设施等，是基于计算、通信和控制技术在信息空间建立起的一个综合计算、网络和物理环境的多维复杂系统。

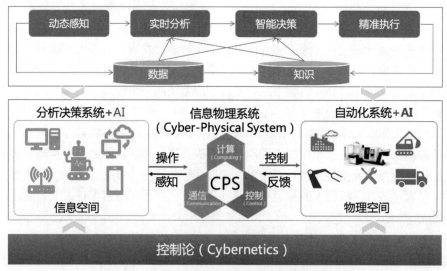

图 2-1　以控制论为理论基础的智能制造系统示意

信息物理系统中的 Cyber 就是取自控制论的 Cybernetics，强调了其通过人机交互接口实现与物理进程的交互，使用网络化空间以远程的、可靠的、实时的、安全的、协作的方式操控一个物理实体。对于工业生产而言，推动智能制造非常重要的一个目标是实现制造业的高质量发展。这里的高质量含义广泛，既包含生产系统的高效率、产品质量的高稳定性，更有对产品价值高端化、制造的绿色环保等要求。高效、高质对生产系统设备运行的稳定性提出了更高的要求，生产工艺参数要稳定、精准，设备与设备之间、人与设备之间的协作是可靠的、连续的，而这些要求都要依赖于信息、通信、反馈与控制。维纳控制论中的很多概念、理论具有超前预见性，提出的核心观点对现在智能制造的发展具有重要的指导意义，成为智能制造工程核心理论的基础。

2）智能制造发展的重要基础之一的"自动化"就源于维纳的控制论。维纳在 70 多年前，首先提出"自动化"的概念。现代产业的快速发展更离不开自动化，且已经随着计算机、互联网等信息技术的普及提升了自动化的水平。在维纳刚刚提出控制论时，第一代计算机刚刚问世，其功能也很原始，应用领域极为有限。70 多年前，世界上大多数国家，特别是发展中国家还远远没有解决工业化、机械化、电气化等问题，这时维纳已经清楚预见到建立在"信息""通信""控制""反馈"等概念和技术上的"自动化"，这远远超出了当时人们的认识水平。随后 70 多年的工业发展历程则证实了维纳的先见之明。

3）智能制造发展的另一个重要标志是"智能"，在维纳的控制论中也有明确描述。维纳的最终目标是实现所谓的"智能机"问题。尽管在人工智能研究异常活跃的今天，许多领域和技术均贴以"智能"的标签，但现有的机器同最简单的"智能机"仍有一道鸿沟。维纳指出，智能的首要问题是"学习"，而这是现在机器还无法办到的且没有能力实现"自主学习"。但维纳对此持乐观态度，他指出"真正惊人的、活跃的生命和学习现象仅在有机体达到一定复杂性的临界度时才开始实现，虽然这种复杂性也许可以由不太困难的纯粹机械手段来取得，然而复杂性使这些手段自身受到极大的限制"。因此，使得机器像人或动物一样聪明且具有"学习"能力，首先不可或缺的就是要具有信息感知、传送和处理的机制。在此基础上，才可能做到把"信息空间"的感知、决策与"物理空间"的设备运行、操作与控制有机地结合在一起，进而实现自动化。这也是有观点认为"把感知、决策和执行自动地结合在一起，就具备了智能的最基本的特征"的主要原因。而控制论很早之前就被列入了人工智能的三大学派之一。

最后，从工业革命的历史进程来看，控制论成为智能制造的理论基础也有其必然性。智能制造是我国在第四次工业革命（"工业4.0"）时代，推进国家制造强国战略的主攻方向。"工业4.0"的发展是在前三次工业革命的基础上，在人工智能、工业互联网等新科技的推动下蓬勃发展。第一次工业革命时代瓦特发明的蒸汽机，尽管其信息感知、处理（决策）和执行机构全都是由机械来完成的，但具备了控制论核心观点的全部要素。然而，当时信息的感知和处理全部由机械来完成是个很大的约束，尤其是依靠机械来实现对温度、湿度、光强等信息测量是非常困难的，即使能够观测到，但依靠机械手段进行测量值的计算就更难。当然，没有计算机的时代，我们也实现了原子弹的爆炸成功，这是依靠了人民的集体智慧，而非简单机械。

而在维纳时代，已经到了第三次工业革命时期。此时，依靠第二次工业革命的成果，电的使用已经相当广泛了，基于电信号的传感器信息可以直接进行运算，且经过处理后通过信号控制并驱动设备运行。也是在这样的背景下，维纳在控制论中指出"弱电的产生是新时代的标志"。但仅有信息传递与反馈是不够的，对于系统运行的控制，还要依赖于对控制对象的描述以及采用的控制策略。从控制论的发展过程看，通常采用线性常微分方程/方程组来描述对象或控制策略，即把控制策略的制定转化成一个数学问题，再通过数学方法进行求解。线性常微分方程/方程组的优势就是可以直接求解，但并不是所有的数学模型都可以求解，随后发展出来启发式算法，而针对一般性的数学模型运用仿真的方法可能会得到更好的"解"，再根据实际情况和仿真计算的结果调整控制策略，这也是信息物理系统产生的重要驱动因素之一。在信息物理系统的 Cyber 空间，制造企业可以运用网络上的各种资源进行仿真计算，实现跨越时空的资源共享与重用，从而提升其快速响应能力，这也是智能制造发展的重要动力。

2.1.2 系统工程理论

1. 系统工程研究的核心问题

系统工程理论，源于1945年美籍奥地利生物学家冯·贝塔朗菲所著《关于一般系统论》，该著作也成为系统论形成的标志。一般系统论研究的核心问题是关于"系统的模式、原则和规律，并对其功能进行数学描述"，其形成的有关系统的整体性、开放性、动态相关性、层次等级性和有序性，成为研究系统及其特性，推动系统工程理论研究的基本观点。

（1）系统的主要特性

系统整体性是系统最本质的属性。贝塔朗菲指出"一般系统论是对整体和完整性的科学探索"。系统的整体性根源于系统的有机性和系统的组合效应。系统整体性原理的基本内容包括：要素和系统不可分割，即系统与要素、整体与部分的"合则两存""分则两亡"的性质，体现了系统的有机性；系统整体的功能不等于各组成部分的功能之和。在系统论中1加1不等于2，这是贝塔朗菲著名的"非加和定律"；系统整体具有不同于各组成部分的新功能，即从质的关系方面看，系统的整体效应表现为系统整体的性质或功能，具有构成该整体的各个部分自身所没有的新的性质或功能，也就是说，系统整体的质不同于部分的质。

1）系统的开放性表明生物系统本质上是开放系统，不同于封闭的物理系统。贝塔朗菲认为，一切有机体之所以有组织地处于活动状态并保持其活的生命运动，是由于系统与环境处于相互作用之中，系统与环境不断进行物质、能量和信息的交换，这就是所谓的开放系统。正是由于生命系统的开放性，才使这种系统能够在环境中保持自身的、有序的、有组织的稳定状态。在《一般系统论》中提出的等级结构性原理，用一组联立微分方程对开放系统进行数学描述，从数学上证明了开放系统的稳态，并不以初始条件为转移，指出了开放系统可以显示出异同因果律。系统的目的性（有效性、适应性、寻的性）是存在的，不是完全由因果律决定的。开放系统可以保持自身的稳定结构和有序状态，或增加其既有秩序，这正是系统目的性的表现。把系统的开放性、有序性、结构稳定性和目的性联系起来，这正是贝塔朗菲一般系统论的核心和重要成果。

2）系统的动态相关性表明任何系统都处在不断发展变化之中，系统状态是时间的函数，这就是系统的动态性。系统的动态性取决于系统的相关性。系统的相关性是指系统的要素之间、要素与系统整体之间、系统与环境之间的有机关联性，它们之间相互制约、相互影响、相互作用，存在着不可分割的有机联系。相关就是联系。系统论的相关性原则与唯物辩证法普遍联系的原则是一致的。动态相关性的实质是揭示要素、系统和环境三者之间的关系及其对系统状态的影响。

3）系统的层次等级性表明系统是有结构的，而结构是有层次、等级之分的。系统由子系统构成，低一级层次是高一级层次的基础，层次越高越复杂，组织越有序，并且系统本身也是另一系统的一个组成要素。系统中的不同层次及不同层次等级的系统之间相互制约、相互关联。自然系统、社会系统都有层次结构。等级层次结构存在于一切物质系统，因而人们对事物的认识也只是对其某一层面的认识。

4）系统的有序性可从两方面来理解。其一，是系统结构的有序性。若结构合理，则系统的有序程度高，有利于系统整体功效的发挥。其二，是系统发展的有序性。系统在变化发展中从低级结构向高级结构的转变，体现了系统发展的有序性，这是系统不断改造自身、适应环境的结果。系统结构的有序性体现的是系统的空间有序性，系统发展的有序性体现的是系统的时间有序性，两者共同决定了系统的时空有序性。

（2）系统工程的定义与研究对象

在一般系统论的基础上，系统工程经历近 70 年的发展，形成了从整体出发合理开发、设计、实施和运用系统科学的工程技术体系。它根据总体协调的需要，综合应用自然科学和社会科学中有关的思想、理论和方法，利用电子计算机作为工具，对系统的结构、要素、信息和反馈等进行分析，以达到最优规划、最优设计、最优管理和最优控制的目的。

1）系统工程的定义。

对于系统工程的定义，在 20 世纪 60—70 年代国内外有关机构、学者就给予了极大的关注，提出了具有指引性的表述。比如，1969 年，美国质量管理学会系统工程委员会给出系统工程的定义：系统工程是应用科学知识设计和制造系统的一门特殊工程学；1975 年，美国科学技术辞典中对系统工程的定义：系统工程是研究由许多密切联系的要素组成的复杂系统的设计科学；1967 年，《日本工业标准 JIS》中定义：系统工程是为了更好地达到系统目标而对系统的构成要素、组织结构、信息流动和控制机理等进行分析与设计的技术；1974

年，《大英百科全书》中定义：系统工程是一门已有学科分支中的知识有效地组合起来用以解决综合性的工程问题的技术；1976 年，苏联的《苏联大百科全书》中定义：系统工程是一门研究复杂系统的设计、建立、试验和运行的科学技术。

2）系统工程的研究对象。

我国的系统工程研究，在 20 世纪 90 年代已经达到世界领先水平，具有鲜明的中国特色。这首先归功于我国"两弹一星"元勋、著名科学家钱学森院士。1978 年 9 月 27 日，钱学森、许国志、王寿云联合署名在《文汇报》发表文章《组织管理的技术——系统工程》，在工业界和学术界引起巨大反响，极大地推动了系统工程在中国的迅猛发展。1978 年也被称为"中国系统工程元年"。在钱老的这篇文章中，就系统工程的定义与科学内涵进行了充分说明，也奠定了后来中国系统工程学会所倡导的"系统工程中国学派——钱学森学派"的发展。系统工程是组织管理的技术，也是组织管理系统的规划、研究、设计、制造、试验和使用的科学方法，是一种对所有系统都具有普遍意义的科学方法。

① 系统工程以复杂的大系统为研究对象。系统工程实践先于系统工程理论，先于系统工程学科。系统思想、系统工程实践在中国源远流长，以大禹治水、都江堰等杰出的大型水利工程为代表的系统工程实践表明，中国是"系统工程文明古国"。

美国贝尔电话公司在 20 世纪 40 年代提出和应用了系统工程方法开展项目研究与开发，随后美国的一些大型工程项目和军事装备系统的开发中，系统工程充分显示了它在解决复杂大型工程问题上的效用，并在美国的导弹研制、阿波罗登月计划中得到了迅速发展。

20 世纪 60 年代，中国在航空航天领域推动系统工程，包括"两弹一星"的型号研制等大型工程任务。到了 20 世纪 70—80 年代系统工程技术开始渗透到社会、经济、自然等各个领域，逐步分解为工程系统工程、企业系统工程、经济系统工程、区域规划系统工程、环境生态系统工程、能源系统工程、水资源系统工程、农业系统工程、人口系统工程等，成为研究复杂系统的一种行之有效的技术手段。

21 世纪以来，我国经济发展、科技发展进入了高速发展的"快车道"，无论是国防军事领域还是国民经济主战场，系统工程都发挥了重要作用，包括探月工程实施的"嫦娥"系列卫星的成功发射，实现了"绕""落""回"三步走战略的战略目标；"神舟"系列飞船成功发射，建立"天宫"空间站；成功实现"北斗"组网；以及"中国天眼"（FAST）、"和谐号""复兴号"动车组与高铁项目、"港珠澳"跨海大桥等工程的成功实施，无不体现出中国系统工程领域工程实践与理论研究的优势。

② 系统工程所研究的复杂系统除了一般系统所具有的结构复杂、因素众多、系统行为有时滞现象，以及系统内部诸参数随时间而变化等特征外，系统工程学认为的复杂系统还有一些其他特征，比如系统都是高阶数、多回路、非线性的信息反馈系统；系统的行为具有"反直观"性，即其行为方式往往与多数人们所预期的结果相反；系统内部诸反馈回路中存在一些主要回路；系统的非线性多次反馈以后，呈现出对外部扰动反映迟钝的倾向，对系统参数变化不敏感等。

从系统方法论来说，系统工程学是结构方法、功能方法和历史方法的统一，它有一套独特的解决复杂系统问题的工具和技巧，如双向因果环、反馈、流位和速率等概念。系统工程学模型中能容纳大量的变量，一般可达数千个以上；它是一种结构模型，通过它可以充分认识系统结构，并以此来把握系统的行为，而不只是依赖数据来研究系统行为。因此，可以说系统工程是研究实际系统的"实验室"。

③系统工程方法就是从系统的观点出发，在系统与要素、要素与要素、系统与外部环境的相互关系中揭示对象系统的系统特性和运动规律，从而最佳地处理问题。系统工程方法遵循了整体性、动态性和最优化原则。

整体性强调从整体出发、从系统目标出发进行研究，注意各要素间的相关关系。整体不等于各部分之和，如解决环保问题，就要将环境、能源、生产、经济统为一体，不能以孤立的观点来认识环境问题。

动态性强调从时间轴上看其产生、发展过程及前景。如开发新产品时要注意开发时间与技术更新。

最优化强调要求的整体最优，而不拘泥于局部最优。系统工程学通过人和计算机的配合，能充分发挥人的理解、分析、推理、评价、创造等能力的优势，又能利用计算机高速计算和跟踪能力，以此来实验和剖析系统，从而获得丰富的信息，为选择最优的或次优的系统方案提供有力工具。

2. 系统工程理论对智能制造的指导意义

（1）基于模型的系统工程是推动智能制造的有力手段

系统工程包括技术过程和管理过程两个层面，技术过程遵循分解—集成的系统论思路和渐进有序的开发步骤；管理过程包括技术管理过程和项目管理过程。工程系统的研制，实质是建立工程系统模型的过程，在技术过程层面主要是系统模型的构建、分析、优化、验证工作；在管理过程层面，包括对系统建模工作的计划、组织、领导、控制。因此，系统工程这种"组织管理的技术"，实质上应该包括系统建模技术和建模工作的组织管理技术两个层面，其中系统建模技术包括建模语言、建模思路和建模工具。

传统系统工程（Traditional Systems Engineering，TSE，也是 Text – Based Systems Engineering 的简称）自产生以来，系统建模技术中的建模语言变化较小。随着人们所研制的工程系统越来越复杂，传统系统工程中，系统工程活动的产出是一系列基于自然语言的文档，比如用户的需求、设计方案。这个文档又是"文本格式的"，所以也可以说传统的系统工程是"基于文本的系统工程"（Text – Based Systems Engineering，TSE）。在这种模式下，要把散落在各个论证报告、设计报告、分析报告、试验报告中的工程系统的信息集成关联在一起，费时费力且容易出错。而以模型化为代表的信息技术快速发展，并在工程系统研制需求牵引和技术推动下，基于模型的系统工程（Model – Based Systems Engineering，MBSE）应运而生，相比于以文本管理为基础的传统系统工程，基于模型的系统工程在建模语言、建模思路、建模工具上有重大转变，相对传统系统工程有诸多不可替代的优势，是系统工程的颠覆性技术。因此，国外把基于模型的系统工程视为系统工程的"革命""系统工程的未来""系统工程的转型"等。

2007 年，国际系统工程学会（INCOSE）在《系统工程 2020 年愿景》中给出了"基于模型的系统工程"的定义：基于模型的系统工程是对系统工程活动中建模方法应用的正式认同，以使建模方法支持系统要求、设计、分析、验证和确认等活动，这些活动从产品概念设计开始，持续贯穿到产品设计开发及后续的所有生命周期阶段。MBSE 的实质就是开发一个产品、平台时，把产品、平台研发中涉及的各个方面用"计算机数据模型"方式建立起来，形成一个统一的"系统模型"。从 MBSE 的定义可以看出，MBSE 强调了建模方法的应用问题。我们知道，模型就是针对建模对象（研究对象）中建模者感兴趣的某些方面特征的近似表征，建模就是运用某种建模语言和建模工具来建立模型的过程，而仿真则是对模型的实施与执行。模型是我们思考问题的基本方法，是设计工作的思维基础。MBSE 重点强调了以下两点：

1）建模方法的应用问题。MBSE 和传统系统工程最大的区别就是采用建模的方法进行产品设计。建模是运用某种建模语言和建模工具，通过抽象、简化建立能近似刻画并"解决"实际问题的一种方法。系统工程从原来的"基于文档"转向为"基于模型"，并由此带来整个工作模式、设计流程的变革。

2）MBSE 贯穿于整个产品研制的全生命周期。系统工程技术活动涵盖了系统定义、目标确定、需求分析、系统方案设计、产品制造、总装集成、测试验证、产品验收、评估交付、运行维护、系统处置 11 个过程，这也就决定了 MBSE 并不是局限于产品研制的某一个阶段，而是贯穿于整个产品研制的全生命周期中的各个阶段。因此，这里的"模型"并不是唯一的，在不同的设计阶段和领域，其"模型"具有不同的含义。例如，对于系统设计人员，MBSE 指的是通过图形化的系统建模语言（如 SysML）而建立的模型；对于产品结构设计人员，MBSE 指的是通过 CAD 软件建立的三维模型；对于仿真控制设计人员，MBSE 指的是通过 Matlab/Simulink 等工具构建的模型。

2022 年，国际系统工程学会发布了《系统工程 2035 年愿景》，描述了未来 10 年影响系统工程的几大趋势，包括可持续性、相互依存的世界、数字化转型、"工业 4.0"/"社会 5.0"、智能系统及复杂性增长等。对于智能制造而言，是我国推动"工业 4.0"实现制造强国的主攻方向，在系统工程的未来发展中构想的基于模型及仿真是实现智能制造的重要手段。图 2 - 2 所示为《系统工程 2035 年愿景》所描述的基于模型的系统工程未来场景，即当前虽然越来越多的系统工程组织已经采用了基于模型的技术来获取系统工程工作产品，但 MBSE 在行业部门和组织内部的采用是不平衡的，每个项目都使用"定制"的"一次性模拟"，模型的重用仍然有限，特别是在系统架构和设计验证的关键（早期）阶段，这种模型重用就更加有限。

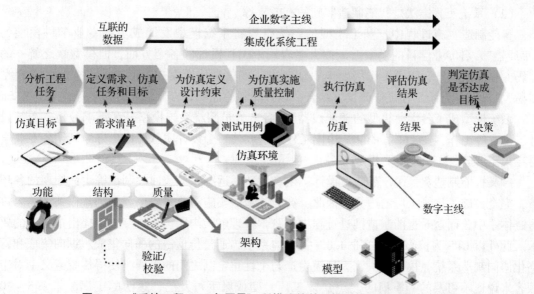

图 2 - 2　《系统工程 2035 年愿景》所描述的基于模型的系统工程未来场景

　　到 2035 年，随着 MBSE 的深入推进，将会实现基于本体互连的虚拟模型、基于数字孪生的模型资产进行模型实时更新，提供基于虚拟现实的沉浸式设计和探索空间，并支持利用基于云的高容量计算基础设施进行大规模仿真，建立起如图 2-3 所示的面向全生命周期的产品数字化模型集成环境。系统解决方案将日益被描述为信息物理系统（CPS）和产品服务系统，并将作为更广泛的系统的一部分与其他系统进行常规连接。系统工程的相关性和影响将继续增长，超越大规模产品开发到工程和社会技术系统应用的广泛范围。此外，系统工程将成为数字化企业的必要前提和促成因素。系统工程将为这些对系统和产品创新、缺陷减少、增加企业敏捷性和增加用户信任至关重要的应用程序带来跨学科的视角。系统工程实践将以模型为中心，利用可重用元素的巨大资源库，同时提供基本的方法来管理系统生命周期中不断增加的复杂性和风险。

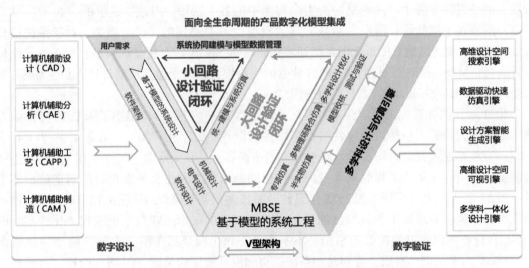

图 2-3　面向全生命周期的产品数字化设计集成环境

（2）系统工程方法是智能制造实施的有效支撑

　　智能制造实施过程中，基于模型的系统工程将系统模型发展成了各专业学科模型的"集线器"。各专业学科的模型已经被大量应用于工程设计的各个方面，但模型缺乏统一的编码，也无法共享，建模工作仍处于"烟囱式"的信息传递模式，形成了一个个的"模型孤岛"，没有与系统工程工作流良好结合。以智能制造背景下的产品协同设计为例，在 MBSE 下，系统模型成了各学科模型的"集线器"，各方人员围绕系统模型开展需求分析、系统设计、仿真等工作，便于工程团队的协同工作。这就使整个设计团队可以更好地利用各专业学科在模型、软件工具上的先进成果。

　　广义智能制造覆盖了产品研发设计、生产制造、运维服务、回收利用等生命周期的各环节，完全突破了传统工厂的边界。因此，智能制造的实施需要将更广泛的利益攸关者纳入价值链体系中，而这对智能制造推进过程中的跨学科理解、沟通、合作、整合提出了更高的要求。此外以 CPS 为核心的"工业 4.0"概念体系中，通过价值链的横向集成、纵向集成和网络化协同制造系统，快速解决了大规模生产与个性化定制之间的矛盾，使得传统意义上对于顾客来说遥不可及的、模糊的"黑盒"工厂，变成触手可及的、透明的工厂。未来 5~10年，顾客的个性化需要甚至会突破有限的产品定制化选择，而直接融入产品设计本身。在这种情况下，如何快速且有效地完成从顾客需要到产品实现的转换，将成为智能制造发展的关键。产品从概念、设计到研发、生产的过程，将由于智能制造系统打通价值链的上下游，使得整个过程前所未有地被提速了，在产品生命周期越来越短的竞争环境下，那些能够在早期更多地将生产和运行状态中的各种可能的收益和风险考虑完整的组织，将能够在保证效率的同时，维持更高的研发质量，避免反复迭代的浪费，从而具备领先行业的竞争力。因此，全面的系统工程方法的导入是智能制造能够达成的有效支撑。

从智能制造和系统工程两个方面的发展趋势来看，两者必将在融合中支持更加广泛的产品创新，同时在创新实践中更加深入地融合发展。清华大学工业工程系系统工程团队提出了如图 2-4 所示的智能制造与系统工程融合创新体系，该体系架构分为物理世界与数字世界。在物理世界中，围绕产品这个中心，以基于模型的"系统工程 V 模型"为内核，以设计、制造、运行为外围活动；在对应的数字世界中，形成产品全生命周期过程的数字孪生，从而支持外围的基于模型的设计、智能制造和智能运行。在物理世界与数字世界之间的数据采集和分析，一方面负责数字世界对物理世界的同步学习，第一方面通过仿真、优化等方法进行决策分析与推演。

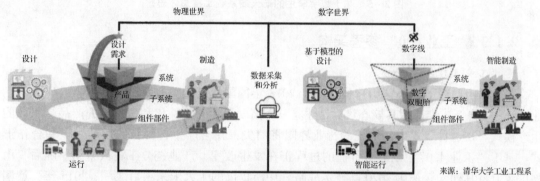

图 2-4 智能制造与系统工程融合创新体系架构

智能制造和系统工程的融合发展，能够有效推动各个行业领域的高质量发展。以航天器的研发制造为例，基于数字孪生的航天器系统工程总体思想如图 2-5 所示。借助大数据、云计算、物联网、数字化表达、移动互联、人工智能等先进技术，从虚实空间、生命周期、产品结构、计划与控制、涉及学科、工程要素、地缘分布 7 个维度对航天器系统工程进行综合。在信息世界中构建物理世界（如航天器产品、物理验证载体、物理车间、试验/测试设备等）的超写实数字模型（如航天器产品镜像、物理验证载体镜像、数字车间、试验/测试设备镜像等），打破现实和虚拟之间的界限，实现信息世界与物理世界的双向且实时交互，将人、流程、数据和事物等连接起来。提供协同工作环境，形成全过程、异地、多产品、多学科、多要素、多源数据的统一管理和有效融合与利用，反复优化航天器产品设计和生产过程，完成状态检测、数据采集与传输、实时显示、动态分析、多维度设计、多视角仿真、关键参数优化、性能与行为预测、任务评估、控制决策、驱动输出等各种功能。覆盖航天器系统工程的生命周期、产品结构层级和地缘分布，聚合多学科、多要素异地数据，融入项目计划与控制，实现设计、工艺、制造/装配、试验/测试、在轨运行、管理等航天器全生命周期过程的高度模块化、可视化、模型化、数据化、互联化及智慧化，从而推进航天工业智能制造，促进整个航天器系统工程向数字化、网络化和智能化转型。

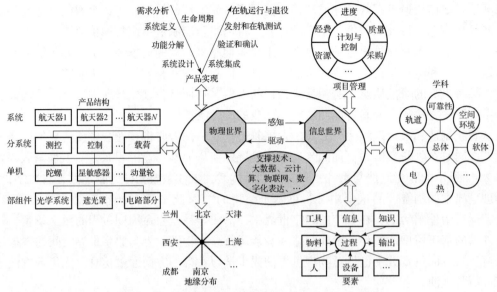

图 2-5 基于数字孪生的航天器系统工程总体思想

2.1.3 "工业4.0"参考架构

1. "工业4.0"的产生

"工业4.0"（Industry 4.0）概念源于2013年德国汉诺威工业博览会上，德国政府"工业4.0"战略正式推出，其核心目标是建立一个高度灵活的个性化和数字化的产品与服务的生产模式。在这种模式中，传统的行业界限将消失，并会产生各种新的活动领域和合作形式。基于"工业4.0"，创造新价值的过程正在发生改变，产业链分工将被重组。随后，由德国政府将其列入《德国2020高技术战略》中所提出的十大未来项目之一。2015年，德国发布《保障德国制造业的未来——关于实施工业4.0战略的建议》，旨在提升制造业的智能化水平，建立具有适应性、资源效率及基因工程学的智慧工厂，在商业流程及价值流程中整合客户及商业伙伴，其技术基础是网络实体系统及物联网。

2019年，德国发布《德国工业4.0愿景2030》，强调"工业4.0"成功实施至关重要的三个领域：自主性、互通性和可持续性，描述了全球数字生态应具备的要素，并阐述了实现"工业4.0"愿景的重点任务，认为"工业4.0"将重塑全球网络化价值创造体系，并改变价值创造方式。

1）自主性作为"工业4.0"未来愿景实施的指导性原则强调市场中所有参与者享有自主、独立决策和公平竞争的自由，包括商业模式的定义和设计，以及"工业4.0"生态体系内个人购买决策的自主性。全球"工业4.0"生态体系中的自主性要素包括数字基础设施，数据保护、信息技术和信息安全，以及在数字化工业体系的核心领域进行技术研究、开发与创新活动。

2）互通性强调将不同参与者灵活地纳入价值网络，驱动数字化业务流程的实现。只有实现了高度的互通性，生态体系的所有合作伙伴才能充分参与，并确保实现跨企业和跨行业的直接运行和流程组网；同时，具有互通性的结构与接口使制造商和客户能够无障碍地参与到数字增值网络中，并催生新的商业模式。全球"工业4.0"生态体系中的互通性要素包括标准和整合、监管框架、分布式系统和人工智能，通过标准和整合为互通性系统创造基础条件。

3) 可持续性强调了经济、生态和社会可持续发展的重要性，"工业 4.0"包含了上述内容，同时也能够有效推动可持续发展。全球"工业 4.0"生态体系中的可持续性主要包括良好的工作和教育、社会参与和气候保护。"工业 4.0"依然是要以人为中心，并将为进一步改善工作条件作出贡献。

"工业 4.0"的未来发展为每个参与者带来深远的变化，所有利益相关者共同参与和共同决策，在整个社会范围内实现跨企业和跨部门合作，从而将数字技术和人工智能融入人们的日常生活；"工业 4.0"有助于进一步挖掘资源效率的潜力，结合建设性和程序性方式，可以在整个产品生命周期实现物料循环，"工业 4.0"是实现循环经济及保护环境的关键推动因素。

德国拥有 Siemens、SAP、Bosch、ABB、BMW、Audi 等世界顶级企业，在"工业 4.0"发布前十年开始（2004—2005 年），上述企业已经在德国国家科学与工程院的联合下，开始了"Smart Factory"的研究工作，并于 2013 年形成了相对完整的"工业 4.0"框架和体系后，上升为德国的国家创新战略。其本质是以"创新"为核心，充分发挥已有装备制造领先优势，从标准、软件、硬件及人才等方面，引领德国长期占据制造业领先地位。在德国的"工业 4.0"体系中，定义了一个在"智能的、网络化的世界中"，通过不断增加的智能产品和系统构成的垂直网络、端到端的工程、跨越产业价值网络的制造环境，实现"创造智能的产品、系统、方法和流程"的清晰目标。德国希望借助灵活的全球网络增值系统，加快数字化商业模式应用，进一步巩固全球"工业 4.0"装备供应商的主导地位。因此，"工业 4.0"包含的两大主题——智能工厂和智能生产，都是围绕着"创造智能的产品、系统、方法和流程"的目标。这两大主题的核心特征就是智能化，本质上要通过信息物理系统（CPS，Cyber - Physical Systems）来实现。

1) 智能工厂：核心是通过具有智能化的设备、物料、信息等构建智能化的生产系统及过程，以物联网等技术建立网络化分布式生产设施。

2) 智能生产：核心是针对智能化的产品、物料，实现整个企业的生产物流的智能化管理，以智能化人机交互以及增材制造等智能制造技术在工业生产过程中的应用为重点。

2. "工业 4.0"的核心特征与参考架构

"工业 4.0"的核心在于工业、产品和服务的全面交叉渗透，这种渗透借助于软件，通过在互联网和其他网络上产品及服务的网络化而实现。"工业 4.0"重点关注产品开发与生产过程，具有以下三个核心特征：

1) 企业内部灵活可重组的网络化制造系统的纵向集成，将各种不同层面的自动化与 IT 系统集成在一起（如传感器和执行器、控制、生产管理、制造执行、企业计划等各种不同层面），强调生产信息流的集成，包括订单、生产调度、程序代码、工作指令、工艺和控制参数等信息的下行传递，以及生产现场工况、设备状态、测量参数等信息的上行传递。

2) 通过价值链及网络实现企业间的横向集成，将各种不同制造阶段和商业计划的 IT 系统集成在一起，强调产品的价值流（增值过程）集成。通过整合价值链上涉及产品生命周期的企业，实现产品从研发设计、生产、物流、销售以及服务的全生命周期的管理，重构产业链各环节的价值体系，实现内部运营成本的降低、销售市场的扩大以及更高的客户满意度。

3) 全生命周期管理及端到端系统工程，通过集成 CAD/CAM/CAPP、PLM、ERP、SCM、CRM、ME 等软件/系统，实现用户参与设计（个性化），并通过虚拟设计、虚拟评估和虚拟制造，更好地把用户需求同生产制造完美地结合起来，同时涉及产品直到维护服务的全生命周期，随时将用户意见反馈给前端的设计阶段，动态提升产品质量。

为推进"工业4.0"，实现价值链整合，需要制定一系列的标准。德国电工电子与信息技术标准化委员会（DKE）于2014年发布了第一版德国"工业4.0"标准化路线图，对德国的"工业4.0"标准化工作进行顶层设计，并于2015年公布了"工业4.0"参考架构模型（Reference Architecture Model Industrie 4.0，RAMI 4.0），如图2-6所示。

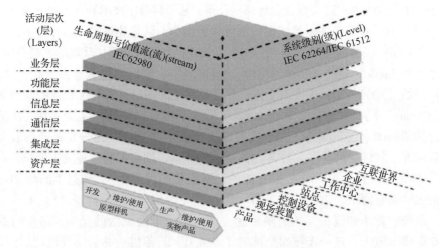

图2-6　RAMI 4.0参考架构模型

RAMI 4.0是一个基于高度模型化的理念而构建的三维架构体系。RAMI 4.0通过垂直轴层（Layers）、左水平轴流（Stream）、右水平轴级（Levels）三个维度，构建并连接了"工业4.0"中的基本单元——"工业4.0"组件。基于这一架构可以对"工业4.0"技术进行系统的分类与细化。理论上，任何级别的企业，都可以在这个三维架构中找到自己的业务位置——一个或多个可以被区分的、由"工业4.0"组件构成的管理区块。RAMI4.0以一个三维模型展示了"工业4.0"涉及的所有关键要素，借此模型可识别现有标准在"工业4.0"中的作用以及现有标准的缺口和不足。"工业4.0"集中于产品开发和生产全过程。

RAMI 4.0模型的第一个维度（垂直轴）借用了信息和通信技术常用的分层概念，各层实现相对独立的功能，同时下层为上层提供接口，上层使用下层的服务。从下到上各层代表的主要功能如下：

1）资产层+集成层：数字化（虚拟）表示现实世界的各种资产（物理部件/硬件/软件/文件等）

2）通信层：实现标准化的通信协议，以及数据和文件的传输；

3）信息层：包含相关的数据；

4）功能层：形式化定义必要的功能；

5）业务层：映射相关的业务流程。

因而，可以各层次为不同视角来实现"工业4.0"的建模和实施。

RAMI 4.0模型的第二个维度（左侧水平轴）描述全生命周期及其相关价值链，这一维度的参考标准是IEC 62890《工业过程测量控制和自动化系统和产品生命周期管理》。此处的过程是指生产过程，完整的生命周期从规划开始，到设计、仿真、制造，直至销售和服务。RAMI 4.0模型进一步将生命周期划分为样机开发和产品生产两个阶段，以强调不同阶段考虑的重点不同。样机开发阶段从初始设计至定型，还包括各种测试和验证。产品生产阶段进行产品的规模化、工业化生产，每个产品是原型的一个实例。"工业 4.0"中，样机开发和产品生产两个阶段形成闭环。例如：在销售阶段将产品的改进信息反馈给制造商，以改正原型样机，然后发布新的型号和生产新的产品。

RAMI 4.0 模型的第三个维度（右侧水平轴）描述"工业 4.0"不同生产环境下的功能分类。由于"工业 4.0"不仅关注生产产品的工厂、车间和机器，还关注产品本身以及工厂外部的跨企业协同关系，因此在底层增加了"产品"层，在工厂顶层增加了"互联世界"层。RAMI 4.0 模型将全生命周期及价值链与"工业 4.0"分层结构相结合，为描述和实现"工业 4.0"提供了最大的灵活性。

2.1.4　信息物理系统

1. 信息物理系统定义与本质

信息物理系统（Cyber – Physical Systems, CPS）这一术语，由美国国家航空航天局（NASA）于 1992 年提出，随后引起学术界和产业界的高度关注，并伴随嵌入式系统的广泛应用得以迅速发展。2006 年美国国家科学基金会（NSF）科学家海伦·吉尔（Helen Gill）在关于信息物理系统的研讨会（NSF Workshop on Cyber – Physical Systems）上，用"信息物理系统"一词来描述传统的 IT 术语无法有效说明的日益复杂的系统，首次对信息物理系统概念进行了较为详细的描述。

从技术发展角度看，信息物理系统是控制系统、嵌入式系统的扩展与延伸，其涉及的相关底层理论技术源于对嵌入式技术的应用与提升。然而，随着信息化和工业化的深度融合发展，传统嵌入式系统中解决物理系统相关问题所采用的单点解决方案已不能适应新一代生产装备信息化和网络化的需求，急需对计算、感知、通信、控制等技术进行更为深度的融合。因此，在云计算、新型传感、通信、智能控制等新一代信息技术的迅速发展与推动下，信息物理系统快速发展。在德国，CPS 同样被认为是"工业 4.0"的核心技术基础。

目前，针对 CPS 的研究主要集中在概念、架构、技术和挑战的讨论上。如表 2 – 1 所示，不同的研究机构/学者给出了对 CPS 概念的理解和描述。

表 2 – 1　不同研究机构/学者对 CPS 的定义

研究机构/学者	对 CPS 的定义
美国国家科学基金会 （NSF）	CPS 是通过计算核心（嵌入式系统）实现感知、控制、集成的物理、生物和工程系统。在系统中，计算被"深深嵌入"到每一个相互连通的物理组件中，甚至可能嵌入到物料中。CPS 的功能由计算和物理过程交互实现
美国国家标准与技术研究院 CPS 公共工作组（NIST CPS PWG）	CPS 将计算、通信、感知和驱动与物理系统结合，并通过与环境（含人）进行不同程度的交互，以实现有时间要求的功能
德国国家科学与工程院（Acatech）	CPS 是指使用传感器直接获取物理数据和执行器作用物理过程的嵌入式系统、物流、协调与管理过程及在线服务。它们通过数字网络连接，使用来自世界各地的数据和服务，并配备了多模态人机界面。CPS 开放的社会技术系统，使整个主机的新功能、服务远远超出了当前嵌入式系统具有控制行为的能力

研究机构/学者	对 CPS 的定义
Smart America	CPS 是物联网与系统控制相结合的名称。因此，CPS 不仅仅是能够"感知"某物在哪里，还增加了"控制"某物并与其周围物理世界互动的能力
欧盟第七框架计划	CPS 包含计算、通信和控制，它们紧密地与不同物理过程，如机械、电子和化学融合在一起
美国辛辛那提大学 Jay Lee 教授	CPS 以多源数据的建模为基础，以智能连接（Connection）、智能分析（Conversion）、智能网络（Cyber）、智能认知（Cognition）和智能配置与执行（Configuration）的 5C 体系为构架，建立虚拟与实体系统关系性、因果性和风险性的对称管理，持续优化决策系统的可追踪性、预测性、准确性和强韧性（Resilience），实现对实体系统活动的全局协同优化
加利福尼亚大学伯克利分校 Edward A. Lee	CPS 是计算过程和物理过程的集成系统，利用嵌入式计算机和网络对物理过程进行监测和控制，并通过反馈环实现计算和物理过程的相互影响
中国科学院 何积丰院士	CPS 从广义上理解，就是一个在环境感知的基础上，深度融合了计算、通信和控制能力的可控、可信、可扩展的网络化物理设备系统，它通过计算进程和物理进程相互影响的反馈循环实现深度融合和实时交互，来增加或扩展新的功能，以安全、可靠、高效和实时的方式监测或者控制一个物理实体

2017 年，中国电子技术标准化研究院等单位编写的《信息物理系统白皮书》，给出了我国对信息物理系统的定义和本质描述。该白皮书尝试给出对 CPS 的定义，即：CPS 通过集成先进的感知、计算、通信、控制等信息技术和自动控制技术，构建了物理空间与信息空间中人、机、物、环境、信息等要素相互映射、适时交互、高效协同的复杂系统，实现系统内资源配置和运行的按需响应、快速迭代、动态优化。在白皮书中，把信息物理系统定位为支撑两化（信息化和工业化）深度融合的一套综合技术体系，这套综合技术体系包含硬件、软件、网络、工业云等一系列信息通信和自动控制技术，这些技术的有机组合与应用，构建起一个能够将物理实体和环境精准映射到信息空间并进行实时反馈的智能系统，作用于生产制造全过程、全产业链、产品全生命周期，重构制造业范式。从 CPS 的本质看，白皮书认为：基于硬件、软件、网络、工业云等一系列工业和信息技术构建起的智能系统其最终目的是实现资源优化配置。实现这一目标的关键要靠数据的自动流动，在流动过程中数据经过不同的环节，在不同的环节以不同的形态（隐性数据、显性数据、信息、知识）展示出来，在形态不断变化的过程中逐渐向外部环境释放蕴藏在其背后的价值，为物理空间实体"赋予"实现一定范围内资源优化的"能力"。

因此，信息物理系统的本质就是构建一套信息空间与物理空间之间基于数据自动流动的状态感知、实时分析、科学决策、精准执行的闭环赋能体系，解决生产制造、应用服务过程中的复杂性和不确定性问题，提高资源配置效率，实现资源优化。

2. 工业 4.0 视角下的 CPS 实施

信息物理系统（Cyber – Physical Systems, CPS）是"工业 4.0"的核心技术。CPS 以工业大数据、云计算以及信息通信技术为基础，通过智能感知、分析、预测、优化、协同等技术手段，将获取的信息与对象的物理性能表征相结合，使信息空间与实体空间的深度融合、实时交互、相互耦合，在信息空间中构建实体的"虚拟镜像"，它以数字化的形式将实物生产系统的实时状况在信息空间中进行分析处理，并将处理结果及时更新至人—机交互界面，实现了生产过程的可视化。这种新生产模式，将导致新的商业模式、管理模式、企业组织模式以及人才需求的巨大变化。

CPS 通过信息空间中信息的传输、交换、计算和控制来实现对物理空间的多维度、多尺度、多层次的全面感知、高效组织、有机调控与协同进化，以达到信息空间与物理空间无缝融合的目的。这种交融模式具有重大的科学意义和应用前景，一方面，它为人类社会认知和改造自然提供了全新的方式和手段；另一方面，其所孕育的许多新的技术、新的应用模式，将从根本上改变人类社会的生产和生活方式。

CPS 的特点可以概括为：深度嵌入、泛在互联、智能感知和交互协同。根据功能及所涉技术领域的区别，可将 CPS 系统一体化模型划分为三大实体，即物理实体、计算实体和交互实体。三大实体同核心 3C（通信、计算和控制）技术紧密相连。图 2 – 7 所示为信息物理系统的结构示意图，其具体特点包括：

1）CPS 能够使信息与物理世界交互协同、深度集成，同时其系统结构具有开放、动态和异构的特点，时间和空间的约束同时存在，复杂性高。

2）信息与物理世界间通过反馈闭环控制密切交互，具备自适应、重配置等智能性，从而自主、自治地对物理环境的动态变化做出响应，提高服务的质量。

3）系统的设计和运行必须满足实时性、可靠性和安全性等方面的要求。

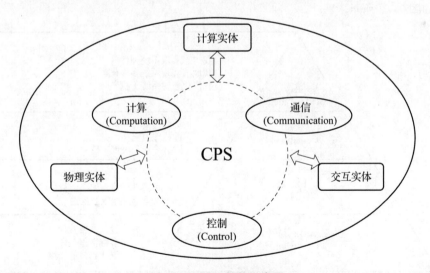

图 2 – 7　CPS 结构示意图

信息物理生产系统（Cyber – Physical Production Systems, CPPS）是信息物理系统（Cyber – Physical Systems, CPS）与生产制造相融合，通过计算机科学、通信技术和自动化技术有机结合，将企业规划层、工厂管理层、过程控制层和部分设备控制层的金字塔式层级结构离散化，从而实现制造系统的自主分布式控制，提供了复杂生产环境和需求多变情况下工业生产系统的灵活性和自适应性，进而实现现代工业生产的个性化、高效化的智能生产系统。

"工业 4.0"正是通过将 CPS 同制造业相结合，利用 CPS 的信息物理融合特性在生产系统的信息层和物理层之间创建基于数据自动流动的状态感知、实时分析、科学决策与精准执行，形成闭环的生产过程。因此，信息物理生产系统也是"工业 4.0"在制造业领域应用的具体形式，即以 CPPS 为基础构建智能工厂，进而实现智能制造的目标。

CPPS 由具有自治能力、协作能力的元素或子系统组成，这些元素在生产系统的各个层级内根据生产任务动态地建立连接关系，通过元素间的协商和协作完成生产任务；CPPS 能够对生产系统中的实时数据进行响应和决策，自动应对生产系统中的各种不可预见事件，并且能够在运行过程中实现学习和自我进化。

CPPS 将信息物理融合技术应用于生产系统，利用 CPS 的信息物理融合特性，大量采集系统内的实时生产数据，对生产流程进行实时管控，并通过具有分布式智能的 CPS 节点在生产订单执行的各个流程进行协商协作，实现生产任务的分配和执行。CPPS 部分打破了传统制造系统的分层控制架构，将生产系统分为物理层和信息层两个部分：物理层主要实现异构生产元素的集成，实现数据的采集和指令的执行；信息层通过对实时数据进行计算和仿真，实现生产元素管理、生产计划制订、生产过程管理并对系统内外部环境变化及时做出响应，物理层和信息层之间可以进行点对点的互操作，实现生产系统内部的信息物理深度融合。

对于 CPPS 的具体实施，可以参照 5C 模型，通过逐步实施智能连接层（Connection）、数据 – 信息转化层（Conversion）、信息层（Cyber）、认知层（Cognition）、组态层（Configuration）五个层级的步骤，实现 CPPS 中从原始数据采集、数据分析到使用数据创造价值的整个流程，如图 2 – 8 所示。

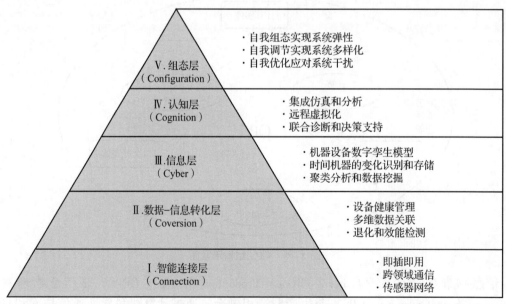

图 2 – 8　实施 CPPS 的 5C 框架

2.2　智能制造基本范式

　　智能制造作为制造技术和信息技术深度融合的产物，相关范式的诞生和演变发展与数字化、网络化、智能化的特征紧密联系。如图 2 - 9 所示，总结了从计算机集成制造系统（Computer Integrated Manufacturing Systems，CIMS）到"工业 4.0"的制造系统和相关技术的演变，为基于传感、智能和可持续特征的未来制造系统的进一步发展奠定了基础。

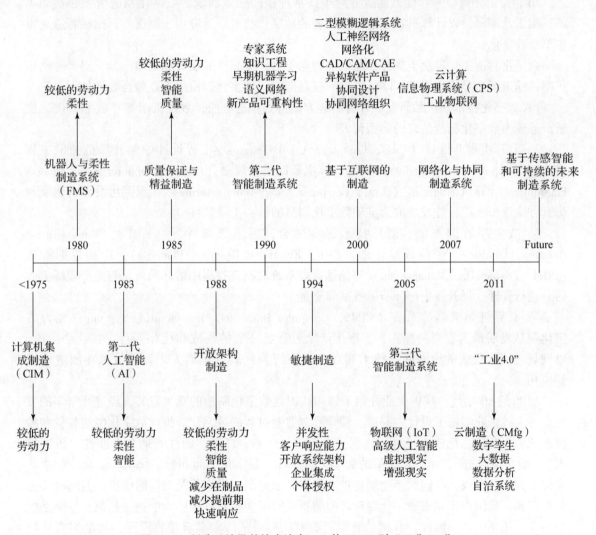

图 2 - 9　制造系统及其技术演变——从 CIMS 到"工业 4.0"

　　按照中国工程院对智能制造数字化、网络化、智能化的基本技术特征总结分析，其将智能制造总结归纳为三种基本范式，即：数字化制造范式——第一代智能制造，数字化、网络化、智能化制造范式——"互联网＋"制造或第二代智能制造，数字化、网络化、智能化制造——新一代智能制造范式，形成了智能制造的范式演进（参见本书第 1 章图 1 - 1）。

2.2.1　数字化制造范式

数字化制造是在制造技术和数字化技术融合的背景下，通过对产品信息、工艺信息和资源信息进行数字化描述、集成、分析和决策，进而快速生产出满足用户要求的产品。从智能制造的发展阶段来看，数字化制造是实现智能制造的基础，其范式是智能制造三个基本范式中的"基础范式"。数字化制造作为智能制造的基础，其内涵不断发展，始终贯穿于智能制造的三个基本范式和全部发展历程。

20世纪下半叶以来，随着制造业对于技术进步的强烈需求，数字化制造引领和推动了第三次工业革命，以计算机数字控制为代表的数字化技术广泛应用于制造业，推动制造业发生革命性变化。

数字化制造主要聚焦于提升企业内部的竞争力，提高产品设计和制造质量，提高劳动生产率，缩短新产品研发周期，降低成本和提高能效。数字化制造的主要特征表现如下：

1）数字化技术在产品研发设计与制造方面得到普遍应用，数控机床等"数字一代"创新产品成为数字化制造范式的典型代表。

2）计算机辅助设计（CAD，Computer Aided Design）/工程设计中的计算机辅助工程（CAE，Computer Aided Engineering）、计算机辅助工艺规划（CAPP，Computer Aided Process Planning）、计算机辅助制造（CAM，Computer Aided Manufacturing）等数字化设计、建模和仿真方法逐步推广，并发展成为推动数字化制造的核心工业软件。

3）在生产管理方面，信息技术逐步融合，制造资源计划（MRPII，Manufacturing Resource Planning）、企业资源计划（ERP，Enterprise Resource Planning）、产品数据管理（PDM，Product Data Management）等信息管理系统对制造过程中的各种信息与生产现场实时信息进行管理，提升各生产环节的效率和质量。

4）计算机集成制造系统（CIMS，Computer Integrated Manufacturing Systems）成为数字化制造发展最为重要的标志，实现生产全过程各环节的集成和优化运行。在这个阶段，以现场总线为代表的早期网络技术和以专家系统为代表的早期人工智能技术在制造业得到应用。

20世纪80年代，我国企业开始了解和认识到数字化制造的重大意义，经过几十年的发展，一大批企业实施了设计、制造、管理等制造全过程的数字化，推广数字化制造装备和数控系统，企业信息化成果显著。特别是近年来，广东、江苏、浙江等地大力推进"机器换人""数字化改造"，建立起大量的数字化生产线、数字化车间和数字化工厂，众多的企业完成了数字化升级，我国数字化制造进入从探索示范渐入推广普及发展的阶段。但同时要充分意识到，我国真正完成数字化制造转型的企业数量，相对我国巨大的企业基数，特别是中小企业，还是少数。因此，我国的智能制造发展必须坚持实事求是的原则，踏踏实实从数字化"补课"做起，进一步夯实智能制造发展的基础。但是，还必须深刻地认识到，西方发达国家是在数字化制造普及的基础上推进网络化制造，而我国在数字化制造"补课"过程中不必沿着西方顺序发展的路径，我们可以并且必须并行推进数字化制造和数字化网络化制造，在帮助企业扎实完成数字化制造"补课"的同时，实现数字化、网络化制造升级。

2.2.2　"互联网＋"制造范式

"互联网＋"制造，即数字化网络化制造，是在数字化制造的基础上深入应用先进的通信技术和网络技术，用网络将人、流程、数据和事物连接起来，联通企业内部和企业间的"信息孤岛"，通过企业内、企业间的协同和各种社会资源的共享与集成，实现产业链的优化，快速、高质量、低成本地为市场提供所需的产品和服务。20世纪末，互联网技术快速发展并得到广泛普及和应用，"互联网＋"不断推进制造业和互联网融合发展，制造技术与数字技术、网络技术的密切结合重塑制造业的价值链，推动制造业从数字化制造向数字化网络化制造的范式转，并推动"互联网＋"制造范式成为智能制造发展过程中的第二阶段范式。

"互联网＋"制造是在数字化制造的基础上，先进制造技术和数字化网络化技术的融合，使得企业对市场变化具有更快的适应性，能够更好地收集用户对使用产品和对产品质量的评价信息，在制造柔性化、管理信息化方面达到了更高的水平。"互联网＋"制造在产品、制造、服务各环节，相对之前的制造模式都有了显著不同，实现了制造系统的连通和信息反馈。"互联网＋"制造范式的主要特征表现如下：

1）数字技术、网络技术在产品研发和生产制造中得到普遍应用，部分产品能够通过网络进行连接和交互，成为网络的终端。

2）"互联网＋"制造实现了企业内、企业间的供应链、价值链的连接和优化，打通了整个制造系统的数据流、信息流。企业能够通过设计和制造平台实现制造资源的全社会优化配置，开展与其他企业之间的业务流程协同、数据协同、模型协同，实现协同设计和协同制造，生产过程更加柔性，能够实现小批量、多品种的混流生产。

3）相比数字化制造范式，"互联网＋"制造范式突出了用户服务能力的拓展，产品的运维服务水平得到极大提升。企业与用户通过网络平台实现联接和交互，企业掌握用户的个性化需求，用户能够参与产品全生命周期活动，将产业链延伸到为用户提供产品健康保障等服务。大规模个性化定制生产、远程运维服务、全生命周期质量追溯服务、以供应链优化为核心的网络协同制造等新模式、新业态正在悄然兴起。规模定制生产逐渐成为消费品制造业发展的一种普遍模式，远程运维服务模式在风电装备、工程机械、农业装备等行业得到广泛应用。企业生产开始从以产品为中心向以用户为中心转型，企业形态也逐步从生产型企业向生产服务型企业转型。

21世纪以来，世界主要国家加速推进智能制造。德国"工业4.0"以 CPS 为核心，将产品、制造、服务数据化和集成化，实现企业内与企业间的集成和互联互通。美国工业互联网提出将全球工业系统与高级计算、分析、传感技术及互联网的高度融合，重构全球工业，激发生产力。德国"工业4.0"与美国工业互联网完整地阐述和提出了数字化、网络化制造范式及实现的技术路线。

我国工业界紧紧抓住互联网发展的战略机遇，大力推进"互联网＋"制造，一批企业在进行数字化改造的同时，逐渐形成从内部互联到企业间互联互通，形成了一些典型试点示范项目。例如，海尔集团建立起以智能制造执行系统为核心的互联工厂，可实时、同步响应全球用户需求，并快速交付智能化、个性化的方案。成飞、西飞等中航工业集团企业构建了飞机协同开发与制造云平台，实现行业内多家参研单位和众多供应商的协同开发、制造服务和资源动态分析与弹性配置。

2.2.3 "智能+"制造范式

21世纪以来，移动互联、超级计算、大数据、云计算、物联网等新一代信息技术飞速发展，集中汇聚在人工智能技术的突破上。人工智能技术与先进制造技术的深度融合，形成了新一代智能制造——数字化、网络化、智能化制造，即"智能+"制造范式，其本质是"人工智能+互联网+数字化制造"，成为新一轮工业革命的核心驱动力。"智能+"制造范式的主要特征表现如下：

1）制造系统具备了"认知学习"能力。通过深度学习、增强学习、迁移学习等技术的应用，新一代智能制造中制造领域的知识产生、获取、应用和传承效率将发生革命性变化，显著提高创新与服务能力。

2）"智能+"制造范式进一步突出了人的中心地位。一方面，智能制造将更好地为人类服务；另一方面，人作为制造系统创造者与操作者的能力和水平将得到极大提高，人类智慧的潜能将得以极大释放，社会生产力将得以极大解放。知识类工作的自动化将使人类从大量体力和脑力劳动中解放出来，人类可以从事更有价值的创造性工作。人类的思维进一步向"互联网思维""大数据思维"和"人工智能思维"转变，人类社会开始进入"智能时代"。

2.3 智能制造典型模式

2.3.1 制造模式的定义与演进

模式，在汉语词典中被定义为：某种事物的标准形式或使人可以照着做的标准样式。如果把模式一词拆解为"模"和"式"，则可以理解模式的内涵，即用"模"给出标准/要求，用"式"达成目标/目的。其中：

1）模（Mode）：表示事物的已知特征信息，即"模"是对事物不变性、确定性的表征，如物理结构、内容构成等的概念化，相当于给出可以用于参照的"模型（model）"。

2）式（Style）：表示一个可以变化的特性或者会引起变化的能力。"式"是对事物变化性、未知性的概念化，相当于给出要解决的具体问题或形成的具体功能等。

在制造业领域，模式可以理解为是将生产中的具体经验经过抽象、提炼后形成的一套知识体系，用于解决问题的一套方法。因此，制造模式就特指围绕产品研发、生产制造、经营管理及售后服务等产品全生命周期活动，制造领域经过长期生产实践形成的具有保持自身竞争优势、成熟可靠且可复制的标准化做法和运作方式。

制造模式的发展演进主要有两个方面的驱动因素：市场需求和技术进步，市场需求拉动制造模式演进，技术进步驱动制造模式变革。制造业产品生产的主要目的是满足人们对美好生活的向往，市场需求始终是制造业发展的核心动力。同时，伴随制造技术、信息技术以及新材料新工艺等的快速发展，企业在追求成本最小化、生产率和利润最大化，确保质量和可靠性不断提高，制造系统在不断发展。市场需求的多样化促进了产品多样性扩散，企业通过差异化提高竞争力的迫切需求也对制造系统的进化产生了重大影响，并推动了制造模式的不断演进。

制造系统的早期发展，是在产品批量和产品种类的驱动下从专用向灵活和可重构的方向演进。在手工业生产时代，产品的生产制造基本上是以手工作坊模式开展，即产品的设计、加工、装配和检验基本上都由个人完成，这种制造模式的生产效率低，物资匮乏，人们需求也相对单一。从 19 世纪中叶以来，人类社会进入到工业化时代，在劳动分工基础上实现了作业的专业化，大量生产模式在制造业中逐步占主导地位。尤其是在机械化和电气化技术支持下，制造模式从手工作业发展到少品种小批量生产、少品种大批量生产阶段，大大提高了劳动生产率，降低了产品成本，有力地推动了制造业的发展和社会进步。进入 20 世纪后半叶特别是后 30 年，生产需求朝多样化方向发展且竞争加剧，迫使产品生产朝多品种、变批量、短生产周期方向演变，传统的大量生产正在被更先进的生产模式所代替。

进入信息化时代，随着客户个性化需求越发明显，越来越多的先进制造模式发展起来，以快速满足顾客的多样化需求，包括计算机集成制造、柔性生产、敏捷制造、精益生产等模式成为先进生产模式的典型代表。如图 2 - 10 所示，其体现出不同制造模式下的产品品种—批量关系。在大规模生产的早期，即手工业时代，由于技术、使用的材料和制造工艺的限制，产品的形状和特征都很简单，一个产品是为一个客户设计和制造的，遵循客户需求拉动，即拉式模型（Pull Model）。之后，具有复杂形状、复杂特征、复合材料和智能功能的产品不断涌现，也催生了相关的设计、建模、加工、制造及服务创新和技术的进步，产品与技术之间融合促进推动着制造模式变革，以迎接新的挑战。在批量化生产中，产品是预先为客户设计和制造的，并按照推式模型（Push Model）为客户提供大量的产品。伴随客户个性化需求的增加，为了满足客户更多需求，同时保持制造成本的可控，制造企业逐步发展了柔性制造系统、可重构制造系统、可变制造系统和大规模定制的制造模式。上述模式下，客户根据制造商提供的预先设计和分组特性配置他们所需的产品，制造商则通过对多个客户的需求进行订单分组，并在柔性可重构制造系统的支持下提高效率、降低成本。大规模定制模式遵循了一种混合的推拉式（Push - Pull Model）业务模式，即产品系列平台是大规模生产的（推式，Push Mode），然后根据客户配置进行定制（拉式，Pull Mode）。个性化定制模式使客户更加深度参与产品的功能设计，并推动了制造系统的设计、配置和控制，以及利用制造过程和技术来实现预期的产品个性化定制目标。

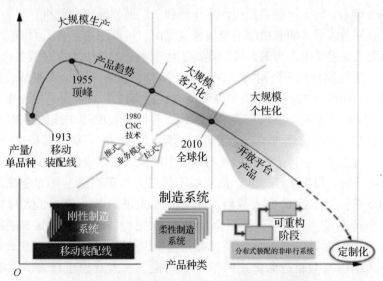

图 2 - 10　产品品种—批量驱动的制造模式演变

从图 2 - 10 中可以看出，随着产品品种—批量的变化，制造系统从"工业 1.0"时代（1850 年代）开始的手工作业适应多品种小批量生产；到"工业 2.0"时代（1910 年）出现流水线，制造系统开始适应大规模生产的需要，并逐步向精益、敏捷化方向发展；进入"工业 3.0"时代（1980 年）制造系统在适应大规模生产的基础上，进一步向满足客户化需求方向发展，随着产品品种和生产规模的协调平衡，大量客户化生产模式逐步形成，这一阶段比较有代表性的制造系统包括计算机集成制造系统、数字化制造系统等；进入"工业 4.0"时代（2010 年代），智能制造、云制造、信息物理制造、循环经济制造等新模式开始出现，制造系统对多品种、小批量的适应能力进一步增强，制造系统的效率和能力更是得到极大提升，远非最早期手工业生产所能比拟的。

伴随人工智能技术的发展，人工智能与制造技术的深度融合会进一步推动制造走向个性化定制时代，预计到 2025 年，以自适应感知制造、仿生制造等为代表的先进制造模式将进一步普及，助推个性化定制制造模式的发展。伴随制造系统从专用制造系统（Dedicated Manufacturing System, DMS）、柔性制造系统（Flexible Manufacturing System, FMS）和可重构制造系统（Reconfigurable Manufacturing System, RMS）到信息物理制造系统（Cyber - Physical Manufacturing System, CPMS）、信息物理生产系统（Cyber - Physical Production System, CPPS），以及自适应感知制造系统（Adaptive Cognitive Manufacturing System, ACMS）的发展，制造模式不断演变，制造系统运行控制及其决策等的复杂性也越来越高。

2.3.2　大规模生产方式

大规模生产是以泰勒的科学管理方法为基础，以生产过程的分解、流水线组装、标准化零部件和机械式重复劳动等为主要特征，实现产品的低成本、大批量生产。简而言之，大规模生产是指大规模地生产单一品种的生产方式，是通过"规模"换取"效益"的最佳体现。

大规模生产方式作为一种最成功的制造模式，最早可以追溯到福特 T - Model 型车的大批量生产，但其对于当前制造业的发展仍然具有重要意义。在 20 世纪初期，当时的制造业生产方式以手工单件生产为主。由于生产率低、生产周期长，故导致产品价格居高不下，人们对产品有需求却无力购买，最后致使许多作坊和工厂面临倒闭的危机。

第二次工业革命以后，随着机器的全面普及使用，机器渐渐代替人力成为生产制造的主要方式，从而大大促进了生产力的发展，提高了生产率，大量生产方式就在这种背景下应运而生。1903 年，美国福特汽车公司成立，亨利·福特在试造了几个车型后，终于推出了改变世界的 T 型车。1913 年福特意识到要降低成本、提高质量，必须采用流水作业进行大量生产，为此建立了世界上第一条汽车装配流水线。在汽车装配流水线的帮助下，仅仅 13 年时间，福特 T 型车在迪尔伯恩的年产量就从 4 万辆增加到 200 万辆。福特建立的汽车装配流水线具有划时代的意义，它标志着作坊式的单件生产模式演变成以高效的自动化专用设备和流水线生产为特征的大规模生产方式。流水线不仅仅为汽车制造，更为全球的整个工业界带来了伟大的变革。第二次世界大战后，作为一种先进的制造模式，大规模生产成为世界工业的主导生产方式，它对美国乃至全世界 20 世纪经济力量的迅猛发展起到了巨大的推动作用。除了大型企业内部的原型样机制造车间还保留了手工生产方式外，大规模生产实际上已成为美国大型制造商采用的唯一生产模式。大规模生产方式具有以下基本特征，如表 2 - 2 所示。

表 2－2　大规模生产方式的基本特征

描述角度	主要特点
市场需求	需求稳定、巨大且较为单一的市场
产品角度	有限的产品种类，产品开发周期长，功能及服务标准化
生产角度	专业化设备，低成本，一致的质量，工艺标准化，生产自动化
业务模式	推式生产，设计—制造—销售

大规模批量化生产的业务模式是"推式"的，围绕产品对象的业务顺序是"设计—制造—销售"。首先，制造商设计出可以运用其大规模生产系统制造的产品，并且假定其产品总会有客户购买。在这种情况下，制造商要建立起庞大的销售队伍去"推销"其产品，最终将产品销售出去。

大规模生产方式最重要的特点是以单一品种的大规模生产来降低产品成本，产品种类少，单品生产量大，这与手工生产方式完全不同。大规模生产方式用机器代替了人类的大部分技能，围绕功能专业化和劳动的详细分工而设计的庞大生产组织，把固定费用分散到工厂、设备以及生产线组成上，产品的巨大产量形成了规模经济，这种高效能降低了单件产品的生产成本。

以发展的眼光看，大规模生产方式在 20 世纪 80 年代前对推动产业进步发挥了巨大作用，但其最大缺陷在于产品单一，定制化程度低，忽视了顾客的差异化需求。作为一种传统的生产方式，大规模生产所存在的主要弊端如图 2－11 所示。

图 2－11　大规模生产方式的主要弊端

为了克服大规模生产的缺陷，制造业开始追求多品种的生产方式。由于新产品不断涌现以及产品的复杂程度不断提高，大规模制造系统面临着严峻的挑战，尤其是在大规模制造系统中，柔性和生产率是一对相对矛盾的因素。因此，大规模生产方式在面对不断增加的客户化需求时，越来越不能适应实际生产需要，而大规模定制生产方式则顺势而生。

2.3.3　大规模定制生产方式

随着现代信息技术和数控技术的迅速发展及其在制造领域的广泛应用，一种以大幅度提高劳动生产率为前提，最大限度地满足顾客需求为目标的全新生产模式——大规模定制，正在迅速发展。这种生产模式充分体现了定制生产和大规模生产的优势，以顾客能够接受的成本，为每一位顾客提供符合其要求的定制化产品。

大规模定制模式以其独特的竞争优势，在 20 世纪 80 年代后逐步成为全球制造业的主流生产模式。1970 年美国未来学家阿尔文·托夫（Alvin Toffler）在 *Future Shock* 一书中提出了一种全新的生产方式的设想：以类似于标准化与大规模生产的成本和时间，提供客户特定需求的产品和服务。1987 年，斯坦·戴维斯（Start Davis）在 *Future Perfect* 一书中首次将这种生产方式称为 "Mass Customization"，即大规模定制。1993 年 B. 约瑟夫·派恩（B. Joseph Pine Ⅱ）在《大规模定制：企业竞争的新前沿》一书中写道："大规模定制的核心是产品品种的多样化和定制化急剧增加，而不相应增加成本"。

在大规模定制模式中，制造商决定他们实际上可以提供的基本产品，顾客选择他们喜欢的包装再购买，然后产品才能 "定制" 完成。这使得制造商可以利用其大规模生产资源的优势，以最低成本生产主要部件，同时将定制过程推迟到使用所选配件的最终组装。大规模定制是在高效率的大规模生产的基础上，通过产品结构和制造过程的重组，运用现代信息技术、新材料技术、柔性技术等一系列高新技术，以大规模生产的成本和速度，为单个顾客或小批量、多品种市场定制任意数量的产品的一种生产模式。

大规模定制生产模式具有以下主要特点：

1）大规模定制是以顾客需求为导向，是一种需求拉动型的生产模式。

在传统的大规模生产方式中，先生产，后销售，因而大规模生产是一种生产推动型的生产模式；而在大规模定制中，企业以客户提出的个性化需求为生产的起点，因而大规模定制是一种需求拉动型的生产模式。

2）大规模定制的基础是产品的模块化设计、零部件的标准化和通用化。

大规模定制的基本思想在于通过产品结构和制造过程的重组将定制产品的生产转化为批量生产。通过产品结构的模块化设计、零部件的标准化，可以批量生产模块和零部件，减少定制产品中的定制部分，从而大大缩短产品的交货提前期和减少产品的定制成本，同时拥有定制和大规模生产的优势。

3）大规模定制的实现依赖于现代信息技术和先进制造系统。

大规模定制经济必须对客户的需求做出快速反应，这就要求现代信息技术能够在各制造单元中快速传递需求信息，柔性制造系统及时对定制信息做出反应，高质量地完成产品的定制生产。

4）大规模定制以竞合的供应链管理为手段。

在定制经济中，竞争不是企业与企业之间的竞争，而是供应链与供应链之间的竞争。大规模定制企业必须与供应商建立起既竞争又合作的关系，才能整合企业内外部资源，通过优势互补，更好地满足顾客的需求。

企业的生产过程一般可分为设计、制造、装配和销售，根据定制活动在这个过程中开始的阶段，可以把大规模定制划分为以下四种类型：

1）设计定制化。设计定制化是指根据客户的具体要求，设计能够满足客户特殊要求的产品。在这种定制方式中，开发设计及其下游的活动完全是由客户订单所驱动的。这种定制方式适用于大型机电设备和船舶等产品的制造。

2）制造定制化。制造定制化是指接到客户订单后，在已有的零部件、模块的基础上进行变形设计、制造和装配，最终向客户提供定制产品的生产方式。在这种定制生产中，产品的结构设计是固定的，变形设计及其下游的活动由客户订单所驱动。大部分机械产品的生产属于此类定制方式。

3）装配定制化。装配定制化是指接到客户订单后，通过对现有的标准化的零部件和模块进行组合装配，向客户提供定制产品的生产方式。在这种定制方式中，产品的设计和制造都是固定的，装配活动及其下游的活动是由客户订单驱动的。各种台式计算机、笔记本电脑等个人计算机的生产都可以归类为装配定制化。

4）销售定制化。销售定制化是指产品完全是标准化的产品，但产品可根据客户要求进行组合选配，实现客户化（Customizable）。客户可从产品所提供的众多选项中，选择当前最符合其需要的一个选项。因此，在客户化定制方式中，产品的设计、制造和装配都是固定的，不受客户订单的影响。常见的客户化定制产品是计算机应用程序，客户可通过工具条、优选菜单、功能模块对软件进行自定制。目前，一些汽车企业推出了面向客户需求的组合选配，包括汽车内饰、外观颜色、驱动方式、动力配置等，形成以客户化定制为基础的汽车制造新模式。

大规模定制生产方式有两种基本策略：

策略 1：基于现货品种的定制产品

策略 2：基于标准选项的定制产品

策略 1 实际上是从大规模生产到完全大规模定制的过渡阶段。比如在商场里出售的各种尺码的服装（如牛仔裤、衬衫等）就是一个很好的例子。然而，这在很大程度上仍然是一种推式的商业模式，就像大规模生产一样。这里的主要经济决策是制造商应该提供多少品种（多少尺寸规格）以实现利润最大化。

策略 2 是真正的大规模定制方法。目前在汽车、电脑等行业已经实现在给定的选配范围内的定制化生产。这种情况下，制造系统必须具有相对较高的复杂性和灵活性，以便以合理的成本，正确地选择有效地组装产品。

基于策略 2 进行大规模定制时，制造商一般遵循以下流程：

1）设计一个可以通过多种选择（具有模块化配置项）来增强的产品。

2）向特定的客户销售特定的选项，即向客户提供预先配置的产品组合。

3）用客户选择的配置选项生产（组装）产品，并按期交付给客户。

从生产制造和市场销售的角度来讲，大规模定制的两种业务模型之间存在明显的区别。对于第一种策略型（"推动式模型"），产品按照所有可选项的不同配置进行制造，然后发送到商场或代理商处销售。当然，未售出的产品将导致一定的损失。对于更为高级的第二种策略，所有的可选配置均要进行设计，但只有客户订单中要求的产品可选配置才需进行制造。从产品设计层面上讲，它仍是一个推动式商业模型，但从生产制造的层面上讲，它是一个拉动式商业模型，即按订单进行制造。因此，从设计与制造的双重意义上来看，第二种模型属于"推拉式模型"。

在汽车行业，随着时间的推移，来自市场的竞争压力要求制造商能够提供更小、专用性更强的可选配置包。目前，客户完全可以获得某些单一特性如恒温控制系统、有色车窗、车窗除雾器、皮革内饰等，而无须定制"豪华版"的整套可选配置包并为此支付额外的费用。由于产品设计与制造系统的进步，可供客户选择的上述单一配置项越来越多，且其安装方法变得更为简单。部分可选配置项的选择十分简单，现已成为"分销商选配"。分销商选配是指可以在最终装配的完成阶段采用的配置项，汽车分销商在销售地点为单个客户完成的简单定制活动。

2.3.4　个性化生产方式

产品市场的多样性日益成为工业化智能生产和获取利润的强大动力，制造个性化的中心思想便是以此为前提而形成的。当今，随着市场个性化的不断发展，客户确信自己能够买到自己心仪的产品。为了保持市场竞争力，制造商必须实施低成本的产品定制生产策略。其中常用的策略就是模块化制造技术。它利用预先制造的不同组件，可以智能、快速地装配出个性化的定制产品。此外，客户对产品也提出了可重构的要求，客户希望通过简单的变形或接口等方法继续使用原有的产品而不是直接废弃。因此，客户对产品的需求是产品应在满足个性化需求的同时，还能够根据客户需求变化实现重新配置。随着大规模定制的不断演化，最终可出现多个不同层次的个性化生产。

与大规模定制类似，个性化生产也可以像生产牛仔裤那样简单，只是个性化生产需要准确地按照具体客户的尺寸要求进行。个性化产品生产包括四个过程：产品结构与模块的设计—销售—客户参与个性化设计—制造个性化产品，这是一种典型的拉动式生产模式。

在个性化生产模式下，产品按照客户的个性化需求进行生产或装配。一个典型的例子是厨房设计，它需要考虑可用空间的形状、窗户的位置和尺寸、照明等，每一个厨房在设计开始时就呈现出不同的特点，再加上不同的需求和偏好，使厨房设计之间的差异性更大。但是，厨房的制作成本必须控制在客户能够接受的限度内。为实现低成本的个性化生产，需要将产品的设计过程细分为两个阶段：

第一段包括产品的标准模块设计和总体结构设计。其中，标准模块设计主要确定量、形状、颜色和材料等。产品设计的第一阶段由制造商负责完成。总体结构设计主要确定模块之间的连接与界面，并需考虑以下三个方面的问题，包括机械部分（如支架、螺钉和沟槽等）、动力部分（如电气、液压和供水等）、信息部分（如传感器信号及控制等）。

第二阶段为货币交易，即将产品销售给客户。此时，客户开始参与个性化设计过程，在可用"模块库"的基础上，最终确定出产品的物理约束和客户偏好，从而完成个性化设计过程。此后，方可进行产品的制造生产。

客户化定制与个性化生产这两个术语容易引起混淆。实际上，大规模定制与个性化生产都是为了向客户提供能够满足其需求与偏好的产品。二者的主要区别为，在大规模定制模式下，市场上存在许多类似产品；在个性化生产模式下，由于客户实际参与了其产品的设计过程，因此，几乎所有的产品都是唯一的。模块式产品设计方法降低了个性化产品的成本。仍以厨房的内部设计为例，即使厨房最主要的组件（厨房模块式橱柜）均由同一制造商提供，但由此构成的每一个厨房看上去仍各不相同。在实施上述简单层次的客户化定制或个性化生产过程中，为降低成本，制造商必须提供一套全新的产品设计与制造运营体系，制造系统必须具有足够的可重构性和柔性，以便针对用户需求做出令人满意的响应。

随着大数据、互联网平台等技术的发展，企业更容易与用户深度交互、广泛征集需求。在生产端，柔性自动化、智能调度排产、传感互联、大数据等技术的成熟应用，使企业在保持规模生产的同时针对客户个性化需求而进行敏捷柔性的生产。未来随着互联网技术和制造技术的发展成熟，柔性大规模个性化生产线将逐步普及，按需生产、大规模个性化定制将成为常态。要实施定制生产，需要整个企业大系统的协同，没有数字化、网络化技术的支撑也不可能做到。红领（现酷特）集团建立的个性化西服数据系统能满足超过百种设计组合，如图 2-12 所示，其个性化设计需求覆盖率达到了 99.9%，客户自主决定工艺、服务方式；用工业化的流程生产个性化产品，7 天便可交货；成本只比批量制造高 10%，但回报至少是 2 倍以上。目前，其平均每分钟定制服装几十单，仅纽约市场每天定制产品已达 400 多套件。酷特的定制化制造系统主要由 ERP（企业资源计划）、SCM（供应链管理）、APS（先进计划排程系统）、MES（制造执行系统）等系统及智能设备系统组成，每位员工都是从互联网云端获取数据，按客户要求操作，确保来自全球订单的数据零时差、零失误率准确传递，通过数据和互联网技术实现客户个性化需求与规模化生产制造的无缝对接。

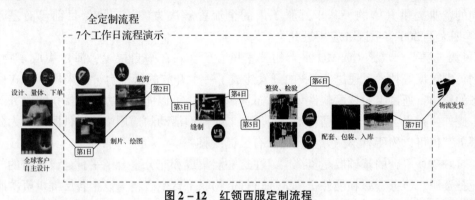

图 2-12　红领西服定制流程

我国著名家电制造企业海尔集团打造了基于工业互联网的智能制造平台——COSMO 平台，建立了支撑其实现大规模定制与个性化生产的核心能力。海尔 COSMO 平台的目标为打造开放的工业级平台操作系统，并在此基础上聚合各类资源，为工业企业提供丰富的智能制造应用服务。目前，COSMO 平台的业务架构主要为四层，自上往下依次为业务模式层、应用层、平台层和资源层，如图 2-13 所示。

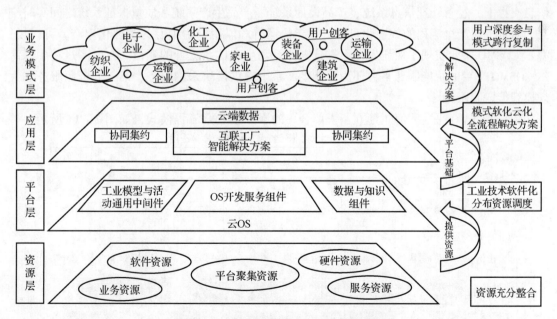

图 2-13　海尔 COSMO 平台的业务架构

1）最顶层的业务模式层的核心是互联工厂模式。在此基础上，海尔借助自身在家电行业积累几十年的制造模式和以用户为中心、用户深度参与的定制模式，以及在工业互联网运行的经验模式，引领并带动利益相关者及与自身相关的其他行业发展。例如，依托海尔自身的家电制造模式，在制造电子行业、装备行业进行跨行复制。模式层上，海尔对传统制造的组织流程和管理模式都进行了颠覆，是 COSMO 平台最核心的颠覆。

2）在应用层上，海尔在互联工厂提供的智能制造方案基础上，将制造模式上传到云端，并在应用层平台上开发互联工厂的小型 SaaS 应用，从而利用云端数据和智能制造方案为不同的企业提供具体的、基于互联工厂的全流程解决方案。应用层目前已有基于 IM、WMS 等四大类 200 多项服务应用进驻。

3）第三层平台层是 COSMO 平台的技术核心所在。在平台层上，海尔集成了物联网、互联网、大数据等技术，通过云 OS 的开发建成了一个开放的云平台，并采用分布式模块化微服务的架构，通过工业技术软件化和分布资源调度，可以向第三方企业提供云服务部署和开发。此外，在平台层上的数据与知识组件和工业模型活动的通用中间组件既可以为公有云提供服务，也可以为所有第三方企业的私有云提供服务。

4）COSMO 平台的基础层是资源层。在这一层集成和充分整合了平台建设所需的软件资源、业务资源、服务资源和硬件资源，通过打造物联平台生态，为以上各层提供资源服务。

具体而言，在智能生产系统的运行方面，海尔 COSMO 平台以计算机支持系统为依托，其经营管理信息系统根据实时反馈的市场信息做出生产计划与资源调度，并将生产线中的所有设备互联，在每个互联工厂对所有设备进行数据集中管控，不仅收集设备端的智造大数据，还收集来自智能产品反馈的用户大数据。产品设计系统与生产系统则依据技术资源和技术信息做出相应设计及生产规划，并与经营管理信息系统之间持续交互，由用户对技术方案和规划的反馈不断做出调整，在质量保证系统的监控下完成生产。在计算机支持系统提供的信息支撑下，经营管理信息系统、产品设计系统、产品生产系统和质量保证系统之间实时交互，做到了生产全流程的数字化可控、智能化运行和以用户为中心的柔性化生产。可以说，海尔 COSMO 平台实现了对研发体系、营销体系和生产体系三者的颠覆。在生产过程中，海尔 COSMO 平台的智能服务平台还为智能生产系统提供模块采购服务、第三方资源服务和大规模智能定制服务。

依托 COSMO 平台，海尔建立了人单合一的服务企业全流程模式，如图 2－14 所示，并

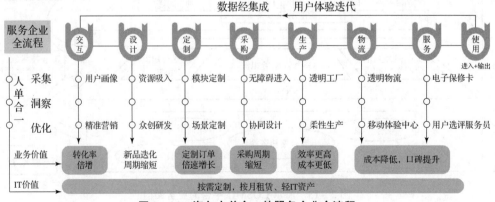

图 2－14 海尔人单合一的服务企业全流程

借助协同设计与全流程交互平台可以让全球用户实时查看到制造的实时场景，让全球用户都能够全流程参与到产品的设计、生产环节中。互联工厂实现了用户下单直达工厂、线上生产的每个产品都有用户、下线后直发用户，满足了用户全流程无缝化、可视化、透明化的最佳体验。

协同设计与全流程交互平台通过采用开放式社区模式，搭建用户、设计师、供应商直接面对面的交流平台，将用户对产品的需求、创意设想转化成产品方案，从需求端到制造端，依托互联工厂体系实现全流程可视化定制体验，让处于前端的用户与后端的互联工厂互联互通，用户从单纯需求者转变成为产品创意发起者、设计参与者以及参与决策者等，参与产品定制全流程，激发用户潜在的创造力，实现用户的价值驱动。

2.4　小结与习题

本章围绕智能制造的理论基础、智能制造基本范式和典型模式展开，具体介绍了控制论、系统工程理论，"工业 4.0"的产生、"工业 4.0"的核心特征与参考架构，以及信息物理系统等概念。回顾了智能制造作为制造技术和信息技术深度融合的产物，相关范式的诞生和演变发展与数字化、网络化、智能化的主要特征及其紧密联系。

本章按照中国工程院对智能制造数字化、网络化、智能化的基本技术特征总结分析，将智能制造总结归纳为三种基本范式，即：数字化制造范式——第一代智能制造、数字化网络化制造范式——"互联网＋"制造或第二代智能制造、数字化网络化智能化制造——新一代智能制造范式，形成了智能制造的范式演进。

制造模式的发展演进主要有两个方面的驱动因素：市场需求和技术进步，市场需求拉动制造模式演进，技术进步驱动制造模式变革。从早期的大规模生产到大规模个性化定制，再到个性化生产方式，伴随人工智能技术的发展，人工智能与制造技术的深度融合会进一步推动制造走向个性化定制时代，预计到 2025 年，以自适应感知制造、仿生制造等为代表的先进制造模式进一步普及，助推个性化定制制造模式的发展。

【习题】

（1）简述控制论研究的核心问题及其对智能制造的指导意义。

（2）简述系统工程研究的核心问题及其对智能制造的指导意义。

（3）简述智能制造演进的基本范式及其特点。

（4）简述制造模式的定义及其演变过程。

（5）请分析比较大规模生产方式、大规模定制生产方式与个性化生产方式的各自特点。

第 3 章
产品智能化设计方法

产品设计是产品研制与开发过程中最关键的环节之一，本章在简要介绍产品设计方法发展历史的基础上，对智能化时代的设计方法、数据驱动的智能化设计方法和数据驱动的产品性能预测等进行了论述；然后，详细介绍了产品智能化设计的平台需求和典型软件平台；最后，以数据驱动的车架结构设计和基于深度学习的热杆轧制设计等为例，介绍了智能化设计方法在重要装备中的应用。

学习目标

1. 了解产品设计发展历程。
2. 掌握智能产品的特征。
3. 掌握产品设计的一般过程。
4. 掌握智能化设计的设计方法。
5. 熟悉智能化设计的典型软件平台。

知识点思维导图

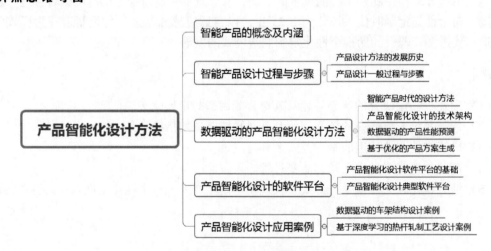

3.1　智能产品的概念及内涵

智能产品通过集成人工智能、机器学习、大数据分析和物联网等各种前沿技术，将硬件和软件相结合，以实现对传统产品的智能化改造与升级。智能产品的发展离不开数字化和网络化的支持。数字化为智能产品提供了数据基础，使其能够采集、分析和处理数据，发挥大数据的智能分析优势。网络化则实现了智能产品之间、智能产品与用户之间的连接，使得智能产品能够通过互联网进行通信和互动。这些智能技术的结合为智能化的生活与工作带来了便利和创新。同时，智能产品强调以智能、连接、数据驱动为核心，使产品实现更加智能化的感知、学习、决策、控制和服务等功能，以提升产品的效率和性能，保障产品的安全性和可靠性，增强用户体验。典型的智能产品有智能手机、智能手表、智能家居设备等，其将处理器、传感器、存储器、通信模块和交互显示系统等功能模块进行高度集成，并具有动态存储、通信与连接、交互与分析等能力，同时还能广泛采集用户的个性化使用需求，极大地满足了不同人群的使用需求和提升生活质量。

　　智能产品的典型特征如图 3-1 所示。

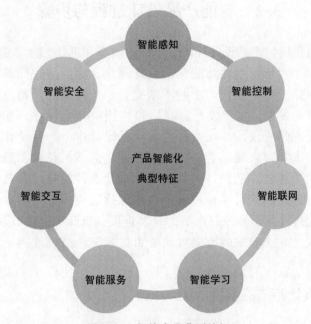

图 3-1　智能产品典型特征

1. 智能感知

　　智能产品集成了丰富的传感器和数据采集装置，能够实时感知环境、用户和产品自身状态，并将这些信息反馈到产品的控制系统中，为产品的智能化控制和决策提供依据。

2. 智能控制

　　智能产品应采用智能化算法和控制策略，以最优的方式控制产品的运行和功能，提高产品的效率、稳定性和可靠性。

3. 智能联网

　　智能产品可以实现互联网互通，提供更广泛的信息和服务，使得产品更智能、自动化和普及化。

4. 智能学习

　　智能产品能够根据用户的行为和反馈，进行自我学习和优化，自动调整自身的运行模式和功能，以适应用户的需求和环境的变化，进而不断提升用户体验和产品效率。

5. 智能服务

智能产品能够通过智能化技术和服务模式，为用户提供更加高效、便捷、个性化的服务，以满足不同用户的特殊需求。

6. 智能交互

智能产品应具有强大的人机交互能力，支持用户采用手势、眼动、语音等多模态交互信息，实现无障碍自然交互过程。

7. 智能安全

智能产品通过身份认证、数据加密、智能监控等方式，保证产品使用的安全性和可靠性。

3.2 智能产品设计过程与步骤

随着时代的不断发展，产品设计经历了不断的演变和进化。在早期，产品设计更多地注重功能和实用性，如"形式追随功能"的设计理念，即产品的外观设计主要基于实际功能需求。随着用户体验和情感化需求的不断提升，产品设计开始向以用户为中心和以情感体验为导向的方向发展，如"设计思维"和"用户体验设计"的兴起，这些设计理念更注重用户的感受和情感反应。在当代智能产品设计中，产品设计过程的内涵更加注重将人工智能技术与人类需求相结合，以实现智能化的产品设计。随着人工智能技术的不断发展，流程驱动的智能产品设计更加注重自动化、智能化、人机交互和数据分析等方面的设计，并且强调产品的可靠性、安全性和可持续性等重要因素。流程驱动的方法能够帮助设计团队更好地管理和控制产品的开发进度，提高产品的成功率和市场竞争力。深入了解智能产品设计方法的发展历史对理解当代智能产品设计的一般过程与步骤具有重要意义。

3.2.1 产品设计方法的发展历史

产品设计方法是指一种有目的、有计划、有系统的创造过程，旨在实现一定的目标和需求，同时考虑到产品的质量、成本、功能、外观和用户体验等方面。产品设计方法的发展可以追溯到古代，但是在现代工业化的背景下，产品设计方法得到了广泛的应用和研究。按照从古代到现代的产品设计方法演化历史，可将其分为以下三个阶段。

1. 古代产品设计方法

古代产品设计方法的发展主要集中在手工艺制造领域。在古代，手工艺制造是产品制造的唯一方式，产品设计方法主要依赖于手工艺人的经验和技巧。在中国，古代的产品设计方法主要体现在制陶、制瓷、制铁、制布、制绸等领域。例如，在中国汉代（公元前206年—公元220年）时期，制陶工艺已经非常发达，瓷器的制作技艺也开始逐渐成熟。在埃及，古代的产品设计方法主要体现在建筑、雕刻、金属加工等领域。例如，在埃及，古代建筑师和雕刻家通常会用石头、木材和金属等材料制作建筑和雕塑。

古代产品设计方法的发展主要依赖于手工艺人的经验和技巧，缺乏系统化的方法和标准。在古代，产品的设计和制造都是由手工艺人单独完成的，缺乏协作和分工，因此产品的制造效率低下，质量难以保证。

2. 近代产品设计方法

随着科技的进步和工业化的发展，产品设计方法得到了快速的发展。在 18 世纪，工业革命的到来为产品设计带来了新的机遇和挑战。这一时期，英国的工业家们开始采用标准化的方法来生产产品，以提高产品的制造效率和质量。例如，在英国工业革命期间，韦斯利兄弟（John Wesley）在 1743 年发明了第一个现代的针车，这是工业化生产的开始。

在 19 世纪，产品设计方法得到了更为系统化的发展。在这一时期，设计师们开始使用草图和模型来设计产品，以便更好地表达他们的想法和意图。此外，设计师们还开始使用新的材料和制造方法来创造新的产品。例如，美国设计师托马斯·爱迪生（Thomas Edison）在 19 世纪末发明了电灯泡，这是一项划时代的发明，改变了人们的生活方式。

在 20 世纪初，产品设计方法得到了更加系统化和科学化的发展。在这一时期，设计师们开始使用新的工具和技术来辅助他们工作。例如，在 20 世纪初，设计师们开始使用计算机辅助设计（CAD）软件来设计产品。此外，设计师们还开始使用新的理论和方法来指导他们的工作，例如人机工程学、人因工程学和工程心理学等。

3. 现代产品设计方法

在 20 世纪后期和 21 世纪初，产品设计方法得到了进一步的发展和创新，主要表现在以下几个方面。

（1）用户体验设计

用户体验设计是指在产品设计过程中，将用户的需求、体验和感受放在首位，以确保产品能够满足用户的需求和期望。这一设计方法的发展主要始于 20 世纪 80 年代，随着计算机、智能手机、平板电脑等新型智能设备的普及，用户体验设计逐渐成为产品设计过程中不可或缺的一环。

（2）人机交互设计

人机交互设计是指在产品设计过程中，将人与机器之间的交互作为设计的核心，以确保产品能够与用户实现良好的互动和交流。这一设计方法的发展始于 20 世纪 70 年代，随着计算机技术的不断发展和普及，人机交互设计逐渐成了产品设计过程中的重要环节。

（3）可持续性设计

可持续性设计是指在产品设计过程中，将环境保护和可持续发展作为设计的核心，以确保产品能够在生产、使用和处理的整个生命周期中对环境的影响最小化。这一设计方法的发展始于 20 世纪 80 年代，随着环境保护意识的不断提高和可持续发展理念的普及，可持续性设计逐渐成了产品设计过程中的重要环节。

（4）设计思维

设计思维是指一种以人为本、以解决问题为核心的创新方法，它强调在设计过程中需要同时考虑到用户的需求、技术的可行性和商业的可行性。这一设计方法的发展始于 20 世纪 90 年代，随着全球竞争的加剧和创新意识的不断提高，设计思维逐渐成了产品设计过程中的重要方法。

总的来说，产品设计方法的发展历程是一个不断探索、不断创新的过程。从最初的设计方法到现代的设计研究，设计师们始终在探索如何更好地满足人类需求，并不断寻找新的设计方法和工具。设计研究的不断进步和发展也推动了设计的不断创新和进步。

3.2.2 产品设计的一般过程与步骤

产品设计的一般过程与步骤如图 3-2 所示。

$$
产品设计
\begin{cases}
需求分析阶段 \\
概念设计阶段 \\
详细设计阶段 \\
原型制作和测试阶段 \\
产品开发阶段
\end{cases}
$$

图 3-2 产品设计的一般过程与步骤

产品设计是将创新、技术和市场需求相结合，通过一系列的步骤和环节，将概念转化为实际产品的过程。产品设计的一般过程与步骤可分为五个阶段，包括需求分析阶段、概念设计阶段、详细设计阶段、原型制作和测试阶段、产品开发阶段，具体如下：

1. 需求分析阶段

需求分析阶段是产品设计过程的起点。在这个阶段，设计团队需要深入了解目标市场和用户的需求，主要步骤包括市场调研、用户调研和需求收集。

1）市场调研通过分析竞争对手、市场趋势和行业动态，帮助设计团队了解市场的需求和机会。可利用自然语言处理技术对大量文本数据进行分析，挖掘用户的需求和市场趋势信息。

2）用户调研通过访谈、问卷调查等方式，收集用户的真实反馈和需求。可使用机器学习算法对用户数据进行聚类和分类，识别出不同用户群体的需求模式。

3）需求收集则是整理和归纳用户需求，明确产品的功能和性能要求。可运用机器学习模型对用户反馈进行自动分类和分析，提取出关键词和主题。

总的来说，需求分析是促使产品成功的关键一步。通过市场调研、用户调研和需求收集，可以确保产品的设计与用户需求高度契合，并为后续的设计和开发工作提供明确的方向和指导。

2. 概念设计阶段

概念设计阶段是产品设计过程中的一个重要环节，它跟随需求分析阶段，旨在将用户需求转化为具体的创意概念，并对这些概念进行评估和选择。下面是概念设计阶段的一般过程与步骤。

1）需求理解：首先，设计团队需要对用户的需求进行深入理解和分析。他们可以通过市场调研、用户访谈、问卷调查等方法来获取用户反馈。这些信息可以帮助设计团队明确用户需求，并为概念设计提供指导。

2）创意生成：在理解用户需求的基础上，设计团队开始进行创意生成。他们可以运用头脑风暴、竞品分析、灵感挖掘等方法，产生各种创新和多样化的概念方案。这一阶段的目标是尽可能地拓宽设计空间，提供丰富的选择。

3）概念筛选：在创意生成之后，设计团队需要对所得到的概念进行筛选和评估。他们可以根据一些评估准则，如可行性、市场前景、技术复杂度等，对每个概念进行评估和打分。通常，一些评估工具如 SWOT 分析、决策矩阵等被广泛应用于此阶段。

4）整体框架设计：在概念的基础上，确定产品的整体框架和结构，包括硬件和软件的大致组成、模块划分和相互连接方式等。

5）硬件设计概要：根据整体框架设计的要求，初步确定硬件系统的核心部分，包括主要的电路板、传感器、执行器等。

6）软件设计概要：基于整体框架设计，初步确定软件系统的功能模块、算法和界面设计等。

7）概念评估：在概念细化之后，设计团队需要对概念进行评估和验证。他们可以通过用户测试、原型演示、模拟实验等方式来评估概念的可行性和用户体验。这一过程的目标是发现问题并进行修正，确保概念符合用户需求和设计目标。

8）最终选择：根据概念评估的结果，设计团队最终选择出一个或多个最具潜力和可行性的概念。这些概念将成为接下来设计开发的基础，并为产品的后续阶段提供指导。

总的来说，概念设计阶段是一个创新和筛选的过程，旨在将用户需求转化为具体的设计概念，并通过评估和选择确定最终方案。设计团队需要运用各种工具、方法和技术来支持这一过程，并密切关注用户需求和项目目标，以确保最终的概念设计能够满足市场需求并实现商业成功。

3. 详细设计阶段（见图 3-3）

详细设计阶段 {
工业设计
结构设计
硬件设计
软件设计
集成设计
}

图 3-3　详细设计阶段

详细设计阶段是产品设计的重要环节，它跟随概念设计阶段，旨在将选定的概念进一步细化和具体化，以便进行产品的具体设计和开发。智能产品不仅需要满足产品的功能需求，还需要考虑到产品的安全性、可靠性和易用性等方面的要求。设计一个成功的智能产品需要综合考虑多个方面的因素，包括工业设计、结构设计、硬件设计、软件设计、集成设计等。

1）工业设计是指将产品的外观、形态、结构等因素与用户需求和市场需求相结合，以创造出具有良好视觉效果和人机交互体验的产品。在智能产品的设计中，工业设计要考虑到产品的整体视觉效果、产品的人机交互界面、产品的易用性、产品的安全性等因素，确定产品的外观、尺寸、重量和配色等因素。

2）结构设计是指将产品的各个零部件进行组合，以构建出具有稳定性和可靠性的产品。在智能产品的设计中，结构设计需要考虑到产品的结构强度、稳定性、抗震性、防水性等因素。在结构设计中，需要进行各种力学分析、结构优化和模拟测试等步骤，以确定产品的结构参数和材料选型。

3）硬件设计是指将产品的各个零部件进行电路设计和电子元器件的选择，以构建出具有稳定性和可靠性的电子产品。在智能产品的设计中，硬件设计需要考虑到产品的电路稳定性、电磁兼容性、功耗、成本等因素，并需要进行电路设计、电路仿真、PCB 设计、BOM 管理等步骤，以确定产品的电路结构和电子元器件。

4）软件设计是指将产品的功能需求进行软件开发和算法实现，以构建出具有稳定性和可靠性的软件系统。在智能产品的设计中，软件设计需要考虑到产品的功能性、可靠性和安全性等因素并需要进行需求分析、算法设计、软件开发、软件测试等步骤，以确定产品的软件结构和功能实现。

5）集成设计是指将硬件和软件进行整合，以构建出具有稳定性和可靠性的智能产品，包括硬件和软件的接口设计、硬件与软件的调试和测试、硬件与软件的优化和改进、硬件与软件的集成管理。在集成设计中，硬件设计和软件设计的配合非常重要。硬件设计需求和软件设计需求应该相互匹配、相互协调，以确保产品的整体性能和稳定性。同时，在集成设计中还需要进行产品的整体测试和验证，以确保产品的质量和可靠性。

总的来说，详细设计阶段是将概念设计转化为具体设计的过程。在这个阶段，设计团队需要根据设计目标和规范，选择合适的材料和技术，并制作详细的设计图纸。同时，他们还需要进行模型制作和测试，进行工艺设计，并对成本进行估算和优化。详细设计阶段的目标是确保产品设计的可行性、实用性和经济性，并为后续的制造与生产提供详细的指导和支持。

4. 原型制作和测试阶段

原型制作和测试阶段是产品设计过程中的重要环节，旨在通过制作与测试原型来验证和优化产品的设计。下面是原型制作和测试阶段的一般过程与步骤。

1）制作初步原型：在产品设计的初步阶段，可以使用低成本的手工或数字工具制作初步原型。这些原型通常是简化的模型或界面，用于演示和交流设计概念。初步原型可以帮助设计团队更好地理解产品需求，发现潜在问题，并为后续的设计改进提供参考。

2）制作详细原型：在初步原型的基础上，进行详细的原型制作。详细原型通常是基于计算机辅助设计（CAD）软件或三维打印等技术制作的实物模型，它更接近最终产品的形态和功能，可以被用于评估产品的用户体验、人机交互和结构稳定性等方面。通过详细原型的制作，可以及早发现和解决设计上的问题。

3）进行原型测试：制作完成的原型需要进行测试，以评估其性能和功能。原型测试可以包括实验室测试、用户测试和功能测试等。通过与目标用户的交互和反馈，可以了解产品的易用性、用户需求的满足程度和潜在问题。测试结果可以为产品的进一步改进和优化提供指导。

4）优化原型设计：根据原型测试的结果和反馈，对原型进行优化设计。这可能涉及界面调整、功能改进、材料选择等方面的调整和修改。优化的目标是提升原型的性能、效果和用户体验，并满足产品设计的要求。

5）制作最终原型：在经过多次迭代的优化后，根据设计的需求和要求制作最终的原型。最终原型应该尽可能接近最终产品的外观、功能和性能。它可以作为制造前的最后一次验证，确保产品设计的准确性和可行性。

总之，在产品设计的过程中，原型制作和测试阶段是至关重要的。通过制作和测试原型，可以及早发现和解决设计上的问题，验证设计的可行性和有效性，并为后续的制造与开发提供指导和依据。这有助于节约时间和成本，并提高最终产品的质量和用户满意度。

5. 产品开发阶段

产品开发阶段是产品设计过程中的最后一阶段，它涵盖了从原型制作到最终产品交付的整个过程。下面是产品开发阶段的一般过程与步骤：

1）制造和生产准备：在产品开发阶段，需要进行制造和生产准备工作。这包括确定供应链和原材料供应商，制定制造计划和流程，建立生产线和设备，以及进行质量控制和成本管理等。同时，还需要根据产品需求制定生产标准和测试方法。

2）批量生产：一旦制造和生产准备就绪，就可以开始进行批量生产。在批量生产过程中，需要遵循制造计划和流程，确保产品的质量和交付时间。同时，还需要进行生产监控和质量检查，及时解决生产中的问题和异常情况。

3）测试和验证：在产品开发阶段，还需要进行产品的测试和验证。通过各种测试方法，例如功能测试、性能测试、可靠性测试等，验证产品是否符合设计要求和用户需求。测试和验证的结果可以用于指导产品进行改进和修正，并确保产品的稳定性和可靠性。

4）营销和销售准备：在产品开发阶段，还需要进行市场营销和销售准备工作。这包括制定营销策略、确定目标用户群体、制定销售计划和渠道选择等。同时，还需要进行产品宣传和推广，培训销售团队，并确保产品的供应链和分销渠道畅通。

5）最终产品交付：在完成产品开发和准备后，可以进行最终产品交付。这涉及将产品交付给客户或分销渠道，并提供售后服务和支持。同时，还需要对产品进行追踪和监测，收集用户反馈和市场反馈，以进一步改进产品和满足用户需求。

6）持续改进和迭代：产品开发阶段不是一次结束，而是一个循环迭代的过程，即通过持续收集用户反馈和市场反馈，进行产品改进和优化。这可以帮助企业不断提高产品的竞争力，满足不断变化的市场需求。

总的来说，在产品设计的一般过程中，产品开发阶段是将产品从原型制作到最终交付的关键阶段。在这个阶段将进行制造和生产准备、批量生产、测试和验证、营销和销售准备等工作，最终将产品交付给客户，并进行持续改进和迭代以满足市场需求。

以上是产品设计的一般过程与步骤，每个阶段都具有其独特的重要性和挑战。在实际设计中，设计团队可以根据项目的具体需求与特点进行调整和优化。同时，流程驱动的设计方法可以帮助团队更高效地开展工作，提高产品质量和用户满意度。通过不断的迭代和改进，设计团队可以不断优化产品，满足日益变化的市场需求，并取得商业成功。

3.3 数据驱动的产品智能化设计方法

3.3.1 智能产品时代的设计方法

产品设计方法随着现代工业的兴起而快速发展和演变，它与科技的发展密切相关，同时又反映着一个时代的经济、技术和文化。产品设计的萌芽可以追溯到中国青铜器时代；到唐宋时期瓷器小批量规模化生产开始促进产品设计的雏形出现；现在工业的发展壮大开始促进产品设计方法的快速发展，这一期间的产品设计方法和科学技术相结合，即产品设计方法开始有了系统的理论；近年，人工智能技术的发展给产品设计方法带来了新的变革，加快了产品智能化的发展。纵观产品设计的发展历史，产品设计方法主要经历了四个主要阶段，如图 3-4 所示。

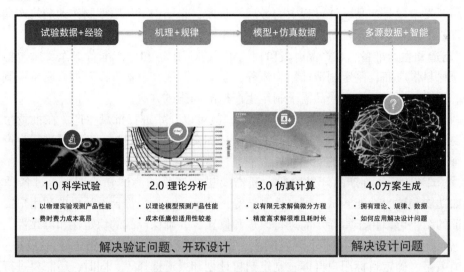

图 3-4 设计模式发展阶段

1. 以科学试验为主的 1.0 阶段

早期的产品设计主要采用专家经验和试验数据相结合的方式，以物理实验观测产品设计性能，进而验证设计方案的可行性。在产品设计初期，领域专家需根据以往的设计经验初步规划设计方案，并通过研制原型产品和组织物理实验发现设计缺陷与不足，然后根据实验结果修正设计方案。基于上述过程反复迭代、不断更新，得到最终的产品设计方案。这种以科学实验为主的产品设计模式高度依赖专家经验，费时费力且成本高昂，难以满足复杂产品的设计需求。

2. 以理论分析为主的 2.0 阶段

随着设计经验公式与理论模型研究的逐步深入，产品设计进入到以理论分析为主的 2.0 阶段。在这一阶段，设计人员在明确产品设计基本需求的基础上，查找设计手册、设计标准等通用设计知识，并根据已有的经验公式，计算产品的材料强度、受力分布、热传递等关键性能参数，然后基于计算分析结果调整和修改设计方案，直至满足设计要求。这种以理论分析为主的产品设计模式效率较高、成本低廉，在简单的产品设计过程中应用广泛。然而，由于经验公式的适用范围有限，对于复杂的产品设计来说则需要结合仿真分析与实验验证等手段来提升设计精度。

3. 以仿真计算为主的 3.0 阶段

随着计算机辅助技术的发展，越来越多的设计人员开始使用计算机辅助工程软件进行产品设计与仿真分析，促进了设计效率的快速提升，进入到以仿真计算为主的产品设计 3.0 阶段。在这一阶段，设计者在对产品的结构、材料、工艺等进行建模与参数化分析的基础上，利用计算机辅助软件对产品性能进行仿真分析，如有限元分析、流体力学分析、多体动力学分析等；根据仿真分析结果对产品设计方案进行优化设计与参数调整，并结合试验验证与测试，进一步验证仿真计算的准确性。

产品性能仿真技术的应用大幅降低了产品开发的成本和实验周期，并提供了快速、准确的预测与分析手段，成为当代产品设计过程中不可或缺的技术手段之一。然而，当产品设计参数较多、工况极其复杂时，传统以有限元求解偏微分方程为基本特征的仿真分析方法将面临模型求解难且耗时较长等难题。

4. 以方案生成为主的 4.0 阶段

与单信息源的"模型 + 仿真数据"的 3.0 设计阶段不同，新一代设计方法将综合经验、数据、机理、规律和模型等多种信息源，融合人工智能技术，构建一种以方案生成为主的复杂产品智能设计助手。这个智能设计助手能够自动分析和综合各类设计资源，快速生成多样化的设计方案。它可以基于大量的数据和先进的机器学习算法，发现设计空间中的规律和潜在的优化方向，提供全面而创新的设计解决方案。这种以方案生成为主要特征的崭新设计模式可充分利用多源信息优势，将设计过程从依赖专家经验的模式转变为智能化的、高效率的模式，加速复杂产品的设计创新和优化过程。

近年来，随着产品智能化的发展，用户的产品需求在不断发生着变化，相应的智能产品的功能和结构也在不断更新迭代，智能产品的设计过程也在不断地接受着各种"复杂性"所带来的挑战。这种"复杂性"体现在给定系统与外界环境的相互作用上，通常呈现出如"非线性""涌现（Emergence）""适应性""自发性"和"反馈循环"等特征。这些复杂性也为产品设计技术、工具和平台提出了新的技术要求。具体表现在以下几个方面。

（1）复杂产品更新换代频繁，对设计知识的快速重用技术需求迫切

当前，大型复杂产品的更新换代频繁，呈现出平台化、系列化的发展趋势，其研发过程本质上是对现有技术基础知识的重组和创新。复杂产品几十年的发展，研制团队积累的海量工程经验和知识资源很大一部分可以直接应用于平台化、系列化复杂产品的研制过程。然而，知识重用过程存在一些问题。

1）知识获取和建模是一项艰巨的任务，需要大量的人工和时间投入。

2）确保知识的正确性和准确性是一个挑战，因为错误的知识重用可能导致错误的设计决策。

3）不同领域知识的集成和共享也是一个难题，因为不同领域的知识可能存在语义差异。

因此，如何进一步整合复杂产品的海量知识资源，用以支撑平台化、系列化、智能化的产品研制过程已经成为迫切需求。

（2）复杂产品的功能性能指标跨代，对多学科知识融合技术需求迫切

随着科技的不断发展，产品的功能性能要求越来越复杂且多样化，多个学科领域的知识被融合。因此，需要将不同学科领域的知识进行融合，以实现综合设计和优化。多学科知识融合技术可以将不同学科的知识集成到一个统一的框架中，在设计过程中综合考虑不同学科的要求和限制，并促进不同领域专家之间的合作和交流，从而实现复杂产品功能性能的跨代提升。回顾我国几十年来的复杂产品科研生产实践过程，从研制改型走向自主创新，积累了海量的经过实践检验且符合系统工程研制规律的型号研制案例、经验、方法、手段等智力资源，以及海量的成熟报告、图纸、模型、标准规范等资料，这些都是促进装备创新设计必不可少的知识资源。因此，如何对上述多学科设计知识资源进行融合与分析，已经成为复杂产品功能设计的迫切需求。

（3）复杂产品设计参数呈现高维耦合特征，对高维多学科优化技术需求迫切

复杂产品的设计中，涉及多个学科的众多设计参数，同时设计参数之间存在复杂的关联和相互影响。这种高维耦合特征使得设计空间变得庞大且复杂，传统的设计方法难以突破优化设计的效率瓶颈。高维多学科优化设计技术是一种针对复杂产品设计中参数高维耦合特征和多学科效率瓶颈的先进设计方法，通过结合高维优化设计算法、学科性能预测模型、试验数据动态采样等技术，实现复杂设计空间的高效搜索并快速获取最优设计参数。因此，如何构建高效的高维多学科优化设计方法，用于支持复杂产品的快速、准确设计已成为迫切需求。

复杂产品的设计过程不仅包括大量基于数学模型和数值处理的计算型工作，还涉及基于符号型知识模型及符号处理的推理和决策过程，如设计方案的确定、主要参数的决策、几何结构设计的评价选优、分析模型的建立，这些工作的完成既需要借助计算机辅助设计工具，又需要运用丰富的知识进行推理、判断和决策。智能设计就是应用现代信息技术，采用计算机模拟人类的思维活动，提高计算机的智能水平，从而使计算机能够更多、更好地承担设计过程中各种复杂的任务，成为设计人员的重要辅助工具。智能设计的目的是要使用人工系统来代替人的思考和推理，实现产品设计的自动化，从而减少产品设计循环迭代的时间和降低重复工作。智能设计的核心是利用计算机更多地解放人类的双手，帮助人类更好地完成设计任务。智能设计主要具有以下特点：

1）以设计方法学为指导。智能设计的发展，从根本上取决于对设计本质的理解。设计方法学对设计本质、过程、设计思维特征及其方法学的深入研究是智能设计模拟人工设计的基本依据。

2）以人工智能技术为实现手段。借助专家系统技术在知识处理上的强大功能，结合人工神经网络和机器学习技术，较好地支持设计过程自动化。

3）提供数值计算和图形处理工具。提供对设计对象的优化设计、有限元分析和图形显示输出上的支持。

4）面向集成智能化。不但支持设计的全过程，而且考虑到与 CAM 的集成，提供统一的数据模型和数据交换接口。

5）提供强大的人机交互功能。使设计师对智能设计过程的干预，即与人工智能融合成为可能。

目前，智能设计技术主要可分为基于规则的智能设计、基于优化的智能设计、基于知识的智能设计及基于深度学习的智能设计等类型，如图 3-5 所示。

智能设计技术			
基于规则	基于优化	基于知识	基于深度学习
专家系统	线性规划	基于框架	卷积神经网络
模糊系统	非线性规划	基于案例	循环神经网络
关联规则挖掘	多目标优化	基于本体	生成对抗网络
...	进化算法	...	...
	...		

图 3-5 智能设计技术分类

1）基于规则的智能设计：这类技术使用预定义的规则和逻辑，对设计问题进行分析和求解。规则可以是人工设定的，也可以是从历史数据中归纳和提取的。设计人员可依据预先设定的规则对设计问题进行逻辑分析与推理，理解设计要求、约束和目标。基于定义的规则，可以自动化地生成设计方案，并通过比较不同的设计方案，找到最佳方案，进行设计优化。基于规则的智能设计技术的优点是简单、清晰、可解释，缺点是缺乏灵活性、适应性和创新性，难以处理复杂和不确定的设计问题。基于规则的智能设计技术主要包括专家系统、模糊系统、关联规则挖掘等。

2）基于优化的智能设计：这类技术使用数学模型和算法，将设计问题抽象成数学模型，通过优化算法在设计空间中搜索最优解，以实现对设计目标的优化。基于优化的智能设计通过优化算法的应用，自动化地搜索最佳的设计参数配置，并实现参数敏感性分析。基于优化的智能设计技术的优点是能够寻找最优或近似最优的设计方案，缺点是需要大量的计算资源，且可能陷入局部最优或过度拟合。为解决这一问题，进化算法作为一种新兴的优化算法应运而生。这类技术使用生物进化的原理和方法，对设计问题进行搜索和演化。进化算法可以模拟自然选择、变异、交叉、迁移等机制，生成并评估一系列候选解。

基于进化算法的智能设计技术的优点是能够在大规模和多模态的搜索空间中发现多样化和创新性的设计方案，但是需要大量的评估函数和控制参数，且可能存在早熟收敛或过度多样化的问题。基于优化的智能设计技术主要包括线性规划、非线性规划、多目标优化、遗传算法、模拟退火算法、粒子群优化算法等方法。

3）基于知识的智能设计：这类技术使用知识库和推理机，对设计问题进行表示和推理。知识库是一个集中存储和组织领域专业知识的库，可以包含领域知识、经验知识、启发式知识等。它提供了一个可靠的知识来源，帮助智能设计系统理解设计问题、分析设计需求，并提供解决方案的背景和指导。推理机是一个基于知识的推理引擎，它利用存储在知识库中的知识进行演绎推理、归纳推理与类比推理。推理机能够根据已有的知识，从设计问题的描述中推导出新的结论和信息，用于支持设计决策、提供设计方案的评估和验证，并帮助解决复杂的设计问题。

基于知识的智能设计技术的优点是能够利用人类的专家知识和经验，提高设计质量和效率，但是需要大量的知识获取和维护，且可能存在知识不完备或不一致的问题。基于知识的智能设计技术主要包括基于框架的智能设计、基于案例的智能设计、基于本体的智能设计等方法。

4）基于深度学习的智能设计：这类技术使用深度神经网络和大数据，对设计问题进行学习和生成。基于深度学习的智能设计能够利用大量的数据和复杂的神经网络模型，实现智能化的设计过程、创新和优化，提高设计效率、质量和智能化水平。

基于深度学习的智能设计技术的优点是能够处理高维度和复杂度的数据，实现端到端的自动化设计，但是需要大量的标注数据和训练时间，且可能存在过拟合或黑箱化的问题。基于深度学习的智能设计技术主要包括卷积神经网络、循环神经网络和生成对抗网络等。

3.3.2　产品智能化设计的技术架构

产品智能化设计过程是一个迭代优化的过程，该过程以牛顿法与强化学习作为优化器的优化方法，通过数据与知识融合构建代理模型，基于自动微分技术、强化学习方法与人在回路的交互式优化模式实现优化求解，以完成迭代。该过程的整体架构如图 3-6 所示。

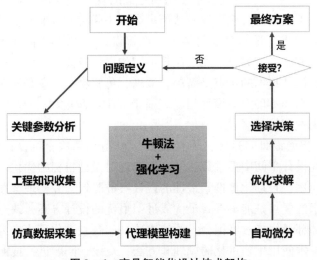

图3-6 产品智能化设计技术架构

该过程的主要步骤如下：

1）问题定义：该环节涉及明确目标、变量与约束，核心为构建优化模型。在这个环节中，需要将设计问题转化为数学模型，通过定义目标指标、设计变量和约束限制，建立一个可优化的数学模型。在这个环节中，需要考虑以下问题：优化目标是否清晰，能否合理表征和优先排序；优化问题的难点是什么；优化算法的可行性和限制是什么。问题定义环节需要确保优化模型明确，实现将设计问题形式化，并为后续的优化算法提供输入。

2）关键参数分析：该环节涉及对系统或产品的关键参数进行详细分析和评估，以确保设计的可行性和性能。在此环节中需要考虑参数的重要性、相互之间的影响关系、优化目标和限制条件。通过建立模型、进行仿真和实验，可以对不同参数进行测试和优化。

3）工程知识收集：该环节涉及收集、整理与分析相关领域的工程知识和经验，以提高代理模型的精度。这个环节包括文献调研、专家咨询、案例分析和技术资料收集等活动，从而获取有关技术标准、最佳实践和先进解决方案的信息。通过充分了解相关领域的工程知识，寻找相关工程经验，以融合工程经验的方式补充缺失的映射规律，从而便于高精度代理模型的生成。

4）仿真数据采集：该环节涉及使用仿真工具和技术生成大量的虚拟数据，以模拟实际系统的运行和行为。通过仿真数据采集，设计团队可以评估与验证设计方案的性能、稳定性和可靠性。这个环节需要确定仿真参数和场景，并进行大量的仿真运算和测试，以收集不同工况和情境下的数据。采集到的仿真数据可以用于优化设计、验证假设和指导后续决策，从而减少实际试验和开发成本，加快设计过程的速度和效率。

5）代理模型构建：该环节以机器学习和统计方法为基础，通过将采集的仿真数据与收集的工程知识进行融合，以构建代理模型，从而代替复杂的模拟或实验过程。在这个环节中，需要选择适当的算法和模型结构，并使用已有的数据进行训练和验证。构建代理模型需要充分理解系统的工作原理和特性，并与实际数据进行对比和校准，以确保模型的准确性和可靠性。代理模型可以快速预测和优化设计方案的性能，提高设计的效率和可行性，为后续决策和优化提供依据。

6）自动微分：该环节利用自动微分技术，通过计算导数来推导设计变量对目标函数和约束条件的影响，实现对目标函数的快速求导。这种技术可以帮助设计团队快速探索设计空间，并找到最佳的设计解决方案。通过自动微分，可以在不同设计参数的情况下，迭代地计算梯度和目标函数的变化趋势，进而指导设计变量的调整和优化。基于自动微分的设计优化技术可以提高设计的效率和准确性，加速设计迭代过程，并提供更优的设计结果。

7）优化求解：该环节利用强化学习方法进行优化求解并生成总体方案。通过建立智能体和环境的交互强化学习，可以根据试错和奖励机制逐步学习并改进总体方案；在这个环节中，智能体根据环境的反馈，通过尝试不同的设计决策和参数配置来优化总体方案；通过不断的迭代和学习，智能体可以逐渐提高总体方案的质量和效果；基于强化学习的总体方案生成，可以帮助设计团队发现新的创新解决方案，并加速设计过程的创造性和效率。

8）选择决策：该环节结合人的专业知识和智能化技术进行选择决策。在这个环节中，设计团队通过与智能化系统的交互，评估和比较不同设计方案的优劣。智能化系统提供数据分析、模拟仿真和预测等支持，而人的经验和判断则在决策过程中发挥重要作用。通过人在回路的决策，设计团队可以综合考虑技术、经济、可行性等多个因素，从而选择最佳的设计方案。这种方法结合了智能化技术和人的智慧，提高了设计决策的准确性和可靠性。

3.3.3　数据驱动的产品性能预测

数据驱动的产品性能预测是指通过利用大量的历史数据和知识，来预测未来产品的性能表现。该方法通过对历史数据的分析和建模，找出数据之间的潜在关系和规律，以此来预测未来产品的性能表现。这种方法可以帮助企业提高产品性能和质量，优化产品设计和制造流程，提高企业的竞争力。

数据驱动的产品性能预测可以使用多种机器学习和统计学算法，如线性插值、克里金插值、多项式拟合、主成分分析、神经网络等。这些算法都可以从历史数据中学习产品性能和各种因素之间的关系，并用于预测未来的产品性能。数据驱动的产品性能预测可应用于各种不同的制造业和工业领域，如汽车制造、航空航天、电子制造、船舶制造等。例如，在汽车制造业中，数据驱动的产品性能预测可以帮助企业预测汽车的燃油效率、安全性等性能指标，优化汽车的设计和制造流程，提高汽车的品质和竞争力。

1. 线性插值方法

（1）算法简介

线性插值算法是一种常用的数据插值方法，它通过在相邻的数据点之间插值一条直线来估算缺失的数据点。该算法基于两点式公式，通过确定插值点在哪两个数据点之间并计算插值点的响应变量来实现数据的插值。线性插值算法通常用于数据平滑、数据预处理等方面。

（2）算法原理

假设有两个已知数据点 (x_0, y_0) 和 (x_1, y_1)，我们的目标是找到这两个点之间的某个未知数据点 (x, y) 的估计值。根据线性插值的假设，可以将 (x, y) 表示为

$$y = y_0 + (x - x_0) \times \frac{y_1 - y_0}{x_1 - x_0}$$

根据该公式可以计算出 (x, y) 的估计值。插值算法在实际应用中，计算步骤如下：

1）准备已知数据点，包括自变量 x_0、x_1 和对应的因变量 y_0、y_1。

2）使用上述公式进行计算，得到未知数据点的估计值。

（3）应用案例

为了更好地理解线性插值算法，我们可以用一个简单的数值案例来演示。

假设有以下已知数据点：

$$(x_0, y_0) = (1, 3)$$
$$(x_1, y_1) = (4, 9)$$

我们要估计在 $x' = 2$ 处的未知数据点的值 (x', y')。

线性插值算法在实际应用中，计算步骤如下：

准备已知数据点：

$$(x_0, y_0) = (1, 3) \, 、 (x_1, y_1) = (4, 9)$$

利用公式计算未知点：

$$y' = y_0 + (x' - x_0) \times \frac{y_1 - y_0}{x_1 - x_0}$$

$$y' = 3 + (2 - 1) \times \frac{9 - 3}{4 - 1} = 5$$

因此，在 $x' = 2$ 处未知数据点的值 $y' = 5$

更进一步，可以利用线性插值模型预测在 $x' \in [-5, 5]$ 区间上任意一点的取值 y'，预测结果如图 3-7 所示。

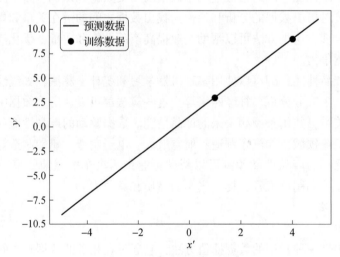

图 3-7　线性插值模型预测结果

2. 克里金插值方法

（1）算法简介

克里金插值是由 Krige 在 1951 年提出的一种统计插值方法，由 Matheron 于 1963 年将其数学公式化。克里金插值算法是一种基于统计学原理的空间插值方法，它通过基于样本点之间的相互关系，来估算缺失位置的数值。该算法将空间数据建模为随机函数，并使用协方差函数来描述样本点之间的相互关系，从而实现对缺失位置的插值。该方法与高斯过程方法（Gaussian Process, GP）原理具有内在的一致性。克里金插值算法通常用于地质勘探、环境监测和气象预报等领域。

（2）算法原理

克里金插值估计取决于要插值的给定样本点之间的空间相关性，原理是确定性响应 $y(X)$ 被看作随机函数 $Y(X)$ 的观测结果。假设一个 n 维的随机过程，通过 m 次随机采样获得数据集 (X, y_s)，其形式为

$$X = \begin{bmatrix} x^{(1)} \\ x^{(2)} \\ \vdots \\ x^{(m)} \end{bmatrix} = \begin{bmatrix} x_1^{(1)} & x_2^{(1)} & \cdots & x_n^{(1)} \\ x_1^{(2)} & x_2^{(2)} & \cdots & x_n^{(2)} \\ \vdots & \vdots & \ddots & \vdots \\ x_1^{(m)} & x_2^{(m)} & \cdots & x_n^{(m)} \end{bmatrix}$$

$$y_s = \begin{bmatrix} y^{(1)} & y^{(2)} & \cdots & y^{(m)} \end{bmatrix}^{\mathrm{T}}$$

通常情况下，克里金模型可表述为

$$Y(X) = f^{\mathrm{T}}(X)\boldsymbol{\beta} + Z(X)$$

式中　$f(X)$——具有特定回归量的回归向量；

　　　$\boldsymbol{\beta}$——待估计的回归系数的向量；

　　　$Z(\cdot)$——随机过程 $Z(\cdot)$ 为平稳高斯过程，具有零均值和协方差。

$$\mathrm{Cov}\big[Z(x^{(i)}), Z(x^{(j)})\big] = \sigma^2 r(x^{(i)}, x^{(j)})$$

$$r(x^{(i)}, x^{(j)}) = \prod_{k=1}^{n} r_\theta(\theta_k, x^{(i)}, x^{(j)})$$

式中　σ^2——随机过程 $Z(\cdot)$ 的方差；

　　　$r(x^{(i)}, x^{(j)})$——$x^{(i)}$ 和 $x^{(j)}$ 之间的相关函数（核函数），仅与两点之间的距离相关。

常用的核函数包括线性核函数、多项式核函数、高斯核函数等，其公式分别如下。

线性核函数：

$$r(x^{(i)}, x^{(j)}) = x^{(i)} \times x^{(j)}$$

多项式核函数：

$$r(x^{(i)}, x^{(j)}) = (ax^{t(i)}x^{(j)} + c)^d$$

高斯核函数：

$$r(x^{(i)}, x^{(j)}) = \sigma^2 \prod_{k=1}^{n} \mathrm{e}^{-\theta_k \| x_k^{(i)} - x_k^{(j)} \|^2}$$

将驻点计算 $x^{(i)}$、$x^{(j)}$ 的相关函数结果表达为矩阵形式：

$$\begin{bmatrix} R & F \\ F^{\mathrm{T}} & 0 \end{bmatrix} \begin{bmatrix} \lambda \\ \mu \end{bmatrix} = \begin{bmatrix} r_* \\ 1 \end{bmatrix}$$

式中　R——采样数据 $x^{(i)}$ 和 $x^{(j)}$ 的相关函数 $r_{i,j}$ 构成的相关矩阵；

　　　r_*——采样数据 x^i 和预测数据 x^* 的相关函数 $r_{i,*}$ 构成的列向量；

　　　F——单位列向量。

$$R = \begin{bmatrix} r_{11} & r_{12} & \cdots & r_{1m} \\ r_{21} & r_{22} & \cdots & r_{2m} \\ \vdots & \vdots & \ddots & \vdots \\ r_{m1} & r_{m2} & \cdots & r_{mm} \end{bmatrix}$$

$$r_* = \begin{bmatrix} r_{1*} & r_{2*} & \cdots & r_{m*} \end{bmatrix}^{\mathrm{T}}$$

$$F = \begin{bmatrix} 1,1,\cdots,1 \end{bmatrix}_m^{\mathrm{T}}$$

预测某一点 x^* 的期望值 $\mu(x^*)$ 和方差 $\mathrm{Var}(x^*)$ 可以通过以下等式确定：

$$\mu(x^*) = F\boldsymbol{\beta} + r_*^{\mathrm{T}} R^{-1}(y_s - \boldsymbol{\beta} F)$$

$$\mathrm{Var}(x^*) = \frac{1}{m}(y_s - \boldsymbol{\beta} F)^{\mathrm{T}} R^{-1}(y_s - \boldsymbol{\beta} F)$$

$$\boldsymbol{\beta} = (F^{\mathrm{T}} R^{-1} F)^{-1}(F^{\mathrm{T}} R^{-1} y_s)$$

利用已知的 X 和 y_s 结合最大似然估计可选择最合适的相关因子 $\theta^*(\theta_1, \cdots \theta_k, \cdots \theta_n)$：

$$\theta^* = \mathrm{argmax}\{ -m\ln\mathrm{Var} - \ln|R| \}$$

克里金插值算法在实际应用中，计算步骤如下：

1）选择适当核函数。

2）初始化超参数 θ^*，根据核函数计算协方差矩阵。

3）构造似然函数，优化超参数 θ^* 获取最大似然函数值，更新协方差矩阵。

4）获得预测结果。

（3）应用案例

为了更好地理解克里金插值算法，我们可以用一个简单的数值案例来演示，该案例数据满足真实函数：

$$f(x) = 2x^2$$

假设有以下已知数据点：

x	-2	-1	1	2
$f(x)$	0.4	0.1	0.1	0.4

需要根据已知数据点来预测以下未知点：

x'	-2.5	-1.5	0.8	1.6

具体计算步骤如下：

1）根据克里金插值算法计算步骤，确定协方差函数为高斯核函数。

$$r(x^{(i)}, x^{(j)}) = \sigma^2 \prod_{k=1}^{n} \mathrm{e}^{-\theta_k \| x_k^{(i)} - x_k^{(j)} \|^2}$$

2）初始化超参数 $\theta^* = 0.1$，用协方差函数公式可得协方差矩阵。

$$R = \begin{bmatrix} 1 & 0.9 & 0.4 & 0.2 \\ 0.9 & 1 & 0.7 & 0.4 \\ 0.4 & 0.7 & 1 & 0.9 \\ 0.2 & 0.4 & 0.9 & 1 \end{bmatrix}$$

3）构造似然函数，优化超参数 $\theta^* = 0.01$，更新协方差矩阵。

$$R = \begin{bmatrix} 1 & 0.99 & 0.91 & 0.85 \\ 0.99 & 1 & 0.96 & 0.91 \\ 0.91 & 0.96 & 1 & 0.99 \\ 0.85 & 0.91 & 0.9 & 1 \end{bmatrix}$$

4）获得预测结果。

x'	− 2.5	− 1.5	0.8	1.6
y'	12.1	4.53	1.26	5.16

更进一步，可以利用克里金插值模型预测在 $x' \in [-3,3]$ 区间上任意一点的取值 y'，利用不同超参数 θ^* 的预测结果如图 3−8 和图 3−9 所示。

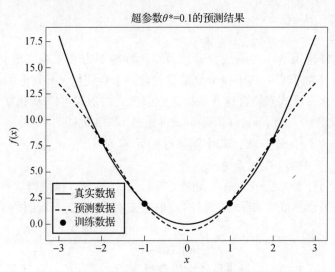

图 3−8　未优化超参数 θ^* 预测结果

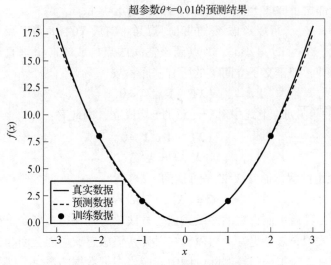

图 3−9　已优化超参数 θ^* 预测结果

3. 多项式拟合方法

（1）算法简介

多项式拟合是一种常见的数据拟合方法，用于通过一组给定的数据点找到一个多项式函数，使其能够近似描述这些数据点之间的关系。

多项式拟合的目标是找到一个多项式函数，使得它在数据点上的拟合误差最小化。通常情况下，我们使用最小二乘法来拟合多项式函数，通过最小化实际观测值与多项式函数预测值之间的残差平方和来实现。

假设多项式函数的形式为

$$f(x) = a_0 + a_1 x + a_2 x^2 + a_3 x^3 + \cdots + a_n x^n$$

式中　x——输入变量；

　　　$f(x)$——对应的输出值；

　　　a_0，a_1，a_2，$\cdots$，a_n——待确定的多项式系数。

（2）算法原理

多项式拟合通常采用最小二乘法，通过最小化残差平方和来确定最佳拟合的多项式系数。假设我们有 m 个数据点，其中每个数据点包含一个自变量 x 和对应的因变量 y。

假设用一个 n 次多项式来拟合这些数据，则多项式的形式可以表示为

$$y = a_0 + a_1 x + a_2 x^2 + a_3 x^3 + \cdots + a_n x^n$$

构建一个 $m(n+1)$ 的矩阵 X，其中第 i 行的元素为 $[1, x_i, x_i^2, \cdots, x_i^n]$；构建一个 $n \times 1$ 的列向量 Y，其中第 i 个元素为 y_i。

最小二乘法的目标是寻找一个系数向量 $C = [c_0, c_1, \cdots, c_n]$，使得 $Y \approx XC$，即找到最佳的系数向量 C，使得预测值与实际值之间的残差平方和最小化，即使得向量 $XC - Y$ 模长最小化，即：

$$\min |XC - Y|$$

由于 XC 是对矩阵 X 的列向量进行线性组合得到的，因此可以将其看作 X 的列向量张成的空间 V。显然，Y 通常不在该空间上，否则 $|XC - Y|$ 模长可以取为 0，在数据点的角度上看，所有数据点全部位于曲线上，几乎是不可能的情况。

欲最小化 $|XC - Y|$，可以考虑该式的几何意义。向量 $XC - Y$ 是 Y 点到空间 V 上任意一个点的向量，因此 $|XC - Y|$ 最小时，Y 点到该空间的点构成的向量垂直于空间 V，即向量 $XC - Y$ 正交于空间 V，即正交于空间 V 的所有基底，故：

$$(XC - Y)^{\mathrm{T}} X_i = 0$$

这里 X_i 是矩阵 X 的第 i 列，上式中对于任意的 i 均成立，因此有：

$$(XC - Y)^{\mathrm{T}} X = 0$$

$$X^{\mathrm{T}} XC = X^{\mathrm{T}} Y$$

即 C 是该线性方程组的解。通常 $X^{\mathrm{T}} X$ 是可逆的，故有：

$$C = (X^{\mathrm{T}} X)^{-1} X^{\mathrm{T}} Y$$

最小二乘法是一种简单而直观的多项式拟合方法，并且在很多场景下都表现良好。一般而言，高次的多项式拟合效果更好。然而，它对异常值敏感，可能会因为极端值使得函数产生极大的波动，也称作过拟合。在实际应用中，应当根据数据的数目、特征适当地选取多项式的次数，并且可以添加正则化项或结合交叉验证等技术来选择最佳的多项式阶数或正则化参数，以提高拟合效果。

正则化是一种常用的方法，在损失函数中引入额外的惩罚项，以减小模型的复杂度，即计算最小化预测值与实际值之间的残差平方和时，将各个系数也添加进去，从而使得多项式的各个系数不会太大。L1 正则化（Lasso）和 L2 正则化（Ridge）是常见的正则化方法，可

以控制模型参数的大小。

使用交叉验证对模型进行评估和选择,将数据集划分为训练集和验证集,在不同的训练集与验证集上训练和评估模型,以选择最佳的多项式阶数或正则化参数。

多项式拟合算法在实际应用中,计算步骤如下:

1)选择拟合函数的阶数。

2)构建线性方程组。

3)解线性方程组。

4)构建拟合函数。

5)预测未知点。

(3)应用案例

假设有一组数据 X 和 Y,每个 x 对应的 y 值如表 3-1 所示。

表 3-1　参考数据

数据点序号	横坐标 x	纵坐标 y
1	1	5
2	2	4
3	3	5
4	4	15
5	5	10
6	6	25
7	7	20
8	8	29
9	9	49
10	10	45
11	11	42
12	12	50
13	13	65
14	14	79
15	15	97

分别采用一次、二次、三次、十次多项式,对这组数据进行拟合,拟合结果如图 3-10 所示。

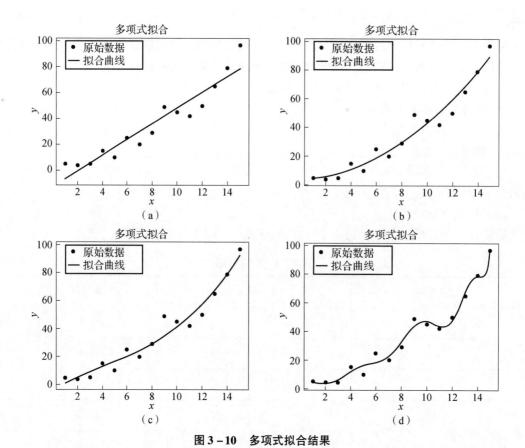

图 3-10　多项式拟合结果

（a）一次多项式拟合结果；（b）二次多项式拟合结果；（c）三次多项式拟合结果；（d）十次多项式拟合结果

可以看出，随着次数的增加，拟合效果总体上越来越好，因为高次的多项式有更多的系数组合可以进行选择，从而能选择一组更优的系数。然而在实际应用中需要适当地选择多项式次数，例如本例中，由于数据噪声较大，低次的多项式虽然残差略大，但总体上能反映数据的趋势；而高次多项式能通过更多的点降低残差，但函数曲线过于扭曲，陷入过拟合。

4. 主成分分析方法

（1）算法简介

主成分分析（Principal Component Analysis，PCA）是一种常用的无监督学习方法，用于降维和数据可视化。它通过线性变换将原始数据投影到一组新的低维特征空间，称为主成分，以捕捉原始数据中的最大方差。

通过主成分分析，可以实现以下目标：

1）数据降维：将高维数据映射到低维空间，减少数据的维度。这样可以简化数据表示，减少存储空间和计算复杂度，并有助于可视化和理解数据。

2）特征提取：通过选择最大方差的主成分，提取数据中最重要的特征。这有助于发现数据中的模式和关联，减少冗余信息。

3）噪声过滤：主成分分析可以通过保留具有最大方差的主成分，去除数据中的噪声，提高数据质量和可靠性。

需要注意的是，主成分分析是基于线性变换的方法，它假设数据是线性可分的。在非线性数据集上，PCA 的效果可能会受限。此时可以考虑使用非线性降维方法，如核主成分分析（Kernel PCA）。

总之，主成分分析是一种常用的数据降维和特征提取方法，它通过线性变换和主成分的选择，实现对数据的有损压缩和关键信息提取。它在数据分析、可视化和模式识别等领域具有广泛的应用。

（2）算法原理

主成分分析的具体理论推导流程如下：假设有一组数据集 $X = [x_1, x_2, \cdots, x_n]$，其中，$X$ 中每一个元素 x_i 均为 D 维向量，为方便计算，假设其为列向量。因此，数据集 X 可以表示为一个 $D \times n$ 的矩阵。

假设需要对数据进行降维，即"缩短"每个向量的长度而向量的数量不变，则对于矩阵 X 而言，相当于保持其宽度不变而降低其高度。假设降维后的数据集为 $\tilde{X}$，维度为 d，则 $\tilde{X}$ 为一个 $d \times n$ 的矩阵。

由于主成分分析法采用的是线性变换，因此在新的数据集中的每一个向量 $\tilde{X}$ 都可以表示为原数据集 X 中所有列向量的线性组合，可以写作：

$$\tilde{X} = W^T X$$

式中　W——该线性变换的矩阵，大小为 $D \times d$。

主成分分析法采用的线性变换是正交变换，即在变换前后任意两点间的距离保持不变，可以理解为空间中所有数据点保持不变，而对坐标系进行旋转、镜像变换。在矩阵的角度，则是 W 的每一个列向量相互正交，并且模长为 1，即：

$$W^T W = I_{d \times d}$$

由于仅满足上述要求的矩阵有无穷多个，因此需要对变换后的数据集进行一些约束，即制定一个衡量指标，用于衡量降维后的效果。因为我们希望降维后的数据尽可能多地保持原有特征，因此可以将数据集的方差作为衡量指标，使得方差取最大值，即在原始空间上比较分散的数据在变换后尽可能也分散。

数据集在进行归一化后，其均值位于原点，方差是所有数据点到平均值的距离的平方和，即：

$$D = |\tilde{x}_1|^2 + |\tilde{x}_2|^2 + \cdots + |\tilde{x}_n|^2$$

显然，上式可以用矩阵表示为 $\mathrm{Tr}(X^T W W^T X)$，因此现在求矩阵 W 的问题转化为了条件极值问题，即：

$$X = [x_1, x_2, \cdots, x_n]$$
$$W^T W = I_{d \times d}$$

使得　　　　　　　　　　　　　　　$\max D$

由上述条件，使用拉格朗日乘数法，构建拉格朗日函数：

$$F(W, \lambda) = \mathrm{Tr}(X^T W W^T X) + \lambda(W^T W - I)$$

该函数对矩阵 W 的偏导数应为 0，则有：

$$2XX^T W + \lambda W = 0$$

$$XX^T W = -\frac{1}{2}\lambda W$$

即 W 的每个列向量均为矩阵 XX^T 的特征向量。为了保证提取到原始数据更多的特征，我们可以将矩阵 XX^T 的特征值按从大到小排列，然后选择前 d 个特征值，它们分别对应的单位化后的特征向量即为矩阵 W 的每一列（由于矩阵 XX^T 对称，因此不同特征值的特征向量天然正交，不需要进行处理）。

主成分分析算法在实际应用中的计算步骤如下：

1）数据标准化：对原始数据进行标准化处理，使得每个特征具有零均值和单位方差，以确保每个特征对主成分的贡献相等。

2）构建协方差矩阵：计算标准化后数据的协方差矩阵 XX^T。协方差矩阵描述了数据特征之间的关系和方差的分布情况。

3）特征值分解：对协方差矩阵进行特征值分解，得到特征值和对应的特征向量。特征向量表示主成分的方向，特征值表示数据在相应主成分上的方差。

4）选择主成分：根据特征值的大小，选择最大的 d 个特征值及其对应的特征向量作为主成分。这些主成分按照特征值的大小依次排列，包含了数据中最大的方差信息。

5）数据投影：将原始数据投影到所选的主成分上，得到降维后的数据。这可以通过将数据与相应的主成分进行点积来实现。

（3）应用案例

假设三维空间中有一组数据集，每个数据点 x、y、z 的坐标如表 3-2 所示。

表 3-2　测试数据集

数据点序号	x 坐标	y 坐标	z 坐标
1	1	2	3
2	2	5	0
3	6	4	9
4	12	15	26
5	21	13	16
6	18	13	32
7	12	20	22
8	25	20	30
9	24	21	21
10	37	35	25
11	35	30	33
12	50	39	40
13	41	45	40
14	42	45	50
15	55	60	55

续表

数据点序号	x 坐标	y 坐标	z 坐标
16	54	70	511
17	60	55	70
18	60	62	61
19	54	63	77
20	68	80	80

其在三维空间的散点图如图 3 – 11 所示。

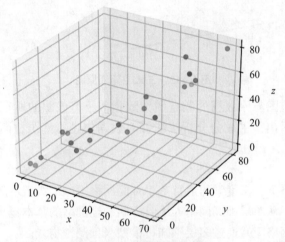

图 3 – 11　三维空间散点图

使用主成分分析法，将其降至二维后，则该数据集的两个主成分如图 3 – 12 所示。

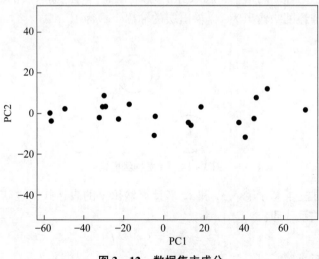

图 3 – 12　数据集主成分

由图 3 – 12 可见，三维空间中，数据点总体上近似排列在一条直线上，而进行主成分分析后，两个主成分提取了该数据集大量的信息，在二维平面上也近似排列在一条直线上，将降维后的数据还原至三维空间，数据的散点图如图 3 – 13 所示。

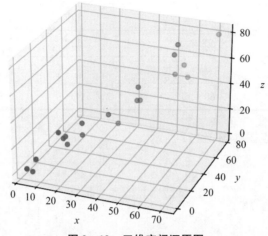

图 3 – 13　三维空间还原图

从直观上来看，该图与原数据的散点图大致相似，但该图的所有点都在一个二维平面上，由此可以直观地看出，主成分分析法能够对数据集进行降维，而保留数据集大部分的特征。

5. 神经网络方法

作为机器学习的一类，深度学习通常基于神经网络模型逐级表示越来越抽象的概念或模式。在本部分中，我们从单层神经网络入手，介绍神经网络的基本概念。然后，由单层神经网络延伸到多层神经网络，并通过多层感知机模型来预测抛物线。

（1）算法简介

1）单层神经网络。

在图 3 – 14 所示的神经网络中，输入分别为 x_1 和 x_2，因此输入层的输入个数为 2。输入个数也叫特征数，神经网络输出为 y，输出层的输出个数为 1。

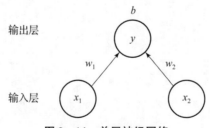

图 3 – 14　单层神经网络

以上神经网络建立了基于输入 x_1 和 x_2 来计算输出 y 的表达式，也就是模型。输出与各个输入之间是线性关系，即：

$$y = x_1 w_1 + x_2 w_2 + b$$

式中　w_1，w_2——权重；

　　　b——偏置，且均为标量。

w_1、w_2 和 b 都是模型的参数，上述计算公式也可以通过矩阵的形式表示，即：

$$[y] = Y = XW + b = [x_1, x_2]\begin{bmatrix} w_1 \\ w_2 \end{bmatrix} + [b]$$

由于输入层并不涉及计算，按照惯例，图 3 - 14 所示的神经网络的层数为 1。所以，这是一个单层神经网络。输出层中负责计算 y 的单元又叫神经元。在这个单层神经网络模型中，输出层中的神经元和输入层中的各个输入完全连接。因此，这里的输出层又叫全连接层。

2）多层神经网络。

在本部分中，以多层感知机为例，介绍多层神经网络的概念。

多层感知机在单层神经网络的基础上引入了一到多个隐藏层，隐藏层位于输入层和输出层之间。图 3 - 15 展示了一个多层感知机的神经网络图。

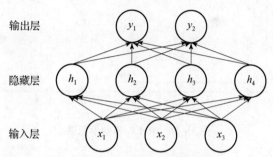

图 3 - 15　带有隐藏层的多层感知机

在图 3 - 15 所示的多层感知机中，输入与输出个数分别为 3 和 2，中间的隐藏层包含了 4 个单元。由于输入层不涉及计算，故多层感知机的层数为 2。由图 3 - 15 可知，隐藏层中的神经元和输入层中的各个输出完全连接，输出层中的神经元和隐藏层中的各个神经元也完全连接。因此，多层感知机中的隐藏层和输出层都是全连接层。

具体来说，给定一组样本 $X \in \mathbb{R}^{n \times d}$，其样本数量为 n，输入个数为 d。对应这一组输入，我们希望得到预测值 $Y \in \mathbb{R}^{n \times q}$，其输出个数为 q。假设多层感知机只有一个隐藏层，其中隐藏单元个数为 h。记隐藏层的输出为 H，有 $H \in \mathbb{R}^{n \times h}$。因为隐藏层和输出层均为全连接层，可以设隐藏层的权重参数和偏置参数分别为 $W_h \in \mathbb{R}^{d \times h}$ 和 $b_h \in \mathbb{R}^{1 \times h}$，输出层的权重和偏置参数分别为 $W_y \in \mathbb{R}^{h \times q}$ 和 $b_y \in \mathbb{R}^{1 \times q}$。

对于这样一种含单隐藏层的多层感知机，其输出 $Y \in \mathbb{R}^{n \times q}$ 的计算为

$$H = XW_h + b_h$$
$$Y = HW_y + b_y$$

如果将以上两个式子联立，可以得到

$$Y = XW_hW_y + b_hW_y + b_y$$

从联立后的式子不难发现，虽然神经网络引入了隐藏层，却依然等价于一个单层神经网络：其中输出层权重为 W_hW_y，偏置为 $b_hW_y + b_y$。即便添加更多的隐藏层，以上设计依然只能与单层神经网络等价。

上述问题的根源在于全连接层只是对数据做仿射变换。解决问题的一种方法是引入非线性变换，对隐藏层的输出使用按元素运算的非线性函数进行变换，然后再作为下一个全连接层的输入。这个非线性函数被称为激活函数。下面介绍几个常用的激活函数。

①ReLU 函数。

ReLU 函数提供了一个很简单的非线性变换。给定元素 x，则该函数定义为

$$\text{ReLU}(x) = \max(x, 0)$$

ReLU 函数示意图 3 – 16 所示。

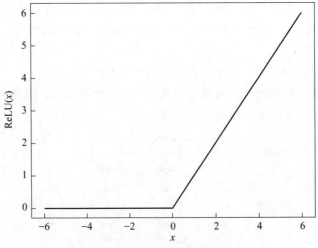

图 3 – 16　ReLU 函数示意图

②sigmoid 函数。

sigmoid 函数可以将元素的值变换到 0 和 1 之间，即

$$\text{sigmoid}(x) = \frac{1}{1 + \exp(-x)}$$

sigmoid 函数示意图如图 3 – 17 所示。

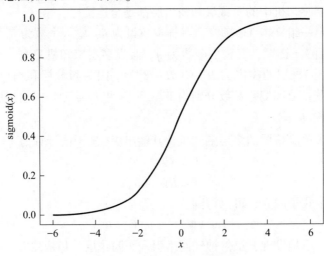

图 3 – 17　sigmoid 函数示意图

③tanh 函数。

tanh 函数可以将元素的值变换到 – 1 和 1 之间，即：

$$\tanh(x) = \frac{1 - \exp(-2x)}{1 + \exp(-2x)}$$

tanh 函数示意图如图 3 – 18 所示。

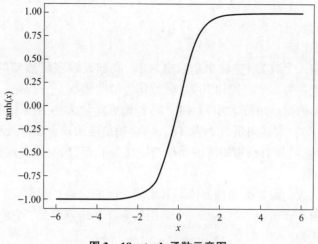

图 3 – 18　tanh 函数示意图

多层感知机就是含有至少一个隐藏层的由全连接层组成的神经网络，且每个隐藏层的输出通过激活函数进行变换。多层感知机的层数和各隐藏层中隐藏单元的个数都是超参数。以单隐藏层为例，多层感知机按以下方式计算输出：

$$H = \phi(XW_h + b_h)$$
$$Y = HW_y + b_y$$

式中　ϕ——激活函数。

神经网络算法在实际应用中，计算步骤如下：

1）构建数据集。

2）定义模型结构。

3）定义损失函数。

4）模型训练。

5）模型预测。

（2）应用案例

我们已经了解了多层感知机的原理，接下来，我们实现用一个多层感知机来预测抛物线。

1）构建数据集。

通常，我们收集一系列真实的数据，并希望在这个数据上面寻找模型参数来使模型的预测值与真实值的误差最小，该数据集被称为训练集。当模型训练完成后，我们还需要用一系列数据对模型的性能进行测试，即模型的预测值是否能够合理反映真实情况，该数据集被称为测试集。

选取抛物线函数：

$$y = x^2$$

构造数据集：

$$x_{train} = [-10, -9, -8, \cdots, 8, 9, 10]$$
$$y_{train} = [(-10)^2, (-9)^2, (-8)^2, \cdots, 8^2, 9^2, 10^2]$$

构造测试集：

$$x_{\text{train}} = [-9.5, -8.5, -7.5, \cdots, 7.5, 8.5, 9.5]$$
$$y_{\text{train}} = [(-9.5)^2, (-8.5)^2, (-7.5)^2, \cdots, 7.5^2, 8.5^2, 9.5^2]$$

2）定义模型。

抛物线函数的输入个数为 1，输出个数也为 1。我们设置多层感知机的隐藏层个数为 2 层，每层隐藏单元个数为 8 个。使用 ReLU 函数作为激活函数。

此时，隐藏层 1 的权重矩阵大小为（1，8），偏置向量大小为（8，1）；隐藏层 2 的权重矩阵大小为（8，8），偏置向量大小为（8，1）；输出层的权重矩阵大小为（8，1），偏置向量大小为（1，1）。将所有权重矩阵的元素初始化为 1，将所有偏置向量初始化为 0。

3）定义损失函数

在模型训练中，我们需要衡量预测值与真实值之间的误差。通常我们会选取一个非负数作为误差，且数值越小表示误差越小。一个常用的选择是均方误差，它在评估样本数量为 N 的样本误差的表达式为

$$L(W, b) = \frac{1}{N} \sum_{i=1}^{N} (y_{\text{预测}} - y_{\text{真实}})^2$$

显然，误差越小，表示预测值与真实值越接近。给定训练集，这个误差只与模型参数相关，因此将其记为以模型参数为参数的函数。将衡量误差的函数称为损失函数。

在模型训练中，我们希望找到一组模型参数，记为 W^*，b^*，使得损失函数最小：

$$W^*, b^* = \underset{W, b}{\arg\min} L(W, b)$$

一般情况下，上述的误差最小化问题需要通过优化算法有限次迭代模型参数来尽可能降低损失函数的值。

4）模型训练。

在训练中，我们将多次迭代模型参数。在每次迭代中，我们利用反向传播方法计算损失函数关于模型参数的梯度，然后利用梯度下降算法更新模型参数。例如，对于模型参数 w_1，其在第 i 次迭代中的更新公式为

$$w_0^{(i)} = w_0^{(i-1)} - lr \times \frac{\partial L}{\partial w_0}\bigg|_{w_0 = w_0^{(i-1)}}$$

式中　lr——学习率，是用来调整更新步长的超参数。

设置迭代周期为 10 000，则学习率为 0.01。

5）模型预测。

模型训练完成后，我们将得到模型参数最优解的一个近似。训练完成后模型中各权重矩阵和偏置向量的具体数值如下所示。

隐藏层 1 的权重矩阵为：

0.843 9	0.987 6	-0.672 8	-1.130 1	-0.000 3	0.969 2	-1.200 0	0.607 7

隐藏层 1 的偏置向量为：

-0.163 1	-2.585 5	-2.906 2	-1.512 6	-0.033 5	-1.257 1	-0.940 9	-2.354 0

隐藏层 2 的权重矩阵为：

− 0.108 5	0.095 9	0.238 3	1.484 6	0.252 8	1.137 4	1.057 0	1.275 6
− 0.619 1	0.343 7	1.253 4	− 1.795 2	− 0.420 5	0.505 5	− 1.104 1	1.161 6
− 0.416 8	− 0.400 1	2.036 0	− 1.932 0	0.379 8	1.064 8	− 2.152 8	1.150 2
0.303 7	− 0.146 1	1.328 7	− 1.238 1	− 0.295 5	0.921 8	0.023 3	0.905 6
− 0.178 0	− 0.124 9	− 0.082 4	− 0.397 5	0.467 7	− 0.288 3	− 0.404 7	− 0.333 6
0.365 6	− 0.506 3	1.104 8	− 0.540 9	− 0.394 2	1.173 7	0.185 1	0.359 5
− 0.345 3	0.275 5	0.841 4	0.953 9	− 0.060 2	0.796 3	0.415 3	1.328 6
0.395 8	− 0.232 9	1.581 1	− 1.264 1	− 0.503 3	1.011 4	− 1.505 6	0.959 7

隐藏层 2 的偏置向量为：

− 0.192 4	− 0.071 4	− 1.330 0	4.030 2	− 0.173 7	− 1.011 8	3.452 0	− 0.866 0

输出层的权重矩阵为：

0.316 3	− 0.425 8	1.119 8	3.863 6	− 0.057 4	1.539 6	− 4.371 0	1.296 0

输出层的偏置向量为：

− 0.260 0

此时，我们可以使用学习得到的模型来预测测试集中任意一个样本了。模型在测试集上的预测值见表 3 - 3。

表 3 - 3　模型在测试集上的预测值

x	y 预测值	x	y 预测值
− 9.5	90.500 4	0.5	0.511 6
− 8.5	73.499 8	1.5	2.402 7
− 7.5	56.499 1	2.5	6.091 8
− 6.5	41.496 5	3.5	12.090 8
− 5.5	30.501 0	4.5	20.667 5
− 4.5	19.505 6	5.5	30.666 7
− 3.5	12.659 9	6.5	40.665 8
− 2.5	6.727 7	7.5	56.497 2
− 1.5	1.449 3	8.5	73.499 6
− 0.5	0.222 7	9.5	90.502 0

最后，我们将真实值与预测值放在一张图中进行比较，如图 3-19 所示。可以看到，训练得到的神经网络模型可以有效预测抛物线。

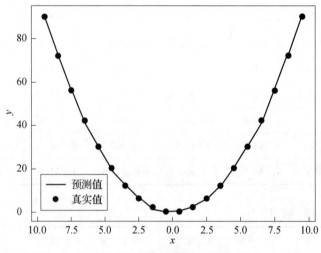

图 3-19 抛物线预测效果

3.3.4 基于优化的产品方案生成

工程领域的产品设计是优化问题，利用优化技术搜索设计空间、求解优化问题是获得满足性能要求的设计方案的关键环节。

优化算法可以帮助产品设计者在海量的可能方案中，快速地筛选出最符合要求的方案，或者在给定的方案中调整各种参数，使其达到最佳的性能和效果。根据不同的问题特点和求解目标，选择合适的优化算法，可以大幅提高产品方案生成的效率和质量。本部分将介绍各类优化算法的基本原理、特点和应用领域，以及如何在产品方案生成中有效地使用优化算法。

1. 经典优化方法

对于经典优化方法，这里介绍梯度下降算法和牛顿法。

梯度下降算法是一种常用的优化算法，它可以求解一些复杂的非线性函数的最小值或近似最小值。梯度下降算法的基本思想是：给定一个可微分的目标函数 $f(x)$，我们想要找到它的一个局部最小值（或全局最小值）。为了做到这一点，我们需要知道函数在每一点的梯度（或导数），即函数变化最快的方向。梯度是一个向量，它的方向指向函数增长最快的方向，它的大小表示函数变化的速率。因此，如果我们沿着梯度的反方向移动一定的距离，那么函数的值就会减小。我们可以反复地进行这样的移动，直到达到一个局部最小值，或者梯度接近于零。

梯度下降算法的数学表达式如下：

$$x_{n+1} = x_n - \eta \, \nabla f(x_n)$$

梯度下降算法的一般步骤如下：

1）初始化一个随机的位置 x_0，设定一个合适的学习率 η 和一个容忍误差 ε。

2）计算当前位置的梯度 $\nabla f(x_n)$，如果梯度的大小小于 ε，则停止迭代，输出当前位置作为最优解；否则，继续下一步。

3）按照公式更新位置 $x_{n+1} = x_n - \eta \nabla f(x_n)$。

4）重复第 2 步和第 3 步，直到满足停止条件。

应用案例：求 $f(x,y) = x^4 + y^4 - 4xy + 1$ 的最小值。应用梯度算法运行结果为：

$x = 1.000\ 000\ 000\ 000\ 000\ 2$，$y = 1.000\ 000\ 000\ 000\ 000\ 2$，$z = -1.000\ 000\ 000\ 000\ 001\ 8$

梯度算法函数迭代路径展示如图 3 - 20 所示。

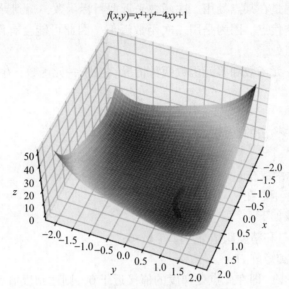

图 3 - 20　梯度算法函数迭代路径展示

可以看到，梯度下降算法在 23 次迭代后收敛，得到的位置和函数值与真实值非常接近，即 $x = 1$，$y = 1$，$z = -1$。曲面上的点表示迭代过程中的位置和函数值，可以看到它们是沿着曲面下降的，直到达到最低点。这就是梯度下降算法在多维函数寻优上的一个应用案例。

用梯度下降算法求解逻辑回归问题，例如求解 $y = \dfrac{1}{1 + e^{-z}}$ 的最优参数 $z = ax + b$。梯度下降算法的思想和线性回归问题类似，只是目标函数和梯度的形式不同。逻辑回归问题的目标函数是交叉熵损失函数，即：

$$J(a,b) = -\frac{1}{m} \sum_{i=1}^{m} \left[y_i \log h(x_i) + (1 - y_i) \log(1 - h(x_i)) \right]$$

式中，

$$h(x) = \frac{1}{1 + e^{-z}}$$

是逻辑函数，$z = ax + o$ 是线性组合。对于逻辑回归问题，有

$$\frac{\partial J}{\partial a_k} = \frac{1}{m} \sum_{i=1}^{m} \left[h(x_i) - y_i \right] x_i$$

$$\frac{\partial J}{\partial b_k} = \frac{1}{m} \sum_{i=1}^{m} \left[h(x_i) - y_i \right]$$

因此，梯度下降算法的迭代公式为

$$a_{k+1} = a_k - \eta \frac{1}{m} \sum_{i=1}^{m} \left[h(x_i) - y_i \right] x_i$$

$$b_{k+1} = b_k - \eta \frac{1}{m} \sum_{i=1}^{m} \left[h(x_i) - y_i \right]$$

如果从初始点 $(a_0, b_0) = (0, 0)$ 开始，则经过多次迭代后可以得到近似最优解 (a, b)。牛顿法是一种在实数域和复数域上近似求解方程或函数极值的方法，该方法使用函数的泰勒级数的前面几项来寻找方程的根或函数的驻点。

牛顿法的核心思想是在某点处用二次函数来近似目标函数，得到导数为 0 的方程，求解该方程，得到下一个迭代点。因为是用二次函数近似，因此可能会有误差，需要反复迭代，直到到达导数为 0 的点处。

牛顿法可以分为一元函数和多元函数两种情况。对于一元函数，牛顿法的迭代公式为

$$x_{k+1} = x_k - \frac{f'(x_k)}{f''(x_k)}$$

对于多元函数，牛顿法的迭代公式为

$$x_{k+1} = x_k - \boldsymbol{H}^{-1}(x_k) \nabla f(x_k)$$

式中　$\boldsymbol{H}(x_k)$——目标函数在 x_k 处的 Hessian 矩阵；

　　$\nabla f(x_k)$——目标函数在 x_k 处的梯度向量。

牛顿法的一般步骤如下：

（1）给定初始值 x_0 和精度阈值 ε，设置 $k = 0$；

（2）计算梯度 $\boldsymbol{g}_k$ 和矩阵 $\boldsymbol{H}_k$；

（3）如果 $\| \boldsymbol{g}_k \| < \varepsilon$，即在此点处梯度的值接近于 0，则达到极值点处，停止迭代；

（4）计算搜索方向 $d_k = -\boldsymbol{H}_k^{-1} \boldsymbol{g}_k$；

（5）计算新的迭代点 $x_{k+1} = x_k + \gamma d_k$；

（6）令 $k = k + 1$，返回步骤 2。

其中，γ 是一个人工设定的接近于 0 的常数，用来保证 x_{k+1} 在 x_k 的邻域内，从而可以忽略泰勒展开的高次项。牛顿法可以应用于求解各种非线性方程或优化问题，例如求解多项式方程的根、求解最小二乘问题、求解最大似然估计、求解最优化问题。用牛顿法求解函数的极值问题，例如求解 $f(x) = x^2 + y^2$ 的最小值。牛顿法的基本思想是用迭代点的梯度信息和二阶导数对目标函数进行二次函数逼近，然后把二次函数的极小值作为新的迭代点，并不断重复这一过程，直到求出极小点。牛顿法的迭代公式为

$$x_{k+1} = x_k - \nabla^2 f(x_k)^{-1} \nabla f(x_k)$$

式中　$\nabla f(x_k)$——梯度向量；

　　$\nabla^2 f(x_k)$——Hessian 矩阵。

对于 $f(x) = x^2 + y^2$ 这个函数，有

$$\nabla f(x, y) = (2x, 2y)^{\mathrm{T}}$$

$$\nabla^2 f(x, y) = \begin{bmatrix} 2 & 0 \\ 0 & 2 \end{bmatrix}$$

因此，牛顿法的迭代公式为

$$\begin{bmatrix} x_{k+1} \\ y_{k+1} \end{bmatrix} = \begin{bmatrix} x_k \\ y_k \end{bmatrix} - \frac{1}{2} \begin{bmatrix} 2 & 0 \\ 0 & 2 \end{bmatrix} \begin{bmatrix} 2 x_k \\ 2 y_k \end{bmatrix} = \begin{bmatrix} 0 \\ 0 \end{bmatrix}$$

这说明无论从哪个初始点开始，牛顿法只需一步就可以收敛到最小值点 (0, 0)。

2. 启发式优化算法

启发式算法是一种基于直观或经验构造的算法，在可接受的花费（指计算时间和空间）下给出待解决组合优化问题每一个实例的一个可行解，该可行解与最优解的偏离程度一般不能被预计。现代启发式算法的各种具体实现方法是相对独立提出的，相互之间有一定的区别。从历史上看，现代启发式算法主要包含模拟退火算法（SA）、遗传算法（GA）、列表搜索算法（ST）、进化规划（EP）、进化策略（ES）、蚁群算法（ACA）、人工神经网络（ANN）。这里简要介绍遗传算法和粒子群算法。

遗传算法（Genetic Algorithm，GA）是模拟达尔文生物进化论的自然选择和遗传学机理的生物进化过程的计算模型，是一种通过模拟自然进化过程搜索最优解的方法。

遗传算法的基本思想如下：

1）用一个编码串（染色体）来表示一个可行解（个体），一组编码串构成一个种群（解集合）。

2）用一个适应度函数来评价每个个体的优劣，适应度越高，个体越优秀。

3）用选择、交叉和变异等遗传操作来产生新一代的种群，保留优秀个体，淘汰劣质个体。

4）重复上述过程，直到满足终止条件，输出最优个体或最优解。

遗传算法的具体步骤如下：

1）编码：将问题的可行解从其解空间转换到遗传算法的搜索空间，即用染色体来表示可行解。常见的编码方法有二进制编码、格雷码编码和浮点数编码等。

2）初始种群：随机生成一定数量的染色体作为初始种群，或者根据问题特点设计一些初始染色体。

3）适应度评价：根据问题目标，设计一个适应度函数来度量每个染色体的优劣，适应度越高，染色体越优秀。有时需要对适应度进行尺度变换，以增加多样性或防止早熟。

4）选择：从当前种群中按照一定概率选择一些染色体作为父代，以便进行交叉和变异。选择概率与适应度相关，适应度越高，被选择的概率越大。常见的选择方法有轮盘赌法、竞争法、等级轮盘法等。

5）交叉：对选择出来的父代染色体进行配对，并按照一定概率进行交叉操作，即在染色体上随机选取一个或多个交叉点，然后交换两个父代在交叉点处的部分基因，从而产生两个新的子代染色体。交叉操作可以加快收敛速度，使解达到更优区域。常见的交叉方法有单点交叉、多点交叉和均匀交叉等。

6）变异：对交叉后得到的子代染色体按照一定概率进行变异操作，即在染色体上随机选取一个或多个变异点，然后改变这些变异点处的基因值，从而产生新的染色体。变异操作可以增加多样性，防止陷入局部最优。常见的变异方法有位反转变异、边界变异、均匀变异等。

7）新种群：将经过交叉和变异后得到的子代染色体替换当前种群中的一些染色体，形成新的种群。替换方式有完全替换、部分替换和精英保留等。

8）终止条件：判断是否满足终止条件，如果满足，则停止遗传算法，输出最优染色体或最优解；如果不满足，则返回第三步，继续进行遗传操作。常见的终止条件有进化代数限制、计算资源限制、最优解达到或适应度达到饱和、人为干预等。

遗传算法应用案例：求解 Rastrigin 函数的全局最小值。

1）问题描述：Rastrigin 函数是一个多峰函数，其形式为

$$f(x)=10n+\sum_{i=1}^{n}\left(x_i^2-10\cos\left(2\pi x_i\right)\right)$$

式中　n——维度；

　　　x_i——$x_i\in\left[-5.12,5.12\right]$。

该函数的全局最小值为 $f(0,\cdots,0)=0$。

2）编码方法：使用二进制编码，将每个维度划分为 2^{10} 个区间，每个维度需要 10 位二进制串，总共需要 $10n$ 位二进制串。

3）适应度函数：使用函数值本身作为适应度函数，即 $f(x)$。

4）遗传操作：使用轮盘赌法进行选择，使用单点交叉和位反转变异。

5）终止条件：达到最大进化代数或者适应度达到一定阈值。

遗传算法作为一种通用的优化方法，还可以应用于各种领域和问题，例如：

1）旅行商问题：求解一个旅行商要访问 n 个城市，每个城市只能访问一次，如何安排行程使得总路程最短。

2）背包问题：求解一个背包有一定的容量，有 n 件物品可供选择放入背包，每件物品有一定的重量和价值，如何选择物品使得背包内物品的总价值最大。

3）机器学习：求解机器学习模型的参数或特征选择，如求解神经网络的权重和偏置。

4）图像处理：求解图像分割、图像配准、图像增强等问题，如求解图像分割中的阈值选择。

5）工程设计：求解工程结构、控制系统、电路设计等问题，如求解水力发电站的水轮机叶片设计。

粒子群算法（PSO）是一种基于群体智能的优化算法，它模拟了鸟群觅食行为的规律，通过粒子的位置和速度来寻找最优解。粒子群算法的基础是信息的社会共享，每个粒子有两个属性：位置和速度。位置表示所求解问题的一个解，速度表示粒子下一步迭代时移动的方向和距离。每个粒子还有两个重要参数：个体最优解和群体最优解，分别表示粒子自身历史上找到的最优解和整个群体历史上找到的最优解。粒子群算法的核心是利用速度更新公式和位置更新公式来调整粒子的运动状态，使其逐渐向最优解靠近。速度更新公式由三部分组成：惯性部分、认知部分和社会部分，分别表示粒子对先前自身运动状态的信任、对自身经验的思考和对群体经验的合作。位置更新公式则是将上一步的位置加上下一步的速度得到新的位置。

粒子群算法的主要步骤如下：

1）初始化参数，包括粒子群规模、粒子维度、迭代次数、惯性权重、学习因子等。

2）随机生成初始粒子群，包括每个粒子的位置和速度，并计算每个粒子的适应度值（目标函数值）。

3）将每个粒子的当前位置作为其个体最优解，并从所有粒子中选出适应度值最高（或最低）的作为群体最优解。

4）利用速度更新公式和位置更新公式更新每个粒子的速度和位置，并计算新的适应度值。

5）比较每个粒子的新适应度值与其个体最优解，如果更优（或更劣），则更新其个体

最优解；比较所有粒子的新适应度值与群体最优解，如果更优（或更劣），则更新群体最优解。

6）判断是否达到终止条件，如迭代次数、误差阈值等，如果是，则输出群体最优解；如果否，则返回步骤4）继续迭代。

粒子群算法可以应用于各种复杂优化问题，如函数优化、神经网络训练、图像处理、数据挖掘、机器学习等领域。以求函数 $y = (x - \pi)^2 + 20\cos(x)$，$x \in [-5, 5]$ 的最小值为例说明粒子群算法的应用方法。

自定义种群数量为8，限制最大速度0.5。

Step 1. 初始化时

种群粒子的速度：

v：0.5761 0.5616 0.9247 0.7607 0.3241 0.3785 0.6056 0.3797

种群粒子（就是解集）：

x：−4.8553 −0.7866 1.6045 −4.1107 −2.0870 4.4501 0.2913 1.5804

Step 2. 计算每个解的目标函数值

y：66.8003 29.5557 1.6885 41.2747 17.4665 −3.4746 27.2816 2.2452

Step 3. 群体最优解更新为

gbest_x：4.4501 gbest_y：−3.4746

此时最优解：4.4501；对应目标函数值：−3.4746

第一轮迭代：

Step 4. 利用速度、位置更新公式

种群粒子的速度更新为

v：0.5000 0.5000 0.5000 0.5000 0.5000 0.1514 0.5000 0.5000

种群粒子（就是解集）更新为

x：−4.3553 −0.2866 2.1045 −3.6107 −1.5870 4.6015 0.7913 2.0804

Step 5. 计算每个解的目标函数值

y：49.2139 30.9367 −9.0992 27.7538 22.0354 −0.0830 19.5823 −8.6305

Step 6. 群体最优解更新为

gbest_x：2.1045 gbest_y：−9.0992

此时最优解：2.1045；对应目标函数值：−9.0992

第二轮迭代：

Step 4. 利用速度、位置更新公式

种群粒子的速度更新为

v：0.5000 −0.1717 0.2000 0.5000 0.5000 −0.5000 0.5000 0.2027

种群粒子（就是解集）更新为

x：−3.8553 −0.4584 2.3045 −3.1107 −1.0870 4.1015 1.2913 2.2831

Step 5. 计算每个解的目标函数值

y：33.8388 30.8952 −12.6920 19.1006 27.1838 −10.5514 8.9410 −12.3344

Step 6. 群体最优解更新为

gbest_x：2.3045 gbest_y：−12.6920

此时最优解：2.3045；对应目标函数值：−12.6920

第三轮迭代：

Step 4. 利用速度、位置更新公式

种群粒子的速度更新为

v：0.5000 0.5000 0.0800 0.5000 0.5000 −0.5000 0.5000 0.1181

种群粒子（就是解集）更新为

x：−3.3553 0.0416 2.3845 −2.6107 −0.5870 3.6015 1.7913 2.4012

Step 5. 计算每个解的目标函数值

y：22.6653 29.5924 −13.9637 15.8417 30.5545 −17.7108 −2.5511 −14.2162

Step 6. 群体最优解更新为

gbest_x：3.6015 gbest_y：−17.7108

此时最优解：3.6015；对应目标函数值：−17.7108

迭代以此类推。

该函数图像如图 3 − 21 所示，在 $x = \pi$ 时取到最小值 −20。可以看出粒子群算法的寻优过程经过三轮迭代已能够迅速靠近全局最优解。

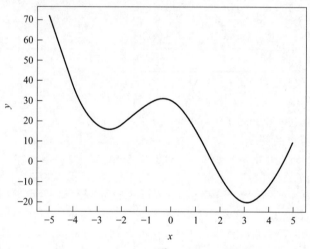

图 3 − 21　$y = (x - \pi)^2 + 20\cos(x)$ 图像

3. 人工智能优化算法

机器学习是人工智能的一个分支，它的目的是让计算机能够从数据中自动地学习规律，并利用规律对未知数据进行预测或决策。机器学习涉及多个领域，如数学、统计学、计算机科学等，它有很多理论和方法，也有很多应用场景，如数据挖掘、计算机视觉、自然语言处理、生物特征识别、搜索引擎、医学诊断、证券市场分析等。根据学习任务的不同，机器学习可以分为以下几种类型。

1）监督学习：从给定的训练数据集中学习出一个函数，当新的数据到来时，可以根据这个函数预测结果。监督学习的训练集要求包括输入和输出，也可以说是特征和目标。训练集中的目标是由人标注的。常见的监督学习算法包括回归分析和统计分类。

2）无监督学习：与监督学习相比，训练集没有人为标注的结果。无监督学习的目的是发现数据中的隐藏结构或模式。常见的无监督学习算法有聚类分析和生成对抗网络。

3）半监督学习：介于监督学习与无监督学习之间。半监督学习的训练集包含一部分有标注的数据和一部分没有标注的数据。半监督学习的目的是利用有标注的数据来提高对无标注数据的预测或分类效果。

4）强化学习：机器为了达成目标，随着环境的变动，而逐步调整其行为，并评估每一个行动之后所得到的回馈是正向的还是负向的。强化学习不需要训练集，而是通过与环境的交互来获取信息。强化学习的目的是找到最优的行为策略，使得累积的回馈最大化。

表 3-4 所示为监督学习部分算法的简介。

表 3-4　监督学习算法简介

算法	原理	步骤	应用
线性回归	使用数据点来寻找最佳拟合线，表示输入和输出之间的线性关系	1. 定义线性方程 $y = mx + c$。 2. 使用最小二乘法或梯度下降法求解 m 和 c 的值。 3. 使用求得的 m 和 c 预测新数据点的 y 值	房价预测、销量预测、股票价格预测等
支持向量机	使用一条直线或超平面将数据点分隔为两类或多类，使得分隔边界到最近的数据点的距离最大	1. 定义超平面方程 $w^{\mathrm{T}}x + b = 0$。 2. 使用拉格朗日乘子法或序列最小优化法求解 w 和 b 的值。 3. 使用求得的 w 和 b 对新数据点进行分类	文本分类、图像识别、人脸检测等
逻辑回归	使用某种函数将概率值压缩到某一特定范围，如 sigmoid 函数将概率值转换为 0、1 的范围表示，用于二元分类	1. 定义逻辑回归方程 $y = e^{(b_0 + b_1 x)} / (1 + e^{(b_0 + b_1 x)})$。 2. 使用极大似然估计或梯度下降法求解 b_0 和 b_1 的值。 3. 使用求得的 b_0 和 b_1 预测新数据点的 y 值，如果 $y > 0.5$，则为正类，否则为负类	垃圾邮件过滤、信用卡欺诈检测、医疗诊断等
决策树	使用一种特殊的树结构，根据一系列属性划分数据集，每个叶节点表示一个类别或一个值	1. 定义划分属性和划分标准，如信息增益或基尼指数。 2. 对于每个内部节点，选择一个最优的属性和划分点，将数据集分为两个或多个子集。 3. 对于每个子集，重复步骤 2，直到满足停止条件，如叶节点纯度达到阈值或达到最大深度。 4. 使用生成的决策树对新数据点进行分类或回归	客户流失预测、贷款风险评估、天气预报等

下面再简要介绍基于强化学习的优化方法。

基于强化学习的优化方法是一种在强化学习中寻找最优策略或最优值函数的方法，它可以利用环境的反馈来不断调整自身的行为。

强化学习的优化方法有以下两种：

1）基于策略的优化：直接对策略函数进行参数化，然后通过梯度上升或进化算法等方法来最大化累积回报的期望。例如，策略梯度法、演员-评论家法、深度确定性策略梯度法等。

2）基于值函数的优化：对值函数进行参数化，然后通过动态规划、时序差分学习、蒙特卡罗方法等方法来最小化值函数的误差。例如，Q - 学习、SARSA、深度 Q 网络等。

基于强化学习的优化方法一般包括以下几个步骤：

1）定义强化学习问题的要素，包括状态空间、动作空间、奖励函数、转移函数和折扣因子。

2）选择合适的策略函数或值函数，并对其进行参数化，例如使用神经网络或线性函数逼近器。

3）通过与环境交互，收集经验数据，例如状态、动作、奖励和下一个状态。

4）根据经验数据，更新策略函数或值函数的参数，使其更接近最优解。

5）重复步骤3）和4），直到满足收敛准则或者达到预算限制。

3.4 产品智能化设计的软件平台

随着人工智能技术的进步、数据资源的丰富、云计算和物联网的大规模应用，产品智能化设计软件平台的需求和应用愈加广泛。产品智能化设计软件平台是一种利用人工智能技术和数据分析方法，帮助产品设计师进行创新和优化的工具。它可以根据用户需求、市场趋势及对竞争对手的分析等多方面因素，提供个性化的设计方案和建议，提高设计效率和质量。同时，平台还可以通过模拟测试、反馈评估、持续迭代等方式，不断完善和改进设计方案，降低设计成本和风险。产品智能化设计软件平台可以激发产品设计师的创造力，提升产品的竞争力和用户满意度，促进产品的创新和发展。

3.4.1 产品智能化设计软件平台的基础

产品设计软件并不是轻而易举实现的，其依赖于企业的信息集成、应用集成和过程集成。

1. 信息集成

信息集成是指利用一定的技术，将企业中多个独立的信息源联系起来，保证在产品开发的各个阶段将信息在正确的时间、以正确的方式及时传递给正确的信息使用者（人或应用程序）。它主要解决产品开发过程中不同应用系统之间的产品数据共享与交换问题。信息集成的研究主要集中在以下三个方面。

（1）数据库集成

早期的信息集成采用多数据库集成系统，国内外主要是在 20 世纪 80 年代后期开始这方面的研究。多数据库的信息集成一般采用联邦数据库、数据复制、数据仓库等集成方式。

（2）产品数据交换标准

1）STEP 标准（Standard for The Exchange of Product model data，产品模型数据交换标准）是由国际标准化组织（ISO）制定的一套国际标准。其目标是在产品全生命周期内为产品数据的表示与通信提供一种中性数字形式，这种数字形式完整地表达了产品信息，并独立于应用软件，即建立了统一的产品模型数据描述机制。它全面定义了产品零部件及其几何尺寸、性能参数及处理要求等各种相关属性的描述方法。STEP 标准为实现 CIMS 提供产品数据共享的基础。但是随着 Internet 技术的发展，产品开发过程趋向于网络化，不同的应用系统在互联网上无法直接通过 STEP 文件来交换数据。

2）IGES（Initial Graphics Exchange Specification，初始图形交换规范）是 ANSI 批准的美国国家标准，它建立了用于产品定义的数据表示方法与通信信息结构，为不同 CAD/CAM 系统间进行产品定义数据交换提供规范。IGES 是一种中性格式的规范，它定义了文件格式结构和格式语言；定义了几何数据、拓扑数据和非几何产品数据的表示方法。IGES 的表示方法是可扩展的，并且独立于几何造型方法。文献研究了采用 IGES 标准格式实现从 Pro/E 到 UG 的三维实体模型的转换。

3）XML（eXtensible Markup Language）可扩展标记语言，是着重描述 Web 页面的内容和直接处理 Web 数据的通用方法，为基于 Web 的应用提供了描述数据和交换信息的有效手段。为此，1999 年 11 月 ISO 推出了一个称为 "EXPRESS 驱动数据的 XML 表达" 的标准 Part28，利用 XML 技术实现互联网上的 STEP 数据传输。文献在此基础上进一步讨论了 STEP 到 XML 的映射机制，并研究了利用 XML 为载体传递信息。目前，XML 已经成为事实上的网络化通用描述语言。开放式应用程序组集成规范（Open Application Group Integration Specification, OAGIS）是一个实际使用 XML 来支持集成的规范，其作用是为信息集成提供规范的业务语言。它使用 XML 来定义业务消息和识别业务流程的常用字母表。OAGIS 不仅是当前可用的最完整的 XML 业务消息集，而且通过与各种纵向联合的行业团体合作满足了特定行业的其他需求。

（3）产品全生命周期模型

面向产品全生命周期的建模技术是在 CAD/CAE/CAPP/CAM 集成以及并行工程和虚拟产品设计等技术应用的基础上，提出的一种现代化设计方法。根据产品全生命周期的设计思想，在产品设计的初始阶段就充分考虑下游设计可能涉及的影响因素，使产品的设计和生产准备的各个环节并行展开，达到信息共享和信息流畅的目的。国内外针对产品全生命周期的数字化产品定义模型展开了大量研究，提出了多种面向全生命周期的数字化产品定义模型，如三维空间模型、五维空间模型、面向管理和过程的数字化产品定义模型、面向飞机产品的产品—过程—资源核心知识模型、产品设计开发主模型、面向装配和加工的统一产品模型等。但是目前全生命周期模型多是停留在理论的层次，实用性还有待提高，即使有部分应用，通用性也较差。

2. 应用集成

应用集成是指两个或两个以上应用系统根据业务逻辑的需要而进行的功能间的相互调用和互操作。由于应用系统多是在异构的环境下运行，为了解决互操作问题，首先要研究分布式计算技术。如今主流的分布式计算技术有对象管理组织（OMG, Object Management Group）的 CORBA（Common Object Request Broker Architecture）、微软的 COM/DCOM/COM + （Distributed Component Object Model）、Java 的远程方法调用（RMI, Remote Method Invocation）及 Web 服务（Web Services）。

CORBA 最受学术界推崇，具有强大的编程语言支持、良好的跨平台性和安全性能，是发展最早也是最完善的。其缺点是缺少方便的开发工具和强有力的厂商支持。

COM/DCOM/COM + 技术经过微软的力推，在实践中已经比较成熟。它有许多优秀的开发工具支持，有许多现成的组件可以使用，使得开发者能够快速高效地完成工作，目前应用较为广泛。其缺点是跨平台性较差。

RMI 是一种纯 Java 的解决方案。由于 Java 有着良好的跨平台特性，所以 RMI 可以无缝地运行在不同的平台之间，但是 RMI 对多语言集成的支持却很弱。

Web 服务技术是为了解决在 Internet 环境下，松散耦合的应用程序之间互相调用、互相集成而设计的技术框架。它采用基于开放的互联网标准，如 HTTP、XML 和 SOAP。由于 Web 服务具有良好的松散耦合集成结构，因而它更适合用来支持企业间的应用集成。

目前针对应用集成的研究主要集中在以下两个方面：

（1）CAX 系统与 PDM 系统的集成

由于当前 PDM 系统是企业中应用较为广泛的信息管理系统，许多企业集成平台的构建都以 PDM 系统为基础，因此基于 PDM 系统的 CAX 应用集成是研究的热点，如文献阐明了 CAD 与 PDM 集成的三种模式，并分别论述了两者进行双向集成时涉及的内容、数据及对数据的操作方法。有文献研究利用 Web 服务的方式实现 CAD 系统与 PDM 系统数据的交换和部分功能的互操作。文献探讨了 CAPP 从 PDM 数据库中获取产品属性信息、产品结构信息和产品图形信息的方法，并分别基于 Windchill 或 IMAN 系统开发了集成化或派生式 CAPP 系统。

（2）CAX 系统逻辑的封装

目前主流的方式是将 CAX 系统封装为分布式的 Web 服务，利用 Web 服务松耦合的优点构建跨平台的应用集成。但是由于 CAX 系统业务内容的多样性，能够实现 Web 服务封装的业务具有一定的局限性，多用于分布式计算、求解以及基于特定格式的数据交换等自动化较高的环节。

3．过程集成

过程集成是融合了企业管理、人员组织及具体的技术等多个层面多个领域相关技术的技术体系。其实现过程是在信息集成的基础上，将企业经营过程所涉及的相关应用集成起来，促使企业人员组织、资源、信息、约束在统一的过程引擎控制下运转，从而形成高效、准确的企业流程运行环境。

根据定义可以发现，过程集成的实现须具备以下条件：

1）目标一致：在过程集成中，各子过程的权益相关者不应以自己的最大利益为目标，而应以总体目标为最终的共同目标，必要时应做出让步，放弃部分暂时利益，以保证总体目标的实现。目标一致是集成的前提。

2）互通：过程与过程之间必须在物理上建立通信联系，做到必要的信息共享，这是集成的基础。

3）语义一致：过程之间交换的数据格式、术语和含义的一致性。

4）互操作：过程的结构必须是开放的。过程应能根据周边环境的变化和其他过程的要求，改变过程的结构，同时过程也可以根据需要，对其他相关过程给出指令，启动其运行，以实现总体目标的优化。

过程集成的需求分析，需要从以下几个方面进行：

1）过程建模：通过对产品设计过程进行分解、抽象、描述和表示，建立产品设计过程模型，包括过程流程图、过程数据图、过程功能图等，以便于对过程进行分析、优化和管理。过程建模的目的是清晰地描述产品设计的输入输出关系、功能逻辑关系和数据信息关系，以及各个环节之间的依赖关系和约束条件。

2）过程优化：通过对产品设计过程模型进行评估、比较、改进和验证，寻找最优或次优的产品设计方案，以提高产品设计的效率、质量和创新性。过程优化的目的是利用数学方法和计算机技术，对产品设计方案进行多目标综合评价和敏感性分析，以及对产品设计参数进行优化调整和灵敏度控制。

3）过程协同：通过建立产品设计团队的组织结构、沟通机制、协作平台和协作规范，实现产品设计过程中各个角色、部门和任务之间的信息共享、知识交流、资源调配和决策协商。过程协同的目的是提高产品设计团队的协作效率和协作质量，以及增强产品设计团队的创新能力和应变能力。

4）过程控制：通过建立产品设计过程的监测方法、评价指标、反馈机制和调整措施，实现对产品设计过程的实时监督、定期评估、及时纠正和持续改进。过程控制的目的是保证产品设计过程按照既定的目标和要求顺利进行，并及时发现、解决产品设计过程中可能出现的问题和风险。

3.4.2　产品智能化设计典型软件平台

随着技术的不断发展，许多典型软件平台已经涌现，为产品智能化设计提供了强大支持。下面对目前市场上比较典型的产品智能化设计软件平台进行简要介绍。

1. Optimus

该软件由成立于 1999 年的比利时公司 Noesis Solutions 开发，该公司专注于开发多学科设计优化和模拟软件。Optimus 软件提供了一种系统化的方法来解决复杂的设计问题，并在设计变量、约束条件和优化目标之间进行权衡和优化，帮助工程师在产品设计阶段自动化地寻找最佳设计方案。Optimus 软件具备多种功能模块，包括设计空间探索、建模和仿真集成、优化算法、可视化和结果分析等。它可以与不同的仿真工具和计算软件集成，以支持多学科的设计分析和优化。目前 Optimus 软件应用于汽车、航空航天、能源、制造等多个领域。

2. iSight

该软件最早由 MIT 的博士 Siu S. Tong 在 20 世纪 80 年代左右提出并领导开发完成，经过多年发展后被法国 Dassault Systèmes 公司收购，并由旗下子公司 Simulia 公司继续研发，目前已成为同类软件中的佼佼者。iSight 软件的主要用途是进行多学科仿真和优化。它可以将不同的工程仿真工具和计算软件进行集成，实现自动化的设计探索、优化和优化过程的执行。iSight 软件具备多种功能模块，包括设计空间探索、多学科优化、建模和仿真集成、可视化和结果分析等。它提供了一个灵活的框架，允许用户定义设计变量、约束条件和优化目标，并自动执行设计探索和优化过程。目前 iSight 软件广泛应用于多个领域，工程师可以使用 iSight 来优化复杂系统和产品的设计，还可以与各种工程仿真软件（如有限元分析、流体力学模拟等）进行集成，提供跨学科的设计优化解决方案。

3. ModelCenter

该软件由美国著名的工程软件公司 Phoenix Integration 研发，于 2004 年首次发布。它是一个多学科系统建模和分析平台，主要面向工程师、科学家和决策者，旨在帮助他们更好地进行系统设计和决策。ModelCenter 软件具有多种功能模块，包括模型构建、仿真和优化、模型连接和协同工程等。模型构建模块提供了丰富的建模工具和函数库，使用户能够构建符合实际要求的系统模型。仿真和优化模块提供了各种仿真和优化算法，可以对系统模型进行性能和可靠性分析，以及参数优化。模型连接模块允许用户将不同学科的模型进行集成，并进行协同工程。此外，ModelCenter 软件还提供了数据处理、结果分析和可视化等功能，以帮助用户更好地理解和解释模型分析结果。ModelCenter 软件广泛应用于各个领域，它可以用于系统的设计和优化、分析系统的可靠性和安全性、辅助决策制定等方面。比如，在航空航天领域，ModelCenter 软件可以用于飞机设计中的气动性能优化、结构强度分析、动力系统设计等；在汽车行业，它可以用于车辆性能和燃油效率的优化、车辆噪声和振动控制等。

4. ModeFRONTIER

该软件由意大利著名的工程软件公司 ESTECO 研发，首次推出于 2001 年，是一款多学科优化和设计探索软件。该软件通过将不同学科的模型、仿真工具和优化算法集成到一个统一的平台中，提供了一个灵活的工作流程环境，帮助用户实现设计目标的最佳解决方案。ModeFRONTIER 软件具有多个功能模块，其中包括：设计变量定义和管理模块、优化算法模块、模型连接和数据交互模块与结果分析和可视化模块。ModeFRONTIER 软件被应用于航空航天、汽车、能源、电子、建筑等工程和科学领域。在航空航天领域，该软件可以应用于气动优化、结构设计等方面，以提高飞行器性能和节省燃料。在汽车行业，可以利用该软件进行车辆设计和优化，以提高车辆的性能和节能减排。

5. 索为系统

该软件由国内工业技术软件化理念的领导者——索为技术股份有限公司研发，初代操作系统 SYSWARE 于 2006 年推出。它是一款面向工程设计和优化的智能设计软件，通过"知识自动化"手段，将基础共性、行业通用及企业特有的工业技术、知识、经验封装成易操作、易推广的工业 App，赋予知识工作者广阔的创新与开拓的空间，提高企业研发与设计效能，助力企业智能化转型。它通过自动化和智能化的方法，将设计问题转化为优化问题，以实现最优解决方案。该软件具有多个功能模块。例如，它提供了丰富的参数化建模工具，使用户可以通过定义和调整参数快速创建复杂的工程模型。此外，它还集成了各种智能优化算法和模拟仿真工具，如遗传算法、粒子群优化、有限元分析等，以帮助用户找到最优解决方案；数据分析和可视化模块，帮助用户分析和解释设计结果。"索为系统"软件主要应用于工程设计和优化领域，包括机械、电子、化工、能源等各个工程行业，可用于产品设计、结构优化、性能模拟和分析等方面。

6. MWORKS

该软件由苏州同元软控信息技术有限公司研发，于 2009 年正式发布。MWORKS 是国际先进、完全自主的科学计算与系统建模仿真平台，支持基于模型的系统设计、仿真验证、模型集成、虚拟试验、运行维护以及协同研发。依托此平台，可以实现对一系列工业软件的替代和超越，包括系统设计软件、系统仿真软件、协同建模与模型管理软件等基础软件，科学工程计算与建模仿真平台软件，机械多体分析软件、一维流体分析软件等专业仿真软件，以及航天、航空、核能、船舶、汽车等行业设计仿真软件。该产品已经广泛应用于航天、航空、能源、车辆、船舶、教育等行业，为大飞机、航空发动机、嫦娥工程、空间站、核能动力等国家重大工程提供了先进的数字化设计技术支撑和深度技术服务保障。

7. OpenMDAO

OpenMDAO 全称为 Open Modelica Design Analysis and Optimization，是由美国国家航空航

天局（NASA）的加利福尼亚研究中心研发，该软件的诞生时间可以追溯到 2010 年。Open-MDAO 软件提供了一种开源的可扩展框架，用于集成不同学科的分析模型和优化算法。该软件通过提供高性能计算和并行计算支持，帮助用户完成复杂系统的设计、分析和优化任务。OpenMDAO 软件包括多个功能模块，其中，建模模块支持用户定义和构建复杂的跨学科分析模型；优化模块提供了多种优化算法，如遗传算法、粒子群优化等，以寻找最佳设计参数。此外，还包括数据管理和集成模块，用于处理和交换模型数据。软件还提供了结果分析和可视化模块，帮助用户理解和解释优化结果。OpenMDAO 软件主要应用于航空航天、汽车、能源和风力等领域，以及其他需要进行多学科设计和优化的复杂系统。

3.5　产品智能化设计应用案例

3.5.1　数据驱动的车架结构设计案例

在无人车辆领域，无人车辆受任务要求限制一般体积较小，防护要求低，顶部需要搭载装置与武器，动力形式主要采用混合动力形式，行动系统采用轮式或者履带式。全承载桁架式车身结构是许多无人车辆采用的结构形式，其轻量化设计与优化是降低整车重量的关键，同时桁架式车身结构在设计时必须满足整车与其余分系统的安装和使用要求；保证车身结构以及附属安装结构最大应力小于材料的屈服极限或者疲劳极限，最大变形不影响其余分系统部件工作，不会产生塑性应变，不会与其他分系统部件发生干涉。

无人车辆全承载桁架车身结构的参数化模型如图 3-22 所示，车身结构的初始方案质量约为 519.71 kg。其中涉及参数近百个（包含全局整体参数、局部筋梁结构参数、开口区域

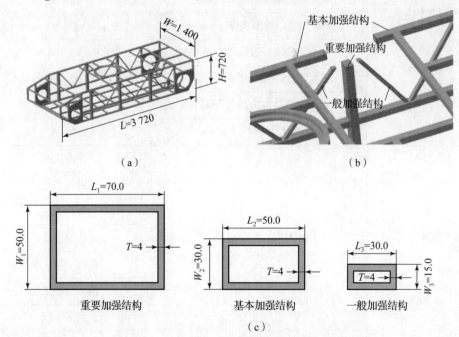

图 3-22　某无人车辆桁架车身结构模型

（a）全承载式桁架车身结构示意图；（b）3 大加强结构示意图；（c）3 大加强结构"回"字形型材示意图

设计参数与定位参数)，在早期方案设计阶段为简化问题，只考虑其中的关键设计参数。桁架车身结构主要是由横纵筋梁构成的，因此使用车身结构总体长度 L、总体宽度 W、总体高度 H 和壳体厚度 T 这 4 个参数表征车身整体参数。桁架车身结构主要由三种边长、厚度不同的"回"字形型材焊接而成，分别由重要加强结构边长 L_1、重要加强结构厚度 W_1、基本加强结构边长 L_2、基本加强结构厚度 W_2、一般加强结构边长 L_3、一般加强结构厚度 W_3 共 6 个参数构成，通过使用筋梁横截面边长、厚度表征车身局部参数。其中要求重要加强结构的边长和厚度大于基本加强结构的边长和厚度，基本加强结构的边长和厚度大于一般加强结构的边长和厚度。而且根据实际情况设计要求重要加强结构厚度等于基本加强结构边长，基本加强结构厚度等于一般加强结构边长，即

$$L_1 > W_1 = L_2 > W_2 = L_3 > W_3$$

此外，车身结构使用的材料用编号 M 表示材料类型，有碳素钢、钛合金和铝合金 3 类材料可选。使用工况条件编号 C 表示 7 种不同工况类型，各个参数的意义以及对应关系和取值范围如表 3 – 5 所示。

表 3 – 5　无人车桁架式车身结构模型与多工况环境的参数

学科	设计参数	参数范围
车身结构	总体长度 L/mm	3 620 ~ 3 820
	总体宽度 W/mm	1 300 ~ 1 500
	总体高度 H/mm	620 ~ 820
	壳体厚度 T/mm	2 ~ 6
	重要加强结构边长 L_1/mm	60 ~ 80
	重要加强结构厚度 W_1/mm	40 ~ 60
	基本加强结构边长 L_2/mm	40 ~ 60
	基本加强结构厚度 W_2/mm	20 ~ 40
	一般加强结构边长 L_3/mm	20 ~ 40
	一般加强结构厚度 W_3/mm	10 ~ 20
多工况环境	7 种不同工况类型 C	冲击工况
		制动工况
		转弯工况
		弯曲工况
		扭转一轮工况
		扭转二轮工况
		射击工况
车身材料	材料编号 M	钢、铝合金、钛合金

　　对无人车辆全承载式桁架车身结构进行有限元仿真，求解车身结构方案的约束指标，分析车身结构刚强度性能。在有限元分析的预处理阶段需要提前定义一些相关参数，其中单元特性定义中，单元类型选用壳单元，虽然壳单元要耗费一定的计算时间，但是胜在计算精度高，可以较好地模拟车身结构的实际状态。而且壳体厚度本身就是车身结构的一个重要的结构参数，对优化结果有较为重要的影响。其次针对无人车车身结构的设计条件，选取的三种材料属性如表 3 – 6 所示。

表 3 – 6　不同材料性能参数

材料名称	质量密度/$(t \cdot mm^{-3})$	弹性模量/MPa	泊松比
钢	7.8×10^{-9}	2.01×10^{5}	0.26
铝合金	2.78×10^{-9}	0.7×10^{5}	0.26
钛合金	4.5×10^{-9}	1.1×10^{5}	0.34

　　不同工况的有限元分析体现在不同的约束和载荷的施加，为方便接下来多种工况下约束与载荷的施加，规定车身前后方向为 X 轴，垂直方向为 Y 轴，左右方向为 Z 轴。车身结构共有四种载荷：任务载荷自重，以面压力的方式施加在车身上部中心环形座圈面上；动力传动装置自重，以面压力的方式施加在车身后轮连杆支撑座顶面上；电池模块自重，以节点压力的方式施加在车身底平面中心部分的节点上；其余附件自重，以节点压力的方式施加在车身两侧面后端面上。表 3 – 7 所示为不同工况下的约束条件和载荷施加条件。

表 3 – 7　7 种不同工况的约束条件和载荷施加

	约束条件				载荷施加
	左侧前轮	右侧前轮	左侧后轮	右侧后轮	
冲击工况	X, Y, Z	X, Y, Z	X, Y, Z	X, Y, Z	$6g$ 的 Y 方向全局载荷
制动工况	X, Y, Z	X, Y, Z	Y, Z	Y, Z	$0.8g$ 的 X 方向全局载荷
转弯工况	X, Y, Z	X, Y	X, Y, Z	X, Y	$0.7g$ 的 Z 方向全局载荷
弯曲工况	X, Y	X, Y	Y, Z	Y, Z	$3g$ 的 Y 方向全局载荷
扭转一轮	X, Y, Z	X, Y, Z	X, Y	X, Y, Z	$6g$ 的 Y 方向全局载荷
扭转二轮	X, Y, Z	X, Y, Z	X, Y	X, Y	$3g$ 的 Y 方向全局载荷
射击工况	X, Y, Z	X, Y, Z	X, Y, Z	X, Y, Z	除 $3g$ 的 Y 方向载荷外，还需要在顶端射击开口处施加 30 000 N 压力

　　如表 3 – 5 所示，该无人车辆车身结构设计参数主要考虑 10 个结构设计参数与材料类型。同时，车身结构承载了来自外部路面以及内部发动机、武器系统等作用载荷，载荷形式以扭转、弯曲以及弯扭组合为主。所以车身结构轻量化设计最重要的是保证刚度满足车身最小变形要求、强度满足材料屈服极限或者疲劳极限要求、关键应力点变形量满足该部位工作

干涉要求。因此，无人车辆桁架车身结构整体的优化模型可以描述为

$$\text{find } \boldsymbol{X} = \left[L, W, H, T, L_1, W_1, L_2, W_2, L_3, W_3, M \right]^{\mathrm{T}}$$

$$\boldsymbol{Y} = \left[C \right]^{\mathrm{T}}$$

$$\min \quad \text{Mass}(\boldsymbol{X}, \boldsymbol{Y})$$

$$\text{s. t.} \quad \text{Disp}(\boldsymbol{X}, \boldsymbol{Y}) < 4(\text{mm})$$

$$\text{Stress}(\boldsymbol{X}, \boldsymbol{Y}) < \begin{cases} 520 \times 0.8 = 420(\text{MPa}) & M = \text{碳素钢} \\ 250 \times 0.8 = 200(\text{MPa}) & M = \text{铝合金} \\ 450 \times 0.8 = 270(\text{MPa}) & M = \text{钛合金} \end{cases}$$

式中 $\boldsymbol{X}$——在一次优化过程中不断调整的结构参数与材料种类；

$\boldsymbol{Y}$——在优化过程中不同的工况环境；

$\text{Mass}(\boldsymbol{X}, \boldsymbol{Y})$——优化目标为最小化车身质量 $\text{Mass}(\boldsymbol{X}, \boldsymbol{Y})$；

$\text{Disp}(\boldsymbol{X}, \boldsymbol{Y})$——结构的最大位移量；

$\text{Stress}(\boldsymbol{X}, \boldsymbol{Y})$——车身最大等效应力，要求在任意工况条件下均需要满足约束要求，其中由于考虑了制造工艺技术的误差，故对每种材料能承受的屈服强度增加 $0.6 \sim 0.8$ 的安全系数。

针对常见的 7 种工况环境下的车身结构进行优化设计，通过有限元分析得到分析结果，找出其中的最大应力和最大位移，查看是否满足材料属性。分析产生结果，通过调节车体结构参数，得到性能更加优越的车身结构。

展示多工况关联的技术思路，关联多工况设计空间，实现无人车辆车身结构轻量化设计方案快速生成的目标。该方法主要由两个部分组成：

1）通过多工况设计空间关联，逐步缩减设计参数变量区间，实现设计空间随工况增加而逐渐缩减，融合基于高斯过程（Gaussian Process，GP）的车身结构多工况代理模型构建方法，评估多工况下车身结构性能。

2）通过遗传算法（Genetic Algorithm，GA）进行车身结构多工况全局优化，依靠 GA 在复杂设计空间的全局寻优能力，寻找最优的车身结构优化方案。

其具体流程如图 3-23 所示。

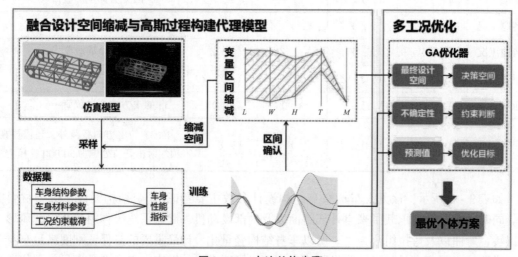

图 3-23 方法总体步骤

考虑多工况车身结构设计方案具有相同的原始设计空间的特征，通过关联无人车各个运行工况的设计空间，在下一个工况的数据样本采集阶段可以缩减掉不满足之前工况约束要求的设计空间，将工况按危险程度由低到高排序后，优化设计空间会被不断缩减。在采集相同数据量的情况下，随着设计空间的逐渐变小，代理模型精度也会提升，以加快车身结构设计方案的准确生成，如图 3-24 所示。

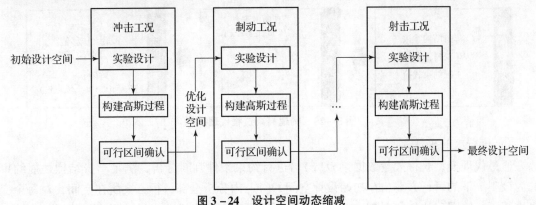

图 3-24　设计空间动态缩减

各工况的初始设计空间为 $\Omega(Y_0)$，从冲击工况出发，通过实验设计获得仿真数据集 $D(Y_0)$；利用数据集 $D(Y_0)$ 构建并训练高斯过程，得到冲击工况代理模型 $M(Y_0)$；考虑代理模型的不确定性，遍历当前设计空间，逐个变量缩减设计区间，剔除不满足设计要求的设计空间，得到优化设计空间 $\Omega(Y_1)$，该空间作为新的（下一工况）设计空间。随后针对制动工况、……、射击工况，重复步骤上述步骤，得到各个工况下的代理模型 $M(Y_0)$ … $M(Y_6)$ 和最终设计空间 $\Omega(Y_6)$。

1）实验设计。

将多工况设计相关联后，所有工况共用一个设计空间。拉丁超立方采样方法是一种有效的样本设计方法，可以使样本更加均匀地分布在整个样本空间中。采用拉丁超立方采样方法进行设计空间探索，通过仿真实验设计来研究车身结构变量与客观性能指标之间的关系。在初始的设计空间内进行拉丁超立方采样，每个变量维度分 500 层，共采集 500 样本点，通过有限元分析计算，获得第一个工况（冲击工况）的仿真数据集。

2）构建代理模型。

由于代理模型具有精度误差，所以需要使用带不确定性的代理模型能够减少精度误差对最终方案造成的影响。而高斯过程具有表征不确定性的优点，因此采用高斯过程构建多工况代理模型。构建代理模型对不同工况下车身结构性能评估本质是一个回归问题的模型。而高斯过程是一个监督学习过程，可以用于学习输入输出之间的映射关系，解决回归问题。高斯过程回归建模的基本思路为：先假设学习样本服从高斯过程的先验概率，再结合贝叶斯理论得到后验概率，通过最大似然法获取最优超参数的值，即完成高斯过程回归建模。

对于回归问题，可定义：

$$f(x) \sim GP(\mu(x), \sigma(x, x'))$$

式中　$f(x)$——高斯过程分布函数；

　　　$\mu(x)$——均值函数；

　　　$\sigma(x, x')$——协方差函数。

如图 3-25 所示，将车身结构方案的设计参数作为高斯过程的输入参数，车身结构性能指标作为高斯过程的输出参数。由于车身结构性能指标包含最大应力值、最大位移值以及车身质量，所以采用多目标的高斯过程做性能预测。将上述每种工况下采集的数据集通过高斯过程构建对应的代理模型。通过寻找输入变量和输出变量的映射关系，构建用于评估多种不同工况下车身结构性能指标的代理模型，实现优化过程中的快速响应。

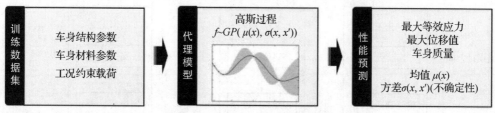

图 3-25　构建高斯过程代理模型

3）可行区间确认。

通过代理模型获得大量数据集 $D^*(Y_0)$ 进行约束条件判断分析，满足车身结构性能约束的为该工况下的可行方案，在初始设计空间 $\Omega(Y_0)$ 内分析全部可行方案所在空间，对每个变量进行可行区间确认，如图 3-26 所示。在所有可行方案内逐一变量进行区间分析，将该变量在原有设计区间内有无法生成可行方案的区间进行缩减，下一工况将得到新的优化设计空间 $\Omega(Y_1)$。在缩减操作时为保证不会由于随机采样和代理模型预测误差导致舍去可行区间，通常会预留 20% 的柔性区间，以更新、缩减设计空间。

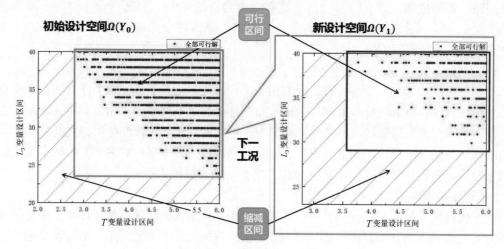

图 3-26　变量区间缩减方法

4）基于遗传算法的多工况车身优化方法。

通过设计空间动态缩减的采样方法，得到通过缩减的多工况设计空间，在该空间内搜索最优解即为满足多工况运行条件的车身结构最优方案。考虑到车身结构优化问题非线性明显、设计变量类型多、维度高、优化约束多等特征，采样遗传算法（GA）进行全局优化，依靠 GA 在复杂设计空间的全局寻优能力，寻找最优的车身结构优化方案。GA 的多工况优化流程如图 3-27 所示。

步骤一：在缩减优化后的最终设计空间内随机生成初始种群，以二进制码方式进行染色体编码，以每一组车身结构参数方案作为一个个体。

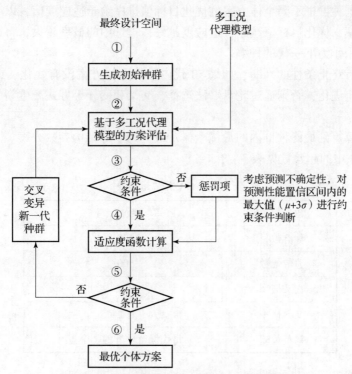

图 3 – 27　基于遗传算法的多工况车身结构优化

步骤二：将种群代入多工况代理模型中进行方案性能快速评估，得到每个个体方案在不同工况下的最大等效应力 Stress($\boldsymbol{X},\boldsymbol{Y}$)、最大位移量 Disp($\boldsymbol{X},\boldsymbol{Y}$) 与质量 Mass($\boldsymbol{X},\boldsymbol{Y}$)。

步骤三：对个体方案进行约束要求判断，借助惩罚函数的方法将车身结构优化问题中涉及质量、最大应力、最大位移这 3 个直接影响方案优化的性能指标融合，得到新的可直接用于优化的目标函数 $G(\boldsymbol{X},\boldsymbol{Y},\alpha,\beta)$。

$$G(\boldsymbol{X},\boldsymbol{Y},\alpha,\beta) = \mathrm{Mass}(\boldsymbol{X},\boldsymbol{Y}) + \alpha S(\boldsymbol{X},\boldsymbol{Y}) + \beta D(\boldsymbol{X},\boldsymbol{Y})$$

式中　Mass($\boldsymbol{X},\boldsymbol{Y}$)——质量目标项；

$\alpha S(\boldsymbol{X},\boldsymbol{Y}) + \beta D(\boldsymbol{X},\boldsymbol{Y})$——约束惩罚项；

α, β——惩罚因子，用于调整惩罚力度；

$S(\boldsymbol{X},\boldsymbol{Y})$——最大应力罚函数；

$D(\boldsymbol{X},\boldsymbol{Y})$——最大位移罚函数。

考虑到高斯过程构建代理模型的精度误差和 3σ 原则，设置 $S(\boldsymbol{X},\boldsymbol{Y})$，$D(\boldsymbol{X},\boldsymbol{Y})$ 为

$$S(\boldsymbol{X},\boldsymbol{Y}) = \max(0, \mathrm{Stress}(\boldsymbol{X},\boldsymbol{Y}) + 3\sigma_\mathrm{S} - F_{\mathrm{Smax}})$$

$$D(\boldsymbol{X},\boldsymbol{Y}) = \max(0, \mathrm{Dis}p(\boldsymbol{X},\boldsymbol{Y}) + 3\sigma_\mathrm{D} - \mathrm{Dis}p_{\max})$$

式中　σ_S——最大应力预测值的标准差；

σ_D——最大位移预测值的标准差；

F_{Smax}——最大材料疲劳强度；

$\mathrm{Dis}p_{\max}$——结构允许的最大位移量。

结合无人车车身对象，考虑 3 个指标的量级，并通过反复实验，不断调整惩罚项系数，设置超参数为 $\alpha = 10$，$\beta = 100$。

步骤四：根据种群中不同个体方案的优化目标值排序给予适应度值，以个体的适应度值作为被选中的概率，优化目标值越小，适应度越好，被选中的概率越大，将适应度函数值更高的个体保留下来作为下一代的种群。

步骤五：进行终止条件的判断，如果50代内最优个体方案没有变化，或者达到了遗传代数上限，则停止进化，否则通过轮盘赌法选择、交叉和变异等方式产生新的种群继续进行遗传优化。

步骤六：计算得到最终种群内的最优个体及最优的车身结构参数方案。

选用GA算法中的超参数见表3-8。

表3-8　GA算法超参数

超参数名	数值
种群数目	500
遗传代数	500
交叉概率	0.7
变异概率	0.2
精英策略	每代保留最好的1个点

1) 代理模型精度测试。

代理模型精度将直接影响最终车身设计方案，因此首先进行代理模型精度验证，对比的三种构建代理模型的方法中，每种方法的每个工况代理模型均通过500组随机仿真采样作为初始数据集，从500组仿真采样的数据中取出50组作为测试集，其余的数据用来训练代理模型。预测误差计算公式为$\frac{y_{预测} - y_{测试}}{y_{测试}} \times 100\%$，预测正确率指50个测试点中，真实值在置信区间即预测范围之内的占比。

代理模型车身最大应力、最大位移及质量预测误差分别见表3-9~表3-11。

表3-9　代理模型车身最大应力预测误差

工况	预测误差			预测正确率	
	RDS-GP（该案例方法）	GP（高斯过程）	ANN（神经网络）	RDS-GP（该案例方法）	GP（高斯过程）
冲击工况	5.07%	5.07%	4.97%	98%	98%
制动工况	7.79%	4.29%	4.22%	100%	98%
转弯工况	4.97%	6.25%	4.24%	100%	98%
弯曲工况	4.43%	6.55%	5.13%	100%	98%
扭转一轮	7.28%	7.51%	5.52%	100%	98%
扭转二轮	3.31%	11.40%	4.80%	100%	78%
射击工况	4.67%	11.90%	5.51%	96%	90%

表 3 – 10　代理模型车身最大位移预测误差

工况	预测误差			预测正确率	
	RDS – GP	GP	ANN	RDS – GP	GP
冲击工况	0.63%	0.63%	6.72%	98%	98%
制动工况	0.94%	0.82%	6.72%	100%	92%
转弯工况	0.81%	0.76%	4.73%	78%	98%
弯曲工况	0.65%	1.29%	7.23%	90%	100%
扭转一轮	1.91%	1.27%	5.58%	90%	94%
扭转二轮	0.41%	1.95%	2.89%	100%	96%
射击工况	0.16%	1.99%	4.66%	100%	86%

表 3 – 11　代理模型车身质量预测误差

工况	预测误差			预测正确率	
	RDS – GP	GP	ANN	RDS – GP	GP
冲击工况	0.00%	0.00%	0.64%	100%	100%
制动工况	0.00%	0.00%	0.62%	96%	86%
转弯工况	0.01%	0.09%	1.20%	100%	98%
弯曲工况	0.01%	0.04%	0.75%	100%	100%
扭转一轮	0.00%	0.01%	0.88%	100%	90%
扭转二轮	0.00%	2.08%	1.07%	96%	100%
射击工况	0.00%	0.54%	1.18%	96%	100%

可以看到 ANN 方法只有在预测最大应力时和 RDS – GP 方法相差不多，稍优于 GP 方法；在最大应力和质量两个物理量的预测结果远差于其余两种方法。而 RDS – GP 方法在三个物理量的预测上都要略优于 GP 的方法。通过预测准确率对比两种方法，可以看到两种方法在七种工况下都有着较高的预测准确率且相差不大，RDS – GP 方法准确率稍高一点。

为了展示 RDS – GP 和 GP 两种方法随着工况复杂程度增大，代理模型预测误差变化的趋势，将工况按照采样顺序置于横轴，纵轴为各工况下车身性能指标参数预测的相对误差，通过对数据的线性拟合分析代理模型预测误差的变化趋势。

如图 3 – 28 所示结果，RDS – GP 方法由于采用了采样空间动态缩减的方法，随着工况复杂程度的增加，采样空间逐渐变小，代理模型预测误差有逐步降低的趋势，预测精度稳步提升。而 GP 的方法由于采用相同的采样策略，导致随着工况复杂程度增加，代理模型预测误差有逐步上升的趋势，预测精度逐渐下降。由于质量和其他结构参数基本属于线性关系，所以代理模型预测结果十分接近真实值，预测误差较小，故在这里不做变化趋势分析。

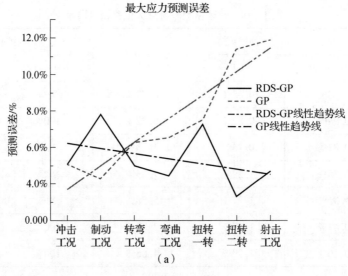

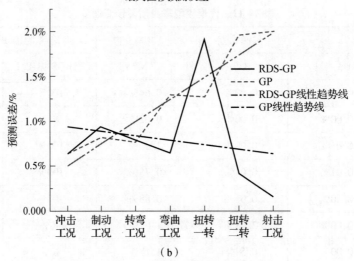

图 3 – 28　代理模型预测误差变化趋势

（a）最大应力预测误差；（b）最大位移预测误差

2）优化结果对比。

为对比 RDS – GP、GP 与 ANN 三种构建代理模型的优化方法对后续优化结果的影响，将三种方法重复优化运行 10 次，任取一次进行代理模型预测和仿真模型评估对比，分析三种优化方法的优化结果和方案可行性，见表 3 – 12 ~ 表 3 – 14。

表 3 – 12　不同车身结构优化方案结果对比

项目		RDS – GP	GP	ANN
参数变量	L	3 620. 01	3 620. 00	3 621. 17
	W	1 300. 00	1 318. 95	1 300. 00
	H	620. 00	720. 00	620. 01

项目		RDS – GP	GP	ANN
参数变量	L1	60. 00	65. 81	75. 83
	W1	51. 26	50. 00	52. 20
	L2	51. 26	50. 00	52. 20
	W2	36. 69	39. 28	39. 98
	L3	36. 69	39. 28	39. 98
	W3	15. 00	14. 68	19. 98
	T	5. 00	5. 07	4. 00
	M	0. 00	0. 00	0. 00
优化目标	Mass	445. 45	486. 88	380. 93

表 3 – 13　代理模型预测和仿真模型评估对比

项目		RDS – GP		GP		ANN	
		代理模型	仿真模型	代理模型	仿真模型	代理模型	仿真模型
冲击工况	Str	75. 65	73. 19	70. 20	87. 27	93. 81	82. 50
	Dis	2. 28	2. 26	2. 00	2. 39	1. 92	2. 51
制动工况	Str	62. 84	60. 02	58. 04	59. 84	73. 47	69. 59
	Dis	1. 71	1. 71	1. 56	1. 87	1. 66	1. 94
转弯工况	Str	62. 84	59. 59	60. 33	59. 32	71. 65	69. 28
	Dis	1. 69	1. 69	1. 42	1. 84	1. 46	1. 90
弯曲工况	Str	73. 36	66. 06	61. 57	65. 61	76. 44	75. 32
	Dis	2. 03	2. 01	1. 80	2. 15	2. 04	2. 27
扭转一轮	Str	105. 83	90. 63	91. 22	101. 24	97. 81	102. 84
	Dis	3. 14	3. 22	3. 76	3. 27	3. 05	3. 60
扭转二轮	Str	125. 83	121. 06	102. 41	118. 58	149. 44	143. 40
	Dis	3. 92	3. 93	3. 89	3. 90	4. 01	4. 81
射击工况	Str	66. 76	68. 44	68. 67	67. 75	90. 39	78. 45
	Dis	2. 01	2. 01	1. 90	2. 15	1. 47	2. 24
优化目标	Mass	445. 45	445. 44	486. 88	485. 46	380. 93	379. 60

从仿真结果是否满足约束要求分析，可见 ANN 方法由于预测值没有给出置信区间，优化过程没有容错的可能，虽然优化目标（质量）更小，但是给出的优化方案再通过仿真验证会不满足设定的约束要求，在 10 次重复的优化中，没有获得满足要求的可行方案，不符合车身结构设计的目标。从预测结果和仿真结果的误差对比分析，可以发现 RDS – GP 方法给出的优化方案在不同工况下预测结果和仿真验证较为接近优化结果稳定，而 GP 方法给出的优化方案在不同工况下预测结果和仿真验证差距比 RDS – GP 方法大且优化结果较差。

3）最终方案对比。

由于 ANN 方法不满足设计约束要求，故对比剩余的 RDS – GP 和 GP 两种方法的最终优化结果，将 10 次优化数据统计至表 3 – 14。

表 3 – 14　最优方案统计对比

项目	RDS – GP		GP	
	最优方案均值	最优方案方差	最优方案均值	最优方案方差
L	3 620.00	0.00	3 635.61	1 764.81
W	1 300.00	0.00	1 336.01	1 135.66
H	620.00	0.00	708.92	691.78
L1	60.00	0.00	64.53	5.13
W1	51.32	1.10	48.76	1.29
L2	51.32	1.10	48.76	1.29
W2	36.77	0.13	39.29	0.14
L3	36.77	0.13	39.29	0.14
W3	15.85	3.93	14.01	2.53
T	5.00	0.00	5.14	0.07
M	0.00	0.00	0.00	0.00
Mass	446.35	—	489.78	—

两种方法通过 10 次优化得到优化方案的结果后，取均值和方差对比发现，RDS – GP 方法得到的方案优化目标（质量）更小，且方差也很小，进一步证明优化方法的稳定性较好，而 GP 方法得到的方案优化目标（质量）更大，且方差也很大，稳定性较差。

最后对比了两种方法十次优化收敛时的迭代次数（代数），如图 3 – 29 所示，可以看到 RDS – GP 方法的优化代数均值在 120 左右且最大不超过 160 代，而 GP 方法的优化代数均值在 170 左右且最小不低于 125 代。可见使用 RDS – GP 方法获得优化结果时的迭代次数的期望低于 GP 的方法，可以节省 20% 的优化时间。

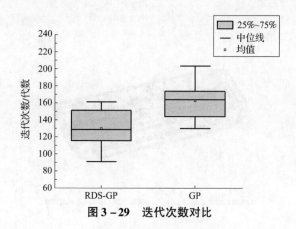

图 3 – 29　迭代次数对比

4）仿真校验。

最终无人车辆桁架车身结构的最优设计方案为 RDS – GP。得到最优方案，为进一步验证方案的有效性，基于该方案进行车身结构有限元仿真。

首先是静力学仿真校验，在静止状态下，对车架结构施加约束和载荷，等效模拟无人车在行驶过程中所遇到的各种工况，结果如表 3 – 15 所示，通过仿真验证发现该最优设计方案车架结构各部分的应力应变（位移）均满足材料的许用值，符合设计要求。

表 3 – 15　桁架车身结构静力学仿真校验

项目	最大应力/MPa	最大位移/mm
冲击工况	71.78	2.25
制动工况	58.90	1.70
转弯工况	58.46	1.68
弯曲工况	64.80	2.00
扭转一轮	89.94	3.20
扭转二轮	120.66	3.91
射击工况	67.15	2.00

图 3 – 30 所示为方案有限元分析（扭转二轮）仿真后的应力和位移云图。

等效应力和位移分布云图基本一致，最大等效应力小于材料屈服极限，最大等效应力发生位置区域基本相同，主要分布在座圈四周连接横梁区域等强度薄弱区域，因为此部位集中承受上装载荷的面压力以及向上的瞬态冲击加速度叠加；最大变形都满足部件工作干涉要求，发生位置区域基本相同，主要发生在座圈作用面上，因为座圈环形筋厚度较小，故导致该部位刚度较弱，容易发生较大弹性变形。

其次是动力学仿真校验，一般情况下分析结构的前六阶固有频率和振型，对正常工作运行状态下（四轮全约束）的车身结构进行模态分析，得到结构的固有频率和振型。前 10 阶固有频率的结果如表 3 – 16 所示，车辆动力系统柴油发电机安装在车身前部居中位置，额定输出转速一般为 1 500 ~ 2 400 r/min，故工作频率一般为 25 ~ 40 Hz。通过动力学仿真验证该最优设计方案结构的固有频率与发动机工作频率相隔较远，不会出现共振情况。图 3 – 31 所示为前六阶固有频率对应的振型图，通过云图可以发现振幅较大位置也不在发动机安装位置。

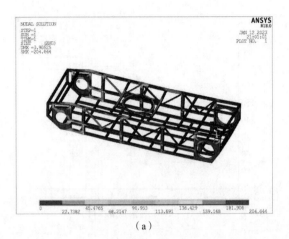

（a）

（b）

图 3 – 30 桁架车身结构静力学仿真分析（放大 46 倍）

（a）桁架车身结构应力云图；（b）桁架车身结构位移云图

表 3 – 16 桁架车身结构动力学仿真校验

阶数	固有频率/Hz
1	37. 24
2	60. 29
3	61. 42
4	71. 13
5	81. 35
6	89. 39
7	91. 34
8	95. 58
9	99. 59
10	102. 99

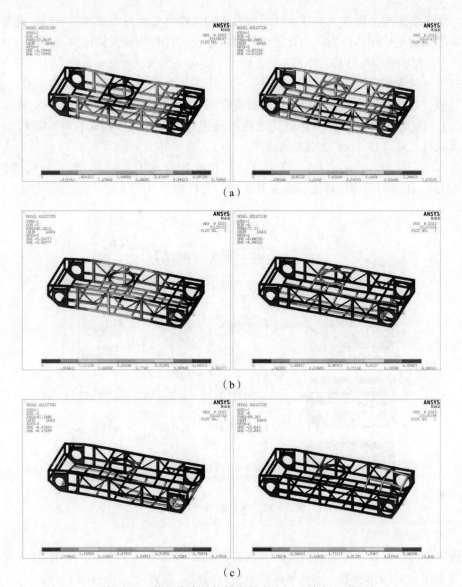

图 3 - 31　桁架车身结构模态仿真分析（放大 20 倍）

（a）1、2 阶固有频率振型位移云图；（b）3、4 阶固有频率振型位移云图；（c）5、6 阶固有频率振型位移云图

　　仿真结果表明该方案最大等效应力与最大位移量均在要求范围内，且不会发生共振情况，因此该轻量化方案合理，最终车身质量为 446.35 kg，也进一步证明了车身结构优化设计过程的有效性。

3.5.2　基于深度学习的热杆轧制工艺设计案例

1. 案例描述

　　热杆轧制（Hot Rod Rolling，HRR）的设计是一个典型的串联级多阶段工艺设计问题，包括多个阶段，如铸造、再加热、轧制、冷却和最终产品，如图 3 - 32 所示。由于热杆轧制过程中引起的低溶质区和高溶质区的交替层，形成具有铁素体和珠光体的带状显微组织，故最终导致齿轮毛坯变形。在轧制和冷却阶段发生的变形效应将通过链的传递效应对最终产品的性能产生显著影响。因此，本部分使用所提出的代理模型链方法来构建轧制、冷却和最终产品模块之间的整体评估模型，主要包含轧制的输出、冷却的输入输出以及最终产品的输入输出，由于轧制的输出与冷却的输入一致，因此本部分主要关注冷却和最终产品这两个阶段。

冷却阶段包含的设计参数有冷却速率（CR），轧制后的最终奥氏体晶粒尺寸（D），化学成分［碳（C）、锰（Mn）］；包含的输出有冷却后的铁素体晶粒尺寸（D_α），铁素体的相分数（X_f），珠光体片间距（S_0）。最终成品阶段包含的设计参数有来自冷却阶段的冷却后的铁素体晶粒尺寸（D_α），铁素体的相分数（X_f），珠光体片间距（S_0）以及新加入的化学成分硅（Si）、氮（N）、磷（P）、锰（Mn）；包含的输出有屈服强度（YS），抗拉强度（TS），硬度（HV），用冲击转变温度测量的韧性（ITT）。

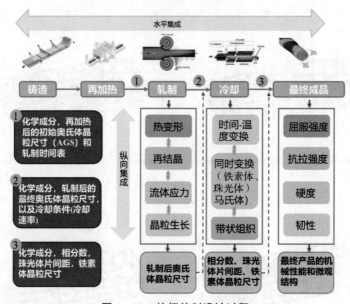

图 3-32　热杆轧制设计过程

2. 代理模型链构建

梳理后冷却阶段和最终成品阶段的输入输出关系如图 3-33 所示，由图可知，D_α、X_f、S_0 既是冷却阶段的输出参数，也是最终成品阶段的输入参数。

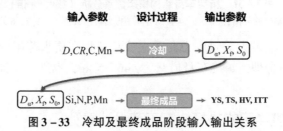

图 3-33　冷却及最终成品阶段输入输出关系

基于对输入输出参数的梳理和匹配，可构建出整个设计过程链，如图 3-34 所示。

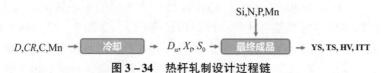

图 3-34　热杆轧制设计过程链

　　基于梳理的设计过程链，分别构建冷却阶段和最终成品阶段的代理模型，并通过参数传递，将两个代理模型串联起来，形成代理模型链，如图 3 – 35 所示。

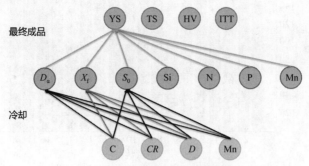

图 3 – 35　热杆轧制代理模型链

　　采用平均绝对误差（MAE）和平均相对误差（MRE）检验模型准确性；采用真值概率和标准差检验模型的不确定性。数据集数量为 90，训练集：测试集 = 8：2，数据集包含完整的图 3 – 35 中的 15 个变量的信息。

　　为与代理模型链的构建对比，首先构建单个代理模型。由于阶段 2 也有设计变量 Mn，为与阶段 1 区分，将其命名为 Mn_2，则直接构建代理模型的输入参数为 C、CR、D、Mn、Si、N、P、Mn_2、X_f、D_α、S_0，输出参数为 YS、TS、HV 和 ITT。图 3 – 36 所示为基于 Single – GP 的预测与真实值曲线及置信区间，图中橙色是真实值，绿色是预测值，预测值上下的红线是 99% 置信区间，它是基于平均值加上和减去 3σ 的区间。由图 3 – 36 可见，YS 预测效果最好、精度最高、置信区间极小。TS、HV 和 ITT 的预测值与真实值仍存在误差，置信区间大说明不确定性很大。

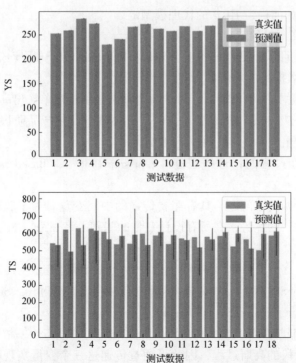

图 3 – 36　基于 Single – GP 的预测与真实值曲线及置信区间（附彩插）

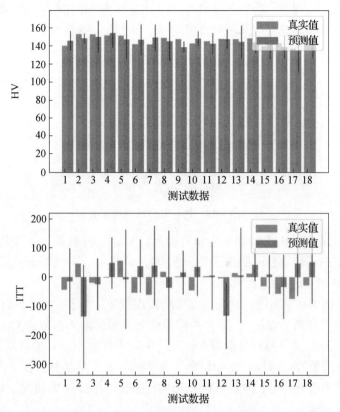

图 3-36　基于 Single-GP 的预测与真实值曲线及置信区间（附彩插）（续）

下面将具体分析如何构建 HRR 的代理模型链。

1）构建各阶段高斯过程。

高斯过程（GP）可以预测输出的正态分布。每个输出的分布用均值 μ 和标准差 σ 描述。MAE 与 MRE 由测试数据集的均值和真实值计算得出。

阶段 1 和阶段 2 总共有 7 个输出，对于每个输出分别构建单输出高斯过程。对于冷却阶段，输入为 C、CR、D、Mn，输出为 X_f、D_α、S_0；对于最终产品阶段，输入为 Si、N、P、Mn、X_f、D_α、S_0，输出为 YS、TS、HV 和 ITT。

2）构建基于高斯过程的代理模型链（Gaussian Process-Based Surrogate Model Chain，GP-SMC）。

HRR 问题是一个两阶段问题，具有需要传播的中间变量。为了验证基于高斯过程的代理模型链（GP-SMC）的优势，在所有设计变量的基础上将 MAE、MRE 与直接构建单个高斯过程进行了比较。

在 HRR 问题中，X_f、D_α、S_0 是中间变量，其余八个设计变量为冷却阶段的 D、CR、C、Mn 和最终产品阶段的 Si、N、P、Mn_2。因此，直接构建高斯过程，Single-GP 含有八个输入变量和四个输出变量：YS、TS、HV 和 ITT。

GP-SMC 分别构建冷却阶段和最终产品阶段的 GP，并通过传播三个中间变量——X_f、D_α、S_0 来连接两个阶段的高斯过程，因此可通过传递这三个变量实现冷却阶段和最终产品阶段的连接，形成代理模型链。

3）优化设计及效果。

在热杆轧制问题中，有三个目标，最大化 YS、TS 和 HV，且这三个目标都有约束，在约束范围内取上限，可以得到三个目标的目标值分别为

$$YS_{Target} = 330\ MPa, TS_{Target} = 750\ MPa, HV_{Target} = 170$$

因此，整个优化模型可以通过最小化实际值与目标值的偏差来实现对三个目标的优化，每个目标的权重设为 W_i，本书中认为各个目标的重要性相同，因此将各个目标的权重设为相同的值，即 W_i 为 1/3。每个目标的正偏差为 d_i^+、负偏差为 d_i^-。正偏差即为所求得的实际值高于目标值，负偏差即为所求得的实际值低于目标值。因此，优化模型为

$$f(x) = \sum_{i=1}^{3} W_i(d_i^- + d_i^+)$$

详细的优化模型可见表 3 – 17。

表 3 – 17　热杆轧制的优化问题

系统目标：
• 最大化 YS $$\frac{YS(X_i)}{YS_{Target}} + d_1^- - d_1^+ = 1$$
• 最大化 TS $$\frac{TS(X_i)}{TS_{Target}} + d_2^- - d_2^+ = 1$$
• 最大化 HV $$\frac{HV(X_i)}{HV_{Target}} + d_3^- - d_3^+ = 1$$
偏差的约束范围： $$d_i^-, d_i^+ \geq 0, d_i^- \cdot d_i^+ = 0, i = 1, 2, 3$$
最小化： $$f(x) = \sum_{i=1}^{3} W_i(d_i^- + d_i^+); \sum_{i=1}^{3} W_i = 1$$
变量： X_1：碳浓度(C) X_2：冷却速率(CR) X_3：奥氏体晶粒度(D) X_4：轧制后锰浓度(Mn) X_5：铁素体晶粒尺寸(D_α) X_6：铁素体相分数(X_f) X_7：珠光体层间距(S_0) X_8：冷却后的锰浓度($M'n$) X_9：硅($[Si]$) X_{10}：氮($[N]$) X_{11}：磷($[P]$)

系统目标：

变量范围：

$$0.18 \leqslant X_1 \leqslant 0.3(\%)$$

$$11 \leqslant X_2 \leqslant 100(\text{K/min})$$

$$30 \leqslant X_3 \leqslant 100(\mu\text{m})$$

$$0.7 \leqslant X_4 \leqslant 1.5(\%)$$

$$8 \leqslant X_5 \leqslant 25(\mu\text{m})$$

$$0.1 \leqslant X_6 \leqslant 0.9$$

$$0.15 \leqslant X_7 \leqslant 0.25(\mu\text{m})$$

$$0.7 \leqslant X_8 \leqslant 1.5(\%)$$

$$0.18 \leqslant X_9 \leqslant 0.3(\%)$$

$$0.007 \leqslant X_{10} \leqslant 0.009(\%)$$

$$0.005 \leqslant X_{11} \leqslant 0.045(\%)$$

约束：

$$220 \leqslant \text{YS} \leqslant 330(\text{MPa})$$

$$450 \leqslant \text{TS} \leqslant 750(\text{MPa})$$

$$131 \leqslant \text{HV} \leqslant 170$$

$$-100 \leqslant \text{ITT} \leqslant 100(\text{℃})$$

$$8 \leqslant D_\alpha \leqslant 20(\mu\text{m})$$

$$0.5 \leqslant X_f \leqslant 0.9$$

$$0.15 \leqslant S_0 \leqslant 0.25(\mu\text{m})$$

HRR 问题不仅有变量界限，还有约束，需要将这个约束优化问题转化为无约束优化问题。本书采用的方法是惩罚函数法。HRR 问题有三个目标（最大化 YS、TS 和 HV）和十四个约束。以 YS 的上下限约束为例示范如何使用惩罚函数法。

YS 的约束为

$$220 \leqslant \text{YS} \leqslant 330(\text{MPa})$$

包含两个约束，分别用 g_1 和 g_2 表示：

$$g_1(\text{YS}) = 220 - \text{YS} \leqslant 0$$

$$g_2(\text{YS}) = \text{YS} - 330 \leqslant 0$$

针对约束 g_1，本部分设置对应的惩罚为 P_1，即

$$P_1 = \begin{cases} 0 & \text{YS} \geqslant 220 \\ (220 - \text{YS})^2 & \text{YS} \leqslant 220 \end{cases}$$

同理，

$$P_2 = \begin{cases} 0 & \text{YS} \leqslant 330 \\ (\text{YS} - 330)^2 & \text{YS} \geqslant 330 \end{cases}$$

热杆轧制问题中有 14 个约束，分别设为 P_1，P_2，$\cdots$，P_{14}，将所有惩罚函数值相加所得

的值设为 P，可以写作：

$$P = P_1 + P_2 + \cdots + P_{14}$$

惩罚函数法中需要设置较大的惩罚因子，促使优化方向满足约束，本书设置惩罚因子为 100，因此，目标函数在考虑约束后为

$$F(x) = \sum_{i=1}^{3} \frac{1}{3}(d_i^- + d_i^+) + 100 \times \sum_{i=1}^{14} P_i$$

基于此，热杆轧制问题成功转化为无约束问题，可应用牛顿法实现快速优化求解。详细的转化方式见表 3-18。

表 3-18　热杆轧制优化

原目标： $$f(x) = \sum_{i=1}^{3} W_i(d_i^- + d_i^+); \sum_{i=1}^{3} W_i = 1$$
惩罚函数： $$P_1 = [\max\{0, 220 - YS\}]^2$$ $$P_2 = [\max\{0, YS - 330\}]^2$$ $$P_3 = [\max\{0, 450 - TS\}]^2$$ $$P_4 = [\max\{0, TS - 750\}]^2$$ $$P_5 = [\max\{0, 131 - HV\}]^2$$ $$P_6 = [\max\{0, HV - 170\}]^2$$ $$P_7 = [\max\{0, -100 - ITT\}]^2$$ $$P_8 = [\max\{0, ITT - 100\}]^2$$ $$P_9 = [\max\{0, 8 - D_\alpha\}]^2$$ $$P_{10} = [\max\{0, D_\alpha - 20\}]^2$$ $$P_{11} = [\max\{0, 0.5 - X_f\}]^2$$ $$P_{12} = [\max\{0, X_f - 0.9\}]^2$$ $$P_{13} = [\max\{0, 0.15 - S_0\}]^2$$ $$P_{14} = [\max\{0, S_0 - 0.25\}]^2$$ $$P = \sum_{i=1}^{14} P_i$$
新目标：（转化为无约束问题） $$F(x, \sigma) = f(x) + \sigma \cdot P$$ 注：本书设置惩罚因子 $\sigma = 100$，即 $$F(x) = \sum_{i=1}^{3} \frac{1}{3}(d_i^- + d_i^+) + 100 \sum_{i=1}^{14} P_i$$

热杆轧制优化的初始点设为冷却阶段 $X_1 = [0.25, 23, 53, 0.72]$，分别对应的变量为 C、CR、D、Mn；最终产品阶段 $X_2 = [0.2, 0.007, 0.032, 1.07]$，分别对应的变量为 Si、N、P 和 M'n。采用的优化方法为融合遗传算法与拟牛顿法的优化方法，首先应用遗传算法进行优化，

交叉概率为0.1，变异概率为0.01，种群规模为10-12，选择方式为轮盘赌。遗传算法迭代次数为20次，遗传算法优化时间为52.22 s，找到的优化解为冷却阶段 $X_1 = [0.26,100,30, 0.807]$，分别对应的变量为C、CR、D、Mn；最终产品阶段 $X_2 = [0.292,0.00887\ 0.045, 1.5]$，分别对应的变量为Si、N、P和Mn_2，基于此应用拟牛顿法，其中的梯度是基于高斯过程求解，迭代的性能计算基于代理模型链，迭代42次找到最优解，目标函数值为0.119 5，耗时3.97 s，总共耗时为56.19 s，可以满足所有约束。找到的优化解为冷却阶段 $X_1 = [0.26,100,30,0.81]$，分别对应的变量为C、CR、D、Mn；最终产品阶段 $X_2 = [0.3, 0.009\ 0.045, 1.5]$，分别对应的变量为Si、N、P和Mn_2。从图3-37中可以看出目标 F 和所有变量均已收敛，横轴为迭代次数，纵轴为变量值。

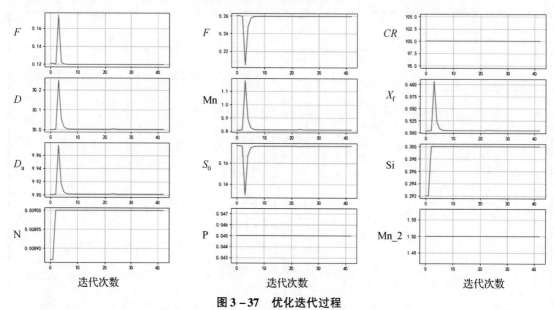

图3-37　优化迭代过程

热杆轧制优化结果见表3-19。

表3-19　热杆轧制优化结果对比

项目	YS	TS	HV	ITT	目标	时间
原优化结果	321	516	131	-66	0.19	
新方法优化结果	306	621	150	-36	0.119 5	56.19 s

由表3-18可见，本部分采用的方法将遗传算法与拟牛顿法相结合，不需要逐个优化每个阶段，实现热感轧制一体化快速优化设计。在表3-19中将优化结果与原始优化结果进行了比较，与原方案相比，YS降低4.67%，TS提高20.35%，HV提高14.50%。本方法得到的目标值为0.119 5，原优化结果为0.19，总体目标值降低37.11%。

3.6　小结与习题

本章探讨了智能产品的概念内涵和产品智能化设计方法。首先，在简要介绍智能产品基本概念、主要特征及产品设计方法发展历史的基础上，对产品设计的一般过程与步骤进行了详细说明，包括需求分析阶段、概念设计阶段、详细设计阶段、原型制作和测试阶段、产品开发阶段。然后，重点讨论了数据驱动的产品智能化设计方法，并对当前主流的产品智能化设计软件平台进行了介绍与分析。最后，围绕数据驱动的车架结构设计和基于深度学习的热杆轧制工艺设计两个产品智能化经典案例对产品智能化的相关概念、特点和关键技术做了深入探讨。通过本章的学习，可帮助读者了解产品智能化设计技术的相关概念、特点和关键技术。这些技术对于提升产品设计质量、效率和创新能力具有重要作用，为智能制造的快速发展起到积极的推动作用。

【习题】

（1）产品设计模式迭代更新的四个阶段分别有什么不同？

（2）设计方法的发展历史分为几个不同的阶段？

（3）目前智能设计技术大体可分为几类？分别有什么特点？

（4）客观的方案评价一般遵循什么原则？

（5）典型的代理模型预测方法有哪些？

（6）典型的优化方法及其优缺点是什么？

第4章
制造系统智能感知方法与技术

本章概要

本章主要介绍制造系统中常用智能感知方法与技术的基本原理、方法技术和应用举例，包括制造系统感知原理、传感器应用与选择、人机交互技术等主要内容。本章最后提供了两个综合实验，供读者自行开展实践练习，加强对本章内容的理解。

学习目标

1. 能够掌握制造系统状态信息流动的过程。
2. 能够掌握制造系统常用传感器的基本原理和适用场合。
3. 能够根据制造系统的特点合理选择和正确使用传感器。
4. 能够掌握制造系统智能人机交互技术的基本原理。

知识点思维导图

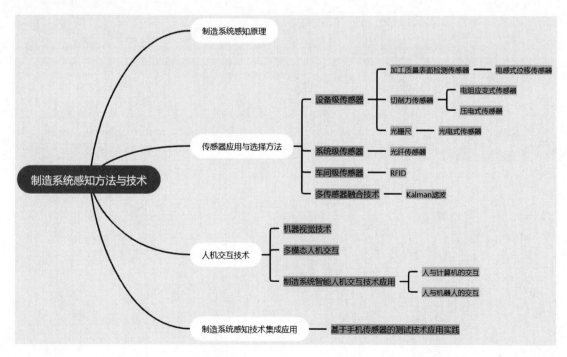

4.1　制造系统状态感知原理

感知即对内外界信息的觉察、感觉、注意、知觉的一系列过程。感觉过程中被感觉的信息包括物体内部状态，也包含外部环境的存在以及存在关系信息。感知中的"感"可以意指信息的获取，而"知"在本书的语境下可以意指在获取信息后如何理解信息。

系统感知是通过收集、处理与分析各种数据源来识别和理解当前情况的综合体系，其原理基于以下几个方面：

1）数据收集：系统感知的第一步是收集各种数据源，这些数据源可以提供不同的信息，包括位置、状态、事件、性能指标等。

2）数据处理：一旦数据被收集，它们需要被处理以提取有用的信息，这可以通过使用机器学习、数据挖掘等技术来实现，例如分类、聚类、异常检测、预测，等等。处理数据的目的是将数据转换为可用于分析和决策的形式。

3）数据分析：在数据被处理之后，接下来的步骤是对数据进行分析，以便识别任何可能的威胁或机会，这可以通过使用统计分析、模式识别、数据可视化等技术来实现。数据分析的目的是将数据转化为有意义的信息，以辅助决策。

4）实时监测：实时监测数据源，以便及时发现变化和事件，这可以通过使用实时流处理技术来实现。监测数据源的目的是及时发现故障。

为了保证制造系统可靠运行，需要透彻感知制造系统的状态，其首要解决的是传感技术，即能够实现恶劣工况环境和复杂制造系统制造装备运行中各类物理量的智能感知和信息获取。

制造系统面向产品全生命周期，可以实现泛在感知条件下的信息化制造，代表了目前制造业的发展趋势。在产品全生命周期中，大量的数据及信息采集、传输都更加依赖于能感测制造设备状态和产品质量特性的传感器。可以说，传感器是实现智能制造的基石，特别是能与大数据和工厂自动化相融合，且能通过互联网或"云"实现更大范围信息交互的传感器，已成为发展智能制造系统的关键。

传感器有两个作用：一是感应作用，即感受并拾取被测物理量的信号；二是转换作用（又称变换作用），将被测信号转换成易于测量和传输的电信号（如电压、电阻、电流、电容、电感等），以便后续仪器接收和处理。当然，不是所有的传感器都有感应元件和变换元件之分，有些传感器中二者合为一体。传感器组成框图如图 4 - 1 所示。

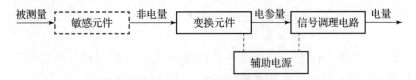

图 4 - 1　传感器组成框图

为了满足制造系统应用需求，在图 4 - 1 表达的传感器核心结构之外，还需扩展增加丰富的信息处理功能，形成智能传感器，如图 4 - 2 所示。

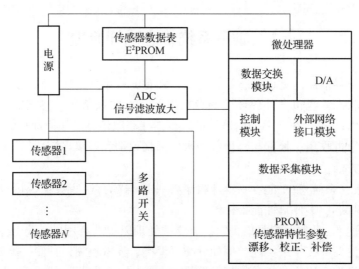

图 4 – 2　典型智能传感器的构成框图

通过上述扩展的智能传感器一般具备以下功能：

1）数字输出功能。智能传感器内部集成了模数转换电路，能够直接输出数字信号，可缓解控制器的信号采集处理压力。

2）数据处理功能。智能传感器充分利用微处理器的计算和存储能力，不仅能对被测参数进行直接测量，还可对被测参数进行特征分析和变换，获取被测参数变化的更多特征。

3）信息存储功能。智能传感器内含一定的存储空间，除了能够存储信号处理、自补偿、自诊断等相关程序外，还能够进行历史数据、校正数据、测量参数、状态参数等数据的存储。

4）自校准补偿功能。通过软件计算对传统传感器的非线性、温度漂移、时间漂移以及环境影响因素引起的信号失真进行自动校准补偿，达到软件补偿硬件的目的，实现自动调零、自动平衡、自动补偿等功能，提高传感器应用的灵活性。

5）自动诊断功能。智能传感器通过其故障诊断软件和自检测软件，自动对传感器与系统工作状态进行定期和不定期的检测、测试，及时发现故障，诊断发生故障的原因、位置，并给予相应的提示。

6）自学习与自适应功能。智能传感器可以通过编辑算法使传感器具有学习功能，利用近似公式和迭代算法认知新的被测量值，即有再学习能力。此外，还可以根据一定的行为准则自适应地重置参数。例如，自选量程、自选通道、自动触发、自动滤波切换和自动温度补偿等。

7）多参数测量功能。智能传感器设有多种模块化的硬件和软件，根据不同的应用需求，可选择其模块的组合状态，实现多传感单元、多参数的测量。

8）双向通信功能。智能传感器采用双向通信接口，既可向外部设备发送测量、状态信息，又能接收和处理外部设备发出的指令。

通过在制造系统中大量布置和使用传感器，可以获取制造系统的实时状态，并以此为基础，对产品的整个生命周期进行可定量评价的控制和监测。

4.2　制造系统传感器应用与选择方法

智能制造系统是面向产品全生命周期的，其所需数据来源的广度和深度是常规意义上的制造系统所无法比拟的。根据产品在智能制造系统中流动的层次，可以将制造系统传感器按照设备级、系统级、车间级三个层级进行分类。

4.2.1　设备级传感器

设备级传感器主要用于检测制造设备运行参数。自动化设备运行过程中，要应用各类传感器、测量仪器对生产设备运行的状态参数、被加工零件的尺寸精度参数等进行实时监视、测量与控制，以保证设备的正常运行。

作为智能制造系统中的基本加工单元，数控机床的运行状态参数检测以用于位移监测的光栅尺为代表，其加工过程监测以切削力传感器为代表，其加工尺寸测试以电感式位移传感器为代表，以下分别予以介绍。

1. 加工质量表面检测传感器—电感式位移传感器

电感式传感器的敏感元件是电感线圈，它是利用电磁感应原理把被测量（位移、压力、流量、振动等）转换成线圈的自感或互感的变化，再通过测量电路转换为电流或电压的变化量输出，实现被测非电量到电量的转换。

电感式传感器具有以下特点：

1）结构简单，无活动电触点，因此工作可靠、寿命长。

2）灵敏度和分辨力高，能测出 0.01 μm 的位移变化。传感器的输出信号强，电压灵敏度可达数百 mV/mm 位移。

3）线性度高、重复性好，在一定位移范围（几十微米至数毫米）内，非线性误差为 0.05%~0.1%。

4）能实现信号的远距离传输、记录、显示和控制，在工业自动控制系统中应用广泛。

5）无输入时存在零位输出电压，可引起测量误差。

6）对激励电源的频率和幅值稳定性要求较高。

7）频率响应较低，不适用于快速、高频动态测量。

电感式传感器种类很多，按照转换所依据的物理效应的不同，可将电感式传感器分为自感型（可变磁阻式）、互感型（差动变压器式）两种。本书主要介绍自感型中的可变磁阻式传感器。

可变磁阻式自感型电感传感器是利用线圈自感的变化来实现测量的，它由线圈、铁芯和衔铁三部分组成。铁芯、衔铁由导磁材料（硅钢片或坡莫合金）制成，在铁芯和衔铁之间有空气隙 δ，传感器的运动部分与衔铁相连。当被测量变化使衔铁产生位移时，引起磁路中磁阻变化，从而导致线圈的电感发生变化，只要测出该电感的变化，就能确定衔铁位移的大小和方向，如图 4-3 所示。

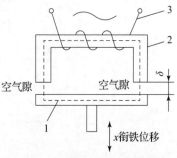

图 4-3　可变磁阻式传感器原理图
1—衔铁；2—铁芯；3—线圈

由电工学原理得知，线圈的电感（自感量）L 为

$$L = \frac{W^2}{R_m} \tag{4-1}$$

式中 W——线圈匝数；

R_m——磁路的总磁阻。

由式（4-1）可知，若电感线圈的匝数 W 一定，磁阻 R_m 变化时，自感量 L 将随之改变，根据 L 可以求出被测位移 x，因此，自感型电感传感器又称为变磁阻式传感器。

图 4-3 所示的磁路的总磁阻由两部分组成：空气隙的磁阻、衔铁和铁芯的磁阻，即

$$R_m = \frac{L}{\mu A_1} + \frac{2\delta}{\mu_0 A_0} \tag{4-2}$$

式中 L——磁路中铁芯和衔铁的长度（m）；

μ——软铁的磁导率（H/m）；

μ_0——空气的磁导率，$\mu_0 = 4\pi \times 10^{-7}$（H/m）；

A——铁芯导磁截面积（m^2）；

A_0——空气隙导磁截面积（m^2）。

由于铁芯和衔铁的磁导率 μ 远大于空气的磁导率 μ_0，即铁芯和衔铁的磁阻远小于空气隙的磁阻，所以磁路中的总磁阻可只考虑空气隙的磁阻这一项，故 $R_m \approx \frac{2\delta}{\mu_0 A_0}$。将此式代入式（4-2）得

$$L = \frac{W^2 \mu_0 A_0}{2\delta} \tag{4-3}$$

式（4-3）是自感型传感器的工作原理表达式。由该式表明，自感 L 与气隙 δ 成反比，而与气隙导磁截面积 A_0 成正比。被测量只要能够改变空气隙厚度或面积，就能达到将被测量的变化转换成自感变化的目的，由此可构成间隙变化型、面积变化型两种类型。

图 4-4（a）所示为间隙变化型电感传感器，W、μ_0 及 A_0 都不可变，δ 可变。当工件直径变化引起衔铁移动时，磁路中气隙的磁阻将发生变化，从而引起线圈电感的变化，由此可判断衔铁的位移（即被测工件直径的变化）值。

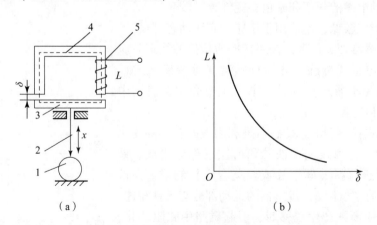

（a）   （b）

图 4-4 间隙变化型变磁阻式传感器结构及其输出特性

1—被测工件；2—测杆；3—衔铁；4—铁芯；5—线圈

由式（4-3）知 $L-\delta$ 的关系是双曲线关系，即为非线性关系 ［见图4-4（b）］，灵敏度为

$$S = \frac{\mathrm{d}L}{\mathrm{d}\delta} = -\frac{W^2 \mu_0 A_0}{2 \delta^2} = -\frac{L}{\delta} \qquad (4-4)$$

为保证传感器的线性度、限制非线性误差，间隙变化型电感传感器多用于微小位移的测量。在实际应用中，一般取 $\Delta\delta/\delta_0 \leqslant 0.1$，位移测量范围为 0.001 ~ 1 mm。

图4-5 所示为面积变化型电感传感器，此时 W、μ_0、δ 均不变，铁芯和衔铁之间的相对覆盖面积（即磁通截面）随被测量的变化而改变，从而改变磁阻。由于磁路截面积变化了 ΔA 而使传感器的电感改变 ΔL，实现了被测参数到电参量 ΔL 的转换。由式（4-5）可知，$L - A_0$（输出-输入）呈线性，如图4-5所示。其灵敏度为

$$S = \frac{\mathrm{d}L}{\mathrm{d}A} = \frac{W^2 \mu_0}{2\delta_0} = 常数 \qquad (4-5)$$

这种传感器自由行程限制小，示值范围较大，线性度良好，灵敏度为常数（但灵敏度较低），如将衔铁做成转动式，则可测量角位移。

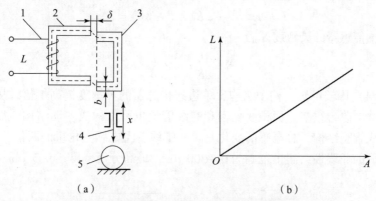

图4-5　面积变化型变磁阻式传感器结构及其输出特性
1—线圈；2—铁芯；3—衔铁；4—测量杆；5—被测工件

图4-6 所示为单螺管线圈型，当铁芯在线圈中运动时，将改变磁阻，使线圈自感发生变化。这种传感器结构简单、制造容易，但灵敏度低，适用于较大位移（数毫米）测量。

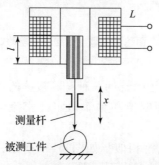

图4-6　单螺管线圈型变磁阻式传感器结构

在实际应用中，常将两个完全相同的线圈与一个共用的活动衔铁结合在一起，构成差动结构。图4-7 所示为间隙变化型差动式电感传感器的结构和输出特性。

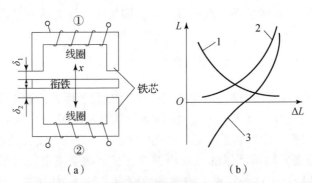

图 4-7 间隙变化型差动式电感传感器

（a）差动式结构；（b）传感器的输出曲线

1—线圈①的输出曲线；2—线圈②的输出曲线；3—差动式传感器的输出特性

当衔铁位于气隙的中间位置时，$\delta_1 = \delta_2$，两线圈的电感相等（$L_1 = L_2 = L_0$），总的电感 $L_1 - L_2 = 0$；当衔铁偏离中间位置时，一个线圈的电感增加为 $L_1 = L_0 + \Delta L$，另一个线圈的电感减小为 $L_2 = L_0 - \Delta L$，总的电感变化量为

$$L_1 - L_2 = (+ \Delta L) - (- \Delta L) = 2\Delta L$$

于是差动式电感传感器的灵敏度 S 为

$$S = \frac{\mathrm{d}L}{\mathrm{d}\delta} = -2\frac{L}{\delta} \tag{4-6}$$

与式（4-4）比较可知，差动结构比单边式传感器的灵敏度提高 1 倍。从图 4-7 中可见，其输出线性度改善很多。面积变化型和螺线管型也可以构成差动结构，如图 4-8（b）所示的差动螺线管型结构，总电感的变化是单一螺线管型电感变化量的两倍，可以部分消除磁场不均匀造成的非线性，测量范围为 $0 \sim 300 \, \mu m$，最高分辨率可达 $0.5 \, \mu m$。

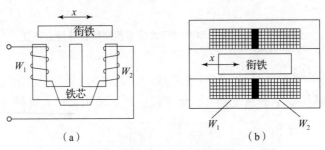

图 4-8 面积变化型、螺线管型差动式传感器

（a）面积变化型；（b）螺线管型

电感式传感器中的电感量属于阻抗的一种，其接续的信号调理电路多采用交流电桥，采用幅值和频率恒定的交流电源供电。

交流电桥电路结构与直流电桥相似，如图 4-9 所示，其分析过程与直流电桥类似，但要注意以下区别：

1）交流电桥由于工作在交流状态，电路中各种寄生电容、电感等都要起作用，所以采用复数阻抗进行分析比较方便。

2）交流电桥的平衡既要考虑阻抗模平衡，又要考虑阻抗

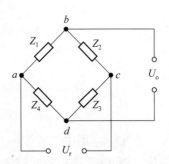

图 4-9 交流电桥的基本形式

相角平衡，故平衡装置较直流电桥复杂，需要可变电阻器和可变电抗器两套平衡装置，且平衡过程复杂。

3）一般采用高频正弦波供电，输出为调幅波，故需要解调电路。

4）使用时要注意导线、元器件等各种分布电容、电感及寄生电容、电感等的影响。

交流电桥不但适用于电阻式传感器，也适用于电容式传感器和电感式传感器。

若将交流电桥的阻抗、电流及电压用复数表示，则图 4 - 9 所示交流电桥的输出电压为

$$\dot{U}_o = \frac{Z_1 Z_3 - Z_2 Z_4}{(Z_1 + Z_2)(Z_3 + Z_4)} \dot{U}_r \tag{4-7}$$

各桥臂的复数阻抗为

$$Z_i = Z_{0i} e^{j\varphi_i} \quad (i = 1 \sim 4) \tag{4-8}$$

式中　Z_{0i}——复数阻抗的模；

　　　φ_i——复数阻抗的相角。

交流电桥的平衡条件为

$$Z_1 Z_3 = Z_2 Z_4 \tag{4-9}$$

即

$$Z_{01} Z_{03} e^{j(\varphi_1 + \varphi_3)} = Z_{02} Z_{04} e^{j(\varphi_2 + \varphi_4)} \tag{4-10}$$

根据复数相等的条件得

$$\begin{cases} Z_{01} Z_{03} = Z_{02} Z_{04} \\ \varphi_1 + \varphi_3 = \varphi_2 + \varphi_4 \end{cases} \tag{4-11}$$

式（4 - 11）表明，交流电桥平衡要满足两个条件，即两相对桥臂阻抗模的乘积相等，其阻抗相角的和相等。

由于交流电桥平衡必须满足模和相角的两个条件，因此桥臂结构需采取不同的组合方式，以满足相对桥臂阻抗相角之和相等这一条件。

图 4 - 10 所示为一种常见的电容电桥，电桥中两相邻桥臂为纯电阻 R_2、R_3，而另两相邻桥臂为电容 C_1、C_4，其中 R_1、R_4 可视为电容介质损耗的等效电阻，根据式（4 - 9）的平衡条件有

$$\left(R_1 + \frac{1}{j\omega C_1}\right) R_3 = \left(R_4 + \frac{1}{j\omega C_4}\right) R_2 \tag{4-12}$$

展开得

$$R_1 R_3 + \frac{R_3}{j\omega C_1} = R_2 R_4 + \frac{R_2}{j\omega C_4}$$

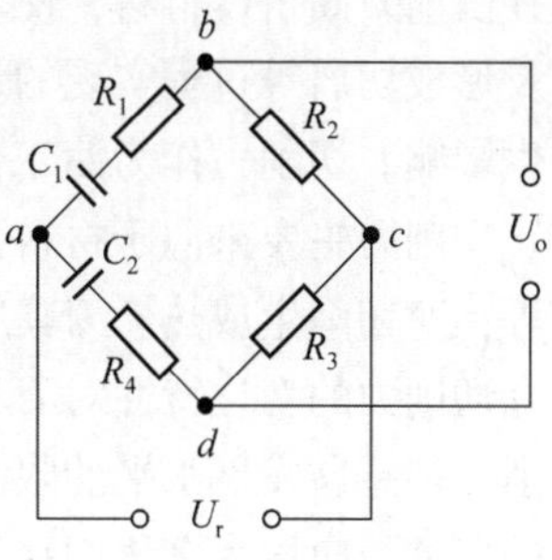

图 4 - 10　电容电桥

根据复数相等的条件：实部、虚部分别相等，可得

$$\begin{cases} R_1 R_3 = R_2 R_4 \\ \dfrac{R_3}{C_1} = \dfrac{R_2}{C_4} \end{cases} \tag{4-13}$$

由式（4 - 13）可知，为达到电桥平衡，必须同时调节电容与电阻两个参数，使之分别取得电阻和容抗的平衡。

图 4 - 11 所示为一种常用电感电桥，两相邻桥臂为电感 L_1、L_4 与电阻 R_2、R_3，根据式

（4-11），则电桥平衡条件为

$$R_1 R_3 = R_2 R_4 \tag{4-14}$$

$$L_1 R_3 = L_4 R_2 \tag{4-15}$$

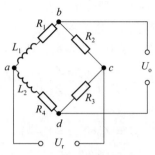

图 4-11　电感电桥

2. 切削力传感器—电阻式、压电式传感器

切削加工是机械加工的主要方式之一。切削力是描述切削过程的重要参数，切削力的变化反映了切削状态的微小变化，对切削加工质量有直接的影响。通过测量切削力，可以分析被加工材料的可加工性，比较刀具材料的切削性能，为提高加工效率和加工精度、确保加工质量提供依据；通过测量切削力，也可研究各切削参数对切削力的影响，实现工艺参数优化，以及切削过程状态监测和自适应控制。测量切削力是目前国内外高精度、高效率加工的主要方法之一。因此，切削力传感和监测方法对提高加工质量具有重要意义。

切削力传感器的作用是将切削力这一力信号转换为容易检测和处理的其他物理量。目前，应用最广泛的切削力传感器主要为电阻应变式传感器和压电式传感器。本部分主要针对机械加工过程中切削力的测量与应用，介绍常用切削力传感器的工作原理及应用方法。

对切削过程而言，工件材料去除是通过刀具和工件的相对切削运动，由刀具切削刃切入工件并由前刀面挤压材料，使切削区域的工件材料经历弹性变形、塑性变形、剪切滑移、材料分离及形成切屑等过程实现的。加工过程中切削区域任何状态的变化都会对加工过程和加工质量产生影响。切削力作为使工件材料产生变形而成为切屑所需的力，是反映切削状态的主要参数。切削力主要来源于材料弹塑性变形抗力、刀具前刀面摩擦力、后刀面与已加工表面的摩擦力等，对切削生成热、刀具磨损与刀具耐用度、加工精度以及已加工表面质量均有直接影响。研究切削力的变化特性对刀具、机床、夹具的设计和切削工艺参数的优化具有重要的意义。受切削力传感器发展水平的限制，传统的切削力测量主要以三向力的"静态"测量为主，切削力的研究与应用大多集中在切削力与材料特性参数、工件几何参数、切削用量参数之间的经验公式建模方面。而在常规的切削加工过程中很少将切削力状态的变化纳入工艺参数优化所考虑的范围之内，只能按照给定的工件几何轮廓、加工参数、刀具路径进行加工，难以对加工过程中出现的"动态"切削力变化进行实时处理，也不能实现加工状态的实时优化和工艺参数控制。这种状况使得切削加工设备的能力无法充分发挥，同时也难以保证工件的最终加工质量。

近年来随着高性能压电晶体材料制备技术的进步，能够实现高精度、高动态多向切削力测量的传感器逐渐成熟，已形成完善的产品系列，为不同类型加工机床切削力测量提供了丰富的选择空间，这也为更加深入地开展工件材料可加工性、刀具切削性能、新型刀具研发、机床结构动态特性、冷却液润滑特性、切削工艺参数优化、切削数据库构建、切削过程大数据处理、切削过程动态优化、加工策略智能控制等研究提供了更全面的信息获取手段。这些研究工作的开展，将会进一步提高机床加工过程的稳定性、安全性和经济性。

在航空航天领域，对于轻量化复杂结构薄壁构件、发动机钛合金叶片等弱刚性零件加工过程中，由于工件结构刚度低、加工变形量大，采用常规的数控加工工艺很难保证加工精度和加工效率，且加工成本高，因此迫切需要开展这类工件的工艺参数优化方法研究。其基本思路是采用加工变形理论建模与仿真分析方法，建立工件结构尺寸、材料特性、切削用量等参数与加工变形量之间的数学模型，并结合切削力测量分析对理论模型进行修正，形成符合实际的变形控制模型，进而形成优化的工艺参数和相应的切削用量数据库。

（1）切削力传感器及系统组成

切削力传感器的类型有多种，可按原理、用途、可测数量、安装方式等进行分类。从原理上可分为电阻应变式、压电晶体式、半导体应变式等；从用途上可分为力传感器和扭矩传感器两大类；按可测数量可分为单向力传感器、双向力传感器、三向力传感器、多向力与扭矩综合传感器等；按安装方式可分为固定式和旋转式两大类，其中固定式传感器用于直接连接工件或将工件安装在工作台上，旋转式传感器可安装在机床主轴上随刀具旋转。图 4 - 12 所示为切削力传感器的原理及应用示意图。

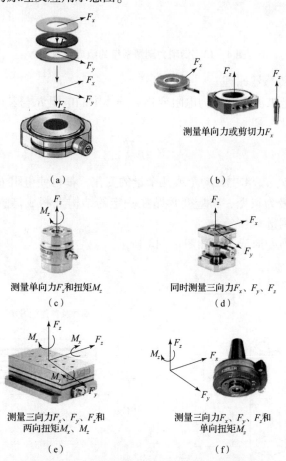

图 4 - 12　切削力传感器原理及应用示意图

（a）多向力传感原理；（b）单向力传感器；（c）单向力与扭矩传感器；

（d）三向力传感器；（e）多向测力工作台；（f）旋转式多向测力工作台

在建立切削力测量系统时，首先根据具体应用需求和测量环境约束确定传感器的类型、量程、精度，选定传感器的型号规格；然后选择相应的电荷放大器和专用连接电缆，按照传感器和电荷放大器的灵敏度系数计算系统的测量灵敏度。若需进行数据的综合记录分析，则还需配置计算机和相应的数据采集接口、数据分析处理软件。根据以上步骤构成切削力的测量分析系统，如图 4 - 13 所示。

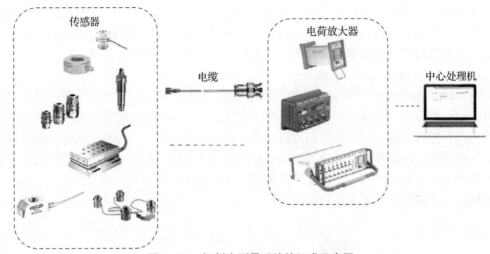

图 4 - 13　切削力测量系统的组成示意图

（2）电阻应变式传感器原理

电阻式传感器能把被测量转换为电阻变化。导体中的电阻 R 与其电阻率 ρ 及长度 l 成正比，与截面积 A 成反比，即

$$R = \rho\,\frac{l}{A} \tag{4-16}$$

被测物理量引起 ρ、l、A 中任一个或几个量的变化，都可使电阻 R 改变。应用该原理制造的传感器以应变片最为典型，将应变片贴在一定的结构上制成传感器，可以用于力、力矩、位移等物理量的测量。

电阻式应变片受力变形示意图如图 4 - 14 所示。

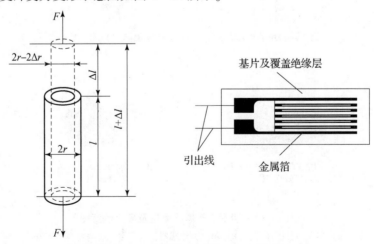

图 4 - 14　电阻式应变片受力变形示意图

常用应变式传感器的弹性体结构如图 4-15 所示。

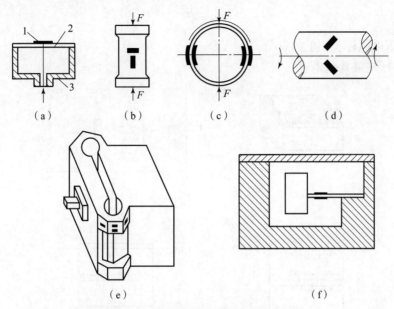

图 4-15　常用应变式传感器的弹性体结构

（a）膜片式压力应变传感器；（b）圆柱式力应变传感器；（c）圆环式力应变传感器；
（d）转矩应变传感器；（e）八角环式切削测力仪；（f）弹性梁应变加速度计

（3）压电式传感器原理

压电式传感器的工作原理是利用压电晶体的压电效应，它是一种可逆型换能器，既可以将机械能转换为电能，也可以将电能转换为机械能。它被广泛用于力、压力、加速度测量，也被用于超声波发射与接收装置。在将其用作加速度传感器时，可测频率为 0.1 Hz ~ 20 kHz，可测振动加速度按其不同结构可达 $(10^{-2} \sim 10^{5})$ ms^{-2}；用于测力传感器时，其灵敏度可达 10^{-3} N。这种传感器具有灵敏度高、固有频率高、信噪比高、结构简单、体积小、工作可靠等优点。其主要缺点是无静态输出，要求很高的输出阻抗，需要低电容、低噪声电缆等。随着与其配套的后续仪器，如电荷放大器等技术性能的日益提高，使这种传感器应用很广泛。

在压电晶片的两个工作面上进行金属蒸镀，形成金属膜，构成两个电极，当压电晶片受到力的作用时，便有电荷聚集在两极上，一面为正电荷，一面为等量的负电荷，这种情况和电容器十分相似，所不同的是晶片表面上的电荷会随着时间的推移而逐渐漏掉，因为压电晶片材料的绝缘电阻（也称漏电阻）虽然很大，但毕竟不是无穷大。如图 4-16 所示。

压电晶片受力后，两极板上聚集电荷，中间为绝缘体，使它成为一个电容器，其电容量为

$$C_a = \varepsilon_0 \varepsilon A / \delta$$

式中　　ε_0——真空介电常数，$\varepsilon_0 = 8.85 \times 10^{-12}$（F/m）；

　　　　ε——压电材料的相对介电常数，石英晶体 $\varepsilon = 4.5$；

　　　　A——极板的面积，即压电晶片工作面的面积（m^2）；

　　　　δ——极板间距，即晶片厚度（m）。

压电晶片受力后，两极板间电压（也称作极板上的开路电压）e_a 为

$$e_a = \frac{q}{C_a} \qquad\qquad (4-17)$$

式中　q——压电晶片表面上的电荷；

　　　C_a——压电晶片的电容。

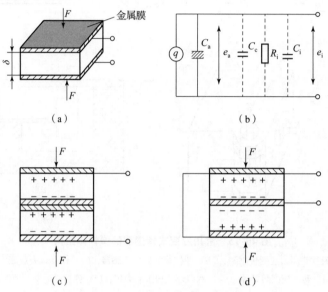

图 4-16　压电晶片及等效电路

（4）测力仪

目前广泛使用的电阻应变式切削测力仪为八角环式切削测力仪。八角环式切削测力仪又分为组合式和整体式两种结构形式。

图 4-17 所示为组合式八角环结构，采用 4 个在特定位置粘贴有应变片的八角环分布在

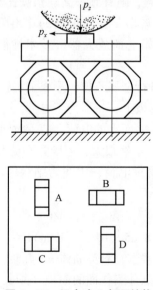

图 4-17　组合式八角环结构

上下盖板之间，并通过螺栓连接将三者刚性固接在一起。4 个八角环呈正方形分布，安装位置采用对角平行、其余垂直的方案，即 B、C 两环沿着水平方向放置，A、D 两环沿着垂直方向放置。

当切削力作用在上盖板时，上盖板带动八角环产生相应变形，引起八角环上应变片的阻值发生变化，实现三向切削力的测量。

整体式八角环通常采用双环结构，如图 4 - 18（a）所示。图 4 - 18（b）所示为八角环三向车削测力传感器，传感器分为固定部分、弹性变形部分和刀具安装部分，且三部分为一个整体。弹性变形部分包括上、下两个八角环，八角环的内、外侧有若干个电阻应变片，应变片在八角环上的粘贴如图 4 - 19 所示。

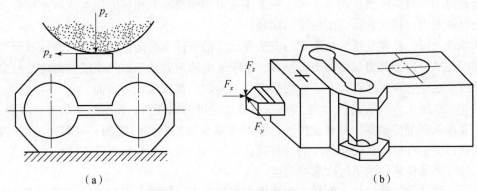

（a）   （b）

图 4 - 18 八角环式切削测力仪结构

（a）整体式八角环结构；（b）八角环三向车削测力传感器

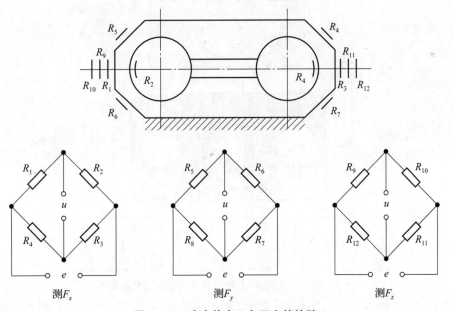

图 4 - 19 应变片在八角环上的粘贴

当切削力作用在八角环上时，八角环产生相应变形，引起八角环上应变片的阻值发生变化，通过应变片 R_1、R_2、R_3 和 R_4 组成的电桥可以测量进给力 F_x，通过 R_5、R_6、R_7 和 R_8 组成的电桥可以测量径向力 F_y，通过应变片 R_9、R_{10}、R_{11} 和 R_{12} 组成的电桥可以测出主切削

力 F_z，实现三向切削力的测量。

整体式八角环切削测力仪采用整体加工制造，精度高，可避免因各环高度误差引起的上下表面平行度误差，且没有螺栓连接引起的刚度损失，固有频率有所提高，但其加工工艺复杂，成本相对较高。

（5）测力仪的校准

尽管测力仪具有固有频率高、灵敏度高、线性度好、滞后和重复误差小等诸多优点，在制造过程中得到广泛的应用，但其内部传感元件、机械结构、电子线路等部件特性的微小变化带来的测量不确定性，特别是机床中使用环境条件的影响，会导致测量偏差。因此为保证测量精度，需要对测力仪进行定期校准，通过校准得出其测量值与基准参考值之间的偏差，这个偏差值用作对实际测量的修正量。基准参考值应能溯源到相应的国家或国际标准，这种校准是保证测力仪精度和可信度的唯一途径。

从原理上讲，校准是指应用确定的方法在规定的条件下确定已知的输入变量和所测的输出变量的关系。由于测力仪由测力传感器、电缆、电荷放大器三部分组成，因此对测力仪而言，其校准也应包含传感器校准、电缆校准和电荷放大器校准三个方面。

图 4-20 所示为压电式力/力矩传感器灵敏度校准的原理图。校准时，除被校传感器外，还需配置参考基准传感器，对被校传感器和参考基准传感器同时施加一定时间的力/力矩载荷，到达预定量程后再在同样的时间内将载荷降至零，通过上升和下降直线段的斜率、偏差计算，即可得到传感器的灵敏度和线性度。

除测力传感器校准以外，电缆、电荷放大器对测力仪精度也有直接的影响，可以采用基准电荷发生器对电缆、电荷放大器进行定期的校准。

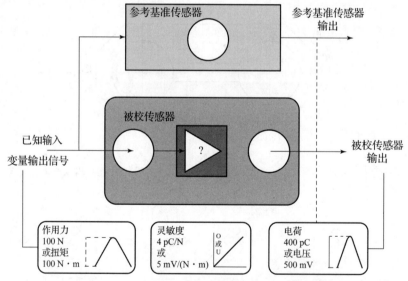

图 4-20　压电式力/力矩传感器灵敏度校准原理图

3. 光栅尺——光电式传感器

光栅传感器主要用于设备运行状态的检测控制，是实现装备信息深度自感知、智慧优化自决策、精准控制自执行等智能制造功能的关键基础部件。

现代光栅位移测量技术是目前光学传感技术中最基础、最先进的精密测量技术之一，它以光栅为线位移基准进行高精度测量，在位置测量领域具有不可替代的作用。在制造装备运行过程中，大多采用光栅位移传感器作为反馈测量元件来进行机床等装备的运动检测，以实现全闭环控制，降低滚珠丝杠热变形等原因引起的误差，保证数控装备的运动精度。

光栅位移传感器又可称为光栅尺，是以光栅莫尔条纹为技术基础对直线或角位移进行精密测量的一种测量器件，基本原理是：光源发出的光照射在光栅上，光栅上刻有透光和不透光的狭缝，光电元件接收到透过光栅的光线并将其转换为电信号，该信号经后续电路处理转换为脉冲信号，通过计数装置计数，从而实现对位移的测量。光栅位移传感器制造成本相对较低，测量精度高。目前，光栅长度测量的分辨率已覆盖微米级、亚微米级、纳米级和皮米级。

光栅传感器的结构形式按光路可分为透射式与反射式两种。

图 4 – 21（a）所示为透射式光栅传感器的结构示意图。光源发射的光经过透镜聚光后，形成一束平行光束射向标尺光栅，经标尺光栅透射的光照射到指示光栅上；当标尺光栅相对指示光栅移动时，在光的干涉与衍射的共同作用下产生黑白相间的规则条纹，即莫尔条纹；光敏元件把黑白（或明暗）相间的条纹转换成呈正弦波变化的电信号，再经过放大器放大、整形电路整形后，得到两路相位差为 90°的正弦波或方波，送入光栅数显表计数显示，从而实现光栅位移的测量。处理电路用于对光接收元件的输出信号进行功率放大和电压放大。

透射式光栅传感器使用玻璃材质做标尺光栅的基体，光源与光电接收模块分别放在标尺光栅的两侧，将标尺光栅放在半封闭的尺壳中，这样做可以对标尺光栅起到保护与固定作用。因此透射式光栅传感器具有较强的抗污染能力，但是透射式光栅传感器的测量长度非常有限。

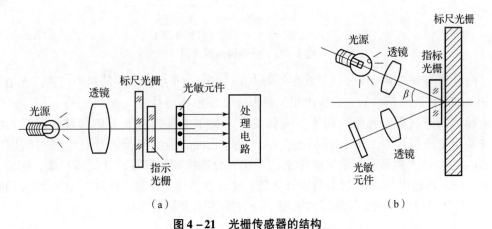

图 4 – 21　光栅传感器的结构

（a）透射式光栅传感器；（b）反射式光栅传感器

图 4 – 21（b）所示为反射式光栅传感器的结构示意图。反射式光栅传感器标尺光栅的基体材料可以是玻璃也可以是钢带材质，通常光源与光电接收模块放在标尺光栅的同侧。因为可以直接将反射式光栅传感器的标尺光栅固定在被测系统的某个基面上，所以使用反射式光栅传感器可以节省较大的安装空间。相对于透射式光栅传感器，反射式光栅传感器可以用于大量程的场合。

光栅传感器的输出方式分为绝对式和增量式两种。

绝对式光栅传感器对每一个位置都进行了编码，不同的位置有不同的编码，通过软件进行解调便可得到相应的绝对位置，开机后就可以直接获得绝对位移值。使用绝对式光栅传感器的车床和生产线可以在重新开机后马上从中断处继续原来的加工工作，大大提高了效率。

增量式光栅传感器决定当前位置的方式是，由原点开始测量步距或细分电路的计数信号数量。光栅上带有参考点，且将此参考点标记为零位，则绝对位移量就是通过对参考点的相对位移累加获得的，操作时每次开机都必须执行参考点回零，简单、快捷。

光栅传感器的输出信号经过放大、整形、辨向和计数后可直接显示被测的位移量。

（1）辨向原理

由于位移是矢量，因此除了确定其大小之外，还应确定其方向。但是无论标尺光栅向前还是向后移动，在一个固定点观察时，莫尔条纹都是明暗交替变化，所以单独一路光电信号无法实现辨向。为了辨别光栅移动的方向，需要两个具有一定相位差的莫尔条纹信号。图 4 – 22 所示为光栅辨向原理图。

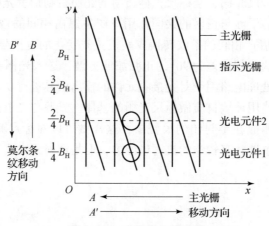

图 4 – 22　光栅辨向原理图

辨向电路两个光电元件分别安放在相隔 $B_H/4$（B_H 为条纹间距）的两个位置，光电元件接收到莫尔条纹光强信号后，会输出相位差为 π/2 的电压信号。

当标尺光栅（即主光栅）向 B 方向移动时，莫尔条纹则向 B 方向移动，此时光电元件 1 先输出电压信号 U_1，相位滞后 π/2 后，光电元件 2 输出电压信号 U_2，经过辨向电路（见图 4 – 23）放大整形后，输出矩形波 U_1'、U_2'，分别接到触发器的 D 端和 C 端。U_1' 的上升沿触发，触发器输出 $Q=1$，控制可逆计数器，使计数器加 1 计数。同时 U_1' 和 U_2' 经与门输出脉冲 P，再经延时电路送到计数器输入端，计数器进行加法计数。

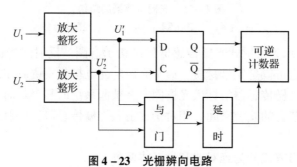

图 4 – 23　光栅辨向电路

当标尺光栅向 A' 方向移动时，莫尔条纹则向 B' 方向移动，此时光电元件 1 输出电压信号 U_1 的相位滞后光电元件 2 输出电压信号 U_2 的相位 $\pi/2$，触发器输出 $Q=0$，计数器作减 1 计数。根据可逆计数器的状态，就可以判别标尺光栅位移的大小和方向。

由莫尔条纹的工作原理可知，位移 x 与扫过的栅距 W 成正比，即 $x=NW$。当移动的栅格数 $N=1$ 时，$x=W$，所以测量精度即最小感应量取决于栅距 W。为了提高传感器的分辨率，测量比栅距更小的位移量，在测量系统中往往采用细分技术。

目前使用的细分方法有以下几种：

1）机械细分法。增加光栅刻线密度，但受工艺和技术水平的限制。

2）电子细分法。用电信号进行电子插值，也就是把一个周期变化的莫尔条纹信号再细分，即增大一个周期的脉冲数，也称倍频法。

3）机械和光学细分。位移的分数值通过微动的指示光栅达到预定的基准相位的位置，又称零位法。这种方法每次读数必须归零，但电子系统简单，细分能力强，精度也高。

这里主要介绍电子细分的四倍频细分方法。在前述辨向原理中，安放在相隔 1/4 条纹间距处的两个光电元件接收到莫尔条纹光强信号后，输出相位差为 $\pi/2$ 的电压信号 U_1 和 U_2（设分别为 S 和 C），将这 2 个信号整形、反向，得到 4 个依次相差 $\pi/2$ 的电压信号 S(0°)、C(90°)、$\bar{\text{S}}$(180°)、$\bar{\text{C}}$(270°)，将这 4 个信号送入图 4 – 24 所示电路中，进行与、或逻辑运算，可以得知，在正向移动 1 个光栅栅距时，可得到 4 个加计数脉冲；反向移动 1 个光栅栅距时，可得到 4 个减计数脉冲，从而实现四倍频细分。

倍频细分电路也可在 FPGA 芯片中实现。在高端 MCU、DSP 芯片的外设接口中，也大多集成有倍频细分电路，编程使用时非常方便。

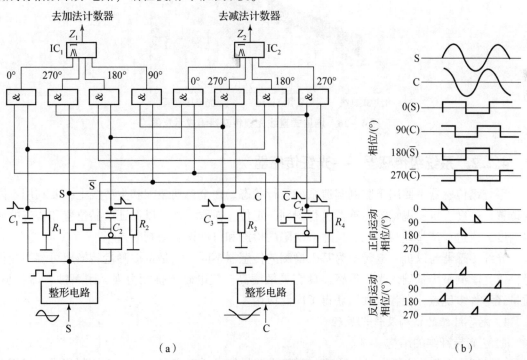

（a）　　　　　　　　　　　　　　　　　（b）

图 4 – 24　电子四倍频细分电路

（a）电路原理图；（b）信号波形图

图 4 – 25 和图 4 – 26 所示分别为绝对式和增量式直线光栅传感器组成示意图。

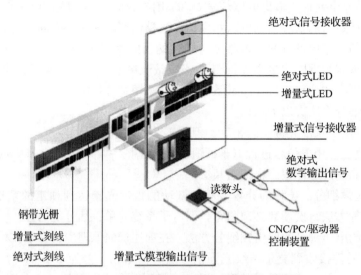

图 4 – 25　绝对式直线光栅传感器组成示意图

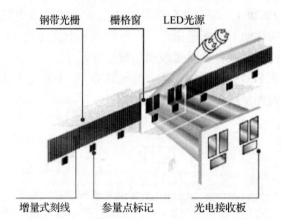

图 4 – 26　增量式直线光栅传感器组成示意图

4.2.2　系统级传感器——光纤传感器

系统级传感器主要用于监测制造系统运行状态。在全自动装配和生产线上，要利用不同的位置、速度、机器视觉等传感器进行识别、定位、抓取零件，以保证产品位置和姿态的调整精度，或进行产品外观颜色、尺寸、缺陷的检测和自动识别与判断。

光纤传感器与以机 – 电转换为基础检测的传感器不同，它是将被测量转换成可测的光信号，以光学测量为基础。光纤传感器具有灵敏度高、抗电磁干扰能力强、耐腐蚀、体积小、质量轻等许多优点，在各个领域获得了广泛应用。

1. 光导纤维的结构及传光原理

（1）光导纤维的结构

光导纤维（简称光纤）是由玻璃、石英或塑料等光透射率高的电介质拉制而成的极细纤维（直径 $\phi 4 \sim \phi 10\ \mu m$）。光导纤维一般为圆柱形结构，每一根光纤由纤芯、包层和保护层组成。纤芯位于光纤中心，纤芯外是包层，包层有一层或多层结构，总直径为 $\phi100 \sim \phi200 \ \mu m$。包层材料也是玻璃或塑料（一般为纯 SiO_2 中掺微量杂质），包层的折射率略低于纤芯的折射率；包层外面涂有涂料（即保护层），其作用是保护光纤不受损害，增强机械强度，保护层折射率远远大于包层，这种结构能将光波限制在纤芯中传输。光纤的结构如图 4 – 27（a）所示，光纤的外观如图 4 – 27（b）所示。

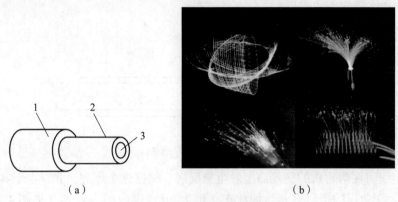

图 4 – 27　光纤的结构及外观

（a）光纤的结构；（b）光纤的外观

1—保护层；2—包层；3—纤芯

（2）传光原理

光的全反射现象是研究光纤传光原理的基础。在几何光学中，当光线以较小的入射角 ϕ_1（$\phi_1 < \phi_c$，ϕ_c 为临界角），由光密物质（折射率较高，设为 n_1）射入光疏物质（折射率较低，设为 n_2）时，一部分光线被反射，另一部分光线折射入光疏物质，如图 4 – 28 所示。折射角 ϕ_2 满足折射定律，即

$$n_1 \sin \phi_1 = n_2 \sin \phi_2 \tag{4 – 18}$$

根据能量守恒定律，反射光与折射光的能量之和等于入射光的能量。

当逐渐加大入射角 ϕ_1，一直到 ϕ_c 时，折射光会沿着界面传播，折射角 $\phi_2 = 90°$，如图 4 – 28 所示。此时的入射角 $\phi_1 = \phi_c$，ϕ_c 为临界角。临界角 ϕ_c 由下式决定：

$$\sin \phi_c = \frac{n_2}{n_1} \tag{4 – 19}$$

当继续加大入射角 ϕ_1（即 $\phi_1 > \phi_c$）时，光不再产生折射，只有反射，这一光的全反射现象如图 4 – 28 所示。

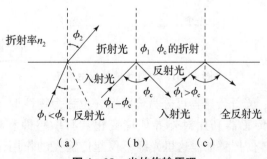

图 4 – 28　光的传输原理

如图 4-29 所示，当光线从光密物质（折射率较高）射向光疏物质（折射率较低），且入射角大于临界角（折射角为 90°时的入射角，称为临界角）时，即满足关系式：

$$\sin \alpha > \frac{n_2}{n_1} \qquad (4-20)$$

式中　α——入射角；

　　　n_1——光密物质的折射率；

　　　n_2——光疏物质的折射率。

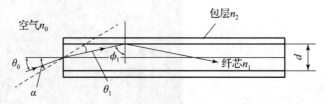

图 4-29　光纤传光原理

此时，光线将在两物质的交界面上发生全反射。根据这个原理，光纤由于其圆柱形内芯的折射率 n_1 大于包层的折射率 n_2，因此在角度为 2θ 范围内的入射光（见图 4-30），除去在玻璃中吸收和散射损耗的一部分外，其余大部分在界面上产生多次的全反射，以锯齿形的路线在纤芯中传播，并在光纤的末端以与入射角相等的反射角射出光纤，即光线在光芯（内层）内传播，当入射角大于全反射临界角时，光线在内外层的界面上发生全反射，光线在光纤中呈"之"字形轨迹传播。

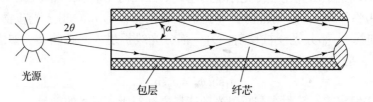

图 4-30　光纤的基本结构与传光原理

2. 光纤传感器的工作原理

光纤传感器由光发送器、敏感元件、光接收器、信号处理系统及光纤等部分组成，如图 4-31 所示。

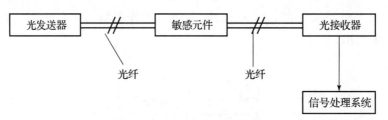

图 4-31　光纤传感器应用系统

按光纤的作用分类，光纤传感器可分为传感型（也称为物性型）、传光型（也称为结构型）两种。传感型光纤传感器利用对外界环境变化具有敏感性和检测功能的光纤，构成"传"和"感"合为一体的传感器。这里光纤不仅起传输光的作用，而且还作为敏感元件，工作时利用被测量（力、压力、温度等）去改变光束的一些基本参数（如光的强度、相位、偏振、频率等），这些参数的改变反映了被测量的变化。由于对光信号的检测通常使用光敏二极管等光电器件，所以光的这些参数的变化，最终都要被光接收器接收并被转换成光强度及相位的变化，经信号处理后，即可得到被测的物理量。应用光纤传感器的这种特性可以实现力、压力、温度等物理参数的测量。传光型光纤传感器的光纤仅起到传输光信号的作用。

3. 光纤传感器的应用

光纤传感器以其高灵敏度、抗电磁干扰、耐腐蚀、柔软、可弯曲、体积小、结构简单及与光纤传输线路相容、能够实现动态非接触测量等独特优点，得到广泛重视。光纤传感器可应用于位移、振动、转速、压力、弯曲、应变、速度、加速度、电流、磁场、电压、温度、湿度、声场、流量、浓度、pH 值等七十多个物理量的测量，具有十分广泛的应用潜力和发展前景。

（1）半导体吸光式光纤温度传感器

如图 4-32 所示，在一根切断的光纤的两端面间夹有一块半导体感温薄片，这种感温薄片入射光的强度随温度而变化，当光纤一端输入恒定光强的光时，另一端接收元件所接受的光强将随被测温度的变化而变化。图 4-32（b）所示为一种双光纤差动测温光纤传感器。该结构中增加了一条参考光纤作为基准通道，两条光纤对来自同一光源的发光强度进行传输，测量光纤的发光强度随温度变化，通过在同一硅片上对称式的光探测器，获得两发光强度的整值。此法可消除一定程度的干扰，提高测量精度，在 -40 ℃ ~400 ℃ 范围内，测温精度可达 ±0.5 ℃。

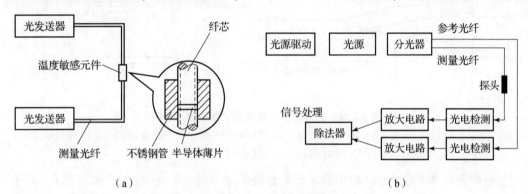

图 4-32　光纤温度传感器

（a）半导体感温薄片式光纤温度传感器；（b）双光纤差动测温光纤传感器

（2）光纤转速传感器

图 4-33 所示为一种转速测量传感器。凸块随被测转轴转动，在转到透镜组内时，将光路遮断形成光脉冲信号，再由光电转换元件将光脉冲信号转变为电脉冲信号，经计数器处理后得到转速值。

（3）传光型光纤位移传感器

光纤位移传感器原理示意图如图 4-34 所示。当光纤探头紧贴被测件时，发射光纤中的光不能反射到接收光纤中，就不能产生光电信号。当被测表面逐渐远离光纤探头时，发射光纤照亮被测表面的面积 A 越来越大，相应的反射光锥重合面积 B_1 越来越大，因而接收光纤端面上照亮的 B_2 区也越来越大，即接收的光信号越来越强，光电流也越来越强，可以用来测量微位移。当整个接收光纤端面被全部照亮时，输出信号就达到了位移-输出曲线上的"光峰"点，强度变化的灵敏度比相对位移变化的灵敏度大得多，此时可用于对表面状况进行光学检测。

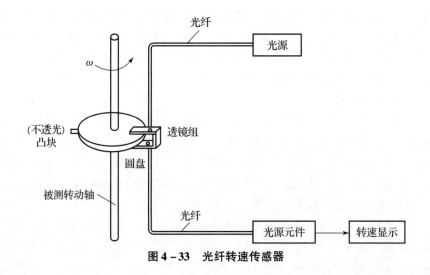

图4-33 光纤转速传感器

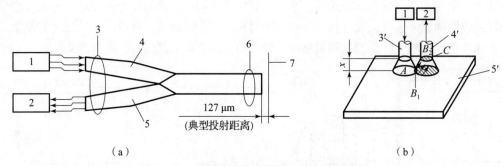

（a） （b）

图4-34 光纤位移传感器的工作原理示意图

1—发光器件；2—光敏元件；3—分叉端；4—发射光纤束；5—接收光纤束；6—测量端；7—被测体；
3′—发射光纤；4′—接收光纤；5′—被测面

当被测表面继续远离时，由于被反射光照亮的 B_2 面积大于接收光纤截面积 C，即有部分反射光没有被反射进入接收光纤，故接收到的发光强度逐渐减小，光敏检测器信号逐渐减弱。信号的减弱与探头和被测表面之间的距离平方成反比，可用于距离较远而灵敏度、线性度和精度要求不高的测量。

图4-35所示为一种光纤液位传感器。光纤位移传感器在光纤探头前方固定一个膜片，可以用来测压。图4-36所示为一种光纤压力传感器。

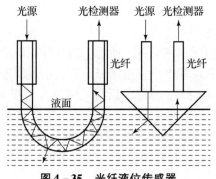

图4-35 光纤液位传感器

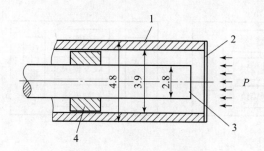

图4-36　光纤压力传感器

1—外套；2—0.25 mm 厚膜片；3—光纤测端；4—对中套管

4.2.3　车间级传感器——RFID

车间级传感器常用于进行车间/企业物流信息获取，即通过传感器、无线传感器网络等进行信息的收集和分析，能对生产物流进行动态的管理和优化，实现物流系统运行的准确性，提高生产车间/企业物流的运作效率和资源调度水平。智能传感器已成为未来智慧工厂物流控制系统的基础元件。

RFID（Radio Frequency Identification，无线射频识别）是一种近场无线通信和信息存储技术相结合的产物，RFID 标签的信息存储量大，并且信息可储存和读写，可同时保存刀具的静态和动态信息。通过读写器可实现对 RFID 标签信息的非接触读写识别。RFID 标签识别速度快、准确性高，无须人工干预，十分适合刀具信息的存储。RFID 技术在刀具管理系统中的功能主要有以下三个方面。

1）信息采集。RFID 标签一般安装在刀具的刀杆或刀柄上，在机床、刀具库上的适当位置安装读写器，可在换刀过程中实时读取 RFID 标签上存储的刀具信息，并能将相关信息传输至数控系统或后台刀具信息管理系统。

2）信息交换。将采集到的刀具信息传输至机床数控系统，供数控系统对加工工艺参数进行调整。在更换刀具时也能将刀具磨损参数、剩余寿命等状态信息写入 RFID 标签，实现数控系统、刀具管理系统与 RFID 标签的信息交换。

3）信息存储。RFID 标签可以记录刀具全生命周期过程中的状态变化信息，便于实现刀具供应链的管理，实现刀具物流与信息流的融合，提高刀具的管理水平。

1. RFID 系统组成及工作原理

RFID 系统主要由电子标签、读写器、天线和数据处理系统组成，如图4-37所示。

（1）RFID 标签

RFID 标签内部由存储单元、收发模块、控制模块及天线组成，标签附着在要标识的目标对象上，每个电子标签具有唯一的电子编号（EPC），存储着被识别对象的相关信息。

（2）RFID 读写器

读写器是利用射频技术读写标签信息的设备，包括天线、射频模块、收发模块、控制模块、接口模块。RFID 系统工作时，首先由读写器按照标准协议，发出一个询问信号，当标签接收到这个信号后，就会给出应答信号，双方握手成功后，标签即向读写器发出内部存储信息。读写器接收到这些信息后，再将信息解码并传输给外部主机。

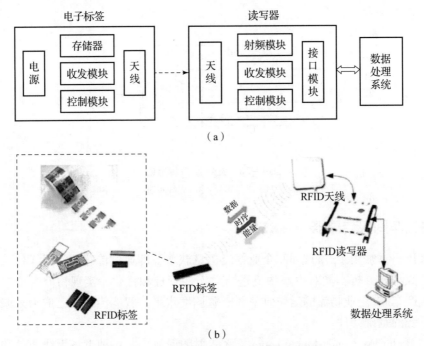

图 4 - 37　RFID 系统的原理与构成示意图

(a) RFID 系统原理；(b) RHD 系统构成

（3）RFID 天线

在标签与读写器中的天线负责接收和发送读写器与标签通信的电磁信号，电磁信号的频率从低频到高频再到超高频。天线由线圈式固定天线发展到柔软的可以弯曲的偶极子天线，由于偶极子天线的可弯曲特性，故它能粘贴在各种物体表面，标签的尺寸也越来越小，能适用于更多的场合。

（4）数据处理系统

数据处理系统用于对读写器进行控制，通过读写器接收标签发出的数据信息，并进行相应的数据处理。

当 RFID 系统工作时，读写器通过发射天线发送一定频率的射频信号；标签进入读写器所发射无线电波的有效识别区域时会产生感应电流，此时标签被激活；位于读写器天线近场区的标签主动发射一定频率的射频信号，或通过空间耦合的方式从读写器中获得工作能量，将标签中的编码等信息通过内置天线以电磁波的形式发射出去；读写器天线接收标签的载波信号，通过解调和解码后得到相应的 RFID 数据，并将数据发送至数据处理系统。

2. RFID 系统的类别

RFID 系统种类繁多，常见的分类方式有按照工作频率分以及按照耦合方式分。

按照工作频率分，大致可以分为以下三种。

1）低频系统。低频系统的工作频率为 30 ~ 300 kHz，在应用中一般采用 125 kHz 和 134.2 kHz。低频系统标签内保存的数据量很少，阅读距离很近，天线方向性不强。低频系统是最早研究的 RFID 系统，主要用于距离短、数据量低的场合。

2）高频系统。高频系统的工作频率为 3 ~ 30 MHz，应用较多的频率是 6.75 MHz、

13.56 MHz 和 27.125 MHz。高频系统的特点是可以传输较大量的数据，是目前应用最多、最广泛的系统。相对低频系统来说，高频系统设备的成本较高，但标签内部存储的数据量较大。

3）微波系统。工作频率大于 300 MHz 的 RFID 系统为微波系统，常见的微波工作频率是 433 MHz、860/960 MHz、2.45 GHz 和 5.8 GHz 等，其中 433 MHz、860/960 MHz 被称为超高频频段。微波系统读写距离较长，读写速度快，并且可以同时对多个标签进行操作。

根据读写器与标签耦合方式的不同，RFID 系统可分为电感耦合方式与电磁反向散射方式两种。

1）电感耦合方式。在电感耦合方式中，读写器与标签之间的信号传递与变压器的工作原理类似，电磁能量通过空间高频交变磁场实现耦合。它又根据耦合距离分为紧耦合系统和遥耦合系统。

①紧耦合系统：读写器与标签的作用距离较近，一般在 1 cm 范围内。由于标签与读写器的距离较近，因此，读写器能给标签提供较大的工作能量，通常用于对读写可靠性要求高，但对读写距离要求不高的场合。

②遥耦合系统：读写器与标签的作用距离为 15 cm ~ 1 m，是目前使用最广的射频系统。一般来说，距离越远，标签获得的能量越少，因此，写入标签时需将标签放在读写器表面，应用场合也受到限制。

2）电磁反向散射方式。在这种工作方式下，读写器与标签的信号传递原理与雷达类似，即电磁波空间辐射原理。读写器将电磁波发射出去后，电磁波碰到标签就被反射回来，携带标签信息的电磁波被读写器接收后，通过解调可获得标签信息。

RFID 传感器是物料编码最常用的元件，在车间物流系统中得到了广泛应用。在车间物流信息采集过程中，利用 RFID 技术可把生产车间的工具、原材料、半成品等物料信息与车间网络连接起来，实现对物料的自动识别和智能化管理，较好地解决车间计划管理层与车间加工制造层之间的信息沟通问题，使制造车间的作业信息能及时反馈到管理层。

3. 生产信息数据采集

车间的生产制造活动比较复杂，主要涉及生产计划、任务派工、零件加工装配、质量审核、库存管理等多个环节。各个环节不仅需要处理、更新大量自身的数据，而且还需要及时与其他环节交换状态信息。作为生产信息数据采集的源头，RFID 传感器主要用于对车间生产信息数据的采集和保存。生产信息主要包括员工信息、设备信息、工件加工信息、车间物料存储信息等。

1）员工信息包括：编号、姓名、加工时间、操作机床号、上下班时间等。

2）设备信息包括：设备名称、设备编号、加工类型、运行时间、设备维护情况等。

3）工件加工信息包括：加工工序、工时管理、质量管理、工件编号、批次、数量等信息。这些信息通过数据录入，可根据批次进行查询。

4）车间物料存储信息包括：原材料存储、半成品存储、工具存储、外协件存储、成品存储等信息。

车间物流系统中，生产信息采集模块主要有低频 RFID 读写模块和高频 RFID 读写模块两种卡片读写类型。低频 RFID 卡片用于记录工人编号、加工工件数、加工时间、操作机床号等人工和设备信息；高频 RFID 卡片主要用于存储产品的设计与制造过程数据。通过高频

RFID 读写模块，可对加工件及产品信息进行快速采集，将采集信息上传至车间管理系统。两种 RFID 模块都采用 MCU + 射频芯片的方式进行设计。

图 4 - 38 所示为低频 RFID、高频 RFID 的典型结构框图。

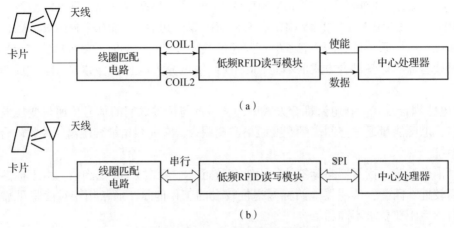

（a）

（b）

图 4 - 38　RFID 典型结构框图

（a）低频 RFID 结构框图；（b）高频 RFID 结构框图

4. 生产物料信息采集

物料系统一般涉及入库、库存管理、出库、运输四个环节，RFID 传感器作为物料系统信息存储、采集、传输的基本单元，使各物料环节更为高效、准确、安全，实现了生产过程中半成品工序/成品工序的计量、仓储出入库管理、供应链的自动实时跟踪、销售及售后服务反馈等功能，以实时掌握流程信息。同时通过与企业管理系统的结合，及时查询每一个订单的生产情况，使企业管理者及采购、物流等部门能够实时监控产品制造、销售等情况，为生产排程、物料采购及物流运输等制造过程环节的优化提供依据。

图 4 - 39 所示为基于 RFID 的物料信息采集系统构架。RFID 标签中存储物料的基本信息。在各生产工位及数字化仓库入口设固定式/手持式读写模块，当物料在其读写范围内时，

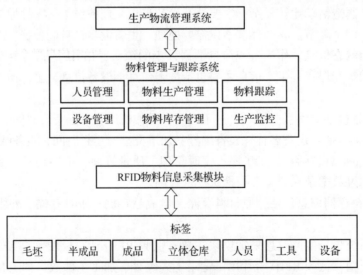

图 4 - 39　基于 RFID 的物料信息采集系统构架

模块自动获取标签中存储的信息，并传送至物料管理与跟踪系统，由系统对其进行处理和显示，使管理者能及时掌握物料状态。

利用 RFID 技术可对车间物料信息进行实时采集，获取人员、设备、在制品及仓储物料等信息，可实现物料、工序及生产订单、产品溯源等信息的综合管理。

4.2.4　多传感器融合技术

在复杂科学研究以及工程项目当中，往往数据来源需要用到传感器，通过传感器对线性方程或非线性方程未知量进行采样，再通过其他算法来进行求解。然而，对于单一的传感器来说，其优点与缺点并存。对于某一问题往往使用一种传感器是不够的，比如在自动驾驶当中，常利用 GPS、IMU、相机等传感器协同工作，否则无法完成自动驾驶功能。

因此，由于单一传感器具有范围小、测量量单一、误差大及噪声影响等问题，故在研究一个问题时，无法从单一传感器获得全面、准确的信息。多传感器融合技术简单来说，就是通过多个传感器协同工作，全面地描述求解的对象，提高了信息采集的精度，判断的更准确，弥补了单一传感器的不足之处。

对于一个融合系统来说，分为分布式和集中式，其中最重要的概念就是融合中心和融合节点。对于集中式来说，融合中心只有一个，多传感器信息送到融合中心融合即可；对于分布式来说，融合中心只有一个，融合节点有多个，多传感器信息在每一个局部融合节点进行融合再送至融合中心。对于这两种方式的选择，需要综合评价局部融合算法以及全局融合算法的性能。

学习传感器融合必备的知识有贝叶斯理论、卡尔曼滤波、模糊集理论、小波分析、神经网络、证据理论等。

其中，信息融合从深度由浅到深依次为信号级融合、特征及融合及决策及融合。对于信号级融合来说，主要是针对传感器的原始数据来说的，是最低层次的信息融合，处理的数据量大、代价高。首先每个传感器对所获得的观测信号先进行一定的预处理，得到局部检测判决，然后再检测融合中心汇总和融合并产生全局检测判决。判决分为硬判决和软判决，硬判决给出 0、1 形式的判决结果，软判决 = 硬判决 + 局部节点统计量。其中比较重要的一点是针对观测数据和目标源的映射关系，由于多传感器噪声的存在，故需要使用数据互联的方法找到统一目标的信息。最后进行状态融合估计，即多传感器时空信息融合。

对于特征级融合来说，主要从各传感器提供的原始数据中提取特征信息，针对特征信息进行融合。特征级融合主要针对各个属性的信任度或可能性，将其融合，以得到方案的信任度或可能性的大小。

对于决策级融合来说，其主要基于最大后验概率、模糊综合函数及黑板模型等存在不确定性的系统的高层次融合。

1. Kalman 滤波

基于 Kalman 滤波的状态融合估计理论是多传感融合的基本理论。卡尔曼滤波器是一个观测器，通过先验估计和后验估计来预测校正结果。其主要方法包括状态向量融合方法和测量数据融合方法。

卡尔曼滤波方法是一种时域方法，它引入了状态变量的概念，用状态方程描述动态系统，用量测方程描述观测信息，用状态空间模型取代了以前维纳滤波方法所采用的传递函数模型。其中，状态方程和量测方程的准确程度将直接影响滤波结果的好坏。

扩展卡尔曼滤波（EKF）是应用较为广泛的非线性滤波算法。如前面所述，经典卡尔曼滤波算法只能应用于线性系统。为了将卡尔曼滤波算法的思想应用于非线性系统，EKF 算法采用泰勒展开并略去高阶项的方法将非线性模型近似为线性模型，再按照经典卡尔曼滤波算法的过程形式完成滤波。

EKF 算法简单易行，因而应用非常广泛，但它仍然存在一些不足：系统非线性程度不能太高。EKF 算法只保留非线性函数泰勒展开式的一阶项，而忽略了高阶项，这将使得状态估计结果产生较大的误差，从而导致计算结果不准确、滤波性能下降；EKF 算法的计算过程中需要计算 Jacobian 矩阵，计算复杂，容易出错。

UKF 算法摒弃了对非线性函数近似线性化的处理思路，而是采用概率密度分布的思想来处理非线性问题，因而对非线性系统的处理能力更强。无迹卡尔曼滤波算法也是由经典卡尔曼滤波方法衍生而来。对于状态更新和测量更新过程，使用无迹变换来处理均值和协方差的非线性传递，其他步骤按照经典卡尔曼滤波算法的计算过程进行计算，便成为 UKF 算法。

U 变换是 UKF 算法的核心，是一种计算随机变量统计值（均值、方差等）经非线性函数传递后的结果的方法。首先根据待传递的状态变量构造一组 Sigma 点集，这组 Sigma 点集的统计信息（均值和方差）与待传递的状态变量一致；然后再利用非线性函数将点集中的每个 Sigma 点向后传递和变换，用变换后的点集的统计信息来近似表达该状态变量经非线性函数传递后的均值和方差。

对于状态向量融合方法来说，主要是通过一组 Kalman 滤波器获得每个传感器的状态估计然后融合，其特点是通信量比较小，具有并行应用和容错。然而其应用不广，原因在于其有效的条件是 Kalman 滤波器符合某种特定的条件。

对于测量数据融合方法来说，其直接融合传感器测量数据，以获得加权或者合并的测量数据，接下来用一个单一 Kalman 滤波器获得基于融合测量数据的最终估计。相比状态向量融合方法，测量数据融合整体估计性能更好。

前面说过，信息融合有集中式和分布式，其主要示意图如图 4-40 所示。

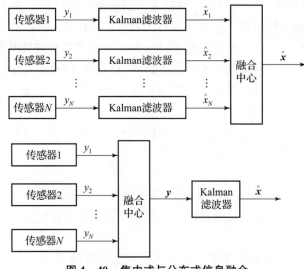

图 4-40　集中式与分布式信息融合

测量数据融合方法有两种，一种是列出测量方程的向量形式，采用 Kalman 滤波器估计，此方法为最优融合估计算法；还有一种是贝叶斯估计，即利用线性均方估计对 N 个测量数据进行融合，得到融合的测量数据后再用 Kalman 滤波器进行估计。该方法若测量矩阵及对称正定矩阵 $\boldsymbol{R}_i(k)$ 行数和列数不同，则无法实现。针对这两种融合方法，有以下重要定理：若 N 个传感器测量矩阵相同，则两种方法等价。

因此对于两种方法来说，测量矩阵相同则等价，且二效率高于一，但测量矩阵不同时优于二。

除了 Kalman 滤波算法以外，多传感器融合还涉及贝叶斯估计、航迹融合估计算法、方差性能函数等多种算法基础，感兴趣的同学可参考相关专业书籍。

2. 应用场景举例

多传感器融合方法涉及的技术内涵丰富，是当前智能制造技术的研究热点之一，本书给出成纸定量估计、运动姿态估计和移动机器人室内轨迹估计三个应用场景，掌握这些场景涉及的具体技术方法需要以相当程度的专门知识为基础，感兴趣的读者可查阅相关专业文献了解细节。

（1）成纸定量估计

对于成纸定量估计，由于成纸定理很重要且无法测量，因此采用状态估计的方法获得。当加入两组传感器时，融合估计结果要优于利用单传感器的最佳渐消 Kalman 滤波的估计。进行相关实验，若一组传感器出现问题，也可以有效提高状态估计的性能。通过分析可知，首先需要判断传感器是否正常，若正常则采用最优融合估计方法，否则采用集中式鲁棒 H∞ 分解 – 合并方法来估计成纸定量，将能在很大程度上提高估计的准确性，取得可观的经济效益。因此，与最佳渐消 Kalman 滤波算法相比，新算法效益更高，并且引入多组传感器造成测量噪声相关的问题需要重视，具体问题具体分析，总体原则是要避免传感器相关的情况，消除同一噪声源，使用不同电源，若有噪声，则需要描述噪声的相关情况，并合理选择融合估计方法。

（2）运动姿态估计

对于运动姿态估计，通过自适应参数机动模型，结合基于四元数的导航姿态解算，利用 IMU 的测量数据，实现对动态目标的运动姿态估计。由于 IMU 数据存在随机漂移等噪声，因此需要通过 Kalman 滤波从含有漂移噪声的测量值中估计出所需的信号，达到滤波的效果。将自适应参数的机动目标模型与经典 Kalman 滤波器方法相结合，提出的估计方法能够在系统关键参数未知的情况下通过估计过程自适应地调整，实现目标运动状态的估计，继而通过四元数的龙格库塔解法建立与运动目标姿态信息的对应关系。该实例用 IMU 解析出手指运动状态，并转化成相应命令控制运动。

（3）移动机器人室内轨迹估计

对于移动机器人室内轨迹估计，该实例应用了两组传感器，分别是 RFID 射频识别以及 IMU。其中 RFID 方法为主进行轨迹估计，在 RFID 无法测量的地方使用 IMU 补充。该实例很好地应用了 UKF（无迹卡尔曼滤波），分别针对 RFID 和 IMU 获取的数据进行轨迹估计，利用两者的特性进行融合，提升定位精度。

4.3　制造系统智能人机交互技术

在未来智能制造的蓝图中，人机交互成为主流生产和服务方式。在生产环节中，人和设备都在充当一种生产工具的角色，人工智能设备代替人的重复工作，但并不是完全替代人。而人和设备在未来智能工厂中，都是智能生产工具，而由于这两种工具各有优势和缺点，所以合理利用两者优势就可以共同协同完成更加复杂的工作。自动化设备的优势在于：可以重复劳动，不知疲倦；可以完成人体负荷无法完成的工作；严格按照设定的流程执行。而自动化的设备也存在大量缺点：不擅长创造性的工作；不擅长做非线性的逻辑判断工作；柔性差。而这些都是人所具有的优势：比如人擅长做一些复杂的判断和决策，但长时间单调重复工作存在易疲劳、作业精度低等问题。

智能制造的目标是高效、低成本地完成高质量产品的生产甚至是可定制化的生产，为了达成这一目标，需要把智能设备和人有机地结合起来，互相有合理的分工，达到人与"机"的深度协作，这使得人在智能制造中的作业任务和要求发生了巨大的变化，在决策回路系统中人处于中心缓解，始终处于核心主导地位。

智能制造中人机交互的深层内涵是"人机智能融合"，它代表"人"与"机"需要共同完成指定任务，尤其是在完成动态作业任务的过程中，制造系统需要与工作人员保持步调一致，面对动态作业需求，进行资源适配与自主协同，实现协调生产。本部分根据智能制造的人机协同的实际需求，从准确识别感知人的行为和意图出发，介绍了实现识别感知的共性关键技术——机器视觉。之后，进一步结合人的不同通道交互特性，分析了典型的人机交互手段与多模态交互的特点。最后通过人与计算机、人与机器人以及实际应用案例，详细说明制造系统智能人机交互的内涵与发展方向。

4.3.1 机器视觉技术

机器视觉是一项综合性技术，由图像处理、控制电光源照明、光成像传感器、数字模拟计算机软件等一系列模块组成。机器视觉正如它字面意思表达的一样，即如何给机器赋予视觉。它的设计理念首先就是教会机器如何分辨物体或人脸。当前，机器视觉在工业领域的主要应用是提高生产的灵活性和自动化程度，一些不适合人工劳动的场所内，使用机器视觉来代替人工劳力，或者在一些自动化程度比较高的生产线上，机器视觉可以极大地提高生产效率。

1. 机器视觉技术关键组成

机器视觉的设计理念首先就是教会机器如何分辨物体或人脸，在以往的传统技术下，无法做到智能识别这一功能，但是伴随着科技的不断发展，识别技术也应运而生，使得机器视觉得到了进一步提升的可能性。机器视觉的核心目标就是模仿人类的识别能力，用机器来延伸或代替人眼对事物进行测量、定位和判断，所以说就需要机器识别系统具有足够的运算能力，以及相应的硬件支持，如光传感器、图像处理等硬件，并且 IT 人员需要进行大量的算法优化、标注来增加机器世界的识别效率。

机器识别的主要方式，就是通过已有的编程，识别出物体的具体特征，再对数据库的已知物理特征进行对比，进而识别出眼前物体。机器视觉系统的工作过程包括图像采集、图像处理和结果执行三部分。通过图像采集获得被摄取目标的光源强化检测特征及通过相机镜头捕获特征等；图像处理是指通过各种数学运算提取图像特征，并进行图像特征分析；结果执行即在得到判别结果后，通过 I/O 通信输出界面显示结果。在这个过程中不难发现，机器视觉系统可以分为三部分：图像摄取装备（即硬件部分）、图像处理系统（即软件及算法开发）、现场执行设备。

（1）机器视觉系统的硬件方面

机器视觉硬件部分包括照明系统、成像系统等。照明系统的作用主要是将外部光以合适的方式照射到被测目标上，从而减小图像中的干扰并增强某一特征，使图像更容易被镜头检测，提高系统的识别效率。然而由于检测目标、检测特征、检测背景、检测材质等的不同，故要选取不同的照明方案，从而得到最佳效果。不同光源的颜色、波长、亮度能耗等因素并不相同，在机器视觉中使用的光源主要有氙灯、LED、荧光灯、激光卤素灯等。常见的光源性能如表 4 - 1 所示。光源的使用还要考虑到光源的角度、位置等因素。在机器视觉系统中除了光源的选取外，还应考虑检测物体的位置、物体表面纹理、物体的形状等因素。

表 4 - 1　光源对比

光源	颜色	寿命（小时）	发光亮度	特点
卤素灯	白色，偏黄	5 000 ~ 7 000	很亮	发热多，较便宜
荧光灯	白色，偏绿	5 000 ~ 7 000	亮	较便宜
LED 灯	红、黄、绿、白、蓝	60 000 ~ 100 000	较亮	发热少，固态，能做成很多形状
氙灯	白色，偏蓝	3 000 ~ 7 000	亮	发热多，持续光

成像系统主要包括镜头、工业相机和图像采集卡等设备。镜头的主要作用是将收集到的光线聚焦在相机芯片的光敏面阵上。在镜头选取过程中要考虑工作距离、视距、景深等因素。图像成像的质量在很大程度上取决于镜头的质量。由镜头因素导致的图像失真很难在后续步骤中进行恢复，因此镜头质量的好坏直接影响系统的整体性能。

镜头的种类按焦距可分为广角镜头、标准镜头、长焦距镜头；按动作方式可分为手动镜头、电动镜头；按安装方式可分为普通安装镜头、隐蔽安装镜头；按光圈可分为手动光圈、自动光圈；按聚焦方式可分为手动聚焦、电动聚焦、自动聚焦；按变焦倍数可分为 2 倍变焦、6 倍变焦、10 倍变焦、20 倍变焦等。镜头的主要性能指标有焦距、光阑系数、倍率和接口等。

工业相机的主要功能是将光信号转化为电信号，在实际工业应用中，主要将光信号转化为数字信号。常用的工业相机有 CCD 相机和 CMOS 相机。CCD 相机成像质量好，但成本较高；CMOS 相机能耗低，数据传输速度快。根据相机传感器的结构性能划分，工业相机又可划分为面阵式和线阵式两种。面阵式相机每次获得完整的一幅图像，因此获得的图像直观；线阵式相机通过逐行扫描的方式获得完整的图像，分辨率较高。除了相机成像外，还需考虑响应速度、系统精度、识别范围等因素。

图像采集卡是图像采集部分和图像处理部分的中间环节，其主要作用是进行数据的传输和通信。其一般具有以下模块：

1）图像信号的接收与 A/D 转换模块，负责图像信号的放大与数字化。有用于彩色或黑白图像的采集卡，彩色输入信号可分为复合信号或 RGB 分量信号。同时，不同的采集卡有不同的采集精度，一般有 8 bit 和 10 bit 两种。

2）摄像机控制输入输出接口，主要负责协调摄像机进行同步或实现异步重置拍照、定时拍照等。

3）总线接口，负责通过 PC 机内部总线高速输出数字数据，一般是 PCI 接口，传输速率可高达 130 Mb/s，完全能胜任高精度图像的实时传输，且占用较少的 CPU 时间。

有的图像采集卡同时还包括显示模块，负责高质量图像的实时显示，通信接口负责通信。一些高档图像采集卡还带有 DSP 数字处理模块，能进行高速图像预处理，适用于高档高速应用。

（2）机器视觉系统的软件及算法

国内外诸多专家对图像识别和处理算法进行了深入研究，形成诸多成熟的图像处理算法，同时也催生出很多功能强大的机器视觉软件。如美国 Intel 公司开发的 OpenCV 开源图像处理库、德国 MVTec 公司开发的 HALCON 机器视觉算法包等。因此怎么根据自己的需求挑选适宜的机器视觉软件成了做好自动化的重要一环。在机器视觉软件选型时需要注意以下几个要点：定位器的准确性、图像处理软件形式（工具库或应用软件）、编程和操作方便、亚像素精度、易于升级、图像预处理算法丰富程度及效率、体系集成。

大多数机器视觉软件往往具有操作简单、扩展性良好、界面简洁、软硬件兼容等特点，因此得到了广泛应用。在使用时也需要了解机器视觉软件的使用方法及功能特性。例如 MVP 算法平台是浙江华睿科技有限公司开发的智能视觉算法平台，该平台集成了 9 类视觉系统基础功能算法，分别为图像采集、定位、图像处理、标定、测量、识别、辅助功能、逻辑控制和通信。HALCON 作为德国 MVTec 公司开发的一套标准的机器视觉算法包，区别于市面上一般的商用软件包，事实上，这是一套图像处理器，包含了各种滤波、色彩以及几何、数学转换、形态学计算分析、校正、分类辨识和形状搜寻等基本的几何以及影像计算功能，这些功能大多并非针对特定工作，因此 HALCON 的应用范围几乎没有限制，涵盖医学、遥感探测、监控，到工业上的各类自动化监测，都可以使用该软件强大的计算分析能力完成工作。

除此之外，要了解并掌握强大的机器视觉软件进行图像处理和分析的步骤及脚本。例如 MVP 软件支持 Python 脚本，通过脚本可以增加 MVP 的功能，实现对数据的处理、格式的转换和内容存储等，同时也可以进行二次开发。图像处理和分析一般包括以下步骤：图像预处理、定位与分割、特征提取、模式分类、图像理解等。图像信号处理是机器视觉技术的关键，很多成熟的机器视觉算法可以直接应用。现在的机器视觉算法已经不局限于单一特征的识别，并且在深度学习、神经网络等方面对机器视觉算法进行完善和升级，使机器视觉技术和算法的运行速率、准确性和鲁棒性得到了大幅提升。

2. 机器视觉技术应用实例

随着制造业的发展，智能制造技术逐渐成为实现制造的自动化、柔性化、知识化的关键技术。智能制造主要关注于高端装备制造，在制造过程中进行分析推理、判断、思考、决策等活动，并逐渐转变为信息驱动，这对制造系统的灵活性和数字化提出了更高的要求。机器视觉技术为智能制造系统的信息采集提供了巨大的理论和技术支持。

机器视觉的应用优势在于无须与被测物体进行接触，因此被测物体和测量装置操作过程中都不会产生损坏，是一种相对于人工检测而言更安全可靠的检测手段，可以探测人眼无法观察到的部分，例如红外线、微波、超声波等，都可以通过传感器进行捕获和处理。相对机器视觉而言，人类视觉容易受到个体状态的影响，难以进行长时间的观测，在恶劣情况下表现不理想。

因此，机器视觉技术常常用于长时间检测工作和在线处理，以及人类无法工作的极端环境下。正是因为这些特性，机器视觉技术被广泛应用于工业生产的各个步骤。在智能制造体系中，机器视觉的应用主要可以归纳为四个方向：尺寸测量、物体定位、零件检测、图像识别。

（1）尺寸测量

随着制造工艺的不断提高，工业产品尤其是大型构件的外形设计日趋复杂。同时，由于大型构件的体积和质量限制，不便于经常移动，给传统的测量方式带来了巨大的困扰。机器视觉测量技术是一种基于光学成像、数字图像处理、计算机图形学的无接触的测量方式，拥有严密的理论基础，测量范围更广，而且相对于传统测量方式而言，拥有更高的测量精度和效率。

根据不同的光照方式和几何关系，视觉检测方法可以分为两种：被动视觉探测和主动视觉检查。被动视觉探测直接采用了原始图像，这些在工业环境中获取的原始图像并没有明显的特征信息；而主动检测方式能够主动地去产生所需的特征信息，从而避免立体特征匹配困难，所以在工业检测中应用范围更广。主动视觉检测方式包括激光测距、云纹干涉法、简单三角形法、结构光法与时差法等方法。CCD 光学检测设备是用于生产、包装或装配的有价值的设备，可以用于物体特征的提取和尺寸的精准定位与测量，已成为生产线上不可或缺的环节。

CCD 光学检测系统如图 4 - 41 所示。

图 4 - 41　CCD 光学检测系统

（2）物体定位

传统制造业中的焊接、搬运、装配等固定流程正在逐步被工业机器人取代，这些步骤对于工业机器人来说，只需要生成指定的程序，然后按照程序依次执行即可。在机器人的操作过程中，零件的初始状态（如位置和姿态等）与机器人的相对位置并不是固定的，这导致工件的实际摆放位置和理想加工位置存在差距，机器人难以按照原定的程序进行加工。随着机器视觉技术以及更灵活的机器手臂的出现，这个问题得到了很好的解决，为智能制造的迅速发展提供了动力。

机器人视觉定位抓取如图 4 - 42 所示。

图 4 – 42　机器人视觉定位抓取

（3）零件检测

零件检测是机器视觉技术在工业生产中最重要的应用之一，在制造生产的过程中，几乎所有的产品都面临着质量检测，如图 4 – 43 所示。传统的手工检测存在着许多不足：首先，人工检测的准确性依赖于工人的状态和熟练程度；其次，人工操作效率相对较低，不能很好地满足大量生产检测的要求；近年来人工成本也在逐步上升。所以，机器视觉技术被广泛用于产品检测中，主要的应用包括存在性检测和缺陷检测。

1）存在性检测的对象包括某个部件、某个图案或者整个物体的存在性，在制造环节中，某些步骤的缺失或者加工缺陷都会导致零部件的丢失，影响产品的品质，因此需要在进行下一步工序或出厂前分拣出来待进一步处理。通过前期的图像采集或处理后，需要依靠显著目标检测算法来进行识别，从而得到显著目标是否存在的结论。

2）表面缺陷检测的对象指孔洞、污渍、划痕、裂纹、亮点等表面缺陷，其中孔洞或裂纹最有可能对产品质量和使用安全产生严重影响，因此准确识别缺陷产品非常重要。

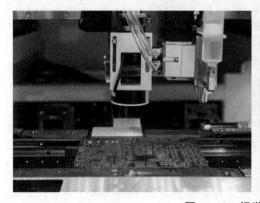

图 4 – 43　视觉自动化监测技术

（4）图像识别

图像识别是利用机器视觉技术中的图像处理、分析和理解功能，准确识别出一类预先设定的目标或者物体的模型。在工业领域中的主要应用有条形码读取、二维码扫描识别等，以往多用 NFC 标签等载体进行信息读取，需要与产品进行近距离接触。而随着工业摄像机等硬件设备的更新换代，二维码等标识可以被远距离读取和识别，而且携带的信息更丰富，可以将所有产品信息写入二维码，而无须联网查询信息。在汽车领域，机器视觉检测也可以用于辅助安全系统，通过图像识别可以实现对行人、车辆和环境的检测与识别，实现车辆的安全驾驶，如图 4-44 所示。

图 4-44　智能汽车驾驶图像识别

尽管机器视觉和机器人控制广泛地应用于我们的生活当中，但是两者往往没有做到相互统一，传统的生产工序往往集中于一点，比如说运用机器视觉进行样品筛选，通过机器视觉筛选出残次品，进而提高成品率；又或者遥控机器人，使用遥控机器人进行高危工作，由人工远程操作。现在的机器人技术往往没有做到智能化，那么就更谈不上人机交互的实习。如今随着科技水平的不断提高，人机交互的应用能力也不断提高，开始出现一些智能机器人，其内置视觉传感器，外置机械骨骼，可以如同常人一般具有基本逻辑思维能力，与人沟通，甚至实现动作互动。

4.3.2　多模态人机交互

对于机器视觉识别人体动作，仅仅完成了人机协作或人机交互的单项回路，即机器感受人，而人也需要通过机器的反馈来识别机器的状态。从计算机的诞生到现在，人机交互的发展经历了多个阶段，从"以设备为主"到"以人为中心"的自然人机交互。类似的还有情感计算、自然语言理解、虚拟现实、智能用户界面等技术，也可以实现自然人机交互。

所谓"多模态"是指多模态生物识别，指整合或融合两种及两种以上生物识别技术，利用其独特优势，并结合数据融合技术，使得认证和识别过程更加精准、安全。对于人的认知而言，其凭借感知器官和接收信息的通道是多样的，例如人类有视觉、听觉、触觉、嗅觉和味觉 5 种模态，而多模态交互即指人通过声音、肢体语言、信息载体（文字、图片、音频、视频）、环境等多个通道与计算机或机器人进行交流，更可能地接近人与人之间的自然交流。本书主要围绕视觉、语音、肢体展开多模态交互的核心内容介绍，当然多模态人机交互的内容不仅限于以上提到的几种，当前表情、脑电等生理信号也成为多模态交互的研究重点。

1. 视觉

在人类感知信息的途径中，通过视觉获取对外信息的比例为83%，当前研究较多的 GUI（Graphical User Interface，图形用户界面）即通过视觉通道完成人与机器之间信息的传递。

视觉可以视为可视化结果传达给人类的一种方式，可以通过颜色、尺寸、斜度和角度、形状、纹理、动画等方式表达。人类的视觉系统与大脑高级功能密切相关，视觉信息循着一定的路径向大脑传递，同时大脑处理这些相应的信息，以此完成视觉认知过程。

意大利文艺复兴时期画家达·芬奇曾说过"眼睛是心灵的窗户"，通过眼睛可以表现出人类的性格与心情，表达人内心的想法。视觉是人机交互的研究重点之一，主要从注视点坐标表达用户关注信息的位置，从注视时长、瞳孔直径和眼跳幅度表达用户认知负荷和信息难易程度。

眼控交互作为智能人机交互的重要手段之一，主要通过眼动跟踪测量眼球运动特征参数来提取人眼视点位置并判断视线方向。目前眼动跟踪技术方法众多，国际上也形成了较为成熟的眼动跟踪测量设备，如加拿大的 Eyelink、美国的 ASL、德国的 SMI、瑞典的 Tobii 眼动仪，其精度为 $0.1° \sim 1°$，是实现眼控交互的重要基础支撑。眼控交互过程具体地划分为识别—选择—触发—释放四个阶段，在交互中每一步的具体呈现都应当给予用户明确的提示，以便用户得知并继续完成后续操作。这种明确的信息反馈应当是可视化的，即用户能够明确感知到系统当前的状态。

微软公司开发的 Microsoft HoloLens2 可以通过 2 台红外摄像机实现眼动追踪技术，可以准确定位用户所看的地方、理解用户的意图，并根据眼睛的活动实时调整全系图。与此同时，HoloLens2 开发的 Windows Hello 功能，可以凭借基于虹膜的生物识别技术，快速安全地登录到 HoloLens2 设备，无须输入登录凭据即可进入工作流程。但目前眼控交互仍有一些关键问题需要进一步深入研究解决。

1）缺少有效的眼控交互视觉反馈机制，导致用户无法准确获取当前眼控交互进程与状态，交互体验感差。

2）米达斯接触（Midas Touch）问题，由于用户视线运动存在随意性，而造成计算机对用户意图识别的困难，即如何对眼控交互中的眼动指标进行系统分析，把用户的真正意图和无意的眼动活动分离开来，准确识别作业意图。

3）视疲劳的产生，眼控交互过程中依赖眼睛作为交互通道，无疑增加了眼部负担。

2. 语音

听觉作为第二大人类感知信息的通道，随着人工智能的发展，与其相关的语音识别技术得到快速发展。语音识别的目的是将人类的语言内容转换为相应的文字，是人机交互最重要的输入方式之一。计算机想要理解人类的思想，首先要听清楚人类在说什么，再去理解人类所表达的意思是什么，这背后需要广泛的知识和学科背景。由于不同地区有着不同方言和口音，这对语言识别的研究来说是巨大的挑战。语音识别最主要的过程主要有以下三步。

（1）特征提取

特征提取，即从声音波形中提取声学特征。声音实际上是一种波，原始的音频文件叫 WAV 文件，WAV 文件中存储的除了一个文件头以外，就是声音波形的一个个点。要对声音进行分析，首先要对声音进行分帧，把声音切分成很多小的片段，帧与帧之间有一定的交叠，分帧后，音频数据就变成了很多小的片段，然后针对小片段进行特征提取。常见的提取特征的方法有线性预测编码（Linear Predictive Coding，LPC）和梅尔频率倒谱系数（Mel-frequency Cepstrum），即把一帧波形变成一个多维向量的过程就是声学特征提取。

（2）声学模型（语音模型）

声学模型，即将声学特征转换成发音的音素。音素是人发音的基本单位。对于英文，常用的音素是一套由 39 个音素组成的集合。对于汉语，基本就是汉语拼音的生母和韵母组成的音素集合，大概 200 多个。可以利用神经网络将声学特征转换成音素这个阶段，该阶段的模型被称为声学模型。

（3）语言模型

语言模型，即使用语言模型等解码技术将其转变成我们能读懂的文本。得到声音的音素序列后，就可以使用语言模型等解码技术将音素序列转换成我们可以读懂的文本。解码过程即对给定的音素序列与若干假设词序列计算声学模型和语言模型分数，将总体输出分数最高的序列作为识别的结果。

人在表达自己的意图时主要由语言、口音、语法、词汇、语调和语速等决定，根据场景的不同，人的语气也会随情绪产生相应的变化，导致相同的语句可能表达不同的意图。现如今，苹果 Siri、微软 Cortana、谷歌 Assistant 等语音助手，亚马逊 Echo、Google Home、苹果 HomePod、阿里天猫精灵、小米小爱同学等语音音响，这些语音交互产品从集成在手机中的语音辅助工具到独立出来的语音交互产品，反映了语音交互正在朝着贴近使用场景的方向飞跃发展。

语音交互具有快速、简单的优势，例如传统方法下设置一个闹钟或记录便笺可能要花费 2 ~ 3 min，但使用语音交互只需要 5 s，可以释放你的双手，不再操控烦琐的 App，也可以一边忙手头的事情，一边给机器下达指令。除此之外，语音交流更符合人类的本能，且更自然。从人类演化角度来看，手势和语音也是先于文字产生的，且人们在看书时，也经常不自觉地将眼睛看到的文字转化为大脑中的语言，有声书也比纸质书更受欢迎。

语音识别技术的研究已经达到了很高的识别效果。其常用的方法有基于动态时间规整（Dynamic Time Warping，DTW）方法、基于 HMM 的语音识别方法和基于神经网络的语音识别方法。美国人工智能研究实验室 OpenAI 新推出的一种人工智能技术驱动的自然语言处理工具 ChatGPT，使用了 Transformer 神经网络架构，也是 GPT – 3.5 架构，这是一种用于处理序列数据的模型，拥有语言理解和文本生成能力，尤其是它会通过连接大量的语料库来训练模型，这些语料库包含了真实世界中的对话，使得 ChatGPT 具备上知天文下知地理，还能根据聊天的上下文进行互动的能力，做到与真正人类几乎无异的聊天场景进行交流。

3. 肢体

人在交流的过程中，肢体语言起到了关键作用，它可以称为是一种无声的语言，可以表达出语言刻意隐藏起来的意思，并通过面部表情、眼神、肢体动作等细节表达一个人的情感、性格和态度。肢体动作是涉及认知科学、心理学、神经科学、脑科学、行为学等领域的跨学科研究课题，其中包含很多细节，甚至每根手指的不同位置都能传达不同的信息，因此让计算机读懂人类的肢体动作是一件很棘手的事。

手势识别是目前人机交互中富有挑战性的多学科交叉研究课题，融合了先进感知技术与计算机模式识别技术，涉及工学、理学等多个学科，在让人类与机器更好地交流方面扮演着重要的角色。目前现阶段手势识别的研究方向主要分为：基于穿戴设备的手势识别和基于视觉方法的手势识别。基于穿戴设备的手势和动作识别主要是通过在手上佩戴含有大量传感器的手套获取大量的传感器数据，并对其数据进行分析，如图 4 – 45 所示。该种方法相对来说虽然精度比较高，但是由于传感器成本较高，故很难在日常生活中得到实际应用，同时传感器手套会造成使用者的不便，影响进一步的情感分析，所以此方法更多的还是应用在一些特有的相对专业的仪器中。现有的手势识别深度传感器主要包括 Leap motion 传感器、Kinect 传感器和 Time – of – flight（TOF）传感器。

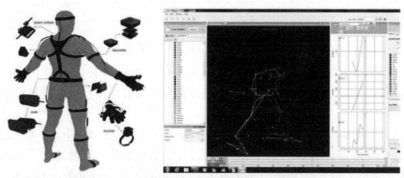

图 4-45 基于穿戴设备的手势与肢体动作识别分析

尽管传统的双目立体相机，如 Point Grey 的 Bumblebee，也可以感知手的深度，但较高的价格限制了它在实际应用中的普遍适用性。Microsoft Hololens2 也可以实现手部追踪，在增强现实环境下以自然的方式完全契合手部移动，准确进行手部跟踪、触摸、抓握和移动全息图。目前手势识别方法主要分为基于神经网络的手势分类与识别方法、基于隐马尔可夫模型（HMM）的手势识别方法和基于几何特征的手势识别方法。

基于视觉方法的手势识别主要分为静态手势识别和动态手势识别两种。从文字了解上来说，动态手势识别肯定会难于静态手势识别，但静态手势是动态手势的一种特殊状态，可以通过对一帧一帧的静态手势识别来检测连续的动态视频，进一步分析前后帧的关系来完善手势系统。虽然手势识别已经取得了显著的进步，但由于动态手势识别技术是一个跨学科且快速发展的学科，故仍然面临着很多的挑战。例如如何在手部遮挡及不同的光照条件下，保持手势识别的稳健性，如何有效地解决手势的误追踪问题，以及巨大的计算成本，使得现有的动态手势识别算法在实时性、运算速度、识别率等方面还有许多问题有待解决。因此，计算机如何快速、准确地将肢体语言语义化并理解仍是当前面临的技术瓶颈。

4. 模态间融合互补

为了使机器能更全面、高效地感知周围的世界，需要赋予其理解、推理及融合多模态信息的能力，并且由于人们生活在一个多领域相互交融的环境中，听到的声音、看到的实物、闻到的味道都是一种模态，因此研究人员开始关注如何将多领域数据进行融合实现异质互补，例如语音识别的研究表明，视觉模态提供了嘴的唇部运动和发音信息，包括张开和关闭，有助于提高语音识别性能。

可见，多通道人机交互中用户意图的准确理解是交互自然与否的关键，而如何根据不同通道信号进行有效融合并计算是意图准确理解的重要手段。利用多种模式的综合语义可为模型决策提供更多信息，从而提高决策总体结果的准确率，提高机器理解用户意图的鲁棒性，降低用户的操作负担和认知负荷。

多通道信息融合按照发生的时间顺序可以分为前期融合和后期融合；按照信息融合的层次来分，融合可以分别发生在数据（特征）层、模型层及决策层；如果按照处理方法来分，可分为基于规则的融合，或者基于统计（机器学习方法）的融合。也有文献根据多通道信息的相关性，把它们的关系区分为信息互补、信息互斥、信息冗余的特点，然后根据其信息特点进行分别融合。以上这些融合策略中，基于统计方法或者基于机器学习方法的融合在计算层面发生，其他的融合方法更偏重于设计。由于人体意图的多变性和多样性，不同的融合方法都有各自的优劣势及面对具体场景的不同表现。

数据层的融合是将全部的多模态信息数据融合成单一的特征向量，其特点是对未经预处理的数据进行集中式分析和融合。模型层的融合是指对多模态的信息进行特征提取，进而综合分析和处理提取的特征信息，其特点是对可观的信息进行压缩，实时处理特征信息，并可以灵活地选择融合的位置。而决策层的融合是将多个模态数据分别处理输出后进行融合，其特点是对不同模态数据的处理信息互不相关、互不影响，进而利用信息处理方式减少不必要的空间占有。

许多学者针对模型层、数据层和决策层的融合进行了大量研究，研究发现，在数据量大、复杂的情景下，无法充分利用多个模态数据间的互补关系直接导致特征向量中存在大量的冗余信息，因此数据层和模型层不适用于数据少、时间分散的情景。而在决策层面的融合通过对多模态信息在时间上和空间上的规划，可以使用户的交互更加自然、鲁棒。

以面向深度学习的多模态融合技术为例，近年来，深度学习在图像识别、机器翻译、情感分析、自然语言处理（Natural Language Processing, NLP）等领域得到广泛应用并取得较多研究成果。多模态融合方法是多模态深度学习的核心内容，从融合技术的角度来看，可以将其分为模型无关的方法和基于模型的方法，前者不直接依赖于特定的深度学习方法，后者利用深度学习模型显式地解决多模态融合问题，例如多核学习（Multiple Kernel Learning, MKL）方法、图像模型（Graphical Model, GM）方法和神经网络（Neural Network, NN）方法等，见表 4 – 2。

表 4 – 2　多模态融合方法

融合方法	融合类型	输出	时序模型	典型应用
模型无关的方法	早期融合	分类	否	情感识别
	晚期融合	回归	是	情感识别
	混合融合	分类	否	事件检测
基于模型的方法	多核学习	分类	否	对象分类
		分类	否	情感识别
	图像模型	分类	是	双模语音
		回归	是	情感识别
		分类	否	媒体分类
	神经网络	分类	是	情感识别
		分类	否	双模语音
		回归	是	情感识别

模型无关的融合方法可以分为早期融合（基于特征）、晚期融合（基于决策）和混合融合，如图 4 – 46 所示。早期融合在提取特征后立即集成特征（通常只需连接各模态的特征的表示），晚期融合在每种模式输出结果（例如输出分类或回归结果）后才执行集成，混合融

合结合早期融合方法和单模态预测期的输出。这三种融合方法各有优缺点，早期融合能较好地捕捉特征之间的关系，但容易过度拟合训练数据；晚期融合能较好地处理过拟合问题，但不允许分类器同时训练所有数据；尽管混合多模态融合方法使用灵活，但研究人员针对当前多数的体系结构，需根据具体应用问题和研究内容选择合适的融合方法。

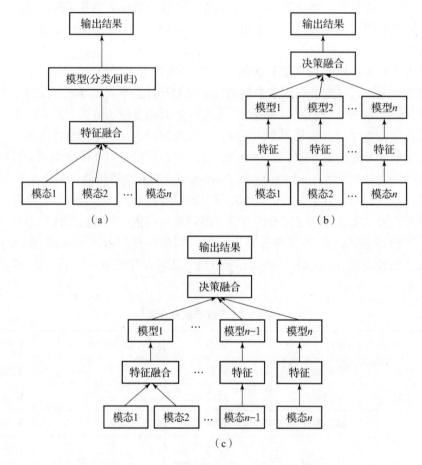

图4-46 三种模型无关的多模态融合方法

（a）早期融合方法；（b）晚期融合方法；（c）混合融合方法

基于模型的融合方法是从实现技术和模型的角度解决多模态融合问题，常用的方法包括MKL（多核学习方法）、GM（图像模型方法）、NN（神经网络方法）等。

1）MKL可以更好地融合异构数据且使用灵活，在多目标检测、多模态情感识别和多模态情感分析等领域具有非常广泛的应用，除此之外，MKL可大幅提升深度神经网络模型性能；其缺点在于测试期间需要依赖训练数据，且占用大量内存资源。

2）GM是一种常用的多模态融合方法，主要通过图像分割、拼接和预测对浅层或深度图形进行融合，从而生成模态融合结果。其优点在于能有效利用数据空间和时间结构，适用于与时间相关的建模任务，还可将人类专家知识嵌入到模型中，增强模型的可解释性；其缺点是模型的泛化能力有限。

3）神经网络（NN）是目前应用最广泛的方法之一，在视觉和媒体问答、手势识别和视频描述生成等都有广泛应用。其优势在于具备大数据学习能力，其分层方式有利于不同模态的嵌入，具有较好的可拓展性；缺点是随着模态的增多，模型可解释性变差。

目前的融合方法及交互系统依旧依赖于经验设计，在支持个性化用户行为理解方面还需要提高，且现有的多通道融合模型和交互系统缺乏自我增长的能力，未来的人机交互应用，如家庭服务机器人、智能教育等，由于用户的行为比较开放自由，使得交互过程中会不间断地出现新环境和新事物，因此，如何将新知识和旧知识有效融合，构建具有智能增长的多通道信息融合和理解模型，使得计算机系统具有在与用户的交互中学习、理解并整合新知识到已有知识的能力，是人机交互在多通道信息融合方面一个重要的突破方向。

4.3.3　制造系统智能人机交互技术应用

制造系统中的人机交互可以面向的是各种各样的机器，也可以是计算机化的系统和软件。用户通过人机交互界面与系统交流，并进行操作。制造系统中的人机交互应用主要可以按照交互主体的不同，分为人与计算机的交互以及人与机器人的交互。

1. 人与计算机的交互

这里面向人与计算机的交互狭义地讲，人机交互技术主要是研究人与计算机之间的信息交换，它主要包括人到计算机和计算机到人的信息交换两部分。计算机的硬件包括桌面（显示器、主机、键盘、鼠标）、笔记本电脑（显示器＋键盘＋触控板）、触摸屏（手机/平板电脑）。近年来，随着计算机技术和信息控制理论的发展与突破，基于混合现实（Mixed Reality，MR）技术的交互界面逐渐成为研究热点，广泛应用于医学图像、航空航天、控制系统和教育教学等领域。

无论是何种计算机交互的终端，都需要人机交互界面的设计，它直接决定人与计算机之间传递、交换信息的媒介的效率。交互界面是计算机系统的重要组成部分，是系统和用户之间进行交互和信息交换的媒介，它将机器信息的内部形式与人类能够接受的形式之间进行互相转换。在制造系统中，工业人机界面（Industrial Human Machine Interface 或简称 Industrial HMI）是一种带微处理器的智能终端，广泛应用于工业场合，实现人与机器之间的文字或图形显示，以及输入等信息交互功能。此外，目前也有大量的工业人机界面因其成熟的人机界面技术和高可靠性而被广泛用于智能楼宇、智能家居、城市信息管理、医院信息管理等非工业领域。

人机监控界面作为工业过程监控系统的重要组成部分，其性能对于整个工控系统的高效工作起着至关重要的作用。怎样为用户提供高效、友好、直观、人性化以及交互功能强大的人机监控界面，对于未来工业自动化软件的发展至关重要。工控领域各主要的控制设备生产厂商，如西门子、AB、施耐德、三菱和欧姆龙等公司，均有它们的人机界面系列产品，此外还有一些专门生产人机界面的厂家。界面设计在工作流程上分为结构设计、交互设计和视觉设计三个部分。

（1）结构设计（Structure Design）

结构设计也称概念设计（Conceptual Design），是界面设计的骨架，即通过对用户进行研究和任务分析，制定出产品的整体架构。基于纸质的低保真原型（Paper Prototype）可提供用户测试并进行完善。在结构设计中，目录体系的逻辑分类和语词定义是用户易于理解和操作的重要前提，如西门子手机的设置闹钟的词条是"重要记事"，让用户很难找到。

（2）交互设计（Interactive Design）

交互设计的目的是让用户能简单使用产品。任何产品功能的实现都是通过人和机器的交互来完成的。因此，结合人的各交互通道特点，设计符合操作人员认知特性的产品，才能将人的因素作为设计的核心被体现出来。

（3）视觉设计（Visual Design）

在结构设计的基础上，参照目标群体的心理模型和任务达成进行视觉设计，包括色彩、字体、页面等。视觉设计要达到用户愉悦使用的目的。图4–47所示为研究人员通过监控人员的视觉搜索行为轨迹与热点图，优化核电监控警报系统。

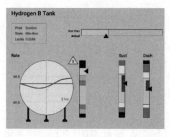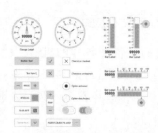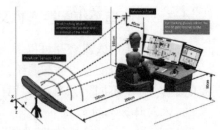

图4–47　基于监控人员视觉搜索行为的界面设计

当前人机交互界面正在朝着三维化、虚拟化以及智能化的方向发展，人们希望能够通过更加自然、直观的界面来降低监控过程中的疲劳度，提高监控效率，增强用户对工控系统的控制能力。传统的组态软件所提供的二维图形监控界面已经不能满足人们的上述要求，为此，人们对于监控组态软件提出了更高的要求，希望能够把当前先进的人机交互界面技术与现有组态软件的优点相结合，研究开发新型组态软件，从而能够快速让用户构建三维化、逼真、高效的人机交互界面。

2. 人与机器人的交互

相对其他大多数设备，工业机器人的人机交互系统更复杂。人与机器人的交互过程主要围绕以下功能场景展开。

（1）机器人示教

人把机器人需要完成的任务通过编程和示教的方式下达给机器人，并通过测试和验证的手段确保任务被准确地下达给机器人。

工业机器人的核心交互设备是示教器，机器人的主要交互操作都是通过示教器进行的。目前，工业机器人的示教方式一般分为在线示教、离线示教和虚拟示教三种。

在线示教是目前大部分机器人系统比较常用的方法，是指操作人员通过示教器或者操作杆控制机器人本体进行示教运动，对机器人示教点处的位姿进行反复调整，将满足机器人作业任务要求的示教点数据信息进行存储，通过这种方式记录机器人在不同位置下的一系列示教点。

离线示教是指操作人员不直接面向机器人本体，而是利用计算机图形技术搭建与机器人工作场景相同的虚拟环境，利用规划算法，在机器人离线的状态下使用编程语言规划机器人示教运动轨迹，最终生成机器人运动指令，完成示教编程。

在线示教过程直接面向机器人作业场景，但示教过程烦琐且效率较低，离线示教则是充分利用计算机图形学成果进行离线规划过程，但它的作业描述不够直接，需要操作者有较高的知识水平。

　　虚拟示教则是结合了上面两种示教方式的优点，操作人员利用虚拟显示技术通过声音、图像、视觉相关的人机交互设备，控制计算机中的虚拟机器人运动，记录示教点的机器人的位置动作信息，自动规划出相应的运动轨迹，最终生成可执行指令文件完成示教过程。目前，主流的工业机器人生产厂商都有配套的示教器。

　　在示教系统的示教过程中，可以通过不同的人机交互接口或传感器实现示教信息输入，以实现对机器人的动态调整，完成示教过程。国内外的研究学者针对示教过程中的人机交互技术展开了研究。Yoshimasa 等人在机器人示教系统中加入可穿戴式电脑设备，将示教器与电脑设备的语音输入、图像信息显示相结合，可以大幅降低示教器的操作用时，提高工作效率，如图 4 – 48 所示。

图 4 – 48　穿戴式示教设备

　　Sotiris Makris 等人将语音交互与手势交互相结合，基于 ROS 操作系统和 Kinect 设备控制双臂工业机器人完成示教装配任务，如图 4 – 49 所示。

图 4 – 49　基于 Kinect 的语音和手势示教

（2）人机协作

　　通过智能的人机交互界面，结合机器人具备的硬件检测设备和智能算法，使机器人与人协作完成作业任务。

　　在制造业中，机器人越来越多地与人共存于同一工作空间。机器人具有速度、精度的优势，人具有感知和灵活适应的优势，人机协作（Human Robot Collaboration，HRC）很好地结合了机器人和人的优势，机器人和人协同合作，共同完成工作任务。这种新的工作模式对生产装配而言尤其有益。在我国，人机协作已列入《智能制造 2025》和《新一代人工智能发展规划》重点支持研究计划。

　　在未来智能制造的蓝图中，人机协作将成为主流生产和服务方式。由于人与"机"的深度协作，人在智能制造系统中的作业任务和要求都发生了巨大的变化，人不再以承担重复性工作的形式存在，在决策回路系统中人仍然是中心环节，始终处于核心主导地位。而人机协同的深层内涵是"人机智能融合"，它代表"人"与"机"需要共同完成指定任务，尤其是在完成动态作业任务的过程中，制造系统需要与工作人员保持步调一致，面对动态作业需求，进行资源适配与自主协同，实现协调生产。

协作机器人是一类能够在共享空间中与人类交互或在人类附近安全工作的新型工业机器人，由于其轻质、安全的特点，在柔性制造、社会服务、医疗健康、防灾抗疫等多个领域展现出了良好的应用前景，受到工业界和学术界的广泛关注，成为当前机器人领域的研究热点之一。协作机器人需要具备良好的控制性能，确保与人交互的安全性，集成多种传感器感知外部环境并应用智能控制理论与方法来确保高效的协作行为。

3. 混合现实交互式机器人路径验证实例

从 20 世纪 80 年代至今，涂胶工艺日益发展并被应用到了汽车生产过程中，现今汽车生产是涂胶工艺的主要应用领域。涂胶是汽车生产的必要过程，对汽车的防水、防锈及安全性有重要的意义。随着机器人技术的发展与进步，现在汽车的涂胶过程主要由机器人来完成，涂胶机器人的运动轨迹将按照车的模型进行设定，但由于虚拟模型和现实模型的定位以及形状精度会存在误差，通过软件规划出来的机器人运动路径需要经过工人验证后才可以投入应用。传统的验证过程需要在新车型设计完成后，生产出车的实体模型，工人控制机器人的胶头在实体车模型上进行模拟涂胶，过程中若胶头与车模型发生碰撞或工人在工作现场出现事故，造成的后果较为严重，并且从设计出车型到生产车模型以及路径验证的过程往往需要停工几个月的时间，这使新车型从研发设计到生产制造的过程严重脱节，对汽车制造企业造成了极大的浪费。传统的方法已经难以满足当今时代对制造业趋向于个性化、定制化和绿色环保的要求。因此，为满足汽车机器人涂胶产线的快速变更与智能化生产，本部分介绍基于混合现实和数字孪生模型，提出混合现实交互式机器人路径验证方法。

操作人员佩戴好 Hololens2 开启项目进入构建好的混合现实环境。单击主 UI 界面上的"TCP"按钮打开 TCP 连接菜单，输入从硬件设备上获取到的 IP 地址后单击"C"按钮开始监听。此时可以开始运行机器人的 Client 项目，实现两端的连接。接着再次单击"TCP"按钮隐藏菜单并单击"LOC"按钮开启定位界面。定位过程应先将校徽照片暴露于 Hololens2 的视野范围内，然后机器人模型与车模型将会叠加于照片上方，当操作者认为位置较为合理无遮挡物时，注视"Locate"按钮 3 s，完成第一次定位。通过单击定位面板上的按钮调整机器人模型的位置，使虚拟机器人和虚拟车体的相对位置与实体机器人和实体车模型的相对位置相同，完成第二次定位。接下来便可以打开机器人位姿面板并单击"Ver"按钮，开始验证过程。直观的操作过程如图 4 – 50 所示。

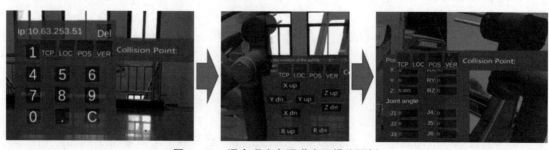

图 4 – 50　混合现实多通道交互操作面板

构建机器人孪生体行为模型的目的是使孪生体与实体机器人同步运动完成涂胶过程，以孪生体与虚拟车模型间的碰撞代替实体间的碰撞。首先是通过 TCP/IP 协议连接机器人端与 Hololens2 端来实现两者间的数据传递，传递的数据为六自由度机器人的六个关节角数据，然后在 Hololens2 端需要编写驱动机器人孪生体关节角转动的脚本来依据关节角数据实时驱动孪生体，并且驱动的方式也有多种。

在验证过程中，操作人员可以通过位姿面板来获取机器人的位姿数据，并可以在主 UI 界面上看到发生碰撞的机器人末端坐标，并且当移动至近距离观察模型时，主 UI 与位姿 UI 将会跟随人一起移动，以保证操作者可以随意移动并能实时观察机器人状态。碰撞的发生可以根据胶头的颜色来判断。胶头移动时整个胶头与车模型发生了碰撞，从上向下移动时一部分胶头脱离了碰撞变为了白色，而一部分胶头仍在碰撞中为红色，并且碰撞点的坐标在主 UI 界面的右侧展示。完整的验证流程如图 4 – 51 所示。

图 4 – 51　混合现实交互式机器人路径验证实例效果

操作人员可以在虚实融合的环境下直观、沉浸地观察涂胶过程，从而根据验证结果调整或重新规划涂胶路径。在验证过程中，操作人员可以通过多种方式与环境进行交互，例如眼控、语音、手势，以及键入 IP 地址、调整模型位置等，这反映了混合现实技术中重要的"人在环"的理念。混合现实交互式的验证方法解决了传统验证方法面临的喷嘴损坏、效率低下等诸多问题。相比于使用工业软件进行仿真验证，该方法具有适应性更强、对于新车型的调整更快、验证过程沉浸性更好等优点。

4.4　感知课程实验

4.4.1　基于手机传感器的测试技术应用实践

本部分的设计思路方便学生在课后开展实验，其实验方法和手段均从学生的兴趣点切入，切身实地从学生体验出发，打破了实验只能在实验室做的空间限制。同时本方法对实验材料没有过于严苛的要求，难度适中，鼓励学生在生活中善于发现、探索、总结，用生活实例反哺课堂教学，通过实验加深理论学习，做到灵学活用。

1. 手机和手机传感器

信息时代，我们的生活、学习、工作已然离不开智能手机。自 1973 年摩托罗拉首次公开通话至今，经过近 50 年的发展，手机的形态从背包式、大哥大式、直板式、翻盖式、滑盖式、旋盖式，发展到现在的触控屏、折叠屏、透明屏。手机的功能从最初只能打电话，到支持收发信息、浏览网页、拍摄照片，再到能够运行后台软件、看视频、听音乐、玩游戏、移动办公、运动监测；通信方式从 1 G、2 G 发展到现在的 5 G。为了支撑相应的功能需求，手机内含的传感器数量与日俱增。

现如今的智能手机中包含十余种传感器，各个传感器间互相配合，实现扫码、定位、导航、计步等功能，满足生活中的各种需求。

手机内部结构示意图如图 4 – 52 所示，手机中主要包含的传感器种类及功能见表 4 – 3。

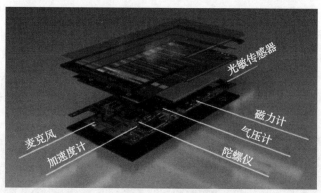

图 4 – 52　手机内部结构示意图

表 4 – 3　手机中主要包含的传感器种类及功能

传感器名称	功能场景
声音传感器	采集声音、听筒
光照强度传感器	屏幕自动亮度
距离传感器	通话息屏、挥手亮屏
加速度传感器	计步、翻转静音
GPS 传感器	定位、导航
光学指纹传感器	支付、安全、身份认证
陀螺仪传感器	全景拍照、游戏
磁场传感器	导航定向、指南针
气压传感器	防水手机气密性
霍尔传感器	翻盖亮屏
心率传感器	心跳、血氧、情绪、压力等
图像传感器	相机、3D 人脸识别

2. 微机电系统

在诸多手机传感器中，加速度传感器和陀螺仪起到很重要的作用，比如运动姿态判别、摄像光学防抖、碰撞预警等场景主要都是它们在参与检测。

手机中的加速度传感器和陀螺仪都属于微机电系统（Micro – Electro – Mechanical System，MEMS），也称微电子机械系统、微系统、微机械等，指尺寸在几毫米乃至更小的高科技装置。

微机电系统是集微传感器、微执行器、微机械结构、微电源、微能源、信号处理和控制电路、高性能电子集成器件、接口、通信等于一体的微型器件或系统，如图 4 – 53 所示。MEMS 是一项革命性的新技术，广泛应用于高新技术产业，是一项关系到国家科技发展、经济繁荣和国防安全的关键技术。

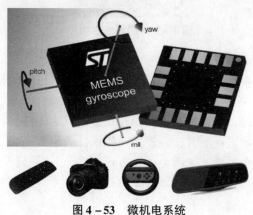

图 4 – 53　微机电系统

3. 实验思路

一般来说，测试工作的全过程包含许多环节：以适当的方式激励被测对象、信号的检测和转换、信号的调理、分析与处理、显示与记录，以及必要时以电量形式输出测量结果。

本课程中提及的基于手机传感器的测试实验同样大体上遵循以上流程，依此，将实验环节安排如下（见图 4 – 54）：

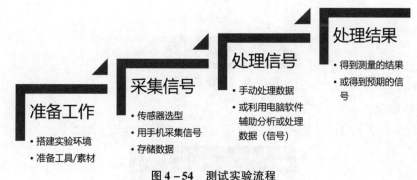

图 4 – 54　测试实验流程

第一步，准备工作：确定实验内容，灵活利用手边的材料、工具搭建实验环境。

第二步，采集信号：选用合适的传感器，用手机采集信号，预处理并导出数据。

第三步，处理信号：导入数据，根据需求对数据进行处理与计算，如果是少量数据可以手动计算，但对于大量或者复杂信号，应选用合适的数学软件对其进行处理。

第四步，处理结果：分析数据处理结果，给出结论或输出处理后的信号。

4. 实验案例——对重力加速度的测量

（1）传感器选型

磁（场）传感器是可以将各种磁场及其变化的量转变成电信号输出的装置。大家需要注意的是磁（场）传感器与霍尔传感器不同。

磁传感器芯片如图 4 – 55 所示。

图4-55　磁传感器芯片

（2）手机安装软件环境

登录https://phyphox.org/官网，下载安装 Phyphox App（手机物理工坊 App）。

（3）搭设实验环境

准备一根 2 m 长的细绳，细绳的选用原则是足够细且无弹性。将磁铁系在绳子的一端并悬挂固定，将手机平放在磁铁正下方，轻轻拨动磁铁，确定其能够顺利摆动而不会与手机产生磕碰，由此即构成了一个单摆，如图 4-56 所示。

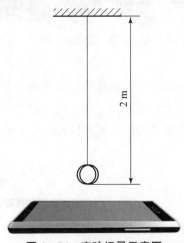

图4-56　实验场景示意图

（4）开始实验

打开手机物理工坊 App，选择"磁力计"功能，如图 4-57 所示。

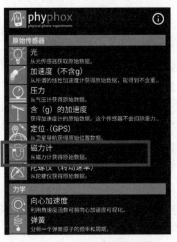

图4-57　磁力计按钮位置

单击"开始测量"按钮，拉动磁铁小球，使单摆开始摆动。软件界面自动将采集到的数据通过图像的方式显示，如图 4 – 58 所示。

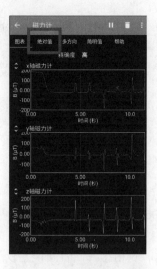

图 4 – 58 绝对值按钮位置

当单摆摆动夹角趋于稳定时，将窗口切换至"绝对值"视角更为直观。注意观察单摆小球的状态和手机屏幕上的计时，当有效数据范围达到 20 ~ 30 s 时，停止测量，测量结束后，屏幕显示如图 4 – 59 所示界面。

在图 4 – 59 所示的测量结果图像中，选取 20 s 左右的区间（实际 19.62 s），并查出该区间内出现的峰值数量为 14 个，如图 4 – 60 所示。峰值的出现代表此刻磁铁正经过手机正上方。

图 4 – 59 测量结束的图像

图 4 – 60 选取数据

（5）处理数据

测量结束后，对于少量数据可以手动记录再开展后续的计算。对于大量数据，也可通过手机物理工坊 App 自带功能将测量结果以某种数据格式导出，再用电脑端的数学软件做进一步处理，比较常用的有 MATLAB、Syslab、scilab 或 python 皆可，这方面没有具体的限制，大家根据待分析数据的类型，选择合适的数学软件即可。

该实验我们采用第一种方法为大家举例。

单摆是一种理想的物理模型，由摆线和摆球构成。在满足偏角小于10°的条件下，单摆的周期满足：

$$T = 2\pi \sqrt{\frac{L}{g}}$$

即

$$g = \frac{4\pi^2 L}{T^2}$$

式中　L——摆线长度，为 2 m；

　　　T——单摆周期 $T = 19.62/(14/2) \approx 2.803(\text{s})$。

最终算得重力加速度 $g \approx 10.06$ m/s²。

通过手机物理工坊 App 中的"含 g 的加速度"功能，对当地实际重力加速度进行第二次测量，结果是 9.91 m/s²。与 10.06 相比，二者间误差仅为 15‰。如图 4-61 所示。

因此这种通过磁场传感器间接测量重力加速度的方法是可行的，测量结果具有一定的可信度。

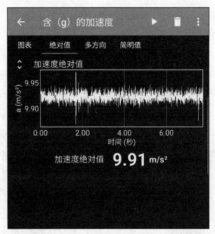

图 4-61　实测当地重力加速度

问题：请大家分析误差产生的原因。

答案：摆线长度测量存在误差、摆线存在弹性伸缩、摆动时有空气阻力影响，还有就是磁铁并不是严格的在做单摆运动，准确来讲它是一个锥摆，因而存在一定的系统误差。

5. 其他实验案例

鉴于手机中传感器种类繁多，还有本课程提出的实验方法的开放性，我们能够制定出很多实验场景。

比如利用声音传感器（麦克）和扬声器（喇叭）开展音频主动降噪实验（见图 4-62）；或者利用图像传感器（相机）采集照片，通过加速度和陀螺仪对照片进行防抖降噪；抑或是利用加速度传感器模拟华为手机的敲击截屏（见图 4-63）、利用 GPS 传感器监测自己一段时间内的运动轨迹……

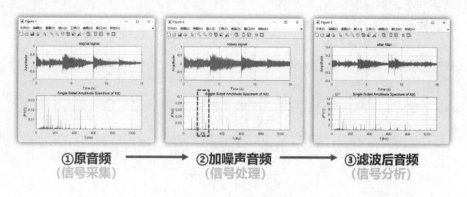

图 4 – 62 音频降噪实验

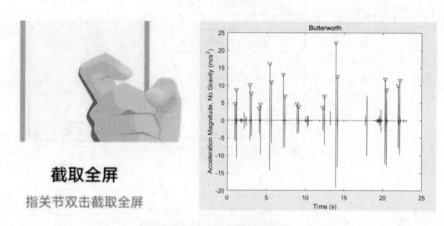

图 4 – 63 双击截屏检测

6. 小结

本示例给出了系统开发与实现过程中的总体流程图，介绍了系统实现的一般流程，介绍了如何进行系统环境的搭建，包括 Unity3D 的下载与安装、JDK 的下载与安装以及 Android SDK 的下载与安装。之后，详细介绍了系统各功能模块具体开发实现的方法步骤。接着，介绍了本系统的实际操作流程，并展示了系统的操作界面。最后，通过对系统的实际体验，分析了本系统的优势，提出了系统的改进方向。

4.4.2 基于移动设备的零件二维图纸识别与增强显示

本项目的主要目标是基于移动设备进行二维图纸的识别与三维增强显示，完成的 App 可具备叠加融合显示功能、旋转缩放和剖视功能以及工艺路线制订功能。

1. App 开发与实现总体流程

一般的移动增强现实应用主要由离线处理和在线处理两大部分组成。离线处理主要是由 Unity3D 来完成，包括虚拟三维模型的建立、三维场景的生成以及标识物的选取和预处理。在线处理部分主要由 Vuforia SDK 完成，包括标识物的识别，并实时生成相应的反馈信息，在真实场景中叠加虚拟对象，实现人机交互。

系统实现主要包含以下三个步骤：

1）创建云端数据库；

2）目标管理；

3）Vuforia 集成与发布。

系统实现流程图如图 4－64 所示。

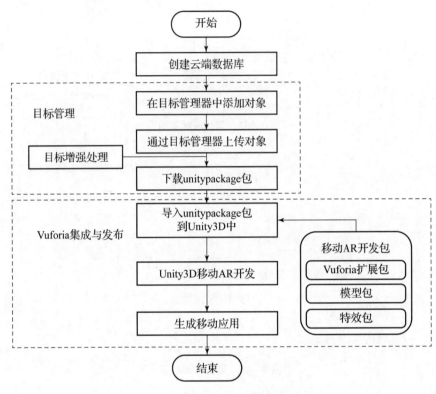

图 4－64　系统实现流程图

2. 系统开发环境搭建

（1）Unity3D 环境

首先需要进行系统开发环境 Unity3D 的下载与安装，访问网址为：https：//store. unity. com/cn/download？ ref = personal。

下载个人免费版，下载完安装包之后，双击打开运行，然后根据界面提示一步步进行下去，直到安装成功。

（2）Java 环境

由于 Android 平台下应用的开发是基于 Java 语言的，所以需要进行 JDK（Java Development Kit）的下载与安装，配置 Java 环境。打开浏览器，访问 Java 官网，访问网址为：https://www. oracle. com/java/technologies/。

根据自己电脑的操作系统选择正确的版本下载。双击下载好的安装包，按照要求一步步安装完成直到安装成功。

（3）Android 环境

由于系统主要运行平台为 Android 平台，因此需进行 Android SDK 的下载与安装。打开网络浏览器，访问 Android 开发者官方主页，访问网址为：http：//developer. android. com/。

单击 SDK 下载，下载完成之后双击运行下载好的程序，按照窗体界面要求一步步进行安装，直到安装成功。

（4）环境变量配置

安装完成后设置环境变量配置。打开"控制面板"，打开"系统"，单击"高级系统设置"，再单击"环境变量"，进入环境变量设置界面。在系统变量下面新建两个变量并设置参数：

变量名：JAVA_HOME，变量值为"C：\Program Files\Java\jdk1.6.0"（此为自己电脑 JDK 的安装路径）；

变量名：CLASSPATH，变量值为". ;%JAVA_HOME% \lib;%JAVA_HOME% \lib \tools. jar"（加 . 表示当前路径），编辑已有的变量"Path"，在变量值最后添加参数"; %JA-VA_HOME% \bin;%JAVA_HOME% \jre\bin;"。

3. 功能模块开发与实现

（1）叠加融合显示功能模块开发与实现

以 CA6140 车床拨叉为例进行说明阐述，首先通过三维建模软件 Solidworks 进行所需要展示零件的建模工作。由于 Unity3D 所能识别的模型格式为 . fbx，因此需将 . spt 格式的模型文件通过 Deep Exploration 软件转换为 . fbx 文件。然后，将 . fbx 模型文件导入 Unity3D 软件中。在 Vuforia 官网上进行注册，创建云端数据库，管理标志物，然后获取 License Key 以及 Imagetarget 包。将 Imagetarget 包导入 Unity3D 中并粘贴 License Key 于相应位置。将 . fbx 模型文件放置于相应的 Imagetarget 下，调整其大小及位置，以及灯光照射，最后进行相应设置并打包发布。在手机端运行测试效果如图 4 – 65 所示。

图 4 – 65　手机端运行测试效果图

（2）旋转缩放和剖视功能模块开发与实现

旋转缩放功能，在手机端通过滑动触摸屏实现，剖视功能通过单击剖视按钮实现。旋转、缩放功能通过 Unity3D 脚本控制相应组件实现，脚本编辑语言可为 Javascript 或 C#，本书提供的 App 选择 C#。

旋转功能主要通过 Rotate( ) 函数来实现，缩放功能主要通过 localScale( ) 函数实现。

由于无法在 Unity3D 中直接进行剖视显示，在此通过建立另一并列独立剖视三维模型的方式，并设置按钮组件激活状态的"true/false"进行整体模型与剖视模型的转换。效果如图 4 - 66 所示。

图 4 - 66　剖视效果图

（3）工艺路线制订功能模块开发与实现

在该模块的设计中，由于无法直接通过触摸毛坯零件加工面的方法选择加工工序，故在本设计中通过独立三维指示体模型代表各加工工序，并通过单击各指示体进行相应加工工序的排序并实时显示于屏幕上，进行相应的合理性评分，该三维指示体模型通过 Solidworks 进行预先建模工作，预置于服务器端。当单击排工序虚拟按钮时，毛坯零件处于剖视状态下，同时指示体模型显示于相应加工部位处，代表该部位的加工工序，如图 4 - 67 所示。

图 4 - 67　工艺路线制订辅助功能模块

创新运用 Unity3D 中的射线法，当单击操作被触发时，从摄像头发出一条射线，方向指向触摸点，如果在射线路径上有碰撞体模型（三维指示体模型具有碰撞体性）与射线相撞，即可选中该碰撞体模型（即可选中各指示体模型所代表的加工工序），从而可以进行加工工序的排序，实现工艺路线的制订。核心脚本代码运行流程图如图 4 - 68 所示。

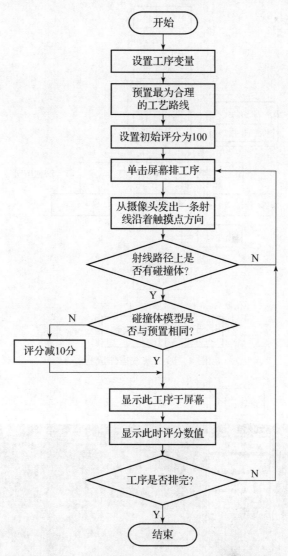

图 4 - 68　射线法实现加工工艺路线制订程序流程图

4. App 设计实例

（1）操作流程

系统操作流程如图 4 - 69 所示。打开手机端 App，进入主界面，第一次使用时会弹出请求使用摄像头权限的窗口，单击"同意"，以后再次单击，软件使用的过程中将不会再弹出该窗口。扫描图纸，将在图纸上叠加融合显示零件的三维模型，可通过手势操作进行旋转、缩放。单击"剖视虚拟"按钮，将显示剖视模型，也可通过手势操作进行旋转、缩放。单击"三维模型"按钮即可返回完整三维模型视图。

单击"工艺路线制订虚拟"按钮，相应工序指示体将显示于剖视图相应程序之上。然后，学生通过单击相应工序指示体进行工艺路线排布，排序结果以及合理性评分也将实时显示于屏幕上，以便于给学生进行相应反馈。此外单击"参考信息"按钮可以显示零件加工必要的参考资料以及零件介绍。整体界面展示如图 4 - 70 所示。

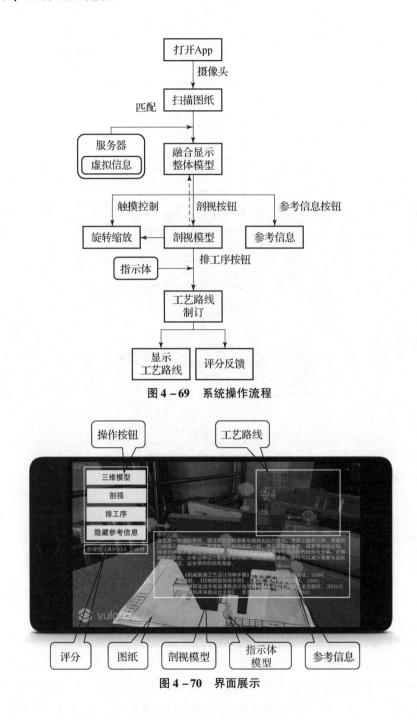

图 4 – 69　系统操作流程

图 4 – 70　界面展示

4.5　小结与习题

　　本章主要介绍了制造系统感知的基本原理及其应用技术，特别是制造系统感知技术的核心——传感器的基本原理和使用方法。根据传感器应用场景的尺度范围，按照设备级、系统级、车间级对传感器进行分类，这里需要说明的是，这种分类方法并不严格，但对于制造系统感知技术的理解有一定的帮助。此外，本章还介绍了智能人机交互技术，主要以基于机器视觉进行人机交互技术为典型技术进行详细的讲解。最后提供了一个基于手机这一集成了多种传感器载体的应用实例，便于读者加强对本章基本理论和方法的理解。

【习题】

（1）举例说明你生活和学习中用到的一些传感器，并判别其各属于什么类型的传感器。

（2）收集资料说明：要测量某汽轮发电机转子的振动（振动幅值约 10 mm，振动频率 60 Hz，温度 < 120 ℃），可以选择何种传感器？

（3）除了本书所介绍的传感器之外，请通过查阅资料，根据应用背景，选择设备级、系统级、车间级传感器各一种，试分析其工作原理。

（4）工业生产中所用的自动报警器可能是何种原理的？试对比分析优缺点。

（5）请阐述光栅尺的工作原理。请根据某一型号光栅尺的说明书，阐述该型号光栅尺的使用方法。

（6）请阐述数控加工中心需要获取的信息，并分析采用何种传感器较为合适。

第5章

智能制造系统设计与开发

本章概要

  智能制造系统是产品制造过程中信息流与物料流的结合点，是一种以信息的集成与信息流的自动化为特征的、利用数字化装备完成各种制造活动的自动化系统。智能制造系统是自动化和数字化制造系统的进一步发展。

  智能制造系统涉及的范围很广，既包括数控加工/装配/焊接设备、工业机器人、增材制造装备、智能物料输送与存储设备、检测与监控装备等数字化、智能化装备，也包括通过多层级的计算机网络控制系统和工业物联网平台集成起来的智能制造（生产）单元、智能生产线乃至更大范围的智能车间和工厂。

  本章在介绍构成智能制造系统主要装备的基础上，重点讲述柔性智能制造单元、智能生产线及生产线管控系统的概念、组成及其设计与开发的过程、方法、模型及算法。

学习目标

  1. 能够准确描述智能制造系统中主要装备的类型、功能用途及主要组成。

  2. 能够结合案例准确解释柔性智能制造单元的概念、组成及各部分作用。

  3. 能够解释智能产线的基本概念及构成要素，描述智能产线的设计过程及方法，准确理解设施布局的基本形式及特点，掌握设施布局的常用方法。

  4. 能够描述制造系统建模与仿真的概念、作用及基本过程，了解和掌握常用仿真软件的使用方法。

  5. 能够理解与掌握单品种和多品种流水生产线平衡设计的方法。

  6. 能够理解和描述智能生产线管控系统的作用、架构、组成与数据流，理解和描述基于工业物联网智能生产线管控系统的总体设计、车间级管控和单元级管控的主要功能模块及作用。

知识点思维导图

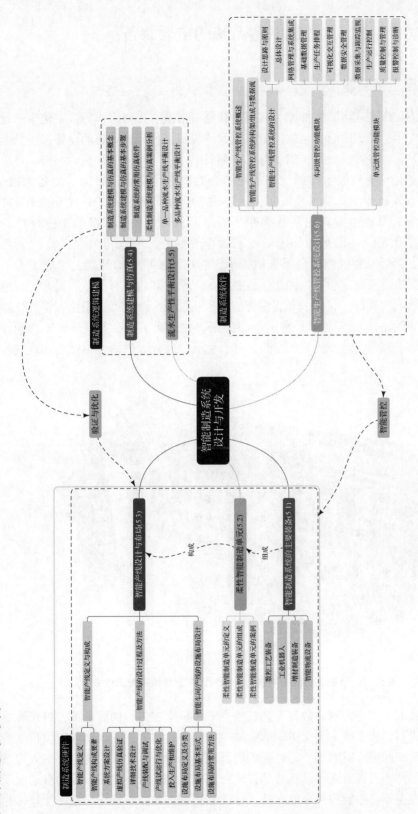

5.1 智能制造系统的主要装备

5.1.1 数控工艺装备

数控工艺装备是指完成实际的加工、装配、测量、清洗、排屑工作的数字化生产设备与装置，包括切削机床、加工中心、坐标测量机以及清洗机、排屑机等辅助设备，广义上讲还包括设备配套的刀具、夹具、量具、辅具等工艺装备。

数控工艺装备是计算机技术与工艺装备相结合的数字化产物，即工艺装备的数字化。现在广泛使用的数控机床和其他工艺装备，通过数控程序实现装备的自动化操作和加工，但工艺设计和编程人员难以应对工艺数据库、机床刀具特性以及时变的工件材料、结构刚性和加工过程中稳定性等带来的加工精度和效率等问题，导致目前很多数控工艺设备的能力发挥不高。最近几年陆续出现了智能机床，它在数控机床的基础上集成了若干智能控制软件或模块，从而实现自动工艺优化，装备的加工质量和效率有了显著提升。智能机床是一种典型的智能工艺装备，它为未来实现智能制造系统及全面生产自动化、智能化创造了条件。如图 5-1 所示的卧式五轴数控加工中心就是一种智能工艺设备，是变速器壳体机加工生产线的主体加工装备，可完成加工定位面孔、钻孔、攻丝、铣面、钻镗孔和攻丝等工序加工。

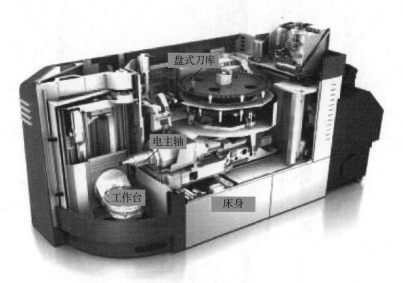

图 5-1 智能工艺装备实例：法斯特卧式五轴数控加工中心

以数控机床或加工中心为例，数控工艺装备主要由机床主体、伺服系统、数控装置和存储系统四部分组成。机床主体主要指机床的整体结构和执行部件，其运动和定位精度较普通机床高，对控制系统的响应时间短，另外还配有其他附属设施；伺服系统主要指数控系统的信号放大和控制部件，可以有效驱动执行部件进行精确运动，最终实现零件的自动加工；数控装置和存储系统主要进行数控程序的存储、修改和控制，数控装置可将程序读取转化为伺服系统能够识别的信号，对伺服系统进行驱动和控制，再由伺服系统控制机床中相关工作轴的运动。

5.1.2　工业机器人

工业机器人作为智能制造系统中的一类重要装备，过去常用于搬运物料、工件和工具，由于受抓举载荷能力的限制，故通常搬运和装载中、小型工件或工具。随着数字化和智能化技术的发展，工业机器人在智能检测、智能装配中也得到大量应用，特别是近几年来在智能打磨和加工等作业中得到深入研究、发展及逐步应用，成为智能生产线上不可或缺的制造装备。随着灵巧操作、自动导航、环境感知、人机交互和开放式智能控制等关键技术的不断突破，工业机器人将成为智能制造的新兴智能装备，甚至被称作"制造业皇冠上的明珠"。

现代工业机器人一般由机械系统（执行机构）、控制系统、驱动系统、智能系统四大部分组成，如图 5 - 2 所示。

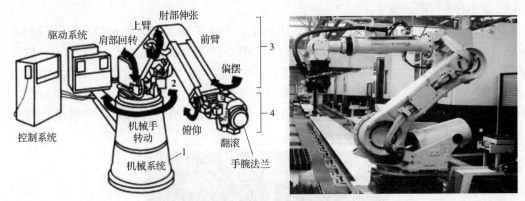

图 5 - 2　工业机器人的组成及实例

1—基座；2—腰部；3—臂部；4—腕部

（1）机械系统是工业机器人的执行机构（即操作机），是一种具有和人手相似的动作功能、可在空间抓放物体或执行其他操作的机械装置。其通常由手部、腕部、臂部、腰部和基座组成，手腕是机器人末端执行工具（如焊枪、喷嘴、机加工刀具、夹爪等）与机器人的连接机构。

（2）控制系统是机器人的大脑，支配着机器人按规定的程序运动，并记忆人们给予的指令信息（如动作顺序、运动轨迹、运动速度等），同时按其控制系统的信息对执行机构发出执行指令。控制系统一般由控制计算机和伺服控制器组成，前者协调各关节驱动器之间的运动，后者控制各关节驱动器，使各个杆件按一定的速度、加速度和位置要求进行运动。

（3）驱动系统是按照控制系统发来的控制指令进行信息放大，驱动执行机构运动的传动装置。驱动系统包括驱动器和传动机构，常和执行机构连成一体，驱动臂杆完成指定的运动。常用的驱动器有液压、气压、电气和机械四种传动形式，目前使用最多的是交流伺服电动机。传动机构常用的有谐波减速器、RV 减速器、丝杠、链、带以及其他各种齿轮轮系。

（4）智能系统是机器人的感受系统，由感知和决策两部分组成。前者主要靠硬件（如各类传感器）实现，后者则主要靠软件（如专家系统）实现。

5.1.3 增材制造装备

增材制造技术又称 3D 打印技术，是相对于传统的切削加工等"减材制造"技术而言的，是基于离散/堆积原理，通过计算机辅助设计（CAD）实现材料的逐渐累积来制造实体零件的技术。它利用计算机将成形零件的三维模型切成一系列一定厚度的"薄片"，通过增材制造设备（又称 3D 打印机）自下而上地制造出每一层薄片，最后叠加形成三维的实体零件。增材制造技术无须传统的刀具或模具，可以实现传统工艺难以或无法加工的复杂结构的制造，并且可以有效简化生产工序，缩短制造周期。

广义上讲，以数字化设计数据为基础，将材料（包括液体、粉材、线材或块材等）通过数控程序自动地累加起来成为实体结构的制造技术，都可称为增材制造技术。随着 1988 年 3D Systems 公司推出第一台光固化成型商品化设备 SLA – 250 以来，世界范围内相继推出了与增材制造工艺方法相对应的多种商品化设备和实验室阶段的设备。目前，商品化比较成熟的设备有立体光固化成型设备、选择性激光烧结成型设备、分层实体制造设备、熔融沉积制造设备、三维印刷设备等。

以光固化成型设备为例，目前主要的研发单位有美国的 3D Systems 公司、德国的 EOS 公司、法国的 Laser3D 公司、日本的 SONY/D – MEC 公司、以色列的 Cubital 公司，以及国内的西安交通大学、上海联泰科技有限公司、华中科技大学等。国内西安交通大学在光固化成型技术、设备、材料等方面进行了大量的研究工作，推出了自行研制与开发的 SPS、LPS 和 CP 三种机型，每种机型有不同的规格系列，其工作原理都是光固化成型原理。图 5 – 3 所示为西安交通大学研制的 SPS600 成型机。

图 5 – 3　增材制造设备实例：西安交通大学 SPS 型立体光固化成形机

5.1.4 智能物流设备

智能物流是在物联网技术全面应用的基础上，完成物料（包括毛坯、工件、成品、工夹具等）的运输、存储、装卸、交换及其信息处理等基本活动，实现物料从供应地到接收地实体流动过程的自动化、数字化和智能化。与传统物流相比，智能物流数字化、信息化、集成化程度更高，运作模式趋于系统化、柔性化、可视化，在提升物流流通效率、降低物流成本、提高企业服务水平等方面显示出巨大的优势。

智能物流装备是智能物流的基础。在自动化物流装备的基础上，再集成感知系统、信息系统和控制系统等，即形成智能物流装备。自动化物流装备或装置种类繁多，其中运输设备主要有传送带、自动导引小车、机器人及机械手等，存储设备有自动化立体仓库、中央刀库等。本部分重点介绍其中具有代表性的自动导引小车和立体仓库两类典型物流设备。

1. 自动导引小车

自动导引小车（Automatic Guide Vehicle，AGV）又称 AGV 小车，是柔性智能制造系统中作为连接和调配物料作业连续化的核心设备，它能够根据提前设定好的路线自动行驶，将货物或物料自动从起始地运送到目的地，实现原材料和配件等物料在生产过程中的自动运输、生产线的自动对接和成品的自动入库。

AGV 是一种以蓄电池为动力，装有非接触导向装置的无人驾驶自动导引运载车，其行驶线路与停靠位置是可编程控制和智能调度的。电子技术、计算机技术、人工智能技术推动了自动导引小车技术的发展，如磁感应、红外线、激光导引、视觉导引及语言编程式的自动导引小车技术都在发展中，并在技术上已成熟，形成了系列化的产品。

图 5 - 4（a）和图 5 - 4（b）所示为两种常见的自动导引小车产品。为了实现物料的自动交接，这类自动导引小车上装有托盘交换装置，以便于机床或装卸站之间进行自动连接。其交换装置可以是辊轮式也可以是滑动叉式。小车还装有升降对齐装置，以便于消除工件交接时的高度差。

为实现多种产品的柔性转运，AGV 与机器人组合，再配置视觉识别系统，已成为一类普遍应用的集成化智能物流装备，如图 5 - 4（c）所示。在上下料前视觉识别系统完成对零件的识别分类工作，并对零件进行位置信息检测，获取零件与机器人末端执行器的相对坐标信息，确保上下料工作顺利进行，然后利用柔性机械手臂夹具抓取，通过 AGV 转运到所需的生产线单元上。该智能物流装备采用无反光板激光引导方式，前后均有碰撞保护装置，实现碰撞后立即断电停车。

自动导引小车行走路线是可编程的，单元或生产线的智能管控系统可根据需要改变作业计划，重新安排小车的路线，具有柔性特征。AGV 工作安全可靠，停靠定位精度可以达到 ±3 mm，能与机床、传送带等相关设备交接、传递货物，运输工程中对工件无损伤，噪声低。

（a）　　　　　　　　　　　　　　　　　　　　　　（b）

图 5 - 4　智能物流装备：常用自动导引小车实例

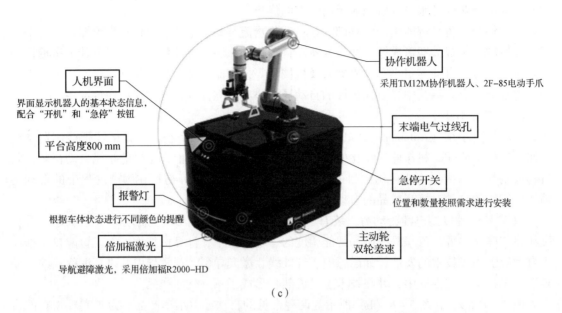

协作机器人
采用TM12M协作机器人、2F-85电动手爪

人机界面
界面显示机器人的基本状态信息，配合"开机"和"急停"按钮

末端电气过线孔

平台高度800 mm

急停开关
位置和数量按照需求进行安装

报警灯
根据车体状态进行不同颜色的提醒

倍加福激光
导航避障激光，采用倍加福R2000-HD

主动轮
双轮差速

（c）

图5-4　智能物流装备：常用自动导引小车实例（续）

2. 自动化立体仓库

自动化立体仓库是一种采用堆垛机的先进物料仓储设备，其目的是将物料存放在正确的位置，并随时向制造系统供应物料。立体仓库在智能制造系统中占有非常重要的地位，以它为中心组成了一个毛坯、半成品、配套件或成品的物料自动存储和检索系统，在管理与控制系统的支持下，与加工和运输设备一起成为智能制造系统的重要支柱。尽管以立体仓库为中心的智能物流管理耗资巨大，但它在实现现代化管理、保证均衡及柔性生产诸方面所带来的效益也是巨大的。

自动化立体仓库的主体由多层货架、巷道堆垛起重机、有轨堆垛机、外围装卸与输送系统及自动控制装置等组成，主要完成毛坯零件、备件、成品等物料的仓储功能。如图5-5所示，高层货架成对布置，货架之间有巷道，根据仓库规模大小可以设置一条或若干条巷

图5-5　智能物流装备：自动化立体仓库实例

道。物料入库和出库一般都布置在巷道的某一端，也可布置在巷道的两端。每条巷道都有巷式堆垛起重机（简称堆垛机）。巷道的长度一般有几十米，货架的高度视厂房高度而定，一般有十几米。货架通常由一些尺寸一致的货格组成，每个货格有唯一的空间位置，每个货格存放的零件或货箱的重量一般不超过 1 t，其体积不超过 1 m^3。对于大型和重型零件，因提升困难而不存入立体仓库内。货架的材料一般采用金属型材，货架上的托板多采用金属板，对于轻型零件也可采用木板。

堆垛机是自动化立体仓库内部的搬运设备，它在巷道口与外边的自动导引小车等进行物料交换。堆垛机可采用有轨或无轨方式，其控制原理类似于运输小车。仓库高度较高的立体仓库常采用有轨堆垛机，为增加稳定性，常采用两条平行导轨，即天轨和地轨，如图 5 – 6 所示。巷式堆垛机的运动有沿巷道的水平移动、沿升降台的垂直上下升降和货叉的伸缩。堆垛机上有检测水平移动和升降高度的位置传感器，可辨认货物的位置，一旦找到需要的货位，即在水平和垂直方向上制动，然后由货叉将货物（货箱）自动推入货格或将货物从货格中取出。堆垛机上还有货格状态检测器，采用光电检测方法，利用零件表面对光的反射作用探测货格内有无货箱，防止取空或存货干涉。

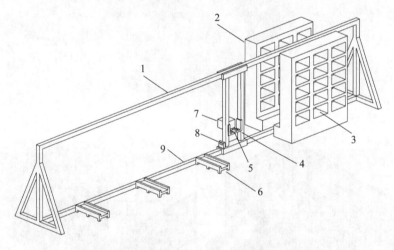

图 5 – 6　立体仓库及其堆垛机

1—天轨；2—多层货架；3—货格；4—堆垛机；5—升降台；6—装卸站；7—货箱；8—位置传感器；9—地轨

5.2　柔性智能制造单元

5.2.1　柔性智能制造单元的定义

现代智能制造系统或生产线通常由若干个柔性智能制造单元构成，是过去的柔性制造单元（Flexible Manufacturing Cell，FMC）向智能化发展的一种产物。它由若干台数控机床或加工中心所构成，一般配有专门的物料传送装置（如托盘交换器或工业机器人），由单元计算机进行程序编制和分配、负荷平衡和作业计划控制，能在机床上自动装卸工件，甚至自动检测工件，实现有限工序的连续生产。

与柔性制造系统或生产线相比，柔性智能制造单元的主要优点是：占地面积小、建立比较简单、投资较小、可靠性较高、使用和维护均较简单。因此，柔性智能制造单元是智能制造系统或生产线的主要发展方向之一，它适用于多品种、小批量生产。

图5-7（a）所示为某企业的一个以数控加工机床和托盘交换器构成的机械加工柔性智能制造单元，图5-7（b）所示为一个以机器人为执行机构及自动上下料系统构成的装配检测柔性智能制造单元。

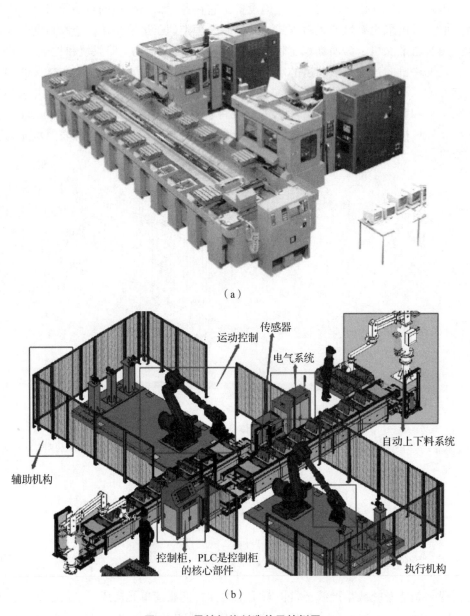

（a）

（b）

图5-7　柔性智能制造单元的例子

（a）机械加工柔性智能制造单元；（b）装配检测柔性智能制造单元

5.2.2　柔性智能制造单元的组成

对于机械加工而言,一个柔性智能制造单元可由以下三大部分组成(见图 5-8):加工单元、物料运储单元(物流单元)和管理与控制单元(管控单元)。

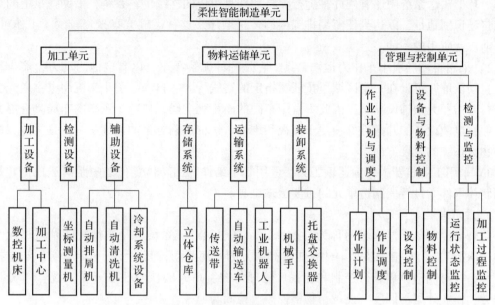

图 5-8　柔性智能制造单元的组成

1. 加工单元

加工单元的功能是以任意顺序自动加工各种工件,并能自动地更换工件和刀具,增加功能后还能自动检测和清洗工件等。加工单元中设备的种类和数量取决于加工对象的要求,一般包括数控机床、加工中心及经过数控改装的机床等加工设备、检测设备(如坐标测量机)以及自动排屑机、自动清洗机和冷却系统设备等辅助设备。这些设备都是数字化设备,即由 CNC 和 PLC 程序控制的设备。

就加工设备而言,对以加工箱体零件为主的柔性智能制造单元配备有镗铣加工中心和数控铣床;对以加工回转体零件为主的柔性智能制造单元多数配备有车削中心和数控车床(有时也有数控磨床);对于能混合加工箱体零件和回转体零件的柔性智能制造单元,既配备有镗铣加工中心,又配备有车削加工中心和数控车床;对于专门零件加工如齿轮加工的柔性智能制造单元,则除配备有数控车床外还配备数控齿轮加工机床。

在加工较复杂零件的柔性智能制造单元中,由于机床上机械刀库能提供的刀具数目有限,除尽可能使产品设计标准化以便使用通用刀具和减少专用刀具的数量外,必要时还需在加工系统中设置机外自动刀库,以补充机载刀库容量的不足。

2. 物料运储单元

物料运储单元(也称物流单元)是柔性智能制造系统的重要组成部分,其功能是完成物料的存储、运输和装卸。物料的存储一般采用带有堆垛机的自动化立体仓库。物料的装卸,对于立式或卧式加工中心一般采用托盘交换器,对于车削加工中心则采用装卸料机械手或机器人。

从立体仓库到各工作站之间的运输可以有多种方案：

1）采用辊道传送带或架空单轨悬挂式输送装置作为运输工具。这类运输工具的运输线路是固定的，形成直线形或环形（通常是封闭的）线路，加工设备在运输线的内侧或外侧。为了能使线路具有一定的储存功能和能变换工件的方向，常在运输线路上设置一些支线或缓冲站。环形输送系统中还有用许多随行夹具和托盘组成的连续供料系统，借助托盘上的编码器能自动识别地址，以达到任意编排工件的传送顺序。这种运输方案投资较少、工作可靠，是目前广泛应用的一种。

2）采用自动导引小车作为运输工具，它是一种无轨小车，以蓄电池为动力，能自动导向、自动认址，可以在一定区域里按任意指定的路线行驶。自动导引小车应用电磁或光学原理进行导引，无须铺设导轨，因此不占用车间的面积和空间，使整个系统的布局具有更大的灵活性，也使设备的开敞性好，便于监视和维修。这种运输方案的柔性最好，是柔性智能制造中物流系统的发展方向。

3）采用工业机器人作为运输工具，适用于小工件和回转体零件的短距离运输，它是加工回转体零件柔性智能制造单元的重要运输工具。

3. 管理与控制单元

管理与控制单元（通常简称为管控单元）属于信息流系统，是柔性智能制造单元及系统的"大脑"，由它指挥整个柔性智能制造单元的一切活动，其主要任务是：组织和指挥制造流程，并对制造流程进行控制和监视。管理与控制单元的核心任务（子系统）可分为三大部分：作业计划与调度、设备与物料控制、检测与监控。

（1）作业计划与调度的功能是，一方面根据上一级下达的生产计划，制订单元生产日程计划，并对计划进行优化，即生产排程；另一方面根据柔性智能制造单元的实时状态，对生产活动进行动态优化调整、控制。因此，通过作业计划和调度，可以组织、指挥和协调加工、运输、检验、工具等各子系统的运行。

（2）设备与物料控制的功能是，根据事先编好的控制程序，通过工业网络进行加工系统的控制、工件流控制、刀具流控制和自动化立体仓库控制。

（3）检测与监控的功能是，完成在线数据的自动采集和处理，对系统运行状态与加工过程进行检测和监控，并及时向作业计划与调度子系统提供有关工况及决策信息。

柔性智能制造单元及由其组成的更大规模的柔性智能制造系统或生产线的管理与控制技术，将在本章最后一部分和第6章详细介绍。

5.2.3 柔性智能制造单元案例

1. 机床零部件加工柔性智能制造单元

日本大隈铁工所（OKUMA）是世界著名的数控机床生产厂商之一。该公司的主要产品包括多种系列和轴数的数控机床、加工中心，以及 OSP 系列数控系统、柔性制造系统和生产线等自动化系统。

图 5-9 所示为该公司针对机床零部件生产的一种典型的柔性智能制造单元。该单元占地 28 m×11.5 m，加工系统部分由 3 台卧式加工中心和一台清洗装置组成，物流系统由一个 20 列×4 层的托板（盘）架和一台堆垛机组成，并配有 4 个加工准备站（即工件装卸站），单元控制器（又称 FMS 控制器）负责该柔性智能制造单元的管理和运行监控。该智

能制造单元能够实现约 150 种、每批 1 ~ 20 件的箱壳类机床零部件的多品种少量生产自动化，可实现夜间无人运转生产，提高生产率。

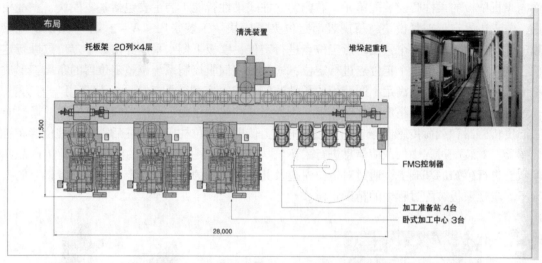

图 5 – 9　某机床零部件加工柔性智能制造单元

2. 叶盘零件柔性智能制造单元

图 5 – 10 所示为某公司针对发动机叶盘零件生产的一个柔性智能制造单元，实际上也是一种规模较小的柔性智能生产线。该单元（系统）占地 18 m × 13 m，加工系统由 4 台 5 轴卧式加工中心和 1 台清洗装置组成，物流系统由 1 台机器人及第七轴移动平台、两个物料库（架）和 2 个装卸站组成。装卸站负责工件和刀具的机外预调装卸，由于配备有 RFID 工件及刀具识别等辅助软硬件，故实现了零件的自动上下料和自动加工。操作位上的工控机（含管控系统软件）与显示大屏负责该系统的管理和运行监控。

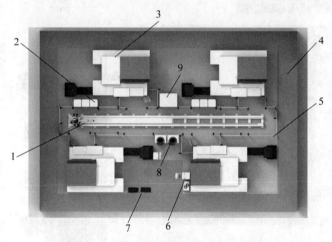

图 5 – 10　某叶盘零件柔性智能制造单元

1—机器人及第七轴；2—物料库×2；3—机床×4；4—安全通道；5—安全围栏；
6—工控机及操作位；7—显示大屏；8—装卸站×2；9—清洗机

该单元能够实现 5 种叶盘零件的批量生产自动化，可实现 24 h 无人值守稳定加工运行。为保障系统的可靠性，系统具备自动、手动两种模式，实现停机不停线、停线不停机。

3. 飞机壁板组件柔性智能装配单元

图 5 – 11 所示为某公司以立柱式数字化柔性工装为基础，通过布置所需传感器而构建的面向飞机壁板的柔性智能装配单元。右侧的立柱式柔性智能工装主要包括基座模块、立柱模块、蒙皮边界定位夹紧模块、蒙皮表面定位夹紧模块。工装采用 "$N-2-1$" 原则定位壁板，即壁板内表面由多个蒙皮内形定位点进行定位，壁板下侧水平边界由 2 个定位点进行定位，壁板竖直边界由 1 个定位点进行定位；通过数字伺服控制系统调整定位器的布局，形成不同的吸附点阵，可以满足不同壁板的柔性装配要求，实现装配工装 "一架多用" 的功能；通过分析影响壁板装配精度的关键因素，选择温度和载荷作为主要的感知信息源，并通过布置温度传感器和载荷传感器等（图 5 – 11 中左上侧即在定位柱以及立柱后端的合理位置布置传感器，对装配过程中的载荷信息进行采集），在对壁板装配过程中的温度、载荷、产品几何状态进行感知的基础上，通过对定位误差及其影响因素的分析，在定位调整决策指令的引导下，实现壁板装配过程中的精确定位。

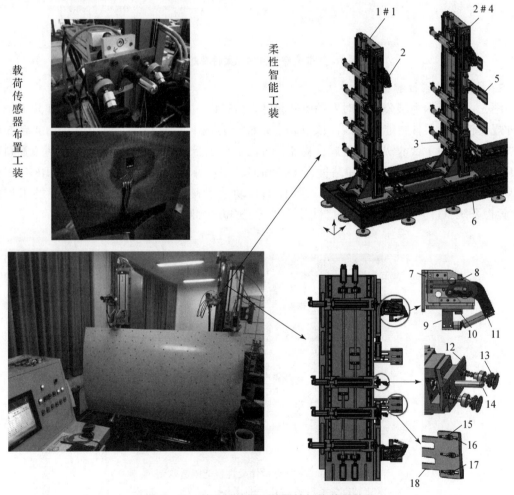

图 5 – 11　某飞机壁板组件柔性智能装配单元

1—1#立柱；2—蒙皮水平边界定位模块；3—蒙皮表面定位模块；4—2#立柱；5—蒙皮竖直边界定位模块；6—基座模块；
7—安装座；8—气缸；9—固定夹头；10—蒙皮挡块；11—移动夹头；12—安装板；13—真空吸盘；14—定位柱；
15—滑动螺钉；16—导槽；17—蒙皮挡板；18—安装板

5.3　智能产线设计与布局

5.3.1　智能产线定义与构成

1. 智能产线定义

智能产线是智能生产线的简称，是按生产单元组织起来完成产品工艺过程的一种生产组织形式。随着产品制造精度、质量稳定性和生产柔性化的要求不断提高，传统产线正在向着自动化、数字化和智能化的方向发展，即发展成了智能产线。智能产线的自动化是通过机器代替人参与劳动过程来实现的；智能产线的数字化主要解决制造数据的精确表达和数字量传递，实现生产过程的精确控制和流程的可追溯；智能产线的智能化可解决机器代替或辅助人类进行生产决策的问题，实现生产过程的预测、自主控制和优化。智能产线与自动化产线相比，具有以下特征：

（1）具有柔性。生产线能够实现快速换模，支持多种相似产品的混线生产和装配，灵活调整工艺，适应小批量、多品种的生产模式。

（2）具有一定冗余。如果出现设备故障，能够调整到其他设备上生产。

（3）具有感知能力。在生产和装配过程中，能够通过传感器或 RFID 自动进行数据采集，实时监控生产状态及驱动执行机构的精准执行；能够通过机器视觉和多种传感器进行质量检测，自动剔除不合格品，并对采集的质量数据进行 SPC 分析，找出质量问题的原因。

（4）具有决策和执行能力。对多样的生产目标和有限的产能拥有优化配置的能力。

（5）具有人机协作能力。针对人工操作的工位，能够给予智能引导。

2. 智能产线构成要素

（1）生产线管控系统

生产线具有计划、控制、反馈、调整的完整管控系统，通过接口进行计划、命令的传递，使生产计划、控制指令、实时信息在整个过程控制系统、自动化体系中透明、及时、顺畅地交互与传递并逐步实现生产全过程的数字化。

（2）核心控制器

生产线具有 PLC、工控机等核心控制器。控制器主要由 CPU、存储器、输入/输出单元、外设 I/O 接口、通信接口及电源共同组成，根据实际控制对象的需要配备编程器、打印机等外部设备，具备逻辑控制、顺序控制、定时、计数等功能，能够完成对各类机械电子装置的控制任务。核心控制器可以收集、读取设备状态数据并反馈给上位机（SCADA 或 DCS 系统），也可以接收并执行上位机发出的指令，直接控制现场层的生产设备。

（3）智能传感器与信息标签

传感器能感受到被测量的信息，并能将感受到的信息变换成为电信号或其他所需形式的信息输出，传感器使智能生产线有了感知、监测能力。RFID、条形码等标签通过射频识别技术、图像识别技术等，可以将物料、在制品、成品等生产信息存储、记录，实时读取。

（4）工业通信网络

工业通信网络总体上可以分为有线通信网络和无线通信网络。有线通信网络主要包括现场总线、工业以太网、工业光纤网络、TSN（时间敏感网络）等，现阶段工业现场设备数据采集主要采用有线通信网络技术，以保证信息实时采集和上传，以便对生产过程进行实时监控。无线通信网络技术正逐步向工业数据采集领域渗透，是有线网络的重要补充，主要包括短距离通信技术（RFID、Zigbee、WIFI 等），用于车间或工厂内的传感数据读取、物品及资产管理、AGV 等无线设备的网络连接；专用工业无线通信技术（WIAPA/FAWirelessHART、ISA100.11a 等）；以及蜂窝无线通信技术（4G/5G、NB–IoT）等，用于工厂外智能产品、大型远距离移动设备、手持终端等的网络连接。

（5）智能制造装备

数控加工中心、装配机器人、智能物流设备等制造装备是智能生产线柔性生产的保障，是智能生产的落地基础。智能制造装备是指具有感知、分析、推理、决策、控制功能的制造装备，它是先进制造技术、信息技术与智能技术的集成和深度融合。在 5.1 节已介绍，目前智能产线或系统中的智能制造装备有数控机床、工业机器人、智能物流设备等。

5.3.2 智能产线的设计过程及方法

智能产线是智能工厂规划的核心环节，企业需要根据生产线要生产的产品族、产能和生产节拍，采用价值流图等方法来合理规划智能产线。智能产线在设计过程中需要考虑生产现场的空间利用率、物品流动、工作者身体条件、设备搬运工具布置和设计，以及增加生产并最有效地利用空间。

智能产线设计的范围包括传输设备、生产设备、通道、工作区域，其中传输设备根据工作者身体条件设计；生产设备根据设备特点决定所需面积和设备数量，并按设备功能布置和设计流程方法；通道根据人和搬运工具考虑宽度设计；工作区域设计间隔、工作高度等。

智能产线在规划设计条件时，要尽量缩短物流动线，布置时考虑交叉和逆行，使物品迅速、顺利地流动；要提升空间效率，由平面性布置转为立体性布置；要进行最佳布置，最大限度地减少建筑物结构上的障碍因素，能灵活改变生产线布置；要考虑安全性，设定适当的工作空间和通道，确保人员、材料、通道布置的效率与安全性，布置易于监督管理。

智能产线规划设计的实施步骤主要包括：系统方案设计、虚拟产线仿真验证、详细技术设计、产线装配与调试、产线试运行与优化和投入生产与维护。

1. 系统方案设计

系统方案设计既要考虑实现产品的制造工艺，满足要求的生产节拍，同时还要考虑输送系统与各专机和机器人之间在结构与控制方面的衔接，通过工序与节拍优化，使生产线的结构最简单、效率最高，获得最佳的性价比。因此，系统方案设计的质量至关重要，需要重点从以下两个方面开展设计：

1）对产品的结构、使用功能及性能、工艺要求、工件的姿态方向、工艺方法、工艺流程、要求的生产节拍、生产线布置场地要求等进行深入研究，必要时可能会对产品的原工艺流程进行调整。

2）确定各工序的先后次序、工艺方法、各工位节拍的时间、各工位占用的空间尺寸、输送线方式及主要尺寸、工件在物送线上的分隔与挡停、工件的换向与变位等。

总体方案设计完成后，组织专家对其进行评审，发现可能的缺陷或错误，避免造成更大的损失。系统方案设计阶段所用的经典方法有系统化布局设计（Systematic Layout Planning，SLP）和生产线（一般为装配线）平衡分析（Assembly Line Balancing Problem，ALBP）。

2. 虚拟产线仿真验证

根据系统方案的整体规划，构建数字化模型，并对该模型进行集成与融合，生成虚拟产线。所形成的虚拟产线必须与现实机床、工业机器人、工件、物料单元实时位置、位姿、速度、状态信息一致，然后根据物理产品的真实工艺路线，将产品生产过程在虚拟产线上虚拟可视化试运行，验证产线设备的摆放布局，以及产线现场的物流、人流、工位、夹具的摆放部位，模拟零件运转、自动上下料以及系统的运动等的可行性。

此阶段通常借助数字化的制造系统或工厂建模与仿真软件进行，例如 Plant Simulation、Quest 和 Flexsim 等。

3. 详细技术设计

系统方案通过虚拟产线全流程可视化虚拟试运行的验收后，即可进行详细技术设计阶段，主要包括机械结构设计和电气控制系统设计。

（1）机械结构设计

产线设计实际上是一项对各种工艺技术及装备产品的系统集成工作，核心技术就是系统集成技术。机械结构设计主要进行各专机的结构设计和输送系统设计。由于目前自动机械行业产业分工高度专业化，因此在机械结构设计方面，通常并不是全部的结构都自行设计制造，例如输送线经常采用整体外包的方式，委托专门生产输送线的企业设计制造；部分特殊的专用设备如机器人也直接向专业制造商订购，然后进行系统集成，这样可以充分发挥企业的核心优势和竞争力。

（2）电气控制系统设计

电气控制系统设计人员首先应充分理解机械结构设计人员的设计意图，并对控制对象的工作过程有详细的了解；然后根据机械结构的工作过程及要求，设计各种用于工件或机构检测的传感器分布方案、电气原理图、接线图、输入输出信号地址分配图、PLC 控制程序、电气元件及材料外购清单等。

详细设计完成后，必须组织专家对详细设计方案及图纸进行评审，对于发现的缺陷及错误及时进行修改完善。

4. 产线装配与调试

在完成各种专用设备、元器件的订购及机加工件的加工制造后，即进入设备的装配调试阶段了，一般由机械结构与电气控制两方面的设计人员及技术工人共同进行。在装配与调试过程中，既要解决各种有关机械结构装配位置方面的问题，包括各种位置调整，又要进行各种传感器的调整与控制程序的试验、优化和部分位置的重新设计，以实现虚拟产线的虚拟试运行效果。这个阶段通常可以借助虚拟调试（Virtual Commission）或数字孪生技术来完成。

5. 产线试运行与优化

在此阶段，所设计的产线必须经过一定时间与一定批量试运行考核的合格率和稳定性等的验证。由于种种原因，通常许多问题只有通过运行才能暴露出来，如设备或部件的可靠性问题等，在试运行阶段必须逐一解决暴露出来的所有问题。

6. 投入生产和维护

产线通过试运行验证后，就能进行产品的正式生产了。产线的长期正常运行离不开正确的操作方法和定期维护。此外还需要系统编制的产线操作说明书、图纸和培训等资料，并对产线工作人员和维护人员进行相关培训，重点关注在线检测设备，定期标定。

5.3.3　智能车间/产线的设施布局设计

1. 设施布局定义及分类

设施布局是指制造企业结合产能规划和经营目标，在给定的实际生产约束条件下，面向产品从原料、零件、部件到成品的制造全过程，合理分配对人员、设备、物料、通道等所需空间，从而获得最大的经济效益。制造系统设施布局按照研究层次不同，可大致分为工厂总体布置和车间设施布局。工厂总体布置主要是解决厂区内各个车间以及其他部门之间的位置及占地面积规划问题。车间设施布局是指有效分配车间内工位、仓储设施、辅助部门等作业单元及设备、工装、通道之间等相互位置、物料搬运的流程和方式。本书主要讲述车间设施布局问题，其中设施不限于生产设施本身，也可以是设备单元、物料处理单元、工作站位、缓存区等。

传统的设施布局设计依赖于设计人员经验，并在忽略市场需求波动的前提下开展布局设计，布局形式保持不变。现代制造企业的布局设计以快速响应市场为导向，随着产品种类、批量、工艺等不断变化，车间设施布局能否动态适应市场需求将成为降低企业生产成本重要因素之一。

根据不同设施之间物流量变化的强度、时间、频率，设施布局可划分为静态布局和动态布局。导致设施间物流量发生变化的主要原因包括以下几点：

1）生产周期缩短；

2）现有的产品设计发生变化；

3）紧急订单或取消订单；

4）产品数量的改变以及相应产品生产调度的调整；

5）替代现有的生产设备。

随着市场竞争的日趋激烈和产品的个性化需求，传统的静态布局已不能适应现阶段敏捷响应的需求。两类布局具体介绍如下：

（1）静态设施布局

静态设施布局假定在整个生产周期内，设备间的物流量恒定不变，忽视了产品种类、批量以及实际工况等因素波动的影响。实际生产中，制造企业在产品、工艺、市场、设备等方面的变化皆有可能引起设施布局的变化，当整个生产周期物流量为常量或者变化较小时，一般采用静态布局方案。对于车间内大型、重量级设备一般采用固定方式，尽可能采用静态布局。

（2）动态设施布局

动态布局方法将整个生产周期划分为多个生产阶段（如年、季度、月、周等），每个生产阶段的物流量为常量，即动态布局可视为由多个静态布局组成，每个生产阶段可视为静态布局问题处理。因此，当制造系统产品需求经常发生变化且可以预测时，一般采用动态布局方法。该方法的优化目标一般是物料搬运成本和重布局费用，因此还需要确保重布局后的物料搬运成本要比原布局搬运成本低。

重布局产生的原因主要包括：设施位置的改变和设施方向的改变。重布局费用可通过以下几种方法获得：

1）重布局成本为固定费用；

2）相同设备位置移动距离与费用呈线性函数关系；

3）在特定时间段内设施移动所产生的费用；

4）由于生产中断、设施移动所产生的费用；

5）综合前 3 种方法。

动态设施布局的重、难点在于对市场需求的预测和重布局费用的精确计算。

2. 设施布局基本形式

设施布局形式主要由制造产品类型和组织形式决定，对于物料系统处理效率、物料搬运成本、生产能力和生产效率均有重要的影响。根据设施之间的位置关系，设施布局基本形式如图 5 – 12 所示，通常分为以下几类：产品导向布局、固定站位布局、工艺导向布局和成组规则布局。

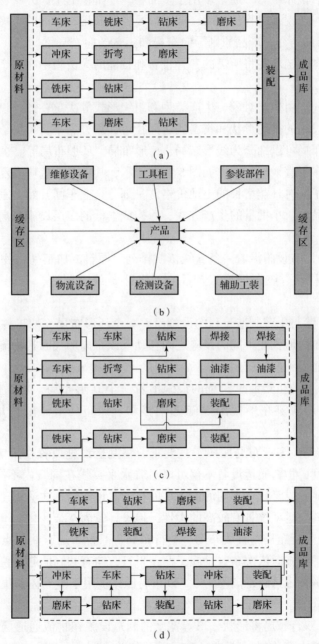

图 5 – 12　设施布局基本形式

（a）产品导向布局；（b）固定站位布局；（c）工艺导向布局；（d）成组规则布局

1）产品导向布局：一般适用于制造、加工或装配某种固定的部件或产品，将各种设备、人员按照加工、装配的工艺路线布置成生产线或者装配线，目前较多地应用于大批量、标准化程度较高行业（汽车、电子）的制造车间。

2）固定站位布局：将制造过程中所需的设备、工装、工具、零部件等都放置在相应的固定站位。一般适用于大型、不易移动的产品，如飞机、船舶。

3）工艺导向布局：按照产品工艺路线，统一集中布置同种类设备和同技能员工，如数控车床组、钻床组、铣床组等。通常多用于多品种、小批量的生产方式，但布局形式一般以考虑工艺特性为主，忽视了对物流效率、成本以及资源利用率方面的考虑。

4）成组规则布局：介于产品原则导向布局和工艺导向布局之间，一般按照工艺路线完成相似零件组所有零件工序并将所需的各种设备和技能的人员集中在一个工作单元。一般多用于中小批量生产。

设施布局形式一般由生产对象、生产类型和组织形式等决定，此外设施布局存在其他的分类标准，如根据设施的排列形状和物料搬运路径可大致分为单行布局、多行布局、多层布局三类，其中单行布局可以细分为线形布局、U形布局、环形布局等。多行布局一般为平行布局、双行布局、多行直线形布局，如图 5-13 所示，其中每个色块表示不同类型的设施或者设备。此外，为了应对日益增长的土地价格，一部分企业车间开始向垂直方向拓展，尤其是针对定制化、多品种、小批量的生产方式，重构成本低的多层设施布局有着较为广泛的应用需求。

1）直线布局。制造设施沿着一条直线依次排列，原料、加工件由物料搬运设备沿着直线在不同的设施间移动。该布局形式产品在一条生产线上制造，有利于减少物流成本和时间。

2）环形布局。参与生产制造过程的设施沿着一个环形布局，加工件或者待装件由物料搬运设备沿着环形布置形式在不同的设施之间移动。该布局形式因其物流控制简单、柔性程度较高且结构简单而得到广泛应用。

3）U形布局。参与生产制造过程的设施沿着一个U形布局，加工件或者待装件由物料搬运设备沿着U形轨迹在不同的设施之间移动。该布局形式较适用于长宽比较小的车间。

4）多行线性布局。多行布局按照工艺要求，将制造设施放置在给定行数的二维空间，每行具有相同的高度，物料搬运设备不仅可以沿着水平直线在同行内不同的设施之间移动，还可以沿着垂直方向完成跨行在不同的设施之间移动。该布局形式适用于产品种类多、工艺复杂的工况，且物料搬运系统具有较高的柔性，但设计较为复杂。

5）平行布局。平行布局与直线布局、单行布局、双行布局有共同点，但区别于上述布局，该布局形式沿平行方向依次布置设施，两条平行方向有共同的起始位置，且相邻设施之间无间隙。此外，平行线之间距离不为0。该布局形式多用于半导体、集成电路行业产线的布置。

6）双行布局。双行布局将形状、不等宽度的制造设施在物流通道两侧放置，物料搬运设备沿着物流通道依次将物料、待装配件运送至各个不同的设施，从而有效减少物料搬运成本。

7）开放式布局。开放式布局是在连续空间内优化配置设施的位置，不拘泥于具体形式，唯一受到的约束是设施之间互不重叠。该布局形式可有效降低设施间的物料搬运成本。

8）多层设施布局。多层设施布局区别于传统的二维平面设施布局，需要同时考虑水平和垂直物流（电梯数量、电梯位置、物流设备运载能力等），实现三维立体式设施布局。该布局形式适用于土地成本高的车间和轻型化、多品种、可移动的产品。

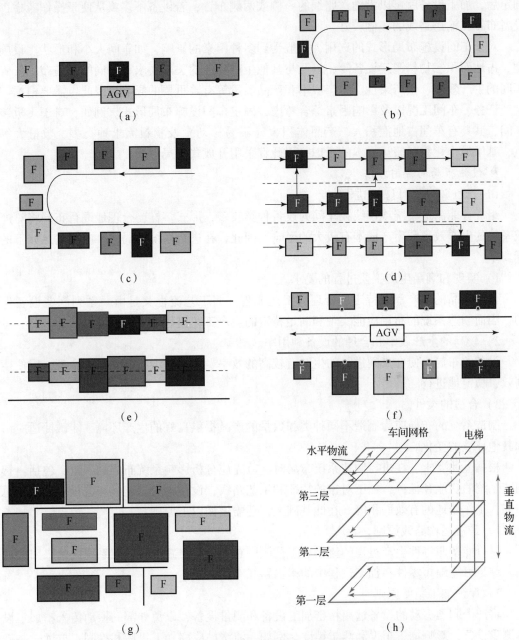

图 5-13　智能生产线/车间中各种形式的设施布局示意（附彩插）

(a) 直线布局；(b) 环形布局；(c) U 形布局；(d) 多行线性布局；(e) 平行布局；

(f) 双行布局；(g) 开放式布局；(h) 多层设施布局

总之，就物料输送路线考虑，设施布局可有一维布局和二维布局，对于工艺路线特别长、零件又不太大的系统还可以布置成楼上楼下的三维布局。所谓一维布局即零件输送按单向或往复的直线运动，适合于工艺路线较短、加工设备不太多的情况；而二维布局即零件输送路线不是成直线，而是成环形或 U 形、L 形运动，适合于工艺路线较长、加工设备较多的制造工艺系统；三维布局可以看成是由两个或多个二维布局的子系统组成。当产品输送路线确定后，加工设备就可以沿输送路线的一侧或两侧布置，若设备不多或从便于操作考虑，则设备布置在输送路线的一侧较好。

对于车间设施布局形式的选用，一般受到多种因素的影响，如车间大小和形状、设施类型、占地面积、物料搬运设备等，以及与其他生产环节的关联要求。不同的设施布局形式对车间的生产效率、生产柔性、生产成本和产品质量等有着重要的影响。因此，需要根据实际生产任务、车间工况以及影响因素综合考虑，确定车间设施布局形式。例如，对于飞机装配车间，其具有车间占地面积大、产品体积大（不易移动）及物料需求种类多、数量大等特点，基于最小化物料搬运成本的考虑，因此宜采用开放式布局形式。

3. 设施布局的常用方法

（1）设施布局的目标和原则

组成智能制造系统或产线或车间的设备种类较多，形式多样，合理地进行布局将对产线或系统的生产效率和生产成本有较大的影响。因此，在进行系统布局时，应能满足如下的目标要求：

1）实现和满足生产工艺过程的要求。

任何产品的生产都有特定、合理的工艺流程，而工艺流程又是由一系列制造设备保证的，因而制造系统的布局应能实现和满足特定的生产工艺流程的要求。

2）较高的生产效率和合理的设备利用率。

设备的布局应使在其间进行的生产有较高的效率，同时各设备能力负荷合理，以使生产高效、稳定地进行。

3）合适的柔性。

制造系统的布局应为制造不同种类和数量的产品提供良好的生产环境，能敏捷适应市场和其他环境的变化。

根据上述要求，在进行制造系统布局时，首先应分析影响系统布局的因素，包括：智能制造系统的功能和任务；加工对象的特征和工艺路线；设备种类、型号和数量；车间的总体布局；工作场地的有效面积等。在此基础上，还需遵循以下原则：

1）最短运输路线原则。

尽可能按照零件生产过程的流向和工艺顺序布局设备，减少零件在系统内的来回往返运输，并尽可能缩短零件在加工过程中的运输路线。

2）保证加工精度原则。

将产生剧烈振动的设备远离精密加工设备和测量设备，以免外部的振动传入精加工设备和测量设备，影响加工精度和测量精度。例如，清洗站应离加工机床和检测工位远一些，以免清洗工件时的振动对零件加工与测量产生不利影响。

3）安全原则。

设备的布局应符合有关安全生产的法令和制度，符合劳动保护法、环境保护的法律和制度，应为工作人员和设备创造安全的生产环境。

4）方便作业原则。

各设备间应留有适当的空间，便于物料运输设备的进入、物料的交换、设备的维护保养等，避免各种不同设备之间的相互干扰。

5）便于系统扩充与集成的原则。

最好按结构化、模块化的原则进行布局，方便于系统的扩充和集成，对通信线路、计算机工作站的分布应兼顾到本系统与其他系统的物料和信息的交换。

（2）从至表法

从至表法是一种试验性布局方法，属于系统化布局设计方法的简化，适用于加工设备在运输线路一侧成直线排列的布局设计。它根据零件在各设备间移动次数建立的从至表，经有限次试验和改进，求得近似优化的布局方案。下面通过具体应用案例来介绍从至表法布局的设计过程。

【例 5 – 1】设某一智能制造系统有 8 台加工设备，各设备成直线排列，每台设备之间的距离大致相等，并假设为一个单位距离。有 6 种不同零件需要在系统内加工，一个计划期内各零件的产量如表 5 – 1 所示。用从至表法确定加工设备的平面布局方案。

表 5 – 1　各零件在一个计划期内的产量

零件	P_1	P_2	P_3	P_4	P_5	P_6	合计
产量	3	5	6	4	2	4	24

第一步：根据每一种零件的工艺方案，绘制综合工艺路线图，如图 5 – 14 所示。

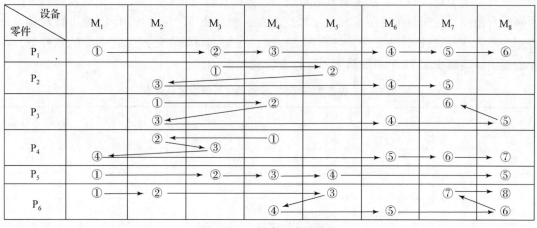

图 5 – 14　综合工艺路线图

第二步：根据零件的综合工艺路线图编制零件从至表。所谓零件从至表就是零件从一台设备至另一台设备移动次数的汇总表，它是一个按设备数 n 确定的 $n \times n$ 矩阵，表中的行为零件移动的起始设备，列为终至设备，行与列交叉格中的数据即为零件在这两台设备间的移动次数，即从至数。表 5 – 2 所示为根据图 5 – 14 所得到的零件从至表。从左上角到右下角对角线 D 的右上方表示按正方向移动的次数，左下方表示逆向移动的次数。所有正向和道向的移动数之和为系统的总移动数。例如，根据图 5 – 14 所示的综合工艺路线图，从设备

M_4 至 M_6，正向移动的有零件 P_1 的工序③到④和零件 P_6 的工序④到⑤，在计划期内零件 P_1 的产量为 3，零件 P_6 的产量为 4。因此零件从设备 M_4 至 M_6 的从至数为 $3+4=7$。

表 5 – 2　初始零件从至表

第三步：计算零件在本排列方式下移动的总距离。由从至表可见，各格子离开对角线 D 的距离越近，表示搬运的距离越短；反之，格子离开对角线的距离越远，表示两设备的距离越远。设从至表中的从至数到对角线 D 的格子数就是这两台设备间距离单位数。在从至表对角线 D 的两侧作平行于 D、穿过各从至数的斜线，按各斜线距对角线 D 的距离进行编号（$i=1$，2，$\cdots$，$n-1$），若编号为 i 的斜线穿过的从至数之和为 j_i，则设备在这种排列下，零件总的移动距离为 $L=\sum ij_i$。如表 5 – 2 所示初始零件从至表中零件总的移动距离为 $L=180$。

第四步：逐步改进从至表，求得较优的布局方案。由上述分析可知，最佳的设备排列应该是使从至表中越大的从至数越靠近对角线 D。因而若调换设备的位置，使运输次数大的格子靠近对角线，将使系统的总运输量下降。例如，将设备 M_7 与设备 M_8 位置进行对调，将得到表 5 – 3 所示的零件从至表。与原方案相比，在加工对象和生产工艺不变的条件下，零件的运输距离减少了 11 个单位长度，计算方法见表 5 – 4。

表 5 – 3　设备 M_7 与 M_8 初对调之后的零件从至表

从＼至	M_1	M_2	M_3	M_4	M_5	M_6	M_7	M_8	合计次数
M_1		8	5						13
M_2			4	6	4				14
M_3	4			5	5				14
M_4		10			2	7			19
M_5		5		4			2		11
M_6							14	5	19
M_7								10	10
M_8							7		7
合计次数	4	23	9	15	11	7	23	15	107

表 5 - 4 零件运输距离计算表

方案	正向运输距离	逆向运输距离
原有方案	$1 \times (8 + 4 + 5 + 2 + 5 + 7) = 31$	$1 \times (4 + 10) = 14$
	$2 \times (5 + 6 + 5 + 7 + 14) = 74$	$2 \times (4 + 10) = 28$
	$3 \times (4 + 2) = 18$	$3 \times 5 = 15$
	小计 123	小计 57
	零件运输总距离 123 + 57 = 180	
改进方案	$1 \times (8 + 4 + 5 + 2 + 14 + 10) = 43$	$1 \times (4 + 7) = 11$
	$2 \times (5 + 6 + 5 + 7 + 2 + 5) = 60$	$2 \times (4 + 10) = 28$
	$3 \times 4 = 12$	$3 \times 5 = 15$
	小计 115	小计 54
	零件运输总距离 115 + 54 = 169	
改进后运输距离减少 11		

（3）定量分析法

制造系统的布局也可以用定量的数学模型进行实施，称为定量分析法。首先对实际布局问题建立优化数学模型，包括目标函数及约束集，然后通过合适的优化算法进行求解，得到制造系统的布局方案。用于定量分析法的算法有很多，包括混合整数规划、二次分配及其他经典运筹学算法，还包括进化计算等人工智能算法。这里通过例子仅介绍一种简单基于矩阵距离的定量分析法。

【例 5 - 2】在二维生产车间内已有一组设备 $P_i(a_i, b_i)$，其中 (a_i, b_i) 为其坐标值，现需要增加一台新设备 $X(x, y)$，假定新设备和现有设备之间的运输成本与两者之间的距离成正比，权重系数为 w_i。问新设备放在哪里可使运输成本为最小？

该问题可以采用定量分析方法来解决。为此，先介绍两点间的矩阵距离的概念。

设有 $A(x_a, y_a)$、$B(x_b, y_b)$ 两点，这两点间的欧几里得距离为两点之间的直线长度，即

$$d(A, B) = \sqrt{(x_a - x_b)^2 + (y_a - y_b)^2} \qquad (5 - 1)$$

而这两点之间的矩阵距离为

$$d(A, B) = |x_a - x_b| + |y_a - y_b| \qquad (5 - 2)$$

在制造系统的布局研究中，常采用矩阵距离进行讨论。根据本例问题的要求，可建立如下求解模型：

$$\min f(X) = \sum_{i=1}^{m} w_i d(X, P_i) \qquad (5 - 3)$$

若将上式中的距离按矩阵距离计算，则模型可改写为

$$\min f(X) = \sum_{i=1}^{m} w_i |x - a_i| + w_i |y - b_i| \qquad (5 - 4)$$

该模型可按以下两个定理进行求解：

定理1：优化的新设备坐标值（x，y）一定等于已有的某一旧设备的坐标值。

定理2：将现有设备的坐标值按 x 或 y 从小到大排列，然后求权重累计和，等于有重累计和一半的那个点的坐标就是最优的新设备的坐标点。

设现有设备为 $m = 5$ 台，各自坐标如表 5-5 所示。

表 5-5　现有旧设备的坐标和权重

设备（i）	x 坐标 a_i	y 坐标 b_i	权重 w
1	1	1	5
2	5	2	6
3	2	8	2
4	4	4	4
5	8	6	8

将现有设备按 x 坐标值的大小排序，如表 5-6 所示；将现有设备按 y 坐标值大小排序，如表 5-7 所示。

表 5-6　现有设备按 x 坐标排序

设备（i）	x 坐标 a_i	权重 w_i	权重累计和
1	1	5	5
3	2	2	7
4	4	4	11 < 12.5
2	5	6	17 > 12.5
5	8	8	25

表 5-7　现有设备按 y 坐标排序

设备（i）	y 坐标 b_i	权重 w_i	权重累计和
1	1	5	5
2	2	6	11 < 12.5
4	4	4	15 > 12.5
5	6	8	23
3	8	2	25

根据定理2和表 5-6、表 5-7 可得，新设备的 x 坐标应为 $x = 5$，y 的坐标为 $y = 4$，其加权距离为

$$\min f(X) = \sum_{i=1}^{m} w_i |5 - a_i| + w_i |4 - b_i| = 105 \qquad (5-5)$$

求解结束。

（4）计算机辅助设施布置

传统的布局设计都要经历模型建立、算法求解两个阶段，但由于设施布局问题自身的复杂性，在有限的时间内难以求得最优解，且用数学优化模型描述的布局问题已做了大量简化，与工程实际有一定的差距。因此，往往需要借助于计算机辅助的设计手段进行设备布局的设计。

早期的设备布局辅助设计手段只有方格纸绘图法、样片法、立体模型法、计算机二维绘图法等。随着计算机技术的发展，出现了计算机辅助布局设计和仿真的商用软件，大大提高了设备布局问题的设计建模、布局求解及布局仿真与交互的效率和质量。计算机辅助设施布置利用计算机的强大功能，帮助人们解决设施布置的复杂任务，为生产系统的设施新建和重新布置提供了强有力的支持和帮助，节省了大量人力和财力，尤其是对大型项目和频繁的重新布置，大大缩短了整个布置、分析、寻优的过程，并且能生成多种布置方案并对其进行评优。

目前计算机辅助设施布局设计（简称布置）的商用软件主要有以下两类：

1）纯粹进行设施规划与设计的软件，如早期的 Factory CAD、FactroyPlan、FactoryOPT、Factory Modeler 和近年来的 Line Designer 等，这些软件中内嵌各种经典的布局优化算法，辅以计算机图形绘制、三维建模及可视化工具，以人机交互方式自动或半自动地进行计算机辅助设施布局设计。

2）在上述规划与设计功能的基础上还包括仿真与性能分析的系统，如 Plant Simulation、Arena、Flexsim、Wintness、Quest 等。这类软件实质上是将设施布局设计与系统仿真功能集成为一体，是今后的主流应用方式，毕竟车间或产线的布局设计会显著影响系统性能，将二者集成起来充分体现了产线规划、设计、评估、验证等活动是一个不可分割的复杂过程。

图 5-15 所示为 FactroyPlan 软件设计的某自行车生产线的布局方案，包括了切割机、折弯机、铸造设备、焊接设备及其他辅助设施。图 5-16 所示为使用西门子 PLM 的 Line Designer 软件，使用模块化、参数化的方式实现三维可视化工厂建模，在三维空间中处理设备空间排布、物流设备设计、通道规划等，消除设计干涉，并保证通过性。

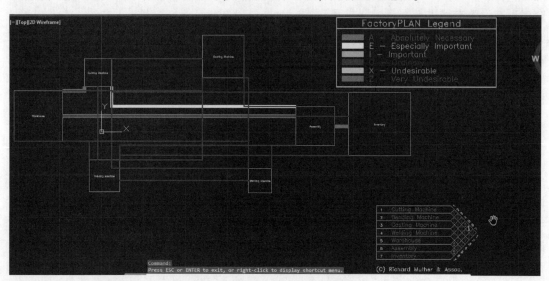

图 5-15　用 FactroyPlan 软件进行某生产线布局设计（二维平面布置）

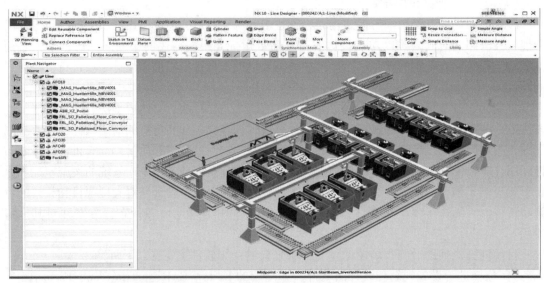

图 5 – 16　用 Line Designer 软件进行某生产线布局设计（三维工厂建模）

（5）虚拟现实和增强现实辅助的设施布局

与过去相比，现代制造系统面临着更多、更高的适应性提升要求，例如在现有的生产线中增加设备达到新的目标产能，或者对现有生产线重新布局，以便适应工艺流程的改变等，这些都要求快速地完成设施规划布局或重布局。采用前面所述的程序化和数学模型的布局方法，很可能不切实际，因为这些方法耗时长、适应性差。随着 VR/AR 技术的发展和应用，VR/AR 辅助的车间设施布局是一种满足上述要求的数字化和智能化新方法，近年来越来越普及。

虚拟现实（VR）是对实际环境的仿真，使用 VR 系统布局设计人员能完全沉浸在虚拟的车间或生产线中。与前面所述几种方法相比，VR 辅助设施布局法是一个交互性强的设计过程，但使用 VR 系统构建整个虚拟车间或生产线的过程是十分耗时的，柔性也不高，不适合对现有设施布局进行重新规划或调整。

增强现实（AR）是通过将计算机模型和数据叠加到真实现场环境上，从而构建虚实融合的环境，这使得 AR 辅助设施布置比 VR 辅助设施布置更加简单有效，因为设施之间的距离、设施占用的总面积和体积等信息在 AR 系统中都能实时记录，当现场布局改变时这些数据都能立即重新计算，从而现场做出判断决策。

图 5 – 17 所示为 AR 辅助设施布局的基本流程。规划设计人员首先必须通过在生产线上设置或定义 AR 标志物（虚实空间坐标系对齐的媒介）建立虚实融合环境，并输入设施的三维模型。其次，确定布局规划所需的某些约束，主要包括设备空间约束和工艺顺序约束。设备空间约束是设备的外形空间尺寸和工作空间，工艺顺序约束是指设备需要按照工艺流程的顺序关系来布置。第三，设计人员可在 AR 环境中通过移动或旋转 AR 标志物进行现场设施的重新布局。接着进行布局数据分析，包括设施 3D 模型之间的空间干涉碰撞距离、物料移动总距离、设施占用总面积等数据，这些布局数据将被实时记录并保存起来，且列表展示。最后，规划人员根据布局数据进行布局方案决策，选择最佳的布局方案。

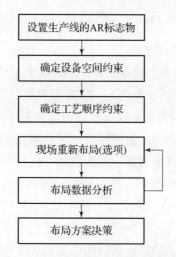

图 5 - 17　AR 辅助设施布局的基本流程

AR 辅助设施布局的一个显著优势是，能够对原有和新设计的布局方案之间的差异进行现场可视化比对，从而指导设计人员在综合评价模型或准则（通常为 AR 辅助软件的内部算法模块）的支持下，将原有布局方案直观地转变为新的布局方案。如图 5 - 18 所示，将需要改变的设施的包围盒用不同颜色和符号可视化显示出来，对于需要移动的设施，其包围盒用淡蓝色填充，对于不再需要的设施用红色填充，而对需要采购新添的设备则在其几何模型的上方标记红色 " + " 号。所有填充颜色都是半透明的，这样可确保不管设施是物理存在还是虚拟叠加的，布局规划人员始终观察到位于下面（视线后面）的设施。

图 5 - 18　AR 辅助设施布局方案的可视化检查比对与指导

5.4　制造系统建模与仿真

智能制造系统或生产线的建设与运行，都需要进行仿真。无论是生产中具体操作过程的设计与优化、制造单元或生产线布局的改造和优化，还是整个工厂、整个流水线作业计划的优化、评价、瓶颈分析等都可借助系统仿真技术来实现。

5.4.1 制造系统建模与仿真的基本概念

1. 制造系统建模与仿真的特点分析

制造系统通常由多个工位和多台设备构成，通过各工位的一系列加工和操作活动，将输入的实体，如原材料、零件或部件或组件等，转变为成品。与其他类型的系统相比，制造系统（以下简称系统）的建模与仿真具有以下特点：

1）各工位的加工和操作时间为定值或服从一定分布。

2）输入实体的到达时间和频率为确定值或服从一定分布。

3）实体（如零件）加工和操作的工序路径相对固定。但是，由于冗余、并行设备的存在，实体在系统中流动的路径往往具有柔性。这也是采用仿真技术的重要原因。

4）加工和操作的对象可能为成批的实体，也可能是单个实体。

5）各工位和设备的可靠性、故障停机时间以及班次安排等对系统性能有重要影响。

6）物料搬运设备的布局及性能参数对系统有很大影响。

7）对高度机械化和自动化的制造系统而言，建模与仿真操作人员通常不是重点考虑因素，但是调度和控制规划对系统性能有显著影响。

8）建模与仿真技术主要关注系统的稳态行为和特征，即统计意义上的系统特征。

建模与仿真常用来评价系统设计方案、优化设计参数以及制定系统调度策略等，成为智能制造系统性能持续改进的决策支持工具。其作用和效果主要体现在以下几方面：

1）为新的制造系统或生产线的规划、设计提供技术支持，帮助工程师改进系统的物理布局，优化物流系统，从而减少系统的占地面积、提高系统的运行效率。

2）用于评价员工的工作效率、加工设备的运营状况，提出合理的生产规则、决策及算法，以改进生产调度、库存管理和物流系统的效率。

3）为立体仓库、物料输送设备等物流设施的优化提供技术支持，用来控制和减少在制品数量，降低库存水平，减少库存成本，以实现准时制生产（JIT）或按订单生产（Make To Order，MTO）。

4）仿真技术还能用来发现系统的瓶颈（Bottleneck）工位，寻找影响系统性能提升的约束条件，并通过去除瓶颈或消除约束来改善和提高系统的性能。

对于智能制造系统的短期决策问题（如实时控制、调度），通常需要建立较为详细的系统模型，以体现模型与系统的相似性，更准确地反映乃至再现系统的实际状况。对于智能制造系统的长期决策问题，由于决策的宏观性和数据的模糊性，模型一般相对粗糙，分辨率较低，不强调与实际系统的逐一对应。

此外，对于设计中或尚不存在的系统，由于先验知识和已知数据非常有限，一般需要根据类似或已有的系统作出假设。因此，开始建模时，模型应尽可能简单，随着对系统特性了解的逐步深入，再不断地完善模型，以便更准确地反映系统实际。

2. 制造系统建模与仿真的对象及建模元素

智能制造系统类型众多、组成复杂、性能要求各异，使得其建模与仿真研究的对象或目标具有多样性。表5-8总结了常见的智能制造系统中的对象及其建模元素。

表 5 – 8　智能制造系统中常见的对象及其建模元素

系统对象	建模元素
车间布局 （Workshop Layout）	车间，面积，距离，加工设备类型及数量，物流设备及数量，成本，时间
操作人员（Operator）	人员类型，生产率，操作时间，单位时间工资，任务，班次
加工设备 （Machining Device）	尺寸，功能，效率，单位时间运行费用，加工，装配，拆卸，检测，清洗，包装，停机时间分布，修复时间分布
物流系统 （Logistics System）	AGV，堆垛机，输送机，存储装置，托盘，货架，叉车，小车，行车，距离，速度，停靠点，存取时间，行驶时间
系统维修 （System Maintenance）	故障类型，故障时间分布，维修设备，维修人员，维修调度策略，维修工具，维修时间分布
产品（Product）	产品名称、类型，工艺流程及时间，数量，所需资源，物料清单（BOM）
生产调度计划 （Production Schedule）	调度目标（时间、成本、效益），任务构成，设备及其参数，调度规则
生产控制计划 （Production Control）	加工任务，加工设备，操作人员，任务分配，控制规则
供应链（Supply Chain）	供应商名称，等级，价格，数量，订单，交货期，交货方式
库存（Storage）	库存容量，库存成本，备件数，在制品，产品，货格数
配送销售 （Distribution Marketing）	配送中心，批发商，零售商，订单，距离，运输方式，运输时间，成本

智能制造系统建模与仿真中具有共性的概念或名词术语及其含义如表 5 – 9 所示。

表 5 – 9　数字化制造系统建模与仿真中的常用术语及其含义

术语	含义
操作（Operation）	操作是指在一个工位对实体的一次作业活动。装夹、切屑加工、装配、拆卸、检测等都是常见的操作。通常，操作会改变实体的物理状态或结构
工位（Workstation）	工位是完成操作的场所或区域。工位可以是一台或几台设备及相关的操作人员
设备（Equipment/Device）	对加工对象完成指定操作（如切削、装配、检测、仓储、物流等）的装备，如机床、小车等

术语	含义
操作人员（Operator）	制造系统中用于完成一定操作或决策的工人或技术员。它们常位于某个工位，有时可完成"设备"的功能，如手工装配线上的工人可以代替机械化设备完成装配工作
工件（Workpiece）	设备、操作人员等处理的对象，如毛坯、零件、元件、子装配体等
托板/托盘（Pallet）	用来收集、存放及运输工件的平板或箱体
主生产计划（Master Production Scheduling）	一个产品在某一个较长的给定时间段的生产计划，通常为企业季度、半年或年度拟生产或销售的产品数
生产计划（Production Plan）	以主生产计划为基础，制定的针对具体产品及零部件的详细的作业安排，也称作业计划，包括加工任务单号、零件号、工件数和完工期限等内容
物料清单（Bill Of Material，BOM）	物料清单也称为产品结构树。由主生产计划和物料清单，可以确定零部件、原材料的采购及生产需求
路径（Path/Route）	加工对象在制造系统中操作和流动的流程或运行轨迹。显然，路径定义了设备之间的关系，也会影响车间布局
瓶颈（Bottleneck）	瓶颈是指制造系统中利用率最高的工位或加工时间需求与可用时间的比值最高的设备，也泛指影响系统性能改善的任何约束条件或限制性因素
决策（Decision）	根据制造系统的状态及资源状况，作出的有关系统运行的决定或选择。系统的决策点越多，柔性越大。制造系统性能受各决策点调度策略的共同影响
规则（Rule）	为各工位、设备及其他系统资源预先定义的规定和准则。仿真时系统将根据资源当前状况为规则覆盖范围内的问题产生合理的控制、调度或决策
设置（Setup）	各工位、设备或其他系统资源为完成新作业所做的设置工作及所需的准备时间
作业（Job）	制造系统需要完成的活动和任务，如待加工的零件、来自顾客的订单等
班次（Shift）	各工位、设备、操作人员等系统资源上班的时间安排，与休息及故障停机等相对应

术语	含义
停机时间（Downtime）	工位或设备等因故障、维修、保养、待料等造成的停产时间，可以是仿真时钟、工位（设备）使用时间、完成加工零件数或实体类型的函数
容量、能力（Capacity）	加工、物流等设备的重要性能指标，可以表示工位一次能接受实体的数量，也可以表征设备的生产效率等
可靠度（Reliability）	一般以平均故障间隔时间（Mean Time Between Failures，MTBF）作为设备的可靠性指标
维修性（Maintainability）	一般以故障平均修复时间（Mean Time To Repair，MTTR）表示设备的维修性能
可用度（Availability）	以一个资源实际可用时间与仿真调度总时间的比值表示。显然，可用度是可靠度与维修性的函数
预防性维修（Preventive Maintenance）	预防性维修是针对系统资源的有计划、有针对性地进行维护与修理，如润滑、清洗、保养，以保证资源的可靠度和可用度

3. 智能制造系统建模与仿真的主要内容

根据仿真功能，可以将仿真技术在智能制造系统中的应用归结为"设计决策"和"运行决策"两种类型。

"设计决策"关注智能制造系统结构、参数和配置的分析、规划、设计与优化，它可以为下列问题的决策提供技术支持：

1）在生产任务一定时，制造系统所需机床、设备、工具以及操作人员的类型和数量。

2）在配置给定的前提下，制造系统的生产能力、生产效率和生产效益。

3）加工设备或物料搬运系统的类型、结构和参数优化。

4）缓冲区（Buffer）及仓库容量的确定。

5）企业及车间的最佳布局。

6）生产线（装配线）的平衡分析及优化。

7）企业或车间的瓶颈工位分析与改进。

8）设备故障、统计及维修对系统性能的影响。

9）优化产品销售体系，如配送中心选址、数量与规模等，降低销售成本。

"设计决策"要解决的是智能制造系统的大问题，需要建立的仿真模型较粗略，很多时候往往借助于数学模型来求解，因此建模快但不准确。

"运行决策"关注智能制造系统运营过程中的生产计划、调度与控制，它可以为以下问题的决策提供技术支持：

1）给定生产任务时，制订作业计划，安排作业班次。

2）制订采购计划，使采购成本最低。

3）优化车间生产控制及调度策略。

4）企业制造资源的调度，以提高资源利用率和实现效益最大化。

5）设备预防性维修周期的制定与优化。

"运行决策"要解决的是智能制造系统的细节问题，需要建立的仿真模型应尽可能详细、准确，因此建模与仿真的时间长但更准确。

5.4.2 制造系统建模与仿真的基本步骤

制造系统属于离散事件系统。离散事件系统是指只有当在某个离散时间点上有事件发生时，系统状态才会发生改变的系统。也就是说，系统的状态仅与离散的时间点有关，当离散的时间点上有事件发生时，系统状态才发生变化。例如，对于单台机床的加工系统，机床的状态（繁忙、空闲、停机等）只有在零件到达、零件完成、机床故障等事件发生时才会改变。

当采用数学模型研究这类离散事件系统的性能时，模型求解大致有两种方法，即解析法（Analytical Method）和数值法（Numerical Method）。解析法采用数学演绎推理的方法求解模型。例如，采用 ABC 法优化库存成本、采用单纯形法求解最佳运输路线问题等。与解析法不同，数值法在对一定假设和简化的基础上建立系统模型，通过运行系统模型来"观测"系统的运行状况，通过采集与处理"观测"数据分析和评价实际系统的性能指标。显然，采用离散事件系统仿真求解模型的方法可归类为数值法。图 5-19 所示为系统实验与模型求解方法之间的关系。

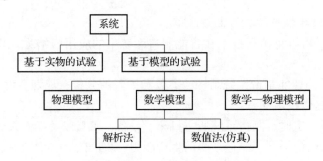

图 5-19 系统试验与模型求解之间的关系

系统建模和仿真研究的目的是分析实际系统的性能特征。图 5-20 给出了系统建模和仿真的应用步骤，总体上可分为系统分析、数学建模、仿真建模、仿真试验、仿真结果分析以及模型确认等步骤，以下简要分析各步骤的基本功能。

（1）问题描述与需求分析

建模与仿真的应用源于系统研发需求。因此，首先明确被研究系统的组成、结构、参数和功能等，划定系统的范围和运行环境，提炼出问题的主要特征和元素，以便对系统建模与仿真研究作出准确的定位和判断。

（2）设定研究目标和计划

根据研究对象的不同，建模和仿真的目标包括性能最好、产量最高、成本最低、效率最高、资源消耗最小等。根据研究目标，确定拟采用的建模和仿真技术，制订建模与仿真研究计划，包括技术方案、技术路线、时间安排、成本预算、软硬件条件以及人员配置等。

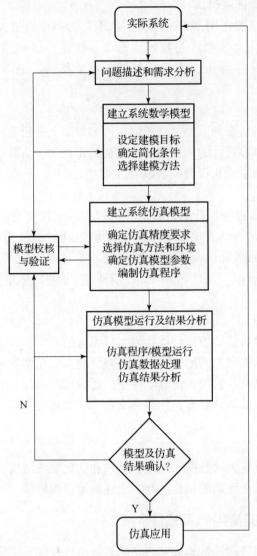

图 5 – 20　系统建模与仿真应用的基本步骤

（3）建立系统的数学模型

为保证所建模型符合真实系统、反映问题的本质特征和运行规律，在建立模型时要准确把握系统的结构和机理，提取关键的参数和特征，并采取正确的建模方法，按照由粗到精、逐步深入的原则，不断细化和完善系统模型。需要指出的是，数学建模时不应追求模型元素与实际系统的一一对应关系，而应通过合理的假设来简化模型，关注系统的关键元素和本质特征。此外，应以满足仿真精度为目标，避免使模型过于复杂，以降低模型和求解的难度。

（4）建立仿真模型

首先确定仿真所需要统计的指标的精度要求；其次选择仿真方法和软件环境，主要有 Plant Simulation、Quest、Arena、Flexsim 等仿真软件；再次根据所收集的系统数据，确定模型参数，如工件到达时间和加工时间、工件品种和比率、工件搬运距离和时间及设备故障时间等；最后，采用仿真软件所提供的各种构件或模块建立仿真程序（模型）。

（5）模型的校核、验证及确认

系统建模和仿真的重要作用是为决策提供依据。为减少决策失误，降低决策风险，有必要对所建数学模型和仿真模型进行校核、验证及确认，以确保系统模型与仿真逻辑及结果的正确性和有效性。实际上，模型的校核、验证及确认工作贯穿于系统建模与仿真的全过程。

（6）仿真试验设计

为了提高系统建模与仿真的效率，在不同层面和深度上分析系统性能，有必要进行仿真试验方案的设计。仿真试验设计的内容包括仿真初始化长度、仿真运行的时间、仿真试验的次数以及如何根据仿真结果修正模型及参数等。

（7）进行仿真试验

仿真试验是运行仿真程序、开展仿真研究的过程，也就是对所建立的仿真模型进行数值试验和求解过程。不同的仿真模型有不同的求解方法。离散事件系统的仿真模型通常是概率模型。因此，离散系统仿真一般为数值试验的过程，即测试当参数符合一定概率分布规律时系统的性能指标。值得指出的是，不同类型的离散事件系统具有不同的仿真方法。

（8）仿真数据处理及结果分析

从仿真试验中提取有价值的信息，以指导实际系统的开发，是仿真的最终目标。早期仿真软件的仿真结果多以大量数据的形式输出，需要研究人员花费大量的时间整理、分析仿真数据，以便得到科学的结论。目前，仿真软件中广泛采用图形化技术，通过图形、图表、动画等形式显示被仿真对象的各种状态，使得仿真数据更加直观、丰富和详尽，这也有利于人们对仿真结果的分析。

（9）优化和决策

根据系统建模和仿真得到的数据和结论，改进和优化系统结构、参数、工艺、配置、布局及控制策略等，实现系统性能的优化，并为系统决策提供依据。

5.4.3　制造系统的常用仿真软件

制造系统仿真所使用的软件就是大家熟悉的系统仿真软件，简称为仿真软件，它已经经历了以下三个阶段的发展：

第一代仿真软件，属于语言建模，有以下特点：其模型是一个较为概要的模型；模型的柔性非常大；需要编程知识。其代表软件有 SLAM、GPSS、SIMULA 等。

第二代仿真软件，属于参数建模，有以下特点：是一个比较简化的模型；只能对预先定义了的模型对象进行一些简单的控制；用户控制需要用编程实现。其代表软件有 Arena、Witness 等。

第三代仿真软件，属于面向对象建模，有以下特点：是一个非常贴近现实的对象模型；软件预先定义了基础对象；通过继承和拷贝基础对象，得到用户定义对象；通过改变属性和灵活的程序控制来完成用户的具体建模；拥有图形化的、面向对象的用户接口。其代表软件有 Plant Simulation、QUEST 等。

目前，市场上已有大量的商品化仿真软件。表 5 - 10 列举了制造系统、物流系统中常用的仿真软件。

表 5 −10　制造系统、物流系统的常用仿真软件

软件名称	开发商	特点	主要应用
Arena	美国 Rockwell Software，Inc	输入、输出数据准确；可实现可视化柔性建模；与 MS Windows 完全兼容且可以定制用户化的模板和面板	制造、物流及服务系统建模与仿真
Witness	英国 Lanner Group	具有很好的灵活性和适应性；采用交互式建模方法，使得建模方便、快捷；系统仿真调度具有柔性；仿真显示和仿真结果输出直观、可视；具有良好的开放性	汽车、物流、电子等制造系统仿真
ProModel	美国 PROMODEL Corp	提供丰富的参数化建模元素；提供多种手段定义系统的输入输出、作业流程和运行逻辑；兼容性好；优化功能强	制造系统、物流系统仿真
Flexsim	美国 Flexsim Software Products，Inc.	面向对象的建模，由对象、连接和方法三部分组成；提供众多的对象类型；仿真引擎可自动运行仿真模型；可利用开放式数据库连接（ODBC）直接输入仿真数据，也可将仿真结果导入到其他应用软件（如 Word、EXCEL）中；可直接导入 3D Studio、VRML、DXF 和 STL 图形文件	物流系统、制造系统仿真
Automod	美国 Brooks Automation 公司	采用内置的模板技术；可快速构建仿真模型；模板中的元素具有参数化属性；具有强大的统计分析能力；动态场景的显示方式灵活	生产及物流系统规划、设计与优化
Plant Simulation	德国西门子公司	具有层次结构化、继承性、模型的可变性和可维护性、对象性的概念；可对高度复杂的生产系统和控制策略进行仿真分析；有专用的应用目标库，可迅速而高效的建模；优化性能好	用于规划、仿真和优化制造厂、生产系统和工艺过程
Quest	法国达索公司	它是柔性的、面向对象的离散事件仿真工具；实时交互能力强；具有强大的图形建模、可视化功能和健壮的导入、导出功能	工艺过程流的设计、仿真和分析

5.4.4　柔性制造系统建模与仿真案例分析

本部分以某小型柔性制造系统为例，在分析该系统组成与布局、加工零件及工艺流程的基础上，基于 Arena 软件建立系统的仿真模型，并分析仿真实验结果。

1. 系统的组成与仿真目标

某柔性制造系统的组成及布局如图 5 - 21 所示，有四个加工单元（Cell），单元 1、2、4 分别只有一台机床，单元 3 有一新一旧两台机床（新机床的加工时间为旧机床的 80%，即对于同样的加工对象，新机床所需加工时间更短些）。该柔性制造系统加工 A、B、C 三种零件，它们的工艺路线各不相同，加工时间（单位为分钟）服从三角分布，具体数据（单元 3 的加工时间为旧机床的时间）见表 5 - 11。例如，零件 A 的工艺路线有 4 个工序：首先在单元 1 的机床上按照三角分布 TRIA（6，8，10）进行加工，之后在单元 2 的机床上按照 TRIA（5，8，10）进行加工，接下来在单元 3 按照 TRIA（15，20，25）进行加工，最后在单元 4 的机床上按照 TRIA（8，12，16）进行加工。

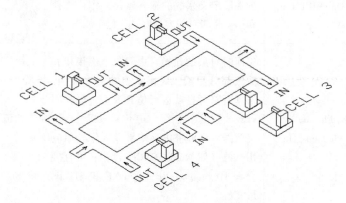

图 5 - 21　某小型柔性制造系统的组成与布局

表 5 - 11　零件的工艺路线及加工时间　　　　　　　　　　　　　　min

零件	加工单元/时间	加工单元/时间	加工单元/时间	加工单元/时间	加工单元/时间
1	1/(6, 8, 10)	2/(5, 8, 10)	3/(15, 20, 25)	4/(8, 12, 16)	
2	1/(11, 13, 15)	2/(4, 6, 8)	4/(15, 18, 21)	2/(6, 9, 12)	3/(27, 33, 39)
3	2/(7, 9, 11)	1/(7, 10, 13)	3/(18, 23, 28)		

三种零件随机混合在一起到达系统，到达时间间隔服从均值为 13 min 的指数分布。零件类型 1、2、3 的比率分别占 26%、48% 和 26%。所有零件从左边到达进入系统，从右边离开，在系统中以顺时针方向运送。该系统由两辆搬运车完成零件运送，顺时针行进，速度为 50 ft①/min，每辆车一次只能搬运一个零件，零件装卸时间均为 0.25 min。表 5 - 12 所示为搬运车在系统中各种可能的运行距离。

───────────

①　1 ft = 0.304 8 m。

表 5 – 12　搬运车的运行距离（包括空车行驶）　　　　　　　　　m

出发地＼目的地	到达站	单元 1	单元 2	单元 3	单元 4	离开站
到达站		37	74			
单元 1	155		45	92	129	
单元 2	118	139		55	147	
单元 3	71	92	129		45	155
单元 4	34	55	92	139		118
离开站	100	121	158	37	74	

建模与仿真的目的是统计该柔性制造系统的资源（各台机床）利用率、队长与排队时间以及各种零件在系统中的逗留时间（从进入到离开）。

2. 系统仿真模型的构建

用 Arena 建立该系统的仿真模型，首先需要利用 Arena 软件提供的基本构件即模块（Module）定义系统的仿真数据和流程，此外还需要使用 CAD 图形或其他图形加入仿真动画元素。Arena 提供的各种模块存放在项目栏的各种面板里，基本上可以分为两大类：流程图模块（Flowchart Module）和数据模块（Data Module）。

流程图模块在仿真模型中用于描述系统的动态过程，可以把流程图模块看成是实体（本例中是零件）流经的结点或者模型起止的过程。Arena 提供的流程图模块主要有到达（Create）、离开（Dispose）、处理（Process）、决策（Decide）、赋值（Assign）、记录（Record）、路径（Route）、站（Station）等，采用不同颜色的长方块来表示。

数据模块定义各种元素（如实体、资源、队列等）的属性，同样也可以创建整个仿真模型所用的各种变量和表达式。Arena 提供的数据模块主要有实体（Entity）、队列（Queue）、资源（Resource）、变量（Variable）、表达式（Expression）、调度（Schedule）、集合（Set）、序列（Sequence）、搬运车（Transporter）、传送带（Conveyor）、距离（Distance）等模块，在面板里表现为像小电子表格形状的图标。实体不会流经数据模块，同时数据模块也不能拖进模型窗口中，实际上数据模块是隐藏在"场景"——系统逻辑的背后，用于定义不同的数值、表达式和条件，即定义仿真模型的数据结构。

对于本例的小型柔性制造系统，其仿真模型的构建主要包括以下内容。

（1）采用数据模块定义系统的数据结构

1）采用序列（Sequence）模块，定义表 5 – 11 所示三种零件的工艺路线，零件在不同工序上的加工时间在其中的工步（Step）中赋值。

2）为了采用不同于序列模块定义加工时间的方法，可采用表达式（Expression）模块定义单元 1 处的三种零件的不同加工时间。

3）采用变量（Variable）模块，定义单元 3 处不同机床的加工时间比例因子。

4）用 Transporter 模块定义系统中所需的搬运车，包括搬运车的名称、数量（本例为

2)、速度（50 ft/min）、距离集、初始位置等信息。其中距离集表示搬运车在不同起止站之间的各种距离，采用 Distance 模块定义，具体数据见表 5－12。值得注意的是，要定义所有的运货路径（11 种）与空车前往装货地点的所有可能路径（14 种），总共 25 种。

5）用集合（Set）模块定义以下各个对象：用资源（Resource）集合定义单元 3 处的两台机床——Cell 3 New 和 Cell 3 Old；实体类型（Entity Type）集合命名为 Entity Types，包括 Part 1、Part 2 和 Part 3 三个集合成员，表示该系统中的三种零件类型；实体图形（Entity Picture）集合命名为 Part Pictures，包括 Picture. Part1、Picture. Part 2、Picture. Part 3，用来表示仿真动画时用不同的图形显示三种零件。

（2）采用流程图模块定义系统的运行逻辑

本例中运行逻辑涉及的流程图模块为到达、处理、离开、站、路径、赋值。图 5－22 所示为该系统仿真模型的逻辑结构，其主要建模过程如下：

1）由于三种不同零件按统一模式（服从指数分布）混合一起到达，故只用一个到达（Create）模块建立零件到达系统的动作，其模块名称为"Create Parts"，并通过赋值（Assign）模块设置零件属性名（用 Part Index 区分零件种类）、零件比率值 [用表达式 DISC（0.26，1，0.74，2，1.0，3）确定三种零件的混合比 26%、48%、26%]，以及三种零件的不同的工艺路线数据。注意工艺路线信息已在数据模块定义，这里只需赋值引用即可。

2）采用四个处理模块分别建立四个单元的加工逻辑，包括名称、动作、资源、加工时间分布及参数等信息。这四个模块的名称分别为 Cell 1 Process、Cell 2 Process、Cell 3 Process、Cell 4 Process，如图 5－22 所示。由于单元 3 有两台不同的设备，因此该单元资源设置不同于其他 3 个单元，且资源处理时间（Delay）的表达式不同。

3）用离开（Dispose）模块建立零件加工完毕后离开系统的逻辑，其模块名称为"Dispose Part"，不用设置其他参数。

4）用工位或站（Station）模块描述系统中各种加工发生以及实体停留的地点（特定区域/场所）。在本例中，实体到达、加工、离开的地点均可看作站，共有 6 个站。站间的运送将实体从一个站送到下一个站，运送方式有多种，包括连接（Connect）、路径（Route）、搬运车（Transporter）和传送带（Conveyor）等方式。本例中采用是的搬运车（Transporter）运送方式。

5）用 Leave 模块和 Enter 模块建立零件在不同站之间的运送逻辑，在零件离开某站之处用 Leave 模块请求搬运车，而在零件进入某站之处用 Enter 模块释放搬运车。具体方法是，在 Leave 模块选择请求搬运车（Request Transporter），填入搬运车的名称，选择某种请求规则（Request Rule）（如最短距离、轮流、随机等规则），并填入相应的装载时间。每个 Leave 模块完成以下四个活动：分配搬运车、把空闲的搬运车移动到请求运送的零件处、产生装载延时、把零件运送到目标站。本例中，共有 5 个 Leave 模块，均采用最短距离规则，装载时间为 0.25 min。值得指出的是，零件加工完毕请求到运送工具后，在等运送工具时也需要在一个相应的队列排队，即运送队列。本模型共有 5 个运送队列（如图 5－23 所示的模型动画部分）。与 Leave 模块相反，在 Enter 模块选择释放搬运车（Free Transporter）时，也需要填入搬运车的名称和相应的卸载间。Enter 模块也完成多个活动：定义站点，产生卸载延时，释放运送工具。

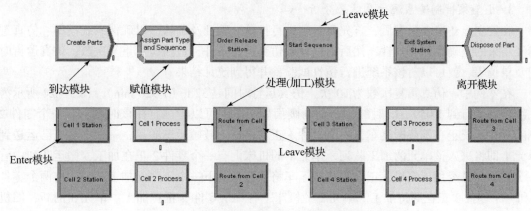

图 5 – 22　小型柔性制造系统仿真模型的逻辑结构

（3）采用图形和符号定义仿真模型的动画部分

为了增强仿真效果，还需要对模型中的背景及布局、实体、站、队列、资源、运送工具、运送路径等进行图形化和符号化，建立模型的动画部分，它是仿真模型的一个重要组成部分。图 5 – 23 所示为该系统仿真模型的动画部分，其主要建模过程及内容如下：

1）将 AutoCAD 的图形文件（DXF 格式）引入动画背景，作为系统的车间布局图。

2）将各流程图模块的动画部分（站、队列、资源）移至适当的位置。其中队列长度可以改变以适应排队零件数目的多少。

3）通过绘图工具定义三种零件的图形，并把所绘制的图形与数据模块中已定义的集合中的零件类型名称（Part 1、Part 2、Part 3）和实体图形名称对应起来，以便仿真运行时直观、形象地显示不同零件在系统中的流转状况。本例中采用带颜色并标有数字圆圈表示不同的零件。

4）通过绘图工具定义每个处理模块中所用资源（即加工单元中的机床）的图形。

5）类似于实体和资源，也可以定义搬运车的图形。

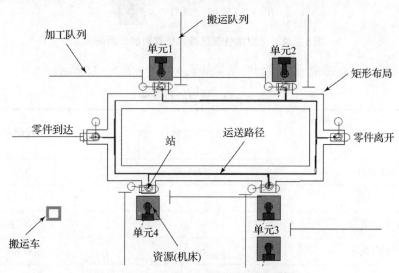

图 5 – 23　小型 FMS 仿真模型的动画部分

3. 小型柔性制造系统仿真结果分析

在建立上述仿真模型后，首先要对它进行校核、验证及确认，以确保系统模型、仿真逻辑及结果的正确性和有效性；然后通过设置仿真运行条件，包括仿真重复次数、仿真运行时间及单位等，就可以对该系统进行仿真试验，并得到统计结果。

在本例中，仿真重复次数为 10 次，仿真运行时间是 32 h（1 920 min）。图 5-24 所示为系统仿真运行到 1 059 min 时的一个动画画面。从图中可以看出，在该时刻，有一个零件 2 刚刚到达系统正在等待搬运车，一个零件 1 正在路径上被搬运车搬运，一个零件 2 已运送到单元 1 即将进入该单元的加工队列。单元 1 的机床上有一个零件 2 正在加工，搬运队列中有一个零件 1 已经加工完毕，正在等待搬运车将它运送到下一个工序。加工队列中有两个零件 2 和一个零件 3 正在等待加工。单元 2 的机床上有一个零件 3 正在加工。单元 3 的新、旧机床上分别有一个零件 3 和 2 正在加工。单元 4 有一个零件 2 正在加工，加工队列中等待加工的零件有两个，一个零件 2 和一个零件 1。

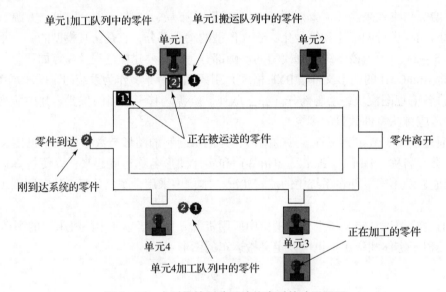

图 5-24　小型柔性制造系统仿真时的动画画面

仿真模拟 32 h 运行结束后，得到的结果如表 5-13～表 5-15 所示。

表 5-13　资源的利用率

指标　　　 资源	加工零件数	利用率
单元 1 机床	131	0.73
单元 2 机床	185	0.74
单元 3 新机床	67	0.76
单元 3 旧机床	61	0.80
单元 4 机床	93	0.75

表 5 – 14　队列的队长与排队时间

资源　　　　　　　　指标	平均队长/个	平均排队时间/min
单元 1 加工队列	1. 13	16. 4
单元 2 加工队列	0. 50	5. 2
单元 3 加工队列	0. 63	9. 5
单元 4 加工队列	0. 57	11. 7
到达站搬运队列	0. 05	0. 72
单元 1 站搬运队列	0. 04	0. 63
单元 2 站搬运队列	0. 04	0. 39
单元 3 站搬运队列	0. 04	0. 58
单元 4 站搬运队列	0. 02	0. 47

表 5 – 15　零件在系统中的性能指标

零件　　　　指标	进入系统数目/个	离开系统数目/个	在制品数目/个	加工时间/min	等待时间/min	运送时间/min	逗留时间/min
零件 1	39	38	2.0	47.9	48.4	6.0	102.3
零件 2	56	53	4.2	77.8	59.3	10.6	147.7
零件 3	37	36	1.8	42.1	44.1	9.2	95.4

　　从表 5 – 13 中可以看出，单元 1 和单元 2 的机床加工的零件数目较多，单元 3 由于有两台机床，因此每台机床加工零件数只有 60 多件。而单元 4 加工零件数最少，这是因为第 3 类零件不用在该单元的机床上加工（见表 5 – 11）。此外，每台机床的利用率均在 70% 以上，表明该小型 FMS 系统的资源利用率较高且工作负荷较均衡。

　　从表 5 – 14 中可以看出，单元 1 和单元 4 处的零件排队等待时间较其他单元要长很多，与仿真过程中所观察到的动画结果（见图 5 – 24）是基本吻合的。

　　分析表 5 – 15 所示的各类零件的性能指标，前三项指标即进入系统、离开系统和在制品的数目比较准确地反映了三种零件的比率（26%，48%，26%）。零件 2 的加工、等待、运送和总的逗留时间都是最长的，这是因为该类零件的工艺路线最长，共有 5 个工序（见表 5 – 11）。三类零件的等待时间都不少，与其加工时间差别不大，占用逗留时间的比重较高，主要是由于三类零件在单元 1 和单元 4 处需要较长的排队时间。

　　综合以上分析，可以考虑在单元 1 增加一台机床，从而减少各类零件的等待时间，达到缩短生产周期、提高生产率的目标。读者可以改进原有仿真模型，并重新运行得到新的统计结果。

5.5　流水生产线平衡设计

　　智能制造系统或生产线有多种多样的形式。多品种小批量的柔性制造系统是一种典型形式，其设计过程中的验证与优化通常通过5.4节的仿真验证方法完成，因为它难以通过建立其准确的数学模型来分析优化。品种相对较少而批量生产的流水生产线也是很重要的一种典型形式，由于流水生产线节拍性较强，并能够建立起准确的数学模型来对其进行设计、分析、验证，因此其设计及验证与优化通常可通过生产线平衡数学模型来完成。

流水生产线平衡是对生产的全部工序进行均衡化，调整作业负荷，使各作业时间尽可能相近的技术手段与方法，是生产流程设计及作业标准化中最重要的方法。流水生产线平衡设计的核心任务就是要确定流水线的生产节拍，给流水线上的各工作地分配负荷并确定产品的生产顺序。

在进行流水生产线平衡设计时，首先要学会使用前导图与山积图对生产线上各项作业活动之间的关系进行描述。前导图是由节点和箭头组成的网络图，可以使用此工具图形化地描述作业以及它们之间的依赖关系，梳理整个工艺路线，有助于后续的计算分析。如图5-25所示，图中每一个圆圈都代表一道作业工序，圆圈内的上方数字为作业编号，下方括号中数字为作业工时，箭头表示作业的依赖关系，箭尾作业为箭头作业的前导作业，表示只有完成箭尾作业才能进行箭头作业。整张图表示该制品需要经过4道工序，工序2和工序3分别受工序1约束，工序4同时受工序2和工序3约束。

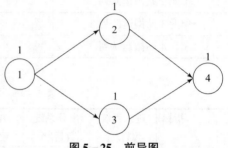

图5-25 前导图

山积图可以是由各个工作地工序的作业顺序堆积而成，可以反映各个工作地的工序能力、工序顺序以及各个工序中不同作业的时间占用情况，可以直观地得到瓶颈工序以及对生产过程进行 ECRS［取消（Eliminate）、合并（Combine）、重组（Rearrange）、简化（Simplify）］分析，如图5-26所示。图5-26所示为将上面的4个作业划分到了2个工作地，每个工作地包括2个作业，自下而上是作业的执行顺序。

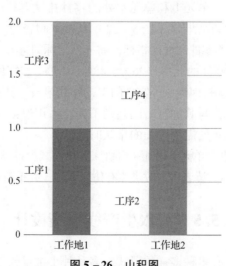

图5-26 山积图

在进行流水生产线平衡设计过程中，还需要注意把握生产线平衡的主要原则：

1）首先应考虑对瓶颈工序进行作业改善，将瓶颈工序的作业内容分担给其他工序。

2）适当增加各作业人员。

3）合并相关工序，重新排布生产工序。

4）分解作业时间较短的工序，将该工序安排到其他工序中。

5.5.1　单一品种流水线生产线平衡设计

1. 确定流水线节拍

节拍，是指流水线上连续出产两个相同制品之间的时间间隔。作为一种重要的期量标准，节拍决定了流水线的生产能力、生产速度和效率，是组织大量流水生产的依据。它是根据计划期内的计划产量和计划期内的有效工作时间确定的。在精益生产方式中，节拍是个可变量，它需要根据月计划产量做调整，此时会涉及生产组织方面的调整和作业标准的改变。

在大量流水生产模式下，节拍的计算公式见式（5-6）：

$$R = T_{效}/Q \tag{5-6}$$

式中　R——节拍（分/件）；

　　　$T_{效}$——计划期有效工作时间（min）；

　　　Q——计划期制品产量（件）。

除计划中规定的任务外，还包括不可避免的废品。

计划期有效工作时间：

$$T_{效} = 计划期制度工作时间\ T_{制} \times 时间利用系数\ K$$

式中　$T_{效} = T_{制} \times K$；时间利用系数 K 一般取值为 0.9 到 0.96 之间。

　　　　计划期制度工作时间 = 全年制度工作日数 × 班次 × 每班工作时间

2. 确定工作地数

（1）计算所需工作地数量

$$S = \frac{T_{定额}}{R} \tag{5-7}$$

式中　S——计算所得生产线所需工作地数量，当计算所得的工作地数不是整数时，实际采用的工作地数应取大于或等于计算值的最小整数，即 $S_e = [S]$；

　　　$T_{定额}$——产品单件时间定额；

　　　R——流水线节拍；

　　　S_e——实际采用的工作地数量。

（2）计算工作地负荷系数

计算所得工作地数与实际采用的工作地数的比值称工作地负荷系数，表示该工作地的负荷程度。

$$E = \frac{S}{S_e} \tag{5-8}$$

式中　E——工作地平均负荷系数，流水线工作地负荷系数应为 0.75 ~ 1.05。

注：除了计算生产线整体的 S、S_e、E 外，上述方法也可以计算某一工序 i 的 S_i、S_{ei}、E_i。

3. 工序同期化

工序同期化是指通过各种可能的技术、组织措施来调整各工作地的单件作业时间，使它们等于流水线的节拍或者与流水线节拍成整数倍关系。

具体措施包括：分解与合并工序；改装机床、改变加工用量、改进工艺装备、合理布置工作地、增加工人等，缩短工序机动时间和辅助时间。

完成平衡后的生产线应满足以下条件：

1）不违反作业先后顺序。

2）对每个工作地必须满足 $\sum\limits_{j \in \{1, \cdots, m\}} T_j \leq R$，即工作地所有作业的时间总和在节拍范围内。

经过工序同期化后，如果流水线的工作地（设备）负荷系数达到 0.85～1.05，则一般可组织连续流水线，在 0.75～0.85 之间组织间断流水线。

【例 5-3】假设某流水线的节拍为 8 分钟/件，由 13 道小工序组成，单位产品的总装配时间为 44 min，各工序之间的装配顺序和每道工序的单件作业时间如图 5-27 所示，试进行工序同期化并计算流水线负荷系数。

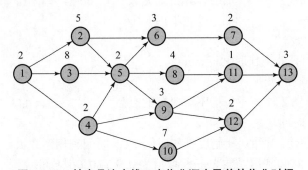

图 5-27　某产品流水线工序作业顺序及单件作业时间

解：1）计算装配流水线上的最少工作地数。

$$S_i = \left\lceil \frac{T}{R} \right\rceil = \left\lceil \frac{44}{8} \right\rceil = \lceil 5.5 \rceil = 6$$

2）工序同期化，由此确定流水线上实际采用的工作地数。工序同期化通过合并工步进行，即将工步分配到工作地，为工作地分配工步需满足的条件：

①保证各工序之间的先后顺序。

②每个工作地的作业时间不能大于节拍。

③每个工作地的作业时间应尽量相等和接近节拍。

④应使工作地的数目最少。

因此，得到表 5-16 所示的工作地分配结果，以及对应的各个工序所属工作地分布图，如图 5-28 所示。

表 5-16　工作地分配结果

工作地顺序号	工序号	工序单件作业时间	工作地单件作业时间	工作地空闲时间
1	1 2	2 5	7	8－7＝1

续表

工作地顺序号	工序号	工序单件作业时间	工作地单件作业时间	工作地空闲时间
2	3	8	8	8 - 8 = 0
3	4 5	2 2	8	8 - 8 = 0
4	10	7	7	8 - 7 = 1
5	6 7	3 2	8	8 - 8 = 0
6	11 12	1 2	6	8 - 6 = 2

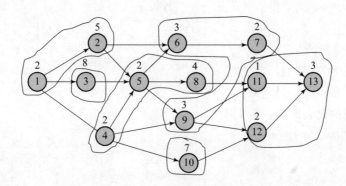

图 5 - 28　某产品流水线工序同期化处理后的工序及工作地分布图

3）计算装配流水线负荷系数。

$$K_i = \frac{S_i}{S_{ei}} = \frac{5.5}{6} = 0.92$$

因此可以组织连续装配流水线。

3. 计算工人人数

为流水线配备工人时，要保证各工作地都能正常工作，还要考虑缺勤率（病、事假等），为流水线准备一部分后备工人。

以手工操作为主的生产线，采用式（5 - 9）计算工人数。

$$P_i = S_{ei} \cdot g \cdot W_i \tag{5 - 9}$$

式中　P_i——第 i 道工序的工人人数；

　　　g——每日工作班次；

　　　W_i——第 i 道工序每一工作地同时工作人数（人/台班）。

以设备加工为主的生产线，采用式（5 - 10）计算工人数。

$$\text{流水线工人总数} = \frac{\sum \text{工序设备数(台)}}{\text{工人平均设备看管定额}\left(\dfrac{台}{人}\right)} \times (1 + \text{后备工人百分比}) \times \text{班次}$$

$$(5-10)$$

5.5.2 多品种流水生产线平衡设计

多品种流水生产线平衡设计过程与单一品种流水线的平衡设计具有相似之处，同样包括了节拍计算、工作地计算、工序同期化处理等步骤，在此基础上还需进行生产平准化处理。

1. 多品种可变流水线平衡设计

（1）计算节拍

可变流水线节拍要对每种制品分别计算，计算方法有以下两种：

1）代表产品法。

在流水线所生产的制品中选择一种产量大、劳动量大、工艺过程复杂的制品为代表产品，将其他产品按劳动量换算为代表产品的产量，然后以代表产品来计算节拍。

假设共生产 n 种产品，以产品 i 作为代表产品，则换算后的总产量为

$$Q = \sum_{k=1}^{n} \frac{Q_k \cdot T_k}{T_i} \qquad (5-11)$$

式中　Q——换算后总产量；

$\quad\quad Q_k$——第 k 种产品的计划产量；

$\quad\quad T_k$——第 k 种产品工时定额；

$\quad\quad T_i$——选择的代表产品 i 工时定额。

各制品的节拍为

$$R_k = \frac{T_{效}}{Q} \qquad (5-12)$$

式中　R_k——第 k 种产品的节拍；

$\quad\quad T_{效}$——计划期有效工作时间。

2）劳动量比重法

按各种制品在流水线上总劳动量中所占的比重来分配有效工作时间，然后据此计算各制品的节拍。

假设生产 n 种产品，总劳动量为

$$L = \sum_{k=1}^{n} Q_k \cdot T_k \qquad (5-13)$$

每种产品的劳动量比重为

$$l_k = \frac{Q_k \cdot T_k}{L} \qquad (5-14)$$

每种产品的节拍为

$$R_k = \frac{l_k \cdot T_{效}}{Q_k} \qquad (5-15)$$

式中　L——总劳动量；

$\quad\quad l_k$——第 k 种产品的劳动量比重。

（2）计算工作地数

$$S_k = \left[\frac{T_k}{R_k}\right] \tag{5-16}$$

式中　S_k——第 k 种产品所需工作地数。

经推导可得所有产品所需的工作地数是相同的。

（3）工序同期化

针对每个品种的产品，用单品种生产线平衡方法计算，此处不再赘述。

2. 多品种混合流水线平衡设计

（1）计算节拍

混合流水线的节拍不是计算某种产品，而是按照产品组计算。

$$R_g = \frac{T_{效}}{Q_g} \tag{5-17}$$

式中　R_g——零件组的节拍；

　　　　$T_{效}$——计划期有效工作时间；

　　　　Q_g——产品组数量，即各制品计划期产量之和。

（2）计算工作地数

$$S = \left[\frac{\sum\limits_{k=1}^{n} Q_k \cdot T_k}{R_g \cdot \sum\limits_{k=1}^{n} Q_k}\right] \tag{5-18}$$

式中　S——所需工作地数；

　　　　Q_k——第 k 种产品的计划产量；

　　　　T_k——第 k 种产品的工时定额。

（3）混合流水线平衡

1）绘制综合工序图。

在进行混线生产时，多个产品可能会有相同的作业工序，不同产品的相同作业应该分配到同一工作地中，所以将多个产品的相同工序合并，形成综合工序图。

2）工序同期化。

与单品种流水线类似，混合流水线平衡时也要满足作业顺序限制和各工作地时间限制，可以按照以下原则进行：按任务所处加工区间分配；作业时间较长的工序（综合时间）优先分配。

工作地时间限制可以表示为

$$\sum_{k=1}^{n} \sum_{j \in \{1,\cdots,m\}} Q_k T_{kj} \leqslant T_{效} \tag{5-19}$$

式中　T_{kj}——第 k 种产品分配到该工作地的工序 j 的作业工时。

给等式两边同时除以计划期总产量 Q_g，可得到以节拍为约束的工作地时间限制：

$$\sum_{k=1}^{n} \sum_{j \in \{1,\cdots,m\}} \frac{Q_k}{Q_g} T_{kj} \leqslant \frac{T_{效}}{Q_g} = R_g \tag{5-20}$$

当产品数量 n 为 1 时，式（5-20）就变成了单品种生产线的约束。

混合流水线评价指标主要有以下几种：

①混合流水线负荷率。

$$E = \frac{\sum\limits_{k=1}^{n} Q_k \cdot T_k}{S \cdot R_g \cdot \sum\limits_{k=1}^{n} Q_k} \tag{5-21}$$

②混合流水线在计划期内的工作时间损失。

$$BD = S \cdot R_g \cdot \sum\limits_{k=1}^{n} Q_k - \sum\limits_{k=1}^{n} Q_k \cdot T_k \tag{5-22}$$

【例5-4】某混合流水线上有 A、B、C 三种产品，平均日产量分别为40台、10台、30台，一个工作日一班，不考虑停工时间，各产品作业顺序如图5-29所示。求混合流水线的节拍 R_g、S_{min}、综合作业顺序图，并进行混合流水线的平衡。

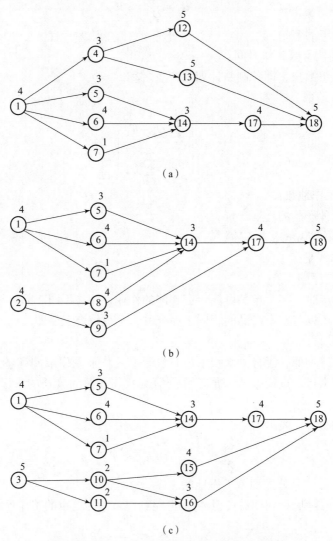

图5-29 A、B、C 三种产品的作业顺序图

（a）A产品；（b）B产品；（c）C产品

解：1）分别计算三种产品的生产周期。

A 产品：　　　　$F_1 = 4+3+3+4+1+5+5+3+4+5 = 37$（min）

B 产品：　　　　$F_2 = 4+4+3+4+1+4+3+3+4+5 = 35$（min）

C 产品：　$F_3 = 4+5+3+4+1+2+2+3+4+3+4+5 = 40$（min）

2）计算混合流水线节拍。

$$R_g = \frac{T}{\sum\limits_{i=1}^{n} N_i} = \frac{1 \times 8 \times 60}{40 + 10 + 30} = 6 \text{（分/台）} \tag{5-23}$$

3）计算最少工作地数。

$$S_{\min} = \frac{\sum\limits_{i=1}^{n} N_i F_i}{c \cdot \sum\limits_{i=1}^{n} N_i} = \frac{40 \times 37 + 10 \times 35 + 30 \times 40}{6 \times (40 + 10 + 30)} \approx 7 \tag{5-24}$$

4）绘制产品 A、B、C 的综合作业图。

针对 A、B、C 三种产品，将相同工序进行归类，不同工序保留先后顺序，形成综合作业图，如图 5-30 所示。

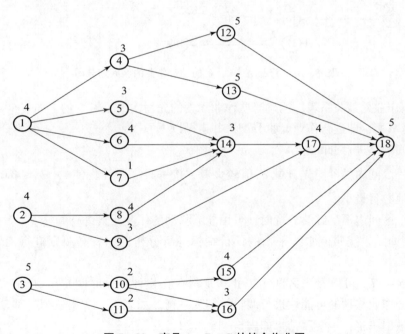

图 5-30　产品 A、B、C 的综合作业图

接下来进行混合流水线的平衡，将综合作业图中各作业元素合并成工序，要求合并后的工序数尽可能小；要求不违反作业先后顺序，同时必须满足处于同一工作地的所有工序作业时间之和要不大于每天一班的工作时间，以及式（5-25）所限制的要求：

$$\sum_{1}^{n} d_i \leqslant T \tag{5-25}$$

具体平衡步骤如下：

1）按作业先后次序将综合作业顺序图划分成区间，如图 5-31 所示，本例 A、B、C 三种产品综合作业图划分成 5 个作业区间。

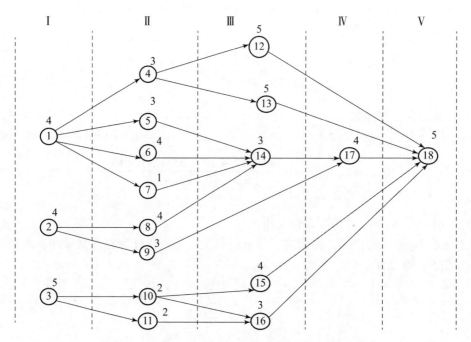

图 5-31　产品 A、B、C 的综合作业的区间划分图

2）编制作业元素关系表，明确哪些作业元素的先后次序是可变的，如表 5-17 所示。

3）进行平衡，即进行作业元素分配，并遵循以下原则：

①按区间顺序进行分配。

②在同一区间内尽可能先分配 d_i 值较大者，按一日一班计，使 $\sum d_i \leqslant 480$ min，尽可能达到工作地数目最小。

③在一个区间内不易继续分配时，可用能够移动的作业元素进行调整。

4）对平衡结果按照流水线平衡的评价指标进行分析，如有必要则进行工序的进一步合并。

通过表 5-17，可以看出区间 Ⅰ、Ⅱ 和 Ⅲ 都存在累计作业时间超出每天一班的生产时间，需要结合作业移动的可能性进行调整，实现平衡。如表 5-17 第三列（移动的可能性）所示，可以做出调整，平衡后结果如表 5-18 所示。

表 5-17　A、B、C 三种产品综合作业的作业元素关系表

区间	作业元素	移动的可能性	d_i	区间	累计
Ⅰ	①		320		
	②		40		
	③	若移⑮⑯，则可移至区间Ⅱ	150	510	510

区间	作业元素	移动的可能性	d_i	区间	累计
Ⅱ	④	若移⑫⑬，则可移至区间Ⅲ	120		
	⑤		240		
	⑥		320		
	⑦		80		
	⑧		40		
	⑨	可移至区间Ⅲ	30		
	⑩	若移⑮⑯，则可移至区间Ⅲ	60		
	⑪	若移⑯，则可移至区间Ⅲ	60	950	1 460
Ⅲ	⑫	可移至区间Ⅳ	200		
	⑬	可移至区间Ⅳ	200		
	⑭		240		
	⑮	可移至区间Ⅳ	120		
	⑯	可移至区间Ⅳ	90	850	2 310
Ⅳ	⑰		320	320	2 630
Ⅴ	⑱		400	400	3 030

表 5 – 18　A、B、C 三种产品综合作业平衡后结果

区间	作业元素	d_i	$\sum d_i$	作业元素的移动	修正后的累计时间	作业工序
Ⅰ	①	320	320			
Ⅰ	②	40	360			1
Ⅰ	③	150	510	移至区间Ⅱ	360	
Ⅱ	④	120			480	
Ⅰ	③	150	150			
Ⅱ	⑤	240	390			2
Ⅱ	⑩	60	450			
Ⅱ	⑥	320	320			
Ⅱ	⑦	80	400			3
Ⅱ	⑪	60	460			

续表

区间	作业元素	d_i	$\sum d_i$	作业元素的移动	修正后的累计时间	作业工序
Ⅱ	⑧	40	40			
Ⅱ	⑨	30	70			4
Ⅲ	⑫	200	270			
Ⅲ	⑮	120	390			
Ⅲ	⑬	200	200			5
Ⅲ	⑭	240	440			
Ⅲ	⑯	90	90			6
Ⅳ	⑰	320	410			
Ⅴ	⑱	400	400			7

再根据混合流水线平衡的评价指标进行平衡效果评价，计算得到：

①混合流水线在计划期内的工作时间损失。

$$BD = S \cdot R \cdot \sum_{i=1}^{n} N_i - \sum_{i=1}^{n} N_i F_i$$

$$= 7 \times 6 \times (40 + 10 + 30) - (40 \times 37 + 10 \times 35 + 30 \times 40)$$

$$= 330(\min)$$

②混合流水线负荷率。

$$E = \frac{\sum_{i=1}^{n} N_i F_i}{S \cdot R \cdot \sum_{i=1}^{n} N_i} = \frac{3\ 030}{3\ 360} = 0.902 = 90.2\%$$

5.6 智能生产线管控系统设计

5.6.1 智能生产线管控系统概述

智能生产线的管控系统（本书简称管控系统或平台），主要以软件系统形式体现，是智能制造系统中除物理系统（Physical System）之外的信息系统（Cyber System）部分，是整个智能生产线的管控中心或"大脑"。管控平台以工控网络或工业物联网为基础，一般包括基础运行环境软件（包括安全防护系统和基础数据管理系统）、数据采集与监控系统、总控PLC系统及驱动机构（与智能制造系统的各类装备相连接）等，通过生产流程管控、生产任务排程、可视化交互管理、基础数据管理、数据安全管理、网络管理与系统集成几大核心模块的分布式协作控制，实现对智能生产线中设备设施的运行控制和任务管理控制。

管控系统是一个开放的智能制造基础平台，可以拓展对接企业云和大数据平台，承接各上层企业信息系统（ERP/MES/CAD/CAM/CAPP/PLM/SCM/OA 等），以便实现制造各环节的高效协同、精益管理、持续改善，形成数字化协同的智能工厂生产运营综合管理平台系统，完善企业生产经营各环节大数据分析，为企业管理决策提供科学依据。

管控系统通过工业网络交换机、路由器、防火墙等将各生产设备和信息系统设备（如系统数据主机即服务器、单元控制工控机、大屏看板以及业务管理 PC 电脑等）组成工控信息网络，也称工业物联网，并通过网络数据接口与上游或高层的 MES/APS 系统数据对接，以及与仓库物流管理系统（WMS）等其他企业信息系统集成。

5.6.2　智能生产线管控系统的架构、组成与数据流

按照制造系统的递阶控制原理和架构，智能生产线管控一般分为车间级（一级）管控和单元级/生产线级（二级）管控。应该指出，单元级管控之下是工作站或设备级的控制，需要控制程序来完成，其内容将在第 6 章详细介绍。因此，智能生产线管控系统或平台通常采用两级管控集成架构，车间级的一级总控系统和各生产线各自配备的二级单元控制系统通过工控网络（工业物联网）集成，将各生产线集成在统一的数字管控平台上，统一调度、统一管理、统一控制。

管控平台（系统）的典型网络拓扑如图 5 - 32 所示。一级总控系统接收各单元控制系统的生产数据并进行统一存储和集中管理，计算、调度各生产线资源（设备、刀具、夹具等）从而平衡生产，监控和展示各产线运行状况。车间级的管控平台软件运行在系统数据主机（服务器）上，通常包含网络管理与系统集成、基础数据管理、生产任务排程、可视

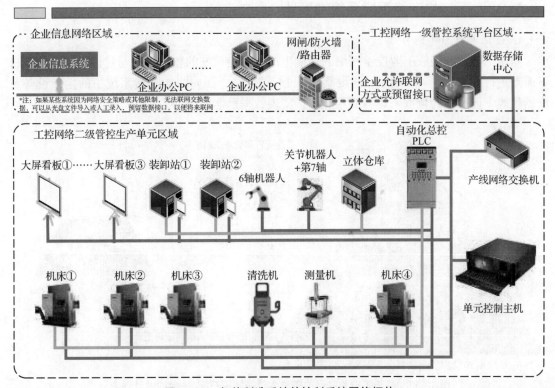

图 5 - 32　智能制造系统的控制系统网络拓扑

化交互管理、数据安全管理等功能模块，可以同时为一个或多个智能制造单元或生产线提供运行服务支持。

二级单元控制系统通常运行在单元控制柜上，由自动化总控 PLC 及其 I/O 通信模块实现。总控 PLC 主要负责智能制造设备（机床、测量机及机器人等）的控制，实现智能制造生产线的流程和逻辑总控。总控 PLC 配备 I/O 模块，监控整个生产线各设备以及安全门、安全开关等安全元器件，保证生产人员安全。单元线级管控系统软件包含数据采集与跟踪监视、生产运行控制、质量控制与管理、报警控制与运行诊断等功能，通过网络和 I/O 信号对各生产设备进行运行控制、对象识别、状态监视、参数测量、过程监护等，完成对应生产线的运行调度控制。

智能生产线管控中的主要数据流控制过程如下：生产线管控平台（系统）接收工厂级信息系统 MES/APS 订单任务数据，与管控平台中的基础数据集成，并按照工艺人员设置的零件毛料、工艺、夹具、刀具等信息，自动安排生产任务；生产线管控平台根据订单进行智能生产任务排程，根据排程结果生成生产资源需求清单，并自动进行生产线内的制造资源匹配检查，提前给出需补充的资源计划清单，以引导方式提示工人完成单元内资源补充并开始生产；生产线管控系统自动向物流机器人系统下发调度指令，按照零件和工序向各加工设备下发加工执行指令，向三坐标测量机等检测设备下发检测指令，自动采集各设备反馈的生产执行过程数据，汇总展示生产进度和操作提示，引导工人完成零件出线操作；生产线管控系统的网络集成管理模块自动向上层工厂信息系统上报输出各类制造过程信息。

5.6.3 智能生产线管控系统的设计

1. 设计思路与原则

基于工业物联网或工业控制网络的智能生产线管控系统的整体设计与建设思路应按照自下而上进行，如图 5－33 所示，主要集中在 L1、L2 层，面向智能制造系统中的生产设备及仪器仪表、传感器的数据采集与应用展示，实现数据赋能制造。

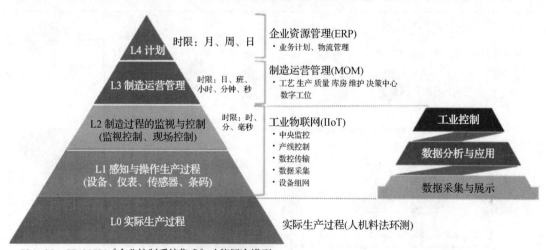

ISA–95、GB 20720《企业控制系统集成》功能层次模型

图 5－33　基于工业物联网的智能生产线管控系统/平台的设计理念

管控系统设计在网络互联、数据互通、系统互操作的方法论指导下，形成从智能感知、泛在联通、数字建模、实时分析、精准控制、迭代优化的闭环逻辑，切实助力企业价值的提升。

管控系统平台在设计上，应按照"互联网 +"技术理念，在满足核心功能的前提下，要考虑前瞻性，长期保持技术先进性。其主要体现以下几个原则。

（1）安全性

采取全面的安全保护措施，具有防黑客攻击措施，以及高度的安全性和保密性；对接入系统的设备和用户，进行严格的接入认证，以保证接入的安全性；系统支持对关键设备、关键数据、关键程序模块采取备份、冗余措施，有较强的容错和系统恢复能力，确保系统长期正常运行。

（2）适应性

充分考虑系统的容量及功能的扩充，方便系统扩容及平滑升级；对运行环境（硬件设备、软件操作系统等）具有较好的适应性，不依赖于某一特定型号计算机设备和固定版本的操作系统软件。

（3）经济性

在满足功能及性能要求的前提下，尽量降低建设成本，采用经济实用的技术和设备，以及现有设备和资源，综合考虑系统的建设、升级和维护费用，符合向上兼容性、向下兼容性、配套兼容和前后版本转换等功能。

（4）实用性

系统提供清晰、简洁、友好的中文人机交互界面，操作简便、灵活，易学易用，便于管理和维护。

（5）规范性

系统选用的组件和开发规范符合国家标准、行业标准和技术规范，具有良好的兼容性和互联互通性。

（6）可维护性

系统操作简单，实用性高，具有易操作、易维护的特点，系统具有专业的管理维护终端，方便系统维护，并且系统具备自检、故障诊断及故障弱化功能，在出现故障时，能及时、快速地进行自维护。

（7）可扩展性

系统具备良好的输入输出接口，可为各种增值业务提供接口，例如 ERP、PLM、MES 等系统。同时，系统可以进行功能的定制开发，以实现与现有软件系统的互联互通。

2. 总体设计

管控系统中工业物联网接入的设备包含多种高端数控加工装备、专用加工装备、测量测试装备及标识装备等，设备检测数据来自多种装备、多种传感器；建立包含工业无线传输、智能网关、分布式边缘计算、标识解析、ETL 等技术的综合数据采集体系，基于工业物联网实现异地多源数据采集并进行高端设备智能在线动态监测，如图 5 - 34 所示。

管控系统由三部分组成：边缘层、平台层和应用层。

1）边缘层的核心是物联网关，依托边缘计算理念，用于采集设备的运行数据，如报警信息、生产件数、电机温度、刀具号等关键信息；也可以实现机床或其他设备的远程管理、

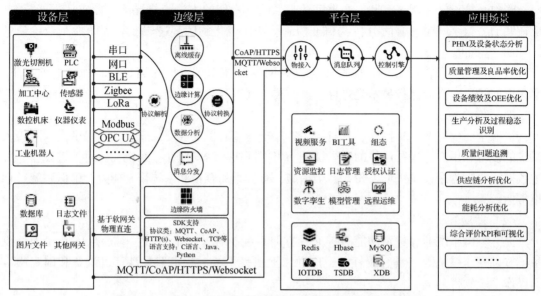

图 5-34　基于工业物联网的智能生产线管控系统的总体设计

参数下发、程序下载等功能；将异构多型的传感器、控制器、设备与工控网互联，并具备数据解析、转换、过滤和汇聚等边缘计算功能；采集到的数据可以灵活地发送到工业物联网平台进行深度分析。

2）平台层是底层设备、网关、协议、点位和设置等信息的管理、输入和输出界面，并负责数据的接收、存储和处理，为上层应用提供数据。

3）应用层是数据的分析和呈现界面，可以是图表，也可以是报表，数据的应用可以分为系统自用和其他系统应用。系统自用应用根据设备或者参数类型分为通用应用和特殊应用。通用应用是符合所有设备的应用场景，如设备的状态监控，可以实时了解设备的当前运行状态，并可以根据历史记录了解设备的历史状态，从而了解设备的运行效率，进一步可以了解设备的工作负荷是否正常；特殊应用通常是根据设备的类型或者某一类参数的特殊场景的应用，如水电气能源监控、环境监测、机床电流电压监控。

5.6.4　车间级管控功能模块

1. 网络管理与系统集成

安全可靠的工业网络系统是智能生产线管控系统稳定运行的基础。网络管理模块可对网络架构进行配置，包括各 IP 网段、路由、带宽、设备 IP、协议等，对生产现场网络和企业网络间防火墙进行管理，根据企业需要配备产线协同系统等进行接口数据交换。

车间级管控的系统集成，一方面通过一级总控系统提供的标准网络数据接口，向上与高层的工厂信息系统如 MES 系统、ERP 系统和 PLM 系统等进行数据交换与集成，实现与工厂业务的协同。一级总控系统所管理的物料、刀具、夹具资源可以通网络数据接口集成到企业数字化运营平台，将产线的物料库、机床刀具库、工具库扩展到全厂范围，共享生产资源，提前预测，生成资源需求计划，要求相关单位提前采购、预置、更新、准备所需资源，在生产过程中，需要调度补充所需资源时能够及时供应，尽量减少缺料、缺刀、缺夹具等造成的产能浪费。

另一方面，通过单元控制系统和网络集成接口，实现与下一级的生产线及其设备（包括加工设备、检测设备、对刀仪、装卸站、清洗机等）的集成，包括生产线的控制集成和信息集成，分别由总控 PLC 负责信号采集和运行控制，单元控制工控机负责业务数据管理和生产流程控制，实现生产线内所有的设备集成及多设备与机器人的自动化协同制造。

网络数据接口采用当前互联网通用传输格式 JSON（JavaScript Object Notation），严格保证按照 JSON 的规范标准发送参数、接收结果数据。WebAPI 采用 RESTFul 架构风格，使用 HTTP 协议，支持 GET、POST、PUT、DELETE 动作。

2. 基础数据管理

基础数据管理模块为生产线管控系统/平台提供运行所必需的各项基础数据，为生产运行流程控制和生产任务排程等模块提供服务。

基础数据包括产品零件定义、订单、物料毛坯、夹具、工艺、NC 程序、测量程序、刀具、加工设备、测量设备、物流设备、仓储设备、操作终端、人员等，可以通过浏览器管理界面新建、编辑、停用、删除各基础数据条目，并可从外部文件、网络数据接口批量导入相关数据，再进行后续整理、审核，通过动态生产排程，生成智能生产线生产所需的操作指示、生产准备提醒清单等。

产品定义数据、毛坯图纸信息、夹具托盘、刀具、设备、NC 程序等在管控系统的基础数据管理模块中进行管理，分别由产品数据管理、物料毛坯数据管理、夹具数据管理、刀具数据管理和设备数据管理及 NC 程序管理等子模块完成。

3. 生产任务排程

生产任务排程模块按照生产线的生产资源及调度策略，将生产订单任务进行自动分解，生成零件加工计划任务列表和工序资源需求列表。生产任务列表经过生产负责人审核后，进入执行任务清单，自动排程，自动执行。

自动排程功能子模块根据生产任务、生产资源数据进行生产任务的自动排产，生成待加工任务序列，并将任务序列传输给生产线级管控系统的生产运行控制模块，由生产运行控制模块对各任务所需资源进行检测及动态调度运行。

生产任务排程模块可以跟踪生产线内各工件生产任务的进度，提前进行排产动态模拟、生产资源计划模拟，实现生产任务高级排程、优化排程组合、排单、插单、动态调整和优化生产资源组合、仿真生产流程等功能。

生产线管控应当具备线内多加工任务快速切换、多种零件混线加工能力，自动识别、跟踪管理各零件类型、工艺规范、工序进度和 NC 程序等，自动调度物料、设置加工参数及推送 NC 程序，实现多种产品混线的柔性化生产。

4. 可视化交互管理

可视化交互管理的内容包括即时运行状态总览图、设备即时状态仪表板、设备效率仪表板、订单统计报表、设备日志报表、报警日志报表、产品加工过程追溯报表等。可视化交互管理模块可实现智能生产中的生产状态可视化，具有实时、多维度数字化展示生产线的状态信息的能力，能观察整体生产线各在线设备、工件和刀具的工作情况及警告提示信息，具备实时分析能力。

可视化交互途径或方式包括控制台人机界面（见图5-35）、浏览器客户端数据管理界面、大屏看板展示界面（见图5-36）、装卸站触摸屏交互终端等。其中大屏看板展示界面可实现设备状态显示、质量数据显示、生产计划显示、生产监控显示，柔性线配置相应电子大屏可进行可视化展示。

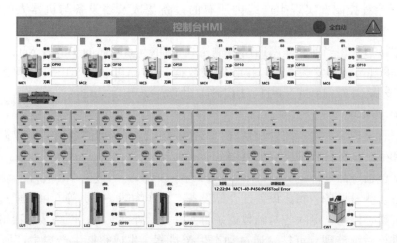

图5-35 某智能生产线管控系统的控制台人机界面

图5-36 某智能生产线管控（控制）系统的大屏幕信息看板界面

5. 数据安全管理

生产线管控系统应具有完善的安全防护措施，以确保系统运行和数据安全。

为保证软件运行稳定可靠，系统具有安全保密机制，实行三员分立权限管理方式，确保信息访问权限控制及访问日志记录。系统具有权限设置功能，能够设置权限、查询权限、使用权限；使用终端只有使用、查询的权限；管理员通过总控机具备查询和更改设置的权限；

审计员可以查看、登录和操作日志。只有身份认证用户才可登录系统。

数据安全是生产线管控系统的生命线，各部分数据在传递、存储时由内嵌的完整性校验机制保证数据不会出现被篡改或其他错误。重要数据以加密方式存储，减小泄密风险。

系统可以定时自动或手动备份数据到本机硬盘或远程网盘，防范硬件故障造成数据损失。生产线管控系统支持自动备份和手动备份两种方式。服务器每天按照设定的时间点，自动备份到配备的专用备份硬盘中。用户也可以根据需要，在控制台系统维护界面，手动备份数据。备份数据可以导出到备份服务器和外部存储介质。

生产线管控系统的服务器通常放置于企业信息中心机房，纳入企业机房的统一备份管理策略中。

5.6.5　单元级管控功能模块

单元级管控的功能主要是完成对生产流程进行操作与控制，即根据上一级的生产任务排程模块生成的待加工任务序列，对各任务所需资源进行监测监控和动态调度运行。单元级管控即二级管控主要包括数据采集与跟踪监视、生产运行控制、质量控制与管理、报警控制与诊断等功能模块。

1. 数据采集与跟踪监视

数据采集与跟踪监视模块实现生产跟踪监视，该模块利用智能识别技术，采集并记录设备的运行状态参数，标记、识别物料及记录其位置和参数，监视、跟踪各生产要素，保持信息空间的虚拟产线模型和物理空间的真实产线运行状态的实时同步，同时为产线运行控制决策提供输入参数和反馈参数，从毛坯上线入库直到产品加工完成、入库、出库下线，实时对产线的整体运行情况、故障情况进行监控，对每个产品生产任务进行完整的生产过程跟踪。如果发生故障情况，能够及时预警并引导用户进行故障排查。

生产任务数据包括当前生产任务序列中各订单信息、完成进度、工件信息、夹具信息、托盘信息、工艺路线、加工工序、加工设备、NC 程序、加工刀具、当班人员、加工起止时间、搬运起止时间、入库时间、质量检测结果，等等。

2. 生产运行控制

生产运行控制模块自动按照规划的生产任务序列和生产资源准备情况、装卸进度等，实时计算当前生产资源需求，按设定的无人值守时段进行资源匹配性校验和预警，提示工人进行资源补充。生产资源准备情况主要包括以下几种：

1）毛坯物料种类、数量；

2）设备可用量、健康状态；

3）刀具齐备状态、设备刀具寿命余量；

4）托盘种类、可用量；

5）夹具种类、可用量，以及中央刀具库的刀具种类、数量等。

生产运行控制模块能根据加工任务列表，一方面自动调用设定的规则算法并自动调度机械手等物流设备搬运托盘、毛坯、工件和刀具等对象在不同的设备和存储位置之间传送，另一方面控制加工、检测等设备按照产品类别、工序状态自动调用相应的数控程序进行加工或测量，并根据上述运行过程中的跟踪、监视结果进行反馈控制。智能制造系统或生产线管控系统中，生产运行控制是关键或核心，将在第 6 章中详细介绍。

3. 质量控制与管理

智能生产线能够通过在线测量设备自动检测加工尺寸和形位精度，分析检测结果和质量趋势，形成质量闭环管理。

质量控制与管理模块采集生产过程中质量检测数据，包括但不限于三坐标测量机、机床在线测量系统、数字化测量仪器的检测数据，并将采集的数据进行统计分析，实现加工过程中的质量预警功能，将质量预警信息反馈至生产线控制系统进行纠偏纠错，并且能够以多种方式展示分析结果。质量数据和产品追溯数据自动绑定，具有测量数据查询、生成产品质量档案等功能，保证产品制造过程中质量信息的可追溯性。

4. 报警控制与诊断

该模块完成生产过程中产生的各种报警信息的统一管理与控制，包括设备故障、软件异常、生产预警等。对报警原因分类管理，按照设定策略执行应急措施、报警通知、结果处理等一系列流程。对于设备，自动发现设备故障并报警，包括系统运行本身产生的报警以及根据实时状态数据计算产生的预警、报警；对于软件，统一管理软件环境及自身系统代码产生的报警，记录报警发生时内部调用参数及电脑资源状态，自动恢复运行或清理停机，发送报警通知。

当发生故障或报警时，该模块可以切换到手动系统操控模式，具有信号确认、设备控制、程序传输、内部数据查看修改等功能，为专业维修维护人员提供系统底层诊断调试手段，及时排除故障或预警。

5.7 小结与习题

本章5.1节介绍了智能制造系统中的主要装备；5.2节阐述了由智能制造装备组成的智能制造单元的知识，介绍了其概念、组成及各部分作用，并给出了典型案例；5.3节进一步讲述了智能生产线或智能制造系统的设计与布局的基本过程及方法，给出了智能产线的基本概念及构成要素，重点介绍了智能产线规划设计的实施步骤及其中要用到的典型方法及工具、设施布局的基本形式和常用方法；为了对智能产线规划设计结果进行验证、分析与优化，5.4节和5.5节从建模与分析角度，分别重点介绍了制造系统建模与仿真的过程及方法、流水生产线平衡设计的过程及方法，并给出了相应的案例分析；最后5.6节从智能制造系统的软件角度阐述了智能生产线（制造系统）管控系统的概念、基本架构及数据流，给出了其设计原则和基于工业物联网的总体设计，并对车间级和单元级的管控模块功能进行了阐述。

通过本章的学习，学生能够准确描述智能制造系统中主要装备的类型、功能、用途及主要组成；解释柔性智能制造单元的概念、组成及各部分作用；描述智能产线设计过程及方法，理解设施布局的基本形式并掌握设施布局的常用方法；能够描述制造系统建模与仿真的作用及基本过程，了解和掌握常用仿真软件的使用方法；能够理解与掌握单品种和多品种流水生产线平衡设计的方法；能够理解和描述智能生产线管控系统的作用、架构、组成与数据流，理解和描述基于工业物联网的智能生产线管控系统的总体设计、车间级管控和单元级管控的主要功能模块及作用，从而为今后智能制造系统研究、设计与开发工作奠定理论和技术基础。

【习题】

（1）试述智能制造系统中主要装备的类型、功用和主要构成部分。

（2）试论述柔性智能制造单元的组成及各部分的作用。

（3）试给出某柔性制造单元实例，并分析其各部分的组成及作用。

（4）智能产线的基本组成和构成要素有哪些？如何设计一条智能产线？

（5）试论述智能产线的设计过程及方法。

（6）设施布局有哪几种基本形式？各有什么特点？

（7）制造系统设施布局的目标与基本原则是什么？

（8）设施布局的常用方法有哪些？分别用于什么场合或阶段？

（9）制造系统的建模与仿真有哪些特点？其作用和效果主要体现在哪些方面？

（10）试述制造系统建模与仿真的主要对象及建模元素。

（11）试述制造系统建模与仿真的基本过程。

（12）试结合某主流仿真软件，以某小型柔性制造系统或某流水生产线为案例，建立其仿真模型并运行，并分析仿真结果。

（13）什么是节拍？大量流水生产模式下，节拍与哪些因素相关？

（14）简述生产线平衡的主要步骤，说明生产线平衡的评价指标及其含义。

（15）什么是智能生产线的管控系统？它的作用是什么？

（16）智能生产线管控一般分为哪两级管控架构？各级的主要管控职能有哪些？这两级是如何集成的？

（17）试述智能生产线管控中主要数据流的控制过程。

（18）在"互联网＋"技术理念下智能生产线管控系统（平台）设计的基本原则有哪些？

（19）试论述基于工业物联网的智能生产线管控系统的总体设计方案及各部分职能的功用。

（20）试结合某具体的智能车间或生产线，设计并说明其基于工业物联网的管控系统总体方案。

（21）试述智能管控系统中车间级管控的主要模块及功能。

（22）试述智能管控系统中单元级管控的主要模块及功能。

第 6 章

智能制造系统运行控制技术

本章概要

本章首先概述智能制造系统的运行控制（管控）的基本任务、结构形式、组成与功能及信息流网络模型，然后重点讲述智能制造装备的各类控制器（系统）及其编程语言和方法，包括可编程控制器、计算机数控装置、机器人控制器，接着讲述智能制造系统中工件、刀具和立体仓库的管理与控制技术，最后介绍制造工艺过程或系统的状态检测与监控的基本原理。

学习目标

1. 能够准确理解并描述智能制造系统运行控制的基本任务、结构、主要功能及递阶控制的信息流网络。

2. 能够理解和解释可编程控制器的原理、组成、分类及应用模式，并掌握其编程语言和编程方法。

3. 能够准确理解和掌握机床运行控制中的数控工艺设计与编程的过程及方法，以及数控机床 CNC 控制原理。

4. 能够理解和解释工业机器人控制器的组成、基本功能、运动控制方式，并掌握其编程语言和编程方法。

5. 能够准确理解并解释包括工件、刀具、立体仓库等物流系统管理与控制的原理、主要任务或功能及主要工作流程。

6. 能够理解和描述制造工艺过程检测监控的基本要求、检测方式和自动检测过程及其方法。

知识点思维导图

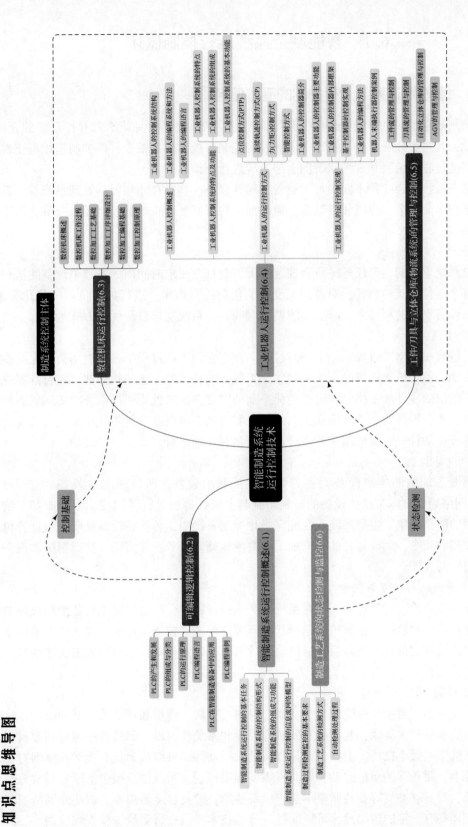

6.1 智能制造系统运行控制概述

6.1.1 智能制造系统运行控制的基本任务

对智能制造系统或生产线的运行控制是管理与控制系统（参见第 5 章管控系统的介绍）的底层功能，其主要任务是分解执行上层管理与控制系统给出的指令，维护制造过程正常运行，并将制造过程的结果和现场状态向上层系统进行反馈。

智能制造系统包含各种不同的加工设备、输送设备、物料存储和刀具管理系统等，其控制系统的结构十分复杂，控制任务繁多，概略地可将智能制造系统的控制任务分解为以下几个主要方面。

1. 作业计划制订

将上级系统下达的生产任务进行合理地分批，制订在要求时间内的各加工设备的运行计划，确定每个零件的流转路径，对各加工设备的负荷进行均衡，进行加工负荷的优化分配，尽可能提高设备资源的利用率，减少系统调整时间，使系统能够以最优的方式运行。

2. 生产过程调度

智能制造系统的生产过程是一个动态过程。在正常的生产过程中，随时都会产生一些不可预见的扰动，例如机床故障的发生、紧急加工任务的插入等。这些扰动都可能打乱原先的作业计划所做出的零件加工排序和设备负荷平衡的安排，这时就要根据系统的实际状态做出适当的调整，改变零件的加工顺序和工艺路线，实时动态地调度安排零件在系统内的流动过程，协调各设备的任务，保证系统的生产过程正常有序地运行。

3. 生产设备控制

智能制造系统中的生产设备大多为数字化控制的设备，即智能制造装备（详见 5.1 节），可用网络通信技术将这些设备的控制系统与上级计算机进行联网控制，构成基于物联网或工控网的网络化集成控制系统。在此网络化控制系统中，各数控设备接受上级计算机的加工任务和控制指令，完成各自的生产加工或物流运储等任务，并将任务执行情况和设备运行状况进行实时反馈。

4. 系统运行状态监测与监控

为保证系统高效、可靠地运行，在系统生产运行过程中，需要实时地对各个组成环节的运行状态进行检测和监控，包括机床运行状态、刀具寿命、在制品存储情况、物料输送系统信息等，将所检测的信息经处理后传送给监控计算机，以实现对异常情况做出快速处理，保证系统的正常运行。

5. 质量控制

制造系统的加工质量往往受到人、机器、材料、方法、测量和环境等因素的影响，这些因素致使产品质量产生波动，其原因有偶然性原因和系统性原因。偶然性原因包括原材料成分的波动、机床的微小振动、刀具的磨损和夹具的松动等，可以认为这些偶然性原因对总体质量影响较小，属正常的质量波动，因而不需要加以控制。系统性原因包括原材料成分显著变化，机床、刀具、夹具等安装调整不当，设备故障，刀具过度磨损等，这些原因所引起的质量波动往往具有一定的规律性，可以通过一定的技术手段进行测量、检查和控制。

本章重点讲述上述任务中与智能制造装备和制造工艺系统执行控制的基础知识，包括控制系统的控制原理、编程方法和语言等以及制造工艺系统监测方法及处理过程。针对作业计划制定、生产过程调度等内容将在本书第 7 章的 7.4 节详细阐述。

6.1.2　智能制造系统的控制结构形式

实际的智能制造系统形式模式多样，规模大小不一，其控制系统结构也有不同形式。智能制造系统的控制系统与其他各类系统的控制系统一样，有集中式、递阶式、分布式和混合式等控制结构模式，如图 6 - 1 所示。

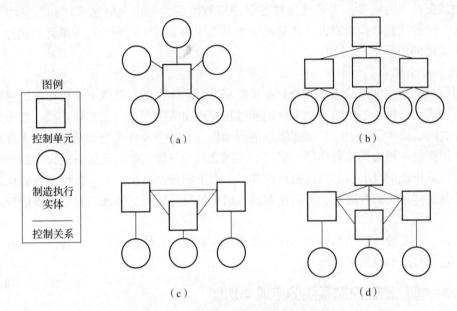

图 6 - 1　智能制造系统的控制结构形式
(a) 集中式控制；(b) 递阶式控制；(c) 分布式控制；(d) 混合式控制

1. 集中式控制结构

这种控制系统结构是由一台功能较强的集中控制计算机单元构成，每一个制造实体都与集中控制单元连接，整个制造工艺系统的信息均由该集中控制单元统一处理，一个全局型数据库记录着整个系统的各种工程活动。显然，这种结构的控制系统可方便共享系统的全局信息，便于进行全局优化，拥有唯一的系统状态信息源，常用于规模较小的控制系统。然而，由于系统的控制完全依赖于唯一的集中控制单元，故随着系统规模的增大、复杂程度的提高，其集中控制单元的负荷加大，系统的响应速度急剧减慢，可靠性变差。此外，这种系统扩展性能差，这是这类控制结构难以克服的不足。

2. 递阶式控制结构

所谓递阶控制，即将一个复杂的控制系统按照其功能分解成若干层次，各层次进行独立控制处理，完成各自的控制任务；层与层之间保持信息交换，上层对下层发出命令，下层向上层回送命令执行结果，通过通信联系构成一个完整的控制系统。递阶式控制结构由多个控制单元共同分担控制任务，分层设置，减小了系统的开发和维护难度，成为稍有规模的制造工艺系统常用的控制结构形式。然而，递阶式控制结构也有其不足，即系统上层的故障会导致系统下层控制的整体瘫痪，以及系统的柔性较差等。

3. 分布式控制结构

随着分布式计算机和通信网络技术的发展，目前出现了比较流行的分布式控制结构。这种结构形式的控制系统是将一个个功能自治的各种制造设备，以一定的通信协议通过网络进行相互连接，构成一个有机的系统整体。分布式控制结构的各个控制单元具有完整的局部自治功能，降低了整个系统的复杂性，使系统的开发成本降低、容错性提高。系统各控制单元之间没有明显的上下级关系，使得系统的更新和重构变得更为容易。然而，分布控制结构也存在某些不足，例如不同控制单元的各种异构计算机及其通信协议之间通信困难，存在着数据重复和数据冲突的趋势；当系统规模达到一定程度后，会产生信息爆炸和信息堵塞的可能。因此，这种控制结构尚需进一步解决异构系统间的兼容性问题，以及单元自主性与系统整体性能优化的矛盾。

4. 混合式控制

合理的控制结构应该是递阶式与分布式控制的结合体，即在总体上采用传统的递阶式的分层控制模式，而每一层中的控制实体则通过相互协商来实现分布式控制功能，各个层面的控制实体之间的协调则由上层控制实体来进行调控。在整个混合式控制结构中，上层对下层的控制作用仅是一种协调监督作用，层与层之间变现为一种松散的连接。这样的控制结构一方面可以保证传统的自下而上的信息反馈和自上而下的控制输出；另一方面也可以保证各个层面中控制实体适当的智能性，即通过在同一层中的交互协商，体现出控制系统的局部自治特性。

可见，上述各种控制结构各有其优点和不足，需根据具体控制系统的特点、任务要求和规模大小选择合适的控制结构形式。

6.1.3 智能制造控制系统的组成与功能

智能制造控制系统的基本结构如图 6-2 所示，一般为递阶式与分布式相结合的控制结构形式，由加工控制子系统、刀具管理控制子系统、物料流控制子系统、状态监控子系统、质量控制子系统及主控系统组成。各类控制子系统接受和执行主控系统的控制指令，完成自身的控制任务，并向主控系统反馈现场数据和控制信息。其中，加工控制子系统主要对加工设备（包括数控机床和工业机器人等）及相关的工件流进行管控，刀具管理控制子系统是对刀具及其流程进行管控，物料流控制子系统是对物料输送设备（如工业机器人、AGV 小车等）、物料存储设备（立体仓库等）及其输送对象即工件、刀具等进行控制。值得指出的是，在上述控制系统中，各子系统内部的逻辑控制和各子之系统之间的逻辑控制都是由可编程控制器来实现的，因此可编程逻辑控制是智能制造系统控制的基础之一，将在本章 6.2 节首先详细讲述，然后分别在 6.3 节和 6.4 节重点讲述数控机床和工业机器人的运行控制，物流系统的管控在 6.5 中讲述，最后在 6.6 节介绍制造工艺系统的状态监控。

主控系统安装在主控计算机上的主要任务或功能包括：与上层系统的网络通信与系统集成，接受上级系统的工作任务；对设备、人员、工件等基础数据进行管理；对上级任务进行分解，制订自身系统的作业计划，控制和调度下级系统的协调运行；监控下级系统的工作状态，经处理汇总后向上级系统反馈，以及对生产线系统的所有数据进行安全管理等。主控系统功能的详细介绍见第 5 章第 5.6 节。

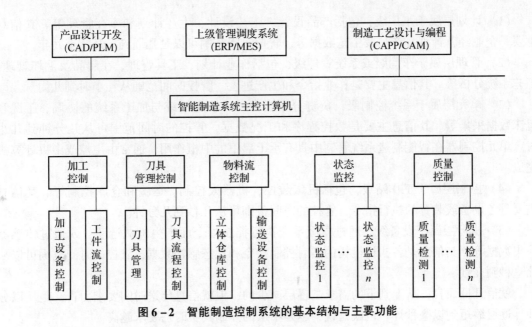

图 6-2　智能制造控制系统的基本结构与主要功能

6.1.4　智能制造系统运行控制的信息流网络模型

为了能使智能制造系统中的各种设备与物流系统自动协调地工作，并且有充分的柔性，迅速响应系统内外部的变化，及时调整系统的运行状态，关键就是要准确地管控信息流，使各个设备之间、工作站之间以及各个层级之间的信息有效、合理地流动，从而保证智能制造系统的计划、管理、控制和执行功能有条不紊地运行。根据企业控制系统的五层递阶管控架构，通常也将它的信息流网络模型划分为五层，如图 6-3 所示。

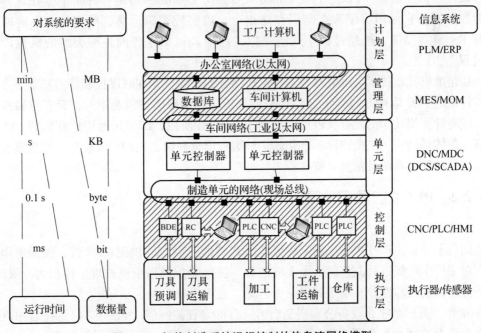

图 6-3　智能制造系统运行控制的信息流网络模型

（1）计划层属于工厂级，包括产品设计、工艺设计、生产计划和库存管理等。其信息主要是企业经营计划、产品及工艺数据等，管控时间范围可以是几周到几月甚至几年。

（2）管理层属于车间级或系统管理级，包括作业计划、工具管理、在制品及毛坯管理、工艺系统分析等。其信息主要是作业指令和生产进度，管控时间范围从几小时到几周。

（3）单元层属于系统控制级，负责分布式数控、输送系统与加工系统的协调、工况和机床数据采集等。其信息主要是数控程序和工况数据，管控的时间范围可从几分钟到几小时。单元控制器在智能制造系统管制中具有承上启下的中枢作用，通常由主控或中央计算机完成。

（4）控制层属于工作站级，包括机床数控、机器人控制、运输和仓库控制等。其信息主要是各设备或装置的执行指令，管控的时间范围可从几秒到几分钟。

（5）执行层属于设备级，通过伺服系统执行控制指令而产生机械运动，或通过传感器采集数据等。其信息是各执行机构的实时控制指令和状态感知数据，管控的时间范围可以从几毫秒到几秒。

就信息量而言，从上到下的需求是逐层减少的，但就信息传送时间要求而言，是从以分钟计逐层缩短到以毫秒计。也就是说，越是下层的控制其实时性要求越高。

就信息系统而言，计划层管控的信息系统是产品生命周期管理（PLM）和企业资源规划（ERP），管理层管控的信息系统是制造执行系统（MES）或制造运营管理（MOM），单元层管控的信息系统是分布式数控系统（DNC）和制造数据采集（MDC），控制层的信息系统是 CNC、PLC 和各种人机界面（HMI）系统。

6.2　可编程逻辑控制

可编程逻辑控制器（PLC，Programmable Logical Controller）是一种基于微处理器的专用工业控制器，它使用可编程存储器存储指令，以实现逻辑运算、顺序控制、定时、计数和算术运算等功能，再通过数字式或模拟式的输入输出来控制各种类型的机械设备或生产过程。

PLC 是微机控制技术与继电器控制技术相结合的产物，是在顺序控制器的基础上发展起来的。传统的 PLC 采用专门设计的 CPU 硬件，功能和编程语言较为单一，只有逻辑控制的功能。随着计算机技术的发展，PLC 发展到了 SoftPLC 阶段，即使用通用计算机的 CPU，形成网络化的体系结构，支持国际标准化的多种编程语言和组态化的开发模式，构成具有开放性和拓展性的控制系统及信息系统。

6.2.1　PLC 的产生和发展

1. PLC 的起源

美国汽车工业生产技术要求的发展促进了 PLC 的产生，20 世纪 60 年代，美国通用汽车公司在对工厂生产线进行调整时，发现继电器、接触器控制系统修改难、体积大、噪声大、维护不方便以及可靠性差，于是提出了著名的"通用十条"招标指标。

1969 年，美国数字化设备公司研制出第一台可编程控制器（PDP‐14），在通用汽车公司的生产线上试用后，效果显著；1971 年，日本研制出第一台可编程控制器（DCS‐8）；

1973 年，德国研制出第一台可编程控制器；1974 年，我国开始研制可编程控制器：1977 年，我国在工业应用领域推广 PLC。

使用 PLC 最初的目的是替代机械开关装置（继电模块）。然而，自从 1968 年以来，PLC 的功能逐渐代替了继电器控制板，现代 PLC 具有更多的功能，其用途已从单一过程控制延伸到整个制造系统的控制和监测。

2. PLC 的发展

20 世纪 70 年代初出现了微处理器，人们很快将其引入可编程逻辑控制器，使可编程逻辑控制器增加了运算、数据传送及处理等功能，完成了真正具有计算机特征的工业控制装置。此时的可编程逻辑控制器为微机技术和继电器常规控制技术相结合的产物。个人计算机发展起来后，为了方便和反映可编程控制器的功能特点，可编程逻辑控制器定名为 Programmable Logic Controller（PLC）。

20 世纪 70 年代中末期，可编程逻辑控制器进入实用化发展阶段，计算机技术已全面引入到可编程控制器中，使其功能发生了飞跃。更高的运算速度、超小型的体积、更可靠的工业抗干扰设计、模拟量运算、PID 功能及极高的性价比奠定了它在现代工业中的地位。

20 世纪 80 年代初，可编程逻辑控制器在先进工业国家中已获得广泛应用，世界上生产可编程控制器的国家日益增多，产量日益上升。这标志着可编程控制器已步入成熟阶段。

20 世纪 80 年代至 90 年代中期，是可编程逻辑控制器发展最快的时期，年增长率一直保持为 30% ~ 40%。在这个时期，PLC 的处理模拟量能力、数字运算能力、人机接口能力和网络能力得到大幅度提高，可编程逻辑控制器逐渐进入过程控制领域，在某些应用上取代了在过程控制领域处于统治地位的 DCS 系统。

20 世纪末期，可编程逻辑控制器的发展特点是更加适应于现代工业的需要。这个时期发展了大型机和超小型机，诞生了各种各样的特殊功能单元，生产了各种人机界面单元、通信单元，使应用可编程逻辑控制器的工业控制设备的配套更加容易。

进入 21 世纪，PLC 进入基于 PC 的 SoftPLC 阶段，PLC 的硬件不再是专用的嵌入式系统，而是用标准的 PC 计算机和 Windows 操作系统，通过对 Windows 操作系统进行实时扩展，可以实现实时控制。基于 IEC61131 - 3 标准进行系统编程和开发，可以实现多核、多任务的开放式控制系统。目前，随着 5G、TSN 等实时通信网络技术的发展，PLC 有向云化控制发展的趋势。

3. 发展趋势

1）网络化：使用现场总线、工业以太网等通信总线控制输入输出模块。

2）多功能：支持多种智能模块，主要有模拟量 I/O、PID 回路控制，通信控制，机械运动控制（如轴定位、步进电动机控制），高速计数等。

3）高可靠性：高可靠性的冗余系统，并采用热备用或并行工作。

4）兼容性：现代 PLC 已经不再是单个的、独立的控制装置，而是整个控制系统中的一部分或一个环节。

5）小型化简单易用：小型 PLC 由整体结构向小型模块化发展，增加了配置的灵活性。

6）编程语言向高层次发展。

6.2.2 PLC 的组成与分类

PLC 的种类繁多，但其组成结构和工作原理基本相同。PLC 专为工业现场应用而设计，采用了典型的计算机结构，主要由中央处理器（CPU）、存储器、输入单元、输出单元、通信接口、扩展接口和电源等部分组成。其中，CPU 是 PLC 的核心，输入单元与输出单元是连接现场输入/输出设备与 CPU 之间的接口电路，通信接口用于与编程器、上位计算机等外设连接。典型的 PLC 系统组成框图如图 6-4 所示。

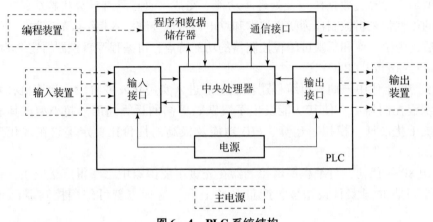

图 6-4 PLC 系统结构

1. 电源

电源用于将交流电转换成 PLC 内部所需的直流电，大部分 PLC 采用开关式稳压电源供电。

2. 中央处理单元

中央处理器（CPU）是 PLC 的控制中枢，也是 PLC 的核心部件，其性能决定了 PLC 的性能。中央处理器由控制器、运算器和寄存器组成，这些电路都集中在一块芯片上，通过地址总线、控制总线与存储器的输入/输出接口电路相连。中央处理器的作用是处理和运行用户程序，进行逻辑和数学运算，控制整个系统使之协调。

3. 存储器

存储器是具有记忆功能的半导体电路，它的作用是存放系统程序、用户程序、逻辑变量和其他一些信息。其中系统程序是控制 PLC 实现各种功能的程序，由 PLC 生产厂家编写，并固化到只读存储器（ROM）中，用户不能访问。

4. 输入单元

输入单元是 PLC 与被控设备相连的输入接口，是信号进入 PLC 的桥梁，它的作用是接收主令元件及检测元件传来的信号。输入的类型有直流输入、交流输入和交直流输入。

5. 输出单元

输出单元也是 PLC 与被控设备之间的连接部件，它的作用是把 PLC 的输出信号传送给被控设备，即将中央处理器送出的弱电信号转换成电平信号，驱动被控设备的执行元件。输出的类型有继电器输出、晶体管输出和晶闸门输出。

PLC 除上述几部分外，根据机型的不同还有多种外部设备，其作用是帮助编程、实现监控以及网络通信。常用的外部设备有编程器、打印机和计算机等。

可编程控制器类型很多，可从控制规模、结构形式等角度进行分类。

（1）按控制规模分

控制规模主要指 PLC 控制开关量的输入、输出点数及控制模拟量的输入、输出路数，主要以开关量的点数来计算，模拟量的路数可折算成开关量的点，一路相当于 8 ~ 16 点。根据 PLC 点数的多少，大致可将 PLC 分为微型机、小型机、中型机及大型机、超大型机。

1）微型机。

微型机控制点仅几十点。如德维森公司的 V80 系列 PLC 本体为 16 ~ 40 点，OMRON 公司的 CPM1A 系列 PLC、西门子的 Logo 仅 10 点。

2）小型机。

小型机控制点可达 100 多点。如德维森公司的 V80 系列 PLC 可扩展到 256 点，OMRON 公司的 C60P 可达 148 点、CQM1 达 256 点，德国西门子公司的 S7 - 200 机可达 64 点。

3）中型机。

中型机控制点数可达近 500 点，以至于千点。如德维森公司的 PPC11 系列可扩展到 1 024 点，OMRON 公司 C200H 机普通配置最多可达 700 多点、C200Ha 机则可达 1 000 多点，德国西门子公司的 S7300 机最多可达 512 点。

4）大型机。

大型机控制点数一般在 1 000 点以上。如德维森公司的 PPC22 系列可扩展到 2 048 点；OMRON 公司的 C1000H、CV1000 当地配置可达 1 024 点，C2000H、CV2000 当地配置可达 2 048 点。

5）超大型机。

超大型机控制点数可达万点，以至于几万点。如美国 GE 公司的 90 - 70 机，其点数可达 24 000 点，另外还可有 8 000 路的模拟量；再如美国莫迪康公司的 PC - E984 - 785 机，其开关量具总数为 32 K（32 768），模拟量有 2 048 路；西门子的 SS - 115U - CPU945，其开关量总点数可达 8 K，另外还可有 512 路模拟量。

（2）按结构划分

根据 PLC 结构形式不同，可以将 PLC 可分为整体式及模块式两大类。

1）整体式

微型机、小型机多为整体式的，但从发展趋势看，小型机也逐渐发展成模块式。整体式 PLC 把电源、CPU、内存、I/O 系统都集成在一个标准机壳内，构成一个整体，组成 PLC 的一个基本单元。一个主机箱体就是一台完整的 PLC，可以实现一定的控制功能。如果控制点数不能满足需要，则可再接扩展单元组成较大的系统，以实现对较多点数的控制。

2）模块式

中、大型 PLC 多采用模块式结构，这也是由大中型 PLC 要处理大量的 I/O 点数的性质所决定的，毕竟数百、上千个 I/O 点不可能集中在一个整体式机壳内。

模块式的 PLC 是按功能分成若干模块，如 CPU 模块、输入模块、输出模块、电源模块，等等。大型机的模块功能更单一一些，因而模块的种类也相对多些；中型机模块的功能也趋于单一，种类也在逐渐增加。模块功能更单一、品种更多，可便于系统配置，使 PLC 更能物尽其用，达到更高的使用效益。

由模块连接成系统有以下三种方法：

①无底板，靠模块间接口直接相连，然后再固定到相应导轨上。

②有底板，所有模块都固定在底板上，底板比较牢固，但槽数是固定的，如3、5、8、10槽，等等。槽数与实际的模块数不一定相等，配置时难免有空槽，由此造成浪费。

③用机架代替底板，所有模块都固定在机架上。这种结构比底板式的复杂，但更牢靠，一些特大型的PLC用的多为这种结构。

6.2.3　PLC 的运行原理

PLC 采用"顺序扫描，不断循环"的方式进行工作。CPU 从第一条指令开始按指令步序号做周期性的循环扫描，如果无跳转指令，则从第一条指令开始逐条顺序执行用户程序，直至遇到结束符后又返回第一条指令，周而复始不断循环，每一个循环称为一个扫描周期，如图 6-5 所示。一个扫描周期主要分为三个阶段：输入刷新阶段、程序执行阶段和输出刷新阶段。

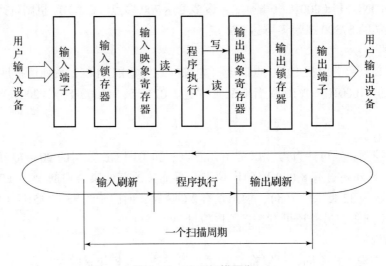

图 6-5　PLC 扫描周期

由于输入刷新阶段是紧接输出刷新阶段后马上进行的，所以亦将这两个阶段统称为 I/O 刷新阶段。实际上，除了程序执行和 I/O 刷新外，PLC 还要进行各种错误检测（自诊断功能）并与编程工具通信，这些操作统称为"监视服务"，一般在程序执行后进行。其中，扫描周期的长短主要取决于程序的长短。

由于每一个扫描周期只进行一次 I/O 刷新，因此 PLC 系统存在输入、输出滞后现象，这对于一般的开关量控制系统不但不会造成影响，反而可以增强系统的抗干扰能力。但对于控制时间要求较严格、响应速度要求较快的系统，就需要精心编制程序，必要时采用一些特殊功能，以减少因扫描周期造成的响应滞后。

6.2.4　PLC 编程语言

PLC 编程语言标准（IEC 61131-3）中定义了五种编程语言，即顺序功能图、梯形图、功能框图、指令表和结构化文本。顺序功能图（SFC）、梯形图（LD）和功能框图（FBD）

是图形编程语言，指令表（IL）和结构文本（ST）是书面语言。

1. 顺序功能图

顺序图用于描述开关控制系统的功能，是一种高于其他编程语言的图形语言，用于编制顺序控制程序。顺序图提供了一种组织程序的图形化方法，根据这种方法很容易画出顺序控制梯形图程序。

2. 梯形图

梯形图是用图形符号及其在图中的关系来表达控制关系的编程语言，它由继电器电路图演变而来，是应用最广泛的 PLC 图形编程语言。梯形图与继电器控制系统的电路图非常相似，直观易懂，便于熟悉继电器控制的电气人员掌握，特别适用于开关逻辑控制。梯形图由触点、线圈和应用说明等组成。触点代表逻辑输入条件，如外部开关、按钮和内部条件。线圈通常代表逻辑输出结果，用于控制外部指示灯和交流接触器等。

梯形图通常有左右两条母线（有时只画左母线），其间是由内部继电器及继电器线圈的常开和常闭触点组成的并联逻辑行（或步骤），每个逻辑行必须从触点与左总线的连接开始，到线圈与右总线的连接结束。

3. 功能框图

这是一种类似数字逻辑门电路的编程语言，有数字电路基础的人很容易掌握。在这种编程语言中，逻辑运算关系由类似于与门和或门的块来表示。块的左边是逻辑运算的输入变量，右边是输出变量，输入和输出端的小圆圈代表非操作。这些块通过电线连接，信号从左到右流动。

4. 指令列表

PLC 的指令是一种类似于微机汇编语言指令的助记表达式。由指令组成的程序称为指令表程序。指令表程序很难读懂，其逻辑关系也很难一目了然，所以设计中一般采用梯形图语言。如果使用手持编程器，则梯形图必须转换成指令表，然后写入 PLC。在用户程序存储器中，指令按步数的顺序排列。

5. 结构化文本

文本（ST）是为 IEC 61131 – 3 标准创建的一种特殊的高级编程语言。与梯形图相比，它可以实现复杂的数学运算，程序非常简单紧凑。IEC 标准不仅提供了多种编程语言供用户选择，还允许程序员在同一个程序中使用多种编程语言，这使得程序员可以选择不同的语言来适应特殊的工作。

6.2.5　PLC 在智能制造装备中的应用

PLC 是为汽车生产线的控制而发明的，但是随着技术的发展，PLC 的应用越来越广泛，在离散控制系统中，PLC 的主要应用形式有：独立控制一台生产装备、作为 CNC 控制器的辅助逻辑控制器、生产单元或生产线主控、开放式智能化软件 PLC 模式。

1. PLC 独立控制模式

目前，大部分的 PLC 具有逻辑运算和控制功能、单轴或多轴点到点控制功能、电子齿轮和电子凸轮控制功能，并可以通过串口或以太网连接 HMI 设备，形成独立的数控机械控制器，图 6 – 6 所示为某钢板飞剪控制机的控制系统组成示意图。

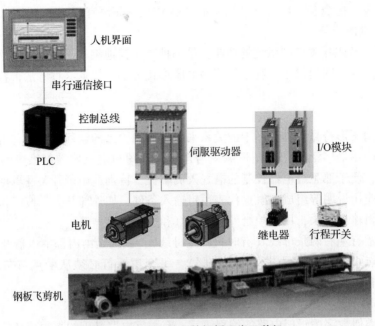

图 6 - 6　PLC 控制的钢板开卷飞剪机

2. CNC 系统内嵌 PLC 模式

　　数控机床需要逻辑控制功能，如限位开关的输入、冷却液控制、主轴启停等功能。随着数控机床逻辑控制功能的日趋复杂，数控系统厂家在数控系统中集成了独立的 PLC，以实现相关功能，如图 6 - 7 所示，西门子 SINUMERIK 840Di sl 数控系统中集成了 MCI（Motion Control Card）卡，在 MCI 卡中集成了 SIMATIC S7 - 300 PLC CPU。

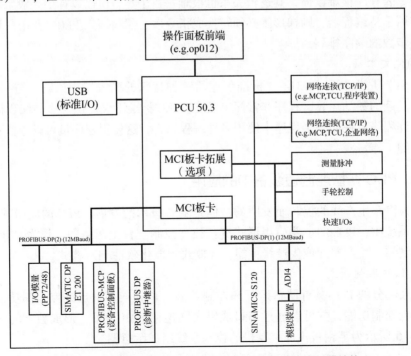

图 6 - 7　西门子 SINUMERIK 840Di sl 数控系统控制器结构

3. 生产线主控 PLC 模式

智能工厂的自动化生产线或生产单元由多台数控机床、工业机器人、清洗设备、线边库等设备组成，这些设备由 PLC 实现成组连线的控制，同时，PLC 又与上位的 MES 或 DNC 控制器通信，实现整个生产线的管控和调度，如图 6 - 8 所示。

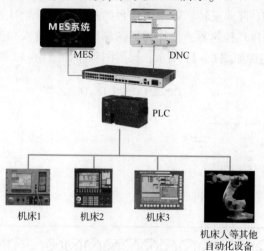

图 6 - 8 生产线主控 PLC 模式示意

4. 开放式智能化软件 PLC 模式

随着微处理器技术、软件技术、控制技术、通信技术的发展，基于 PC 的软件 PLC 控制技术得到了很快的发展。在硬件上，软件 PLC 不再需要专用的 CPU，并使用实时工业以太网扩展各种功能模块。在软件上，可以充分利用 Windows 操作系统的丰富软件资源，使用基于 IEC61131 - 3 标准的集成开发环境，甚至可以使用高级语言开发 PLC 程序。其中典型系统为德国倍福公司的 TwinCAT 系统，它是基于 PC 的软 PLC 控制系统，将开发调试和运行环境集成到微软的 Visual Studio 中，可以使用 C/C++ 作为实时应用程序的编程语言，并支持与 MATLAB/Simulink 的链接。在这种系统中，五轴数控系统这种复杂的应用也可以作为 PLC 的一个任务，实现 PLC 与 CNC 的深度融合。

6.2.6 PLC 编程举例

如图 6 - 9 所示，试设计一个工作台自动往返循环控制线路，其中工作台向左运动由电动机 M1 正转控制，向右运动由电动机 M1 反转控制。要求：

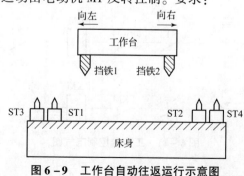

图 6 - 9 工作台自动往返运行示意图

1）按下启动按钮 SB1，电动机 M1 启动、正转，带动工作台向左前进，达到左端时停止，行程开关 ST1、ST3 安装在工作台的左端，ST3 为终端保护。

2）1 min 后电动机 M1 自动反转，带动工作台向右前进，达到右端时停止，行程开关 ST2、ST4 安装在工作台的右端，ST4 为终端保护。

3）30 s 后电动机 M1 自动正转，带动工作台向左前进，开始往返循环运动。

基于西门子 S7 系列 PLC 控制器，使用梯形图编程，PLC 输入和输出元件连接如图 6－10 所示，工作台控制电气连接如图 6－11 所示，梯形图程序如图 6－12 所示。

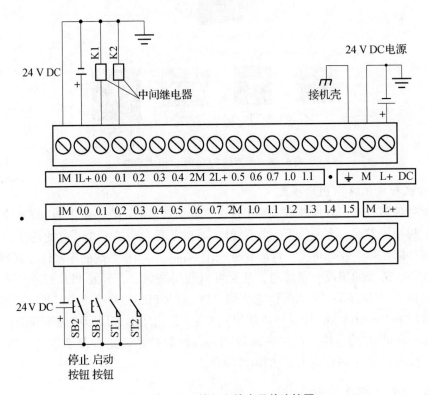

图 6－10　PLC 输入和输出元件连接图

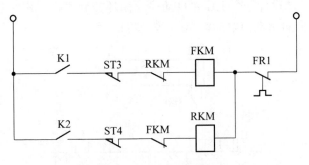

图 6－11　工作台控制电气图

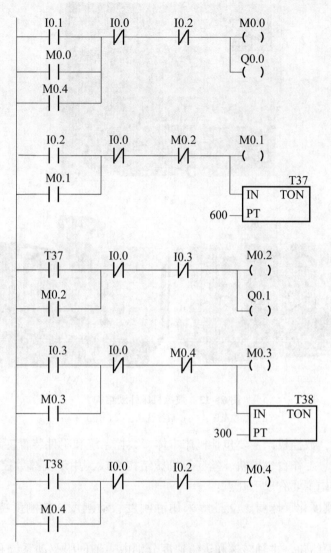

图 6 – 12　PLC 梯形图程序

6.3　数控机床运行控制

6.3.1　数控机床概述

数控机床是采用 CNC（Computer Numerical Control）技术的自动化机床，它能够根据输入的数控加工程序，经运算处理发出各种控制信号，从而控制机床的动作，以便按模型或图纸要求的形状和尺寸，自动地将零件加工出来。数控机床广泛应用于机械制造、汽车工业、航空航天等领域，在智能制造中发挥着重要作用。

按照机床结构和加工范围，数控机床可分为数控车床、数控铣床和加工中心等，图 6 – 13 所示为三种数控机床的外观结构。

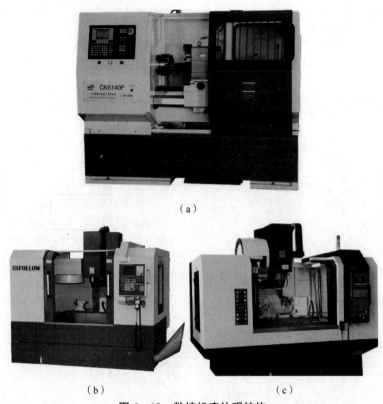

图 6 – 13 数控机床外观结构

(a) 数控车床；(b) 数控铣床；(c) 加工中心

从外观上来看，数控机床主要包括机床本体、数控系统和附件装置三大部分。机床本体主要由床身、立柱、工作台、导轨、丝杠等机械结构组成，用于支撑数控机床的其他部分。数控机床的机械结构主要有以下几点：

1）支撑件高刚度化。床身、立柱等采用静刚度、动刚度、热刚度特性都较好的支撑构件。

2）传动机构简约化。主轴转速和进给速度分别由主轴伺服驱动系统和进给伺服驱动系统进行调整和控制，必要时加减速器。

3）传动导向元件精密化。采用高效高精度的传动元件，如滚珠丝杠螺母副、静压导轨等，并采取一些消除间隙的措施来提高机械传动的精度。

4）传动导向元件模块化。采用传动元件和导向元件集成在一起的模组构成数控机床各个基本坐标轴，可以加快数控机床的研制。图 6 – 14 所示分别为我国台湾上银公司的单轴直线模组和单轴转台模组。

数控系统包括输入输出装置（操作面板、手持操作设备、USB 存储器、限位/回零开关等）、CNC 控制单元（含 PLC 装置）、伺服驱动装置（进给伺服驱动和主轴伺服驱动）和检测装置等，是数控机床最核心的部分。图 6 – 15 所示为日本 Fanuc 数控系统的组成图。为了便于远程监控数控机床的加工过程和对加工过程数据进行统计分析，CNC 控制单元通过以太网连接到上位 PC 机中。此外，由于数控机床工作过程中需要利用工业机器人等为其进行上下料，因此，数控机床需要与工业机器人协同工作，这通常通过现场总线来实现。

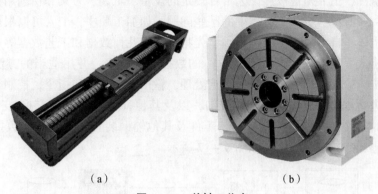

图 6 – 14　单轴工作台

（a）直线单元；（b）单轴转台

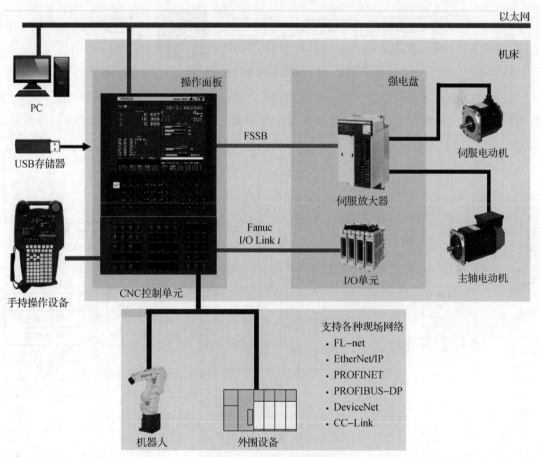

图 6 – 15　Funuc 数控系统

　　机床附件装置包括刀库、刀架、刀具与工件的自动夹紧装置、自动换刀装置、自动排屑装置、润滑冷却装置、刀具破损检测装置、精度检测和监控装置等配套件。

6.3.2　数控机床工作过程

　　在普通机床上加工工件时，通常是由设计人员设计出工件的形状和尺寸，工艺人员编制出相应的工艺卡片，工人师傅按照工艺卡片规定的设备、工装、刀具和切削用量等执行加工任务，如图 6 - 16 所示。对加工过程中的某些问题，如加工顺序，工人可以根据实际情况适当调整。数控机床是自动控制机床，必须事先将工件的几何数据和工艺数据等加工信息，按规定的代码和格式编制成数控系统"认识"的数控加工程序，并用适当的方法输入到数控系统。数控系统对输入的加工程序进行数据处理，输出各种信息和指令，控制机床主运动的变速、启停和进给运动的位移、速度和方向，以及其他（如刀具选择交换、工件的夹紧松开、冷却润滑的开关等）动作，使刀具与工件及其他辅助装置严格地按照数控加工程序规定的顺序、轨迹和参数进行工作，如图 6 - 17 所示。

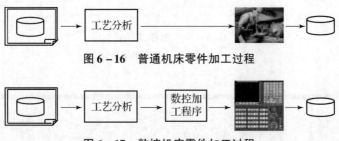

图 6 - 16　普通机床零件加工过程

图 6 - 17　数控机床零件加工过程

数控机床处于不断地计算、输出、反馈等运行控制过程中，以保证刀具和工件之间相对位置的准确性，从而加工出符合要求的零件。数控机床加工过程中的信息流如图 6 - 18 所示。

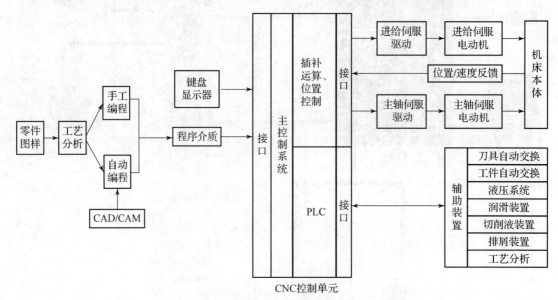

图 6 - 18　数控机床信息流

数控加工程序输入到 CNC 控制单元后，CNC 先对其进行译码处理，将用字母、数字和符号等表示的数控加工程序转换成计算机能识别和处理的内部形式，并分离出与工件几何形状有关的数据指令及与工艺有关的数据指令，存放到相应的存储区域。与工件几何形状有关的数据指令进一步通过插补运算和位置控制，分解成若干插补周期（几十微秒到几毫秒）的微小位移，分配到各个进给轴，通过各进给轴的联动来实现刀具和工件的相对运动。与工艺有关的数据指令，如主轴转速，冷却液启停等，则通过 PLC 发送到对应的辅助装置。CNC

控制单元具有实时、多任务的特点，它相当于一台专用的计算机，在硬件和软件的支持下实现上述功能。

6.3.3　数控加工工艺基础

高质量的数控加工程序，源于周密细致的技术可行性分析、总体工艺规划和数控加工工艺设计，所以数控加工工艺是数控编程的关键和基础。数控加工工艺设计的原则与内容和传统普通机床加工工艺基本相似，但数控加工因其自动化等特点也存在着特别之处。因此在设计零件的数控加工工艺时，既要遵循普通加工工艺的基本原则和方法，又要考虑数控加工本身的特点和零件编程要求。

1. 数控加工工艺的特点

数控机床加工时，操作人员必须在加工前考虑并确定操作内容及加工工艺，然后通过编制相应的加工程序使数控系统自动加工出所要求的零件形状。由于数控加工的整个过程都是自动完成的，因此数控加工工艺具有以下特点：

（1）内容详细具体

数控程序控制着数控加工的全过程，因此走刀路线如何安排、先加工哪个面后加工哪个面、每次切削深度是多少、切削速度多大等具体内容都需要详细地体现在数控程序中。

（2）内容纷繁复杂

数控机床成本较高且对操作人员要求较高，在数控机床上加工的零件，一般都是结构相对复杂的零件，工艺也相对纷繁复杂。因此加工过程中的每一个细节在进行数控加工的工艺处理时都必须充分考虑。

（3）工序相对集中

现代高档数控机床具有良好的刚度和精度、较大的刀库容量、较宽的切削参数范围、多轴联动、多工位多面加工等特点，在一次装夹中可以实现多种加工，并完成粗加工到精加工的过程，甚至可以在同一个工作台面安装多个相同或相似的零件进行同时加工，因此工序相对集中。

2. 数控加工工艺的主要内容

编制数控加工工艺内容主要包括以下几个方面。

（1）确定零件的数控加工内容

数控机床代表了先进的制造技术，但并不是所有零件都适合在数控机床上进行加工，考虑到零件的批量和加工成本等因素，通常只对部分零件或零件的某个部分采用数控加工。在零件确定后必须对图纸进行仔细的工艺分析，选择最适合、最需要进行数控加工的工序内容，在保证质量、降低成本的同时，充分发挥数控加工的优势。

（2）分析零件结构的数控工艺性

零件结构的数控工艺性是指所设计的零件在满足使用要求的前提下，保证数控加工的可行性和经济性，以及编程的可能性与方便性等。如为了减少刀具规格和换刀次数，零件内腔的最小圆角半径最好一致，并大于所选刀具半径。

（3）设计数控加工工艺路线

根据被加工零件图纸确定相应的加工内容及技术要求，确定零件的加工方案和从零件毛坯开始到成品的一系列工艺路线（如工序的划分、加工顺序的安排、与非数控加工工序的衔接等）。

（4）设计数控加工工序内容

具体加工工序设计包括零件和夹具的定位与安装、刀具和夹具的选择、工步的划分、走刀路线和切削用量的确定等。

（5）编写数控加工专用技术文件

编写数控加工专用技术文件是数控加工工艺设计的内容之一，目的是让操作者更加明确程序的内容、定位装夹方式、各个加工部位所选用的刀具及其他问题。文件内容和格式因数控机床类型和零件加工要求不同而异，目前还没有统一的国际或国家标准，一般由各企业根据自身特点自行制定。数控加工专用技术文件是数控加工、产品验收、生产组织和管理工作的基本依据，也是操作者要遵守和执行的规程，主要包括机械加工工艺过程卡、数控加工工序卡、数控刀具卡、数控加工走刀路线图和数控加工程序单等，表 6-1 ~ 表 6-5 所示为部分数控加工专用技术文件示例。

表 6-1　机械加工工艺过程卡片

机械加工工艺过程卡片		产品型号		零件图号		文件编号		
		产品名称		零件名称		共　页		第　页
材料牌号		毛坯种类	毛坯外形尺寸	每毛坯件数		每台件数		备注
工序号	工序名称			车间	工段	设备	工艺装备	工时
								准终	单件
底图号									
装订号									
					编制	校核	审核	会签
标记	处理	更改文件号	签字					

表 6-2　数控加工工序卡片

数控加工工序卡片					产品名称		第　页	第　页
					工序号		工序名称	
零件图号		零件名称		夹具名称		夹具编号		
程序编号		车间		设备名称		材料		
					编制	校核	审核	会签
	标记		处理	更改文件号	签字			

表 6-3　数控加工刀具卡片

数控加工刀具卡片					产品名称		共　页	第　页
					工序号		工序名称	
零件图号		零件名称		程序编号		设备名称		设备型号	
工步序号	刀具号	刀具名称		基本参数/mm		补偿值/mm		刀补地址	
				直径	长度	直径	长度	直径	长度
					编制	校核	审核	会签
	标记		处理	更改文件号	签字			

表6-4 数控加工走刀路线图

数控加工刀具卡片		产品名称		共 页	第 页
加工内容		铣轮廓周边	工序号	工序名称	
零件图号		零件名称	程序编号	设备名称	设备型号
符号	含义 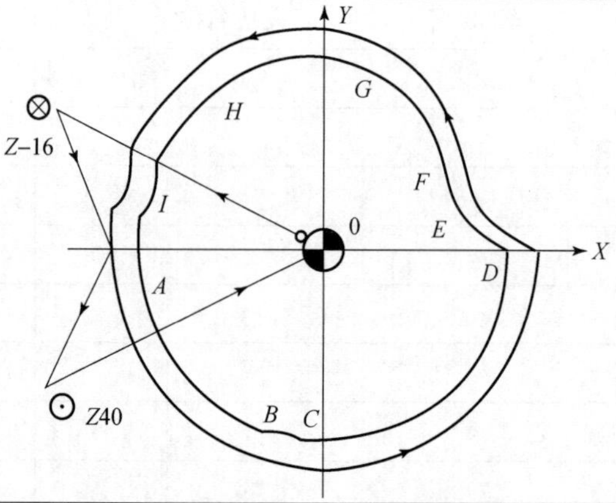				

			编制	校核	审核	会签
	标记	处理	更改文件号	签字		

表6-5 数控加工程序单

数控加工程序单		产品名称		共 页	第 页
加工内容		铣轮廓周边	工序号	工序名称	
零件图号		零件名称	程序编号	设备名称	设备型号

N	G	X	Y	Z	I	J	K	R	F	M	S	T	H	P	Q	备注
								编制		校核		审核		会签		
标记		处理		更改文件号		签字										

6.3.4 数控加工工序详细设计

数控机床加工工序内容中，除了像普通机床一样要考虑零件定位与安装、刀具选择、切削用量的确定外，还需要通过"对刀"告诉数控机床其机床坐标和工件坐标之间的关系，以便使刀具相对于工件在正确的位置上运动，通过"换刀"实现不同表面的加工。此外，由于加工程序包含了刀具相对于被加工工件运动的轨迹，因此加工路线也需要事先确定下来。

1. 夹具的选择和零件的装夹

在数控机床上加工零件时，必须使工件位于数控机床上的正确位置，即通常所说的"定位"，然后将它固定在定位后的位置，即通常所说的"夹紧"，这样才能保证工件的加工精度和加工质量。在机床上将工件进行定位与夹紧的全过程称为工件的装夹过程。工件的装夹方法有找正装夹法和夹具装夹法两种。对于单件小批量生产，可以使用找正装夹方法，即以工件的有关表面或特意划出的线痕作为找正依据进行找正，将工件正确定位和夹紧，以完成加工。这种方法精度不高，生产率低，但安装方法简单，不需要专门的设备。夹具装夹法主要通过夹具将被加工零件进行定位和夹紧，以保证工件相对于刀具或机床的准确位置。夹具装夹方法不再需要找正便可将工件夹紧，且可通过夹具上的对刀装置保证刀具相对于工件加工表面的正确位置，装夹迅速、方便，能减轻劳动强度，不受操作人员技术水平的影响，显著地减少辅助时间，在提高劳动生产率的同时能比较容易和稳定地保证加工精度，扩大机床的工艺范围。

常用的夹具分为通用夹具、专用夹具、可调夹具、组合夹具和自动线夹具五大类。数控加工的独有特点对数控夹具提出了两个基本要求：一是保证夹具的坐标方向与机床的坐标方向一致并相对固定；二是协调好零件与机床坐标系的尺寸关系。在实际选择或设计夹具过程中，还应考虑以下几点：

1）当零件加工批量不大时，应尽量采用组合夹具、可调式夹具及其他通用夹具，以缩短生产准备时间，节省生产费用。

2）对于中批量和大批量生产，为提高劳动生产率，应考虑采用专用夹具。

3）夹具结构应力求简单、标准化，零件的装卸要快速、方便、可靠，并考虑多件同时装夹。

4）加工部位要敞开，即夹具上各零部件不能妨碍数控机床对零件各待加工表面的加工，定位、夹紧机构元件也不能与刀具运动轨迹发生干涉。

5）保证最小的夹紧变形，数控机床在加工过程中产生的切削力较大，为保证工件的装夹可靠，要求有较大的夹紧力，但若是夹紧力太大会使薄壁零件产生较大的弹性变形而引起加工误差，因此在装夹过程中，要选择合理的支撑点、定位点和夹紧部位，保证装夹可靠而又不发生过大变形。在某些情况下还可以对粗、精加工施加不同的夹紧力。

数控机床上工件的装夹也与普通机床相同，应该合理地选择定位基准和夹紧方案。为了提高数控机床的效率，在确定定位基准与夹紧方案时应注意以下几点基本原则：

1）尽量使设计基准、工艺基准和编程计算基准这三个基准相互统一。

2）尽量避免采用占机调整式方案，以充分发挥数控机床的效能。

3）尽量减少重复装夹次数，尽可能在一次定位和装夹后就能加工出零件上所有的待加工表面。

2. 刀具选择

数控加工刀具可分为常规刀具和模块化刀具两大类。模块化刀具具有诸多优点，如可以加快换刀及安装时间，有效地消除因刀具测量导致加工中断的现象，减少换刀停机时间，提高生产加工时间和小批量生产的经济性；可以使刀具标准化、加工柔性化和更加合理化；提高了刀具的利用率，充分发挥了刀具的性能。模块化刀具是数控加工刀具的发展趋势，现已形成了车削刀具系统、钻削刀具系统和铣削刀具系统三大系统。加工中心的各种刀具分别装在刀库中，按零件加工程序规定可以随时进行选刀和换刀工作。加工中心的刀库有一套连接普通刀具的接杆，可以使常用的标准刀具能被迅速、准确地装到机床主轴或刀库上去。从制造数控加工刀具所采用的材料上可将其分为高速钢刀具、硬质合金刀具、陶瓷刀具、立方氮化硼刀具、金刚石刀具等；从数控加工刀具的结构上可将其分为整体式、镶嵌式、减振式、内冷式和特殊型式等。

数控加工过程中，不仅要求数控加工刀具精度高、刚度好、耐用度高、尺寸稳定、断屑和排屑性能好，而且还要求安装和调整方便。应根据机床的加工能力、工件材料的性能、加工工序、切削用量以及其他相关因素，依照适用、安全、经济等原则对所使用的刀具及刀柄进行合理选择。选择的刀具首先应能满足加工需要，并能达到要求的加工精度和表面质量。如平面零件周边轮廓的加工常采用立铣刀，加工毛坯表面或粗加工孔时常选镶硬质合金的玉米铣刀。由于粗加工时快速去除材料会产生较大切削力和切削热量，所以应选择有足够的切削能力的刀具，以提高加工生产率；而在精加工时，为了使工件达到较好的表面质量，一般选用尺寸较小的刀具。其次，选择的刀具应能有效地去除材料，不产生折断和碰撞等现象，一般高速钢刀具可用于加工低硬度材料的工件，而硬质合金刀具可用于加工高硬度材料工件。最后，选择刀具还应考虑其经济性，选择综合成本较低的方案，一般选择好的刀具在刀具购买成本时投入较大，但可在保证加工质量的同时提高加工效率，所以从宏观上看其也可以使综合成本降低，但也不应一味追求高等级的刀具。

3. 切削用量的确定

在数控加工中，切削用量的合理选择是数控加工工艺中的重要内容。数控加工程序编写人员应该对切削用量确定等工艺分析和处理的基本原则有所掌握，并在数控加工程序的编写时充分考虑数控加工的特点。一般来说，切削用量主要包括主轴转速（切削速度）、背吃刀量和进给量。在编写数控加工程序时，应对不同的加工方法选择不同的切削用量，并编入相应数控加工程序单内。随着 CAD/CAM 技术的不断发展和应用，使得在数控加工时，直接在计算机上利用 CAD 的设计数据进行工艺规划及数控编程的完整过程已经普及。许多 CAD/CAM 软件（如 UG、CATIA、Pro/Engineering 和 Master CAM 等）都能提供自动编程功能，而且相关的工艺规划的有关问题在这些软件的编程界面中也会有提示，譬如刀具的选择、加工路线的规划、切削用量的设定等，编程人员只要根据提示设置相关的参数，就可以自动生成零件的数控加工程序并直接传输至数控机床以完成零件的加工。

一般来说，切削用量选择的基本原则包括以下两个方面：

1）粗加工阶段主要以提高生产率为主，但也应兼顾加工经济性和加工成本。

2）半精加工和精加工阶段主要应保证加工质量，在加工质量满足要求时再兼顾切削效率、加工经济性和加工成本。

具体各种加工时的切削用量数值选用应综合考虑机床说明书、切削用量手册中的相关数据，结合实际情况和加工经验确定。

4. 对刀点和换刀点的确定

对于数控机床来说，刀具的位置是由机床上的笛卡尔直角坐标来表示的，这个坐标系叫作机床坐标系，是机床上固有的坐标系，数控机床通过回参考点确定机床坐标系的原点。但是编程人员在编制零件加工程序时，描述工件几何图形上点、直线、圆弧等各几何要素的位置坐标是相对于工件坐标系的。机床坐标系和工件坐标系是两个独立的坐标系，当工件安装好后，机床坐标系和工件坐标系的位置或位姿关系是确定的。在加工开始时，为了确定刀具与工件的相对位置，需要通过"对刀"告诉数控机床其上机床坐标系和工件坐标系的位置偏移值。对刀点是指通过对刀确定的刀具与工件相对位置的基准点。

对刀点的选择原则如下：

1）所选的对刀点应使程序编制简单；

2）对刀点应选择在容易找正、便于确定零件加工原点的位置；

3）对刀点的位置应在加工时检验方便、可靠；

4）对刀点的选择应有利于提高加工精度。

对刀点可以设置在被加工零件上，也可以设置在夹具或机床上与零件定位基准有一定尺寸联系的某一位置。为了提高零件的加工精度，对刀点应尽量设置在零件的设计基准或工艺基准上。例如，以外圆或孔定位零件，可以取外圆或孔的中心与端面的交点作为对刀点。

对刀时，代表刀具位置的参考点叫作刀位点，刀位点是在刀具上，其位置表示了刀具在机床上的相对应置。不同的刀具，刀位点不同，如立铣刀、端铣刀的刀位点是指刀具底面与刀具轴线的交点，球头铣刀的刀位点是指球头铣刀的球心，车刀、镗刀、钻头的刀位点是指其刀尖，图6-19所示为几种刀具的刀位点。

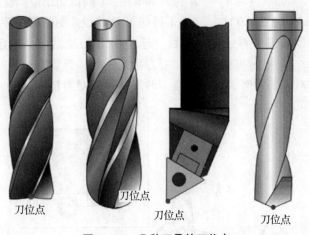

图6-19 几种刀具的刀位点

对刀就是指加工开始前，移动刀具，使刀具的刀位点与对刀点重合或保持一个确定的距离。在图6-20中，XOY为机床坐标系，机床开机后通过回参考点确定机床坐标系的原点。编程者选定的工件坐标系为$X'O'Y'$，工件随夹具安装在工作台上后选择对刀点为图6-20中的A点，A与工件坐标系的原点有确定的尺寸关系，其X方向的尺寸为X_1，Y方向的尺寸为Y_1。机床带动刀具沿着机床坐标轴运动，直到刀具上的刀位点与对刀点A重合，这时刀具相对于工件坐标系的坐标应为（$-X_1$，$-Y_1$），换句话说，如果设定此时刀具的坐标值为

（$-X_1$，$-Y_1$），则工件坐标系的原点就被确定了，Fanuc 的数控铣床通常用"G92 X（$-X_1$）Y（$-Y_1$）"语句通过程序设定工件坐标系，也可以用 G54～G57 指令通过参数指定工件坐标系。工件坐标系设定前，数控系统显示器上显示的刀具位置坐标是相对于机床坐标系的，工件坐标系设定后，数控系统显示器上显示的刀具位置坐标就是相对于工件坐标系的了，后者更符合机床操作者的思维习惯。

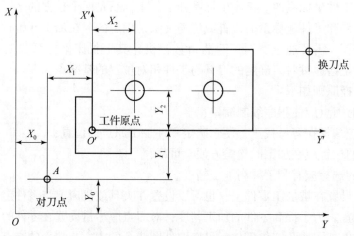

图 6 - 20　对刀点和换刀点的确定

　　常用的手动对刀方法有试切法、寻边器法、百（千）分表法等。试切法是在 X、Y、Z 三个方向上，让刀具慢慢靠近工件，使刀具恰好接触到工件表面时停止（观察、听切削声、看切屑来判断），并设置对应的工件坐标。图 6 - 21 所示为三轴数控铣床的试切对刀示意图，X 向试切结束，设定"G92 X（$-R$）"，R 为刀具半径；Y 向试切结束，设定"G92 Y（$-R$）"，Z 向试切结束，设定"G92 Z（0）"，这样工件坐标系就设定好了。这种方法简单方便，但会在工件表面留下切削痕迹。寻边器法和百（千）分表法经常用来确定孔中心的 X、Y 坐标，如图 6 - 22 所示。采用手动对刀操作，对刀精度较低，且效率低，有些工厂采用光学对刀镜、对刀仪、自动对刀装置等，以减少对刀时间，提高对刀精度。

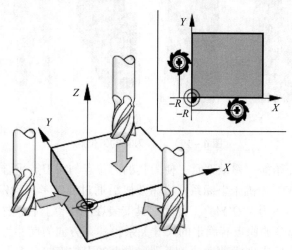

图 6 - 21　数控铣床的试切法三面对刀

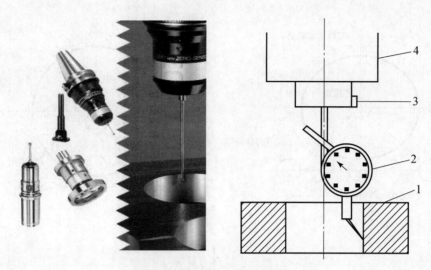

图 6 – 22　对刀确定孔中心
1—工件；2—百分表；3—磁性座；4—主轴

数控加工中心等可多刀加工的数控机床在加工过程中需要进行换刀操作，编程时应考虑设置一个换刀位置进行不同工步间的换刀。换刀点是指数控机床在加工过程中需要换刀时应将刀具放置的相对位置点。在保证顺利换刀及不碰撞工件和机床上其他部件的前提下，换刀点应设在工件外部合适的位置。比如在车床上以刀架远离工件的行程极限点为换刀点，铣床上以机床参考点为换刀点，加工中心上则以换刀机械手的固定位置为换刀点。如图 6 – 20 所示的右上角为换刀点。

5．加工路线的确定

加工路线是指刀具相对于被加工工件的运动轨迹，不但包含了工步的内容，而且也反映了工步的顺序。加工路线一旦确定，编程中各程序段的先后次序也基本确定。确定加工路线时要遵循以下几条原则：

1）保证零件的加工精度和表面粗糙度要求；

2）简化数值计算，减少编程工作量；

3）缩短加工路线，减少刀具空行程时间。

如图 6 – 23 所示，在数控铣床上铣削外轮廓时，为了减少加工面上接刀的痕迹，提高轮廓表面的质量，应避免法向切入、切出，最好沿零件轮廓延长线从切向切入和切出工件。铣削封闭的内轮廓表面时，若内轮廓曲线允许外延，则应沿切线或弧线方向切入或切出；若内轮廓曲线不允许外延，则刀具的切入和切出点应尽量选在内轮廓曲线两相邻几何元素的交点处。

对于位置精度要求较高的孔系加工，孔加工顺序若安排不当，就有可能带入沿坐标轴的反向间隙，影响位置精度。总的原则是各孔的加工顺序和路线应按同向行程进行，即采用单向趋近各定位点的方法。如图 6 – 24 所示，为保证反向误差的消除，在加工完 2、3 孔后应先将刀具移动到过渡点 O，经过过渡点后再开始 4、5、6 孔的加工，临时过渡点应选在 4、5、6 孔的左侧，避免将横向的反向误差引入，这样可以达到较高的精度。

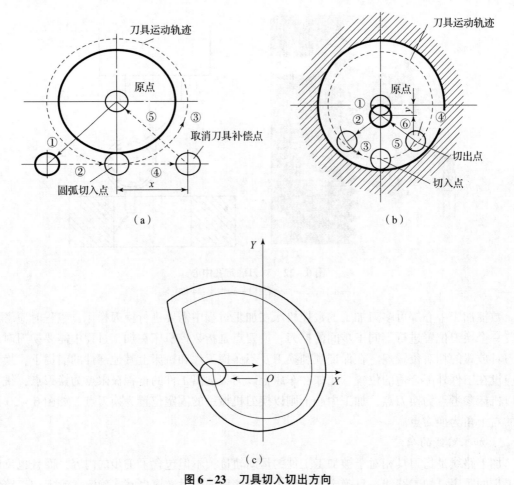

图 6 – 23 刀具切入切出方向

（a）沿切线铣削外轮廓；（b）沿切线铣削内轮廓；（c）刀具切入、切出点在两几何要素的交点

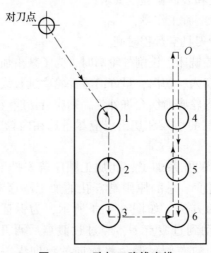

图 6 – 24 孔加工路线安排

图 6-25 所示为带封闭凹槽的零件加工时的三种走刀路线。这类内槽加工在飞机零件上常见，常用平底立铣刀加工，刀具圆角半径应符合内槽的图纸要求。图 6-25（a）所示为行切法加工，图 6-25（b）所示为环切法加工。行切法将在每两次走刀路线之间留下金属残留高度，达不到所要求的表面粗糙度；环切法刀位点计算稍复杂。所以在实际生产中，常先采用行切法加工，最后环切一刀光整轮廓表面，能获得较好效果，如图 6-25（c）所示。

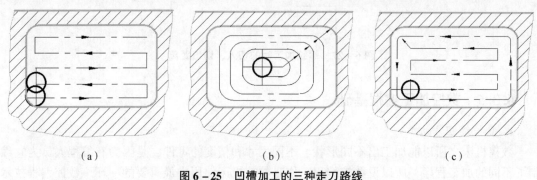

（a）　　　　　　　　　（b）　　　　　　　　　（c）

图 6-25　凹槽加工的三种走刀路线

（a）行切法；（b）环切法；（c）行切法 + 环切法

图 6-26 所示为正确选择钻孔加工路线的例子。按照一般习惯，总是先加工均布于同一圆周上的八个孔，再加工另一圆周上的孔，如图 6-26（a）所示。但是对点位控制的数控机床而言，要求定位过程尽可能快，因此这类机床应按最短空行程来安排走刀路线，最好采用如图 6-26（b）所示的方案。

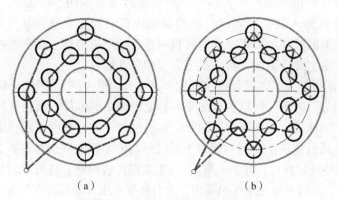

（a）　　　　　　　　　　（b）

图 6-26　加工孔系时走刀路线

（a）较长走刀路线；（b）较短走刀路线

在数控机床上车螺纹时，沿螺距方向的进给量应与主轴的旋转速度保持严格的关系，而且应避免在进给机构加速或减速过程中切削，因此应在螺纹切入端和切出端（退刀槽）分别设置切入距离和切出距离来完成加减速过程，一般为 2~5 mm，对大螺距和高精度的螺纹取较大值。如图 6-27 所示，δ_1 为切入距离，δ_2 为切出距离。

由于顺铣和逆铣得到的表面粗糙度不同，故精铣时，尤其是工件材料为铝镁合金、合金或耐热合金的情况下，应尽量采用顺铣以提高零件的表面质量。另外，在轮廓加工时应尽量避免进给停顿。因为在加工过程中工艺系统是平衡在弹性变形状态下的，进给停顿后切削力减小，工艺系统的平衡状态被改变，刀具仍在旋转，于是在工件上留下凹痕。

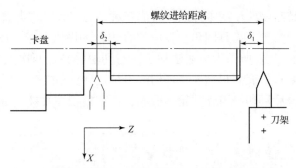

图 6 – 27　螺纹加工时的切入、切出距离

6.3.5　数控加工编程基础

1. 数控编程方法

数控机床之所以能加工出不同形状、不同尺寸和精度的零件，是因为有编程人员为它编制了不同的加工程序，所以说数控编程工作是数控机床使用中最重要的一环。数控编程技术涉及制造工艺、计算机技术、数学、人工智能、微分几何等众多学科领域的知识。

在加工程序编制以前，首先对零件图纸规定的技术要求、几何形状、加工内容、加工精度等进行分析；在分析的基础上进行数控加工工艺分析，确定加工方案、加工路线、对刀点、刀具和切削用量等；然后进行必要的坐标点计算。在完成工艺分析并获得坐标点的基础上，将确定的工艺过程、工艺参数、刀具位移量与方向以及其他辅助动作，按走刀路线和所用数控机床规定的代码格式编制出程序单，经验证后通过 MDI、RS232C 接口、USB 接口、DNC 接口等多种方式输入到数控系统，以控制机床自动加工。这种从分析零件图纸开始，到获得数控机床所需的数控加工程序的全过程叫作数控加工编程，简称数控编程。

数控编程的方法主要分为两大类：手工编程和自动编程。

1）手工编程是指由人工完成数控编程的全部工作，包括零件图纸分析、工艺处理、数学处理和程序编制等。对于几何形状或加工内容比较简单的零件，数值计算也比较简单，程序段不多，采用手工编程较容易完成。因此，在点位加工或由直线与圆弧组成的二维轮廓加工中，手工编程方法仍被广泛使用。但对于形状复杂的零件，特别是具有非圆曲线、列表曲线或列表曲面的零件（如叶片、复杂模具），手工编程比较困难，计算比较烦琐，出错的可能性增大，效率又低，有时甚至无法编出程序，此时必须采用自动编程方法编制数控加工程序。

2）自动编程是指由计算机完成数控加工程序编制的大部分或全部工作，如完成坐标值计算、生成零件加工程序单等，有时甚至能帮助进行工艺处理。此外，自动编程还可以对加工过程进行仿真模拟，以对刀具轨迹进行验证。自动编程方法减轻了编程人员的劳动强度，缩短了编程时间，提高了编程质量，同时解决了手工编程无法解决的复杂零件的编程难题。工件表面形状越复杂、工艺过程越烦琐，自动编程的优势就越明显。

根据信息输入方式及处理方式的不同，自动编程主要包括语言式编程和图形交互式编程两大类。自 1952 年第一台数控机床问世以来，为了解决数控机床的编程问题，美国空军与 MIT 合作于第二年研制成了计算机辅助语言式自动编程软件——APT（Automatically Programmed Tools），从此便开始了数控自动编程的发展进程。后来世界各国以 APT 为基础开发了具有独自特色、专业性更强的 APT 衍生编程语言。

数控机床的控制器只能识别特定的字地址（G 或 M），字地址后面只能跟数值明确的坐标数据，一般不能进行坐标数据的计算，需要编程人员事先把坐标数据计算出来（如对圆弧和直线的切点来说，图纸上不会标切点坐标，需要编程人员手工计算）。语言式编程是利用含义更加直观的程序指令编写加工源程序（程序语句中可以进行计算，如 APT 指令"L2 = LINE/PARALLEL，L1，YLARGE，1.5"表示线段"L2"与"L1"平行，朝着 Y 向增大的方向偏移 1.5 mm），然后由后处理器自动将加工程序转换为数控系统能识别的字地址程序。每一个机床控制器都带有多个特殊的后处理器，使得使用计算机辅助编程语言编写的程序可以适用于多种不同类型的机床控制器，过程如图 6 – 28 所示。

图 6 – 28　语言式自动编程的处理过程

用 APT 语言进行数控编程，尽管程序相对简练，可以自动处理部分数据计算问题，但仍需要编程人员事先对工件图纸和工艺规划进行完整的分析，且不能对刀具轨迹进行验证，否则易发生人为编程错误。如果零件的轮廓是曲线样条或由三维曲面组成，语言式编程是无法生成加工程序的，解决的办法是利用 CAD/CAM 软件来进行图形辅助数控自动编程（GNC—Graphic aided Numerical Control Programming）。

步入 20 世纪 70 年代，GNC 得到了迅速的发展和广泛的应用，推动了 CAD/CAM 技术的发展。与 APT 等语言型的自动编程系统相比，CAD/CAM 以图形交互为基础，实现了 CAD 与 CAM 的集成，利用 CAD 绘制的零件加工图样，在 CAM 内选择加工面，设置相关的工艺参数和要求，自动生成刀具轨迹数据和后置处理，从而自动生成数控机床加工程序，过程如图 6 – 29 所示。当前，采用 CAD/CAM 数控编程系统进行自动编程已经成为数控自动编程的主要方式。随着数字化集成制造技术的发展，CAD/CAPP/CAM 集成的全自动编程方式也会推广开来，其编程所需的加工工艺参数不必由人工参与，直接从系统内的 CAPP 数据库获得，进一步推动数控机床系统的自动化发展。

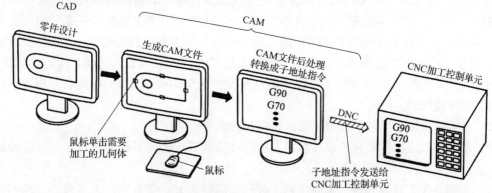

图 6 – 29　图形交互式自动编程的处理过程

CAD/CAM 技术的部分优点如下：

1）可以用于离线检查程序。刀具路径可以在计算机屏幕上显示出来，用户可以放大并多角度查看刀具路径，对加工过程进行实时模拟并显示，从而可以发现打刀或零件干涉等问题。

2）可以快速确定加工一个零件所需要的时间。

3）可以给所加工材料选择最优的刀具、转速和进给量。

目前，商品化的 CAD/CAM 软件比较多，常用的有美国 EDS 公司推出的 UG（现已被西门子收购）、美国 PTC 公司的 Proe/Creo、法国 Dassault 公司的 CATIA 和美国 CNC Software 公司的 MasterCAM，以及以北京数码大方的 CAXA 制造工程师为代表的国产 CAM 软件。这些软件基本都支持三轴到五轴的加工，都需要在引入零件 CAD 模型中几何信息的基础上，由人工交互方式添加被加工的具体对象、约束条件、刀具与切削用量、工艺参数等信息，因而这些 CAM 软件的编程过程也基本相同。

其操作步骤可归纳如下：

1）理解零件图纸或其他的模型数据，确定加工内容；

2）确定加工工艺（装卡、刀具、毛坯情况等），根据工艺确定工件原点位置（即用户坐标系）；

3）利用 CAD 功能建立加工模型或通过数据接口读入已有的 CAD 模型数据文件，并根据编程需要进行适当的删减与增补；

4）在 CAM 软件的图形交互界面中，选择加工策略、加工面，设置相关的工艺参数，自动生成刀具轨迹；

5）进行加工仿真或刀具路径模拟，以确认加工结果和刀具路径是否与设想的一致；

6）选择与加工机床相对应的后置处理文件，将刀具路径转换成加工程序；

7）将加工程序传输到数控机床上，完成零件加工。

由于零件的难易程度各不相同，故上述的操作步骤将会依据零件实际情况而有所删减和增补。

2. 数控机床坐标系

数控机床一般以直线运动和旋转运动的形式来进行加工操作，而实际的运动形式是由机床生产厂家设计的，不同的机床各不一样。例如，机床工作台可以在水平面内运动，主轴可以在垂直平面内运动，系统控制主轴（装有刀具）沿某个方向运动的控制指令，与向相反方向移动工作台（装有工件）的控制指令是等效的。直线运动轴两两垂直，构成笛卡尔直角坐标系。任一时刻，数控机床上刀具的位置，不管是相对于机床坐标系还是相对于工件坐标系，都是由笛卡尔直角坐标系来表示的。为方便数控加工程序的编制以及使程序具有通用性，需要规定坐标轴的名称和运动方向。国际上数控机床的坐标轴和运动方向均已标准化。我国也于 1982 年颁布了 JB 3051—1982《数字控制机床坐标和运动方向的命名》标准。标准规定的主要内容如下：

1）坐标系采用右手笛卡儿坐标系，如图 6 - 30 所示；

2）编程时假定工件静止，刀具移动，并同时规定刀具远离工件的方向作为坐标轴的正方向；

3）主轴轴线方向为 Z 轴，刀具接近工件的方向是 Z 轴的负方向，刀具远离工件的方向为 Z 轴的正方向；

4）在大多数铣床中，垂直于 Z 轴方向上行程最长的是 X 轴。X 轴一般位于水平面内，且与工件装夹面相平行。从主轴往工件平面看右侧为 X 轴正方向，如图 6 – 31 所示。

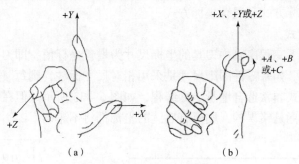

图 6 – 30　右手笛卡尔坐标系

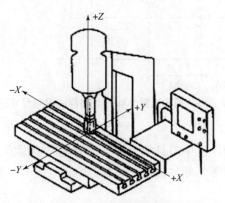

图 6 – 31　三轴立式铣床的坐标轴

大多数数控铣床可以同时移动 X、Y 和 Z 轴，更复杂的数控机床还能执行旋转运动，如绕 X 轴转的轴称为 A 轴，绕 Y 轴旋转的轴称为 B 轴，绕 Z 轴旋转的轴称为 C 轴，旋转运动的方向也遵循右手定则，如图 6 – 30 所示。

一台三轴卧式铣床，配置了旋转工作台，就可以绕着 B 轴做旋转运动，实现四轴的同时运动，如图 6 – 32 所示。如果工作台还有在 A 或 C 轴方向上倾斜的能力，数控机床就可以实现五轴同时运动，其中包括三个直线运动和两个旋转运动。四轴和五轴数控机床用于加工复杂曲面零件。

图 6 – 32　卧式四轴数控机床的坐标轴

3. 刀具位置坐标的表示方式

在一个给定的机床坐标系统中，数控编程时可以按照以下几种方式来确定刀具位置：增量坐标方式、绝对坐标方式和混合坐标方式。

（1）增量坐标方式

在增量坐标方式下，程序段中刀具的坐标尺寸为增量坐标值，即刀具运动的终点相对于前一位置的坐标增量。如果零件图纸尺寸是采用相对尺寸标注，则每一个新的尺寸与上一尺寸相关，这种标注方式非常适合增量坐标编程，如图 6−33 所示。但在增量坐标方式中，如果其中有一个增量坐标是错误的，则所有后续的坐标都将不正确。

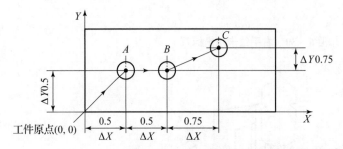

刀具位置	定位	
	ΔX	ΔY
A	0.5	0.5
B	0.5	0
C	0.75	0.25

图 6−33 用于增量坐标方式编程的相对尺寸标注

（2）绝对坐标方式

在绝对坐标方式下，程序段中刀具的坐标尺寸为绝对坐标值，即在工件坐标系中的坐标值。如果零件图纸尺寸是参考坐标轴标注的，就非常适合绝对坐标编程，如图 6−34 所示。

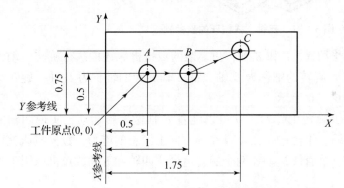

刀具位置	定位	
	ΔX	ΔY
A	0.5	0.5
B	1	0.5
C	1.75	0.75

图 6−34 用于绝对坐标方式编程的绝对尺寸标注

（3）混合坐标方式

程序段中刀具的坐标尺寸可以用混合坐标方式，即有的用增量坐标方式，有的用绝对坐标方式。如 X 轴用增量坐标方式，Z 轴用绝对坐标方式。

很多现代数控机床有两种坐标编程方式，可以通过不同的指令进行切换。以下是在 Fanuc 数控铣床上两种编程方式的举例。

假设刀具由图 6−33 或图 6−34 的 B 点沿直线 BC 往 C 点移动。

绝对坐标编程：G90 G01 X1.75 Y0.75；

增量坐标编程：G91 G01 X0.75 Y0.25；

但 Fanuc 数控车床通常用"U""W"字地址表示"X 和 Y"轴的增量坐标编程，用"X""Y"字地址表示 X 和 Y 轴的绝对坐标编程。具体采用哪种方式，请参考数控机床手册。

4. 加工程序的结构和格式

(1) 加工程序的结构

一个完整的加工程序由若干程序段组成，程序的开头是程序名，结束时写有程序结束指令。例如：

O00001；程序名

N10 G92 X0 Y0 Z200.0；

N20 G90 G00 X50.0 Y60.0 S300 M03；

N30 G01 X10.0 Y50.0 E150；

……

N110 M30；程序结束指令

其中，第一个程序段"O00001"是整个程序的程序号，也叫程序名，由地址码 O 和四位数字组成，每一个独立的程序都应有程序号，它可作为识别、调用该程序的标志。不同的数控系统，程序号地址码可不相同。例如，Fanuc 系统用 O，AB 系统用 P，西门子系统用%。编程时应根据说明书的规定使用，否则系统将不接受。

每个程序段以程序段号"N××××"开头，用";"表示程序段结束（有的系统用 LF、CR 等符号表示），每个程序段中有若干个指令字，每个指令字表示一种功能，所以也称功能字。功能字的开头是英文字母，其后是数字，如"G90、G01、Z200.0"等。一个程序段表示一个完整的加工工步或加工动作。

一个程序的最大长度取决于数控系统中零件程序存储区的容量。现代数控系统的存储区容量已足够大，一般情况下足够使用。一个程序段的字符数也有一定的限制，如某些数控系统规定一个程序段的字符数小于等于 90 个，一旦大于限定的字符数，则把它分成两个或多个程序段。

(2) 程序段格式

程序段格式是指一个程序段中功能字的排列顺序和表达方式，在国际标准 ISO 6983 - 1 - 1982 和我国的 GB 8870—1988 标准中都作了具体规定。目前数控系统广泛采用字地址程序段格式。

字地址程序段格式由一系列指令字或功能字组成，程序段的长短、指令字的数量都是可变的，指令字的排列顺序没有严格要求。各指令字可根据需要选用，不需要的指令字以及与上一程序段相同的模态指令字可以不写。这种格式的优点是程序简短、直观、可读性强、易于检验和修改。字地址程序段的一般格式为

$$N\_G\_X\_Y\_Z\_\cdots F\_S\_T\_M\_;$$

程序中   N——程序段号字；

　　　　　G——准备功能字；

　　　　　X，Y，Z——坐标功能字；

　　　　　F——进给功能字；

　　　　　S——主轴转速功能字；

　　　　　T——刀具功能字；

　　　　　M——辅助功能字。

常用功能字及其含义如表 6 - 6 所示。

表 6-6　常用功能字及其含义

功能	功能字	说明
程序段号	N	程序段顺序编号地址
坐标字	X、Y、Z、U、V、W、P、Q、R	直线坐标轴
	A、B、C	旋转坐标轴
	R	圆弧半径
	I、J、K	圆弧圆心相对起点坐标
准备功能	G	指令机床动作方式，如走直线、圆弧、跳转等
辅助功能	M	机床的辅助控制作用，如冷却液启/停、程序暂停、跳步等
补偿功能	D、H	刀具半径、长度等的补偿值地址
切削用量	S	主轴转速
	F	进给量或进给速度
刀具号	T	刀库中刀具编号

（3）主程序和子程序

数控加工程序可由主程序和子程序组成。在一个加工程序中，如果有多个连续的程序段在多处重复出现，则可将这些重复使用的程序段按规定的格式独立编成子程序，输入到数控系统的子程序存储区中以备调用。程序中子程序以外的部分便称为主程序。在执行主程序的过程中，如果需要，可调用子程序，并可以多次重复调用，如图 6-35 所示。有些数控系统，子程序执行过程中还可以调用其他的子程序，即子程序嵌套，嵌套的层数依据不同的数控系统而定。通过采用子程序，可以加快程序编制，简化和缩短数控加工程序，以便于程序的更改和调试。

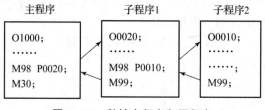

图 6-35　数控主程序和子程序

6.3.6　数控机床控制原理

1. 零件几何特征的数学处理

零件的轮廓由许多相互连接的直线、圆弧、二次曲线和特殊形状曲线、曲面组成。各几何元素间的联结点称为基点，显然，相邻基点间只能是一个几何元素。大多数数控系统具有直线和圆弧的轮廓控制能力，在编写程序时需要把直线和直线之间、直线和圆弧之间、圆弧和圆弧之间的基点坐标写入直线或圆弧控制指令中，因此，基点坐标是手工编程中必需的重要数据，可以根据零件图纸或零件轮廓的数学表达式通过代数法或几何法求得，还可以采用计算机辅助编程计算等方法或相关 CAD 软件辅助来进行求解。如图 6 – 36 左侧所示的加工零件主要由直线和圆弧组成，点 A、B、C、D、E 为基点，其中 $A(0,0)$、$B(0,12)$、$D(110,26)$、$E(110,0)$各点的坐标值可以从图中直观得到。基点 C 是直线 BC 与圆弧 CD 的切点，可以通过联立二者的方程求解，也可以通过三角形的几何关系求解，或者借助 CAD 软件求解。图 6 – 36 右侧所示为利用 UG 求得的 C 点坐标：

$$(X_C, Y_C) = (64.277, 51.551)$$

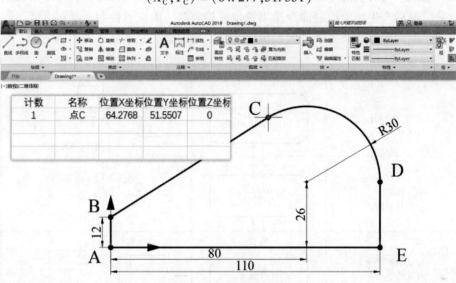

图 6 – 36　基点计算示例

编制二次曲线和特殊形状曲线、曲面类零件加工程序时，如果数控系统有直接处理这类轮廓的能力，则可以像处理直线或圆弧的基点坐标一样获得此类轮廓的基点坐标，如广州数控有直接处理椭圆的插补指令 G6.2/G6.3 和抛物线的插补指令 G7.2/G7.3，否则需要用直线或圆弧去逼近特殊曲线和曲面零件，计算出相邻逼近线段的交点或切点坐标，这个工作一般由计算机软件完成。

对于当下比较流行的基于图形交互的自动编程来说，这些几何特征点一般不需要编程者计算，而是通过 CAM 软件自动计算。

得到上述零件几何特征，并生成对应的数控加工程序后，需要数控机床带动刀具运动，使其刀位点按照相应的轮廓依次运动到不同的基点。在很多情况下，刀位点轨迹并不与零件轮廓完全重合。例如，铣削外轮廓或槽时，刀位点在立铣刀的底面中心，与加工轮廓之间偏移一个刀具半径。此外，由于刀具长度不同，刀位点距加工表面的距离也会存在偏差。现代数控系统都可以通过预处理进行刀具补偿，根据偏置量按一定规则自动计算新的刀位点轨迹，达到正确加工的目的，所以编程时可直接按零件轮廓形状计算各几何特征。

2. 数控机床运动控制原理

输入到数控系统的与轮廓成型有关的程序段一般只含有能表征相关曲线的特征参数

（如对直线是指直线两端点的坐标；对圆弧是指圆弧的起点、终点、半径、圆心以及顺圆/逆圆；对于样条曲线，是指建立样条曲线所需要的一些条件等）和根据加工工艺确定的加工速度，数控系统之所以能够控制刀具的刀位点相对于工件以一定的速度和轨迹运动，切削出工件的轮廓，是由于其具有插补（Interpolation）功能。

插补是根据零件轮廓尺寸，结合精度和工艺等方面的要求，按照一定的数学方法在理想的轨迹或者轮廓的已知点之间插入一些中间点，使刀具经过这些中间点从而逼近理想的工件外形轮廓。

加工程序输入到数控系统后，先对其进行译码和预处理，计算出运动要求信息（通常为运动轨迹与进给速度），输出给插补器，然后插补器根据输入的运动要求计算输出各轴的运动位移和速度。同时为防止运动开始或结束时产生机械振动与冲击，会采用加减速控制平滑运动轨迹，最后产生位置控制命令输出给位置控制器，由位置控制器通过开环、闭环和半闭环等方式控制伺服驱动系统带动数控机床各个坐标轴最终完成要求的轨迹运动。数控系统工作过程如图 6-37 所示。

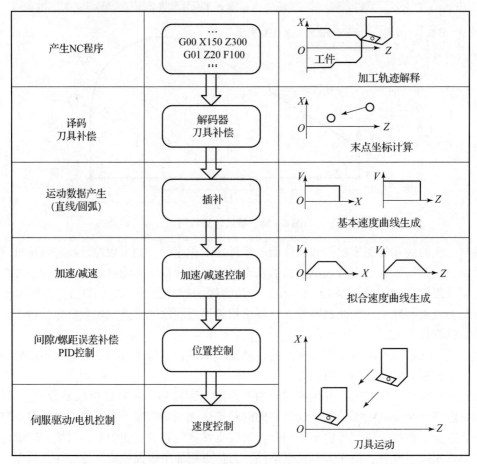

图 6-37　数控系统工作过程

插补是数控系统最重要的核心，其计算精度与效率直接影响工件的加工精度和效果。下面以图 6-36 所示为例对插补进行解释，图中刀具由当前 B 点沿着直线轮廓运动到 C 点，对应的刀具运动程序段如下：

G90；

G01 X64.277 Y51.551 F900.00；按绝对坐标方式沿直线由 B 运动到 C 点，进给速度 900 mm/min

从程序段中只能得到直线的端点，如何保证刀具由 B 点向 C 点运动时一直位于直线 BC 上呢？实际上，数控机床的刀具相对于被加工零件的运动（由于刀具运动与零件沿着相反方向的运动效果一样，为叙述方便，以后都简述为刀具的运动）是由多个运动坐标轴（进给轴）协调完成的，平面曲线轮廓需要两个运动坐标轴的协调运动，空间曲线轮廓则需要三个或三个以上运动坐标轴的协调运动。图 6-38 中刀具在 XY 平面的运动由 X、Y 运动坐标轴协调完成。如果按照某种算法在直线 BC 上插入若干数据点，把 BC 分成若干细小的线段，当数控系统控制 X、Y 运动坐标轴协调运动时，假设刀具总能经过这些插入点，则从宏观上看到的刀具轨迹就是沿着 BC 的直线。

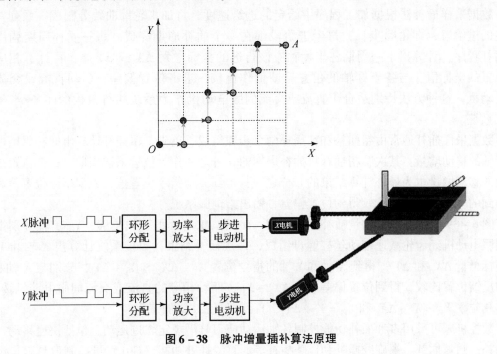

图 6-38　脉冲增量插补算法原理

可见，插补是一种刀具运动轨迹控制算法，它计算出的各个中间点的位置就是位置控制命令，用于驱动进给伺服系统。数控系统中完成插补功能的模块称为插补器，根据其实现原理，可以将其分为软件插补、硬件插补和软硬件结合插补等类型。根据进给伺服系统的不同，还可以分为脉冲增量插补和数据采样插补。

脉冲增量插补又称基准脉冲插补或行程标量插补，每次插补结束时产生一个行程增量，并以一个个脉冲的形式输出给步进电动机。步进电动机是一种将电脉冲信号转换成角位移的控制电动机，每输入一个电脉冲，转子就转过一个相应的步距角。由于步进电动机的各相要顺序轮流通电，所以插补输出的脉冲要经过环形脉冲分配器进行分配，由于脉冲电流太小，不足以直接驱动步进电动机的绕组，所以还需要经过功率放大器对电流进行放大。数控系统在插补计算过程中不断发出相互协调的进给脉冲，驱动各个坐标轴的步进电动机，因此，这种插补算法适合步进电动机作为系统执行机构的开环数控系统。

图 6－38 所示为脉冲增量插补算法原理，OA 为 XY 平面的直线轮廓，X、Y 轴分别由步进电动机经齿轮减速带动丝杠螺母组成，每次插补结束，数控系统向 X 轴或 Y 轴输出一个脉冲，经环形分配和功率放大后，驱动相应的步进电动机转过一个步距角，带动刀具沿着相应的轴移动一个脉冲当量，直到把直线 OA 加工完。

数据采样插补又称为时间标量插补法或数字增量插补法，每次插补结束时产生的不是单个脉冲，而是表示各坐标轴运动增量或运动位置的数字量，用于控制直流或交流伺服电动机。从工作原理上，直流伺服电动机通过控制绕组电压来控制转子的转速，交流伺服电动机通过控制绕组供电频率来控制转子的转速，二者均不能直接控制转子的角度位置，因而需要增加位置传感器，形成位置闭环来控制位置。同时，为了使切削负载变化时电动机的输出转矩与负载匹配，且电动机转速稳定（从而使加工速度稳定），还需要增加速度传感器，形成速度闭环来控制速度，以及增加电流传感器形成电流闭环来控制电流（转矩）。

数据采样插补法根据加工程序中给定的进给速度，将加工轮廓曲线分割成一系列首尾相连的进给段，即轮廓步长，每个进给段都在一个插补周期完成。每一插补周期调用一次插补程序，计算出下一周期各坐标轴应该行进的坐标增量 ΔX 或 ΔY 等，再计算相应动点位置的坐标值，与各坐标轴的位置反馈值作比较，求得位置偏差，驱动直流或交流伺服电动机。这种方法特别适合于直流或交流伺服电动机作为系统执行机构的闭环/半闭环数控系统。

数据采样插补通常由粗插补和精插补两个步骤组成。首先，粗插补计算出插补周期内各坐标轴的移动增量；其次，精插补将插补周期的 n 分之一作为位置采样周期，每个位置采样周期的移动增量也为插补计算结果的 n 分之一，得到 n 个指令位置值，根据指令位置值和采样得到的实际位置值作比较得到位置偏差，输出给伺服系统。

图 6－39 所示为数据增量插补算法原理，OA 为 XY 平面的直线轮廓，X、Y 轴分别由交流伺服电动机经齿轮减速带动丝杠螺母组成，每次插补结束，数控系统计算出 X 轴和 Y 轴的坐标增量 ΔX_i 和 ΔY_i，得到 X 轴和 Y 轴的指令位置 $X_i + \Delta X_i$ 和 $Y_i + \Delta Y_i$，分别与 X 轴和 Y 轴的反馈位置比较，得到位置偏差 $X_i + \Delta X_i - X_{Fi}$，驱动相应的直流或交流伺服电动机转动，使刀具位置 $X_{Fi} = X_i + \Delta X_i$ 和 $Y_{Fi} = Y_i + \Delta Y_i$，直到把直线 OA 加工完。

数控机床可采用多种插补功能控制各轴运动使刀具沿规定轨迹运动，包括快速移动、直线插补、圆弧插补、螺旋线插补和样条插补等。直线插补功能（G01）可控制刀具以指定的进给速度做直线运动；圆弧插补功能（G02、G03）可控制刀具做圆弧运动，G02 为顺时针方向圆弧插补指令，G03 为逆时针方向圆弧插补指令。螺旋线插补在圆弧插补的同时定义插补平面法线方向的同步运动，实现控制刀具进行螺旋线运动。样条插补功能可控制刀具沿样条插补曲线运动，具有样条插补功能的数控机床可加工自由曲线和曲面，样条插补算法有多种，其中，NURBS（非均匀有理 B 样条）曲线是最为典型的样条插补曲线。大多数数控机床都具有直线和圆弧插补功能，高端数控机床上会有二次曲线插补功能和 NURBS 曲线插补功能等。

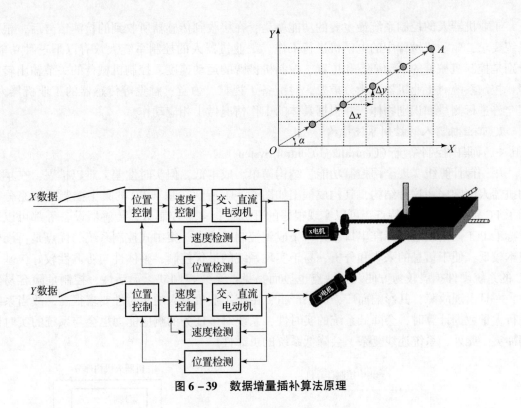

图 6 - 39　数据增量插补算法原理

6.4　工业机器人运行控制

6.4.1　工业机器人控制概述

工业机器人一般由控制器、传感器、驱动器、机械本体和末端执行器等组成，如图 6 - 40 所示。但是如果没有控制系统，再智能的机器人也不能进行工作，控制系统就相当于人类身体上的神经系统。

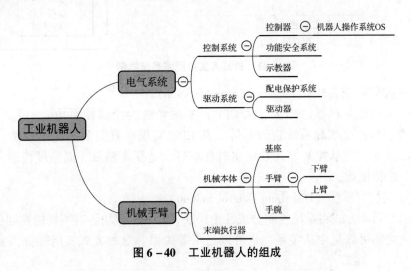

图 6 - 40　工业机器人的组成

工业机器人的控制系统最主要的功能就是，在接收到传感器所收到的检测信号后，根据系统要求，驱动机械臂中的电动机进行工作。工业机器人的控制系统大致有以下三种功能，分别是控制机械臂的运动姿态和位置、控制机械臂的运动速度、控制机械臂的关节输出转矩等。控制系统对工业机器人十分重要，对配备了视觉、力觉、触觉等传感器的工业机器人，其允许进行测量和识别物体，并根据具体的工作情况做出相应动作。

1. 工业机器人的控制系统结构

（1）集中控制系统（Centralized Control System）

用一台计算机实现全部控制功能，结构简单，成本低，但实时性差，难以扩展，在早期的机器人中常采用这种结构，其构成框图如图 6-41 所示。基于 PC 的集中控制系统充分利用了 PC 资源开放性的特点，可以实现很好的开放性；多种控制卡、传感器设备等都可以通过标准 PCI 插槽或通过标准串口、并口集成到控制系统中。集中式控制系统的优点是：硬件成本较低，便于信息的采集和分析，易于实现系统的最优控制，整体性与协调性较好，基于 PC 的系统硬件扩展较为方便。其缺点也显而易见：系统控制缺乏灵活性，控制危险容易集中，一旦出现故障，其影响面广，后果严重；由于工业机器人的实时性要求很高，故当系统进行大量数据计算时，会降低系统的实时性，系统对多任务的响应能力也会与系统的实时性相冲突。此外，系统连线复杂，会降低系统的可靠性。

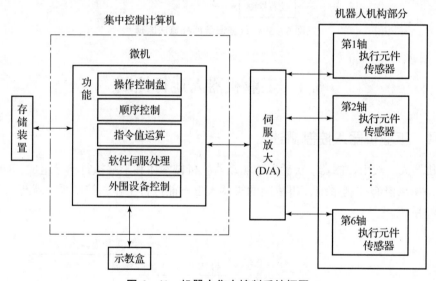

图 6-41　机器人集中控制系统框图

（2）主从控制系统（Master-Slave Control System）

采用主、从两级处理器（即主、从 CPU）实现系统的全部控制功能。主 CPU 实现管理、坐标变换、轨迹生成和系统自诊断等，从 CPU 实现所有关节的动作控制，其构成框图如图 6-42 所示。主从控制方式系统实时性较好，适于高精度、高速度控制，但其系统扩展性较差，维修困难。

（3）分布式控制系统（Distribute Control System）

按系统的性质和方式将系统控制分成几个模块，每一个模块各有不同的控制任务和控制策略，各模式之间可以是主从关系，也可以是平等关系。这种方式实时性好，易于实现高

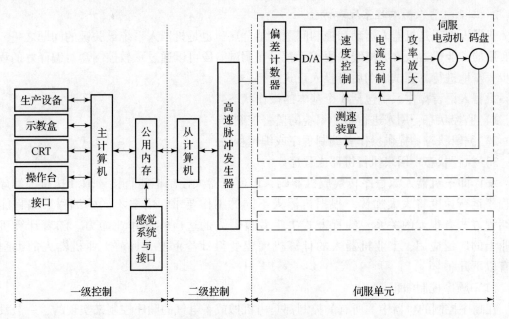

图 6 – 42 主从控制系统框图

速、高精度控制，易于扩展，可实现智能控制，是目前流行的方式，其控制框图如图 6 – 43 所示。其主要思想是"分散控制，集中管理"，即系统对其总体目标与任务可以进行综合协调和分配，并通过子系统的协调工作来完成控制任务，整个系统在功能、逻辑和物理等方面都是分散的，所以 DCS 系统又称为集散控制系统或分散控制系统。在这种结构中，子系统是由控制器和不同的被控对象或设备构成的，各个子系统之间通过网络等相互通信。分布式控制结构提供了一个开放、实时、精确的机器人控制系统，分布式控制系统的优点在于：系统灵活性好，控制系统的危险性降低，采用多处理器的分散控制，利于系统功能的并行执行，提高了系统的处理效率，缩短了响应时间。

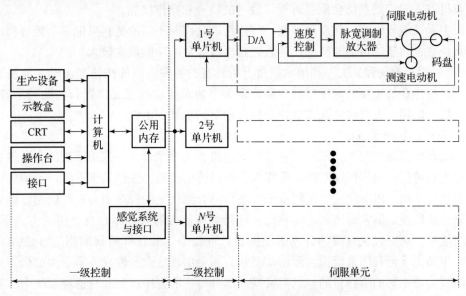

图 6 – 43 分布式控制系统框图

2. 工业机器人的编程系统和方法

机器人编程是机器人运动和控制问题的结合点，也是机器人系统最关键的问题之一。当前实用的工业机器人常为离线编程或示教，在调试阶段可以通过示教控制盒对编译好的程序一步一步地进行，调试成功后可投入正式运行。

机器人语言操作系统包括3个基本的操作状态：

1）监控状态：用来进行整个系统的监督控制；

2）编辑状态：提供操作者编制程序或编辑程序；

3）执行状态：用来执行机器人程序。

编译即把机器人源程序转换成机器码，以便机器人控制柜能直接读取和执行，编译后的程序运行速度将大大加快。根据机器人不同的工作要求，需要不同的编程。编程能力和编程方式有很大的关系，编程方式决定着机器人的适应性和作业能力。随着计算机在工业上的广泛应用，工业机器人的计算机编程变得日益重要。目前工业机器人的编程方式有以下几种：

（1）顺序控制编程

在顺序控制的机器中，所有的控制都是由机械或者电气的顺序控制来实现的，一般没有程序设计的要求。顺序控制的灵活性小，这是因为所有的工作过程都已编辑好，由机械挡块或其他确定的办法所控制。大量的自动机都是在顺序控制下操作的，这种方法的主要优点是成本低，易于控制和操作。

（2）示教方式编程

目前，大多数工业机器人都具有采用示教方式来编程的功能。示教方式编程一般可分为手把手示教编程和示教盒示教编程两种方式。

1）手把手示教编程：主要用于喷漆、弧焊等要求实现连续轨迹控制的工业机器人示教编程中。具体的方法是利用示教手柄引导末端执行器经过所要求的位置，同时由传感器检测出工业机器人各关节处的坐标值，并由控制系统记录、存储下这些数据信息。在实际工作中，工业机器人的控制系统会重复再现示教过的轨迹和操作技能。

手把手示教编程也能实现点位控制，与连续轨迹控制不同的是它只记录个轨迹程序移动的两端点位置，轨迹的运动速度则按各轨迹程序段应对的功能数据输入。

2）示教盒示教编程是人工利用示教盒上所具有的各种功能的按钮来驱动工业机器人的各关节轴，按作业所需要的顺序单轴运动或多关节协调运动，完成位置和功能的示教编程。示教盒示教一般用于大型机器人或危险条件作业下的机器人示教。

（3）脱机编程或预编程

脱机编程和预编程的含义相同，它是指通过机器人程序语言预先用示教的方法编程，脱机编程的优点包括：编程可以不使用机器人，可以腾出机器人去做其他工作；可预先优化操作方案和运行周期；以前完成的过程或子程序可结合到代编的程序中去；可以用传感器探测外部信息，从而使机器人做出相应的响应，这种响应使机器人可以在自适应的方式下工作；在控制功能中，可以包含现有的计算机辅助设计（CAD）和计算机辅助制造（CAM）的信息；可以用预先运行程序来模拟实际运动，从而不会出现危险，以在屏幕上模拟机器人运动来辅助编程；对不同的工作目的，只需替换一部分待定的程序；在非自适应系统中，没有外界环境的反馈，仅有的输入是关节传感器的测量值，从而可以使用简单的程序设计手段。

3. 工业机器人的编程语言

机器人编程语言最早于 20 世纪 70 年代初期问世，到目前为止已有多种编程语言出现，这里将为大家介绍机器人研发中比较主流的 5 种机器人编程语言，并对它们的优缺点进行分析。

（1）Python

在机器人研究领域，Python 占据了重要地位。其中一个原因很可能是 Python（和 C++）是 ROS 中的两种主要编程语言。像 JAVA 一样，它是一种解释性语言，但也不同于 JAVA，Python 语言主要集中在可用性上。

1）优点：Python 程序简单易懂，初学者学 Python 更易入门，深入下去可编写非常复杂的程序，且开发效率高，有非常强大的第三方库。当用 Python 语言编写程序时，无须考虑诸如如何管理程序使用内存一类的底层细节。

由于它的开源本质，Python 已经被移植在许多平台上（经过改动使它能够工作在不同平台上）。如果有意避免使用依赖于系统的特性，那么所有 Python 程序无须修改就几乎可以在市场上所有的系统平台上运行。如果需要一段关键代码运行得更快或者希望某些算法不公开，即可将部分程序用 C 或 C++ 编写，然后在 Python 程序中使用它们。

2）缺点：Python 的运行速度相比 C 语言确实慢很多，与 JAVA 相比也要慢一些。

（2）C/C++

C++ 语言是从 C 语言发展过来的，是一门面向对象的语言，它继承了 C 语言的优势。很多人都认为 C 和 C++ 对机器人科学家来说是一个很好的开端，因为大部分的硬件库使用这些语言，允许实时性能，是非常成熟的编程语言。

1）优点：C/C++ 可以潜入任何现代处理器中，几乎所有的操作系统都支持，跨平台性非常好。C 语言体型小巧、简洁高效并且接近汇编语言，C++ 功能在 C 的基础上增加了面向对象的特点，代码可读性好，运行效率高；兼有高级语言与汇编语言的优点，语言简洁、紧凑，使用方便、灵活丰富的运算符和数据类型，能访问内存地址和位操作等硬件底层操作，生成的目标代码质量高。

2）缺点：相对于 JAVA 来说，没有垃圾回收机制，容易引发内存泄漏。从应用的角度，C 语言比其他高级语言较难掌握。也就是说，对用 C 语言的人，要求对程序设计更熟练一些。C 语言的缺点主要表现在数据的封装性上，这一点使得 C 语言在数据的安全性上有很大缺陷，这也是 C 和 C++ 的一大区别。

（3）JAVA

JAVA 语法规则和 C++ 类似，从某种意义上来说，JAVA 是由 C 和 C++ 语言转变而来的。像 C# 和 MATLAB 一样，JAVA 是一种解释性语言，这意味着它不会被合并到机器语言代码中；相反，JAVA 虚拟机在运行时解释指令。理论上来说，基于 JAVA 虚拟机，使用 JA-VA 可以在不同机器上使用类似的代码。但实际上，这并不普遍使用，有时会导致代码运行缓慢，但是 JAVA 编程语言在机器人研究中非常流行。

1）优点：由于 JAVA 语言与 C 语言和 C++ 语言比较接近，使大多数程序员学起来更简单。JAVA 语言全面支持动态绑定，而 C++ 语言只对虚函数使用动态绑定。JAVA 语言支持 Internet 应用的开发，在基本的 JAVA 应用编程接口中有一个网络应用编程接口（JAVA. net），它提供了用于网络应用编程的类库，包括 URL、URLConnection、Socket、ServerSocket 等。JAVA 语言提供了一种安全机制，以防止恶意代码的攻击，相对来说更安全。

JAVA 语言是可移植的，这种可移植性来源于体系结构中立性。另外，JAVA 还严格规定了各个基本数据类型的长度。

2）缺点：运行 JAVA 程序需要装 JAVA 虚拟机，就这一条严重地影响了 JAVA 应用程序的使用，基本看不到 JAVA 的应用程序。另外 JAVA 程序的运行成本比较高，过去机器配置不够高时，JAVA 显得很慢，现在随着 JAVA 本身的版本升级和电脑性能的强化，这条基本已经不是问题了。

（4）C#/. net

C#/. net 在很大程度上是为微软机器人工程师工作室提供的，微软机器人工程师工作室将其作为基本语言。如果使用这个框架，就必须学习 C#。

1）优点：强大的 ". net Framework" 托管代码集合类，封装了大多数 Windows 上使用的技术组件类，包括文件系统、UI 界面、数据源访问、网络访问、COM 互操作（图形图像多媒体，WPF 图形系统），没有的可以通过 ". net" 的平台调用 win API 函数来得到。

①自动内存管理，单继承，支持事件、委托、属性、Linq 等一系列让业务开发更简单的功能。

②Web 应用程序开发速度快 [". net" 框架的支持，控件可以拖拉（UI 方便编辑和定位），添加事件（跳转到控制逻辑层），ADO. net 数据源访问，xml 网络类库，Windows 服务]。

③与语言平台无关的编译机制及较快的运行速度：编译成 IL 中间语言，CLR 公共语言运行库托管代码，CLR 根据运行时程序需要将 IL 中间语言用 JIT 即时编译方式编译为内部机器代码，将编译好的机器代码缓存起来，提高了程序速度。

④window 是基于角色的安全机制，". net" 提供了基于代码的安全机制，由于中间语言提供了类型安全性，故 CLR 在运行前检查代码，确定是否有需要的安全权限，CLR 没有权限则不能执行该代码。

2）缺点：不合适做时间性能很高（高速算法）或空间性能很灵活（内存立即释放）的程序，因为中间语言和编译过程比 C/C++ Native 类型的语言会慢一些，内存自动回收难以立即释放不需要的内存，故不采用内联函数和析构函数。

（5）MATLAB

MATLAB 和它的开源资源（例如 Octave）在一些机器人专家中非常有名，是他们负责调查数据和创建控制系统常用的语言。还有一个非常有名的 MATLAB 机器人工具箱，使用 MATLAB 单独创建整个机器人系统。如需要分解数据，创建高级图表或执行控制系统，那就很可能需要学习 MATLAB。

1）优点：MATLAB 语言为演算纸式科学算法语言，由于其编程简单，所以编程效率高，易学易懂。MATLAB 语言像 BASIC、C 语言一样规定了矩阵的算术运算符、关系运算符、逻辑运算符、条件运算符及赋值运算符，而且这些运算符大部分可以毫无改变地照搬到数组建的运算中。

2）缺点：MATLAB 中所有的变量均为向量形式，这样一方面在对向量进行整体的计算时，表现出其他语言难以表现出的高效率，但是对于向量中的单个元素，或是将向量作为单个的循环变量来处理时，其处理过程相当的复杂。封装性不好，一方面，所有的变量均保存在公共工作区中，任何语句都可以调用；另一方面，作为一个完备的软件，而不是实现算法的程序，编程人员在使用 MATLAB 时需要花相当多的时间考虑如何设计用户界面。

6.4.2　工业机器人控制系统的组成及功能

1. 工业机器人控制系统的特点

工业机器人从结构上讲属于一个空间开链机构，其中各个关节的运动是独立的，为了实现末端点的运动轨迹，需要多关节的运动协调，其控制系统较普通的控制系统要复杂得多。工业机器人控制系统的特点如下：

1）工业机器人的控制是与机构运动学和动力学密切相关的。在各种坐标下都可以对工业机器人手足的状态进行描述，应根据具体的需要对参考坐标系进行选择，并要做适当的坐标变换；经常需要正向运动学和反向运动学的解，除此之外还需要考虑惯性力、外力（包括重力）和向心力的影响。

2）即使是一个较简单的工业机器人，也至少需要 3～5 个自由度，比较复杂的工业机器人则需要十几个甚至几十个自由度。每一个自由度一般都包含一个伺服机构，它们必须协调起来，组成一个多变量控制系统。

3）由计算机来实现多个独立的伺服系统的协调控制和使工业机器人按照人的意志行动，甚至赋予工业机器人一定"智能"的任务。所以，工业机器人控制系统一定是一个计算机控制系统。同时，计算机软件担负着艰巨的任务。

4）由于描述工业机器人状态和运动的是一个非线性数学模型，随着状态的改变和外力的变化，其参数也随之变化，并且各变量之间还存在耦合。所以，只使用位置闭环是不够的，还必须采用速度甚至加速度闭环。系统中经常使用重力补偿、前馈、解耦或自适应控制等方法。

5）由于工业机器人的动作往往可以通过不同的方式和路径来完成，所以存在一个"最优"的问题。对于较高级的工业机器人可采用人工智能的方法，利用计算机建立庞大的信息库，借助信息库进行控制、决策、管理和操作。根据传感器和模式识别的方法获得对象及环境的工况，按照给定的指标要求，自动地选择最佳的控制规律。

综上所述，工业机器人的控制系统是一个与运动学和动力学原理密切相关的、有耦合的、非线性的多变量控制系统。因为其具有的特殊性，所以经典控制理论和现代控制理论都不能照搬使用。到目前为止，工业机器人控制理论还不够完整和系统。

2. 工业机器人控制系统的组成

（1）控制计算机

控制计算机是控制系统的调度指挥机构，一般为微型机、微处理器（32 位、64 位）等，如奔腾系列 CPU 以及其他类型 CPU。

（2）示教盒

示教盒用于示教机器人的工作轨迹和参数设定，以及人机交互操作，拥有自己独立的 CPU 以及存储单元，与主计算机之间以串行通信方式实现信息交互。

（3）操作面板

操作面板由各种操作按键、状态指示灯构成，只完成基本功能操作。

（4）硬盘和软盘存储

硬盘和软盘存储是存储机器人工作程序的外围存储器。

（5）数字和模拟量输入输出

数字和模拟量输入输出用于各种状态和控制命令的输入或输出。

（6）打印机接口

打印机接口用于记录需要输出的各种信息。

（7）传感器接口

传感器接口用于信息的自动检测，实现机器人柔顺控制，一般为力觉、触觉和视觉传感器。

（8）轴控制器

轴控制器用于完成机器人各关节位置、速度和加速度控制。

（9）辅助设备控制

辅助设备控制用于和机器人配合的辅助设备控制，如手爪等。

（10）通信接口

通信接口用于实现机器人和其他设备的信息交换，一般有串行接口、并行接口等。

（11）网络接口

1）Ethernet 接口：可通过以太网实现数台或单台机器人的直接 PC 通信，数据传输速率高达 10 Mbit/s，可直接在 PC 上用 Windows 库函数进行应用程序编程，支持 TCP/IP 通信协议，通过 Ethernet 接口将数据及程序装入各个机器人控制器中。

2）Fieldbus 接口：支持多种流行的现场总线规格，如 Devicenet、ABRemote I/O、Inter-bus–s、profibus–DP、M–NET 等。

机器人控制系统组成图如图 6–44 所示。

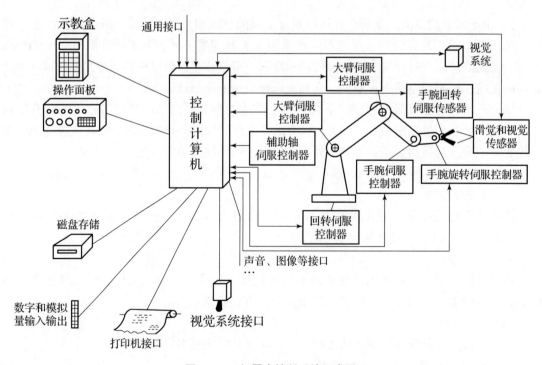

图 6–44 机器人控制系统组成图

3. 工业机器人控制系统的基本功能

工业机器人控制系统的基本功能包括以下几个方面：

1）通过控制执行器经过的路径和点位来控制末端执行器的运动位置。

2）通过控制相邻构件的位置来控制机械臂的运动姿态。

3）通过一定的时间规律，控制执行器运动位置，实现运动速度控制。

4）通过执行器运动速度变化的控制，实现运动加速度控制。

5）通过控制对象施加作用力，实现各动力关节的输出转矩。

同时，控制系统可以实现人机交互功能，机器人可以通过记忆和过程重现来完成既定的任务。控制系统为机器人配备力觉、视觉、触觉等传感器，使机器人具备感知和检测外部环境的功能。

其基本功能表现如下：

1）记忆功能：存储作业顺序、运动路径、运动方式、运动速度和与生产工艺有关的信息。

2）示教功能：离线编程，在线示教，间接示教。在线示教包括示教盒和导引示教两种。

3）与外围设备联系功能：输入和输出接口、通信接口、网络接口、同步接口。

4）坐标设置功能：有关节、绝对、工具、用户自定义四种坐标系。

5）人机接口：示教盒、操作面板、显示屏。

6）传感器接口：位置检测、视觉、触觉、力觉等。

7）位置伺服功能：机器人多轴联动、运动控制、速度和加速度控制、动态补偿等。

8）故障诊断安全保护功能：运行时系统状态监视、故障状态下的安全保护和故障自诊断。

6.4.3 工业机器人的运行控制方式

1. 点位控制方式（PTP）

点位控制（Point To Point）在机电一体化领域和机器人行业有极其广泛的应用，机械制造业中的数控机床对零件轮廓的跟踪、工业机器人的指端轨迹控制和行走机器人的路径跟踪等都是点位控制系统的典型应用。

在控制时，要求工业机器人能够快速、准确地在相邻各点之间运动，对达到目标点的运动轨迹则不作任何规定。

定位精度和运动所需的时间是这种控制方式的两个主要技术指标。这种控制方式具有实现容易、定位精度要求不高的特点，因此，常被应用在上下料、搬运、点焊和在电路板上安插元件等只要求目标点处保持末端执行器位姿准确的作业中。这种方式比较简单，但是要达到 2~3 μm 的定位精度是相当困难的。

点位控制系统实际上也是一种位置伺服系统，它们的基本结构与组成基本上是相同的，只不过侧重点不同而已，它们的控制复杂程度也各有千秋。按反馈方式来分，可以分为闭环系统、半闭环系统与开环系统。

2. 连续轨迹控制方式（CP）

在点位控制方式 PTP 点位控制下，始末速度为 0，其间可以有各种的速度规划方式。

连续轨迹控制方式 CP 控制（Continued Path）是对工业机器人末端执行器在作业空间中的位姿进行连续的控制，中间点的速度不为 0，连贯运动，通过速度前瞻的方式获得每个点的速度大小。一般连续轨迹控制主要都用到了速度前瞻的方法：前向速度限制、转角速度限制、回溯速度限制、最大速度限制和轮廓误差速度限制。

这种控制方式要求其严格按照预定的轨迹和速度在一定的精度范围内运动，而且速度可控、轨迹光滑、运动平稳，以完成作业任务。

工业机器人各关节连续、同步地进行相应的运动，其末端执行器即可形成连续的轨迹。这种控制方式的主要技术指标是工业机器人末端执行器位姿的轨迹跟踪精度及平稳性，通常弧焊、喷漆、去毛边和检测作业机器人都采用这种控制方式。

3. 力（力矩）控制方式

随着机器人应用边界的不断拓宽，单单靠视觉赋能已经满足不了复杂的实际应用，此时就必须引入力/力矩控制输出量，或者将力/力矩作为闭环反馈量引入控制。

在进行装配、抓放物体等工作时，除了要求准确定位之外，还要求所使用的力或力矩必须合适，此时必须使用（力矩）伺服方式。这种控制方式的原理与位置伺服控制原理基本相同，只不过输入量和反馈量不是位置信号，而是力（力矩）信号，所以该系统中必须有力（力矩）传感器。有时也利用接近、滑动等传感功能进行自适应式控制。

由于机械臂和工作面的接触常常是未知的复杂曲面，因而这种力/力矩的感知还应具备多维能力，例如通过六维力传感器感知 X、Y、Z 三个方向的力和扭矩。

4. 智能控制方式

机器人的智能控制是具有智能信息处理和智能信息反馈以及智能控制决策的控制方式，通过传感器（如摄像机、图像传感器、超声波传感器、激光器、导电橡胶、压电元件、气动元件、行程开关等机电元器件）获得周围环境的知识，并根据自身内部的知识库做出相应的决策。

智能控制技术的发展有赖于人工神经网络、基因算法、遗传算法、专家系统等人工智能的迅速发展。近几年，智能控制技术进步明显，模糊控制理论和人工神经网络理论以及两者的融合都大大提高了机器人的速度和精度。其主要应用如多关节机器人跟踪控制、月球机器人控制、除草机器人控制和烹饪机器人控制等。

此外，机器人智能控制又可细分为模糊控制、自适应控制、最优控制、神经网络控制、模糊神经网络控制、专家控制等。

6.4.4 工业机器人的运行控制实现

1. 工业机器人的控制器简介

控制器作为工业机器人最为核心的部件之一，是工业机器人的大脑，因此对机器人的性能起着决定性的影响。工业机器人控制器主要控制机器人在工作空间中的运动位置、姿态和轨迹及操作顺序和动作的时间等。目前，由于人工智能、计算机科学、传感器技术及其他相关学科的长足进步，使得机器人的研究在高水平上进行，同时也为机器人控制器的性能提出更高的要求。对于不同类型的机器人，如有腿的步行机器人与关节型工业机器人，控制系统的综合方法有较大差别，控制器的设计方案也不一样，图 6 - 45 ~ 图 6 - 47 所示分别为机械臂、移动机器人和通用运动控制的典型产品形式。

图 6 – 45　机械臂控制器

图 6 – 46　移动机器人控制器

图 6 – 47　通用运动控制器

2. 工业机器人的控制器主要功能

1）操作系统承载平台、人机交互界面窗口。

2）运动学计算，六个伺服电动机协同控制实现，是整个机器人控制系统的核心。

3）运动示教，示教过程中控制机器人位姿变化。

4）工作状态显示、记录等功能界面。

一般工业机器人控制系统硬件部分主要由运动控制器（主控制器）、示教器、通用 I/O 模块、交流伺服驱动器、变压器及其他附件构成。硬件结构如图 6 – 48 所示。

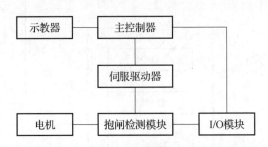

图 6 – 48　工业机器人控制系统的硬件结构

3. 工业机器人的控制器内部框架

运动控制器内部运动控制系统硬件框架如图 6 – 49 所示，虚线表示电源供电连接，实线表示信号通信连接。从图 6 – 49 中可以看出，运动控制系统硬件主要包含了电源模块、CPU 模块、输入输出模块、晶振和复位模块、JTAG 模块和大量的外设模块。其预留多种外设模块，方便后期功能的扩展，例如增加模拟量输入输出单元、视觉识别单元等。

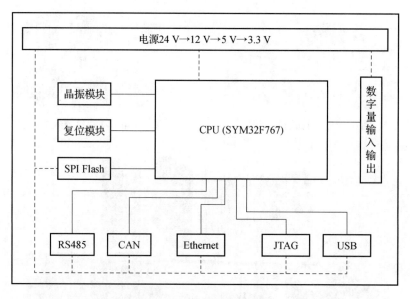

图 6-49　控制器硬件框架

控制器模块的组成结构如图 6-50 所示。

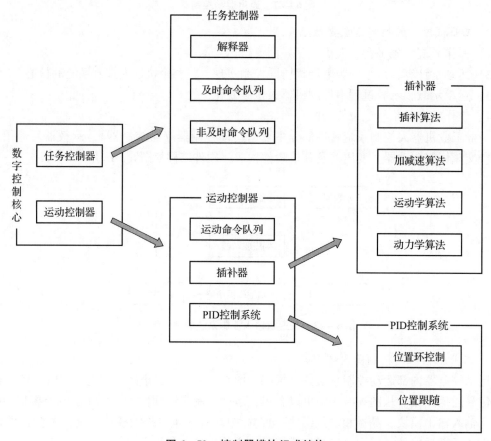

图 6-50　控制器模块组成结构

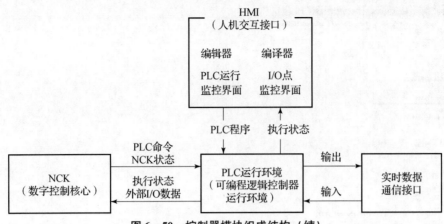

图 6 – 50　控制器模块组成结构（续）

伺服控制是运动控制系统的核心功能之一，其将计算的插补结果发送到伺服系统中，控制电动机的运动，从而达到控制机器人运动的效果。传统模式是采用方向脉冲的方式，需要大量的外设 I/O 和接线，显然已经不能满足机器人控制的需求。工业运动控制一般采用 CANopen 协议作为伺服控制协议，CANopen 是一种架构在控制局域网路（Controller Area Network，CAN）上的高层通信协定，是工业控制常用到的一种现场总线，广泛用于汽车、航空航天、机器人等领域。

4. 基于控制器的控制实现

基于控制器与主机、驱动板和系统输入/输出端子板的通信功能，这里将给出基于 C++ 语言的控制器运动的控制实现。图 6 – 51 所示为主机上的控制器操作界面。

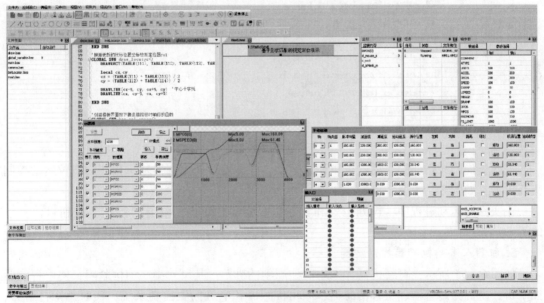

图 6 – 51　主机上的控制器操作界面

图 6 – 52 所示为控制器内置的基于 C++ 的语言处理界面，可以在应用程序文件中加入函数库头文件的声明，例如：#include "gts. h"。至此，用户就可以在 Visual C++ 中调用函数库中的任何函数，开始编写应用程序。

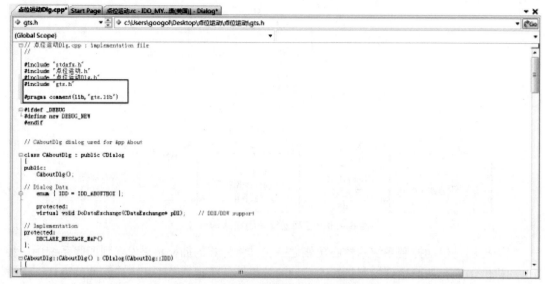

图 6 – 52 控制器内置的 C ++ 编程界面

可以在控制器管理界面内部的工具箱中选择点位运动控件，编辑器将打开默认的运动控制代码，如图 6 – 53 所示。我们可以基于初始代码根据工业机器人任务目标更改合适的运动参数，实现实际的运动控制目标。

```
void C点位运动Dlg::OnTimer(UINT_PTR nIDEvent)
{
    GTN_GetPrfPos(core, 1, &prfPos, 1, NULL);      // 读1轴的规划位置
    strTemp.Format(_T("%.3f"), prfPos);
    SetDlgItemText(IDC_STATIC1, strTemp);          //IDC_EDIT1为规划位置右侧静态文本的ID

    GTN_GetPrfVel(core, 1, &prfVel, 1, NULL);      // 读1轴的规划速度
    strTemp.Format(_T("%.3f"), prfPos);
    SetDlgItemText(IDC_STATIC2, strTemp);

    GTN_GetEncPos(core, 1, &encPos, 1, NULL);      // 读1轴的实际位置
    strTemp.Format(_T("%.3f"), prfPos);
    SetDlgItemText(IDC_STATIC3, strTemp);

    GTN_GetEncVel(core, 1, &encVel, 1, NULL);      // 读1轴的实际速度
    strTemp.Format(_T("%.3f"), prfPos);
    SetDlgItemText(IDC_STATIC4, strTemp);

    CDialog::OnTimer(nIDEvent);
}
```

图 6 – 53 点位运动代码

在检查代码无任何错误后，可以调试运动，并调用得到控制器基于代码的点位运动控制交互界面，如图 6 – 54 所示。

在实际的运动过程中，规划位置和实际位置会实时变化，单击"停止"按钮可停止点位运动。

5. 机器人末端执行器控制案例

如图 6 – 55 所示，打磨机器人采用简洁高刚性机架，其尺寸小、结构紧凑，使用智能驱控平台，内置力传感器、位移传感器、倾角传感器和电气伺服控制系统，实时感知打磨力、浮动位置和磨头姿态等信息，能够自动补偿机器人姿态、轨迹偏差和磨料磨损，保证恒定的打磨压力，从而获得打磨效果的一致性。为实现高精度打磨的任务目标，伺服电动机和传感器信号接入控制器，由控制器内的主机完成数据运算和处理，在工作过程中完成对工业机器人运动的力位控制。图 6 – 56 所示为实际运动过程中机器人末端的力位控制图。

图 6 - 54　点位运动控制示教

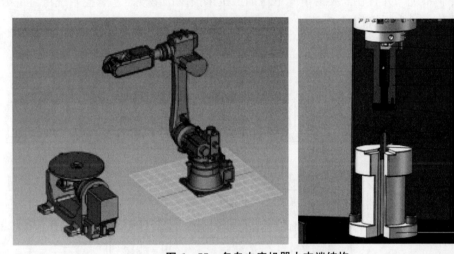

图 6 - 55　多自由度机器人末端结构

1—连接头；2—机用螺丝；3—弹簧；4—压头零件 1；5—顶针；
6—压头零件 2；7—铜帽；8—传感器座；9—底座

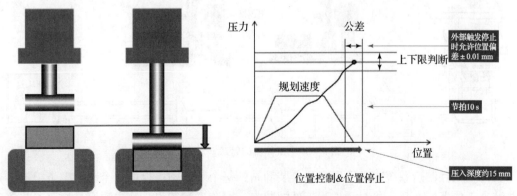

图 6 - 56　机器人末端力位控制图

机器人末端执行器的表面打磨力控只需要在与打磨表面垂直的方向上，即严格控制末端执行器与打磨表面的接触力，但对于其他方向的运动，是没有力控要求的，采用单纯的位置控制就可以实现。而当工序结束时，控制器又要切回纯位置控制，将机械臂收回，未来的控制器需要具备在位控和力控两种技术之间灵活切换的能力。

6.5 物流系统的管理与控制

6.5.1 工件流的管理与控制

工件流的管理与控制如图 6 -57 所示，它包括随行夹具的安装与调整及工件装夹和输送控制。工件随行夹具是由托板（盘）和工件专用夹具组成的，在夹具调整工位或装卸工位上，针对具体工件的安装过程由计算机管控系统通知操作者。如果夹具已经装配和调整好，那么就必须对零点设定进行测量检验。零点设定是随行夹具的基本数据之一，通过人机对话将其传输给控制系统，并且在需要的情况下对加工机床预设作出规定。管控系统将对每个操作步骤通过屏幕显示告诉操作员。

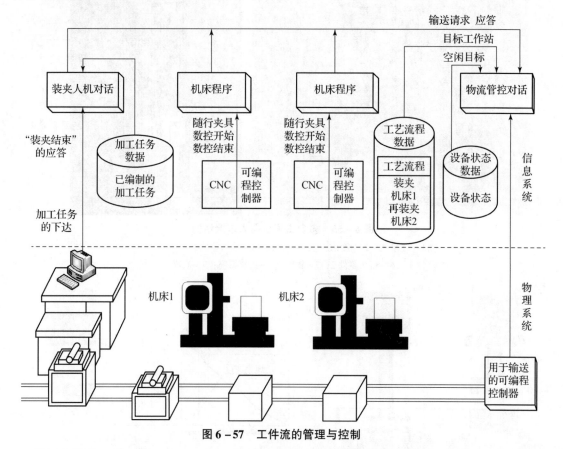

图 6 -57 工件流的管理与控制

在一个柔性制造系统内，可以有几个装卸站，每个装卸站可以由多个装夹工位组成。在这些装夹工位上，通过人机对话进行工件的装夹、再装夹和卸出。装夹顺序是按照工艺流程进行的。物流控制将一个在首次装夹后已加工完毕的工件再送回装夹站，下次装夹所需要的托板（盘）自动地被送到装卸站。物流控制将最后一次装夹后加工完毕的工件送到装卸站，工件被卸下，托板（盘）就可以再次被装上另一个工件。在所有的装夹与加工操作结束后，就可以获得工件的状态数据。在工件再装夹和卸下时，质量评定报告给出工件合格、返工或者次品的信息。

　　输送控制用于控制和监视系统中已装有或未装有工件的随行夹具的输送，即由输送命令调度输送步骤的进行，输送系统完成源工位与目标工位之间的物料输送。源工位和目标工位可以是装夹工位、机床、清洁站和测量站。在一个加工步骤结束后，工位上的专门程序（如机床程序、装夹人机对话）就向物流管控提出输送请求，并按照先入先出原则由物流控制系统完成输送任务。在输送过程中，物流控制还将及时采集输送出发点和目标站、随行夹具以及工件的状态数据。

　　值得指出的是，在现代的数字化、智能化制造系统中，工件随行夹具越来越多地采用零点定位系统来实现，再通过工业机器人实现工件随行夹具在设备之间的快速输送。零点定位系统的定位精度通常可以达到 ±0.005 mm，能够满足通常的制造精度要求。通过设计标准化接口的物料托板（盘）可实现不同零件在数控机床、测量机上的快速精确装夹定位，而无须重复对刀。如图 6-58 所示，托盘用于装夹工件，其底部销钉与在零点定位系统的锁紧孔相配合，一旦确定了零点定位系统在数控加工中心或测量机工作平台上的位置，托盘的定位销钉在机床（或测量机）坐标系中的位置也随之确定。通过在托盘表面设计不同的装夹定位结构可以满足各种不同零件的装夹需求。

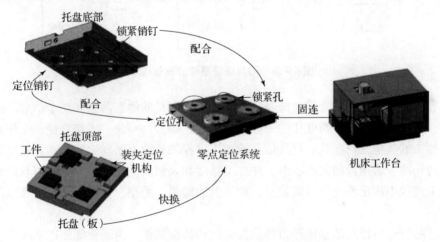

图 6-58　基于零点定位系统的工件装夹原理

6.5.2　刀具流的管理与控制

　　刀具流管理与控制的作用是在中央刀库和机床刀库之间实现有序的刀具交换。在工件到达之前，机床程序应检查刀具情况，明确是否所有的刀具已在机床刀库中，或不在机床刀库而在中央刀库中。如果不具备上述两个条件，则该工件不能加工，应退出系统。如果只具备后一个条件，则需要进行刀具交换。

　　由于柔性制造系统加工的工件种类繁多，加工工艺以及加工工序的集成度很高，故系统运行时需要的刀具种类和数量是很多的，而且这些刀具频繁地在系统中各机床之间、机床到刀库之间进行交换。另外刀具磨损、破损换新造成的强制性或适应性换刀，使得刀具流的管理和刀具监控变得异常复杂。

一个典型的具有自动刀具供给系统的刀具管理系统的设备构成如图 6-59 所示。它由刀库准备车间（室）、刀具供给系统和刀具输送系统三部分组成。刀具准备车间包括刀具附件库、条形码打印机、刀具预调仪、刀具装卸站、刀具刃磨设备及刀具数据管理（Tool Data Management，TDM）系统等；刀具供给系统包括条形码阅读器、刀具进出站和中央刀库等；刀具输送系统包括装卸刀具的机械手、传送链和运输小车。刀具数据管理系统除了具有刀具管理服务之外，还要作为信息源向实时过程控制系统、生产调度系统、库存管理系统、物料采购和订货系统、刀具装配站、刀具维修站和校准站等提供服务。

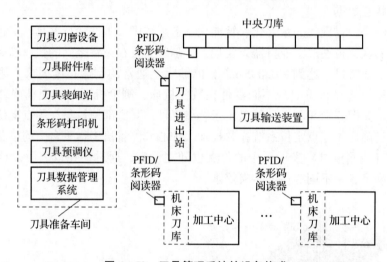

图 6-59　刀具管理系统的设备构成

刀具数据管理系统负责管理智能制造系统中所有刀具的静态信息和动态信息。刀具动态信息是指，在使用过程中不断变化的一些刀具参数，如刀具寿命、工作直径、工作长度以及参与切削加工的其他几何参数。这些信息随加工过程的延续不断发生变化，直接反映了刀具使用时间的长度、磨损量的大小、对工件加工精度和表面质量的影响等。而刀具静态信息是一些在加工过程中固定不变的刀具信息，如刀具的编码、类型、属性、几何形状以及一些结构参数等。

刀具流的管理与控制的基础是刀具数据管理和数据载体。由于智能制造系统中所使用的刀具品种多、数量大、规格型号不一，且涉及的信息量较大，为了便于刀具信息的输入、检索、修改和输出控制，需要以不同的载体形式对刀具信息进行集中管理。常见的数据载体是 RFID 和条形码，它们都由各自阅读器读取，具有读写方便、便于计算机处理、传递准确等一系列优点。

智能制造系统中刀具准备、存储、使用、回收等管控的一般流程如图 6-60 所示，具体如下：工人将 RFID 芯片等数据载体置于刀柄（即刀具附件）上，并组装刀柄和刀杆（含到头或刀片）；对刀仪进行刀具参数测量，所得数据存入 RFID 芯片和服务器（刀具数据管理系统），并通过机械手等将组装好的刀具装入到中央刀库的合理位置；刀具数据管理系统记录着中央刀库与 CNC 机床刀库中所有刀具的状态和位置，车间管控系统或云服务平台通过数据交互随时访问其中的刀具数据；刀具使用前把所需刀具从中央刀库运输并装入到 CNC 机床刀库中，使用中通过车间管控系统或云服务平台监控刀具的加工次数、寿命报警等任务，使用后根据刀具可用状态，或直接或修磨后重新装入中央刀库。进入中央刀库前需要对刀仪再进行测量其参数，并更新刀具数据管理系统中的相关信息，确保刀具数据与实际状态一致。

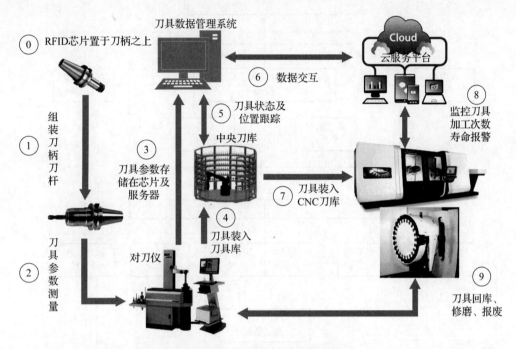

图 6 - 60　刀具流的管理与控制

6.5.3　自动化立体仓库的管理与控制

自动化立体仓库的管理与控制一般分为仓库信息管理子系统（WMS）和仓库物料控制子系统两个层级，如图 6 - 61 所示，分别实现仓库信息管理自动化和出入库物料作业自动化。仓库信息管理是对账目、货箱、货位及其他信息的数字化管理。出入库物料作业自动化包括货箱零件的自动识别、自动认址、货格状态的自动检测以及巷式堆垛起重机各种动作的自动控制等。

货物的自动识别是自动化立体仓库运行的关键。货物的自动识别通常采用编码技术，对货格进行编码，或对货箱（托盘）进行编码，或同时对货格和货箱进行编码，然后在货箱或托盘的适当部位布置编码标记物（以条形码、二维码或 RFID 标签等形式），当货箱通过入库传送装置时，用相应的读取装置自动扫描编码标记物获取编码信息，自动录入仓库信息管理子系统（WMS）。

仓库信息管理子系统包括物资管理、账目管理、货位管理及信息管理。入库时将或托盘合理分配到各个巷道作业区，出库时按"先进先出"或其他排队原则。系统可定期或不定期地打印报表，并可随时查询某一零件存放在何处。

仓库物料控制子系统的作用主要是对巷式堆垛机进行控制。巷式堆垛机的主要工作是入库、搬库和出库。仓库物料控制子系统从控制计算机得到作业命令后，控制巷式堆垛机的移动位置和速度，以合理的速度接近存取目的地，进行定位存取货物。控制系统具有货叉占位报警、取箱无货报警和存货占位报警等功能。

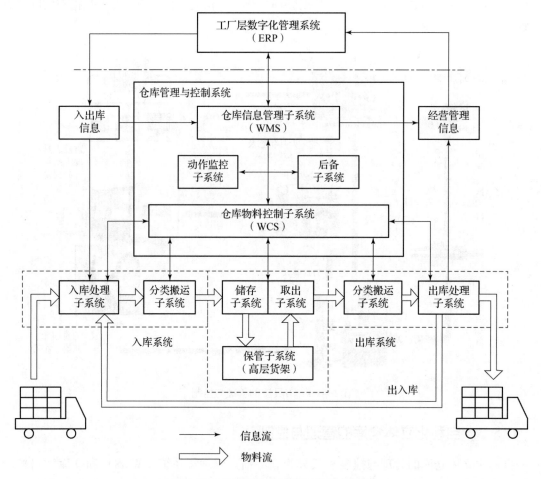

图 6 – 61　自动化立体仓库系统功能框图

6.5.4　自动导引小车的管理与控制

在智能制造系统或车间中，自动导引小车（AGV）的管理与控制通常由 AGV 中央调度控制系统来完成，它要求同时对多部 AGV 实行中央监管、控制和调度，实时地了解受控AGV 的运行状态、所在位置等情况，还能够呼叫空闲 AGV 分配任务。根据实际需要，还须满足 AGV 故障报警、复杂路段交通管制、AGV 系统远程升级维护等功能需求。

AGV 中央调度控制系统通过无线局域网络与各 AGV 保持通信，调度系统中各 AGV 的作业。用户可以从系统界面实时地了解受控 AGV 的状态。车间上层控制系统在接收任务订单后会进行任务分配和路径规划等处理，随后将相关信息下发至 AGV 中央调度控制系统。该系统是整个 AGV 系统运行的核心，主要由软、硬件两大部分组成，如图 6 – 62 所示。硬件模块由工控机、显示器、无线 AP（接入点，Access Point）及相关设备组成。其中，工控机运行中控系统软件，用于长时间监控、调度所有受控 AGV；无线 AP 用于发射和接收无线信号；相关设备包括稳压电源、数据信息采集控制等。AGV 中央调度控制系统的主要软件模块包括 AGV 通信模块、交通管制模块、数据库模块、远程监控模块以及扩展插件模块。

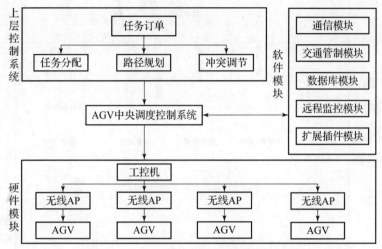

图 6 – 62　AGV 运行控制系统框架及组成

1）AGV 通信模块：提供与每一台受控 AGV 之间的底层通信功能，并负责从软件角度维持通信的稳定与畅通，给其他相关模块提供稳定的 AGV 通信支持，并实时记录每台 AGV 的状态。通过 AGV 通信模块，其他相关模块还可以给 AGV 发布基本的控制指令（如启动、停止、站点等）。

2）交通管制模块：提供多样化的 AGV 交通管制控制方式，可以实现简单或者复杂的交通管制逻辑，并可以针对不同种类的 AGV 定制不同种类的交通管制方案。

3）数据库模块：提供 AGV 运行数据记录功能，需要服务器数据库支持，可记录 AGV 运行期间每一个时间段的运行数据（位置、姿态、任务等），并可随时查询，方便错误排查和数据记录。

4）远程监控模块：提供远程监控功能。模块附带监控客户端应用软件，可以在同一网络内远程连接中控服务器，从而远程监管和控制部分开放权限的 AGV。

5）扩展插件模块：提供非标准功能插件接口和功能。通过本模块，能加载一些非标准功能插件，实现非标准功能。

AGV 中央调度控制系统的主界面具有图形监控功能和调度功能，不仅可实时在 AGV 地图上显示 AGV 位置信息，方便、及时地了解和监控 AGV 的状态，而且可以对 AGV 进行启停、调速和声音等设置。如图 6 – 63 所示，界面左侧为状态面板，该面板显示正在工作的 AGV 设备的各种状态，包括设备状态、地标编号（显示当前 AGV 所在的实时路段）、目标站点、运行速度和电池电量信息。当框体由红色变为绿色时，表明 AGV 已经上线，用户可以对该设备进行操作。带 AGV 编号的可拖动小窗即为控制面板（控制台），能对受控 AGV 发布简单的控制指令，包括 AGV 的启停、调速、声音、清除任务及设置。

此外，AGV 中央调度控制系统通常还支持 AGV 移动地图的生成，能够根据用户的要求及现场施工的情况，快速变更 AGV 小车运行的路径及设定，包括运行路径和取卸货站点位置点的移动、修改、增删及站台设置的修改等。

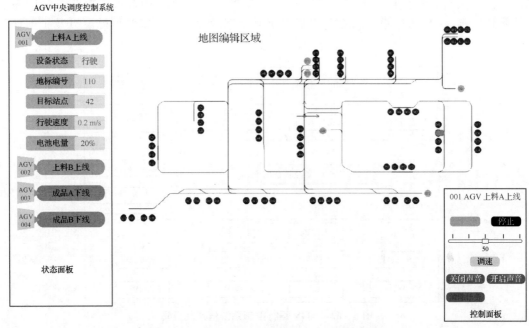

图 6 - 63   AGV 中央调度控制系统的典型界面

6.6   制造工艺系统的状态检测与监控

为保证制造工艺系统高效、可靠地运行，需要对系统各个组成环节的运行状态进行实时检测，并将所检测的信息进行及时处理后传送给监控计算机，以对系统异常情况做出快速处理，保证产品加工的质量，减小废品率。

6.6.1   制造过程检测监控的基本要求

对制造过程进行实时检测与监控，要求检测监控系统必须有很强的数据采集、数据分析和处理控制能力，并要求建立完整的监控数据库以及信息传递网络。为此，应对制造过程实时检测与监控系统提出以下要求：

1. 实时在线采样

实时采样是进行实时检测、实时分析及自动监控的基础。在制造过程实时监控系统中要求能多通道同时采样，采样频率和采样点数可通过人机对话方式任意设置。

2. 数据处理多功能化

实时检测与监控系统应能集中多种时域、频率信号处理软件，以及多种性能优良的故障和预报软件，并可由现场操作人员通过人机对话方式方便地加以调用。

3. 可自动进行状态评价及故障诊断

系统应能自动区分制造过程有无故障，并能进一步判断故障类型、位置、程度、原因、状态以及发展趋势，根据故障的类型给出相应的处理方法。

4. 及时反馈控制功能

根据所检测的信息，经过数据处理和分析以后，能及时给出制造过程的调整策略，使整个制造过程能够稳定、持续地进行下去。

6.6.2　制造工艺系统的检测方式

目前，常见的制造工艺系统状态检测有离线检测、在线检测、分布检测等不同的检测方法。

1. 离线检测

如图 6-64 所示，离线检测是一种脱离制造加工过程的检测方法，是将被加工对象在距制造工艺系统一定距离的检测工作站上完成检测作业。这种检测方法所反馈的信息不能反映系统的实时状态，只能代表一段时间前的系统信息。

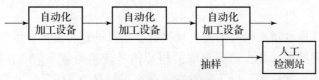

图 6-64　离线检测

2. 在线检测

这种检测方法是将检测装集成在制造工艺系统之中，在制造加工过程完成检测任务。如图 6-65 所示，在线检测又分在线过程中检测和在线过程后检测。

所谓在线过程中检测，即将检测装置与加工设备并行设置或附设于加工设备上，如图 6-65（a）所示，其检测过程是在制造过程中完成，检测时间与加工时间重合，这种检测方法可以对正在加工的零件或产品及时地实施修正和补偿，以消除废、次品的产生；而在线过程后检测，是将检测装置作为一个独立的工作站布置在制造工艺系统之中，如图 6-65（b）所示，当某加工工艺一旦完成就立即进行测量，这种检测方法能对下一个加工件产生作用，而不能修正或补偿当前零件的质量缺陷。

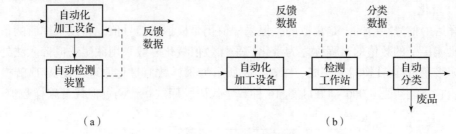

（a）　　　　　　　　　　　　　　　　　　（b）

图 6-65　在线检测

（a）在线过程中检测；（b）在线过程后检测

3. 分布检测

分布式检测是按制造工艺顺序，在若干关键工序点上布置所需的检测站或检测装置，对这些关键工序的过程状态分别进行检测，尽可能避免关键工序的废次品产生。

6.6.3　自动检测处理过程

如图 6-66 所示，制造工艺系统的自动检测处理过程包括系统状态信息的获取、检测信号的处理以及系统状态特征的提取等环节。

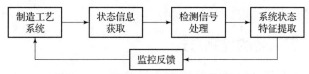

图 6 – 66 制造工艺系统检测监控过程

1. 系统状态信息的获取

制造工艺系统工作状态的获取也可分为传感检测、采样和量化过程。

（1）传感检测

通过各种不同检测传感器，将制造过程中需检测的物理参数转换成连续的电流或电压模拟信号。

（2）采样

由于经传感器获取的模拟信号不能直接被数字信号处理器处理，因而需要对这些连续的模拟信号进行离散化数据采样，将所获取的模拟信号转换为数字信号，即进行 A/D 信号的转换。对模拟信号的采样应满足以下的香农定理：采样频率 Ω_s 应大于等于被采样信号所包含的最高频率 Ω_h 的两倍，即

$$\Omega_s \geq 2\Omega_h$$

满足香农定理的采样过程可避免图 6 – 67 所示的信号混叠现象。

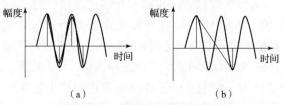

图 6 – 67 满足香农定理的采样

（a）满足香农定理的采样；（b）不满足香农定理的采样

（3）量化

采样后的信号在时间上是离散的，但采样值仍是模拟量信号值，将该采样后的信号值变成计算机能接受的数值的过程称之为量化。采样数值量化一般采用截尾法或舍入法处理量化过程大多采用 A/D 转换器来完成。图 6 – 68 所示为采样数值量化原理，设 A/D 转换器字长为 4 位，它只能接受 0 000 ~ 1 111 这 16 种数字代码，用这些代码近似代替采样数值。

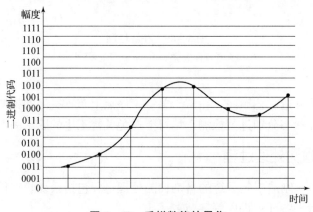

图 6 – 68 采样数值的量化

2. 检测信号的处理

制造工艺过程往往存在多种信号源，检测系统所获取的信号包含着较多的干扰噪声，因而必须对检测信号进行必要的信息处理，从中提炼出所需的有用信息。

（1）检测信号的预处理

检测系统所获取的信号常常是低信噪比的微小信号，并伴随各种噪声，必须通过预处理来去除或抑制干扰噪声，提高信噪比。常用的预处理方法有以下几种：

1）将信号放大，使后处理有足够强的信号源。

2）进行信号滤波，去除非特征频段信号，提高信噪比。

3）按照下式计算信号的均值估计值 $\bar{\mu}_x$，然后去除信号中的均值。

$$\bar{\mu}_x = \frac{1}{N} \sum_{i=0}^{n-1} x_i(n) \, (i = 0,1,2,\cdots,n)$$

4）如图6-69所示，去除检测信号中的趋势项。

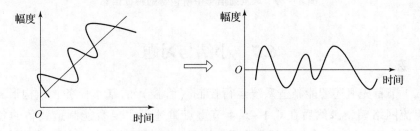

图6-69　去除信号中的趋势项

（2）信噪比的改善

所谓信噪比即为检测信号中有用信号 S 与噪声信号 N 的比率，常用两者的电压量或功率值来表示：

$$\frac{S}{N} = \frac{有用信号电压}{噪声信号电压} = \frac{有用信号功率}{噪声信号功率}$$

在实际信号处理时，可通过以下方法提高检测信号的信噪比：

1）选择合适的传感器。

2）检测系统中的信号传输采取屏蔽措施。

3）采用高通、低通、带通、数字等滤波技术。

4）采用功率谱分析、频谱分析等随机信号处理技术进行处理。

3. 信息特征的提取

所检测的信号包含有许多反映系统状态的特征信息，而计算机易于识别低维的数字特征信息，因而需要对所检测的原始信号进行时域、频域或相位域的分析，找出反映系统状态的低维数字特征，此过程称为信息特征的提取。

例如，在图6-70所示的声发射信号中包含幅度、能量、振铃计数、持续时间、上升时间、均方根电压、频率等多种信息特征，从而需要从原始的声发射信号中分解出最能反映系统状态的特征，以便对系统实时进行监控。

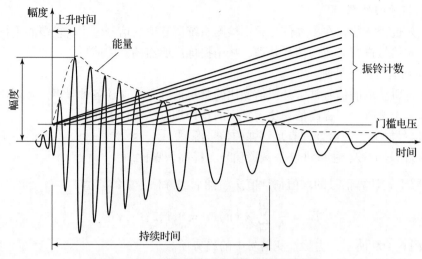

图 6 - 70　声发射信号中所包含的特征信息

6.7　小结与习题

　　本章 6.1 节首先概述智能制造系统运行控制（管控）的基本任务、结构形式、组成与功能及信息流网络模型，然后在 6.1 ~ 6.4 节重点讲述了主要智能制造装备的各类控制器（系统）及其编程语言和方法，包括作为系统中各层级逻辑控制基础的可编程控制器、数控机床运行控制的计算机数控装置以及机器人运行控制的机器人控制器，接着在 6.5 节讲述了智能制造系统中工件、刀具、立体仓库和自动导引小车的管理与控制技术，最后在 6.6 节介绍了制造工艺过程或系统的状态检测与监控的基本原理。

　　通过本章的学习，学生能够理解智能制造系统运行控制的基本任务、结构、主要功能及递阶控制的信息流网络；能够理解可编程控制器的原理、组成、分类及应用模式，并掌握其编程语言和编程方法；能够理解并掌握机床运行控制中的数控工艺设计与编程的过程及方法，了解数控机床 CNC 控制原理；能够理解工业机器人控制器的组成、基本功能、运动控制方式，并掌握其编程语言和编程方法；能够理解包括工件、刀具、立体仓库等物流系统管理与控制的原理、主要任务或功能及主要工作流程；能够理解制造工艺过程检测监控的基本要求、检测方式和自动检测过程及其方法，从而为今后智能制造系统的管理与控制工作奠定理论和技术基础。

【习题】

　　（1）试述智能制造控制系统的结构形式及特点。

　　（2）试述智能制造控制系统的组成及功能。

　　（3）试说明智能制造运行系统的信息流网络模型并说明各个层次的信息内容及特点。

　　（4）同普通机床相比，数控机床的机械结构有哪些特点？

　　（5）简述数控机床的工作过程。

　　（6）简述数控加工工艺的特点。

（7）数控机床坐标轴的名称和运动方向是怎么规定的？

（8）以图 6 – 71 所示的球冠为例，尝试选择一种 CAM 软件进行自动编程，并对数控加工过程进行动画仿真。

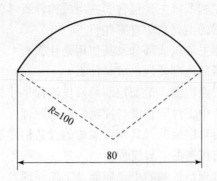

图 6 – 71　球冠零件

（9）脉冲增量插补的特点是什么？它适用于以哪类电机为执行元件的数控系统？

（10）数据增量插补的特点是什么？它适用于以哪类电机为执行元件的数控系统？

（11）如图 6 – 72 所示的铸铁凸轮圆盘零件，底面 A 及 φ35G7 和 φ12H7 两孔已经加工好，分析加工凸轮圆盘零件槽的数控加工工艺，包括加工方法、装夹方案、选择刀具和对刀、选择切削用量和确定走刀路线。

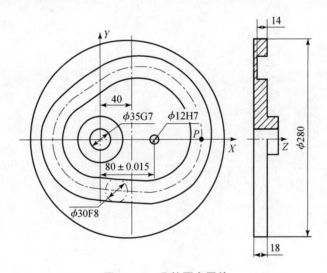

图 6 – 72　凸轮圆盘零件

（12）工业机器人的基本组成是什么？

（13）工业机器人控制的基本要求是什么？

（14）工业机器人的控制方式有哪几种？

（15）机器人语言操作系统包括哪几个基本的操作状态？

（16）工业机器人使用 Matlab 编程的优点是什么？

（17）简述工业机器人控制系统的组成。

（18）列举工业机器人控制系统的基本功能。

（19）机器人点位控制系统按反馈方式可以分为哪几种？机器人智能控制可细分为哪几种方式？

（20）请概述连续轨迹控制方式的速度控制方法并列出相关的工业机器人。

（21）工业机器人硬件控制系统主要包含哪些组成构件或部分？

（22）工业机器人控制器的主要功能有哪些？

（23）工业机器人控制器主要组成部分及其作用是什么？

（24）工业机器人控制器的内部硬件组成是什么？

（25）使用控制器完成工业机器人运动控制的操作流程是什么？

（26）试述智能制造系统中工件流管理与控制的基本原理。

（27）试解释具有自动刀具供给的刀具管理系统的设备构成及各部分的作用。

（28）试述刀具流管理与控制的一般流程。

（29）试述自动化仓库管理与控制的主要职能及工作原理。

（30）试述自动导引小车运行控制系统的组成及各模块功能。

（31）制造过程检测监控有哪些基本要求？

（32）试述常见的制造工艺系统状态检测方式及其基本原理。

（33）制造工艺系统的自动检测处理过程包括哪些环节和步骤？

第 7 章
智能工厂运行管理

本章概要

伴随国家智能制造重大工程的实施及智能工厂与智能制造系统的规划、设计与开发，强化制造运行管理与平台建设已成为制造企业提升制造能力、管控水平和综合竞争实力的重要手段。

本章在智能工厂概念定义与特征分析的基础上，围绕智能工厂规划与制造运行管理展开，具体介绍了智能工厂规划过程中需要充分考虑工厂规划的决策要素，从物理空间和数字空间两个维度描述了智能工厂的基本架构，概述三种智能工厂建设的主要模式。针对智能工厂运行，详细介绍了制造执行系统（MES，Manufacturing Executive Systems）与制造运行管理（MOM，Manufacturing Operation Management）概念的产生及发展，典型制造运行管理平台的架构及核心功能，分析了影响制造运行绩效的三个关键指标：生产周期、生产率、设备利用率。对于智能工厂/制造系统而言，生产作业计划与调度是影响其运行效率的关键业务环节。为此，本章介绍了基本的生产作业调度规则、单设备及多设备调度问题。

学习目标

1. 能够准确阐述智能工厂的概念、内容与主要特征。
2. 能够清晰描述智能工厂规划的决策要素、多层架构及建设模式。
3. 能够清晰阐明制造运行管理的概念、平台及关键指标。
4. 能够详细描述生产作业调度的主要影响因素与调度规则。
5. 能够运用相关定理解决单设备/多设备调度问题。

知识点思维导图

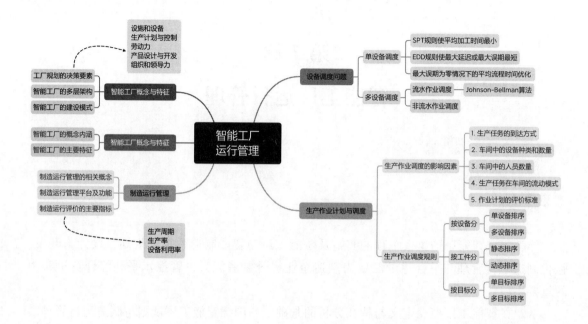

7.1 智能工厂的概念内涵与特征

7.1.1 智能工厂的概念内涵

自2013年德国在汉诺威博览会上提出"工业4.0"后，智能工厂和智能生产作为"工业4.0"的两大主题，得到世界各国产业和学术界的高度关注，并在实践中不断发展完善其概念内涵。智能工厂是在自动化、数字化、网络化、智能化技术与制造技术深度融合发展的基础上，实现制造业转型升级和创新发展的关键，也是上述技术在制造工厂层面的具体映射，体现为从自动化工厂、数字化工厂、数字互联工厂到智能工厂的演变，这种演变更多体现在工厂技术的升级和发展上。

自动化工厂（Automated Factory），主要是传统工厂在以工人手工作业和机械化辅助作业的基础上，实现加工、装配、检测、物流等环节一定程度的自动化，在变化较少的情况下可以少人化生产。

数字化工厂（Digital Factory）则重在强调计算机等信息技术在工厂运营管理中的使用，尤其是工业软件在工厂的应用，比如采用制造执行系统（Manufacturing Executive Systems，MES）、高级计划排程系统（Advanced Planning and Scheduling Systems，APS）和数字化工厂仿真等软件，解决生产过程数据采集、生产计划与作业执行的数字化等。

数字互联工厂（Connected Factory）是在数字化工厂基础上，以物联网、工业互联网等技术为手段，促进互联网技术在工厂中的应用，实现工厂在数字化支撑下的信息和数据互通。在数字化互联工厂中，强调两个方面的数据互通，一是信息互通，比如通过网络互联，实现生产、财务、管理等部门管理信息互通，高效协同；二是机器设备与产品数据互通，提高数据交换、处理和使用效率。

智能工厂（Smart Factory）在以上三个阶段工厂升级发展的基础上，更加强调信息技术（Information Technology，IT）与运营技术（Operation Technology，OT）的融合，更好适应小批量、多品种的生产模式，实现混流生产，通过全自动化（大批量）或人机结合的自动化生产线，充分利用机器人、AGV 等进行拣货和现场配送，利用人工智能技术对质量、能耗、设备等大数据进行分析。

德国"工业 4.0"对智能工厂给出了比较明确的定义，强调"智能化生产系统及过程"，是指除了包括高端机床、热处理设备、机器人、AGV、测量测试设备等数字化、自动化的硬件生产设施以外，还包括对生产过程的智能管控。同时，"工业 4.0"的智能工厂定义中还强调"网络化分布式生产设施的实现"，是指将分布在不同地点的数控设备、机器人等数字化生产设备设施联成网络，实现互联互通，并最终实现生产系统的状态感知、实时分析、自主决策、精准执行的自组织生产。

从本质上看，智能工厂是信息物理深度融合的生产系统，通过信息与物理一体化的设计与实现，制造系统构成可定义、可组合，制造流程可配置、可验证，在个性化生产任务和场景的驱动下，自主重构生产过程，大幅降低生产系统的组织难度，提高制造效率及产品质量。

从功能上看，智能工厂是面向工厂层级的智能制造系统。通过物联网对工厂内部参与产品制造的设备、材料、环境等全要素的有机互联与泛在感知，结合大数据、云计算、虚拟制造等数字化和智能化技术，实现对生产过程的深度感知、智慧决策和精准控制等功能，达到对制造过程的高效、高质量管控一体化运营的目的。

7.1.2　智能工厂的主要特征

智能工厂将人、机器和资源通过信息物理融合系统（Cyber – Physical Systems，CPS）搭建起一个社交网络，彼此之间自然地相互沟通协作；机器将不再由人来主宰，而是拥有自我适应的能力，通过不断的学习来满足甚至超出人类的需要。智能工厂生产出的产品，能够理解自己被加工制造的细节以及将如何被使用，能够解答"哪些参数被用来处理我""我应该被传送到哪里"等问题。

智能工厂最重要的特征之一是其自优化、自适应以及生产过程自动化的能力。该特征能够从根本上改变传统流程和管理模式。自主系统能够在没有人工参与的情况下制定并实施许多决策，并在诸多情况下将制定决策的责任从人工转移到了机器，或者说仅由少数人制定决策。此外，智能工厂的互联范围也将有可能扩展到工厂以外，工厂与供应商、客户以及其他工厂的关联度将进一步增强。该等类型的协作也可能会引发新的流程和管理模式问题。随着对工厂更加深入和全面的了解，以及生产和供应网络的扩大，制造企业也可能面临各种不同的新问题。企业可能需要考虑和重新设计决策制定流程，以适应新的转变。智能工厂的典型特征如图 7 - 1 所示。

从建设目标和愿景角度来看，智能工厂具备五大特征：敏捷性、高效率、高质量、可持续和舒适性。

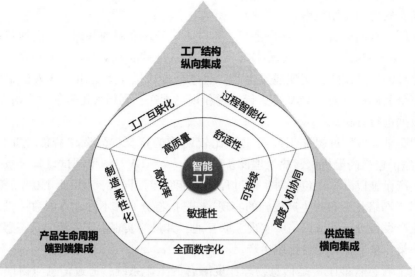

图 7 – 1　智能工厂的典型特征

从技术角度来看，智能工厂具备五大特征：全面数字化、制造柔性化、工厂互联化、高度人机协同和过程智能化（实现智能管控）。

从集成角度来看，智能工厂具备三大特征：产品生命周期端到端集成、工厂结构纵向集成和供应链横向集成，这与"工业 4.0"的三大集成理念是一致的。

1. 工厂结构纵向集成

作为一个高层级的智能制造系统，智能工厂表现出鲜明的系统工程属性，具有自循环特性的各技术环节与单元按照功能需求组成不同规模、不同层级的系统，系统内的所有元素均是相互关联的。

在智能工厂中，制造系统的集成主要体现在以下两个方面。

（1）企业数字化平台的集成

在智能工厂中，产品设计、工艺设计、工装设计与制造、零部件加工与装配、检测等各制造环节均是数字化的，各环节所需的软件系统均集成在同一数字化平台中，使整个制造流程完全基于单一模型驱动，避免了在制造过程中因平台不统一而导致的数据转换等过程。

（2）虚拟工厂与真实制造现场的集成

基于全资源的虚拟制造工厂是智能工厂的重要组成部分，在产品生产之前，制造过程中所有的环节均在虚拟工厂中进行建模、仿真与验证。在制造过程中，虚拟工厂管控系统向制造现场传送制造指令，制造现场将加工数据实时反馈至管控系统，进而形成对制造过程的闭环管控。

2. 高度人机协同

传统的人机交互中，作为决策主体的人支配"机器"的行为，而智能制造中的"机器"因部分拥有、拥有或扩展人类智能的能力，使人与"机器"共同组成决策主体，在同一信息物理融合系统中实施交互，信息量和种类以及交流的方法更加丰富，从而使人机交互与融合达到前所未有的深度。

制造业自动化的本质是人类在设备加工动作执行之前，将制造指令、逻辑判断准则等预先转换为设备可识别的代码，并将其输入制造设备中。此时，制造设备可根据代码自动执行制造动作，从而节省了此前在制造机械化过程中人类的劳动。在此过程中，人是决策过程的唯一主体，制造设备仅仅是根据输入的指令自动地执行制造过程，而并不具备如判断、思维等高级智能化的行为能力。

智能工厂要实现柔性自动化。结合企业的产品和生产特点，持续提升生产、检测和工厂物流的自动化程度。产品品种少、生产批量大的企业可以实现高度自动化，乃至建立"黑灯"工厂；产品品种多、生产批量小的企业则应当注重少人化、人机结合，不要盲目推进自动化，应当特别注重建立智能制造单元。工厂的自动化生产线和装配线应当适当考虑冗余，避免由于关键设备故障而停线；同时，应当充分考虑如何快速换模，以适应多品种的混线生产。物流自动化对于实现智能工厂至关重要，企业可以通过自动导引运输车、桁架式机械手、悬挂式输送链等物流设备实现工序之间的物料传递，并配置物料超市，尽量将物料配送到线边。质量检测的自动化也非常重要，机器视觉在智能工厂中的应用将会越来越广泛。此外，还需要仔细考虑如何使用助力设备，以降低工人的劳动强度。

在智能工厂中，"机器"具有不同程度的感知、分析与决策能力，它们与人共同构成决策主体。在"机器"的决策过程中，人类向制造设备输入决策规则，"机器"基于这些规则与制造数据自动执行决策过程，这样可将由人为因素造成的决策失误降至最低。与此同时，在决策过程中形成的知识可作为后续制造决策的原始依据，进而使决策知识库得到不断优化与拓展，从而不断提升智能制造系统的智能化水平。

3. 过程智能化

车间与生产线中的智能加工单元是工厂中产品制造的最终落脚点，智能决策过程中形成的加工指令将全部在加工单元中得以实现。

为了能够准确、高效地执行制造指令，数字化、自动化、柔性化是智能制造单元的必备条件。

1）智能加工单元中的加工设备、检验设备、装夹设备、储运设备等均是基于单一数字化模型驱动的，这避免了传统加工中由于数据源不一致而带来的大量问题。

2）智能制造车间中的各种设备、物料等大量采用如条码、二维码、RFID 等识别技术，使车间中的任何实体均具有唯一的身份标识。在物料装夹、储运等过程中，通过对这种身份的识别与匹配，实现了物料、加工设备、刀具、工装等的自动装夹与传输。

3）智能制造设备中大量引入智能传感技术，通过在制造设备中嵌入各类智能传感器，实时采集加工过程中机床的温度、振动、噪声和应力等制造数据，并采用大数据分析技术来实时控制设备的运行参数，使设备在加工过程中始终处于最优的效能状态，实现设备的自适应加工。例如，传统制造车间中往往存在由于地基沉降而造成的机床加工精度损失，通过在机床底脚上引入位置与应力传感器，即可检测到不同时段地基的沉降程度，据此，通过对机床底角的调整即可弥补该精度损失。

此外，通过对设备运行数据的采集与分析，还可总结在长期运行过程中，设备加工精度的衰减规律、设备运行性能的演变规律等，通过对设备运行过程中各因素间的耦合关系进行分析，可提前预判设备运行的异常，并实现对设备健康状态的监控与故障预警。

实现过程智能化的另一典型标志是企业广泛应用工业软件，包括制造执行系统、先进生产排程、能源管理、质量管理等软件，以实现生产现场的可视化和透明化。新建工厂时，可以通过数字化工厂仿真软件，进行设备和生产线布局、工厂物流、人机工程等仿真，确保工厂结构合理；可以实时洞察从生产排产指令的下达到完工信息的反馈，实现数据处理的闭环；通过建立生产指挥系统，实时洞察工厂的生产、质量、能耗和设备状态信息，避免非计划性停机；通过建立工厂的数字映射，方便地洞察生产现场的状态，辅助各级管理人员做出正确决策。

7.2　智能工厂建设规划

智能工厂建设规划是实施智能制造发展战略的一项重要内容，无论是传统工厂的升级改造实现智能化，还是新建智能工厂，都需要从规划入手。智能工厂规划就是在一般工厂规划设计的基础上，充分考虑"工业4.0"、智能制造核心技术在工厂设计、产品开发、生产制造、工厂运营等多方面的实际应用，进而提升工厂智能化水平的过程。因此，智能工厂规划要在理解智能工厂术语、定义的基础上，深入分析企业的技术水平，综合集成"工业4.0"/智能制造技术，在工厂、产品等不同层次上构建数字孪生体，达到工厂设计的可视化，为在现实环境中建立智能工厂提供完整的、高保真的可视化工厂模型。

7.2.1　工厂规划的决策要素

按照本书1.2.1节关于制造系统构成的分析，在进行工厂规划时除了战略驱动因素，还需要对构成制造系统的生产设施/设备、生产过程、生产计划与控制等活动进行决策分析，以便在不同的规划设计选择之间做出权衡。如表7-1所示，包含了设施和设备、生产计划与控制、劳动力、产品设计与开发、组织和领导力等相关的工厂规划决策要素类别。

表7-1　工厂规划的决策要素类别

决策要素	解决的问题	决策结果选择
设施和设备	产能 区位选择 设备选择	单品种大量生产或多品种小批量 市场趋近或原料趋近 通用或专用
生产计划与控制	库存规模 质量控制	高库存或低库存容量 可靠性或低成本
劳动力	专业化	专门的或多能工
产品设计与开发	产品种类 技术风险	客户化或标准化 技术领导者或技术跟随者
组织和领导力	组织结构 人力资源管理	功能或产品导向的组织 大规模或小规模群组

表 7-1 中给出的工厂规划的决策要素可以分成两类：结构性决策和基础结构性决策。前者主要关注的是该类决策对企业发展的长期影响，以及对其进行改变的难度大，所需投入也很大，比如生产过程、产能、生产设施等。基础结构性决策通常具有更多的战术性质，它们是由一个持续的决策过程建立起来的，大多只需要少量投资，比如质量、组织、生产计划与控制活动等。当然，对于基础结构性决策做出改变也可能要付出较高成本，对此也不能忽视。因此，对工厂规划而言，做好充分的决策要素权衡至关重要。

20 世纪 60 年代，美国生产管理专家斯金纳强调生产的重要性时，主要关注的是结构性决策要素。但随着对生产管理研究的不断深入与实践，研究人员认为基础结构性决策要素更重要。比如精益生产，作为一个或多或少缺乏结构性决策要素的例子，总体上属于基础结构性决策要素。准时制、责任下放以及跨职能整合完全缺乏结构性决策要素。在此观点下，结构性决策要素的调整被认为更容易完成，因为它们只需要硬件投资，而基础结构性决策因素由于与组织行为密切相关，因此更难调整。当然，从综合的角度来看，认为结构性和基础结构性决策要素同样重要是合理的，关键问题是要找到上述决策要素的正确组合。因此，在工厂规划设计时，如果考虑到结构性决策要素改变，比如关于建设新工厂或对已有工厂产能的改变，需要与基础结构性决策要素相结合，即要考虑到工厂建设、产能调整与工厂组织构建、计划控制等决策要素相结合，以获得更好的投资回报。

为了更好地理解不同决策要素类别，以下将对每个类别作简要说明，表 7-2 所示为决策要素类别及其要解决问题的具体示例。

表 7-2　具体决策要素及其要解决问题的示例

具体决策要素	解决的具体问题示例
生产过程	过程类型，布局，技术水平
产能	数量，采集点
设施	区位，焦点
质量	定义，角色，职责，控制
组织和人力资源	结构，制造，能力
生产计划与控制	系统选择，库存容量

1. 生产过程（过程类型，布局，技术水平）

生产过程就是将资源转化为产品的过程。在工厂规划时考虑生产过程主要应该关注三个方面，包括过程类型、布局和技术水平。

1) 过程类型，涉及生产过程和活动是如何组织的，这与生产批量和产品种类直接相关。对产品进行分类的一个基本原则是根据特定的产品族在生产制造过程中的投产频率，分为单件化生产、间歇式生产和连续生产。

间歇式生产是指产品在生产过程中以一定的间隔期运行，指零件按照特定的加工要求，在不同的加工中心顺序加工，设备通常按照加工功能分组布置，通过不同的加工中心进行生产过程控制，加工过程可以停顿，形成在制品，并可以存储的生产组织方式。连续生产是产品制造的各道工序，前后必须紧密相连的生产方式，即从原材料投入生产到成品制成时止，按照工艺要求，各个工序必须顺次连续进行。经典的产品—过程矩阵（见图 7 - 2）描述了不同工艺类型最适合处理的产品批量和种类。产品—过程矩阵表示了过程结构和产量要求之间的关系，它表明随着产量的增加和产品种类数量的减少（水平方向），专用设备与标准物流（垂直方向）变得经济可行。当需求变化时，不但要调整产品结构，同时要进行生产方式改变。

如图 7 - 2 中的对角线所示，在此对角线上产品生产批量、种类和不同类型的生产过程（工艺）之间的对应关系，任何偏离对角线的情况都增加了成本上升的风险，要么是因过低的柔性，要么是因为该过程没有充分利用其付出高成本而拥有的柔性。

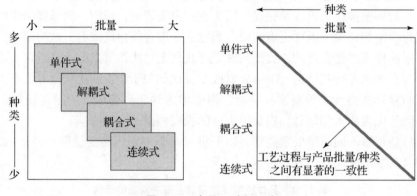

图 7 - 2　产品—过程矩阵

2）设备布局，即车间中不同设备的物理布局。产品生产的批量、种类等对设备布局有直接影响，一般情况下可以根据以下基本布局方式进行划分：

①固定布局；

②功能布局（流程导向）；

③批处理流程化布局（单元化布局）；

④基于生产线的布局（产品导向）。

3）生产系统的技术水平，与设备的详细布局相关。本书第 1 章 1.2 节的制造系统智能化演进中，阐述了自动化技术、计算机技术、人工智能技术等与制造系统的融合发展。以自动化为例，该项技术术语常被用来描述用于执行、检查和控制生产中不同操作的机械、电子和基于计算机的系统。根据人工参与的程度，可以分为手动、半自动和完全自动化任务。在工厂规划时，哪种自动化水平是最合适的也需要综合考虑，在智能工厂中，设备自动化的水平已经大大提高，与生产直接相关的人力操作员的数量极大减少，但针对设备监控、运维服务等的间接工作会显著增加。

结合产品—过程矩阵进行产品与生产过程、设备布局及生产系统的基本能力进行分析，为工厂规划提供基本参照。表 7 - 3 所示为关于不同工艺类型和实现相应布局的例子。以适用的产品种类为例，单件工艺适用于较大的产品种类，而间歇式工艺的生产线布局比较适合于较少的产品种类。

表 7-3　不同工艺过程/布局与产品种类适应性

决策考虑		单件式过程 固定为主布局	间歇式过程			连续式过程 连续流式布局
			功能式布局	按批次 流程化布局	生产线式 布局	
市场/ 产品	产品类型	特别的	特别的	—	标准的	标准的
	种类	多	多	—	少	很少
	订单规模	小	小	—	大	很大
	引入率	高	高	—	低	很低
	影响订单因素	交付速度	交付速度	—	价格	价格
生产	工艺技术	通用的	通用的	—	专用的	专用的
	产品组合柔性	高	高	—	低	没有柔性
	批量	低	低	—	高	很高
	生产准备次数	很多	很多	—	很少	很少
	主要任务	满足规格需求	对规格敏感	—	低成本	低成本
投资/ 成本	投资水平	有限	有限	—	高	很高
	库存水平	按需配置	低	—	高	很高
	在制品	高	高	—	低	低
	现货	低	低	—	高	高
	劳动力成本	低	高	—	低	很低
	材料成本	高	低	—	高	很高
	管理费用	低	低	—	高	高
组织	控制	分散的	分散的	—	集中的	集中的
	对生产提供支 持的专家水平	高	低	—	高	很高

2. 产能（数量，采集时间）

产能是企业在一定时间内完成客户需求进行产品生产的能力水平。产能通常用批量或数量来表示。对于工厂产能的估计必须基于生产能力需求，以及何时需要来进行。以下资源可用于短期或长期的产能调整：

1）人员：增加/减少人员数量、班次数，调整工作时间；

2）技术：新的或开发的生产设备；

3）购买/销售能力：让别人生产，为别人生产。

对于产能而言，通过应对需求波动的不同策略可以做出适当调整，如图 7-3 所示。

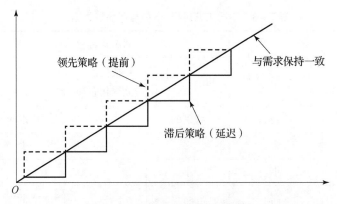

图 7 - 3　与需求相关的产能策略

一是采取领先策略，即产能始终领先（高于）需求；二是采取滞后策略，即产能滞后于需求。滞后策略可能会带来产能不足的风险，而不是产能过剩的风险。在此背景下进行的工厂规划，追求的目标是尽量降低产能过剩带来的成本损失，而不是降低无法满足需求造成的销售机会成本。通过图 7 - 3 可以看出，规划的理想情况是实际产能与实际需求同步。

3. 设施/工厂（位置，侧重点）

设施（或工厂）是智能工厂规划的直接对象，针对这一决策要素的核心决策点是决定设施（或工厂）的位置，即选址问题。具体需要考虑以下几点：

1）工厂应该靠近市场吗？

2）是否应该靠近原材料/供应商？

3）如何定位工厂与物流中心的关系？

4）是否应该有一个或多个工厂？

5）是否有特殊能力需求？

6）工厂选址涉及的地方政策、环保法律等问题。

另一个与生产过程直接相关的方面是工厂建设的侧重点，可以是以过程为导向的侧重于建设一个相对通用的工厂，适合于多种产品生产；也可以是以产品为导向的，侧重于建设一个面向特定产品或几种特定产品生产的工厂，通常非常注重低成本。一般情况下，工厂建设的侧重点可以用来描述生产系统和产品之间联系的方式。

4. 质量（定义、角色、责任分担、控制）

从企业竞争角度看，产品质量是一个非常重要的影响因素。而对于工厂规划，有关生产制造过程中产品质量问题处理方式也是一项重要的决策要素。竞争因素中有关质量要求可以从以下八个方面进行衡量：性能、特性、可靠性、一致性、耐久性、可服务性、美学和可感知的质量。

工厂规划时，一旦确定了企业关注的质量维度，就必须建立保证这些维度的程序。对企业而言，产品符合要求的质量是订单履行的限定条件。在进行生产质量管理方面，通常有两种观念或做法：一是对质量工作应该采取被动的还是主动的方法，前者专注于发现故障，并确保没有故障产品交付客户，而主动的质量管理观念重在对质量的预防上；二是关于质量的角色和责任分担，以往的经验表明，通常很难将责任与实际执行分开，即负责执行任务的人也必须负责保证质量。

5. 组织及人力资源（结构、责任分担、能力）

关于组织和人力资源的决策对于一个公司实现目标和取得竞争优势的能力非常重要。这类问题相关的决策要点包括组织结构、责任分担、职责和奖励制度等。组织结构描述公司的结构，包括部门和职能，其主要目的是分析及系统化和分配工作任务，以尽可能最佳的方式利用所有可用资源，以达到目标。因此，组织结构反映了企业如何认识其生产以及如何协调完成生产的相关职能工作。

责任分担与任务共享也是工厂规划时需要考虑的，可以通过多种方式来实现。通常会按照垂直和水平的工作分担来进行，垂直工作分担区分了计划与解决问题、执行工作的任务；而横向工作分担的目的是将工作过程分成尽可能短的时间单元。工作分担和作业组织在生产执行过程中需要予以明确，比如与装配有关的工作在工艺规划时就明确具体的任务分担与组织方式。工作组织描述了如何组织劳动力和技术，以实现整个生产，规划时需要着重考虑如何以最好的方式完成这项工作，既要满足人的需求，又要在生产中达到足够的效率。在组织和人力资源方面还有其他需要处理的重要问题，包括工人技能、人员的灵活性和通用性、奖励制度设计等。

6. 生产计划与控制（系统选择，库存能力）

关于生产计划和控制的决策，其核心是对物料处理和生产进程的一些原则、时间周期等的选择。工厂规划时，对生产计划与控制系统的选择应在不同层次上考虑到与市场的联系或对生产的预期，不同的计划与控制解决方案为不同层次的目标提供了不同的支持能力。

从生产计划的周期长短角度，可以将企业生产计划分为三层：长期计划层、中期计划层和短期计划层，如图7-4所示。中期和短期计划是整个计划体系的核心，其中的生产计划大纲、主生产计划和粗能力需求计划，构成了中期计划层面的主要内容；而物料需求计划、车间作业计划、采购计划及细能力需求计划，则是短期计划层面的主要内容。

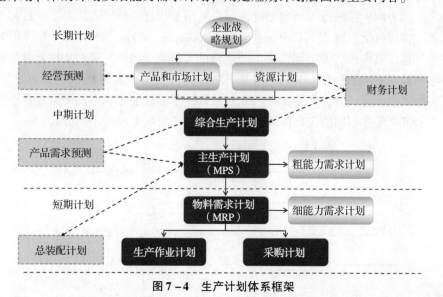

图7-4 生产计划体系框架

1）长期计划层，即企业战略层计划，主要涉及产品发展方向、生产发展规模、技术发展水平、新生产设备的建造等有关企业经营预测的内容，包括其战略规划、产品和市场计划、资源计划、财务计划等。

2）中期计划层，即企业战术层计划，是确定在现有资源条件下所从事的生产经营活动应该达到的目标，如产量、品种和利润等，重点进行产品需求预测，以生产计划大纲、主生产计划、粗能力需求计划为主。

3）短期计划层，即企业作业层计划，是确定日常的生产经营活动的安排，主要包括物料需求计划、细能力需求计划、车间作业计划以及采购计划等。对于装配型产品的生产，短期计划层包含了产品的总装配计划。

上述三个层次的计划各有特点，如表7-4所示，从战略层到作业层，计划期越来越短，计划的时间单位越来越细，覆盖的空间范围越来越小，计划内容越来越详细，计划中的不确定性越来越小。

表7-4 不同层次计划的特点

项目	战略层计划	战术层计划	作业层计划
计划期	长（≥5年）	中（一年）	短（月、旬、周）
计划的时间单位	粗（年）	中（月、季）	细（工作日、班次、小时、分）
空间范围	企业、公司	工厂	车间、工段、班组
详细程度	高度综合	综合	详细
不确定性	高	中	低
管理层次	企业领导层	部门管理管理层	车间管理层
计划焦点	资源获取	资源利用	日常活动处理

在整个计划体系中，主计划为销售和生产之间的协调制订相应的计划，涉及计划交付和生产能力之间的协调。在进行工厂规划时，可以采用备货订货分离点法对生产计划与控制活动做出决策。备货订货分离点（Customer Order Decoupling Point，CODP）：兼顾顾客的个性化要求和生产过程效率，将备货和订货生产组合的关键是CODP。在CODP上游是备货性生产，是预测和计划驱动的；在CODP下游是订货性生产，是顾客订货驱动的。如图7-5所示，加工装配式生产可以分为产品设计、原料采购、零部件加工和产品装配等几个典型的生产阶段。将CODP定在不同的生产阶段之间，就构成了组织生产的不同方式。

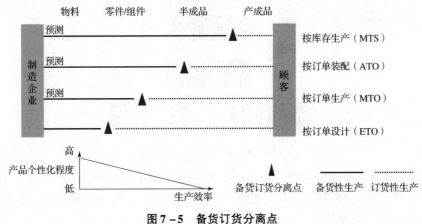

图7-5 备货订货分离点

对于 CODP 的选择会影响生产系统的某些能力，如表 7 – 5 所示。因此，客户的需求可以指导生产计划。

表 7 – 5　CODP 对生产系统能力的影响

影响因素	ETO	MTO	ATO	MTS
交付客户的时间	长	一般	短	很短
生产批量	小	小	一般	大
产品种类	很多	多	多	少

生产计划与控制决策准则内的另一个影响工厂规划的要素是关于库存规模的决策。众所周知，存货总是会造成成本和风险，仓库需要建筑、人员和设备，而且总是存在货物由于过期、意外等原因而造成损失的风险。为此，在决定适合的库存规模之前，应关注以下问题：

1）库存回报：与持有它的成本相比，库存水平提供了哪些额外价值？

2）替代方案：还可以通过什么其他方式达到同样的效果，例如减少设置时间或引入准时交货。

7.2.2　智能工厂的多层架构

根据工厂的基本物理结构和智能工厂的典型特征，可以从物理空间和数字空间两个维度描述智能工厂的基本架构，形成智能工厂的多层架构，如图 7 – 6 所示。

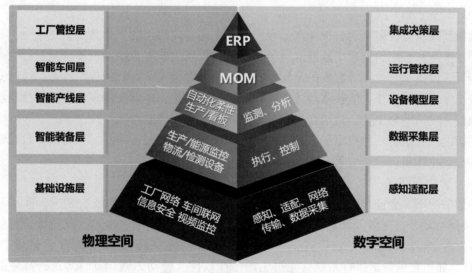

图 7 – 6　智能工厂的多层架构

1. 物理空间

物理空间是从构成智能工厂的物理设施/设备及其车间、工厂管控的视角描述智能工厂的层次化构成。如图 7 – 6 所示的左侧区域，其中的基础设施层、智能装备层、智能产线层是从工厂/生产系统的硬件设施/设备角度进行的工厂刻画；智能车间层和工厂管控层则是从工厂/生产系统的运行、计划与控制角度进行的架构描述，这两个层次与数字空间的集成决策和运行管控层相一致，都是基于制造运营管理（Manufacturing Operation Management，MOM）和企业资源计划（Enterprise Resource Planning，ERP）系统进行的工厂运营管控。

（1）基础设施层

在进行智能规划时，企业应当建立有线或者无线的工厂网络，实现生产指令的自动下达和设备与生产线信息的自动采集；形成集成化的车间联网环境，解决使用不同通信协议的设备之间以及 PLC 控制系统、计算数控装置、机器人、仪表/传感器和工控/IT 系统之间的联网问题；利用视频监控系统对车间的环境、人员行为进行监控、识别与报警。此外，工厂应在温度、湿度、洁净度的控制和工业安全（包括工业自动化系统的安全、生产环境的安全和人员安全）等方面达到智能化水平。

（2）智能装备层

智能装备是智能工厂运作的重要手段和工具。智能装备主要包括智能生产设备、智能检测设备和智能物流设备。制造装备作为最小的制造单元，能对自身和制造过程进行自感知，对与装备、加工状态、工件材料和环境有关的信息进行自分析，根据产品的设计要求与实时动态信息进行自决策，依据决策指令进行自执行。通过"感知→分析→决策→执行与反馈"大闭环过程，不断提升性能及其适应能力，实现高效、高品质及安全可靠的加工。制造装备在经历了机械装备到数控装备后，目前正逐步向智能装备发展，包括：智能化加工中心和工业机器人等。智能化的加工中心具有误差补偿、温度补偿等功能，能够边检测边加工；工业机器人通过集成视觉、力觉等传感器，能够准确识别工件，进行自主装配，自动避让人，实现人机协作。

（3）智能产线层

智能产线层是由多个装备按照产品导向或者工艺导向构建的一种典型生产系统，其主要特点是在生产和装配的过程中能够通过传感器、数控系统或射频识别设备自动进行生产、质量、能耗、设备综合效率等数据的采集，并通过电子看板显示实时的生产状态，通过安灯系统实现工序之间的协作；能够实现快速换模和柔性自动化；能够支持多种相似产品的混线生产和装配，灵活调整工艺，适应小批量、多品种的生产模式。

在智能产线层有一些典型的装备，比如数控机床、柔性制造系统、机器人、自动化立体仓库、自动化物流传送装置等。

（4）智能车间层

一般情况下，企业车间（生产线）由多台（条）智能装备（产线）构成，除了基本的加工/装配活动外，还涉及计划调度、物流配送、质量控制、生产跟踪、设备维护等业务活动。要对生产过程进行有效管控，需要在设备联网的基础上利用制造运营管理平台（MOM），如包含的制造执行系统、先进生产排产软件、劳动力管理软件等进行高效的生产排产和合理的人员排班，提高设备利用率，实现生产过程的追溯，减少在制品的库存，应用人机界面（Human Machine Interface，HMI）和工业平板等移动终端实现生产过程的无纸化。

以制造执行系统为例，智能车间层通过该系统的产品定义、生产资源定义、生产详细排产、生产优化调度、生产执行、质量管理、产品追溯、生产进度的跟踪和监控、车间物料管理、设备运行状态的监控和管理、车间绩效管理等功能，可实现整个车间执行层人、机、料、法、环的管理。

（5）工厂管控层

工厂管控层主要实现对生产过程的监控，通过借助 ERP 系统及生产指挥系统实时洞察工厂的运营，实现多个车间之间的协作和资源的调度。流程制造企业已广泛应用集散控制系统或 PLC 控制系统进行生产管控，近年来，离散制造企业也开始建立中央控制室，实时显示工厂的运营数据和图表，展示设备的运行状态，并通过图像识别技术对视频监控中发现的问题自动报警。

智能生产管控能力体现为通过"优化计划—智能感知—动态调度—协调控制"闭环流程来提升生产运作适应性，以及对异常变化的快速响应能力，如图 7-7 所示。

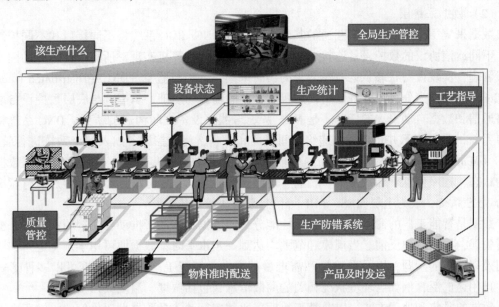

图 7-7　智能车间的生产管控活动

2. 数字空间

从数字空间看，智能工厂的整体架构可以划分为感知适配层、设备模型层、数据分析层、运行控制层、集成决策层，如图 7-8 右侧区域所示。数字空间是智能工厂物理空间的数字映射，从工厂设施/设备/产线的数字孪生到信息物理系统（Cyber - Physical Systems，CPS），智能工厂数字空间是数字化、网络化、智能化技术与制造技术深度融合的结果。

数字化是实现自动化制造和互联，实现智能制造的基础。

网络化是使原来的数字化孤岛连为一体，并提供制造系统在工厂范围内，乃至全社会范围内实施智能化和全局优化的支撑环境。

智能化则充分利用这一环境，用人工智能取代了人对生产制造的干预，加快了响应速度，提高了准确性和科学性，使制造系统高效、稳定和安全地运行。通过将人工智能技术应用于产品设计、工艺、生产等过程，使得制造工厂在其关键环节或过程中能够体现出一定的智能化特征，即自主性的感知、学习、分析、预测、决策、通信与协调控制能力，能动态地适应制造环境的变化，从而实现提质增效、节能降本的目标。

另外，还可以利用数字孪生（Digital Twin）技术将制造执行系统采集到的数据在虚拟的三维车间模型中实时地展现出来，不仅可提供车间的虚拟现实/增强现实（VR/AR）环境，还可以显示设备的实际状态，实现虚实融合。

（1）感知适配层

感知适配层是对应物理空间基础设施层的工厂网络、车间联网等设备设施，按照事先制定的策略，对处于最底层的生产物理实体的数据进行收集和管理，并负责将来自数字空间的系统（即信息物理系统）上层控制指令通过工业网络下发至底层的受控设备。另一方面，针对不同系统及设备间的通信兼容问题，通过开发适配协议，对生产装备与系统的健康状态、工况等进行综合评估，并进行自组织、自适应的控制适配调整，来实现智能设备的互联互通。

（2）数据采集层

数据采集层是在设备互联互通的基础上，采用 DNC/MDC 系统将不同接口和不同控制系统、不同通信协议的数控设备连接成一个网络，由一台计算机实现对所有数控机床的网络分布式管理，实现设备状态、运行参数等的实时采集、管理与监控。DNC（Distributed Numerical Control），称为分布式数字控制，是智能工厂的前提和基础，承担着与底层数控设备之间网络通信和数据自动采集的任务，是 MES 系统与数控设备之间沟通的桥梁。DNC 系统接收MES 系统的计划指示并将指令传递给车间现场和设备，将数控设备纳入整个系统进行管理。MDC（Manufacturing Data Collection）是指机床监控与数据采集系统，可以实时采集数控设备的状态、程序信息、加工件数、转速、进给量等各种信息，分析计算后将生产运行状况反馈给 MES 系统，成为上层 MES、ERP 等信息系统决策的依据。

数据是智能工厂的命脉。基于系统性能分析，数据将有助于推动各流程顺利开展，检测运营失误，提供用户反馈。当规模和范围均达到一定水平时，数据便可用于预测运营和资产利用效率低下的问题，以及采购量和需求量的变动。智能工厂的内部数据可以多种形式存在，且用途广泛，例如与环境状况相关的离散信息，包括湿度、温度或污染物。

数据的收集和处理方式，以及基于数据采取相应行动才是数据发挥价值的关键所在。要实现智能工厂的有效运作，制造企业应采用适当的方式持续创建和收集数据流，管理和储存产生的大量信息，并通过多种可能比较复杂的方式分析数据，且基于数据采取相应行动。要建立更加成熟的智能工厂，所收集的数据集可能会随着时间的推移涉及越来越多的流程。例如，如果要对某一次实践结果加以利用，就需要收集和分析一组数据集；而如果要对更多的实践结果加以利用或从某一次实践操作上升至整个行业，就需要收集与分析更多不同的数据集和数据类型，还需考虑数据分析和存储，以及数据管理能力。

（3）设备模型层

设备模型层是物理空间的智能装备层在数字空间的映射，借助于信息化和数字化技术，通过集成、仿真、分析、控制等手段，为工厂设备建立数据 – 机理融合模型和仿真模型，为上层生产控制、运行优化提供模型支撑。

在设备模型层能够实现对物理空间智能装备的可视化展现，包括 3D 模型可视化和对工厂设备的监控集成。基于 3D 产品模型实现信息共享是实现"工业 4.0"中提出的纵向集成、横向集成、端到端集成的重要技术。可视化展现采用 3D 可视化系统，实现不同 CAD 系统的数据同步加载、可视化展现和检查，涵盖了产品的全生命周期，也是纵向集成、横向集成和端对端集成的重要基础。通过数据 – 机理模型和仿真模型，能实现生产过程的全面监控，保证生产现场的安全以及现场问题的追溯。为达到可视化管控目的，可采取车间大屏幕滚动警示、生产现场工人触摸屏、现场问题警示客户端、设备状态实时监控、订单进度实时监控等模式来解决车间生产现场的透明度问题。在设备模型层，还包括了对工厂虚拟仿真与优化、基于规则的工艺创成、工艺仿真分析与优化、基于信息物理系统（CPS）的工艺感知、预测与控制等智能工艺的相关功能。

（4）运行控制层

运行控制层与物理空间的智能车间相对应，是在数字空间实现对车间的生产计划、运行管理，实现智能车间内部人、机、料、法、环的集成管理与优化控制，并为上层的集成决策提供制造过程中更为全面的状态数据，使数据驱动的决策支持与优化成为可能。

在运行控制层主要依赖制造运营管理平台实现对生产过程的管理和控制，具体包括高级计划排程系统（Advanced Planning and Scheduling，APS）、制造执行系统（Manufacturing Execution Systems，MES）以及相关的质量管控系统（Statistical Process Control，SPC）等，以实现优化排产、对制造资源的跟踪、生产过程监控，以及计划、物流、质量集成管控下的均衡生产。

生产过程的管理控制，首先要从计划源头上确保计划的科学性和准确性。通过系统集成，从 ERP 等上游系统读取主生产计划，利用 APS 系统，按照订单数量、交货期、生产周期、库存情况等信息进行自动排产，解决离散型企业多工序、多资源的优化调度问题，最终达到"交期产能精确预测，工序生产与物流供应最优"。

制造执行系统是应用先进的管理理念和信息技术进行的一种生产制造模式。它以数控设备 DNC 通信联网作为基础，通过信息传递，对从订单下达到完成整个的产品生产过程进行优化管理，对加工过程进行监控，实时了解操作/任务状态、过程参数机器/操作员状态等，为企业提供连接计划、工艺、生产车间和设备的桥梁；同时，能对实时发生的事件及时做出反应、报告，并用当前的准确数据对它们进行指导和处理。

质量管控系统是借助数据统计方法的过程控制工具，自动采集生产线上的关键工艺参数，并对这些数据进行实时监控和统计分析，从而区分出生产过程中的正常波动和异常波动，及时发现质量问题，确保生产质量，同时也为产品质量追溯提供可靠依据。

（5）集成决策层

集成决策层与物理空间的工厂管控层一致，是信息物理系统的管理决策中枢，依托 ERP 等信息系统实现工厂运营战略规划、经营管理与工厂全局的运行管控。集成决策是信息物理系统的"大脑"，主要包括具备自学习和认知能力的知识库、端到端集成的产品全生命周期价值链数据、横向集成的决策协同优化与分析以及预测决策模型等。

在智能工厂的环境下，将产生大量的产品技术数据、生产经营数据、设备运行数据、质量数据、设计知识、工艺知识、管理知识、产品运维数据。建立经营决策系统，对上述信息进行搜集、过滤、储存、建模，应用大数据分析工具，使各级决策者获得知识和洞察力并提高决策的科学性。结合对下层数据的获取、分析与挖掘，建立数据分析与决策模型，根据决策的需求建立综合计划控制执行模型库，比如生产工艺模型库、产线设备故障诊断模型库、产品质量分析模型库、物流仓储模型库、能源优化模型库等。

7.2.3 智能工厂建设的主要模式

智能工厂是智能制造发展的必然产物，制造业发展的现实需求是智能工厂建设的内生动力，而工业互联网、工业机器人、人工智能等新兴技术则是智能工厂建设的助推器。但智能工厂没有唯一结构，不同企业、不同产品甚至是不同客户市场，都会产生不同的智能工厂结构与运行模式。同样，成功建设智能工厂也没有唯一途径。由于生产线布局、产品、自动化设备等方面的差异性，每家智能工厂看起来都可能不尽相同。然而，虽然各项设施本身可能存在差异，但促成一家智能工厂获得成功的必要元素却大致相同，而且每个都很重要，包括数据、技术、流程、人员和安全等方面。

智能工厂面向产品研发设计、生产制造、售后服务等环节，实现产品、装备、生产、管理、服务的智能化，智能工厂建设可以着重考虑采用三维数字化设计和仿真技术，实现产品研发设计的效率和质量；采用工业机器人、高端数控机床、PLC 等智能制造设备，提高制造装备的自动化和智能化水平；把传感器、处理器、通信模块融入产品中，实现产品的可追溯、可识别、可定位；构建基于互联网的 C2B 模式，实现产品个性化的自主设计，满足消费者个性化的定制需求。结合上述智能工厂建设的主要侧重点和工厂升级改造的目标，可以选择以下模式推进智能工厂规划建设。

1. 离散制造：从智能制造生产单元（装备和产品）到智能工厂

对于航空、航天、船舶、机械、汽车、家电和电子信息等离散制造领域，围绕产品价值空间拓展，可以侧重于从单台设备自动化和产品智能化入手，基于生产效率和产品效能的提升实现价值增长。为此，可以通过推进生产设备（生产线）智能化，引进各类符合生产所需的智能装备，建立基于 CPS 系统的车间级智能生产单元，提高精准制造、敏捷制造能力；拓展基于产品智能化的增值服务，利用产品的智能装置实现与 CPS 系统的互联互通，支持产品的远程故障诊断和实时诊断等服务；推进车间级与企业级系统集成，实现生产与经营的无缝集成和上下游企业间的信息共享，开展基于横向价值网络的协同创新；推进生产与服务的集成，基于智能工厂实现服务化转型，提高产业效率和核心竞争力。

国内广州数控、三一重工等企业在推进智能制造过程中，结合自身产品特点开展智能工厂建设并取得显著成效。

广州数控通过利用工业以太网将单元级的传感器、工业机器人、数控机床，以及各类机械设备与车间级的柔性生产线总控制台相连，利用以太网将总控台与企业管理级的各类服务器相连，再通过互联网将企业管理系统与产业链上下游企业相连，打通了产品全生命周期各环节的数据通道，实现了生产过程的远程数据采集分析和故障监测诊断。

三一重工的总装车间，有混凝土机械、路面机械、港口机械等多条装配线，通过在生产车间建立"部件工作中心岛"，即单元化生产，将每一类部件从生产到下线所有工艺集中在一个区域内，犹如在一个独立的"岛屿"内完成全部生产。这种组织方式，打破了传统流程化生产线呈直线布置的弊端，在保证结构件制造工艺不改变、生产人员不增加的情况下，实现了减少占地面积、提高生产效率、降低运行成本的目的。目前，三一重工已建成车间智能监控网络、生产控制中心、中央控制系统等智能系统，还与其他单位共同研发了智能上下料机械手、基于 DNC 系统的车间设备智能监控网络、智能化立体仓库与 AGV 运输软硬件系统、基于 RFID 设备及无线传感网络的物料和资源跟踪定位系统、高级计划排程系统、制造执行系统、质量管控系统等关键核心智能装置，实现了对制造资源跟踪、生产过程监控，以及计划、物流、质量集成化管控下的均衡化混流生产。

2. 流程制造：从生产过程数字化到智能工厂

针对石化、钢铁、冶金、建材、纺织、医药、食品等流程制造领域，企业围绕产品品质提升，侧重从生产数字化建设起步，基于品控需求从产品末端控制向全流程控制转变。在推进智能工厂建设时，可以在推进生产过程数字化，以及生产制造、过程管理等单个环节信息化系统建设的基础上，构建覆盖全流程的动态透明可追溯体系，基于统一的可视化平台实现产品生产全过程跨部门协同控制；推进生产管理一体化，搭建企业 CPS 系统，深化生产制造与运营管理、采购销售等核心业务系统集成，促进企业内部资源和信息的整合和共享；推进供应链协同化，基于原材料采购和配送需求，将 CPS 系统拓展至供应商和物流企业，横向集成供应商与物料配送协同资源和网络，实现外部原材料供应和内部生产配送的系统化、流程化，提高工厂内外供应链的运行效率；通过整体打造大数据化智能工厂，推进端到端的集成，开展个性化定制业务。

3. 基于数字孪生的智能工厂建设

数字孪生（Digital Twin）是充分利用物理模型、传感器实时数据、设备运行历史数据，集成多学科、多物理量、多尺度的仿真过程，在虚拟空间中完成设备物理实体与数字模型的映射，从而反映相对应的实体装备的全生命周期过程。针对制造企业智能工厂建设来说，该装备系统既可指代制造企业生产系统的各类设备，也可指代企业交付给客户的具体产品。本部分提出的基于数字孪生的智能工厂建设，是从制造企业生产系统各类装备的数字孪生体构建视角，说明智能工厂建设离不开数字孪生。

2020 年中国电子标准化技术研究院发布的《信息物理系统（CPS）建设指南（2020）》，对数字孪生的组成进行了细致定义，如图 7 - 8 所示。

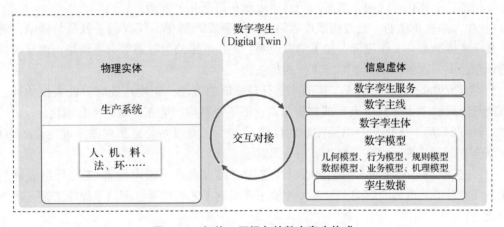

图 7 - 8　智能工厂视角的数字孪生构成

智能工厂建设，充分考虑制造的全流程与产品的全周期，从产品、生产和运维三个方面构建智能工厂的数字孪生体，并通过数据主线实现数字孪生体的集成贯通，进而建设基于数字孪生的覆盖工厂生产全流程和产品全周期的智能工厂。

1）产品数字孪生，从对产品结构组成的模型化表达和对产品本身内在机理的虚拟表达两个方面，建立真实产品和虚拟产品组成的相互作用系统。

2）生产数字孪生，从生产组织的视角，建立真实生产与虚拟生产（虚拟的制造产品/对象，虚拟的工艺、虚拟的工厂/生产系统）组成的相互作用系统。

3）运维数字孪生，从对产品运行环境、运行状态、运行功效的虚拟表达的视角，建立真实产品与虚拟产品组成的相互作用系统。

上述三个方面的数字孪生系统中，生产数字孪生是智能工厂建设的核心，主要包含制造产品、制造工艺、制造工厂三个方面的要素进行物理与虚拟的对应。

1）制造产品：包含原材料、采购件、过程件/在制品、半成品、成品等被加工制造对象（物料）实物以及虚拟表达，而其中的虚拟产品表达更多的是对产品变形/组合过程及制造特性的刻画。

2）制造工艺：制造工艺在企业中是无形非实物的智力资产，制造工艺的虚拟表达更多的是工艺知识的全数字/结构化表达，包含了产品制造过程中所采用的各种工艺过程（机加/钣金/焊接/喷涂、装配/维修/调试、热处理/表面处理/锻铸/特种加工等）的完整表达。

3）制造工厂：包含制造企业车间现场的所有生产设备、设施、仪器、工装等生产资源的实物及虚拟表达。对工厂的虚拟表达，即形成的虚拟工厂，不仅只是工厂外形的表达，更多的是工厂的工作逻辑、生产逻辑、运行状态的全面表达。

伴随着模型驱动设计（Model-Based Design，MBD）技术的发展，生产系统的数字孪生日益成熟。在 MBD 技术支持下，制造产品、制造工艺、制造工厂的数字化虚拟表达更易实现，生产系统实物硬件的计算机化、数字化使得工厂的数字化虚拟表达也更加成熟，驱动着工厂设施/设备更易于与数字化虚体进行交互。因此，由真实和虚拟的"制造产品、制造工艺、制造工厂"组成的生产制造系统的数字孪生，开展虚拟生产和真实生产的高度协同并相互指导与反馈优化，进而快速提高智能工厂的制造产能、效率和质量。

概括起来，借助于数字孪生技术能够有效解决传统工厂在生产制造过程中存在的不透明、不精细、不优化等问题，这些问题具体表现在以下几个方面：

1）生产系统不透明：通过传统的表格方式管理资产清单，仅仅记录数量与价值，对于资产真正实体形态、工作位置、加工能力说明、工作或维修的状态等都不清楚，而且随着工厂的调整，不下现场，根本不知道工厂的状态。

2）生产产能不自知：对于工厂的产能只是模糊的概念，新增产能时只能大概估计；提升产能只能通过"大干几百天"或加班加点，而不是消除产能瓶颈或任务合理化。

3）生产布局不优化：习惯性按功能区摆放，一张类似办公桌布局图来确定设备布局，没有综合考虑工艺流、物流、生产节拍等因素。

4）工艺脱离车间现场：工艺员设计工艺时，难以全然明晰由设备/工装等组成复杂生产现场环境对工艺过程的影响，过度关注给工人编制工艺规程卡，而缺乏保障工艺一次正确性的能力。

5）机器人还不是柔性"设备"：企业购买机器人时购买了厂商提供的 PLC 程序，日后不能根据生产任务调整等优化或改变 PLC 程序，成为一台固化的自动化设备。

6）工人只是高度柔性的设备：工作现场缺乏人性化考虑，对工作强度、工作舒适度等方面只是基于人因工程的分析和优化。

4. 数字孪生技术在智能工厂中的主要应用

具体的数字孪生技术在智能工厂中的应用主要体现在工厂三维建模与可视化、工厂价值流分析与仿真验证、工艺仿真与验证、机器人编程与虚拟调试以及人因工程分析等方面，如图 7-9 所示。

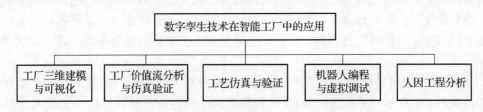

图 7 – 9　数字孪生技术在智能工厂中的应用

（1）工厂三维建模与可视化

工厂三维建模与可视化是数字孪生技术在工厂规划设计应用的直接体现。当前，有些企业在采购生产设备时，要求设备供应商同时提供一套设备的三维模型，也可称之为对应的"数字化设备"。在三维模型基础上，还可以包含设备的运行参数、维修维护手册等相关内容。在工厂规划时，企业要求生产线集成商提供"交钥匙工程"，要求在实际生产线交付时，同期提供一套数字化的生产线。无论是以设备的三维模型为基础的数字化设备，还是成套的数字化生产线，都必须依赖工厂三维建模与可视化技术。

现在生产线设计/工厂建模方面的工业软件工具已相当成熟，例如西门子的 NX Line Designer，能够利用丰富可扩充的生产线资源库，基于参数化的快速设计定制化的生产线，不仅能实现生产线的三维可视化，甚至关联展示相关信息，同时三维模型可输出工程图纸，用于生产线的生产制造。工厂三维模型，一方面可实现全球资产的数字化管理，让任何人在任何地点查看企业工厂景况；另外这些模型可以直接为工厂仿真/工艺仿真提供模型基础，也是生产数字孪生的基础；甚至可以基于工业物联网或生产现场系统集成获取实时数据，实现全球分布式工厂实时信息的触手可及的实时巡视，并通过静态描述与实时动态相结合，全方位、多层次实现生产制造系统的透明化。工厂三维建模与可视化技术可以在很大程度上解决了"生产系统不透明"的问题。

（2）工厂价值流分析与仿真验证

智能工厂不是简单地用自动化、数字化和智能化的设备仪器取代原有生产硬件，而是追求更加精益的高效柔性制造工厂。在智能工厂规划设计时，就必须在数字化的环境里进行全面分析和验证。数字化工厂仿真工具能够低成本帮助企业实现这一目标，包括西门子 Tecnomatix 的 Plant simulation 等工具软件，能够实现价值流分析、产能优化等目标。工厂价值流分析与仿真验证技术可以在很大程度上解决"生产产能不自知"和"生产布局不优化"问题。

1）价值流分析：可以帮助制造企业进行精益价值流分析，绘制当前价值流图，站在企业的层面，对信息流、实物流分析发现产品全价值链增值过程中潜在的、对客户不增值的浪费活动，并制定策略，进行改进，形成全新的价值流图。价值流分析不仅仅对现有工厂基于产能或交货准确率策略进行优化，同时也可在新工厂导入新产品时进行决策辅助，选择总体价值最大化的产品组合进行生产。

2）产能优化：工厂仿真工具能够对生产资源进行对象量化管理（例如每台资源量化的产能信息），对产品工艺进行逻辑量化表达（先后顺序/工时/人员/设备/资源要求等），结合相应的控制策略，实现工厂的虚拟运行（周期可长可短，可快可慢），因此可快速知晓产能与产能瓶颈，并且通过优化生产工艺组合或调整产能瓶颈，最终满足产能需求或实现产能提升。仿真优化时，可考虑众多生产因素进行优化组合来提升产能：人员要求和配备；生产线节拍和利用率；工作时间和换班模式；产线瓶颈和系统故障；设备布局安排、计划和先后顺序。

3）物流与产线布局优化：工厂仿真工具不仅可分析关键设备产能需求，计算重要资源（工装/托盘/AGV 小车/仓储货格）的具体数量需求，同时可按照具体的工艺流和工厂布局进行虚拟运行，对车间/工厂内全面物流系统及产线布局进行校核优化，通过调整产线或物流布局，减少物流不均衡、瓶颈、浪费等情况，甚至通过合理物流和布局来达到产能最大或精益等目标。结合工厂的三维模型，还可对各种资源的位置干涉性、通过性进行检查，这不仅需要考虑静态下的空间干涉，还包括移动设备在运动状态下，或带门设备的开关状态下的干涉性和通过性。

（3）工艺仿真与验证

在传统工厂产品设计到制造的中间环节，离不开工艺员进行的工艺设计，而在实际的工艺设计过程中，由于无法在实际生产设备/工装上进行工艺验证，故工艺员难以全然明晰由设备/工装等组成复杂生产现场环境对工艺过程的影响。同时，传统的工艺开发也过度关注于工人编制工艺规程，而缺乏保障工艺一次正确性的能力，造成传统工厂常常出现"工艺脱离车间实际"的问题。

基于 MBD 的结构化工艺设计技术是数字孪生技术在工艺建模与仿真验证中应用的具体体现。以工艺清单（Bill of Processes, BOP）为核心，有效组织三维的产品模型、工厂模型、资源模型等，建立起产品/工厂/资源等三维仿真环境与产品结构化工序信息。以装配工艺为例，通过工艺仿真与验证技术在虚拟环境中对装配过程进行验证，判断是否会发生干涉，以及工装在动态使用过程中对装配过程的影响，从而确定最优的装配顺序和工装的使用方法，甚至在复杂的装配环境中，借助于工艺仿真与验证工具软件自主给工艺员推荐最优、可行的安装路径。同时可基于仿真验证后的最优装配工艺，形成可视的视频、交互式作业指导书，甚至结合 AR 进行应用，让操作工人更准确理解工艺，更正确执行工艺，提高生产效率与质量。工艺仿真与验证技术可以在最大限度上解决"工艺脱离车间现场"的问题。

（4）机器人编程与虚拟调试

当前，伴随智能制造在制造业的深入推进，机器人用于生产的场景越来越多，但目前大部分企业应用工业机器人，基本按照购买机器人时厂商提供的 PLC 程序"固化"地完成生产任务，而不能根据后续生产任务调整实时做出优化改进，使得工业机器人成为一台固化的自动化设备。

在智能工厂环境下，利用工业机器人进行多品种生产时，需要在进行多品种切换或者新品种引入时对机器人的 PLC 程序进行切换、调整、优化。此时，借助机器人仿真与虚拟调试工具能够快速满足这一需求，使机器人真正成为高柔性自动化装备。机器人仿真与虚拟调试工具，不只是简单的离线编程，更重要的是可在复杂工况、多机器人协作甚至人机协作环境下保障机器人和人的安全，同时能够自动识别工件曲面，优化机器人的最优工作姿势、能耗节省等相关因素。

借助机器人仿真与虚拟调试工具，对机器人协作或生产系统进行虚拟调试，可以在虚拟环境下提前进行全方位的调试，验证机械操作顺序，校核 PLC 控制代码、机器人控制程序和 HMI，测试安全互锁装置，执行系统诊断测试等，在硬件还没有到位之前就能得到正确的 PLC、控制策略等，最终提升机器人协作效率和减少生产系统的调试准备时间，确保一次正确性。机器人编程与虚拟调试技术可以有效消除"机器人还不是柔性设备"现象。

（5）人因工程分析

工人是最为珍贵的高度柔性的"设备"，坚持以人为本的智能工厂，必须让工人能持续稳定健康工作。因此，如何设计工艺、如何设计工位及清晰知晓工人的劳动强度等非常关键。结合工艺和工位情况进行人因工程分析，能够有效解决这一问题。

在智能工厂规划设计时，需要充分考虑人的工作环境、工作强度及健康要求。采用人因工程分析技术并借助相应的工具软件，提供一个三维的环境来对工人在操作过程中的身体状态进行合理分析，结合人机交互性评估，对工位的布局、人机交互可行性进行模拟，也可对人体的操作姿态、人体受力、人体的可视可达性进行评估，从而对产品、资源（设备、工装、工具等）、人体三者之间的协同进行全面模拟。通过分析当前工位设计与工艺方法的人因效果，进一步优化工艺方法（可操作性/可达性等）或工位布局，或对工装结构等进行优化设计，确保更加高效、安全、健康工作。

7.3 智能工厂制造运行管理

企业为实现产品生产制造，面向客户提供最终产品，在智能工厂的具体设施、设备等物理实体基础上，要通过制造运行管理平台实现对具体设施、设备的调度与控制。从数字化、网络化、智能化的角度看，智能工厂的制造运行管理实质是制造企业生产运营层面的管理平台，通过协调管理企业的人员、设备、物料等资源，将原材料或零件转化为产品，它不仅涵盖 MES（Manufacturing Executive System，制造执行系统）在内的生产阶段所有的软件系统，还覆盖制造运营全过程，让企业更容易协调各种系统间的工作。

7.3.1 制造运行管理概念

制造运行管理，英文全称为 Manufacturing Operation Management（简写为 MOM），最早由美国仪器、系统和自动化协会（Instrumentation，Systems，and Automation Society，ISA）在 2000 年发布的 ISA - 95 标准中提出，并从 2003 年开始由国际标准化组织（International Standard Organization，ISO）和国际电工委员会（International Electrotechnical Commission，IEC）联合采用，正式发布为国际标准《IEC/ISO 62264 企业控制系统集成》，我国于 2006 年开始等同采标为国家标准。

对于制造运行管理，事实上包含了制造过程与运行管理的定义和范畴，其中的制造过程是一套结构化的行为或操作，它完成了将原材料或半成品向成品的转化；而运行管理是对制造过程的规划、调度和控制，以及围绕制造过程提供的保障性服务。图 7 - 10 所示为制造过程和运行管理之间的逻辑关系，针对三个制造单元分别示例了三组分立的运行管理的规划、调度、控制和跟踪。实际上，运行管理的规划、调度、控制和跟踪是按照一定原则划分的，自有其整体性、系统性和战略性。

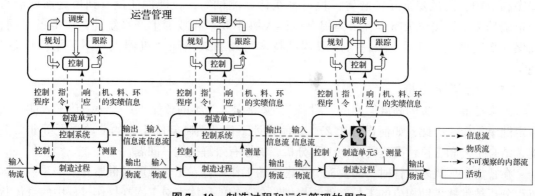

图7-10 制造过程和运行管理的界定

通过以下两个场景示例理解制造过程与运行管理之间的关系，如图7-11和图7-12所示。

图7-11所示为一个典型的机械加工工作站，该工作站由操作员 Op_1、工件 P_1、机床 M_1 和位置 Pos_1 组成，描述了操作员操作机床完成工件的加工这一典型制造过程。

本体要素如何构成具体场景？——机械加工工作站

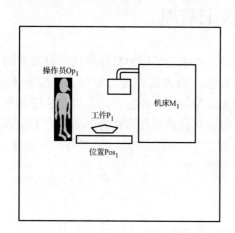

本体要素	举例
资源	操作员Op_1(人)、工件P_1(料)、机床M_1(机)和位置Pos_1(环)
活动规范	机床M_1(主体)对工件P_1(客体)的加工程序(法)、操作员Op_1(主体)搬运工件P_1(客体)的作业指导(法)
活动	机床M_1(主体)加工工件P_1(客体)、操作员Op_1(主体)搬运工件P_1(客体)至位置Pos_1
事件	机床M_1加工工件P_1开始、机床M_1加工工件P_1结束、工件P_1到达位置Pos_1、工件P_1离开位置Pos_1、机床M_1发生故障、机床M_1恢复正常
时刻	机床M_1加工工件P_1开始时刻、机床M_1加工工件P_1结束时刻、工件P_1到达位置Pos_1时刻、机床M_1故障发生时刻、机床M_1恢复正常时刻
时间	机床M_1加工工件P_1的加工时间、机床M_1故障恢复时间
状态	机床M_1空闲、机床M_1工作、机床M_1故障、位置Pos_1空闲、位置Pos_1占用、操作员Op_1空闲、操作员Op_1工作

图7-11 制造过程场景示例

图7-12所示为对机械加工工作站的生产运行管理，是对工作站生产过程进行规划、调度和控制。工艺工程师 En_1 对操作员 Op_1 的操作过程和机床 M_1 的加工过程进行规划，作业计划员 P_{l1} 对操作员的操作过程与机床 M_1 的加工过程制订具体的作业计划，并进行调度和控制，通过接收实际信息对计划进行调整；生产主管通过加工过程的具体事件和实际加工信息等对加工过程进行监督。

1. MES——MOM 概念产生的基础

早在1990年，美国先进制造研究协会（Advanced Manufacturing Research，AMR）首次提出制造执行系统 MES（Manufacturing Execution System）的概念以来，MES 已经逐渐成为国内外学术界和产业界研究与应用的热点，并在实践中取得了长足发展和广泛应用。MES 国际联合会（Manufacturing Execution System Association International，MESA）于1997年陆续

机械加工工作站的生产管理

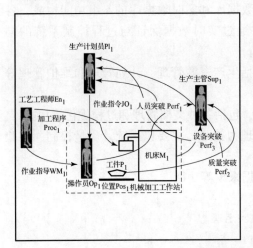

本体要素	举例
资源	工艺工程师 En_1(人)、生产计划员 Pl_1(人)、生产主管 Sup_1(人)、操作员 Op_1(人)、工件 P_1(料)、机床 M_1(机)和位置 Pos_1(环)
活动规范	工艺工程师 En_1 编制加工程序 $Proc_1$ 的编程规范、生产计划员 Pl_1 发布作业指令 JO_1 的规程、工艺工程师 En_1 编制作指导 WM_1 所依据的标准
活动	工艺工程师 En_1 编制加工程序 $Proc_1$、生产计划 Pl_1 发布作业指令 JO_1、工艺工程师 En_1 编制作业指导 WM_1
事件	加工程序 $Proc_1$ 下发至机床 M_1、作业指令 JO_1 发布至操作员 Op_1、作业指导 WM_1 生效
时刻	加工程序 $Proc_1$ 下发至机床 M_1 时刻、作业指令 JO_1 发布至操作员 Op_1、时刻、作业指导 WM_1 生效时刻
时间	工艺工程师 En_1 编制加工程序 $Proc_1$ 的周期、生产计划员 Pl_1 发布作业指令 JO_1 的周期
状态[a]	作业指令 JO_1 待发布、作业指令 JO_1 已发布、作业指令 JO_1 已完成、作业指令 WM_1 待生效、作业指令 WM_1 已生效

a–运行管理的状态不属于制造过程的状态，区别在于制造过程状态 1E 实体信息的集合，运行管理状态是管理信息的集合。

图 7 – 12　运行管理场景示例

发表了 MES 白皮书，分析了应用 MES 的作用与效益，论述了 MES 与计划系统和控制系统集成的可行性，给出了 MES 描述性定义，并提出了含有 11 个功能模块的 MES 功能模型。

　　AMR 在 1992 年提出的企业 3 层集成模型（见图 7 – 13）中指出，MES 位于计划层与控制层之间，任务是将业务系统生成的生产计划传递给生产现场，并将生产现场的信息及时收集、上传和处理。其中位于底层的控制系统的作用是对生产过程和设备进行监督与控制，主要包括 DCS、DNC、PLC、SCADA 等系统；位于顶层的计划系统的作用是管理企业中的各种资源和财务、管理销售和服务、制订生产计划等，通常使用 MRPII 或 ERP 等系统来实现其功能；位于计划层和控制层之间的中间层则面向制造工厂管理的生产调度、设备管理、质量管理、物料跟踪等活动，由制造执行系统实现其功能。

图 7 – 13　AMR 提出的企业 3 层集成模型

AMR 于 1993 年进一步提出了 MES 的集成系统模型，该模型向上与公司级的计划系统相连，向下与过程控制系统相连，由围绕关系数据库和实时数据库的 4 组功能构成，各个功能通过关系数据库实现生产数据的共享，并通过实时数据保证与过程控制系统的同步，如图 7 – 14 所示，其中的 4 组功能分别如下：

1）工厂管理是生产管理的核心部分，主要包括生产资源管理、计划管理和维护管理等功能。

2）工艺管理主要是指工厂级的生产工艺管理，包括各种文档管理和过程优化等功能。

3）质量管理以工厂制造执行过程中的质量管理为核心，主要包括统计质量控制、实验室信息管理系统等。

4）过程管理主要包括设备的监测与控制、数据采集等功能。

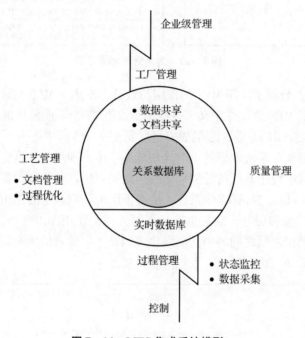

图 7 – 14 MES 集成系统模型

MESA 在 1997 年发布的 MES 白皮书中给出了 MES 的描述性定义：MES 能通过信息传递，对从订单下达到产品完成的整个生产过程进行优化管理。当工厂里面有实时事件发生时，MES 能对此及时做出反应、报告，并用当前的准确数据对它们进行指导和处理。这种对状态变化的迅速响应使得 MES 能够减少企业内部没有附加值的活动，有效地指导工厂的生产运作过程，使其既能提高工厂的及时交货能力，改善物料的流通性能，又能提高生产的回报率。MES 还通过双向的直接通信在企业内部和整个产品供应链中提供有关产品行为的关键任务信息。MESA 提出了含有 11 个功能模块的 MES 功能模型，从而明确指出了 MES 所涵盖的通用功能。该功能模型的 11 个功能包括资源配置和状态、运作/详细调度、分派生产单元、文档管理、数据采集/获取、劳动力管理、质量管理、过程管理、维护管理、产品跟踪和谱系、绩效分析，如图 7 – 15 所示。

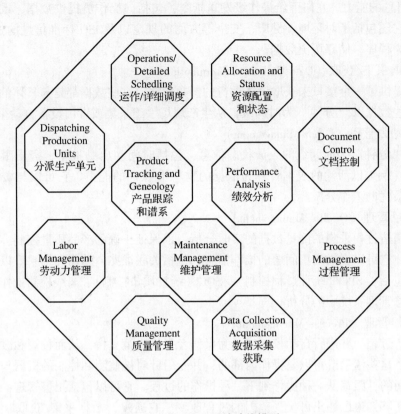

图 7 – 15　MES 系统功能模型

（1）资源配置和状态（Resource Allocation and Status）

管理各种资源，包括机器、工具操作技术、物料、其他设备，以及如文件等确保运行正常开始所必需的实体。资源配置和状态的功能是提供资源的详细历史，确保设备的恰当设置，以及提供设备的实时状态。资源管理也包括了预约和分派这些资源的功能，以满足运行调度的目标。

（2）运作/详细调度（Operations/Detail Scheduling）

基于优先级、属性、特性以及与运行过程中特定的生产单元相关的生产规则等进行调度，比如颜色类型的调度，或者其他使得调度恰当、调整时间最少的调度特性的调度。运行/详细调度需要考虑到资源的有限产能，并考虑到替代方案和重叠/并行运行，以便详细计算出设备负荷和轮班模式调整的精确时间。

（3）分派生产单元（Dispatch Production Units）

管理以作业、订单、批次、工作指令为形式的生产单元的流程。以适当的顺序分派信息，使其在正确的时间到达正确的地点。当工厂现场发生突发事件时，按顺序分派信息，及时执行和修改作业。它具有变更现场预定调度的能力，可重新安排生产，改变已下达的处理计划，并具有通过缓冲管理来控制在制品数量的能力。

（4）文档控制（Document Control）

管理那些与生产单元相关联的记录和报表，包括工作说明、配方、图纸、标准操作程序、零件加工程序、批次记录、工程更改说明和交接班信息，以及编辑"计划中"信息和

"建设中"信息的能力。它向下给操作级发送指令，包括向操作员提供数据，或向装置控制提供配方。它还包括了对环境、健康、安全等方面的规定以及 ISO 标准信息的控制和整合，比如校正行为程序、储存历史数据。

（5）数据采集/获取（Data Collection/Acquisition）

本功能提供了一个接口来获取设备运行的参数数据，这些数据都是与具体的生产单元相关联的。这些数据以"分钟"为时间级，从生产现场手工采集或者由设备自动采集。

（6）劳动力管理（Labor Management）

提供以"分钟"为时间级的人员状态信息，包括时间和出勤报告、资质跟踪，以及追溯间接活动（例如以活动的成本计算为依据的物料准备）的能力。它可以与资源配置相交互，以确定最优的工作分派。

（7）质量管理（Quality Management）

提供从制造过程采集的测量数据的实时分析，以保证正确的产品质量控制，并识别需要注意的问题。它可以提供纠正问题的推荐措施，包括关联征兆、动作和结果，以确定问题的原因。它还包括了 SPC（统计过程控制）/SQC（统计质量控制）、离线检测操作管理，以及在实验室信息管理系统中的分析。

（8）过程管理（Process Management）

监视生产过程，并进行自动校正或者为操作者提供决策支持，从而校正和改善正在进行的生产活动。这些活动既可以是操作内部的，并专门针对被监测和控制的机器与设备；也可以是操作之间的，跟踪从一种操作到下一种操作的过程。它可以包括报警管理，以保证工厂的工作人员能够知道已超出可接受范围的过程改变。它通过"数据采集/获取"功能提供了智能设备和 MES 之间的接口。

（9）维护管理（Maintenance Management）

跟踪并指导设备及工具的维护活动，从而保证这些资源在制造过程中的可用性，并保证周期性维护调度或预防性维护调度，以及对紧急问题的响应（报警），并且维护事件或问题的历史信息，以支持故障诊断。

（10）产品跟踪和谱系（Product Tracking and Genealogy）

提供所有时期工作状况和工作安排的可视性。其状态信息可以包括：谁在进行该工作；供应者提供的物料成分、批量、序列号、当前生产条件，以及与产品有关的任何报警、返工，或者其他例外信息。在线跟踪功能也创建了一个历史记录，该记录保证了对每个最终产品的成分和使用的可追溯性。

（11）绩效分析（Performance Analysis）

以"分钟"为时间级，提供实际制造运行结果的最新报告，同时提供与过去历史记录和预期业务结果的比较功能。绩效结果包括对诸如资源利用率、资源可用性、与调度的一致性，以及与标准绩效的一致性等指标的度量。绩效分析还可能包括 SPC/SQC，它可以从测量运行参数不同功能的汇集信息中提取，其结果应该以报告的形式呈现或者作为当前的绩效评价在线提供。

2. MOM 的概念与功能定位

在《IEC/ISO 62264 企业控制系统集成》标准中给出的 MOM 定义为：通过协调管理企业的人员、设备、物料和能源等资源，把原材料或零件转化为产品的活动。它包含管理那些由物理设备、人和信息系统来执行的行为，并涵盖了管理有关调度、产能、产品定义、历史信息、生产装置信息，以及与相关资源使用状况信息的活动。可以看出，MOM 的概念不是一个物理上的实体概念，而是从逻辑上给出的一个对象范畴的概念，即给出了制造企业信息化过程中通用的研究对象与研究内容。

《IEC/ISO 62264 企业控制系统集成》标准在描述 MOM 定义的同时，以美国普渡大学企业参考体系结构（PERA）为基础，定义了如图 7-16 所示的制造企业功能层次模型。

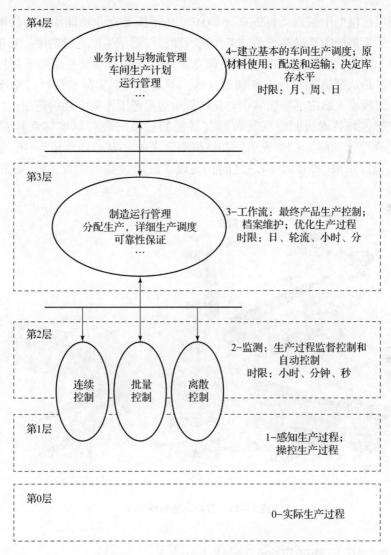

图 7-16 制造企业功能层次模型

该功能层次模型将制造企业的功能划分为五个层次，分别如下：

1）第 0 层：定义了实际的物理生产过程。

2）第 1 层：定义了感知和操控物理生产过程的活动，例如传感器、执行机构及人工测量，等等。

3）第2层：定义了对物理生产过程的监测、监督控制和自动控制，例如各种自动控制系统、控制策略及手动控制活动。

4）第3层：定义了生产期望产品的工作流活动，包括生产记录的维护和生产过程的协调与优化等。

5）第4层：定义了制造组织管理所需的各种业务相关活动，包括建立基础车间调度（如物料的使用、传送和运输）、确定库存水平，以及确保物料按时传送至合适的地点进行生产。

上述功能层次模型中制造运行管理（MOM）的范围是企业功能层次中的第3层，其核心作用是定义了为实现生产最终产品的工作流活动，包括了生产记录的维护和生产过程的协调与优化，等等。由此可知，MOM比较清晰地界定了它与上层业务层和下层控制层之间的边界，这个边界是从逻辑上进行定义和划分的，不受物理上实际软件产品功能和范围的影响，从而在一定程度上解决了该领域信息化过程中边界范围不确定性的问题。

美国国家标准与技术研究院在发布的《智能制造系统现行标准体系》报告中定义了智能制造系统模型，如图7-17所示。在该模型定义的"制造金字塔"中，也用MOM取代了MES，并处于ERP和HMI/DCS之间，实现了底层设备与上层ERP系统之间的互联互通。

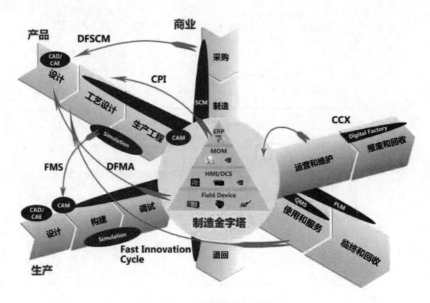

图7-17　智能制造系统模型

7.3.2　制造运行管理平台

1. 制造运行管理平台架构

制造运行管理平台聚合了从控制、自动化以及SCADA系统出来的海量数据并将其转换成关于生产运营的有用信息。通过结合自动化数据和从员工以及其他过程所获取到的数据，为制造企业提供了一个更完整、实时的对所有工厂以及整个供应链进行管控的手段。

从智能工厂应用的工业软件体系看，制造运行管理平台与上层ERP、底层PLC/DCS/

CNC/SCADA/IPC 等现场自动化控制系统之间集成互联，并与 PLM/CAX、SCM、SCP、SRM 等软件整体构成了智能工厂的运行平台，如图 7 - 18 所示。

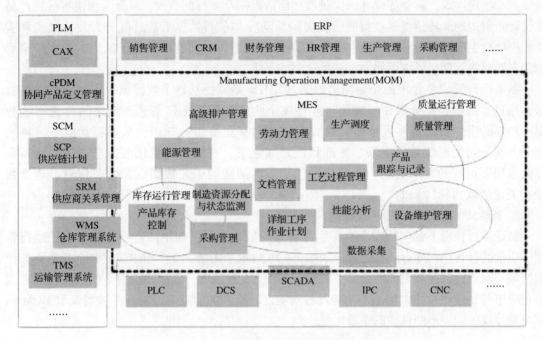

图 7 - 18　制造运行管理平台的功能架构

以德国西门子公司的制造运行管理平台为例，其通过收购、融合、创新，提出了满足 ISA - 95 标准的 MOM 软件平台——Opcenter，其主要由五大部分构成，分别是 APS（Advance Planning and Scheduling，高级计划与排程）、MES（Manufacturing Execution System，制造执行系统）、QMS（Quality Management System，质量管理系统）、EMI（Enterprise Manufacturing Intelligence，企业制造智能）和 RD&L（Research Development and Laboratory，研究开发和实验）。

制造运行管理平台中的高级计划与排程（APS）是生产执行管理中非常重要的一环。企业在生产过程中，时常遇到排产任务重、手工操作、物料或现场设备信息掌握不全、临时插单等原因导致的排产不合理、更新不及时等问题，进而导致生产任务混乱、订单无法按计划交付、设备利用率不高等一系列问题。APS 就是致力于解决上述这些问题，它以各类企业资源（订单、物料库存、工具等）和生产现场信息（设备可用率、设备保养/检修计划、人员配备、在制品种类和数量等）为输入，经过特定的优化算法，自动给出最新最优的排产计划，并可根据输入信息的变化，及时调整排产计划。

产品质量是企业的根本，做好质量管控，通过质量审查，是企业发展的重中之重。制造运行管理平台中的 QMS，使企业能够确保合规性，实现卓越品质，减少次品和返工成本，并通过增强流程稳定性实现卓越运作。QMS 中的集成式流程功能覆盖了常规质量管理的控制图、统计图等基本工具，设置质量检验关，以检测生产故障及避免不合格产品的后续加工和运输。

制造运行管理平台中的研究、开发和实验（RD&L）系统为消费品包装和加工企业提供了一个灵活的可扩展平台，它可以简化和优化所有已确定的产品数据管理并使其保持一致。这样他们就能够利用其研发潜力更快地开发新产品，并可以确保产品设计和流程始终都能满足质量和法规要求，顺利集成并确保研发和制造数据及流程的一致，可显著加快将最终产品从设计到制造的流转速度。典型的研发实验活动（如项目数据管理、配方开发、试验和实验管理以及生产流程设计）需要一套一流的集成式组件，其范围从电子笔记本到实验室管理，再到规格管理、供应商协同、产品试制，等等。

制造运行管理平台中的企业制造智能（EMI）是软件从许多数据源收集制造相关的数据，用以生成报告、分析和可视化，并且在企业信息层和工厂信息系统之间传递这些数据。EMI的主要目的是将大量的制造数据转化为真正有用的知识，从而驱动业务，将来自于不同公司的制造数据关联、整理和汇总到连贯、智能和情境化的信息当中，从而即时获取切实可行的生产决策，这些信息包括影响制造的工艺数据以及业务信息、运营数据和关键绩效指标（KPI）。

2. 制造运行管理平台的核心功能

制造运行管理平台包括四个有关生产管理的核心功能，即生产运行管理、维护运行管理、质量运行管理和库存运行管理，如图7-19所示。图7-19中粗虚线代表企业的业务计划区域与制造运行区域之间的边界，即给定了MOM的范围；椭圆和带箭头的实线段分别表示企业中与制造运行相关的基本功能及各功能之间交互的信息流；阴影区域则表示MOM内部所细分成的四类不同性质的主要区域。

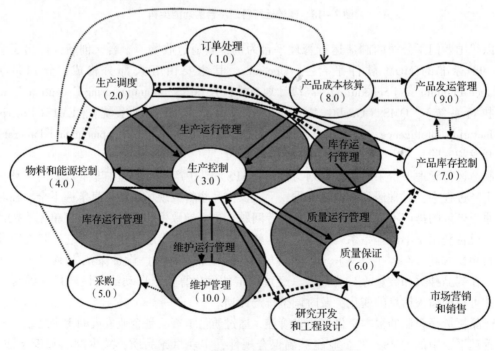

图7-19 制造运行管理平台的核心功能

MOM关注的范围主要是制造型企业的工厂，生产运行是整个工厂制造运行的核心，是实现产品价值增值的制造过程；维护运行为工厂的稳定运行提供设备可靠性保障，是生产过程得以正常运行的保证；质量运行为生产结果和物料特性提供可靠性保证；库存运行为生产运行提供产品和物料移动的路径保障，并为产品和物料的存储提供保证。由此可见，维护运行、质量运行和库存运行对制造型企业不可或缺。同时，生产运行、维护运行、质量运行和库存运行的具体业务过程又相互独立、彼此协同，共同服务于企业制造运行的全过程。因此，采用生产、维护、质量和库存并重的 MOM 系统设计框架，比使用片面强调生产执行的 MES 框架更符合制造型企业的运作方式和特点。

在制造运行管理平台的四个核心功能（生产运行、维护运行、质量运行和库存运行）之间的信息流可以用图 7 - 20 加以描述。图 7 - 20 中椭圆框表示 MOM 内部的主要活动，带箭头的实线段代表这些活动之间相互传递的各种信息流。通过这些主要活动及信息流的定义与描述，可以清晰地反映各个运行区域内部的基本运作过程，实现对各个运行过程成本、数量、安全和时间进度等关键参数的协调、管理和追踪。MOM 通用活动模型可作为统一的系统框架设计模板，对生产运行、维护运行、质量运行和库存运行进行系统模块化设计与描述，以实现运行管理的规范化。

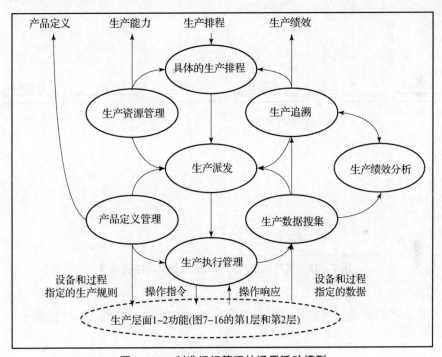

图 7 - 20　制造运行管理的通用活动模型

7.3.3　制造运行的关键绩效指标

关键绩效指标在企业的运营中发挥着重要作用，很多成功的制造企业都使用指标来管理其各项运营活动。制造运行的关键绩效指标能够有效刻画制造系统的运行效能，如生产周期、生产率和设备利用率等。

1. 生产周期

生产周期是从原材料投入生产开始，到产成品出产时为止的整个生产过程所需的日历时间（或工作日数），如图 7 - 21 所示。成批生产中的生产周期是按零件工序、零件加工过程和产品进行计算的，其中，零件工序生产周期是计算产品生产周期的基础。

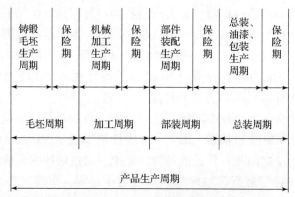

图7-21 产品生产周期的主要构成

产品的生产周期一般由产品进度计划网络图的关键路径长度来确定，如图7-22所示。

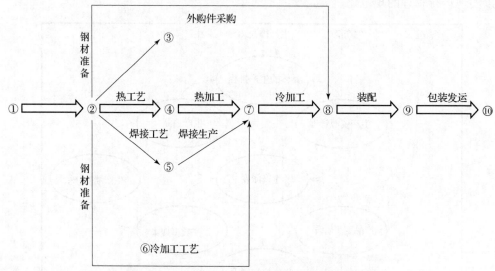

图7-22 某产品生产周期的进度计划网络图示意

（1）零件工序生产周期

零件工序生产周期是一批零件在各道工序上的制造时间，如式（7-1）所示。

$$T_{\mathrm{op}} = \frac{Q}{SF_{\mathrm{e}}K_{\mathrm{t}}} + T_{\mathrm{se}} \tag{7-1}$$

式中 T_{op}——批零件的工序生产周期；

F_{e}——有效工作时间总额；

K_{t}——工时定额完成系数；

S——同时完成该工序的工作地数；

Q——零件批量；

T_{se}——准备结束时间。

（2）零件加工过程的生产周期

在成批生产中，零件是成批加工的，因此，零件加工过程的生产周期在很大程度上取决于零件工序间的移动方式。通常先按顺序移动方式计算一批零件的生产周期，然后用一个平行系数加以修正。

（3）产品生产周期

在零件加工生产周期确定后，按此计算毛坯制造、产品装配及其他工艺阶段的生产周期。在此基础上根据装配图及工艺阶段生产周期的平衡衔接关系，编制出生产周期图表，确定产品的生产周期。

2. 生产率

生产率一般指单位设备（如一台机床或一条生产线）在单位时间（如一分钟/小时/天/周等）内出产的合格产品的数量。如果指每个工人在单位时间内生产的合格产品数量，则称为劳动生产率，它是衡量生产技术的先进性、生产组织的合理性和工人劳动的积极性的重要指标。生产率的确定与生产运作类型密切相关，如图7-23所示描述了5种典型的生产运作类型，可以思考下如何根据单件生产、成批生产和大量生产三种生产类型的运作周期来确定生产率。

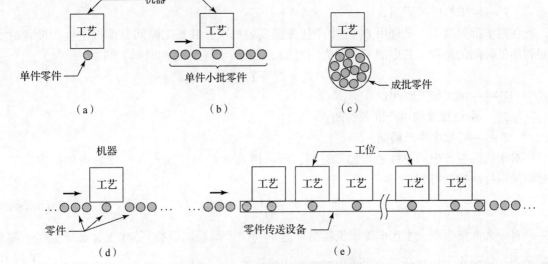

图7-23　几种典型的生产运作类型
（a）单件；（b）单件小批；（c）成批；（d）大量生产；（e）流水生产

在单件生产中，零件/产品生产数量（Q_b）很低（一般$1 \leqslant Q_b \leqslant 100$）。在最低生产数量即$Q_b = 1$时，每个工作单元的生产时间（$T_p$）为生产准备时间（$T_{Su}$）和生产周期（$T_c$）的总和：

$$T_p = T_{Su} + T_c \tag{7-2}$$

式中　T_p——工件平均生产时间；

　　　T_{Su}——工件的生产准备时间；

　　　T_c——工件的生产周期，工件在某工序的生产周期由式（7-1）得到。单位作业的生产率是生产时间的倒数，通常表示为每小时的生产速度：

$$R_p = \frac{60}{T_p} \tag{7-3}$$

式中　R_p——每小时生产速度；

　　　T_p——式（7-2）中的生产时间；

　　　60——常数，即将分钟转换为小时。

当生产数量大于1时，该生产率就相当于成批生产的生产率。

成批生产通常指工业企业（车间、工段、班组、工作地）在一定时期重复轮换制造多种零件/产品的一种生产类型。对于具体工作地，成批生产时在一个工作地按顺序一次完成同种零件加工，则称为顺序批处理，例如机械加工、钣金冲压和塑料注射成型等工序。然而，有些成批生产涉及批次中的所有工作工序一起处理，称为同步批处理，例如大多数热处理和电镀操作，在这些操作中，批次中的所有零件都是一次性处理的。

在顺序批处理中，处理一个由 Q_b 个生产任务组成的批次，其加工时间为该批次生产准备时间和加工时间的总和，其中加工时间为批生产数量乘以生产周期，即

$$T_b = T_{Su} + Q_b \times T_c \qquad (7-4)$$

式中　T_b——批次加工时间；

　　　T_{Su}——该批次的生产准备时间；

　　　Q_b——批生产数量；

　　　T_c——工件生产周期。

在同步批处理中，处理由 Q_b 个生产任务组成的批次，其加工时间是该批次生产准备时间和加工时间的总和，其中加工时间为同时加工该批中所有零件的时间，即：

$$T_b = T_{Su} + T_c \qquad (7-5)$$

式中　T_b——批次加工时间；

　　　T_{Su}——该批次的生产准备时间；

　　　T_c——每批次生产周期。

对于成批生产中的单件平均加工时间，可以用式（7-4）或式（7-5）中的批次加工时间除以批次数量得到：

$$T_p = \frac{T_b}{Q_b} \qquad (7-6)$$

对于大批量生产，生产率等于机器循环速率（生产周期的倒数）。对于大批量生产，其生产准备时间和工件的加工时间相比而言就比较小了，也就是说，当 Q_b 变得很大时，$\frac{T_{su}}{Q_b}$ 趋近于 0，并且：

$$R_p \rightarrow R_c = \frac{60}{T_c} \qquad (7-7)$$

式中，R_c——机器的生产率；

　　　T_c——生产周期。

对于流水线批量生产，生产速率近似于生产线的周期速率，同样可以忽略生产准备时间。但由于生产线上工作站的相互依赖，使得流水生产相对其他批量生产更复杂。比如，其中一个复杂的问题是，通常不可能将全部工作平等地分配到线上的所有工作站。因此，整条线的生产节奏就由运行时间最长的站点决定了，这个工作站就称为瓶颈站。整条线的生产周期还包括在每次操作结束时将零件从一个工位移动到下一个工位的时间。对于流水生产线而言，其生产周期时间就是最长的加工（或装配）时间加上工位之间转移工件的时间，即：

$$T_c = \text{Max} \, T_0 + T_r \qquad (7-8)$$

式中　T_c——生产线的循环周期；

　　　$\text{Max} \, T_0$——瓶颈工作站的生产时间；

　　　T_r——流水线上各个工位之间的物料传送时间。

理论上，流水线的生产率就是流水线生产周期的倒数，即：

$$R_c = \frac{60}{T_c} \tag{7-9}$$

式中　R_c——理想生产率，更确切地应该称为循环速率；

　　　T_c——生产周期。

前面关于生产周期和生产率的相关方程，忽略了生产过程中产生的缺陷零件和产品的问题，尽管完美的质量是制造业的理想目标，但现实是有些过程会产生缺陷。为此，关于生产率的计算，必须考虑实际生产过程的质量问题，并加以修正。

3. 设备利用率

设备利用率，也称为设备利用系数，是用于表征设备在数量、时间和生产能力等方面利用状况的指标。目前国际上通常采用设备综合效率（Overall Equipment Effectiveness，OEE）和完全有效生产率（Total Effective Equipment of Production，TEEP）两个指标来全面衡量设备使用情况。

（1）设备综合效率

设备综合效率（Overall Equipment Effectiveness，OEE），是指实际的生产能力相对于理论产能的比率，它是一个独立的测量工具。设备综合效率（OEE）是企业设备效能发挥情况的关键指标，也是企业开展设备使用情况分析的具体工具，对设备投入决策具有重要的参考作用。OEE 的计算公式为

$$设备综合效率(OEE) = 时间开动率 \times 性能开动率 \times 合格品率 \tag{7-10}$$

式中，时间开动率反映设备的时间利用情况；性能开动率反映设备的性能发挥情况；合格品率则反映设备的有效工作情况。

反过来，时间开动率度量设备的故障、调整等停机损失，性能开动率度量设备短暂停机、空转、速度降低等速度损失；合格品率度量设备加工废品的损失，如图 7-24 所示。设备综合效率（OEE）使各类设备损失定量化，并可用量化的数据来描述设备改善的效果。

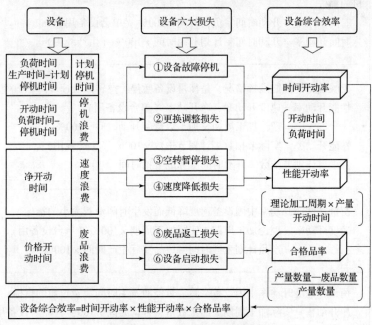

图 7-24　设备综合效率图

设备综合效率（OEE）既可运用于计算单台设备的设备综合效率，也可用于计算一条生产线或一个工作站的设备综合效率，甚至可计算整个工厂设备的设备综合效率，具体的计算公式如表7-6所示。

表7-6　设备综合效率指标计算公式表

名称	定义与计算公式
日历工作时间（生产时间）	从事生产活动的时间，一般指每天8 h的工作时间。如果有延点或未满8 h，则按实际时间计算
计划停机时间	在日历工作时间内有计划地安排设备停机时间。如日常管理上必要的早晚会、休息时间、设备维护保养时间、产品试制时间等
非计划停机时间	在日历工作时间内，设备因故障、换模和调整、待料等造成的停机时间
负荷时间（计划利用时间）	为了完成生产任务设备所需的开动时间 负荷时间 = 日历工作时间 - 计划停机时间（单台设备用） 计划利用时间 = 日历工作时间 - 计划停机时间（生产线用）
开动时间	设备实际开动的时间 开动时间 = 负荷时间 - 非计划停机时间 = 日历工作时间 - 所有停机时间（单台设备用） 开动时间 = 计划利用时间 - 非计划停机时间（生产线用）
时间开动率	反映设备的时间利用情况，是衡量因设备故障、更换模具和调整设备而造成设备停机的损失 时间开动率 = 开动时间 ÷ 负荷时间 × 100%（单台设备用） 时间开动率 = 开动时间 ÷ 计划利用时间 × 100%（生产线用）
性能开动率	反映设备的性能发挥情况，是衡量设备暂停、空转以及速度降低等性能损失 性能开动率 = 速度开动率 × 净开动率（单台设备用） 　　　　　 = 理论加工周期 × 加工数量 ÷ 开动时间 × 100% 性能开动率 = 实际节拍数 ÷ 计划节拍数 × 100%（生产线用） 其中，计划节拍数 = 开动时间 ÷ 标准节拍时间
速度开动率	衡量在性能开动率中因设备速度降低而发生时间浪费大小的指标 速度开动率 = 理论加工周期 ÷ 实际加工周期 × 100%（单台设备用） 　　　　　 = 产品计划生产时间 ÷ 产品实际生产时间 × 100%
净开动率	衡量在性能开动率中因设备空转、暂停而发生时间浪费长短的指标 净开动率 = 实际加工周期 × 加工数量 ÷ 开动时间 × 100%（单台设备用）

续表

名称	定义与计算公式
合格品率	反映设备的有效工作情况，衡量设备加工废品造成的损失。 合格品率 =（加工数量 – 废品数量）÷ 加工数量 ×100%（单台设备用） 合格品率 = 合格品数量 ÷ 加工数量 ×100% （生产线用）
设备综合效率	OEE = 时间开动率 × 性能开动率 × 合格品率

计算设备综合效率值的目的，是分析设备的损失，寻找造成设备停机损失的主要原因，以进行设备改善，提高设备的效能。根据设备综合效率数据统计分析，造成现场设备和生产率降低的主要原因有六个方面：设备故障损失、更换模具与调整损失、设备空运转与暂停损失、设备速度降低损失、次品废品返工损失、设备启动损失。只要改善设备的六大损失，就可以大幅度提高设备的使用效率。

【例 7 – 2】某台设备一天运行数据统计为：日历工作时间 8 h，早会 20 min，休息 10 min，设备故障停机 30 min，设备换模、调整 40 min，加工数量 430 件，废品 5 件，理论加工周期 0.64 min/件，实际加工周期 0.8 min/件，要求计算此设备的时间开动率、性能开动率、合格品率、设备综合效率，并说明这台设备的效能状况。

解：

$$负荷时间 = 日历工作时间 – 计划停机时间 = 8 \times 60 – 20 – 10 = 450(min)$$
$$开动时间 = 负荷时间 – 非计划停机时间 = 450 – 30 – 40 = 380(min)$$
$$时间开动率 = 开动时间 ÷ 负荷时间 \times 100\% = 380 ÷ 450 \times 100\% = 84.4\%$$
$$速度开动率 = 理论加工周期 ÷ 实际加工周期 \times 100\% = 0.64 ÷ 0.8 \times 100\% = 80\%$$
$$净开动率 = 实际加工周期 \times 加工数量 ÷ 开动时间 \times 100\%$$
$$= 0.8 \times 430 ÷ 380 \times 100\% = 90.1\%$$
$$性能开动率 = 速度开动率 \times 净开动率 = 80\% \times 90.1\% = 72.4\%$$
$$合格品率 =（加工数量 – 废品数量）÷ 加工数量 \times 100\%$$
$$=（430 – 5）÷ 430 \times 100\% = 98.8\%$$
$$设备综合效率(OEE) = 时间开动率 \times 性能开动率 \times 合格品率$$
$$= 84.4\% \times 72.4\% \times 98.8\% = 60.4\%$$

按照国际统一的标准，一个世界级的制造企业，其设备综合效率（OEE）指标大于 85%，时间开动率大于 90%，性能开动率大于 95%，合格品率大于 99%，完全有效生产率（TEEP）指标大于 75%。因此，在本例中的设备综合效率 ≥85%，说明设备利用水平较高；该设备的综合效率（OEE）= 60.4%，小于 85%，说明该设备综合效能比较低，而设备的性能开动率是最低的，只有 72.4%，需进一步分析造成设备损失的原因，并进行设备改善和管理改善。

（2）完全有效生产率。

完全有效生产率（Total Effective Equipment of Production，TEEP），也称产能利用率，是将所有与设备有关和无关的因素都考虑在内来全面反映企业设备的生产效率。其计算公式为

$$完全有效生产率(TEEP) = 设备利用率 \times 设备综合效率(OEE) \qquad (7 – 11)$$

式中，设备利用率 =（日历工作时间 – 计划停机时间 – 非设备因素停机时间）÷ 日历工作时间 ×100% = 负荷时间 ÷ 日历工作时间 ×100%

在实际工作中，会遇到非设备本身因素引起的停机，如无订单、停水、停电和停气等因素，即设备外部因素停机损失。如果运用设备综合效率来计算与分析，就不能全面体现设备的效率，通过完全有效生产率把非设备因素所引起的停机损失分离出来，作为利用率的损失来度量，是对设备综合效率的补充和完善。

完全有效生产率（TEEP）与设备综合效率（OEE）之间的关系如图 7 – 25 所示。完全有效生产率能把因为设备本身保养不善的损失和系统管理不善、设备产能不平衡、企业经营不善导致的损失全面地反映出来，即能全部反映设备因素造成的停机损失和非设备因素造成的停机损失（八大损失）。而设备综合效率则主要反映了设备本身系统维护、保养和作业效率状况，即仅反映设备因素造成的停机损失（六大损失）。

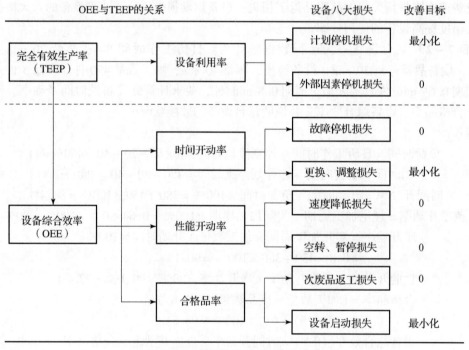

图 7 – 25　TEEP 和 OEE 的关系图

由式（7 – 10），设备综合效率 OEE 的计算公式可进一步演化为

设备综合效率 OEE = 时间开动率 × 性能开动率 × 合格品率
=（理论加工周期 × 合格品数量）/ 负荷时间

因此，可以看出设备综合效率 OEE 反映了合格品生产时间占计划利用时间（负荷时间）的比例。

由式（7 – 11），完全有效生产率 TEEP 的计算公式进一步演化为

完全有效生产率 TEEP
= 设备利用率 × 设备综合效率
=（负荷时间 / 日历工作时间）×（理论加工周期 × 合格品数量 / 负荷时间）
=（理论加工周期 × 合格品数量）/ 日历工作时间

因此，可以看出完全有效生产率 TEEP 反映了合格品的生产时间占日历时间的比例。

【例 7 - 3】 某设备一天的工作时间为 8 h，班会 20 min，故障停机 20 min，更换产品设备调整 10 min，产品理论加工周期为 0.5 min/件，实际加工周期为 0.8 min/件，一天共加工 400 件，有 8 件废品，求这台设备的 OEE 和 TEEP。

解：

$$负荷时间 = 日历工作时间 - 计划停机时间 = 8 \times 60 - 20 = 460 \,(min)$$

$$开动时间 = 负荷时间 - 非计划停机时间 = 460 - 20 - 10 = 410 \,(min)$$

$$时间开动率 = 开动时间 \div 负荷时间 \times 100\% = 410 \div 460 \times 100\% = 89.1\%$$

$$性能开动率 = 速度开动率 \times 净开动率 = 加工数量 \times 理论加工周期 \div 开动时间 \times 100\%$$

$$= 400 \times 0.5 \div 410 \times 100\% = 48.8\%$$

$$合格品率 = (加工数量 - 废品数) \div 加工数量 \times 100\% = (400 - 8) \div 400 \times 100\% = 98\%$$

$$OEE = 时间开动率 \times 性能开动率 \times 合格品率 = 89.1\% \times 48.8\% \times 98\% = 42.6\%$$

$$设备利用率 = 负荷时间 \div 日历工作时间 \times 100\% = 460 \div 480 \times 100\% = 95.8\%$$

$$TEEP = 设备利用率 \times OEE = 95.8\% \times 42.6\% = 40.8\%$$

7.4　车间作业计划与调度

生产计划，是指导企业计划期内生产活动的纲领性方案，是对企业生产系统总体任务的具体规划与安排。根据生产计划在企业生产活动中的指导性作用，从生产计划的广义视角看，生产计划既有对总体生产任务、生产目标的宏观规划，也有在生产作业计划中对具体生产线、生产车间、班组生产活动的详细安排，同时也涉及对生产任务要使用的具体机器设备、人力和其他生产资源进行合理配置。但从狭义的生产计划角度看，其重点关注的是企业在计划期所涉及的产品品种、质量、产量、产值和出产期等关键生产指标、生产进度及相应的任务布置。从生产计划体系框架来看，生产作业计划是企业操作层的计划，即生产车间作业任务的执行性计划，规定了各车间、工段、班组以及每个工人在具体工作时间，如月、旬、周、日，以致轮班和小时内的具体生产任务，从而保证按品种、质量、数量、期限和成本完成企业的生产任务。

生产作业计划是指基于物料需求计划确定各车间的零部件投入产出计划，将产品出产计划分解为各车间的具体生产任务，并以此详细规定在每个具体时期（如月、旬、周、天、小时等），各车间、工段、班组以及每个工作地和工人的具体生产任务。对于最终产品的装配，生产作业计划则是在产品产出计划的基础上，详细规定在每个具体时期（如月、旬、周、天、小时等），总装车间各工段、班组以及每个工作地和工人的具体生产任务。

在企业的实际生产中，生产作业计划常用的两种具体表现形式：派工单/随车单、工作令。以汽车/拖拉机变速箱装配为例，生产作业计划是以"派工单"的方式体现的，如图 7 - 26 所示。在该装配派工单中，详细规定了装配工位"前后变速箱对接"装配的具体零部件，包括六角头螺栓 10 个、滚针轴承 1 个、调整垫片 1 个，以及齿轮 1 个；还规定了装配过程中的具体设备及工艺装备，以及用到的辅助材料等信息；同时，还具体给出了装配的具体工步、关键工步的控制特性等。

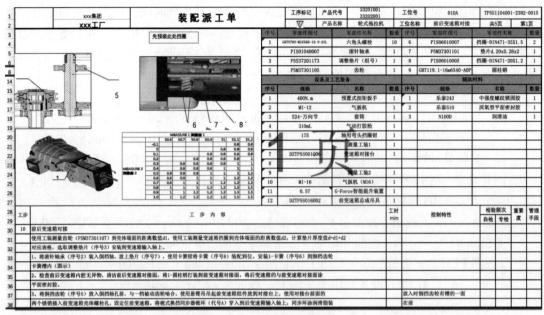

图7-26　变速箱装配的派工单

以电子元器件的生产为例，工作令是电子元器件企业生产过程执行时的重要依据，它既是车间生产计划的体现，也是制造过程信息记录的载体，如图7-27所示。

令号		镀膜令号		镀膜材料		初阻			
终阻		精度		数量		开令人			
温度系数范围/均值				工序变化范围/均值					
记事									
刻槽（关键）	投入数		NO	时间	X_1	X_2	X_3	X_4	X_5	均值	极差
			1								
	产出数		2								
			3								
	设备号		4								
			5								
	砂轮片型号		6								
	槽宽		7								
	操作人		8								
	日期		$\overline{?}=$				$\overline{?}=$				
刻槽后处理	投入数	清晰时间	一遍		一遍		一遍		一遍		
	产出数	操作人					日期				

图7-27　某高稳定金属膜固定电阻器工作令

7.4.1　生产作业调度的影响因素

影响生产作业调度的主要因素包括生产任务的到达方式、车间中的设备种类和数量、车间中的人员数量、生产任务在车间的流动模式、作业计划的评价标准等。

1. 生产任务的到达方式

在实际生产过程中，尤其是在单件小批生产条件下，反映生产任务的订单的到达方式有两种：一种是成批到达（称为静态到达）；另一种是在一段时间段内按某种统计分布规律到达（称为动态到达）。静态到达并不意味着用户们同时提出订单，只是计划人员将一段时间内的订单汇总，一起安排生产作业计划。而在动态到达情况下，生产任务随到随安排，这就要求对生产作业计划不断进行修改，以反映这些追加的生产任务。

2. 车间中的设备种类和数量

设备数量的多少明显地影响作业调度的过程。如果只有一台设备，作业调度问题将非常简单。而当设备数量及种类增多时，各种生产任务由多台设备的加工才能完成，则问题将变得较为复杂，很可能找不到有效的调度方法。

3. 车间中的人员数量

在进行生产任务的调度时，不仅是将生产任务分配给设备，同时也是分配给相应设备的操作人员。对于特定的生产操作人员数量少于设备数量的情况下，尤其是针对服务系统，生产操作人员成为调度时必须考虑的关键资源。

4. 生产任务在车间的流动模式

在单件小批生产条件下，生产任务在车间内的流动路线是多种多样的。如果所有流动路线相同，则称为流水车间或定流车间。与流水车间相对应的另一个极端是流动路线均不一样的情形，工件是按照某种概率分布从一台设备流向满足加工需要的设备中的某一台设备，称为单件车间或随机路线车间，这类排队服务系统在医院中是常见的。在现实生产中，更多的是介于两者之间的混合式加工车间。

5. 作业计划的评价标准

作业计划的评价标准包括达到企业整体目标的程度，如总利润最大、生产费用最小；设备利用的程度，如设备利用率最大；以及任务完成的程度等标准。对于任务完成的程度，可以用总流程时间最短（$F_{\min}$）、平均流程时间最短（$\bar{F}$）、最大延迟（$L_{\max}$）或最大误期（$T_{\max}$）最短、平均延迟（$\bar{L}$）或平均误期（$\bar{T}$）最短、总调整时间最小等指标进行衡量。

1）总流程时间：指一批工件从进入某一车间或工艺阶段开始，到这一批工件加工完，全部退出该车间或工艺阶段为止的全部完工时间。如果这批工件完全相同，则总流程时间与这批工件的生产周期或加工周期相同；如果不同，则总流程时间与这批工件实际生产周期或加工周期（等待时间与加工时间之和）中最大的相同。

2）平均流程时间：一批工件实际生产周期或加工周期的平均值。

3）延迟：指工件的实际完成时间与预定的交货期之间的差额，一般指比预定交货期晚。比预定交货期早的为提前。

4）平均延迟或平均误期：指延迟或误期的平均值。

5）总调整时间：在加工一批不同工件时，每加工一个工件，设备需要调整一次，总调整时间为该批工件的调整时间之和。

7.4.2　生产作业调度规则

作业调度问题有不同的分类方法。在制造业领域和服务业领域中，有两种基本形式的作业调度：一种是劳动力作业调度，主要是确定人员何时工作；另一种是生产作业调度，主要是将不同工件安排到不同设备上，或安排不同的人做不同的工作。

在制造业中，由于加工工件或产品的产出是生产活动的主要焦点，因此生产作业调度优先于劳动力作业调度。生产作业调度的绩效度量标准主要包括按时交货率、库存水平、制造周期、成本和质量等，且直接与调度方法有关。除非企业雇用了大量的非全时人员或是企业一周七天都要运营，否则生产作业调度总是优先于劳动力作业调度。

在服务业中，由于服务的及时性是影响公司竞争力的主要因素，而劳动力是提供服务的核心要素，因此劳动力作业调度优先于生产作业调度。劳动力作业调度的主要绩效度量标准包括顾客等待时间、排队长度、设备（或人员）利用情况、成本和服务质量等，其都与服务的及时性有关。具体生产作业调度的分类如图 7-28 所示。

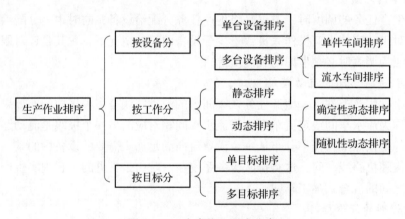

图 7-28　生产作业调度分类

在制造业的生产作业调度中，还可进一步按机器、工件和目标的特征分类。按照机器的种类和数量不同，可以分为单台机器的调度问题和多台机器的调度问题。对于多台机器的调度问题，按工件加工的路线特征，可以分成单件车间（Job-Shop）调度问题和流水车间（Flow-Shop）调度问题。工件的加工路线不同，是单件车间调度问题的基本特征；而所有工件的加工路线完全相同，则是流水车间调度问题的基本特征。

按工件到达车间的情况不同，可以分成静态调度问题和动态调度问题。当进行调度时，所有工件都已到达，可以依次对其进行调度，这是静态调度问题；若工件是陆续到达，则要随时安排它们的加工顺序，这是动态调度问题。

按目标函数的性质不同，也可划分不同的调度问题。例如，同是单台设备的调度，目标是使平均流程时间最短和使误期完工的工件数最少，实质上是两种不同的调度问题。按目标函数的情况，还可以划分为单目标调度问题和多目标调度问题。

由此可见，由机器、工件和目标函数的不同特征以及其他因素上的差别，构成了多种多样的调度问题及相应的调度方法。

考虑 M 个任务 $J_i (i = 1, 2, \cdots, M)$，在 N 台设备 $M_k (k = 1, 2, \cdots, N)$ 上的作业调度问题。作业调度问题的一般假设如下：一台设备不得同时加工两个或两个以上的任务；一个任务不能同时在几台设备上加工；每个任务必须按照工艺顺序进行加工。

进行调度时，所需的有关生产信息为：任务 J_i 在第 j 个工序 $O_{ij} (j = 1, 2, \cdots, N, i = 1, 2, \cdots, M)$ 于相应的设备 $M_{ij} (i, j = 1, 2, \cdots, N)$ 上所需要的加工时间为 t_{ij}，任务 J_i 的可能开始时刻为 r_i，应完工的交货期为 d_i。

因此，在处理 O_{ij} 时，如果该设备 M_{ij} 不空闲，则产生了在实际加工开始之前的等待时间 W_{ij}，则任务 J_i 的完工时间如式（7 - 12）所示。

$$C_i = r_i + W_{i1} + t_{i1} + W_{i2} + t_{i2} + \cdots + W_{iN_i} + t_{iN_i} = r_i + t_i + W_i \tag{7 - 12}$$

式中　$t_i = \sum_{j=1}^{N_i} t_{ij}$，$W_i = \sum_{j=1}^{N_i} W_{ij}$

任务 J_i 的流程时间为

$$F_i = C_i - r_i = T_i + t_i \tag{7 - 13}$$

任务 J_i 的延迟为

$$L_i = C_i - d_i = F_i + r_i - d_i \tag{7 - 14}$$

任务 J_i 的延期为

$$T_i = \max\{0, L_i\} \tag{7 - 15}$$

对于式（7 - 12）与式（7 - 14），关于 i 取 M 个之和并除以 M，则有

$$\bar{C} = \bar{r} + \bar{t} + \bar{W} \tag{7 - 16}$$

$$\bar{L} = \bar{C} - \bar{d} = \bar{F} + \bar{r} - \bar{d} \tag{7 - 17}$$

在进行生产作业调度时，需用到优先调度规则。基于规则的生产作业调度是最为简单和直接的调度方法，在实际生产中发挥了重要作用。但规则的产生依赖于生产者的实际工作经验，要在大量的生产实践中不断加以总结，并通过实际检验。迄今为止，人们已经提出了上百个优先调度规则，以下给出十种比较常用的优先调度规则：

1）FCFS（First Come First Served，先到先服务）：优先选择最先到达的任务工件进行加工，即按任务下达的先后顺序进行加工，体现了待加工各个任务工件的"公平性"。

2）SPT（Shortest Processing Time，最短作业时间）：优先选择所需加工时间最短的任务工件进行加工，适用于追求在制品占用量最少或者平均流程时间最短的目标。

3）EDD（Earliest Due Date，最早交货期）规则：优先选择完工期限紧的任务工件进行加工，适用于保证所有任务工件的交货期，即工件最大延迟时间最短。

4）STR（Slack Time Remaining，剩余松弛时间）规则：优先选择剩余松弛时间最短的任务工件进行加工。STR 是交货期前所剩余时间减去剩余的加工时间所得的差值。

$$ST = DD - CD - \sum L_i \tag{7 - 18}$$

式中　ST——松弛时间；

　　　DD——交货期；

　　　CD——当前日期；

　　　L_i——剩余工序的加工周期，不包含等待时间。

5）SCR（Smallest Critical Ratio，最小临界比/关键比）规则：优先选择临界比最小的任

务工件进行加工。临界比/关键比是指工件允许停留时间与工件余下加工时间之比。

$$CR = (DD - CD) / \sum L_i \qquad\qquad (7-19)$$

式中　CR——关键比。

6）MWKR（Most Work Remaining，剩余加工时间最长）规则：优先选择余下加工时间最长的任务工件进行加工，适用于保证工件完工时间尽量接近的目标。

7）LWKR（Least Work Remaining，剩余加工时间最短）规则：优先选择余下加工时间最短的任务工件进行加工，适用于工作量小的工件尽快完工。

8）MOPNR（Most Operations Remaining，余下工序最多）规则：优先选择余下工序最多的任务工件进行加工。

9）QR（Queuing Ratio，排队比率）规则：优先选择排队比率最小的任务工件先执行，排队比率是用计划中剩余的松弛时间除以计划中剩余的排队时间。

10）LCFS（Last Coming First Served，后到先服务）规则：最后到达的工件优先安排，该规则经常作为默认规则使用。因为后来的工单放在先来的上面，故操作员通常是先加工上面的工单。

上述优先调度规则各有特色，有时运用一个优先规则还不能唯一确定下一个应选择的工件，这时可使用多个优先规则的组合进行任务调度，如可以结合 SPT + MWKR + 随机选择的方式进行作业调度，即先选用 SPT 规则选择下一待加工的任务，若同时有多个任务被选中，则采用 MWRK 规则再次选择，若仍有多个任务被选中，则采用随机选择的方式从剩余的任务工件中选择一个作为下一个待加工的任务。

按照这样的优先调度方法，可赋予不同工件不同的优先权，可以使生成的调度方案按预定目标优化。但实际生产环境下的调度，不能仅依靠上述优先调度规则进行调度，要将实际生产中大量的生产任务工件在众多的工作地（设备）上的加工顺序决定下来是一件非常复杂的工作，需要有大量数据和丰富的生产作业经验，这也是调度问题复杂性的具体表现。

对于每一个待调度的工件，生产计划人员都需要准确获知工件加工的具体要求和当前设备状况等生产工况实时数据。加工要求数据包括了预定的完工日期、工艺路线、作业交换的标准工时、加工时间等。生产工况数据包括工件的现在位置（在某台设备前调度等待或正在被加工）、现在完成了多少工序（如果已开始加工）、在每一工序的实际到达时间和完工时间、实际加工时间和作业交换时间、各工序所产生的废品量等相关信息。运用优先规则进行生产作业调度，在很大程度上依赖这些数据来为每个工作地决定工件的加工顺序，并估计工件按照其加工路线到达下一个工作地的时间等计划信息。

7.4.3　单设备调度问题

单设备调度问题是最简单的生产作业调度问题，但对于多品种小批量生产中关键设备的任务安排具有重要意义，能够有效缩短工件等待时间、减少在制品占用量、提高设备利用率、满足不同用户的个性化需求。在单设备调度问题中，有以下三个定理较常应用于实际生产当中。

定理 1：对于单设备调度问题，SPT 规则使平均加工时间最小。

设 t_1，t_2，…，t_n 为 n 个工件的加工时间（包括必要的准备时间），引用符号 < > 表示

在顺序中的位置，如 $t_{<1>}$，表示在顺序中的第一个位置的作业的加工时间，将工件按加工时间非减顺序排列为

$$t_{<1>} \leqslant t_{<2>} \leqslant \cdots \leqslant t_{<n>},$$

$$\bar{F} = \frac{\sum_{k=1}^{n} F_{<k>}}{n} = \frac{\sum_{k=1}^{n} \sum_{i=1}^{k} t_{<i>}}{n} = \frac{\sum_{i=1}^{n} (n-i+1) t_{<i>}}{n} \qquad (7-20)$$

$$F_{<k>} = \sum_{i=1}^{k} t_{<i>} \qquad (7-21)$$

注意：式中 $(n-i+1)$ 是一个递减序列，而 $t_{<i>}$ 是一个非递减序列，用代数方法可以证明，$\bar{F}$ 取最小值。

该定理的最优性证明还可以用另一种很有用的方法加以证明，即相邻对交换（Adjacent Pairwise Interchange）法。

设顺序 S 不是 STP 顺序，则在 S 中必存在一对相邻的工件 J_i 和 J_j，J_j 在 J_i 之后而有 $t_i > t_j$。现将 J_i 和 J_j 相互交换，其余保留不动而得一新的顺序 S'，如图 7-29 所示。

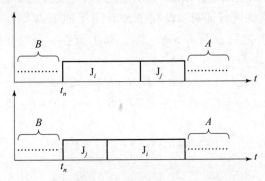

图 7-29　用相邻工件对换法证明 SPT 规则图

图 7-29 中 B 表示在 J_i、J_j 之前的工件集，而 A 表示在 J_i、J_j 之后的工件集。显然，对两个顺序 S 和 S' 来说，A 和 B 是完全相同的。现在比较两个顺序的平均停留时间 $\bar{F}$。因为 n 相同，故只要比较 $\sum_{k=1}^{n} F_{<k>}$ 即可。

先看顺序 S 的情况：

$$\sum_{k=1}^{n} F_{<k>}(S) = \sum_{k \in B} F_{<k>}(S) + F_j(S) + \sum_{k \in A} F_{<k>}(S)$$
$$= \sum_{k \in B} F_{<k>}(S) + (t_B + t_i) + (t_B + t_i + t_j) + \sum_{k \in A} F_{<k>}(S) \qquad (7-22)$$

再试试顺序 S'：

$$\sum_{k=1}^{n} F_{<k>}(S') = \sum_{k \in B} F_{<k>}(S) + (t_B + t_j) + (t_B + t_j + t_i) + \sum_{k \in A} F_{<k>}(S') \qquad (7-23)$$

其中

$$\sum_{k \in B} F_{<k>}(S) = \sum_{k \in B} F_{<k>}(S'), \quad \sum_{k \in A} F_{<k>}(S) = \sum_{k \in A} F_{<k>}(S') \qquad (7-24)$$

$$t_i > t_j \qquad (7-25)$$

$$\sum_{k=1}^{n} F_{<k>}(S) > \sum_{k=1}^{n} F_{<k>}(S'), \bar{F}(S) > \bar{F}(S') \tag{7-26}$$

由此可见，对于不符合 STP 准则的顺序，只要通过相邻工件的对换，就能使 $\bar{F}$ 减小。因此，顺序的平均通过时间 $\bar{F}$ 为最小。

在很多情况下，所有工件并不是同样重要的。设每个工件有一个表示重要性的权值 W_j（W_j 越大工件越重要），希望确定 n 个工件的顺序是平均加权停留时间最小（WSPT 规则）。

由

$$\bar{F}_W = \frac{\sum_{i=1}^{n} W_j F_i}{n} \tag{7-27}$$

则只要按以下顺序进行排列即可：

$$\frac{t_{<1>}}{W_{<1>}} \leqslant \frac{t_{<2>}}{W_{<2>}} \leqslant \cdots \leqslant \frac{t_{<n>}}{W_{<n>}} \tag{7-28}$$

定理 2：对于单设备调度问题，EDD 规则使最大延迟或最大误期最短。

再一次用相邻对交换法进行证明。设顺序 S 不符合 EDD 规则，则在 S 中一定存在一对相邻的工件 J_i、J_j，J_j 在 J_i 之后，但 $d_i > d_j$。将 J_i 和 J_j 互换，其余保留不动，得到一个新顺序，则

$$L_i(S) = t_B + t_i - d_i, L_i(S') = t_B + t_j - d_j \tag{7-29}$$
$$L_j(S) = t_B + t_i + t_j - d_j, L_i(S') = t_B + t_j + t_i - d_i \tag{7-30}$$

根据已知条件

$$L_i(S) > L_i(S') \text{和} L_j(S) > L_j(S')$$

因此

$$L_j(S) > \max\{L_i(S'), L_i(S')\}$$

令 $L = \max\{L_k \mid K \in A \text{ 或 } K \in B\}$，由于 L 在 S 和 S' 中相同，于是

$$L_{\max}(S) = \max\{L, L_i(S), L_j(S)\} \geqslant \max\{L, L_i(S'), L_j(S')\} = L_{\max}(S') \tag{7-31}$$

也就是说，将工件 J_i 和 J_j 互相交换不会增加 $L_{\max}$ 值，实际却使 $L_{\max}$ 减小，由此可得，EDD 规则将使最大交货期时差最小。

类似地，可证明定理的后半部分

$$T_{\max}(S) = \max\{0, L_{\max}(S)\} \tag{7-32}$$
$$T_{\max}(S') = \max\{0, L_{\max}(S')\} \tag{7-33}$$
$$T_{\max}(S) \geqslant T_{\max}(S') \tag{7-34}$$

定理 2 得证。

定理 3：如果对于某单设备调度问题，存在使最大误期为 0 的工件调度方案，则在交货期比考虑中工件作业时间之和大的工件中，将作业时间最大的工件安排在最后位置，如此反复进行，可得到使平均流程时间最小的最优工件调度。

对 $d_H \geqslant \sum_{i \in l} t_i$ 和 $d_j \geqslant \sum_{i \in l} t_i$ 的所有工件 J，当 $t_H \geqslant t_j$ 时，H 排在 J 后。

操作步骤：找出所有交货期大于所有作业时间之和的作业，比较这些作业，将作业时间大的排在最后，之后去掉排在最后的作业，再重复步骤1。

以下通过举例说明上述定理。

【例 7 – 4】

如表 7 – 7 所示，共计 5 个工件，其作业时间和交货期如表 7 – 7 所示。

表 7 – 7　5 个工件的作业时间和交货期

工件号	J_1	J_2	J_3	J_4	J_5
作业时间/天	3	7	1	5	4
交货期/天	23	20	8	6	14

（1）运用 SPT 规则，对 $J_1 \sim J_5$ 工件进行单设备调度，求平均流程时间、最大误期。

（2）运用 EDD 规则，对 $J_1 \sim J_5$ 工件进行单设备调度，求平均流程时间、最大误期。

（3）运用定理 3，对 $J_1 \sim J_5$ 工件进行单设备调度，求平均流程时间、最大误期。

解：

对于问题 1，运用单设备调度定理 1，得到调度结果，如表 7 – 8 所示。

表 7 – 8　应用单设备调度定理 1 后的结果

工件调度	J_3	J_1	J_5	J_4	J_2
作业时间	1	3	4	5	7
交货期	8	23	14	6	20
开始时间	0	1	4	8	13
结束时间	1	4	8	13	20
延迟 L	−7	−19	−10	7	0
误期 T	0	0	0	7	0

由表 7 – 6 可以看出，最大误期为 7，平均流程时间为

$$\bar{F} = \frac{1 + 4 + 8 + 13 + 20}{5} = \frac{46}{5} = 9.2$$

对于问题 2，运用单设备调度定理 2，得到调度结果，如表 7 – 9 所示。

表 7 – 9　应用单设备调度定理 2 后的结果

工件调度	J_4	J_3	J_5	J_2	J_1
作业时间	5	1	4	7	3
交货期	6	8	14	20	23
开始时间	0	5	6	10	17
结束时间	5	6	10	17	20
延迟 L	−1	−2	−4	−3	−3
误期 T	0	0	0	0	0

由表 7 - 9 可以看出，最大误期为 0，平均流程时间为

$$\bar{F} = (5 + 6 + 10 + 17 + 20)/5 = 11.6$$

对于问题 3，运用单设备调度定理 3，得到调度结果，如表 7 - 10 所示。

表 7 - 10 应用单设备调度定理 3 后的结果

工件排序	J_3	J_4	J_1	J_5	J_2
作业时间	1	5	3	4	7
交货期	8	6	23	14	20
开始时间	0	1	6	9	13
结束时间	1	6	9	13	20
延迟 L	-7	0	-14	-1	0
误期 T	0	0	0	0	0

由表 7 - 8 可以看出，最大误期为 0，平均流程时间为

$$\bar{F} = (1 + 6 + 9 + 13 + 20)/5 = 49/5 = 9.8$$

通过比较上述三个问题，可以看出根据定理 3 调度所得结果既保证了最大误期为 0，同时还保证了平均流程时间比只用 EDD 规则要短。

7.4.4 多设备调度问题

1. 流水作业调度

流水作业调度问题，又称为 Flow - shop 调度问题（Flow - shop Scheduling Problem，FSP），是许多实际流水线生产调度问题的简化模型，在制造业具有广泛应用。流水作业调度问题的基本特征是每个工件的加工路线都一致，这是一种特殊的调度问题，称为排列调度问题，或"同顺序"调度问题。

（1）最长流程时间 F_{max} 的计算

这里所讨论的是 $n/m/P/F_{max}$ 问题，其中 n 为工件数，m 为机器数，P 表示流水线作业排列调度问题，F_{max} 为目标函数。目标函数是使最长流程时间最短。最长流程时间又称作加工周期，它是从第一个工件在第一台机器开始加工时算起，到最后一个工件在最后一台机器上完成加工时为止所经过的时间。由于假设所有工件的到达时间都为零（$r_i = 0, i = 1, 2, \cdots, n$），所以 F_{max} 等于排在末位加工的工件在车间的停留时间，也等于一批工件的最长完工时间 C_{max}。

设 n 个工件的加工顺序为 $S = (S_1, S_2, S_3, \cdots, S_n)$，其中 S_i 为第 i 位加工的工件的代号。以 C_{kS_i} 表示工件 S_i 在机器 M_k 上的完工时间，$P_{S_i^k}$ 表示工件 S_i 在 M_k 上的加工时间，$k = 1, 2, \cdots, m$；$i = 1, 2, \cdots, n$，则 C_{kS_i} 可按以下公式计算：

$$C_{1S_i} = C_{1S_{i-1}} + P_{S_i^1} \tag{7 - 35}$$

$$C_{kS_i} = \max\left\{ C_{(k-1)S_i}, C_{kS_{i-1}^k} \right\} + P_{S_i^k} \tag{7 - 36}$$

式中 $k = 2, 3, \cdots, m$；

$$i = 1, 2, \cdots, n_{\circ}$$

当 $r_i = 0$，$i = 1, 2, \cdots, n$ 时，有

$$F_{\max} = C_{m_{S_n}} \tag{7-37}$$

在熟悉以上计算公式之后，可直接在加工时间矩阵上从左向右计算完工时间。

【例 7 – 5】

有一个 $6/4/P/F_{\max}$ 问题，其加工时间如表 7 – 11 所示。当按顺序 $S = (6, 1, 5, 2, 4, 3)$ 加工时，求 $F_{\max}$。

表 7 – 11　加工时间矩阵

i	1	2	3	4	5	6
P_{i1}	4	2	3	1	4	2
P_{i2}	4	5	6	7	4	5
P_{i3}	5	8	7	5	5	5
P_{i4}	4	2	4	3	3	1

解：

按顺序 $S = (6, 1, 5, 2, 4, 3)$ 列出加工时间矩阵，如表 7 – 12 所示。按式（7 – 35）递推，将每个工件的完工时间标在其加工时间的右上角。对于第一行第一列，只需把加工时间的数值作为完工时间标在加工时间的右上角。对于第一行的其他元素，只需从左到右依次将前一列右上角的数字加上计算列的加工时间，将结果填在计算列加工时间的右上角。对于从第 2 行到第 m 行，第一列的算法相同，只要把上一行右上角的数字和本行的加工时间相加，将结果填在加工时间的右上角；从第 2 列到第 n 列，则要从本行前一列右上角和本列上一行的右上角数字中取大者，再与本列加工时间相加，将结果填在本列加工时间的右上角。这样计算下去，最后一行的最后一列右上角数字，即为 $C_{m_{S_n}}$，也是 $F_{\max}$。计算结果如表 7 – 10 所示，本例中 $F_{\max} = 46$。

表 7 – 12　顺序 S 下的加工时间矩阵

i	6	1	5	2	4	3
P_{i1}	2^2	4^6	4^{10}	2^{12}	1^{13}	3^{16}
P_{i2}	5^7	4^{11}	4^{15}	5^{20}	7^{27}	6^{33}
P_{i3}	5^{12}	5^{17}	5^{22}	8^{30}	5^{35}	7^{42}
P_{i4}	1^{13}	4^{21}	3^{25}	2^{32}	3^{38}	4^{46}

（2）$n/2/P/F_{\max}$ 问题的最优算法

单机问题调度问题表明，多项任务在单台设备上加工，不管任务如何调度，从第一项任务开始加工起，到最后一项任务加工完毕的时间（称作全部完工时间）都是相同的。但这个结论在多项任务、多台设备的调度问题中不再适用。在这种情况下，加工顺序不同，总加工周期和等待时间都有很大差别。根据 Johnson – Bellman 所提出的动态规划最优化原理可以证明：加工对象在两台设备上加工的顺序不同时的调度不是最优方案，即最优调度方案只能

在两台设备加工顺序相同的调度方案中寻找，以保证总加工周期最短。

对于流水作业两台设备调度的问题 $n/2/P/F_{\max}$，S. M. Johnson 于 1954 年提出了一个有效算法，即著名的 Johnson – Bellman 算法。为了叙述方便，以 a_i 表示 J_i 在 M_1 上的加工时间，以 b_i 表示 J_i 在 M_2 上的加工时间，每个工件都按 $M_1 \rightarrow M_2$ 的路线加工。Johnson 算法建立在 Johnson 法则的基础之上。

定理 4：如果 $\min(a_i, b_j) < \min(a_j, b_i)$，则 J_i 应该排在 J_j 之前。如果中间为等号，则工件 J_i 既可排在工件 J_j 之前，也可以排在它之后。

根据 Johnson 法则，可以确定每两个工件的相对位置，从而可以得到 n 个工件的完整的顺序。还可以按 Johnson 法则得出比较简单的求解步骤，我们称这些步骤为 Johnson 算法：

1）从加工时间矩阵中找出最短的加工时间。

2）若最短的加工时间出现在 M_1 上，则对应的工件尽可能往前排；若最短加工时间出现在 M_2 上，则对应工件尽可能往后排，然后从加工时间矩阵中划去已调度工件的加工时间。若最短加工时间有多个，则可以任意安排。

3）若所有工件都已调度，停止。否则，转步骤 1）。

【例 7 – 6】

求表 7 – 13 所示的 $5/2/P/F_{\max}$ 问题的最优解。

表 7 – 13　加工时间矩阵

工件	J_1	J_2	J_3	J_4	J_5
M_1	12	4	5	15	10
M_2	22	5	3	16	8

解：

应用 Johnson 算法。从加工时间矩阵中找出最短加工时间为 3 个时间单位，它出现在 M_2 上。所以，相应的工件（工件 J_3）应尽可能往后排，即，将工件 J_3 排在最后一位。划去工件 J_3 的加工时间，余下加工时间中最小者为工件 J_2 的时间（4 个时间单位），它出现在 M_1 上，相应的工件（工件 J_2）应尽可能往前排，于是排到第一位。划去工件 J_2 的加工时间，继续按 Johnson 算法安排余下工件的加工顺序。求解过程可简单表示，如表 7 – 14 所示。

表 7 – 14　调度过程

步骤	第 1 位	第 2 位	第 3 位	第 4 位	第 5 位
1					J_3
2	J_2				J_3
3	J_2			J_5	J_3
4	J_2	J_1		J_5	J_3
5	J_2	J_1	J_4	J_5	J_3

最优加工顺序为 $S = (J_2, J_1, J_4, J_5, J_3)$，其加工的甘特图如图 7 – 30 所示。

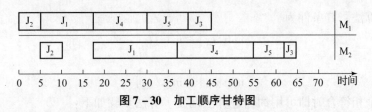

图 7-30 加工顺序甘特图

求得最优顺序下的 $F_{max} = 65$。

（3）一般 $n/3/P/F_{max}$ 问题

对于 3 台机器的流水车间调度问题，只有几种特殊类型的问题找到了有效算法。研究表明 3 台机器以上的 flow-shop 调度即为一个典型 NP-hard 问题。因此，至今还没有一个多项式复杂性的全局优化算法，只能对快速求解问题的次优解进行研究。

工程领域的研究人员提出过许多求解 flow-shop 调度问题的方法，如精确方法、神经网络法、启发式方法和改进性搜索方法等。精确方法由于其计算量和存储量大，仅适合小规模问题求解。神经网络方法通过动态演化来达到优化解的稳定状态，但网络参数和奖励函数要精心设计，且算法复杂性较大。启发式方法中有 PALMER 和 CDS 等方法，优点是构造解的速度快，但质量还不够理想。智能算法由于具有全局解空间搜索与隐含并行性的特点，同时又是一种优化质量较高的改进性的搜索方法，在求解次优解过程中往往优于其他方法，加之搜索效率比较高，被认为是一种切实有效的方法，故在生产调度等领域得到了广泛的应用，如遗传算法。对于一般的流水车间排列调度问题，可以用分支定界法，用分支定界法可以保证得到一般 $n/m/P/F_{max}$ 问题的最优解。但对于实际生产中规模较大的问题，计算量相当大，以致连计算机也无法求解。

1）Palmer 算法。1965 年，D. S. Palmer 提出按斜度指标排列工件的启发式算法，称为 Palmer 算法。工件的斜度指标可按下式计算：

$$\lambda_i = \sum_{k=1}^{n} [k - (m+1)2] P_{ik} \quad k = 1, 2, \cdots, n \tag{7-38}$$

式中 m——机器数；

      P_{ik}——工件 i 在 M_k 上加工的时间。

按照各工件 λ_i 不增的顺序排列工件，可得出令人满意的顺序。

2）关键工件法。关键工件法的步骤如下：

①计算每个工件的总加工时间 $P_i = \sum P_{ij}$，找出加工时间最长的工件 $C(j=m)$，将其作为关键工件。

②对于余下的工件，若 $P_{i1} \leqslant P_{im}$，则按 P_{i1} 不减的顺序排成一个序列 S_a；若 $P_{i1} > P_{im}$，则按 P_{im} 不增的顺序排成一个序列 S_b。

③顺序 (S_a, C, S_b) 即为所求顺序。

3）CDS 法。还有一种启发式算法，就是把 Johnson 算法用于一般的 $n/m/P/F_{max}$ 问题，得到 $m-1$ 个加工顺序，取其中优者。

具体的做法是，对加工时间 $\sum_{k=1}^{i} P_{ik}$ 和 $\sum_{k=m+1-l}^{m} P_{ik}$，$l = 1, 2, 3, \cdots, m-1$，用 Johnson 算法求 $m-1$ 次加工顺序，取其中最好的结果。

4）仿约翰逊算法。若 n 个工件均按相同次序经过机器 1、2、3，在符合下列条件下，

可应用约翰逊算法，其条件为

$$\min\{t_{i1}\} \geqslant \max\{t_{i2}\} \qquad (7-39)$$

或

$$\min\{t_{i3}\} \geqslant \max\{t_{i2}\} \qquad (7-40)$$

两者有一个相符合时即可用约翰逊算法调度。算法步骤如下：

第一步，令

$$t'_{i1} = t_{i1} + t_{i2} \qquad (7-41)$$
$$t'_{i2} = t_{i2} + t_{i3} \qquad (7-42)$$

第二步，将三部机器视为两部机器按约翰逊算法调度。

【例 7 - 7】

求表 7 - 15 所示的 $4/3/P/F_{\max}$ 问题的最优解。

表 7 - 15　加工时间矩阵

工件	J_1	J_2	J_3	J_4
M_1	15	8	6	12
M_2	3	1	5	6
M_3	4	10	5	7

解：

从加工时间矩阵中查表得到

$$\min\{t_{i1}\} = 6$$
$$\max\{t_{i2}\} = 6$$

符合 $\min\{t_{i1}\} \geqslant \max\{t_{i2}\}$。

因此，将 3 台设备 M_1、M_2、M_3 虚拟为两台设备 G、H，并计算 t_{ig} 和 t_{ih}，结果如表 7 - 16 所示。

表 7 - 16　工件在虚拟设备上的加工时间

工件	J_1	J_2	J_3	J_4
设备 G $t_{ig} = t_{i1} + t_{i2}$	18	9	11	18
设备 H $t_{ih} = t_{i3} + t_{i2}$	7	11	10	13

运用 johnson - bellman 算法针对工件在设备 G 和设备 H 上进行调度，并保持该顺序将加工过程还原到设备 M_1、M_2、M_3，得到如表 7 - 17 所示结果。

表 7 - 17　工件的调度结果

工件	J_2		J_4		J_3		J_1	
设备 M_1	0	8	8	20	20	26	26	41
设备 M_2	8	9	20	26	26	31	41	44
设备 M_3	9	19	26	33	33	38	44	48

最优加工顺序为 $S=(J_2,J_4,J_3,J_1)$，其加工顺序甘特图如图7-31所示。

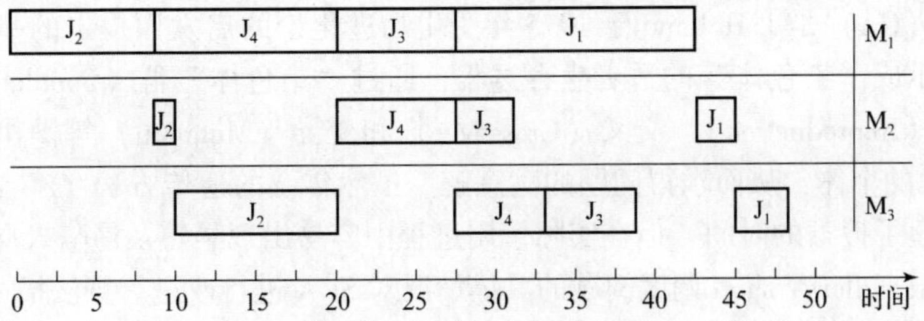

图7-31　加工顺序甘特图

由此求得最优顺序下的 $F_{max}=48$。

（4）一般 $n/m/P/F_{max}$ 问题

n 个工件在 m 部机器的调度方法，一般采用最小调度系数法，求得近似最优解，其步骤如下：

第一步，确定中间机器或中间线。当机器数为奇数时，用"←"标明中间机器；当机器为偶数时，用"⇐"标明中间线。

第二步，计算调度系数 K。调度系数为某个工件在前半部分机器上加工时间与在后半部分机器上加工时间的比值，即

$$K=\frac{\sum\limits_{j=1}^{m/2}t_{ij}}{\sum\limits_{j=\frac{m}{2}+1}^{m}t_{ij}} \tag{7-43}$$

若机器数为奇数，则中间机器的加工时间平分于前后各半。

第三步，按最小调度系数，由小到大进行调度。

【例7-8】

有五个工件，依次在四部机器上加工，其作业时间如表7-18所示。

用最小调度系数调度步骤：

第一步，用→标明中间线于 M_1、M_2 之间。

第二步，计算最小调度系数。依据式（7-41）计算各个工件的最小调度系数，见表7-18。

第三步，按最小调度系数规则，得最佳调度为 $J_1-J_5-J_2-J_4-J_3$，通过时间为51 h。

表7-18　各项目工作在四部机器上作业时间表

机器＼工件	J_1	J_2	J_3	J_4	J_5	中间线
M_1	4	9	7	3	6	
M_2	6	4	10	9	8	→
M_3	8	10	4	6	4	
M_4	5	2	7	4	10	
调度系数 K	0.77	1.08	1.55	1.2	1	
加工顺序	1	3	5	4	2	

（5）Flow – shop 调度问题的遗传算法

遗传算法（GA）是 J. Holland 于 1975 年受生物进化论的启发而提出的一种理论。它将问题的求解表示成"染色体"的适者生存过程，通过"染色体"群（Population）的不断进化，经过复制（Reproduction）、交叉（Crossover）和变异（Mutation）等操作，最终收敛到"最适应环境"的个体，从而求得问题的满意解。虽然传统的遗传方法（SGA）扩大了解的搜索范围并缩短了搜索的时间，但在实际使用过程中容易出现早熟及易陷入局部极值点的问题，因此需要根据 flow – shop 调度问题的具体情况对 SGA 进行改进。算法描述如下：

1）编码设计。由于遗传算法不能直接处理生产调度问题的参数，所以必须通过编码将它们表示成遗传空间中由基因按一定结构组成的染色体。在 flow – shop 调度问题中，用染色体表示工件的加工顺序，第 k 个染色体为 $v_k = [1,2,3,4,5]$，表示五个工件的加工顺序为：j_1，j_2，j_3，j_4，j_5。

2）初始种群的产生。遗传算法是对群体进行操作，所以必须准备一个由若干初始解组成的初始群体。在 SCA 方法中初始群体的个体是随机产生的，这就大大影响了解搜索的质量。而改进后的遗传算法在设定初始群体时则采用了以下策略：

①根据问题固有知识，设法把握最优解所占空间在整个问题空间中的分布范围，然后在此分布范围内设定初始群体。

②先随机产生一定数目的个体，然后从中挑选最好的个体加入初始群体中，这种过程不断循环，直到初始群体中的个体数目达到预先确定的规模。采用以上策略就可以产生较好的个体，从而得到比较满意的结果。

3）适应度函数设计。遗传算法遵循自然界优胜劣汰的原则，在进化搜索中用适应度表示个体的优劣，作为遗传操作的依据。n 个工件、m 台机器的 flow – shop 调度问题的适应度取为 $eval(v_k) = 1/C_{max}^k$，C_{max}^k 表示 k 个染色体 v_k 的最大流程时间。

4）选择操作。选择操作是按适应度在子代种群中选择优良个体的算法，个体适应度越高被选择概率就越大。其主要有：适应度比例法（Fitness Proportional Model）、繁殖池选择法（Breeding Pool Selection）、最佳个体保存法（Elitist Model）等。这里采用的是适应度比例方法，即赌轮选择（Roulette Wheel Selection），该方法中个体选择概率与其适应度值成比例。当群体规模为 N，个体 i 的适应度为 f_i 时，个体被选择的概率为

$$p_{si} = f_i \left/ \sum_{i=1}^{N} f_i \right.$$

5）交叉操作。交叉方法是模仿自然生态系统的双亲繁殖机理而获得新个体的方法，它可使亲代不同的个体进行部分基因交换组合产生新的优良个体。交叉概率 P_e 较高时可以增强算法开辟搜索区域的能力，但会增加优良子代被破坏的可能性；交叉概率较低时又会使搜索陷入迟钝状态。研究结果表明，P_e 应取为 0.25 ~ 1.00。为了使子代能自动满足优化问题的约束条件，改进方法采用部分匹配交叉（PMX）与顺序交叉（OX）和循环交叉（CX）混合使用的方法来保留双亲染色体中不同方面的特征，以达到获得质量较高后代的目的。例如对一部分用 PMX 交叉，而另一部分用 OX 交叉；或者先采用 PMX 进行交叉，得到适应度高的子代后再采用 OX 进行交叉。

6）变异操作。变异的目的是维持解群体的多样性，同时修复与补充选择和交叉过程中丢失的遗传基因，在遗传算法中属于辅助性的搜索操作。变异算子是对个体串中基因座上的

基因值做改变，同时为防止群体中重要的基因丢失，变异概率 P_m 一般不能太大。高频度的变异将导致算法趋于纯粹的随机搜索。这里主要使用互换变异（SWAP）与逆转变异（INV）相结合的方法。

改进的 GA 采用优质种群选择策略，减少了 SGA 算法优化性能和效率对初始种群的依赖性，同时采用混合交叉操作的方法不仅可以使子代更好地继承父代的优良基因，而且合适的 P_e 交叉算子也增加了种群的多样性，有利于进化过程的发展。改进的遗传算法提高了标准遗传算法（SGA）的全局收敛性能，可以得到比 SCA 更接近的优质解，因此是解决 flow - shop 调度问题的一种有效方法。

2. 非流水作业调度

对于工艺路线不同的 n 种任务在 2 台设备上加工调度，可以采用以下步骤：

1）将工件划分为 4 类。

{A} 类：仅在 A 设备上加工。

{B} 类：仅在 B 设备上加工。

{AB} 类：工艺路线为先 A 后 B。

{BA} 类：工艺路线为先 B 后 A。

2）分别对 {AB} 类及 {BA} 类采用 Johnson - Bellman 法调度

将首序在 A 上加工的工件先安排给 A。

将首序在 B 上加工的工件先安排给 B。

3）将 {A} 类工件排在 {AB} 类后，顺序任意。

4）将 {B} 类工件排在 {BA} 类后，顺序任意。

5）将先安排到其他设备上的工件加到各设备已调度队列后面，顺序不变。

【例 7 - 9】

某汽车零件加工车间有 10 项作业任务要在 2 台设备上完成，各项任务在每台设备上的作业时间如表 7 - 19 所示，请为 10 项作业任务在 2 台设备上的作业进行调度，使总完成时间最短。

表 7 - 19　各项任务在每台设备上的作业时间　　　　　　　　　　　　　h

加工任务	加工顺序	设备 1（钻机）	设备 2（车床）
A	—	2	—
B	—	3	—
C	—	—	3
D	—	—	2
E	先 1 后 2	8	4
F	先 1 后 2	10	7
G	先 1 后 2	5	8
H	先 2 后 1	7	12
I	先 2 后 1	5	6
J	先 2 后 1	9	4

解：

1）对任务按加工设备进行分类。

{A，B}：只有一个工序，在设备 1 上作业的工件集合；

{C，D}：只有一个工序，在设备 2 上作业的工件集合；

{E，F，G}：第一工序在设备 1 上加工、第二工序在设备 2 上加工的工件集合；

{H，I，J}：第一工序在设备 2 上加工、第二工序在设备 1 上加工的工件集合。

2）分别对各类集合进行调度。

①对单机作业进行调度。由表 7-19 可知，设备 1（钻机）上的单机作业 A 加工时间为 2 h，B 加工时间为 3 h，按照 SPT 规则，两项作业的加工顺序为 A-B。

设备 2（车床）上的单机作业 C 加工时间为 3 h，D 加工时间为 2 h，按照 SPT 规则，两项作业的加工顺序为 D-C。

②对双机作业进行调度。按照 Johnson 算法，对作业任务 E、F、G 进行调度：

a. 作业任务 E 在设备 2 上的加工时间 4 h 为最短工时，排到最后。

b. 作业任务 F、G 中最短工时 5 h 为任务 G 在设备 1 上的加工时间，排到第 1 位，可得到 {E，F，G} 的排产顺序应为：G-F-E。同理，可得 {H，I，J} 的排产顺序应为：I-H-J。

③分别在设备 1 和设备 2 上进行作业调度。按照 Johnson 法调度，可得这 10 项作业任务的排产顺序如下：

设备 1（钻机）：{G，F，E} {I，H，J}；

设备 2（车床）：{I，H，J}，{D，C}，{G，F，E}。

④按各设备的加工顺序列出加工时间表，如表 7-20、表 7-21 所示，按此计算出整批工件通过时间为 49 h。各设备的作业时间与空闲时间如图 7-32 所示。

表 7-20　设备 1（钻机）各项作业任务时间　　　　　　　　　　　　　　　　　h

加工任务	加工时间	工序开始时间	工序结束时间
G	5	0	5
F	10	5	15
E	8	15	23
A	2	23	25
B	3	25	28
I	5	28	33
H	7	33	40
J	9	40	49

表 7-21　设备 2（车床）各项作业任务时间　　　　　　　　　　　　　　　　　h

加工任务	加工时间	工序开始时间	工序结束时间
I	6	0	6
H	12	6	18

续表

加工任务	加工时间	工序开始时间	工序结束时间
J	4	18	22
D	2	22	24
C	3	24	27
G	8	27	35
F	7	35	42
E	4	42	46

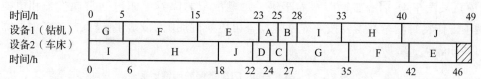

图 7 – 32　两台设备作业时间与空闲时间分布图（阴影部分表示空闲时间）

7.5　小结与习题

　　智能工厂和智能生产是"工业 4.0"的两大主题，我国在推进智能制造过程中，智能工厂规划建设是其重要内容之一。无论是传统工厂的升级改造实现智能化，还是新建智能工厂，都需要从规划入手。本章详细介绍了智能工厂的概念内涵与特征、智能工厂建设规划的主要决策要素，企业在进行工厂规划时除了战略驱动因素外，还需要对构成制造系统的生产设施/设备、生产过程、生产计划与控制等活动进行决策分析，以便在不同的规划设计选择之间做出权衡。在对智能工厂特征分析基础上，从物理空间和数字空间两个维度描述了智能工厂的基本架构，概述了离散制造——从智能制造生产单元（装备和产品）到智能工厂，流程制造——从生产过程数字化到智能工厂，以及基于数字孪生的智能工厂建设三种模式。

　　针对智能工厂的运行管理，本章详细介绍了制造执行系统（MES，Manufacturing Executive Systems）与制造运行管理（MOM，Manufacturing Operation Management）概念的产生及发展，阐述了典型制造运行管理平台的架构及核心功能，分析了影响制造运行绩效的三个关键指标：生产周期、生产率、设备利用率等。

　　在智能工厂的生产作业层面，本章详细论述了生产作业调度的影响因素、生产作业调度的常用规则，针对生产系统中的单设备调度问题和多设备调度问题进行了具体分析，结合具体例题详细阐述了 SPT 规则、EDD 规则以及 Johnson Bellman 算法等，能够有效指导智能工厂的高效运行。

【习题】

　　（1）简要描述工厂规划的主要决策要素及其可能的决策结果。

　　（2）智能工厂规划时，考虑的生产过程要素有哪些？

　　（3）智能工厂规划时，对生产计划与控制的考虑一般从哪几个层次分析？每个层次包含的主要计划有哪些？

（4）智能工厂的典型特征可以从哪几个方面进行描述？具体有哪些特征？

（5）根据工厂的基本物理结构和智能工厂的典型特征，从物理空间和数字空间两个维度描述智能工厂的基本架构。

（6）简要描述智能工厂建设的主要模式。

（7）数字孪生技术在智能工厂中的主要应用有哪些？请举例说明。

（8）什么是制造运行管理？

（9）制造执行系统包含的主要功能模块有哪些？

（10）制造运行关键绩效指标有哪些？详细解释每项指标的含义。

（11）简要描述生产作业调度的主要影响因素与调度规则。

（12）某汽车4S店有5辆待保养车辆，每辆汽车的保养工作包括常规检查和更换机油机滤两项工作，每辆车都需要按照先常规检查再更换机油机滤的顺序进行，各车型所需要的作业时间如表7-22所示。

表7-22　某汽车4S店车辆保养所需时间　　　　　　　　　　　　　　　h

汽车车型	常规检查（工序）	更换机油机滤（工序）
A	2	3
B	3	5
C	1	3
D	2	4
E	3	5

试根据以上数据，求解：

①按照SPT规则完成这些汽车保养的作业计划排序；

②完成5辆车的保养共需要花费的时间；

③根据问题①确定的作业计划，更换机油机滤（工序）时有几个小时处于空闲状态；

④何时完成B车的保养工作；

⑤5辆车全部保养完成的总流程时间。

第8章
基于工业大数据的制造系统智能决策

本章概要

工业大数据描述了智能制造各生产阶段的真实情况，为人类读懂、分析和优化制造提供了宝贵的数据资源，是实现智能制造的智能来源。通过工业大数据、人工智能模型和机理模型的结合，可有效提升数据的利用价值，是实现更高阶的智能制造的关键技术之一。

工业大数据主要包括企业运营管理相关的业务数据、制造过程数据和企业外部数据三大类。工业大数据以产品数据为核心，极大地延展了传统工业数据范围，同时还包括工业大数据的相关技术和应用。

本章在介绍工业大数据概念和分析技术基础上，重点讲述基于机器学习和深度学习的工业智能决策过程，并以车间调度问题为案例介绍工业大数据分析建模、计算优化和分析决策等过程。

学习目标

1. 能够准确描述工业大数据的概念体系与技术体系。
2. 能够了解不同工业大数据的分析技术。
3. 能够掌握工业大数据智能决策分析建模、优化计算完整过程。

知识点思维导图

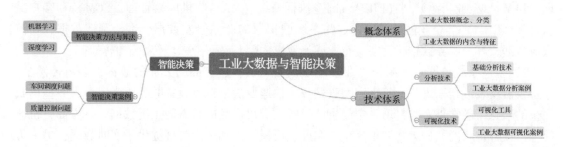

8.1　工业大数据的概念、内涵与特征

近年来，随着新一代信息技术与工业融合的不断深化，特别是在国家"智能制造"战略牵引和工业互联网产业创新发展的大背景下，工业大数据迈出了从理念研究到技术探索、

再到应用落地的关键步伐，在工业生产、需求分析、流程优化、预测运维、能源管理等环节，数据驱动的工业新模式、新业态不断涌现。工业大数据是未来工业在全球市场竞争中发挥优势的关键。无论是德国"工业4.0"还是美国工业互联网，各国都将工业发展战略瞄准了"大数据"和"智能化"，未来以制造业为代表的工业创新发展都将以工业大数据技术为实施基础。

8.1.1 工业大数据的基本概念

目前，无论是国家机关、工业部门、科技企业还是高校学者，都在不断探索和理解工业大数据，但由于其涉及的应用领域广泛、技术内涵丰富，行业内外对工业大数据的概念尚未形成统一认识。

工信部《关于工业大数据发展的指导意见》中的定义："工业大数据是工业领域产品和服务全生命周期数据的总称，包括工业企业在研发设计、生产制造、经营管理、运维服务等环节中生成和使用的数据，以及工业互联网平台中的数据等。"

中国电子技术标准化研究院《工业大数据白皮书（2019）》中的定义："工业大数据是指在工业领域中，围绕典型智能制造模式，从客户需求到销售、订单、计划、研发、设计、工艺、制造、采购、供应、库存、发货和交付、售后服务、运维、报废或回收再制造等整个产品全生命周期各个环节所产生的各类数据及相关技术和应用的总称。"

从以上这些定义不难看出，工业大数据内涵丰富。从狭义角度来讲，工业大数据是指在工业领域生产服务全环节产生、处理、传递、使用的各类海量数据的集合；从广义角度来讲，工业大数据是包括以上数据及与之相关的全部技术和应用的总称，除了"数据"内涵外，还有"技术与应用"内涵。因此，我们理解的工业大数据也要分成"工业"和"大数据"两个维度来看，"工业"是需求与实践，"大数据"是技术与手段，通俗来解释工业大数据就是运用大数据、智能化等新技术、新手段解决工业发展面临的新需求、新问题，并创造新应用、新价值的过程。

工业大数据从来源上主要分为管理系统数据、生产系统数据和外部数据三类。

1）管理系统数据是指传统工业自动控制与信息系统中产生的数据，如产品生命周期管理（PLM）、企业资源计划（ERP）、制造执行系统（MES）、供应链管理（SCM）和客户关系管理（CRM）等企业信息系统。这些系统中积累的产品研发数据、生产制造数据、物流供应数据及客户服务数据，存在于企业或产业链内部，是工业领域传统数据资产。

2）生产系统数据是来源于工业生产线设备、机器、产品的方面的数据，多由传感器、设备仪器仪表进行采集。近年来，物联网技术快速发展，机器设备数据成为工业大数据增长最快的来源，通常是实时自动采集的生产设备和交付产品的状态与工况数据。一方面，机床等生产设备物联网数据为智能工厂生产调度、质量控制和绩效管理提供了实时数据；另一方面，由传感器采集的大规模时间序列数据，包括装备状态参数、工况负载和作业环境等信息，可以帮助用户提高装备运行效率，拓展制造服务。

3）外部数据是指来源于工厂外部的数据，主要包括来自互联网的市场、环境、客户、政府、供应链等外部环境的信息和数据。当前互联网与工业深度融合，企业外部互联网已经成为工业大数据不可忽视的来源。此外，外部互联网还存在着海量的"跨界"数据，如影响装备作业的气象数据、影响产品市场预测的宏观经济数据、影响企业生产成本的环境法规数据等。

8.1.2 工业大数据的特征

工业大数据即工业数据的总和，即企业信息化数据、工业物联网数据以及外部跨界数据，其不仅存在于企业内部，还存在于产业链和跨产业链的经营主体中，如 SCM、CRM。工业大数据产生主体包括人和机器，人产生的数据例如设计数据、业务数据等；机器产生的数据是指由传感器、仪器仪表和智能终端等采集的数据。近年来，智能制造和工业互联网推动了以"个性化定制、网络化协同、智能化生产和服务化延伸"为代表的新兴制造模式的发展，未来由人产生的数据规模的比重将逐步降低，机器数据所占据的比重将越来越大。从数据流动的视角来看，数字化解决了"有数据"的问题，网络化解决了"能流动"的问题，智能化要解决数据"自动流动"的问题，即能够把正确的数据在正确的时间以正确的方式传递给正确的人和机器，能够把海量的工业数据转化为信息、信息转化为知识、知识转化为科学决策，以应对和解决生产制造过程的复杂性和不确定性等问题。

工业大数据体现工业系统的本质特征和运行规律，具有内生特征、工业逻辑特征和应用特征。

1. 内生特征

工业大数据是大数据的子集，继承和符合大数据 4V 的内生特征，即规模大、速度快、类型杂、质量低。

规模大体现在数据规模大和增长规模大。大型的制造企业，由人产生的数据规模一般在 TB 级，但属于高价值密度的核心业务数据。由继承产生的数据规模可达到 PB 级，规模巨大，但相对价值密度较低。随着制造业数字化、网络化和智能化的发展不断推进，"设备上云"的加速落地，机器产生的数据将呈现指数级的增长。

速度快体现在采集速度快和处理速度快。采集和处理的速度快是为了满足工业系统设备自动化控制和企业业务决策的实时性要求。对于传感器采集的海量的时间序列数据，数据写入的速度达到了百万数据点/秒甚至千万数据点/秒。

类型杂体现在数据类型的碎片化、多维度和复杂多变。工业大数据涉及生产制造的不同环节和不同阶段，碎片化、多维化特征明显，即便是在同一环节，也包括结构化数据、非结构化文件、时间序列数据等多种数据类型。

低质量主要体现在数据的真实性和质量比较低。受限于技术可行性、设施成本等因素，很多关键的量值存在测量缺失、测量不充分或精度不够的问题，加之有些数据的不可预测性，多种影响因素的综合作用，导致数据的真实性和数据质量不高，给数据分析和应用带来了很大的挑战。

2. 工业逻辑特征

工业大数据是对工业要素的数字化描述和在数字空间的镜像，具有工业逻辑的特征，如多模态、强关联和高通量等。

多模态源自对工业系统各要素的综合、全面表达的要求。为了追求数据记录的完整，常需要采用超级复杂的结构进行系统要素描述，以求达到要素属性的全方位展现，数据内生结构呈现出"多模态"特征。

强关联主要体现物理世界中对象之间和过程的语义关联，而不仅仅是数据字段的关联，具有一种更深层次的关联。数据关联存在于产品部件之间、生产过程、产品生命周期不同环节、产品生命周期的单一阶段，反映了工业的系统性与复杂性、动态性的关系。

高通量主要体现在内嵌传感器的智能设备工业产品与测点规模大、数据采集频率高、数据总吞吐量大、数据采集持续时间长。

3. 应用特征

基于工业对象本身的特性或需求，工业大数据的应用特征可以归纳为跨尺度、协同性、多因素、因果性、强机理等方面。

1）跨尺度主要体现在跨系统尺度、跨时间尺度和跨空间尺度。跨系统尺度是指将设备、车间、工厂、供应链及社会环境等不同尺度的系统在数字世界中连接在一起。跨时间尺度指从业务角度将纳秒级、微秒级、毫秒级、分钟级和小时级等不同时间尺度的信息进行集成。跨空间尺度是指把不同空间尺度的信息如"工业4.0"中的横向、纵向、端到端的信息集成起来。

2）协同性主要是为了支持工业系统的动态协同需求，通过整个企业、产业链价值链上多业务相关方的数据集成和协同，促进数据和信息的自动流动，应对工业系统的不确定性，提升业务决策的科学性。

3）多因素是由工业对象的特性所导致的，指影响某个业务目标的因素特别多。工业对象作为复杂的动态系统，要想全面、完整、准确地认识和理解工业对象，需要借助工业大数据描述和分析多因素的复杂关系，解决工业对象的非线性和机理不清带来的问题维度上升和不确定性增加的难题。

4）因果性反映了工业系统对确定性和可靠性的高度要求。不可靠、不确定的结果，会给工业系统引入巨大的风险，甚至造成巨大的损失。因此，工业大数据的分析不仅仅是发现浅层的相关性，而是执着于对"因果性"的追求。

5）强机理是保证分析结果高可靠的关键。机理作为"先验知识"，能够帮助排除众多因素的干扰性，克服关联关系的复杂性导致的数据分析困难问题，实现数据降维，达到去伪存真的目的。

一般意义上，大数据具有数据量大、数据种类多、商业价值高、处理速度高等优点，在此基础上，工业大数据还有以下两大特点：

1）对准确率要求，大数据一般的应用场景是预测，在一般性商业领域，如果预测准确率达到90%已经是很高了，如果是99%就是卓越了。但在工业领域的很多应用场景中，对准确率的要求达到99.9%甚至更高，比如轨道交通自动控制，再比如定制生产，如果把甲乙客户的订单参数搞混了，就会造成经济损失。

2）实时性强，工业大数据重要的应用场景是实时监测、实时预警、实时控制，一旦数据的采集、传输和应用等全处理流程耗时过长，就难以在生产过程中发挥价值。

8.2　大数据驱动的智能决策

决策存在于人类一切实践活动当中，小到一台机器的操作，大到一个国家的治理，都离不开决策。例如，工业领域的操作优化与资源分配、商业领域的个性化推荐与供应商选择、交通领域的车流控制与路径导航、医疗领域的疾病诊断与治疗策略等都属于决策范畴。随着社会节奏的持续加快，来自各领域行业的决策活动在频度、广度及复杂性上较以往都有着本质的提高。决策问题的不确定性程度随着决策环境的开放程度以及决策资源的变化程度而越来越大，传统的基于人工经验、直觉及少量数据分析的决策方式已经远不能满足日益个性化、多样化、复杂化的决策需求。在当前信息开放与交互的经营环境下，机遇与挑战并存，如何把握机遇，这就需要企业或组织具备出色的决策能力，在这个过程中大数据正扮演着越来越重要的角色。

大数据作为一种重要的信息资产，可望为人们提供全面、精准、实时的商业洞察和决策指导。杨善林院士等指出，大数据的价值在于其"决策有用性"，通过分析、挖掘来发现其中蕴藏的知识，可以为各种实际应用提供其他资源难以提供的决策支持。美国应用信息经济学家 Hubbard 认为"一切皆可量化"，并积极倡导数据化决策。纽约大学 Provost 教授等认为数据科学的终极目标就是改善决策。

从数据到知识，从知识到决策，是当前大数据智能的计算范式，研究大数据的意义就是不断提高"从数据到决策的能力"。随着大数据技术的发展，人们传统的决策模式与思维方式正在发生着变革，基于大数据的决策方式正逐渐成为决策应用与研究领域的主旋律，大数据决策时代已经到来。大数据能够突破事物之间隐性因素无法被量化的瓶颈，充分阐述生产的主客体和生产全过程、全时段的客观状态，通过智能化分析和预测判断来提高企业的决策能力。在商业领域，利用大数据相关分析，可以更加精准地了解客户的消费行为，帮助决策者挖掘新的商业模式，制定商品价格，实现供应商协同工作，缓和供需之间的矛盾，控制预算开支。例如，全球零售巨头沃尔玛，通过对销售交易大数据的知识获取，成功用于价格策略和推荐活动中的决策支持。而在工业领域，为实现智能制造，每个影响生产决策的因素都可以经过工业大数据的预测，以直观明了的量化信息形式加以呈现，方便决策者对制造能力进行整体评估，进而快速有效地制定各项生产决策，优化劳动力投入，避免产能过剩。

8.2.1　工业大数据智能决策方法

智能决策方法是结合人工智能、机器学习、数据挖掘等方法，采用推理实现决策功能的方法，能够用于实现不确定环境下的智能决策。

智能决策方法的特点：

1）主动性：通过引入专家知识，决策系统具有部分人类智能，以及能够主动完成决策的能力。

2）自适应性：决策系统具有能够根据复杂多变的环境，动态地调整自身决策的能力。

3）分布式：在系统层级结构中，系统的各个主体能够互相协商，每个主体具有自主决策的能力。

不同领域有着不同的解决问题的思想与方法，根据所适用解决的问题种类不同，智能决策方法因其特点不同，分别在不同的领域得到广泛的应用。常用的智能决策方法如层次分析法应用在资源分配、冲突求解和决策支持等领域，但其难以完全定量分析的复杂问题；灰色理论在农业、生态、经济、医药、历史、地理等各方面均有广泛的应用，其主要解决部分清楚、部分不清楚且带有不确定性的问题；博弈决策在生物学、经济学等领域应用较多，主要用于解决决策者之间的冲突与合作问题；以遗传算法为代表的群智能算法广泛用于复杂系统的智能优化问题。

伴随着信息系统、社交网络、物联网等信息技术的应用，工厂生成并采集了海量数据，数据的价值也逐渐在不同的行业应用中体现出来。由于数据现在更容易收集且存储成本低廉，大数据分析作为行业领域中最佳决策工具的地位也越来越高。机器学习、深度学习能够从巨量数据中挖掘出隐藏的、有效的、规律性的知识，而数据量的大小将直接影响算法的智能程度。

随着工业大数据时代各行各业对数据分析需求的持续增加，通过机器学习和深度高效的获取有价值的信息，进而进行智能决策，已经逐渐成为研究的主要方向，这一技术在计算机视觉、语音识别、自然语言处理、音频识别、社交网络过滤、机器翻译、生物信息学和药物设计等领域也已取得显著成效。

8.2.2　工业大数据分析方法

如图 8 - 1 所示，数据分析方法可以分为知识驱动和数据驱动两大类。知识驱动的分析方法，是基于大量理论模型以及对现实工业系统的物理、化学、生化等动态过程进行改造的经验，建立在工业系统的物理化学原理、工艺及管理经验等知识之上，包括基于规则的方法、关联分析、主成分分析技术、因果故障分析技术和案例推理技术等。其中，知识库是支撑这类方法的基础。

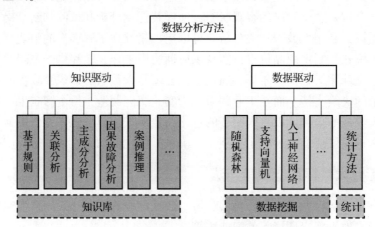

图 8 - 1　工业大数据分析建模技术组成图

数据驱动的分析方法，利用算法在完全数据空间中寻找规律和知识，包括随机森林、支持向量机等传统机器学习方法，以神经网络为主体的深度学习方法，以及基于统计学的方法。

1. 机器学习

（1）机器学习的分类

机器学习是研究如何使用机器来模拟人类学习活动的一门学科，即针对某个特定任务，从相关数据中进行学习，并且越做越好。机器学习可以分为两大类：监督学习和非监督学习。

1）监督学习是通过大量已知的输入和输出相配对的数据，让计算机从中学习出规律，从而能针对一个新的输入做出合理的输出预测。比如，我们有大量的邮件，每个邮件都已经标记是否是垃圾邮件，通过学习这些已标记的邮件数据，最后得出一个模型，这个模型能准确地判断出新的邮件是否是垃圾邮件。

2）非监督学习是通过学习大量的无标记的数据，去分析出数据本身的内在特点和结构。比如，我们有大量的用户购物的历史记录信息，目的是从数据中去分析用户的不同类别，由于事先无法知道共可分为几类，每一类有多少特征，因此为非监督学习。这一过程称为聚类。这里需要特别注意其与有监督学习里的分类的区别，分类问题是我们已经知道了有哪几种类别，而聚类问题在我们分析数据之前是不知道有哪些类别的。

（2）机器学习中的一些基本概念

1）模型的过拟合与欠拟合。

过拟合是指模型能很好地拟合训练样本，但对新数据的预测准确性很差，直观表现是在训练集上表现好，但在测试集上表现不好，推广泛化性能差。过拟合产生的根本原因是训练集数据包含样本抽样误差，在训练时模型将抽样误差也进行了拟合。抽样误差是指抽样得到的样本集和整体数据之间的偏差。

欠拟合是指模型不能很好地拟合训练样本，且对新数据的预测准确性也不好，直观表现是训练得到的模型在训练集上表现差，没有学到数据的规律。其主要是因为模型过于简单。

2）机器学习中的损失函数、代价函数和目标函数。

①损失函数的目的是得到模型一次预测的好坏，计算的是一个样本的误差。在假设空间 F 中选取模型 f 作为决策函数，对于给定的输入 X，给出相应的输出 $f(X)$，这个输出的预测值 $f(X)$ 与真实值 Y 可能一致也可能不一致，损失函数是 $f(X)$ 和 Y 的非负实值函数，记作 $L(Y, f(X))$。损失函数越小，说明拟合结果越符合数据集的情况。

②代价函数，即风险函数，其目的是得到平均意义下模型的好坏。在风险函数中包括了期望风险和经验风险。期望风险是模型关于联合分布的期望损失，经验风险是模型关于训练样本集的平均损失。联合分布是未知的，根据大数定理，样本容量趋于无穷时，经验风险趋于期望风险，但现实中训练样本有限，用经验风险估计期望风险常常并不理想，要对经验风险加上结构风险进行一定的矫正。

③目标函数指的是代价函数加上正则化项。目标函数是指最终需要优化的函数，一般来说是经验风险 + 结构风险，也就是代价函数 + 正则化项。结构风险是为了防止过拟合而提出来的策略，结构风险最小化等价于正则化。

3）训练数据、验证数据和测试数据。

为了验证模型性能，我们通常要把数据集分成训练数据集和测试数据集。一般原则是按照 8 : 2 或 7 : 3 来划分，然后用训练数据集来训练模型，训练出模型参数后再使用测试数据集来测试模型的准确性，根据模型的准确性来评价模型的性能。

另外一种更科学的方法是把数据集分成 3 份，分别是训练数据集、交叉验证数据集和测试数据集，推荐比例是 6 : 2 : 2。交叉验证用于评估模型的预测性能，尤其是训练好的模型在新数据上的表现，可以在一定程度上减小过拟合，还可以从有限的数据中获取尽可能多的有效信息。常用的一种交叉验证方法为 N 折交叉验证，具体流程可以简单叙述为：首先随机地将已给数据切分为 N 个互不相交的大小相同的子集，然后利用 $N-1$ 个子集的数据训练模型，利用余下的子集测试模型，将这一过程对可能的 N 种选择重复进行，最后选出 N 次评测中平均测试误差最小的模型。

4）学习曲线。

学习曲线是模型获得的数据预测能力与训练数据集大小的关系曲线，通过学习曲线，可以直观地观察到模型的准确性与训练数据集大小之间的关系。画出学习曲线的流程可以描述为：首先，把数据集分成训练数据和交叉验证数据集；其次，取训练数据集的 20% 作为训练样本，训练出模型参数；然后，使用交叉验证数据集来计算训练出来的模型的准确性；接着以训练数据集的准确性、交叉验证的准确性作为纵坐标，训练数据集个数作为横坐标，在坐标轴上画出上述步骤计算出来的模型准确性；最后，训练数据集增加 10%，跳到第三个步骤继续执行，直到训练数据集大小为 100% 为止。学习曲线要表达的内容是，当训练数据集增加时，模型对训练数据集拟合的准确性以及对交叉验证数据集预测的准确性的变化规律。

5）模型性能评估

有时候，模型准确性并不能评价一个算法的好坏。为了更准确地评估模型性能，我们引入了另外两个概念：查准率（Precision）和召回率（Recall）。

查准率和召回率结合表 8-1 定义如下：

$$Precision = \frac{TruePositive}{TruePositive + FalsePositive} \tag{8-1}$$

$$Recall = \frac{TruePositive}{TruePostive + FalseNegative} \tag{8-2}$$

式中 True/False——用于表示预测结果是否正确；

Positive/Negative——用于表示预测结果是 1 还是 0。

表 8-1 模型性能评估混淆矩阵

混淆矩阵	预测值	
	True	False
真实值 Positive	TruePositive	FalsePositive
Negative	FalsePositive	TrueNegative

现在有两个指标——查准率和召回率，如果有一个算法的查准率是 0.5、召回率是 0.4，另外一个算法的查准率是 0.02、召回率是 1.0，两个算法哪个更好呢？为了解决这个问题，引入 F1 Score 的概念：

$$F1\ Score = 2 \times \frac{Precision \times Recall}{Precision + Recall} \tag{8-3}$$

这样就可以用一个数值直接判断哪个算法性能更好。典型地，如果查准率或召回率有一个为 0，那么 F1 Score 将会为 0；而理性情况下，查准率和召回率都为 1，则算出来的 F1 Score 为 1。

此外，常用的模型性能评估指标还有 ROC 曲线和 PR 曲线。ROC 曲线所在平面的横坐标是 False Positive Rate（FPR），纵坐标是 True Positive Rate（TPR）。TPR 代表将正例分对的概率，FPR 代表将负例错分为正例的概率。理想的情况是 TPR = 1，FPR = 0，一般来说，FPR 增大，则 TPR 也会跟着增大。其中，TPR 和 FRP 的定义如下：

$$True\ Position\ Rate:TPR = \frac{TruePositive}{TruePositive + FalseNegative} \tag{8-4}$$

$$False\ Position\ Rate:FPR = \frac{FalsePositive}{FalsePositive + TrueNegative} \tag{8-5}$$

PR 曲线就是精确率、召回率曲线，以 Recall 作为横坐标轴，Precision 作为纵坐标轴，其中 ROC 曲线越往左上凸效果越好，PR 曲线越往右上凸效果越好，如图 8-2 所示。

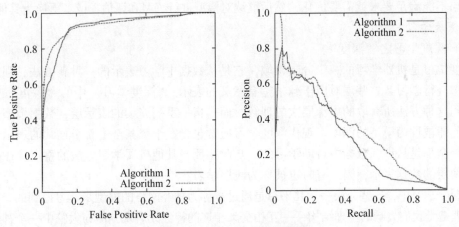

图 8-2　ROC 与 PR 曲线图

（3）机器学习应用开发的典型步骤

在一个机器学习系统中，一般包含的步骤有：数据预处理、特征选择、模型选择、模型训练、模型性能评估和优化及模型使用。

1）数据采集和标记。

进行机器学习和训练的第一步是收集数据，这些数据叫作数据集。不同类型的数据称为特征，在数据采集阶段，需要收集尽量多的特征，特征越全，数据越多，训练出来的模型才会越准确。

2）数据清洗。

采集到的数据可能包含各种格式，针对不同的格式需要进行转换，不同数据的范围可能相差很大，所以对不同范围的数据一般进行归一化处理。除此之外，数据清洗还包括去掉重复数据、错误数据及噪声数据等，让数据具备结构化特征，以方便作为机器学习算法的输入。

3）特征选择。

训练的数据集一般包含很多个特征，通过逐个分析这些特征，我们需要选择适当的特征作为算法的输入，去除一些无关或影响很小的特征，选择一定量与目标相关性强的特征。

4）模型选择。

模型需要根据需求进行选择，首先确认问题类型，是分类还是回归，然后根据具体要求来选择适合的算法模型。选择哪个模型，与问题领域、数据量大小、训练时长、模型的准确度等都密切相关，需要对各种机器学习算法模型有一定的了解。

5）模型训练和测试

把数据集分成训练集和测试数据集，然后用训练集来训练模型，训练出数后再使用测试数据集来测试模型的准确度。

6）模型性能评估与优化

模型训练完毕后，需要对机器的算法模型进行性能评估，性能评估包括很多方面，如训练模型花费多少时间、模型的泛化性如何等。另外，还需要判断数据集中的数据是否足够多，一般而言，对于复杂特征的系统，训练数据集越大越好。然后还需要判断模型的准确性，即对一个新的数据能否准确进行预测。最后需要判断模型是否能满足应用场景的性能要求，如果不能满足要求就需要优化，然后继续对模型进行练习和评估，或者更换为其他模型。

2. 深度学习

（1）深度学习之"深度"

深度学习是机器学习的一个分支领域，它是从数据中学习表示的一种新方法，强调从连续的层中进行学习，这些层对应于越来越有意义的表示。"深度学习"中的"深度"指的并不是利用这种方法所获取的更深层次的理解，而是指一系列连续的表示层，数据模型中包含多少层，即被称为模型的深度。现代深度学习通常包含数十个甚至上百个连续的表示层，这些表示层全都是从训练数据中自动学习的。与此相反，其他机器学习方法的重点往往是仅仅学习一两层的数据表示，因此有时也被称为浅层学习。

在深度学习中，这些分层表示几乎总是通过被称为神经网络的模型来学习得到的。神经网络的原理是受我们大脑的生理结构——互相交叉相连的神经元启发，但与大脑中一个神经元可以连接一定距离内的任意神经元不同，人工神经网络具有离散的层相互连接并进行数据传播。

例如，我们可以把一幅图像，输入到神经网络的第一层，在第一层的每一个神经元都把数据传递到第二层，第二层的神经元也是完成类似的工作，把数据传递到第三层，以此类推，直到最后一层，然后生成结果。每一个神经元都为它的输入分配权重，这个权重的正确与否与其执行的任务直接相关。最终的输出由这些权重加总来决定。

（2）深度学习的工作原理

在神经网络中，每层对输入数据所做的具体操作保存在该层的权重中，其本质是一串数字。用术语来说，每层实现的变换由其权重来参数化。权重有时也被称为该层的参数。在这种语境下，学习的意思是为神经网络的所有层找到一组权重值，使得该网络能够将每个示例输入与其目标正确地一一对应。但是，一个深度神经网络可能包含数千万个参数，找到所有参数的正确取值可能是一项非常艰巨的任务，特别是考虑到修改某个参数值将会影响其他所有参数的行为。

神经网络的权重参数如图 8 - 3 所示。

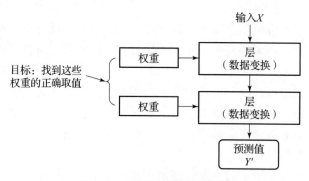

图 8 - 3　神经网络的权重参数

想要控制神经网络的输出，就需要能够衡量该输出与预期值之间的距离，这是神经网络损失函数的任务，该损失函数也叫目标函数。损失函数的输入是网络预测值与真实目标值，然后计算一个距离值，以衡量该网络在这个示例上的效果，如图 8 - 4 所示。

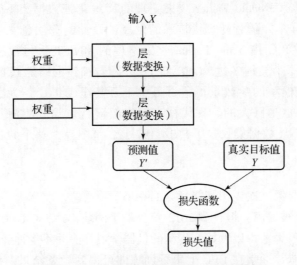

图 8 - 4　神经网络的优化目标——损失函数

　　深度学习的基本技巧是利用这个距离值作为反馈信号来对权重值进行微调，以降低当前示例对应的损失值。这种调节由优化器来完成，它实现了所谓的反向传播算法，这是深度学习的核心算法。如图 8 - 5 所示。

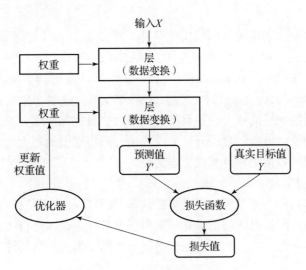

图 8 - 5　权重参数的反馈调节

　　由于一开始对神经网络的权重随机赋值，因此网络只是实现了一系列随机变换，其输出结果自然也与理想值相去甚远，相应地，损失值也很高。但随着网络处理的实例越来越多，权重值也在向正确的方向逐步微调，损失值也逐渐降低。将这种循环重复足够多的次数，得到的权重值可以使损失函数最小，而输出值与目标值整体上也最为接近，此时就完成了网络的训练。

　　（3）深度学习特点

　　1）数据量

　　早期的机器学习算法比较简单，容易快速训练，需要的数据集规模也比较小，如

1936 年由英国统计学家 Ronald Fisher 收集整理的鸢尾花卉数据集 Iris 共包含 3 个类别花卉，每个类别 50 个样本。随着计算机技术的发展，设计的算法越来越复杂，对数据量的需求也随之增大。1998 年由 Yann LeCun 收集整理的 MNIST 手写数字图片数据集共包含 0 ~ 9 共 10 类数字，每个类别多达 7 000 张图片。随着神经网络的兴起，尤其是深度学习，网络层数一般较深，模型的参数量可达百万、千万甚至十亿个，为了防止过拟合，需要的数据集的规模通常也是巨大的。现代社交媒体的流行也让收集海量数据成为可能，如 2010 年发布的 ImageNet 数据集收录了共 14 197 122 张图片，整个数据集的压缩文件大小就有 154 GB。

2）计算能力。

计算能力的提升是第三次人工智能复兴的一个重要因素。实际上，现代深度学习的基础理论在 1980 年就已经被提出，但直到 2012 年，基于两块 GTX580 GPU 训练的 AlexNet 发布后，深度学习的真正潜力才得以发挥。传统的机器学习算法并不像神经网络这样对数据量和计算能力有严苛的要求，通常在 CPU 上串行训练即可得到满意结果。但是深度学习非常依赖并行加速计算设备，目前的大部分神经网络均使用 NVIDIA GPU 和 Google TPU 等并行加速芯片训练模型参数。如围棋程序 AlphaGo Zero 在 64 块 GPU 上从零开始训练了 40 天才得以超越所有的 AlphaGo 历史版本，自动网络结构搜索算法使用了 800 块 GPU 同时训练才能优化出较好的网络结构。

3）网络规模

早期的感知机模型和多层神经网络层数只有 1 层或者 2 ~ 4 层，网络参数量也在数万左右。随着深度学习的兴起和计算能力的提升，AlexNet（8 层）、VGG16（16 层）、GoogLeNet（22 层）、ResNet50（50 层）、DenseNet121（121 层）等模型相继被提出，同时输入图片的大小也从 28×28 逐渐增大，变成 224×224、299×299 等，这些变化使得网络的总参数量可达到千万级别。但网络规模的增大，使得神经网络的容量也相应增大，从而能够学习到复杂的数据模态，模型的性能也会随之提升；另一方面，网络规模的增大，意味着更容易出现过拟合现象，训练需要的数据集和计算代价也会变大。

（4）深度学习应用

深度学习技术是目前飞速发展的无人驾驶汽车/飞机以及武器装备背后的一项关键技术，在自动驾驶中可以通过图像识别与信号处理来识别停车标志或区分行人、车辆与路灯柱等障碍物。此外，深度学习是手机、平板电脑、智能电视机和语音控制器等消费类设备中智能语音控制的关键。

深度学习可以进行训练学习，以预测—控制智能制造过程产品的质量，例如生产线目标识别、云制造中机器人规划、切削过程刀具磨损监测、增材制造过程缺陷监测等，针对制造过程的深度学习应用，可以参考无人驾驶汽车针对图像处理的框架与逻辑。在制造过程中应用的深度学习模型可以按照图 8 – 6 分为两类，即图 8 – 6（a）所示基于模型的深度学习与图 8 – 6（b）所示现成的深度学习模型，基于模型的深度学习可以针对制造中的特定问题，例如激光粉末床熔融逐层打印的稀缺数据建立神经网络迭代解决方案；现成的深度学习模型（如 AlexNet 或 GoogLeNet）通常具有较大的神经网络，可以直接使用，也可以根据不同制造场景进行微调训练后使用。

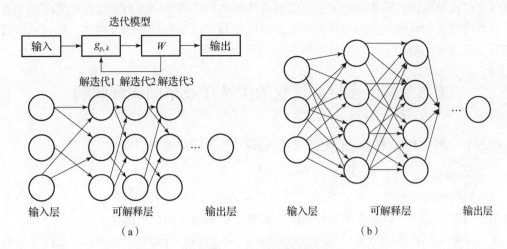

图 8 - 6　深度学习模型

（a）基于模型的深度学习；（b）现成的深度学习模型

近年来，深度学习随着计算机技术的飞速发展得到了学术界和工业界的广泛关注，取得了一系列前所未有的研究与应用成果。深度学习利用强大的计算模型和计算机硬件/软件系统直接从图像、文本或传感器信号中学习并执行分类或回归任务，可以达到非常好的预测与执行准确性。深度学习已经发展到在某些任务中远优于人类的程度，例如 Deep-Mind 研发的 AlphaGo 人工智能围棋系统和 AlphaStar 星际争霸 II 人工智能系统，均成功地击败了领域顶级职业选手，证明了深度学习框架的预测与学习能力可以优于人类。如图 8 - 7 所示。

图 8 - 7　DeepMind 研发的 AlphaGo 人工智能围棋系统和 AlphaStar 星际争霸 II 人工智能系统

目前，深度学习的重要性主要体现在比以往其他算法实现了更多维度与更高水平上的准确性和快速性，有助于制造业与消费电子产品更容易满足用户期望。基于深度学习的应用程序被广泛用于自动驾驶与医疗设备行业，对于自动驾驶技术，各公司研究人员正在使用深度学习来自动检测停车标志、交通信号灯与障碍物等物体以减少事故的发生。在航空航天和国防领域，深度学习可用于识别来自卫星的目标区域信号，并确定部队的区域安全性，以及用来预测航空航天发动机的使用寿命等。在医学研究领域，癌症研究人员正在使用深度学习来自动检测癌细胞，细胞的检测需要采用先进的显微镜生成高维数据集，并开发用于深度学习的应用程序训练，以准确识别各种各样的癌细胞。在工业自动化、制造与装配领域，深度学习可以通过自动检测人或物体何时在机器的危险距离内，来帮助提高重型机械周围的工人安全，并可通过各种算法来检测与预测制造产品的质量，以提高产品的合格率。在自然语言处理领域，深度学习被用于文本生成、语音识别与合成等任务。

8.3　基于多目标优化的柔性作业车间调度问题

8.3.1　多目标柔性作业车间调度问题

1. 问题描述

为克服传统的"刚性"自动化生产线主要实现单一品种的大批量生产，并适应当今大部分企业的多品种、小批量离散生产模式，柔性制造系统开始大量出现。

柔性作业车间调度问题（Flexible Job‑Shop Scheduling Problem，FJSSP）是传统作业车间调度问题（Job‑Shop Scheduling Problem，JSSP）的扩展。在柔性作业车间中，生产调度是对生产订单拆分后的各生产批次，根据生产作业计划、设备状态等数据信息，选择合适的工艺路线，并对生产设备工艺参数进行组合调整，最终实现产品订单生产的过程。同传统车间调度问题不同的是，柔性作业车间除了需要对产品订单进行划分，并通过生产设备调度实现订单生产外，还需要对产品工艺路线进行选择，从而实现对生产调度目标的进一步优化。

在调度目标的选择方面，最常见的调度目标是最低化生产制造成本。生产制造成本作为企业运营开支的重要板块，组成生产成本的因素也来自方方面面。除了传统作业车间中常被考虑的工艺切换成本、人员工时成本、订单延期罚款外，在柔性作业生产模式下，因产品工艺路线调整所导致的工序工艺变化会直接影响各工序的物料消耗、设备能耗等因素的变动，也将直接影响到在作业调度过程中对产品工艺路线的选择。

总的来说，柔性生产车间调度需要解决产品的加工工序排序以及产品的工序对应加工设备选择两个子问题。在此基础上，需要尽量完成规定的调度目标，为每个问题寻找合适的算法解决方案，保证整体解决方案符合柔性生产车间调度问题的要求。

2. 问题的数学模型

柔性作业车间调度问题可以描述为：工件集 J 里的 n 个工件 $\{J_1,J_2,\cdots,J_n\}$ 在机器集 M 里的 m 台机器 $\{M_1,M_2,\cdots,M_n\}$ 上进行加工，每个工件 J_i 包含一道或者多道工序，工序顺序是预先确定的，每道工序可以在多台不同加工机器上进行加工，工序的加工时间随加工机器的不同而不同。调度的目标是为每道工序确定一台合适的加工机器（机器分配子问题），并对每台机器上分配的所有工序进行排列，以确定其开始加工时间（工序排序子问题），使所设定的优化目标达到最优。

柔性作业车间调度问题按照机器分配的限制可以进一步分为完全柔性作业车间调度（Total FJSSP，T‑FJSSP）和部分柔性作业车间调度（Partial FJSSP，P‑FJSSP）。如果每一道工序都可以被所有的机器加工，则该 FJSSP 为 T‑FJSSP。如果存在至少一道工序，其只能在部分机器上加工，则该问题为 P‑FJSSP。因此，T‑FJSSP 可以看成是 P‑FJSSP 的一个特例，P‑FJSSP 比 T‑FJSSP 更符合实际的生产情境，研究 P‑FJSSP 将更具有意义且更加困难。

在以上问题中，工件工序在加工过程中要满足以下约束：

1）所有机器都相互独立且所有机器在零时刻均可用；

2）同一时刻、同一台机器只能加工一道工序；

3）同一工件的同一道工序在同一时刻只能被一台机器加工；

4）同一工件的工序之间有先后约束，不同工件的工序之间没有先后约束；

5）所有工件的优先级相同；

6）工序在加工过程中不能中断。

部分使用符号的含义见表 8-2。

表 8-2 符号含义表

符号	描述
n	工件总数
m	机器总数
Ω	总的机器集
i, e	机器序号，$i, e = 1, 2, 3, \cdots, m$
j, k	工件序号，$j, k = 1, 2, 3, \cdots, n$
h_j	第 j 个工件的工序总数
l	工序序号，$l = 1, 2, 3, \cdots, h_j$
Ω_{jh}	第 j 个工件的第 h 道工序的可选加工机器集
m_{jh}	第 j 个工件的第 h 道工序的可选加工机器数
O_{jh}	第 j 个工件的第 h 道工序
M_{ijh}	第 j 个工件的第 h 道工序在机器 i 上加工
p_{ijh}	第 j 个工件的第 h 道工序在机器 i 上的加工时间
s_{jh}	第 j 个工件的第 h 道工序加工开始时间
c_{jh}	第 j 个工件的第 h 道工序加工完成时间
L	一个足够大的正数
d_j	第 j 个工件的交货期
C_j	每个工件的完成时间
$C_{\max}$	最大完工时间
T_o	$T_o = \sum\limits_{j=1}^{n} h_j$，所有工件工序总数
x_{ijh}	如果工序 O_{jh} 选择机器 i，则为 1，反之则为 0
y_{ijhkl}	如果 M_{ijh} 先于 M_{ikl} 加工，则为 1，反之则为 0

上面问题描述对应的数学模型描述如下：

$$s_{jh} + x_{ijh} \times p_{ijh} \leqslant c_{jh} \tag{8-6}$$

$$c_{jh} \leqslant s_{j(h+1)} \tag{8-7}$$

式中　$j = 1,2,3,\cdots,n$；

　　　$h = 1,2,3,\cdots,h_j - 1$。

$$c_{jh} \leqslant C_{\max} \tag{8-8}$$

式中　$j = 1,2,3,\cdots,n$。

$$s_{jh} + p_{ijh} \leqslant s_{kl} + L(1 - y_{ijhkl}) \tag{8-9}$$

式中　$j = 1,2,3,\cdots,n$；$k = 1,2,3,\cdots,n$；$h = 1,2,3,\cdots,h_j$；$l = 1,2,3,\cdots,h_k$；$i = 1,2,3,\cdots,m$。

$$c_{jh} \leqslant s_{j(h+1)} + L(1 - y_{iklj(h+1)}) \tag{8-10}$$

式中　$j = 1,2,3,\cdots,n$；$k = 0,1,2,\cdots,n$；$h = 1,2,3,\cdots,h_j - 1$；$l = 1,2,3,\cdots,h_k$；$i = 1,2,3,\cdots,m$。

$$\sum_{i=1}^{m_{jh}} x_{ijh} = 1 \tag{8-11}$$

式中　$h = 1,2,3,\cdots,h_j$；$j = 1,2,3,\cdots,n$。

$$\sum_{j=1}^{n} \sum_{h=1}^{h_j} y_{ijhkl} = x_{ikl} \tag{8-12}$$

式中　$i = 1,2,3,\cdots,m$；$k = 1,2,3,\cdots,n$；$l = 1,2,3,\cdots,h_k$。

$$\sum_{j=1}^{n} \sum_{h=1}^{h_j} y_{ijhkl} = x_{ijh} \tag{8-13}$$

式中　$i = 1,2,3,\cdots,m$；$j = 1,2,3,\cdots,n$。

$$s_{jh} \geqslant 0, c_{jh} \geqslant 0 \tag{8-14}$$

式中　$j = 1,2,3,\cdots,n$；$h = 1,2,3,\cdots,h_j$。

式（8-6）和式（8-7）表示每一个工件的工序先后顺序约束；式（8-8）表示工件完工时间的约束，即每一个工件的完工时间不可能超过总的完工时间；式（8-9）和式（8-10）表示同一时刻、同一台机器只能加工一道工序；式（8-11）表示机器约束，即同一时刻同一道工序只能且仅能被一台机器加工；式（8-12）和式（8-13）表示每一台机器存在循环操作；式（8-14）表示各个参数变量必须是正数。

8.3.2　多目标柔性作业车间调度算法模型

1. 优化目标

企业的不同部门分别从自己利益出发对车间调度决策寄予不同的期望，销售部门希望更好地满足对客户承诺的交货期，制造部门希望降低成本、提高工作效率，企业高层则希望尽可能地提高现有资源的利用率。忽略任何一个部门的利益对企业整体的发展都是不利的，寻求多方利益的合理折中成为生产调度决策的关键。据此，本部分分别从完成时间、机器最大负荷、总机器负荷3个方面建立优化目标。

（1）最大完工时间最小

完工时间是每个工件最后一道工序完成的时间，其中最大的那个时间就是最大完工时间

（Makespan）。它是衡量调度方案的最根本的指标，主要体现车间的生产效率，也是 FJSP 研究中应用最广泛的评价指标之一，可表示为

$$f_1 = \min\left(\max_{1 \leqslant j \leqslant n}(C_j)\right) \tag{8-15}$$

（2）机器最大负荷最小

在 FJSP 求解中，存在选择机器的过程，各台机器的负荷随着不同的调度方案而不同。负荷最大的机器就是瓶颈设备。要提高每台机器的利用率，必须使得各台机器的负荷尽量小且平衡，可表示为

$$f_2 = \min\left(\max_{1 \leqslant j \leqslant m}\sum_{j=1}^{n}\sum_{h=1}^{h_j} p_{ijh} x_{ijh}\right) \tag{8-16}$$

（3）总机器负荷最小

工序在不同机器上的加工时间是不同的，那么总的机器负荷随着不同的调度方案而不同。应尽量使最大完工时间一样的情况下，减少所有机器的总消耗，可表示为

$$f_3 = \min\left(\sum_{i=1}^{m}\sum_{j=1}^{n}\sum_{h=1}^{h_j} p_{ijh} x_{ijh}\right) \tag{8-17}$$

2. 多目标优化基础知识

多目标优化问题（Multi-objective Optimization Problem，MOP）也称为向量优化问题或多准则优化问题。多目标优化问题可以描述为：在可行域中确定由决策变量组成的向量，它满足所有约束，并且使得由多个目标函数组成的向量最优化。而这些组成向量的多个目标函数彼此之间通常都是互相矛盾的，因此这里的"优化"意味着求一个或一组解向量，使目标向量中的所有目标函数满足设计者的要求。

与单目标优化问题不同，多目标优化问题的解不是唯一的，而是存在一个最优解集合，称为 Pareto 最优解集，集合中的元素称为 Pareto 最优或非劣最优。对于实际问题，一般根据对问题的了解程度和决策人员的个人偏好，从多目标优化问题的 Pareto 最优解集中挑选出一个或多个解来作为所求多目标优化问题的最优解。

对于多目标优化方法，根据优化过程中是否使用进化算法，将其分成两类：一类是传统多目标优化方法；另一类是多目标优化进化算法。

1）传统多目标优化方法要么是直接将多个目标合并为一个目标处理，要么是每次考虑一个目标而其他目标通过不同方式（如排序等）作为约束进行优化。传统方法一般包括加权和方法、目标规划、e-约束法、字典排序法、层次分析法、多属性效用理论等。大多数情况下，采用这些方法求解时，需要根据问题的先验知识选取合适的参数，并且往往只能得到一个 Pareto 最优解。为了获得更多的 Pareto 最优解，需要多次调整参数，并多次运行。由于每次优化过程是相互独立的，因此得到的结果往往不一致，使得决策者很难有效进行决策。

2）多目标优化进化算法主要在解决多目标优化问题时引入进化算法进行优化。进化算法是以种群迭代为基础的，可以同时搜索问题解空间中的多个区域，进化的结果是一群解，利用它可以在一次运行中求出问题的多个解甚至全部解。因此，进化算法比较适合多目标优化问题的求解。

学界的研究热点主要集中在多目标优化进化算法上，这也是本节具体介绍的内容。自从 Schaffer 在 1985 年提出第一个多目标进化算法向量评估遗传算法（VEGA）以来，研究人员采用各自不同的适应值分配策略、选择策略、多样性保持策略、精英策略及约束条件处理策

略等，对简单进化算法进行改进，涌现出众多优秀的多目标进化算法。比较有代表性的有 Horn 等在 1994 年提出的 Pareto 遗传算法（NPGA）。同年，Srinivas 和 Deb 设计了一种非支配排序遗传算法（NSGA）。1999 年，Zitzler 和 Thiele 提出了强度 Pareto 进化算法（SPEA）。在 2001 年，Zitzler 等又提出了 SPEA2 算法。2002 年，Deb 等对 NSGA 算法进行了改进，提出了 NSGAM 算法。

在实际应用中，如何对多个最优解进行决策，如何将决策信息与优化过程相结合以得到一个满意的折中解，是多目标优化的关键问题之一，即优化与决策的先后顺序问题。目前主要有三种方式：决策先于优化、决策与优化交替及优化先于决策。

1）决策先于优化的方式为决策者事先对各个目标赋予权值，将多个目标按权值合成单个目标函数，转化为单目标优化问题。

2）决策与优化交替进行的方式较少使用，这需要决策者在优化的过程中，不断得到优化结果的反馈信息，通过调整优化参数和方法，指导优化算法的继续进行。

3）优化先于决策的方式，即在优化过程中不需要利用决策者的偏好信息，首先求出多目标问题的 Pareto 最优解集，然后再由决策者按照一定的决策方法从中选出符合要求的解。

综上分析，在设计多目标优化算法时，必须考虑适应值分配策略、选择策略、多样性保持策略及精英策略等。在求解复杂的实际工程问题时，最终所得到的解往往并不是真正的 Pareto 最优解。因此，在设计算法时，必须考虑以下两个关键问题：

1）如何设计有效地适应值分配策略来评价种群中解的优劣，以及采用何种选择策略获得与 Pareto 最优前端之间的距离最短的非支配解。

2）如何避免算法早熟，并且保持种群的多样性，获得均匀分布且范围最广的非支配解。

3. 基于 Pareto 的多目标 MOGV 混合算法流程

此算法将具有全局搜索能力的遗传算法与具有局部搜索能力的变邻域搜索算法进行优势组合，同时结合改进的基于 Pareto 多目标优化方法，设计一种基于遗传与变邻域搜索的混合算法（Multi – Objective Genetic and Variable Neighborhood Search，MOGV）。MOGV 算法流程图如图 8 – 8 所示。

MOGV 算法求解多目标 FJSP 的执行步骤如下。

步骤 1　确定参数设置，包括种群规模 P、最大迭代次数 G、GS 占种群比例 P_{GS}、LS 占种群比例 P_{LS}、RS 占种群比例 P_{RS}、变异概率 P_m 等，并初始化种群。

步骤 2　评价种群中个体的适应值，对种群进行非支配解排序，找出当前种群的非劣解，然后将非劣解与外部 P_{GS} 记忆库中的非劣解进行比较，并更新外部记忆库。

步骤 3　判断是否满足算法终止准则（终止准则是迭代次数到最大迭代次数）。如果满足，停止迭代，返回最优解；否则转到步骤 4。

步骤 4　按照交叉概率 P_c（$P_c = 1 - CurIterStep/G$，其中 CurIterStep 表示当前迭代的次数）选择下面两种方式之一进行操作，直到产生的个体达到种群数为止。

1）从记忆库中随机选取一个个体，从当前种群中利用轮盘赌方法选择一个个体，分别对机器选择部分和工序排序部分进行交叉。

2）从当前种群中利用轮盘赌方法选择两个个体，分别对机器选择部分和工序排序部分进行交叉。

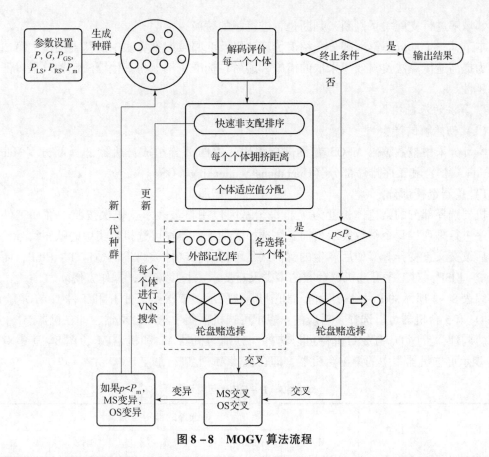

图 8 - 8　MOGV 算法流程

步骤 5　对当前种群中的每一个个体，按照一定变异概率 P_m 进行变异操作，用变异后得到的个体取代当前个体。

步骤 6　对外部记忆库中的非劣解，利用两种特定的邻域结构进行变邻域搜索，用更新后的个体取代当前个体。

步骤 7　转到步骤 2。

8.3.3　基于 Pareto 的多目标 MOGV 混合算法详细介绍

本部分将具有全局搜索能力的遗传算法与具有局部搜索能力的变邻域搜索算法进行优势组合，同时结合改进的基于 Pareto 多目标优化方法，设计一种基于 Pareto 的多目标 MOGV 混合算法。在 MOGV 算法中采用以下几种策略保证算法的有效性和高效性。

1）采用基于 Pareto 支配关系的非劣解快速排序方法，此方法比较适合离散的组合优化问题，对种群中的解进行分类，促使进化过程达到最终的 Pareto 解成为可能，并进行个体适应值的分配。

2）整个搜索过程采用两种方法来维持种群的多样性：一是采用动态的交叉概率；二是采用拥挤距离。

3）采用外部记忆库策略，保留进化过程中产生的所有非劣解。本章中外部记忆库不仅保存进化过程中产生的非劣解，而且参与新种群的产生。

4）变邻域搜索算法仅对外部记忆库中的非劣解进行局部搜索，提高搜索效率，并对产生的邻域解进行支配关系判断，判断是否进行解的替换。

本节共三个部分。第一部分介绍遗传算法以及变邻域搜索算法中的基础操作，第二部分介绍为提高遗传算法搜索效率采取的措施，最后在标准实例上与其他算法比较效果以证明算法优越性。

1. 算法的基础操作

（1）初始解的产生

本部分采用整数编码 MSOS 方案进行编码，由两部分组成：机器选择部分（Machines Selection，MS）和工序排序部分（Operations Sequencing，OS）。

1）机器选择部分。

机器选择部分的染色体长度为 T_o，每个基因位用整数表示，依次按照工件和工件工序的顺序进行排列，每个整数表示当前工序选择的加工机器在可选机器集中的顺序编号，这保证了后续交叉、变异等操作后产生的解仍然是可行解。这种编码不但适应 T – FJSP，而且更适合 P – FJSP，对工序可选机器台数的多少没有要求，长度确定，操作方便。

以表 8 – 3 所示的 P – FJSP 为例。如图 8 – 9 所示，依次是工件 J_1 和工件 J_2 的所有工序。工序 O_{11} 有 5 台机器可以选择，对应的 4 表示可选机器集中第 4 台机器，即在机器 M_4 上进行加工。同理，工序 O_{12} 有 2 台机器可以选择，分别为机器 M_2 和机器 M_4，图 8 – 9 中对应的"1"表示可选机器集中的第 1 台机器，即在机器 M_2 上进行加工。

表 8 – 3　P – FJSP 问题示例

工件	工序	可选择的加工机器				
		M_1	M_2	M_3	M_4	M_5
J_1	O_{11}	2	6	5	3	4
	O_{12}	—	8	—	4	—
J_2	O_{21}	3	—	6	—	5
	O_{22}	4	6	5	—	—
	O_{23}	—	7	11	5	8

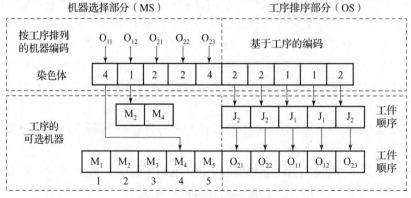

图 8 – 9　FJSP 染色体编码

2）工序排序部分。

当工序的加工机器确定后，对工序的排序类似一般 JSSP。此部分采用 Gen（2005 年）提出的基于工序的编码方式进行编码，染色体长度等于所有工件的工序之和 T_o。每一个基因用工件号直接编码，工件号出现的顺序表示该工件工序间的先后加工顺序，即对染色体从左到右进行编译，对于第 h 次出现的工件号，表示该工件 j 的第 h 道工序，并且工件号的出现次数等于该工件的工序总数 h_j。如此编码柔性很高，可满足调度规模变化、工件工序数不定等各种复杂情况，而且任意置换染色体中的顺序后总能得到可行调度，在解码过程中可以产生活动调度。

如图 8 - 10 所示，假设工序染色体为［2 2 1 1 2］，则其中第一个"2"表示工件 J_2 的工序 O_{21}，第二个"2"表示工件 J_2 的工序 O_{22}。以此类推，转换成各工件工序的加工顺序为 $O_{21} \rightarrow O_{22} \rightarrow O_{11} \rightarrow O_{12} \rightarrow O_{23}$。

（2）交叉操作

交叉的目的是利用父代个体经过一定操作组合后产生新个体，在尽量降低有效模式被破坏的概率的基础上对解空间进行高效搜索，决定了 GA 的全局搜索能力。本部分分别对机器选择部分和工序排序部分进行交叉操作。

1）机器选择部分。

机器选择部分必须保证每位基因的先后顺序保持不变，采用均匀交叉操作。

步骤 1　在区间［$1, T_o$］内随机产生一个整数 r。

步骤 2　按照随机数 r 再随机产生 r 个互不相等的整数。

步骤 3　依照步骤 2 中产生的整数 r，将父代染色体 P_1 和 P_2 中对应位置的基因复制到子代染色体 C_1 和 C_2 中，保持它们的位置和顺序。

步骤 4　将 P_1 和 P_2 余下的基因依次复制到 C_2 和 C_1 中，保持它们的位置和顺序。

如图 8 - 10 所示，随机产生 2 个位置，将 P_1 中对应位置部分复制到 C_1 中，然后将 P_2 对应剩余部分复制到 C_1 中，而产生新的个体。

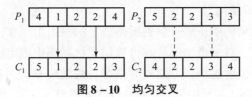

图 8 - 10　均匀交叉

2）工序排序部分。

本部分改进了改进 Kacem I（2003 年）中的 POX 交叉方法，每个染色体中对多个工件进行操作，能够较好地继承父代个体的优良特征。

步骤 1　将工件集 $\{J_1, J_2, \cdots, J_n\}$ 随机划分为两个工件集 Jobset1 和 Jobset2。

步骤 2　复制父代染色体 P_1 和 P_2 中包含在工件集 Jobset1/Jobset2 中的工件到 C_1/C_2，保持它们的位置和顺序。

步骤 3　将 P_1 和 P_2 中不包含在工件集 Jobset1/Jobset2 中的工件复制到 C_1/C_2，保持它们的顺序。

如图 8 - 11 所示，含有 5 个工件，其中一个工件集中包含工件 J_1 和工件 J_3。将 P_1 中包含工件 J_1、J_3（1、3）的对应部分复制到 C_1 中，然后将 P_2 中去掉工件 J_1、J_3（1、3），将剩

下的部分复制到 C_1 中，从而产生新的个体。

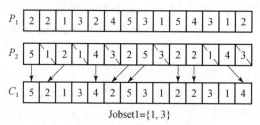

Jobset1={1, 3}

图 8 – 11　POX 交叉

（3）变异操作

变异操作通过随机改变染色体的某些基因对染色体进行较小扰动来生成新的个体，增加种群多样性，并在一定程度上影响着 GA 的局部搜索能力。本章结合 FJSP 特点，设计变异方法如下：

步骤 1　在变异染色体中随机选择 r 个位置。

步骤 2　依次选择每一个位置，对每一个位置的机器设置为当前工序可选机器集中加工时间最短的机器。

对于工序排序部分，采用基于邻域搜索变异操作。在变异染色体 MS 部分不变的情况下，本书采用基于邻域搜索变异方法，可以更好地通过局部范围内的搜索找到适合 MS 的工序排序，改善子代性能。其步骤如下。

步骤 1　在变异染色体中随机选择 r 个不同基因，并生成其排序的所有邻域。

步骤 2　评价所有邻域的适应值，选出最佳个体作为子代。

（4）邻域结构

在变邻域搜索算法中，邻域结构的设计是否合理对变邻域搜索算法的寻优性能将产生直接影响。本章结合变邻域搜索算法特点，主要采用两种邻域结构，即移动一道工序邻域结构和移动两道工序邻域结构。

1）移动一道工序邻域结构。

在移动一道工序邻域结构中，通过对关键路径上的一道工序在机器链表中的位置进行移动或插入操作来得到新解。对一道工序从在可选加工机器集中确定加工机器，以及选定机器之后如何插入到可行节点位置这两个方面同时考虑。假设用 O 表示所有工序的集合，即 $O = \{O_{jh}\,|\,j=1,2,\cdots,n;1\leqslant h\leqslant h_j\}$，其中第 j 个工件包含 h_j 个工序；G 表示当前调度解的有向图，G^- 表示将节点工序 $v(v\in O)$ 移除后的有向图，G' 表示将工序 v 插入到 G^- 之后的有向图；工序 v 的可选加工机器集为 Ω_v。那么工序 v 在关键路径上的移动和插入操作如下。

步骤 1　删除节点 v 与同一台机器上其他节点的弧连接，设置节点 v 的权值为零。

步骤 2　从 v 的可选加工机器集中选择一台机器 $i(i\in\Omega_v)$，将 v 分配给机器 i，并且选择合适的插入位置，设置节点 v 的权值即在机器 i 上的加工时间为 P_{iv}。

2）移动两道工序邻域结构。

对于两道工序邻域结构的操作主要集中在工序排序部分，对机器选择部分不进行操作。此邻域结构改进了 Nowicki 和 Smutnicki（1994 年）提出的邻域结构，同样是基于关键路径上的关键块进行操作的，并且由于此邻域结构比其他邻域结构小得多，所以计算速度非常快。针对 FJSP 特点，如图 8 – 12 所示，对它的邻域解产生过程进行了以下扩充。

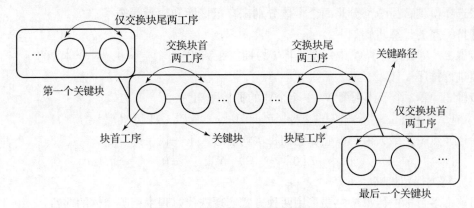

图 8 - 12　移动两道工序的邻域结构

①除第一个和最后一个关键块之外的所有关键块，仅交换关键块的块首和块尾两个工序。

②如果第一个关键块包含两道以上关键工序，则只交换块尾相连的两道工序；如果最后一个关键块包含两道以上关键工序，则只交换块首相连的工序；如果它们只包含两道关键工序，那么只交换此两道工序。

③如果关键块中只包含一道关键工序，则不进行任何交换操作。

④如果关键块中进行交换的相邻的两道工序属于同一个工件，则不交换。

上述中的操作④主要是为了保证同一工件的工序先后加工顺序约束。由于在 FJSP 中，同一个工件可以多次被同一台机器进行加工，为了保证工件的工序约束，因此在关键块中，两道工序进行交换时必须考虑是否属于同一个工件，若属于同一个工件则不进行交换。

2. 算法的优化策略

（1）适应值分配策略

在多目标柔性作业车间调度问题的优化过程中，适应值分配（Fitness assignment）是一个关键问题。对于单目标问题，解的适应度函数与目标函数是一致的，可以方便地对解进行排序比较。但是，在多目标优化中，多个目标之间相互冲突，难以通过简单的排序评价解的优劣，必须对多个目标进行综合考虑。本章采用 NSGA - II 算法中的快速非支配排序方法。NSGA - II 非常适合于离散的组合优化问题。将种群 P 依据个体之间的支配关系分成互不相交的且具有支配关系的子群体 $P_1 < P_2 < \cdots < P_r$。其中，S_p 表示受个体 p 支配的集合，n_p 表示支配个体 p 的个体数，具体的执行步骤如下。

步骤 1　对于种群 P 中任一个体 p，令 $S_p = 0$，$n_p = 0$。对于 P 中任一个体 q，若 $p < q$，则令 $S_p = S_p \cup \{q\}$；否则，若 $q < p$，则令 $n_p = n_p + 1$；若 $n_p = 0$，则令 $p_{rank} = 1$，$P_1 = P_1 \cup \{p\}$。

步骤 2　令 $i = 1$，当 $P \neq 0$ 时，设 $Q \neq 0$。对于每个个体 $q \in S_p$，令 $n_q = n_q - 1$，若 $n_q = 0$，则 $q_{rank} = i + 1$；令 $Q = Q \cup \{q\}$，$i = i + 1$，$P_i = Q$。

步骤 3　若 $P_i = 0$，则停止。否则转入步骤 2。

（2）种群多样性保持策略

多目标优化进化算法在进化过程中的一个关键问题是：必须采取有效措施避免进化结果收敛至单个解，尽可能得到一组分布均匀的非劣解集。本章主要采用两种方法来保证种群的多样性：动态交叉概率和拥挤距离。

动态交叉概率是变化的，也就是在选择个体进行交叉时，一部分是两个个体都通过轮盘赌方法选择得到，另一部分是两个个体分别来自记忆库和轮盘赌选择。

拥挤距离的计算步骤如下。

步骤 1 初始化种群 N 中每个个体 i 的拥挤距离 $P[i]_{\text{distance}} = 0$，对个体 i 的每个子目标函数值进行排序。

步骤 2 第 2 个个体到第 $N-1$ 个个体的拥挤距离为

$$P[i]_{\text{distance}} = P[i]_{\text{distance}} + (P[i+1] \cdot m - P[i-1])/(f_{\text{m}}^{\text{max}} - f_{\text{m}}^{\text{min}})$$

给边界点一个最大值，以确保它们每次均能选入下一代，即

$$P[0]_{\text{distance}} = P[N]_{\text{distance}} = 0$$

（3）精英保留策略

目前，多目标遗传算法主要采用两种方式实现迭代过程中精英个体的保留：一种是新旧种群合并，在混合后的种群中进行选择种群数目的个体；另一种是采用独立于进化群体的外部记忆库，保留与更新算法进化过程中搜索到的非劣解。

在进化过程中，若更好地利用非劣解的优良信息，则可以加快算法的收敛速度。因此，引入外部记忆库，记忆库中的个体参与新种群个体的产生。每一次对新种群评价排序之后，都需要对外部记忆库进行更新，由于 FJSP 是离散问题，外部记忆库记录进化过程中产生的所有非劣解，在每次更新时，新解与记忆库中的所有解进行比较：如果新解被记忆库中某个解所支配，则丢弃新解；如果新解支配记忆库中的某个解，则用新解替换记忆库中的当前解；如果没有支配关系存在，则将新解加入记忆库。

3. 计算结果及分析

为了验证比较算法性能，本章使用了一些数据集进行测试，数据集来自 Kacem 等（2002 年），包括三个柔性作业车间问题实例 [问题用 n（工件数）× m（机器数）表示]，分别是 8 个工件在 8 台机器上加工的 8×8 的 P–FJSP，10 个工件在 10 台机器上加工的 10×10 的 T–FJSP，以及 15 个工件在 10 台机器上加工的 15×10 的 T–FJSP。这三个问题是非常具有代表性的。

算法采用 VisualC++ 编程，程序在处理器为 P4CPU、主频为 1.8 GHz、内存为 512 MB 的个人计算机上运行。运行参数为：种群规模 $P = 200$，GS 比例为 0.6，LS 比例为 0.3，RS 比例为 0.1。种群的最大迭代次数 G 为 200，变异概率 $P_{\text{m}} = 0.01$。

（1）8×8 问题

8×8 问题共有 8 台机器、8 个工件，总共 27 道工序，平均每道工序有多台机器可供选择加工。仿真实验连续运行了 10 次所得结果如表 8–4 所示，即 MOGV 算法在求解结果和时间上都优于其他算法。

表 8–4　8×8 问题运行结果比较

问题 ($n \times m$)	目标函数	AL + CGA		PSO + SA		MOEA – Ho 结果			时间/s	hGA		MOGV 结果				时间/s
	C_{m}	15	16	15	16	16	15	14	9.1	16	14	16	16	14	15	2.4
8×8	W_{m}	N/A	N/A	12	13	13	12	12		13	11	13	11	12	12	
	W_{t}	79	75	75	73	73	75	77		77	77	73	77	77	75	

（2）10×10 问题

10×10 问题包含 10 台机器、10 个工件，共有 30 道工序，每道工序有 10 台机器可供选择加工。仿真实验连续运行了 10 次，所得结果如表 8 - 5 所示，即 MOGV 算法在求得结果上和时间上都优于其他算法。

表 8 - 5　10×10 问题运行结果比较

问题 （$n \times m$）	目标 函数	AL + CGA	PSO + SA	MOEA - Ho			hGA	MOGV				
				结果		时间/s		结果				时间/s
10×10	C_m	7	7	8	8	7	16.6	7	8	7	8	7	3.8
	W_m	5	6	7	5	6		5	7	6	5	5	
	W_t	45	41	41	42	42		43	41	42	42	43	

（3）15×10 问题

15×10 问题包含 15 台机器、10 个工件，共有 56 道工序，每道工序有 10 台机器可供选择加工。仿真实验运行了 10 次，所得结果如表 8 - 6 所示，即 MOGV 算法在求解结果和时间上都优于其他算法。

表 8 - 6　15×10 问题运行结果比较

问题 （$n \times m$）	目标 函数	AL + CGA	PSO + SA	MOEA - Ho		时间/s	hGA	MOGV		时间/s
				结果				结果		
15×10	C_m	24	12	11	11	24.1	11	11	11	12.7
	W_m	11	11	10	11		11	10	11	
	W_t	91	91	93	91		91	93	91	

8.4　基于神经网络和强化学习的车间调度算法

8.4.1　作业车间调度问题的解决方法概述

目前作业车间调度的研究越来越广泛而深入。从解决方法而言可以分为两大类，一是精确求解方法，二是近似求解方法。而近似求解方法可以进一步分为两大类，一是局部搜索方法，二是基于数据驱动的人工智能方法。前面的章节主要介绍了传统算法，本部分重点介绍人工智能方法。

1. 传统算法

精确求解方法是指对作业车间调度问题建立整数规划模型，并采用基于枚举思想的线性规划法或分支界定法等解决调度优化问题。精确求解方法可以得到问题的最优解，然而由于作业车间调度问题是 NP 困难问题，故当问题规模增大时，精确求解方法产生解所需要的时间呈指数级增长。因此近年来的研究多集中在近似求解方法上，即花费可接受范围的时间得到问题的较优解。

近似求解方法可进一步分为构造方法和迭代方法。

（1）构造方法

构造方法包括优先级规则算法和移动瓶颈算法。

优先级调度规则方法（Priority Dispatch Rule，PDR）属于最早的近似算法，给所有的加工工序分配优先权，按照优先权的次序依次进行加工排序。优先调度规则包括优先选择剩余加工时间最短作业的规则、优先选择剩余加工时间最长作业的规则、加工时间最短工序优先规则和随机挑选规则等。

移动瓶颈算法工作的特点包括瓶颈选择、子问题的识别、排序重新最优化、子问题的选择。该算法的主要贡献是可提供一种采用不断转换单一机器排序就能确定一个优化调度的方法。

其中优先级调度规则方法由于应用简单、使用场合广泛，故在许多企业中得到广泛应用。

（2）迭代方法

迭代方法是近年来研究的热点，也可以分为两大类，即局部搜索方法和人工智能方法。局部搜索方法包括遗传算法、模拟退火、禁忌搜索、多起点局部搜索等。遗传算法通过模拟自然进化优胜劣汰、适者生存的法则搜索最优解，有着较好的并行搜索特性和全局寻优能力。模拟退火算法模拟热物理学中结晶体冷却退火过程，在解空间中通过领域函数进行随机搜索，得到优化解，缺点是对算法初始状态的参数过度依赖。禁忌搜索算法首先按一定的方法产生一个初始解，随后搜索其邻域内所有可行解，取其最优解作为当前解。引入相应禁忌准则和特赦准则，在一定程度上可接受较差解。该算法特点是求解速度快，但过于依赖邻域结构和问题模型，一般不单独运用。

2. 基于神经网络的人工智能算法

随着人工智能技术的发展，以深度学习为主的各类算法在图像识别、自然语言处理、组合优化等领域均取得了较大的成就。因为具有很强的自适应能力和自我学习能力，神经网络在智能决策和智能控制方面有着很广的应用前景，所以受到了业内人士的重点研究。自1980 年 Fnaiech 将 hopfield 神经网络应用到了联合生产维护中去，人们越来越多地将神经网络应用于生产调度领域，它开始在作业车间调度求解方面崭露头角。

神经网络算法与传统算法的区别在于响应时间更短。相比于以启发式算法为代表的迭代式算法，即通过多次迭代计算找到问题的近似解，将神经网络应用于调度问题上的算法多数是单次通过式，即直接由输入计算调度结果，而不需要通过多次迭代。因此相比于迭代式算法往往具有更短的计算时间，尤其是在较大规模的问题上。在现实中，车间加工过程总是会受到各种因素的干扰，如机器故障、工人请假、工序无法按时加工完成，等等，使得此时需要根据现实情况进行重新调度。迭代式算法在面对这种情况时，通常需要花费大量时间重新迭代，而神经网络算法的优势就得以体现出来。

在算法的实现方面，神经网络方法也是多种多样的。通常方式是使用一个神经网络来表示作业车间调度问题本身的结构和特征，或者隐藏嵌入中问题的一个子阶段，然后使用另一个利用嵌入的神经网络来估计作业车间调度问题的解。根据训练方案的不同，深度学习方法可以分为两种：监督学习和强化学习方法。

（1）监督学习方法

在有监督的学习设置中，神经网络学习从作业车间调度问题本身或作业车间调度问题的子阶段到目标问题的解的直接映射。这种方法可以在各种作业车间调度问题中生成高质量的解决方案，甚至可以与数学优化方法相媲美。然而，由于它们的监督性质，这些方法需要预先计算最优解来训练网络。这一要求使得有监督学习不适用于大规模的作业车间调度问题。

（2）强化学习方法

强化学习方法将作业车间调度问题的迭代求解过程作为马尔科夫决策过程，克服了监督设置的局限性。在马尔科夫决策过程的制定中，强化学习方法的目标是学习在当前阶段生成子解的策略。强化学习方法通过将目标问题当前阶段（状态）的策略映射反复应用到更新后的部分解上，生成作业车间调度问题的解。为了学习参数函数表示的最优策略，强化学习方法利用过渡样本（通常由子阶段、子解、即时奖励和下一子阶段组成），这些样本可以通过数值模拟收集。虽然强化学习方法在学习过程中只利用了过渡样本，但它们可以成功地解决各种作业车间调度问题，而无须预先计算出最优解。

在以上介绍的两种方法中，基于强化学习的方法是近年来的研究热点。有监督学习方法由于需要预先计算最优解或较优解作为神经网络的训练数据，故使得其本身性能难以超越训练数据集，且训练困难，泛化性能较差。而强化学习极大程度地克服了这一缺陷。为了使读者进一步了解这种方法，下面将介绍一种基于强化学习的作业车间调度算法。

8.4.2　基于图神经网络和强化学习的车间调度方法

本部分介绍一种基于图神经网络和强化学习的车间调度算法，其算法流程如下。

1）为了考虑作业车间调度问题的结构，将作业车间调度问题的调度过程描述为一个具有状态图表示的顺序决策问题。

2）使用一个基于图神经网络的框架将各个节点的特征嵌入到低维向量中，并根据策略网络推导出最优调度策略。

3）采用基于近端策略优化（Proximal Policy Optimization，PPO）的强化学习策略，以端到端方式训练这两个模块。

实验表明，基于图神经网络的调度器由于其卓越的泛化能力，学习到了有效的优先级调度规则方法，并在各种作业车间问题基准测试上取得了良好的效果。算法整体流程如图 8 - 13 所示。

图 8 - 13　基于图神经网络和强化学习的调度算法流程图

算法步骤如下：

1）使用一个析取图来表示作业车间的状态。析取图指定了 JSSP 实例的结构；节点表示工序，连接弧表示两个节点之间的优先/后续约束，析取弧表示两个操作之间的机器共享约束。

2）通过图神经网络（一种用于学习图结构数据特征表示的神经网络）对图的表示进行处理，提取节点嵌入。由于节点嵌入对 JSSP 图的结构信息进行了特征提取，故以节点嵌入为输入的调度策略，在考虑 JSSP 结构的情况下可以产生良好的调度动作。由于图神经网络学会了如何从输入图中提取节点嵌入，故在不需要额外训练的情况下，基于图神经网络的 JSSP 调度器在新的 JSSP 实例上显示出比优先度规则方法更好的调度性能。

3）使用基于策略的强化学习的一种变体——近端策略优化（PPO）算法来联合训练基于图神经网络的状态表示模块和参数化的决策策略。由于与基线增广策略梯度和 Q – learning 等其他强化学习算法相比，PPO 算法表现出最稳定的学习性能，因此本章采用 PPO 算法。

1. 作业车间调度问题的图表示

为了方便使用神经网络及其他工具解决作业车间调度问题，通常需要对问题做一些转换，包括将问题表示为析取图以及建立对应的马尔科夫决策模型。

析取图（Disjunctive Graph）模型是调度问题的另一类重要的描述形式，Roy 和 Sussmann、Balas 等人较早将其运用于作业车间调度问题。

析取图模型 $G = (N, A, E)$ 定义如下：N 是所有工序组成的节点集，其中，0 和 $n+1$ 表示两个虚设的起始工序和终止工序；A 是连接同一工件的邻接工序间的连接（有向）弧集；E 是连接在同一机器上相邻加工工序间的析取弧集。E 上的每个析取弧可视为一对方向相反的弧，并且析取弧集 E 由每台机器 k 上的析取弧子集组成，即 $E = \bigcup_{k=1}^{m} E_k$，其中 E_k 表示机器 k（$k \in M$）上的析取弧子集，m 为机器总数。弧 $(i, j) \in A$ 的长度等于工序 i 的加工时间 p_i，弧 $(i, j) \in E$ 的长度根据其方向为 p_i 或 p_j。

考虑表 8 – 7 给出的一个 3 个工件、3 台机器的作业车间调度问题，图 8 – 14 显示了该问题析取图模型的表示法。节点集 $N = \{0, 1, 2, 3, 4, 5, 6, 7, 8, 9, 10\}$ 中的节点表示工序，其中，节点 0 与 10 是虚设的起始工序和终止工序；连接弧集 $A = \{(1, 2), (2, 3), (4, 5), (5, 6), (7, 8), (8, 9)\}$ 中连接弧表示同一工件的工序加工顺序约束；析取弧集 $E = E_1 \cup E_2 \cup E_3$，其中子集 $E_1 = \{(1, 8), (8, 4), (4, 1)\}$ 中的节点对应机器 1 上加工的工序，E_2 和 E_3 类似。

表 8 – 7　一个 3 个工件、3 台机器上的问题

工件	工序所需机器号码及加工时间（机器号码，加工时间）		
J_1	(1, 3)	(2, 2)	(3, 5)
J_2	(1, 3)	(3, 5)	(2, 1)
J_3	(2, 2)	(1, 5)	(3, 3)

由于析取图仅包含作业车间调度问题的静态信息，如操作的处理时间、优先级共享和机器共享约束，故不能包含动态变化的状态信息。为了方便神经网络提取信息，在一些方法中会将节点的一些特性合并到析取图中的节点，以表示调度期间问题的当前状态。

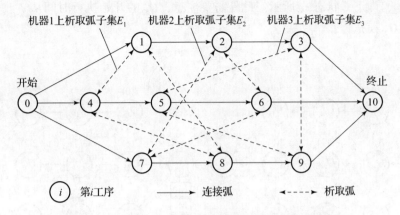

机器1上析取弧子集E_1　　机器2上析取弧子集E_2　　机器3上析取弧子集E_3

开始　　　　　　　　　　　　　　　　　　　　　　　　终止

i　第i工序　　　　　　━━━▶　连接弧　　　　◀----▶　析取弧

图 8 - 14　3 个工件、3 台机器调度问题的析取图表示

本部分将带有节点特性的连接图称为作业车间调度问题的图状态。这里忽略了析取图的两个虚拟节点（即表示所有工序开始的源节点和所有工序完成后的尾节点），因为它们表示虚操作，因此在图表示中没有特征。

2. 作业车间调度问题的马尔科夫决策模型

为了使用强化学习方法，需要将作业车间调度问题实例的调度过程描述为马尔科夫决策过程（MDP），关于马尔科夫决策过程的基础知识，这里不详细展开介绍，详情可见文献。本部分将解决调度问题的过程建立为以下的马尔科夫决策过程：

（1）状态

在调度过程中，需要调度者根据问题的执行状态决定下一步执行哪个节点。第 t 次做出的决定即为第 t 步，此时问题的状态为状态 s_t。初始状态 s_0 表示作业车间调度问题的初始状态，最终状态 s_T 表示所有节点加工完毕的终止状态。

状态 s_t 包含了直到第 t 步问题的所有析取弧以及所有节点的状态信息。状态信息包括以下两部分：

1）执行状态编码：如果节点正在执行，则其执行状态编码为 1，反之为 0。

2）剩余时间编码：对于执行完毕的节点，该时间即为节点的完成时间；对于未执行的节点，则为预估该节点执行完毕的最短时间。

（2）动作

在调度过程中第 t 次做出的决定即为动作 a_t。注意，每次只能决定执行一个节点，而且此节点需要满足执行条件。所有动作的集合记为 A_t，因此 $a_t \in A_t$。

（3）状态转移规则

在根据状态 s_t 产生动作 a_t 后，在该动作的影响下，随着时间的推移，此状态将会转移至下一状态 s_{t+1}。状态转移的规则如下：在调度器产生动作 a_t 后，首先找到在对应加工机器上执行 a_t 的最早可行时间段，然后基于当前时间关系更新该机器的析取弧方向。

如图 8 - 15 所示，灰色节点是已执行以及当前状态下可执行的操作。括号中的整数是计划操作的开始时间，其中非计划操作具有未知的开始时间（使用？表示）。在状态 s_4 时可以选择的加工节点为 $\{O_{12}, O_{23}, O_{32}\}$，如果选择加工 $a_4 = O_{32}$，则在其需要的加工机器 M_2 上，O_{32} 可以在已经加工完成的 O_{22} 之前的时间段内执行。因此 O_{22} 和 O_{32} 之间的析取弧的方向被确

定为 $O_{32} \rightarrow O_{22}$，即下一状态 s_5 所示。此外需要注意，O_{22} 的开始执行时间从 7 改为 11，因为 O_{32} 被安排在 O_{22} 前执行。

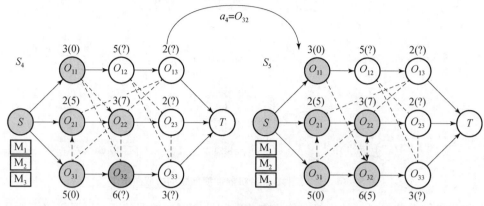

图 8 – 15 状态转移过程示例

（4）奖励

本部分的目标是使调度器学习到使完工时间最短的调度策略，因此设计的奖励函数为两个相邻状态的解的质量的差值，$R(a_t, s_t) = H(s_t) - H(s_{t+1})$，其中 $H(\cdot)$ 是衡量解的质量的函数。本部分将此函数定义为完工时间的下界。因此，最大化所有奖励的累加相当于使完工时间最小化。

（5）策略

对于状态 s_t，调度器将输出一个随机调度策略 $\pi(a_t, s_t)$，即一个在动作空间 A_t 上的概率分布，以表示出选择每一个动作的概率。动作 a_t 将根据此概率分布产生。

3. 使用图神经网络提取析取图特征

图节点嵌入是在连续向量空间中表示节点的一种方法，它考虑了节点和边的特征，并保留了图中不同类型的关系信息。图神经网络的结构通常是多个嵌入层的堆叠，原始特征依次通过每个嵌入层，迭代计算出最终的节点嵌入。节点嵌入可以被认为是一个特征向量，它包含了目标节点及节点之间的关系信息的综合信息，可以进一步用于产生调度策略。本章使用一种图神经网络结构 GIN 迭代计算节点嵌入。GIN 用于计算无向图的节点嵌入，虽然本章的图为有向图，但并不影响 GIN 的使用。其计算公式如下：

$$\boldsymbol{h}_v^{(k)} = MLP_{\theta_k}^{(k)} \left[(1 + \boldsymbol{\varepsilon}^{(k)}) \cdot \boldsymbol{h}_v^{(k-1)} + \sum_{u \in N(v)} \boldsymbol{h}_u^{(k-1)} \right] \qquad (8-18)$$

式中　$\boldsymbol{h}_v^{(k)}$——在第 k 层中节点 v 的嵌入向量；

$\boldsymbol{h}_v^{(0)}$——输入的原始特征；

$MLP_{\theta_k}^{(k)}$——第 k 层参数为 θ_k 的多层感知机，并连接着一个批量正则化层；

ε——可以被训练的一个任意参数。

$N(v)$——节点 v 的邻居节点。

在嵌入向量更新 K 轮后，使用池函数（Pooling Function）根据所有节点的嵌入向量计算出一个表示全图的嵌入向量 h_G，即

$$\boldsymbol{h}_G = 1/V \sum_{v \in V} \boldsymbol{h}_v^K$$

4. 根据特征做出决策

使用图神经网络计算出节点嵌入向量的目的是选择最优调度动作。假设节点嵌入对于确定最优调度行动是有效的，则通过后续训练图神经网络中的参数来确保计算出的节点嵌入产生良好的调度结果。

为了在状态 s_t 时选择一个动作 a_t，本章使用一个策略网络来处理节点嵌入从而进一步生成动作。策略网络将根据节点嵌入对每个节点进行打分，公式如下：

$$\text{score}(a_t) = MLP_{\theta_\pi}\left(\left[h_{a_t}^{(K)}, h_G(s_t)\right]\right) \tag{8-19}$$

式中　MLP_{θ_π}——参数为 θ_π 的多层感知机；

　　　$h_{a_t}^{(K)}$——可选动作的第 K 层的节点嵌入；

　　　$h_G(s_t)$——对应状态下的全图嵌入向量；

　　　$[\ ]$——向量拼接操作。

然后，所有的可选动作的分数将通过一个 softmax 层成为动作选择概率。在模型训练过程中，将根据此概率选择执行的节点，而在模型测试过程中，将直接采用概率最高的节点执行。

5. 使用强化学习方法 PPO 训练神经网络

本节使用一种基于策略的强化学习算法，即近端策略优化算法来优化智能体策略。PPO 算法是策略梯度方法的一种变体，相比于基线增强策略梯度和 Q 学习等其他 RL 算法具有更高的稳定性，这也是我们选用它的原因之一。基础的策略梯度法通过向目标函数的梯度方向 $\nabla L(\Theta)$ 更新神经网络的所有参数 Θ 来优化策略，公式如下：

$$\Theta_{\text{new}} = \Theta_{\text{old}} + \eta \nabla_\Theta L(\Theta) \tag{8-20}$$

式中　η——学习率，$L(\Theta) = \hat{E}_t\left[\log \pi_\Theta(x_t \mid S_t)\hat{A}_t\right]$，$\Theta = \{\theta_k, \theta_\pi\}$

经验表明，在使用原始的策略梯度法更新参数时，经常会导致破坏性的大规模策略更新，使得参数严重偏离原来的位置，从而破坏了之前的训练成果，导致训练效果越来越差。为了克服这一缺陷，研究人员提出 TRPO（Trust Region Policy Optimization）。TRPO 使用了 KL 散度约束限制了策略的更新幅度，但是需要求解约束优化（Constrained Optimization），从而更新参数，计算量较大。PPO 算法通过使用一个剪切目标（Clipped Surrogate Objective）代替了 KL 散度约束，从而简化了计算过程，只有在当前表示和策略模块提高调度性能时才会更新参数。剪切目标公式如下：

$$L_t^{\text{CLIP}}(\Theta) = \hat{E}_t\left[\min\left(r_t(\Theta)\hat{A}_t, \text{CLIP}(r_t(\Theta), 1-\varepsilon, 1+\varepsilon)\hat{A}_t\right)\right] \tag{8-21}$$

式中　r_t——$r_t(\Theta) = \dfrac{\pi(x_t \mid S_t; \Theta_{\text{new}})}{\pi(x_t \mid S_t; \Theta_{\text{old}})}$；

　　　ε——超参数（Hyperparameter）。

剪切函数 $\text{CLIP}(r_t(\Theta), 1-\varepsilon, 1+\varepsilon)$ 把 $r_t(\Theta)$ 限制在 $[1-\varepsilon, 1+\varepsilon]$ 中，然后通过取未剪切目标和剪切目标的最小值得到两者的下界。优势值估计函数 $\hat{A}_t$ 定义如下：

$$\hat{A}_t = \delta_t + (\gamma\lambda)\delta_{t+1} + \cdots + (\gamma\lambda)^{T-t-1}\delta_{T-1} \tag{8-22}$$

式中　δ_t——$\delta_t = r_t + \gamma V(S_{t+1}; \Theta) - V(S_t; \Theta)$；

　　　T——节的最后一步（Termination Step of The Episode）。

价值网络的误差项使用了均方误差（Squared - error），公式如下：

$$L_t^{\text{VF}} = (V(S_t; \Theta) - V_t^{targ})^2 \tag{8-23}$$

式中　V_t^{targ}——$V_t^{targ} = \sum_{i=t}^{T} \gamma^{i-t} r_i$。

由于策略函数和价值函数共享了一部分参数，因此损失函数（Loss Function）结合了两个误差 L_t^{CLIP} 和 L_t^{VF}。此外为了使智能体进行足够的探索，我们将熵奖励（Entropy Bonus）加入损失函数，最终得到的组合损失函数为

$$L_t^{CLIP+VF+S}(\Theta) = \hat{E}_t [L_t^{CLIP}(\Theta) - c_1 L_t^{VF}(\Theta) + c_2 S_t(\pi_{\Theta})] \qquad (8-24)$$

式中　c_1，c_2——系数；

$S_t(\pi_{\Theta})$——$S_t(\pi_{\Theta}) = -\sum_{x \in \chi} \log(\pi_{\Theta}(x)) \pi_{\Theta}(x)$，当前策略 π_{Θ} 在阶段 t 的熵奖励值。

算法在每轮迭代中朝着 $\nabla_{\Theta} L_t^{CLIP+VF+S}$ 方向最大化来更新参数 Θ，通过反复更新参数使得智能体学习到使累计奖励最大化的方法。

6. 实验与分析

一个典型的作业车间调度问题如表 8-8 所示。此问题为 6×6 规模的作业车间调度问题，调度算法的目标是生成一个如图 8-16 所示的工序加工时间表，使得最大完工时间尽可能短。

表 8-8　作业车间调度问题案例

工件	机器（加工时间/s）					
J_1	2(3)	3(6)	1(1)	4(7)	5(6)	6(3)
J_2	5(10)	1(8)	2(5)	6(4)	3(10)	4(10)
J_3	4(9)	5(1)	1(5)	2(4)	6(7)	3(8)
J_4	2(5)	1(5)	3(5)	4(3)	5(8)	6(9)
J_5	5(3)	2(3)	1(9)	6(1)	3(5)	4(4)
J_6	4(10)	1(3)	6(1)	2(3)	5(4)	3(9)

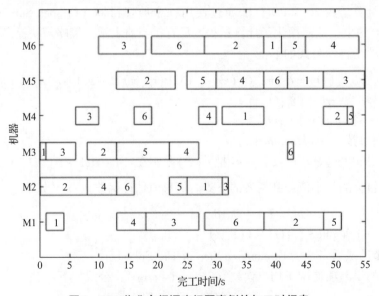

图 8-16　作业车间调度问题案例的加工时间表

为了测试在作业车间调度问题实例上的泛化性能，本部分测试了在不同的调度问题实例集上的调度性能。首先测试了在 6×6、10×10、15×15、20×20、30×20 案例上的调度结果，并与以下的优先度规则算法进行比较：

1）最短加工时间（Shortest Processing Time，SPT）；

2）最多剩余工作（Most Work Remaining，MWKR）；

3）最多剩余操作（Most Operations Remaining，MOPNR）；

4）流动时间与最多剩余工作的最小比值（minimum ratio of Flow Due Date to Most Work Remaining，FDD/MWKR）。

以上所有算法都与谷歌开发的 OR–tools 算法工具相比较，计算出完工时间优于 OR–tool 计算出的完工时间的百分比，见表 8–9 中的 Gap，同时统计所有的完工时间和计算时间。

本节中的算法在所有实例大小方面都始终优于所有用于对比的 PDR。PDR 的性能随着实例大小的增加而迅速恶化，而本部分的方法性能稳定且相对较好，尤其是在较大的实例上。就计算效率而言，尽管本部分的方法的推理时间相对比传统的 PDR 长，但考虑到显著的性能提升是可以接受的。

下一步，将从泛化到大型实例的角度评估策略的性能，即直接使用在 20×20 和 30×20 实例上训练的策略来求解 50×20 和 100×20 实例，结果如表 8–10 所示，其中每个实例大小的结果是 100 个随机实例的平均值。如表 8–10 所示，在小得多的实例上训练出的策略在这些大型实例上表现相当好，并提供了比传统 PDR 更好的解决方案。这一观察结果表明，该方法能够从小规模实例中进行学习，学到的方法在解决大型实例时依旧有用。同时，该方法计算效率高，可以在 30 s 内为最大实例提供高质量的解决方案。

表 8–9　中小规模实例调度结果对比

实例规模		最短加工时间（SPT）	最多剩余工作（MWKR）	流动时间与最多剩余工作的最小比值（FDD/MWKR）	最多剩余操作（MOPNR）	本书算法	最优解比例/%
6×6	完工时间/s	691.95	656.95	604.64	630.19	**574.09**	100
	完工时间差距	42.0%	34.6%	24.0%	29.2%	**17.7%**	
	时间/s	**0.012**	**0.012**	**0.012**	**0.012**	0.061	
10×10	完工时间/s	1 210.98	1 151.41	1 102.95	1 101.08	**988.58**	100
	完工时间差距	50.0%	42.6%	36.6%	36.5%	**22.3%**	
	时间/s	**0.037**	0.039	0.039	**0.037**	0.176	
15×15	完工时间/s	1 890.91	1 812.13	1 722.73	1 693.33	**1 504.79**	99
	完工时间差距	59.2%	52.6%	45.1%	42.6%	**26.7%**	
	时间/s	0.113	0.116	0.117	**0.112**	0.435	

续表

实例规模		最短加工时间（SPT）	最多剩余工作（MWKR）	流动时间与最多剩余工作的最小比值（FDD/MWKR）	最多剩余操作（MOPNR）	本书算法	最优解比例/%
20×20	完工时间/s	2 519.8	2 469.19	2 328.15	2 263.68	**2007.76**	4
	完工时间差距	62.0%	58.6%	49.6%	45.5%	**29.0%**	
	时间/s	0.306	0.312	0.312	**0.305**	0.932	
30×20	完工时间/s	3 208.69	3 080.11	2 883.88	2 809.62	**2 508.27**	12
	完工时间差距	65.3%	58.7%	48.6%	44.7%	**29.2%**	
	时间/s	0.721	0.731	0.731	**0.720**	1.804	

表 8-10　大规模实例调度结果对比

实例规模		最短加工时间(SPT)	最多剩余工作(MWKR)	流动时间与最多剩余工作的最小比值(FDD/MWKR)	最多剩余操作(MOPNR)	本书算法(20×20)	本书算法(30×20)	最优解比例/%
50×20	完工时间/s	4 469.8	4 273.08	3 993.45	3 859.14	3 581.5	**3 522.5**	48
	完工时间差距	54.9%	48.1%	38.4%	33.7%	24.1%	**22.1%**	
	时间/s	**2.504**	2.523	2.524	**2.504**	4.917	4.872	
100×20	完工时间/s	7 516.12	7 069.72	6 658.17	6 385.32	6 175.01	**6 088.68**	2
	完工时间差距	35.1%	27.0%	19.6%	14.7%	10.9%	**9.4%**	
	时间/s	16.661	16.694	16.723	**16.625**	27.869	28.616	

8.4.3　小结

本部分介绍了一种基于图神经网络和强化学习框架的作业车间调度问题调度算法。首先将作业车间调度问题的顺序调度过程定义为马尔科夫决策过程；然后介绍了一个作业车间调度问题的图形表示，作为所提出的马尔科夫决策过程的状态；再使用图神经网络来学习节点嵌入，该节点嵌入包含了在析取图中各个节点的信息，并将其作为策略网络的输入最终产生决策；最后使用强化学习对参数进行训练。

实验表明，由于训练出的调度器能够学习作业车间调度问题的一般属性，而不是只能用于特定的作业车间调度问题实例，因此 GNN 调度器可以为任何作业车间调度问题提供高质量的调度解决方案而无须额外的训练。当测试由用于生成训练实例的分发生成的作业车间调度问题实例时，GNN 调度器优于所有优先度规则算法，并显示了稳健的性能。

8.5　基于深度学习的产品质量控制相关问题和应用

8.5.1　基于深度学习的声音检测及在汽车装配线的应用

深度学习通过使用大量标记的数据和包含许多层的神经网络架构来训练数据模型，大多数深度学习方法均使用神经网络架构，所以深度学习模型也被称为深度神经网络（Deep Neural Network）。

"深度"一词通常指深度神经网络中的隐藏层数，传统的神经网络仅包含 2 ~ 3 个隐藏层，而深度网络可以包含多达几百个隐藏层。深度学习模型通过使用大量的标签化数据进行训练，神经网络架构直接通过数据学习其数据特征。在不同的神经网络架构中，卷积神经网络（Convolutional Neural Networks，CNN）是最流行且常用的深度神经网络，CNN 通过输入计算得到的数据特征并使用二维卷积层，十分适合用来处理二维数据，例如图像与声音识别等。CNN 使用数十或几百个隐藏层来检测图像的不同特征，每个隐藏层都增加了所学习图像特征的复杂度，例如，第一个隐藏层可以用来学习如何检测制造零件或者装配体的边缘，而另一个隐藏层用来学习如何检测零件或者装配体的形状，其他隐藏层可以用来学习如何检测零件的表面缺陷等。CNN 无须进行烦琐的数据前处理来进行图像特征分类，而可以直接从图像提取特征来进行计算，这种自动化的特征提取使深度学习模型能够为计算机视觉任务提供较高的精确度与计算速度，制造与装配过程通常也采取同样的图像处理手段，以监测控制产品与装配的质量。

使用深度学习来执行数据分类有三种最常见的方法：

1）从零开始训练深度网络，首先收集大量的标签化数据集，设计用于学习数据特征和模型的网络架构，此方法适合开发新应用程序或具有大量输出类别的应用程序；由于需要处理大量的数据且学习效率较低，导致不太常用；这类网络算法通常需要几天乃至几周的时间进行训练。

2）迁移学习（Transfer learning）把为任务 A 开发的模型作为初始点，重新使用在为任务 B 开发模型的过程中，大多数深度学习应用程序均使用迁移学习方法，对预先训练的模型进行微调，可以从现有的网络（例如 AlexNet 或 GoogLeNet）起步，并输入包含以前未知的新数据，对网络改进后就可以执行新的任务。

迁移学习的另一项优势是需要的数据较少（数千张图片而非数百万张图片），因此计算时间可以减少到几小时甚至几分钟。迁移学习需要访问现存网络的内部接口，因此可以针对新任务进行精确的模型修改和效果增强。

3）特征提取是一种数据前处理过程，专业化的深度学习方法通常会使用某种网络作为特征提取器，由于所有层的任务都是处理从图像中学习到的某些特征，因此可以在训练过程中将这些特征从网络中提取出来导入机器学习模型，例如作为随机森林（Random tree）的输入，训练深度学习模型可能花费长达几天或者几周的时间，使用 GPU 加速可以显著地提升处理速度，例如将深度学习与 GPU 结合使用可以减少训练网络所需的时间至几个小时，这对于深度学习在产品研发与质量控制中的应用与研究十分有利，本部分将对深度学习在产品装配线中的应用范例进行简要介绍。

在汽车行业，尽管生产线上有工业机器人进行自动化加工与装配，但工厂仍会雇用工人从事一些其他定制的任务，进行半自动化装配操作。例如我国二汽，汽车发动机的电气线束将连接组件连接起来，尽管连接任务比较容易，但员工由于从事于重复性烦琐任务会引起身体疲劳，往往不会注意到一些组件没有被正确连接，导致了装配线质量下降，使发动机使用过程中产生潜在危险。有研究提出了一个基于深度学习方法的声音检测系统，用于识别连接线束时产生的"咔嗒"声音，该声音检测系统的目的是验证连接点数量的正确性并及时反馈给员工。

检测线束装配连接失效的唯一方法是在最终组装与其他组件一起装配安装过程中，一些操作员将一根或多根线束连接到发动机上，如果连接发出"咔嗒"声则认为是可靠性连接，但由于环境嘈杂，该"咔嗒"声很难被检测到。汽车发动机生产线中采用的麦克风传感器距离电线束装配 35 cm，并对采集到的声音信号进一步进行处理分析，线束装配连接的"咔嗒"声与金属冲击的频谱和波形声音图如图 8-17 所示，其中可以观察到金属振动的分贝（dB）高于"咔嗒"声。另一方面，"咔嗒"声的分贝较低，但较高频率的振幅大于金属振动的声音，在这种情况下，生产线的噪声水平根据信噪比（SNR）测量将所需信号的水平与背景水平进行了比较。从生产线中收集到的声音信号信噪比范围为 -16.67 ~ -12.87 dB，导致了工人对是否装配成功的判断存在不确定性，影响了装配的质量。

在生产与装配线中收集到的声音信号在进行深度学习识别前，大多数需要进行信号的预处理，来提高特定声音信号的可识别度与特征表现度。图 8-17（a）~图 8-17（e）所示为汽车发动机生产线中典型声音的波形（顶部红色）和频谱图（底部灰色）：图 8-17（a）所示为组装线束的"咔嗒"声；图 8-17（b）所示为包裹的"咔嗒"声；图 8-17（c）所示为金属振动；图 8-17（d）所示为气动马达声音；图 8-17（e）所示为传送带警报。这些声音在持续时间为 25 ms 的窗口长度表征出来，最大频率为 22 kHz，图 8-17（f）~图 8-17（i）所示为声音信号预处理过程，包括降噪、滤波、均一化和分割音频处理等。

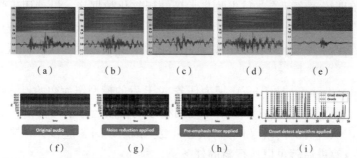

图 8-17　线束装配连接的"咔嗒"声与金属冲击的频谱和波形声音图
（a）~（e）汽车发动机生产线中典型声音的波形和频谱图；（f）~（i）声音信号预处理过程

研究采用了用于对"咔嗒"声事件组装线束进行声音检测优化的 CNN 架构（见图 8-18），该神经网络架构包括一个一维输入层、一个卷积层（包括两个神经元的 3×1 过滤器）、0.18 的 dropout 层、二维最大池化层和具有 381、134、47 个基于 ReLU 神经元的三层全连接网络，以及一个具有两个基于 softmax 神经元的输出层，模型预测精度结果如表 8-11 所示，不同信噪比下预测精度均较高，模型展现出较好的可靠性，在信噪比为 -16 dB 的情况下，模型的 F1 分数为 98.84%，模型在实际生产线的噪声下也有较高的识别预测精度。近年来声音识别在智能制造、激光增材制造、刀具磨损检测中得到了重点关注，其具有传感器设置简单、信号采集高效等特点，采用足够的预处理后利用深度学习可以有效地将信号-失效/异常事件建立映射关系，从而进行制造质量的监控与预测。

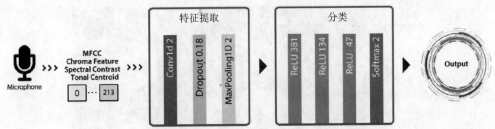

图 8-18 用于对咔嗒声事件组装线束进行声音检测优化的 CNN 架构

表 8-11 实验室噪声干扰下的优化 CNN 分类架构预测精度

评估标准/SNR	16 dB	12 dB	8 dB	4 dB	0 dB	-4 dB	-8 dB	-12 dB	-16 dB
准确度/%	100	100	100	100	100	99.68	99.52	98.99	98.83
灵敏度/%	100	100	100	100	100	100	99.89	99.68	99.68
确定性/%	100	100	100	100	100	99.36	99.15	98.30	97.98
准确度/%	100	100	100	100	100	99.36	99.15	98.32	98.01
得分/%	100	100	100	100	100	99.68	99.52	98.99	98.84

8.5.2 基于图像深度学习的点焊与 CFRP 增材制造质量监测

有研究在点焊质量的预测中采用了在 ImageNet 上预训练的 ResNet-50 模型作为点焊缺陷分类的神经网络模型。良好焊点的图像探测实例如图 8-19 所示，ResNet-50 模型使用残差单元跳过连接来解决神经网络梯度消失的问题，采用堆叠剩余单元以提升深度神经网络的学习能力。图 8-20 演示了基于点焊缺陷分类器 ResNet-50 和迁移学习的深度学习模型构建，ResNet 的输出层将 50 更改为使输出类别的数量等于点焊中缺陷包含类别数的数据集。网络的浅层学习学习了点焊缺陷的一般特征，这些层的权重可以在训练期间进行固定。如图 8-20 所示，只有少数层使用反向传播来进行训练，包括三个卷积层和全连接层。该模型采用预训练的 ResNet-50 权重作为初始值对有缺陷的点焊数据集进行训练。

该研究使用的 ImageNet 是一个大型视觉数据库，用于开发视觉目标识别软件的研究，该项目已手动注释了 1 400 多万张图像，并在至少 100 万张图像中提供了边框，ImageNet 包含 2 万多个典型类别，每个类别例如汽车、飞机、轮船等包含数百张图像，为正确分类和检测目标及场景研究提供了强有力的支持。2019 年对 ImageNet 和类似的 WordNet 多个层面（分类学，目标类别和标签）的研究表明了用于各种图像的大多数分类方法如何嵌入了偏见，降低了预测精度，针对 ImageNet 解决各种来源的偏见是未来重要的研究目标。

基于预训练的 ResNet-50 模型合成样本的特征提取和可视化如图 8-21 所示，生成的样本可以看作是有效增强后的图片，生成的图像流形均匀分布在真实图像流形的周围。对于每种类别，模型并没有创建一种或几种图像模式，而是全面学习了真实数据分布，从而提高了预测的精度，并对不同点焊缺陷进行了分类分析。针对制造过程与产品质量监控，利用深度学习算法的图像实时处理得到了广泛的应用，该类模型具有可靠性高、计算速度快等特点。此外，类似基于 ImageNet 大型视觉数据库点焊焊点质量图像识别的研究可以扩展到其他制造领域，例如增材制造缺陷分类与预测、超精密加工缺陷分类与预测等。

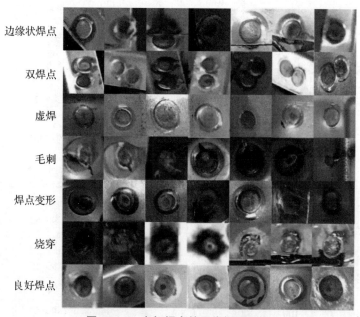

图 8 – 19 良好焊点的图像探测实例

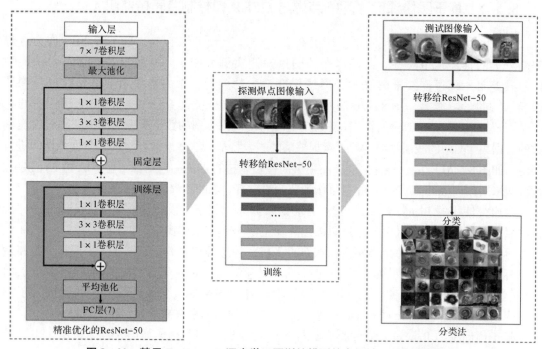

图 8 – 20 基于 ResNet – 50 深度学习预训练模型的点焊缺陷分类模型构建

碳纤维增强复合材料（CFRP）由于比强度较高，故具有较好的抗腐蚀性能，被广泛应用于航空航天与汽车领域。连续碳纤维增强复合材料（CCFRP）用高分子材料作为基体，采用连续不断的碳纤维丝进行逐层排布，对高分子材料基体进行增强，近年来随着增材制造/3D 打印技术的飞速发展，CCFRP 的增材制造也备受关注。

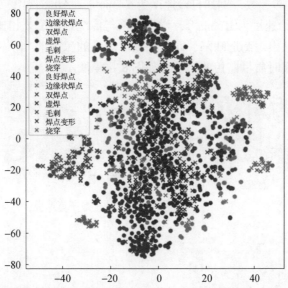

图 8 – 21　特征层对真实样本和通过预训练的 ResNet – 50 生成样本（x）对比结果（附彩插）

增材制造连续碳纤维增强复合材料（CCFRP）的内部结构如图 8 – 22 所示。

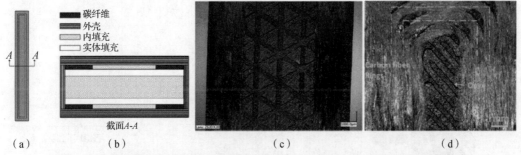

图 8 – 22　增材制造连续碳纤维增强复合材料（CCFRP）的内部结构（附彩插）

（a），（b）碳环、壳体、填充的位置；（c），（d）沿外环排布的碳环与内部填充结构

　　Lu 等人采用深度学习方法对增材制造 CCFRP 的缺陷（例如错位与磨损）进行了实时监测研究，其典型缺陷如图 8 – 23 所示，研究采用了开源 TensorFlow 库中的快速卷积神经网络（R – CNN）、Single Shot Multi – Box（SSD）与 You Only Look Once v4（YOLOv4），CCFRP 的缺陷图像被用于这三种模型的训练中，1 165 张图片被用作训练与验证。

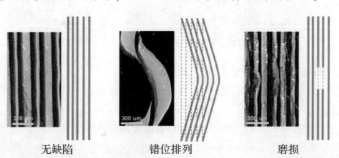

图 8 – 23　增材制造连续碳纤维增强复合材料（CCFRP）的缺陷类型错位与磨损

研究采用的 3D 打印参数，例如打印速度为 5 mm/s，挤出头温度为 220 ℃，打印层厚为 0.4 mm，基体树脂进给速度为 10 mm/s，增材制造与传统制造工艺相比，由于工艺局限与技术成熟度低等，较容易出现制造缺陷，而采用基于图像的深度学习产品质量监测则可以很好地满足增材制造零件实时质量监控的需求，如图 8-24 所示。

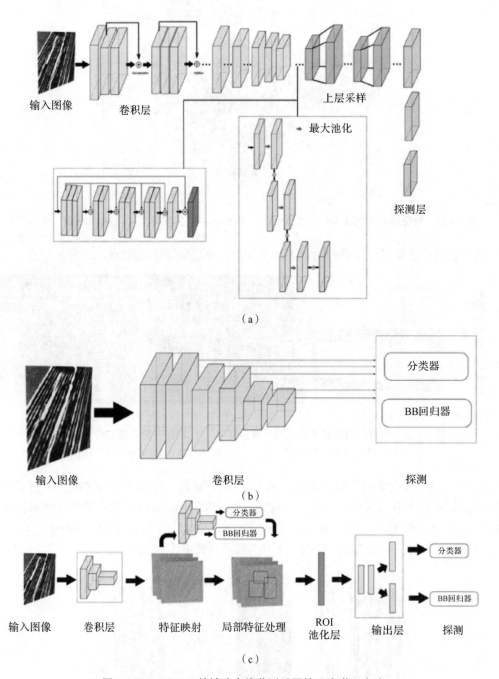

图 8-24　CCFRP 的缺陷在线监测采用的深度学习方法

（a）快速卷积神经网络（R-CNN）；（b）SSD（Single Shot Multi-Box）检测；

（c）YOLOv4（You Only Look Once v4）检测

　　该研究采用深度学习成功地实现了闭环 CCFRP 增材制造过程缺陷的实时监测，磨损缺陷监测与每一打印层过程缺陷识别如图 8 - 25 所示，打印轨迹设计与打印参数对不同缺陷形成的影响得到了充分分析，研究证明了基于图像的深度学习算法可以成功地应用于实际零件，例如机翼的制造缺陷监测中。由此可见，深度学习方法正在被智能制造研究人员所探索，并应用在质量监控方面。然而深度学习的广泛应用仍然存在着可靠性、效率、准确性与接口简易化的问题，需进一步解决。

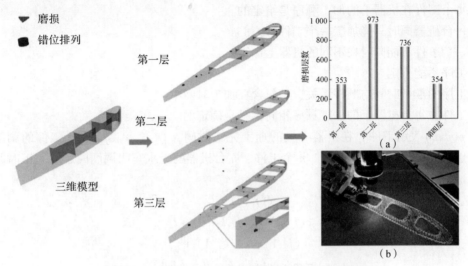

图 8 - 25　闭环 CCFRP 增材制造过程缺陷实时监测

（a）磨损缺陷监测；（b）每一打印层过程缺陷识别

8.6　小结与习题

8.6.1　小结

　　本章展开对工业大数据分析和智能决策进行介绍，并通过多个案例对工业大数据分析建模、计算优化和分析决策等过程进行详细讲解。工业大数据按照来源可以分为管理系统数据、生产系统数据和外部数据三类，具有内生特征、工业逻辑特征和应用特征。进行工业大数据分析需要掌握工业大数据分析技术和可视化技术，本章按照知识驱动和数据驱动对工业大数据分析技术进行分类。工业大数据的智能决策也是工业制造过程的重要环节，本章对智能决策方法和算法进行介绍，通过车间调度和质量控制多个案例，详细阐述了机器学习和深度学习等算法在工业大数据智能决策全过程中的具体应用。

【习题】

　　（1）（讨论题）智能决策的驱动主要有三类：模型驱动、知识驱动和数据驱动。这三类智能决策驱动方法的特点是什么？其中，数据驱动该怎样利用工业大数据来更好地发挥其优势？

　　（2）简述遗传算法的基本原理和步骤。

（3）流水车间调度问题（Flow – shop Scheduling Problem，FSP）一般可以描述为 n 个工件要在 m 台机器上加工，每个工件需要经过 m 道工序，每道工序要求不同的机器，n 个工件在 m 台机器上的加工顺序相同。工件在机器上的加工时间是给定的，设为 $t_{ij}(i=1,\cdots,n;$ $j=1,\cdots,m)$。问题的目标是确定 n 个工件在每台机器上的最优加工顺序，使最大流程时间达到最小。

对该问题常常作如下假设：

①每个工件在机器上的加工顺序是给定的。

②每台机器同时只能加工一个工件。

③一个工件不能同时在不同的机器上加工。

④工序不能预定。

⑤工序的准备时间与顺序无关，且包含在加工时间中。

⑥工件在每台机器上的加工顺序相同，且是确定的。

令 $c(j_i,k)$ 表示工件 j_i 在机器 k 上的加工完工时间，$|j_1,j_2,\cdots,j_n|$ 表示工件的调度，那么，对于无限中间存储方式而言，n 个工件、m 台机器的流水车间调度问题的完工时间可表示为

$$c(j_1,k) = t_{j_11}$$
$$c(j_1,k) = c(j_1,k-1) + t_{j_1k}$$
$$c(j_1,1) = c(j_{i-1},1) + t_{j_i1}$$
$$c(j_1,k) = \max\{c(j_{i-1},k),c(j_i,k-1)\} + t_{j_ik}$$
$$i = 2,\cdots,n;k=2,\cdots,m$$
$$c_{\max} = c(j_n,m)$$

要求：依据提供的工艺场景，采用遗传算法，确定 $|j_1,j_2,\cdots,j_n|$，使得 $c_{\max}$ 最小。

工件 j	t_{j1}	t_{j2}	t_{j3}	t_{j4}
1	31	41	25	30
2	19	55	3	34
3	23	42	27	6
4	13	22	14	13
5	33	5	57	19

习题答案

1. 解答（开放性讨论）：模型驱动需要基于工业过程的物理和数学知识，开发具有多个解析表达式与假设的精确模型来计算和预测未来的状态。模型驱动的智能决策方法的优点是具有较强的预后能力，且能够结合设备进行物理理解。然而，一些系统的巨大性及复杂性导致很难开发一个具有底层物理过程的详细知识的精确模型，且有时具有很强的动态耦合关系，因此很难用公式和原理来描述。对于一个复杂的系统，有时很难建立一个完整的高保真

度的理论模型，这使得很难应用基于模型的方法来进行复杂系统的智能决策。另一种方法是使用基于知识的方法，大多数基于知识的方法的应用都是一个基于规则的专家系统。专家系统是一种基于知识的技术，通过使用领域专家的经验来制定人类专家的规则，并模仿人类专家的推理。专家系统已广泛应用于工程应用，如异常检测和诊断、设备预测性维护等。但是知识驱动需要领域专家预先搭建知识库，并且基于知识的方法不能处理未知的决策情况。

伴随着信息系统、社交网络、物联网等信息技术的应用，生成并采集了海量数据，数据的价值也逐渐在不同的行业应用中体现出来。数据驱动是利用新一代信息技术，通过自动化手段实时采集数据，由高速网络进行传输，通过云数据中心进行存储，并由行业专家进行建模和加工，从而能够推测未来趋势驱动决策，从而指导现实生产活动，达到业务目标、成本及效率兼顾的目的。

数据驱动指的是流程中的行为是被数据驱动而不是被人的直觉和经验驱动。数据驱动本质上意味着数据决定了执行事件或流程的人所采取的行动。这在大数据领域最为明显，其中数据和信息是所有行动的基础，数据的收集和分析是核心动力。由于数据现在更容易收集且存储成本低廉，因此大数据分析作为行业领域中最佳决策工具的地位也越来越高。数据驱动的基础是物联网、云计算和大数据，物联网因为拥有传感器，故可以收集规模十分庞大的数据。通过互联网、移动互联网、云存储等信息技术，解决了海量数据传输的问题，使用云计算技术能用较低的成本存储和计算海量数据。三者从数据广度、技术能力和应用深度三个视角推动整个数据行业不断高速发展。

传统的业务决策依赖于业务规则和专家经验，从人工决策到智能决策经历了长期的发展过程。随着数据科学和人工智能技术的发展，决策系统基于"数据 + 算法"实现越来越重要的价值。随着信息化和数字化的推进，企业普遍具备了一定的数据基础，更多业务数据可采集、可分析，为数据驱动的智能决策提供了必要条件。

2. 遗传算法是一种基于进化论原理的优化算法，它模拟了自然界中的生物进化过程，通过种群中个体间的竞争、选择、交叉和变异等操作，逐步优化求解问题的最优解。遗传算法的基本原理可以分为三个步骤：

1）初始化种群：取一组随机个体构成初始种群，其中每个个体都表示了问题的一个潜在解。

2）选择和复制：按照适应度函数（目标函数）对当前种群中的每个个体进行评估，并根据其相对适应度大小进行选择和复制。适应度函数是遗传算法中用于衡量个体适应性的函数，它将问题的优化目标转化为数学表达式，从而使遗传算法能够对个体进行评估和排序。

3）交叉和变异：通过交叉和变异操作，随机从选择的个体中生成新的后代，这些后代与原有的个体在基因上有所不同，从而产生新的种群。交叉操作将两个（或多个）个体的染色体段进行对称切割后互换，从而得到两个新个体；变异操作则是对某一个个体的染色体进行随机变换，随机生成一个新的个体。

3. 详细过程见程序。

第9章

制造系统典型机械设备的智能运维技术

本章概要

　　智能运维通过实时监测设备的健康状态，实现快速、准确的故障诊断与隔离定位，预测故障发展趋势与设备的可用剩余寿命，不仅能够避免重大恶性事故，同时为后勤保障人员提供维护决策支持，是提高复杂系统可靠性、维修性、测试性、保障性和安全性，以及降低系统寿命周期费用的一项非常有前途的军民两用技术。

　　智能运维是融合了失效机理、传感器技术、信号采集处理、故障诊断、随机过程、人工智能、可靠性等多门学科的交叉学科，涉及范围很广，既包括数据处理与特征提取、故障定位与隔离、故障诊断、剩余寿命预测算法模型等细粒度层面的技术，也包括计算机网络通信与控制、边缘计算、工业物联网等技术支撑所形成的设备智能运维管控平台。

　　本章在介绍智能运维概念的基础上，重点围绕智能运维的技术体系，阐述了数据采集、数据处理、故障诊断、剩余寿命预测等关键技术，并从软件系统设计开发与应用角度，阐述了智能运维系统常用架构与功能服务等，给出了工程应用案例。

学习目标

1. 能够准确描述智能运维的概念与技术体系。
2. 能够借助工具实现对信号的常规处理。
3. 能够构建简单的深度学习模型并实现对故障信号的分类。
4. 能够给出预测算法的分类并描述每类方法的主要特点与适用场景。

知识点思维导图

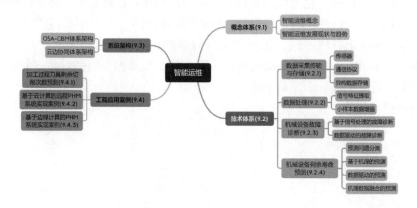

9.1　制造系统/设备智能运维概述

在《国家智能制造标准体系建设指南》提出的智能制造系统架构中，"智能服务"中的"远程运维"是主要核心内容之一。随着加工和装配环节在产品全生命周期价值链中所占比例逐渐下降，一些企业利用自身优势，将业务重心逐渐转移到运维服务等高附加值的环节上，传统制造企业正从生产制造向制造服务转变。智能运维服务的理念正在渗透至传统制造业，影响企业的组织架构及运营模式。依托大数据分析、云计算、边缘计算以及信息物理系统等新一代 IT 技术和人工智能方法将制造服务过程中的数据、常识、经验等数字化、网络化、知识化，形成智能运维服务，是制造服务领域的新趋势。

智能运维与健康管理由预测与健康管理（Prognostics and Health Management，PHM）延伸拓展而来，是一门融合了失效机理、传感器、信号处理、网络通信、故障诊断、随机过程、可靠性、人工智能等的多学科交叉综合性技术。PHM 起源于航空领域，最早可追溯到20 世纪 50 年代大型飞机故障监测与诊断系统。近年来随着微电子、计算机、人工智能技术的迅猛发展，不仅要求实现故障的快速诊断与定位，而且能够实时提供系统的健康状况，预测故障的发展趋势和系统剩余寿命。

PHM 利用传感器技术可实现对装备的实时监测，利用通信和网络技术可实现监测数据的传输，基于信号处理、大数据、人工智能、可靠性、控制等技术可实现对装备实时健康状态的诊断评估以及对未来状态的预测，代表着装备视情维修、预测性维护、自主式保障的新思想和新方案，被包括航空航天、工程机械、能源装备、轨道交通等关乎国防安全与国民经济的重要工业领域探索与应用。

航空方面，PHM 技术在军用直升机、固定翼飞机上已有比较广泛的应用并取得显著成效。如美陆军 AH - 64 "阿帕奇"、UH - 60 "黑鹰" 和 CH - 47 "支奴干" 直升机安装健康与使用监控系统（HUMS）后，使直升机任务完成率提高了 10%。2010 年节约 2 亿美元，2014 年起全部装备了 HUMS。2017 年，美陆军认定其 UH - 60L "黑鹰" 上安装的飞行器综合健康管理系统（IVHIMS）比未装备 IVHIMS 的直升机出动率高 27%，非计划维修减少52%，总维修量减少 17%。美国研发的战斗机/联合攻击机 F - 35 是 PHM 技术的一个典型应用，F - 35 的 PHM 系统结构如图 9 - 1 所示，其结构特点是采用分层智能推理结构，综合多个设计层次上的多种类型推理机软件，便于从部件级到整个系统级综合应用故障诊断与预测技术。

航天方面，近年美国航空航天局（NASA）与波音的洛克达因火箭实验室合作，针对Block Ⅱ型航天飞机主发动机开发了先进健康管理系统（Advanced Health Management System，AHMS），通过箭载健康管理计算机集成了实时振动监控、光学羽流异常检测和基于线性发动机模型的三个实时故障检测子系统，降低了航天飞机的发射故障。NASA 斯坦尼斯航天中心设计研发的集成健康监控（Integrated System Health Monitoring，ISHM）系统如图 9 - 2所示，已成为 NASA 自主系统平台（NASA Platform for Autonomous System，NPAS）的重要组成，其在 ISHM 框架内开发了基于小波变换的传感器数据突变识别算法，可自动检测传感器多种故障。

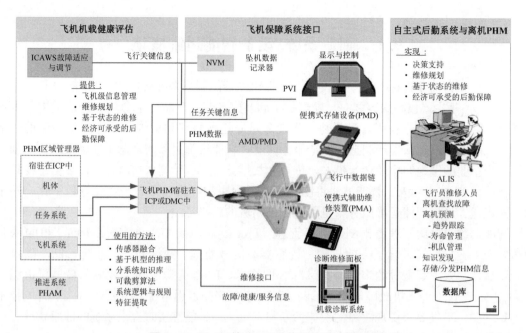

图9-1 F-35 的 PHM 总体结构及实现技术

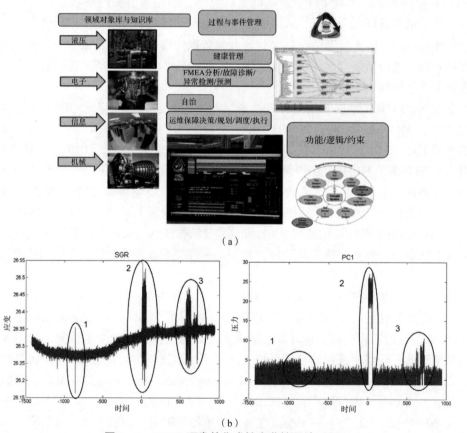

图9-2 NASA 研发的集成健康监控系统 ISHM

（a）NASA 自主系统平台以及集成健康监控系统 ISHM 功能；（b）嵌入 ISHM 系统内的故障识别算法

完整的 PHM 系统是包含了从数据采集、数据预处理、特征提取、状态评估、故障诊断、剩余寿命预测到决策支持的开放式体系结构，如图 9-3 所示。

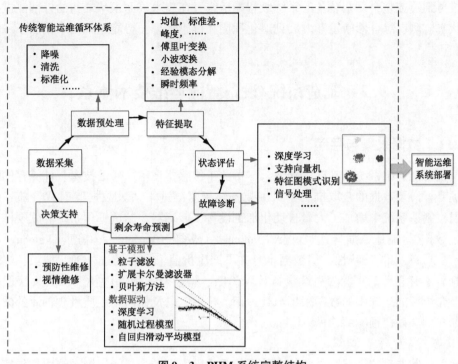

图 9-3　PHM 系统完整结构

经过几十年的发展，智能运维不断吸收各领域最新研究成果，在应用层面，维修决策、集成程度、技术层面正在经历以下几个转变，如图 9-4 所示。在应用层面，从最初在电子产品上的应用逐渐扩展到机械部件、机电产品再到复杂装备上的应用；在维修决策方面，从监控监测向健康管理（容错控制与余度管理、自愈、智能维修辅助决策、智能任务规划）转变，从当前健康状态监测与诊断向未来健康状态预测的转变，从事后处理、被动反应式活

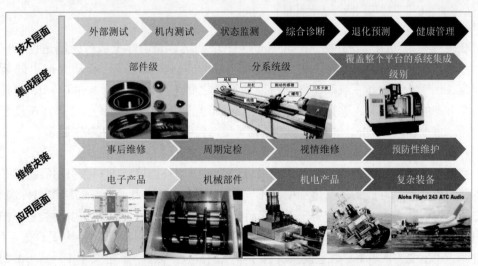

图 9-4　智能运维在应用/维修决策/集成程度/技术等维度的转变

动到定期检查、主动防护再到事先预测、先导性维护活动的转变，从被动避免重大事故向主动促进设备运维水平和生产管理方式的转变；在集成程度方面，从最初的零件级、部件级、分系统级再到覆盖整个复杂装备的系统级智能运维；在技术层面，从最初的外部测试、机内测试、状态监测、综合诊断逐渐发展到退化预测和健康管理，智能运维技术代表了一种理念的转变。

9.2 制造系统/设备智能运维技术体系

9.2.1 数据采集与存储

数据是智能运维系统的基础前端输入，得益于传感器技术、通信技术、计算存储能力等的大幅提升，海量数据的获取推动了机械装备健康监测进入"大数据"时代，随着信息技术的发展，制造系统中增加了大量自动化加工设备、传感器、制造管理系统等软硬件，产生了"制造数据"。制造数据具有大规模（Volume）、多样（Variety）、高速（Velocity）、低价值密度（Value）"4V"特性，但数据本身并不产生价值，只有经过处理、加工、解释、挖掘出信息后才有意义，才能为后续设备故障诊断、剩余寿命预测以及维修决策管理提供价值。本节介绍智能运维中的数据采集与处理相关技术，以及如何利用质量改善后的数据进行故障诊断与剩余寿命预测的建模。

1. 数据采集中的通信协议

传感器是制造系统中获取设备状态数据的重要手段之一，智能运维系统中的传感器类型很多，按照传感器的输入量进行分类，主要有温度、湿度、振动、声发射、电流、电压、光纤、腐蚀传感器、微机电传感器等。除传感器外，智能运维系统的数据采集层也常需要从设备控制器中获取数据，例如在制造系统中需要从机床数控系统里获取主轴转速、刀具轨迹等数据，以便后续数据的建模与分析；在伺服驱动系统中，需要从控制器中获取指令、反馈、电流、电压等数据，以判断电机、机械传动部件的运行状态。下面介绍几种常用的数据采集通信协议。

（1）OPC – UA

OPC 统一构架（OPC Unified Architecture，OPC – UA）是国际上流行的制造设备（如机床）通信协议，是由 OPC 基金会在 OPC（OLE for Process Control）基础上推出的新一代 OPC 规范，用于不同操作系统和不同制造商的设备之间进行数据交互。OPC – UA 支持读写功能，有可靠的安全机制，并且 OPC – UA 采取地址空间模型进行建模，能描述高度复杂的信息模型。目前，基于 OPC – UA 标准的数据采集与监控的研究和应用越来越多。

OPC – UA 信息模型是由节点和引用类型组成的。不同的节点可以表示为变量、方法、数据类型等并具有基本的属性，而节点之间可以通过引用来连接，不同的引用类型赋予节点之间不同的关系。在对设备建模过程中，不同的节点可以用来表示设备的结构组件和属性，节点之间通过引用类型来建立设备中不同组件之间的联系，最后，节点和引用类型所构成的网状图就是 OPC – UA 服务器中的地址空间。不同的节点和引用相互连接构成 OPC – UA 的地址空间，也就是 OPC – UA 信息模型的各个节点的集合。表 9 – 1 定义了 OPC – UA 的 7 个节点通用属性和 8 种节点类别，这些节点即构成了 OPC – UA 模型的基本单元。

表 9 – 1 OPC – UA 常用节点类别和节点属性

节点属性		节点类别		
节点属性	说明	节点类别	图例	说明
NodeId	节点标识符	对象	Object 对象	被表示的系统、系统组件、实体的对象
NodeClass	节点的类别	对象类型	Object Type 对象类型	定义对象的类型
BrowseName	浏览 OPC – UA 服务器的节点名	变量	Variable 变量	节点的值
DisplayName	在客户端上显示的名称	变量类型	Variable Type 变量类型	变量类型的定义
Description	在客户端上显示对节点的描述	方法	Method 方法	可调用的功能
WriteMask	规定节点信息能否被用户更改，开放了客户端写入节点入口	引用类型	Reference Type 引用类型	节点之间的引用类型
UserWriteMask	节点的属性能否被连接在服务器上的用户更改	数据类型	Data Type 数据类型	变量值的语法
		视图	View 视图	整体地址空间

（2）Modbus

智能运维系统中，在设备端对可编程逻辑控制器（Programmable Logic Controller，PLC）进行数据读取或控制时，通常采用 Modbus 协议实现 PLC 与上位机的通信。Modbus 是一个请求/应答协议，提供功能码规定的服务，是国际统计标准的工业传输协议，其功能强大，应用广泛，主要应用在远程通信上。基于 Modbus 协议的标准性，可以在各种各样的工业设备间建立通信。Modbus 协议在以太网上为各个设备提供客户端/服务器（Client/Server）通信。Modbus 协议定义了一个与基础通信层无关的简单协议数据单元（Protocol Data Unit，PDU），特定总线或网络上的 Modbus 协议映射能够在应用数据单元（Application Data Units，ADU）上引入一些附加域。通用 Modbus 帧如图 9 – 5 所示，包括地址域、功能码、数据和差错校验位，通过"应答/请求"会执行功能码规定的功能，其常用功能码及其描述见表 9 – 2。

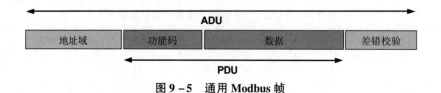

图 9 - 5　通用 Modbus 帧

表 9 - 2　Modubus 协议常用功能码描述

功能码（十进制）	功能码（十六进制）	功能描述
01	0x01	读线圈
02	0x02	读离散量输入
03	0x03	读保持寄存器
04	0x04	读输入寄存器
05	0x05	写单个线圈
06	0x06	写单个寄存器
15	0x0F	写多个线圈
16	0x10	写多个寄存器
20	0x14	读文件记录
21	0x15	写文件记录
22	0x16	屏蔽写寄存器
23	0x17	读/写多个寄存器
43	0x2B	读设备识别码

（3）MQTT

针对设备的远程运维，常面临以下应用场景，当监测的设备在使用故障诊断中诊断出当前设备已发生故障或是利用寿命预测模块预测当前设备的性能劣化已到极限时，需要远程地控制设备停机，以免发生严重事故。消息队列遥测传输（Message Queuing Telemetry Transport，MQTT）协议通过智能网关能够实现对设备控制器的异地远程控制。

MQTT 协议是物联网最为流行的网络传输协议之一，其主要提供订阅/发布两者消息模式，相比于其他的网络通信协议，报文更为简约、轻量，网络开销小，占用资源少，适合应用于计算能力有限的嵌入式设备。订阅/发布模式与传统的请求/应答模式相比，解耦了发布者与订阅者之间复杂的关系。MQTT 协议提供了更丰富的吞吐量，推送/发布机制消耗传感网络的数据流量相对较少。发布者将消息与消息类型一同推送到消息代理服务器，消息代理服务器过滤发布者推送的消息，根据消息类型分发到对应类型的订阅者。

一个远程云端通过 MQTT 协议、智能网关、Modbus 协议最终实现对本地设备 PLC 控制的案例如图 9 - 6 所示，PLC 通过 RS - 485 工业协议与智能网关相连接，配置智能网关与 PLC 之间的数据点位表后通过 Modbus 协议获取需要读取的 PLC 寄存器地址中数据。智能网关可以通过 2G/4G/Wifi 数据传输将数据传到云端，其中云服务器作为代理，当云应用需要实时获取数据时，边缘端作为发布者，云应用作为订阅者；当云端下发数据时，云应用作为发布者，边缘端作为订阅者。

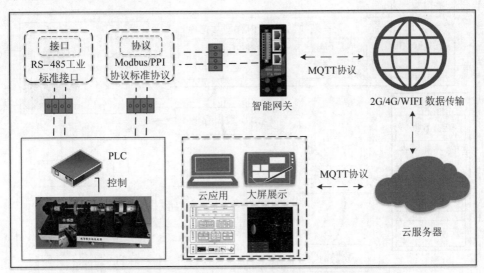

图 9 – 6　Modbus + MQTT 协议的本地 – 云端数据通信案例

2. 异构数据存储

智能运维中数据来源多样，包括终端设备采集产生的设备运行数据、云端对终端设备管理产生管理信息、基于终端采集数据进行数据挖掘产生的预警信息等。其中终端设备实时采集的数据反映了设备真实的运行状态，相较于其他数据来说具有数据量大、数据格式多样、以时间为主轴的特点，为非结构化数据。而云端对设备进行抽象产生的设备信息数据、图片数据及数据挖掘结果等为结构化数据、半结构化数据。

不同结构的数据对读写性能要求不同，需要不同的数据存储方案。其中设备信息等结构化程度高的数据，适合用关系型模型进行描述并用关系型数据库存储。而对数据读写性能要求较高的数据，如数据处理中间结果、半结构化数据等，适合使用内存型对象存储数据库（如 Redis）。对终端设备采集的数据，如通过传感器采集的振动数据、视频数据等具有时间连续、数据巨大的特点，对存储结构的写入性能和海量存储性能要求很高，关系型数据库难以对其进行描述，此时需要采用时序数据库进行存储。制造系统中多源异构数据存储及全生命周期管理如图 9 – 7 所示。

相比于结构化、半结构化数据，运维系统中对时序数据的存储与处理尤为重要。时序数据具有数据量大、聚合、随时间增长、需要高并发写入、对实时性要求高等特点，例如，在制造系统中，通常以高频率对处于工作装备中的机械设备进行长时间监测，导致数据体量巨大，达到太字节（TB）甚至拍字节（PB）。时序数据在管理上存在需要展示数据历史趋势、周期规律、异常性，以及数据写入要求快速化、持久化、多维度查询等需求，传统关系型数据库存难以应对时序数据的管理需求。

时序数据库属于非关系型数据库，拥有高吞吐、快速写入、持久化、多纬度聚合查询等基本功能，避免数据查询消耗资源过多，并且能够实现对存储的数据进行多个维度的高效查询，这些业务特点使得时序数据库更适合存储时序数据。常用时序数据库包括 InfluxDB、Prometheus、Druid 等，表 9 – 3 列出了一些现有时序数据库及优缺点对比。

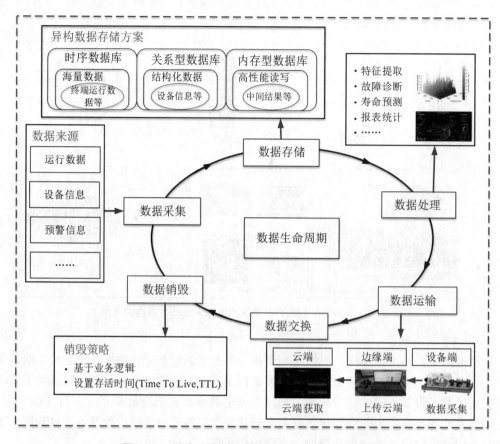

图 9−7　制造系统中异构数据存储及生命周期管理

表 9−3　时序数据库优缺点对比

时序数据库	优点	缺点
OpenTSDB	– Metric + Tags	– 查询函数有限
	– 集群方案成熟	– 运维复杂
	– 写高效	– 聚合分析能力较弱
Graphite	– 提供丰富的函数支持	– Whisper 存储，引擎 IOPS 高
	– 支持自动下采样	– Carbon 组件 CPU 使用率高
	– 维护简单	– 聚合分析能力较弱
InfluxDB	– Metrics + Tags – 部署简单、无依赖 – 实时数据下采样 – 高效存储	– 开源版本没有集群功能 – 存在前后版本兼容问题 – 存储引擎在变化

时序数据库	优点	缺点
Prometheus	– Metric + Tags – 适用于容器监控 – 具有丰富的查询语言 – 维护简单 – 集成监控和报警功能	– 没有集群解决方案 – 聚合分析能力较弱
Druid	– 支持嵌套数据的列式存储 – 具有强大的多维聚合分析能力 – 实时高性能数据摄取 – 具有分布式容错框架 – 支持类 SQL 查询	– 一般不能查询原始数据 – 不适合维度基数特别高的场景 – 时间窗口限制了数据完整性 – 运维较复杂
ElasticSearch	– 支持嵌套数据的列式存储 – 支持全文检索 – 支持查询原始数据 – 灵活性高 – 扩展丰富	– 不支持分析字段的列式存储 – 对硬件资源要求高 – 集群维护较复杂
ClickHouse	– 具有强大的多维聚合分析能力 – 实时高性能数据读写 – 支持类 SQL 查询 – 提供丰富的函数支持 – 具有分布式容错框架 – 支持原始数据查询 – 适用于基数大的维度存储分析	– 比较年轻，扩张不够丰富 – 不支持数据更新和删除 – 集群功能较弱

9.2.2 数据处理

1. 数据预处理

由于运行环境异常、背景噪声、人为因素干扰等，机械设备健康监测大数据中混杂大量与健康状态无关的异常数据、垃圾数据或缺失值数据，从而造成数据质量下降，对数据进行预处理以保证数据质量是构建诊断与预测模型首要解决的问题，常规数据预处理技术包括数据规整、数据降噪、异常检测、数据填充等[2]。

（1）数据规整

设备监测数据规模庞大、信号来源分散、采样形式多变及易受随机干扰等影响，数据呈现碎片化特点，因此，针对多源异构信号，需要分别进行重采样、尺度与维度转换、统一数据格式等相关数据规整工作，并对命名冲突、结构冲突等进行修正，提高数据的一致性。

（2）数据降噪

利用去噪方法对监测数据进行预处理，传统去噪方法包括线性滤波和非线性滤波，如中值滤波和维纳滤波。随着信号信号处理方法的快速发展，近年来又涌现出一批行之有效的先进去噪算法，如通过小波变换、希尔伯特黄变换、经验模态分解等实现去噪。

（3）异常检测

异常检测主要包括异常点与异常段的检测，其中异常点通常指信号中的噪点和孤立点，异常段指由连续异常点组成的数据段。异常数据的形成机制与正常数据不同，受外界干扰或传感器、电缆硬件故障等影响，异常数据严重偏离期望值，呈现漂移、失真等现象。常用的异常检测方法主要基于统计、聚类和分类等方法。

（4）数据填充

缺失数据主要来源于两方面：因传感器故障因素而导致的原始数据缺失；异常段清洗所造成的数据缺少。数据缺失是影响数据完整性的主要因素，常用的缺失数据处理方法包括删除法与插补法，前者将含有缺失值的数据段直接从原始数据删除，虽然规避了数据缺失的影响，但破坏了原有的数据结构，导致数据信息损失；后者利用已知的辅助信息，为缺失数据寻找替代值，即根据缺失值前后的数据点关系，借助插补法填充缺失数据。常用的插补法有均值插补、回归插补和极大似然估计等。

2. 数据特征提取

信号的时域分析用于估计或者计算信号的时域特征参数、指标等。时域统计特征包括有量纲和量纲为 1 两种。常用的有量纲特征有均值、标准差、均方根、峰度、偏度等，信号的频谱反映了信号的频率成分及各成分的幅值或能量大小。当机械设备出现故障时，信号中不同频率成分的幅值或能量发生变化，导致频谱中对应谱线发生变化：信号的能量增大或减小，频谱上对应谱线高度表现为增高或降低。通过提取能够反映频谱中谱线的高低变化、分散程度及主频带位置变化的频谱特征参数，能够较好地描述信号中蕴含的信息，从而指示健康状态信息。常用的时域特征与频域特征计算方法如表 9-4 所示，表中 $x(n)$ 为信号的时域序列，$n = 1, 2, \cdots, N$，N 为样本点数；$s(k)$ 是信号 $x(n)$ 的频谱，$k = 1, 2, \cdots, K$，其中 K 是谱线数；f_k 是第 k 条谱线的频率值。

表 9-4　常用时域与频域特征参量

时域特征参量	频域特征参量
1. 均值 $\mu_s = \dfrac{1}{n}\sum\limits_{i=1}^{n} x_i$	6. 脉冲因子 $F_{IF} = \dfrac{\max(x)}{\dfrac{1}{n}\sum\limits_{i=1}^{n}\lvert x_i \rvert}$
2. 标准差 $\sigma_s = \sqrt{\dfrac{1}{n-1}\sum\limits_{i=1}^{n}(x_i - \mu_s)^2}$	7. 波峰因子 $F_{CF} = \dfrac{\max(x)}{F_{rms}}$
3. 均方根 $F_{rms} = \sqrt{\dfrac{1}{n}\sum\limits_{i=1}^{n} x_i^2}$	8. 形状因子 $F_{SF} = \dfrac{F_{rms}}{\dfrac{1}{n}\sum\limits_{i=1}^{n}\lvert x_i \rvert}$
4. 偏度 $F_{sk} = \dfrac{\dfrac{1}{n}\sum\limits_{i=1}^{n}(x_i - \mu_s)^3}{\sigma_s^3}$	9. 边际因子 $F_{MF} = \dfrac{\max(x)}{\left(\dfrac{1}{n}\sum\limits_{i=1}^{n}\lvert x_i \rvert\right)^2}$
5. 峰度 $F_{kurt} = \dfrac{\dfrac{1}{n}\sum\limits_{i=1}^{n}(x_i - \mu_s)^4}{\sigma_s^4}$	10. 峰峰值 $F_{pp} = \max(x) - \min(x)$

时域特征参量	频域特征参量
11. 能量 $F_E = \sum\limits_{i=1}^{n} x_i^2$	18. $F_{18} = \sqrt{\sum\limits_{k=1}^{K} f_k^2 s(k) \Big/ \sum\limits_{k=1}^{K} s(k)}$
12. $F_{12} = \dfrac{1}{K}\sum\limits_{k=1}^{K} s(k)$	19. $F_{19} = \sqrt{\sum\limits_{k=1}^{K} f_k^4 s(k) \Big/ \sum\limits_{k=1}^{K} f_k^2 s(k)}$
13. $F_{13} = \sqrt{\dfrac{1}{K-1}\sum\limits_{k=1}^{K}\left[s(k)-F_{12}\right]^2}$	20. $F_{20} = \sum\limits_{k=1}^{K} f_k^2 s(k) \Big/ \sqrt{\sum\limits_{k=1}^{K} s(k)\sum\limits_{k=1}^{K} f_k^4 s(k)}$
14. $F_{14} = \sum\limits_{k=1}^{K}\left[s(k)-F_{12}\right]^3 /(K-1)F_{13}^3$	21. $F_{21} = F_{17}/F_{16}$
15. $F_{15} = \dfrac{\sum\limits_{k=1}^{K}\left[s(k)-F_{12}\right]^4}{(K-1)F_{13}^4}$	22. $F_{22} = \sum\limits_{k=1}^{K}(f_k-F_{16})^3 s(k)/\left((K-1)F_{17}^3\right)$
16. $F_{16} = \sum\limits_{k=1}^{K} f_k s(k)\Big/\sum\limits_{k=1}^{K} s(k)$	23. $F_{23} = \sum\limits_{k=1}^{K}(f_k-F_{16})^4 s(k)/\left((K-1)F_{17}^4\right)$
17. $F_{17} = \sqrt{\dfrac{1}{K-1}\sum\limits_{k=1}^{K}(f_k-F_{16})^2 s(k)}$	24. $F_{23} = \sum\limits_{k=1}^{K}(f_k-F_{16})^{1/2} s(k)/\left((K-1)F_{17}^{1/2}\right)$

对于剩余寿命预测问题，经信号特征提取后的特征还需进一步处理，以便于计算健康因子。健康因子是用来表征系统退化趋势的量化指标，根据监测数据是直接还是间接，健康因子可分为物理量（直接监测数据）和虚拟量（间接监测数据）。例如，在结构疲劳裂纹扩展预测问题中，通过直接监测裂纹尺寸来拟合裂纹扩展理论公式（如帕里斯模型），以实现对扩展趋势的预测，此时裂纹尺寸即为表征系统退化的直接物理量。而在机械设备剩余寿命预测问题中，受限于空间可达性及退化机理的隐蔽性，机械设备运行状态的改变难以直接观察，通常只能通过监测振动、力、声发射等信号间接反映设备退化情况，此时需要从间接监测信号中构建表征设备退化的虚拟量，即健康因子。

健康因子的构建过程通常有特征提取、特征筛选、特征融合几步，所构建的健康因子用来作为状态空间模型中的观测数据（对于基于机理的预测方法）或设计回归模型（对于数据驱动的预测方法）。由于外部环境随机因素的影响，单一通道监测信号可能会波动出现异常值，由此构建的健康因子会导致预测失稳，一般来说，设备的分系统或部件上会布置多个传感器来采集不同物理量。设备的退化过程是时间单调的，因此希望选择单调性好的特征用以表征退化趋势。特征选择通过去除无关冗余特征实现维数约减，并结合原有特征产生一组新的特征，其相对原有特征更为紧凑且具有更强的趋势表征性。

3. 小样本数据增强

故障在设备的全寿命周期中属于小概率事件，因此实际工程场景中采集到的故障数据往往存在小样本、不均衡等问题。而近些年基于数据驱动的机械设备状态诊断方法在进行模型训练时的样本数据则需要是大量的、均衡的，否则会严重影响模型的诊断精度。常用的解决思路是通过生成模型基于现有的小样本数据生成新的数据，实现样本数据的扩充，然后将生成数据和原始小样本数据混合得到符合数据驱动模型训练的大量、均衡样本数据库，以提高模型的诊断精度。常用的生成模型包括自回归模型、变分自编码器、流模型、扩散模型和生成式对抗网络等，而在机械故障诊断领域目前用到比较多的主要是变分自编码器和生成式对抗网络（Generative Adversarial Network，GAN）。不同于变分自编码器通过一种显式的方法进行训练，生成式对抗网络基于对抗思想进行模型的训练。

下面介绍 GAN 用于旋转机械振动信号的生成，如图 9-8 所示，GAN 由生成器（Generator）和判别器（Discriminator）两部分组成。

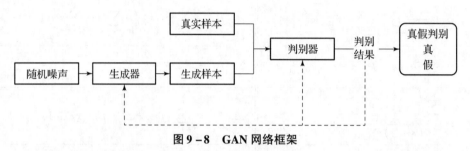

图 9-8　GAN 网络框架

GAN 的生成样本还需要评价其生成质量，通过一些可以实际计算的指标来衡量生成样本和真实样本之间的相似程度，下面介绍三种常用指标。

1）多核最大均值差异（Multi-Kernel Maximum Mean Discrepancy，MK-MMD）可以衡量两个分布 G 和 Y 之间的距离，用来评价生成样本与真实样本的相似程度。MMD 指标的计算公式如下：

$$\text{MMD}[G,Y] = \left(E_{G,Y}\left[k(g,g') - 2k(g,y) + k(y,y')\right]\right)^{\frac{1}{2}} \tag{9-1}$$

式中　g，y——分布 G 和 Y 中的样本；

g'，y'——分布 G 和 Y 中不同于 g 和 y 的样本。

计算 MMD 之前，需要确定一个核函数，这里选择常用的高斯核函数：

$$k(u,v) = \exp\left(\frac{-\parallel u-v \parallel^2}{\sigma}\right) \tag{9-2}$$

对于 MK-MMD，高斯核 σ 会取多个值再分别求核函数，然后以这些核函数的输出之和作为最终的核函数。MK-MMD 值越小，表明两个分布越接近。

2）推土机距离（又称 Wasserstein 距离）的定义是将生成样本"移动"到真实样本的最小成本，可以被用来衡量两个样本分布之间距离，计算公式如下：

$$W(P_{\text{data}}, P_{\text{g}}) = \inf_{\gamma \in \prod(P_{\text{data}}, P_{\text{g}})} E_{(a,b)\sim\gamma}\left[\parallel a-b \parallel\right] \tag{9-3}$$

式中　P_{data}——真实样本分布；

P_{g}——生成样本分布；

a——真实样本；

b——生成样本；

$\gamma(a,b)$——边缘概率分布分别为 P_{data} 和 P_{g} 的联合分布；

$\prod(P_{\text{data}}, P_{\text{g}})$——满足 $\gamma(a,b)$ 的联合分布集合。

简单地说，$\gamma(a,b)$ 可以理解为需要多少"质量"从 a 运输到 b 才能将 P_{data} 转换成 P_{g}，

而 $W(P_{\mathrm{data}}, P_{\mathrm{g}})$ 就是这个过程中最优运输路径的最小成本。

3）1 个最近邻分类器（The 1 – Nearest Neighbor classifier，1 – NN）利用两个样本集上的测试结果来评价两个分布是否是服从同一分布。用于生成样本评价时，具体计算方法是让真实样本标签为 1，生成样本标签为 0，所有样本通过 1 – NN 分类器后的分类精度即为评价指标。如果两个样本分布接近，则分类精度接近 50%，否则接近 0%。

9.2.3　机械设备故障诊断

1. 基于信号处理的机械设备故障诊断

机械设备故障诊断技术利用监测到的设备运行中或者相对静态条件下的状态信息，对所测得的信号进行分析和处理，并结合诊断对象的历史状态，定量识别机械设备及其零部件实时技术状态。机械设备故障诊断技术根据诊断的目的及所选取的诊断方法不同，其实施过程也有所不同，但基本过程是相同的，主要包括机械设备状态信号特征提取、故障特征提取和故障诊断等。

机械设备状态信号是机械设备异常或故障信息的载体，选用一定的方法和检测系统采集最能反映诊断对象状态特征的信号，是故障诊断技术实施过程中不可缺少的环节。能够真实、充分采集到足够数量且客观反映诊断对象状况的状态信号是故障诊断技术成功与否的关键。状态信号的获取方法主要有振动、温度、压力、转速、光谱、铁铺、声发射、激光测试，等等，通过这些方法可测取相应的参数。

基于信号的故障诊断包括对信号进行时域分析、幅值域分析、频域分析等，主要用到的技术包括傅里叶变换、自相关/互相关函数、短时傅里叶变换、小波变换、经验模态分解、包络谱分析等，其核心思想是通过对监测信号与设备正常状态时采集到的模板信号进行比对发现异常。

以旋转机械为例，传动系统由齿轮减速器、轴承、轴等多部件构成，实际工况中，通常工作环境恶劣，又有壳体层层包裹，在复杂工况下受激励产生振动，导致原始信号具有强时变、多振源耦合的特点。因此需要从混叠耦合了背景噪声、多激励源信号的原始监测信号中识别出目标振源，自适应地分离出故障特征信号与其他干扰信号。常用的信号解耦分离算法有经验模态分解类方法、独立成分分析类方法和稀疏分解类方法。

此外，故障脉冲的识别在旋转机器的诊断中非常重要，故障激发导致的脉冲容易被强背景噪声和其他振源信号干扰，导致故障信息被掩盖，需要对微弱故障特征进一步增强才能进行故障诊断。下面以旋转机械关键零部件轴承、行星齿轮为例，介绍故障建模、基于稀疏分解的耦合信号解耦与微弱故障特征信号增强方法。

（1）典型旋转机械部件故障建模

1）行星齿轮箱局部故障特征频率。

如图 9 – 9 所示，行星齿轮箱结构复杂，一般齿圈固定，太阳轮、行星轮和行星架做旋转运动。为了采集振动数据，传感器一般放置于齿轮箱壳体正上方。

对于齿圈固定的单级行星齿轮箱，各齿轮元件的局部故障特征频率计算公式如式（9 – 4）~式（9 – 7）所示。

$$f_{\mathrm{m}} = f_{\mathrm{c}}^{(\mathrm{r})} Z_{\mathrm{ring}} = (f_{\mathrm{s}}^{(\mathrm{r})} - f_{\mathrm{c}}^{(\mathrm{r})}) Z_{\mathrm{sun}} \tag{9 – 4}$$

$$f_{\mathrm{sun}} = N_{\mathrm{p}} \cdot f_{\mathrm{m}} / Z_{\mathrm{sun}} \tag{9 – 5}$$

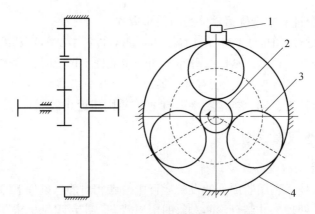

图9-9　行星齿轮箱传动示意图

1—传感器；2—太阳轮；3—行星轮；4—齿圈

$$f_p = f_m / Z_p \tag{9-6}$$

$$f_{ring} = N_p \cdot f_m / Z_{ring} \tag{9-7}$$

式中　f_m——齿轮啮合频率；

$\quad\quad f_c^{(r)}$——行星架的旋转频率；

$\quad\quad f_s^{(r)}$——太阳轮绝对旋转频率；

$\quad\quad N_p$——行星轮个数；

$\quad\quad Z_{sun}$，Z_p，Z_{ring}——太阳轮、行星轮和齿圈的齿数；

$\quad\quad f_{sun}$，f_p，f_{ring}——太阳轮、行星轮和齿圈局部故障特征频率。

2）行星齿轮箱振动信号模型。

故障轮齿与正常轮齿啮合引起的故障冲击将对齿轮啮合振动产生调幅调频效应，只考虑齿轮啮合频率和齿轮局部故障特征频率，不考虑传递路径影响，行星齿轮箱局部故障建模可以表示为

$$x_{gear}(t) = \underbrace{\left[1 + A\cos(2\pi f_{gear} t + \phi) \right]}_{\text{齿轮故障调幅}} \cos\left[2\pi f_m t + \underbrace{B\sin(2\pi f_{gear} t + \varphi)}_{\text{齿轮故障调频}} + \theta \right] \tag{9-8}$$

式中　A，B——调幅调频强度；

$\quad\quad f_{gear}$——齿轮故障频率；

$\quad\quad \theta$，ϕ，φ——初始相位。

当行星齿轮箱中太阳轮的某一轮齿发生故障时，故障轮齿将会随着太阳轮的旋转与行星轮的啮合位置发生周期性变化，导致与壳体上安装的传感器之间的距离也不断变化，这种变化可以通过一个汉宁（Hanning）窗表示：

$$x_{sun}(t) = \underbrace{\left[1 - \cos(2\pi f_s^{(r)} t) \right]}_{\text{太阳轮旋转调幅}} \underbrace{\left[1 + A\cos(2\pi f_{sun} t + \phi) \right]}_{\text{太阳轮故障调幅}} \cos\left[2\pi f_m t + \underbrace{B\sin(2\pi f_{sun} t + \varphi)}_{\text{太阳轮故障调频}} + \theta \right]$$

$$\tag{9-9}$$

对于行星轮局部故障，与太阳轮局部故障建模类似，故障轮齿与传感器之间的距离也受到行星架旋转的影响：

$$x_p(t) = \underbrace{\left[1 - \cos(2\pi f_c t) \right]}_{\text{行星架旋转调幅}} \underbrace{\left[1 + A\cos(2\pi f_p t + \phi) \right]}_{\text{行星轮故障调幅}} \cos\left[2\pi f_m t + \underbrace{B\sin(2\pi f_p t + \varphi)}_{\text{行星轮故障调频}} + \theta \right]$$

$$\tag{9-10}$$

对于齿圈局部故障，由于齿圈固定，所以故障轮齿与传感器距离保持不变：

$$x_{\text{ring}}(t) = \underbrace{\left[1 + A\cos(2\pi f_{\text{ring}}t + \phi)\right]}_{\text{齿圈故障调幅}}\cos\left[2\pi f_{\text{m}}t + \underbrace{B\sin(2\pi f_{\text{ring}}t + \varphi)}_{\text{齿圈故障调频}} + \theta\right] \tag{9-11}$$

3）滚珠轴承故障特征频率。

对于滚珠轴承，如图 9-10 所示，一般外圈固定不动，内圈随轴一起转动，传感器安装在轴承座上，位于轴承正上方。

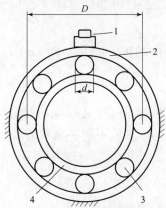

图 9-10　滚珠轴承示意图
1—传感器；2—外圈；3—滚动体；4—内圈

对于外圈固定的滚珠轴承，各元件的故障特征频率计算如下：

$$f_{\text{i}} = \frac{Z}{2}\left(1 + \frac{d}{D}\cos\alpha\right)f_{\text{i}}^{(\text{r})} \tag{9-12}$$

$$f_{\text{o}} = \frac{Z}{2}\left(1 - \frac{d}{D}\cos\alpha\right)f_{\text{i}}^{(\text{r})} \tag{9-13}$$

$$f_{\text{e}} = \frac{D}{2d}\left(1 - \left(\frac{d}{D}\cos\alpha\right)^2\right)f_{\text{i}}^{(\text{r})} \tag{9-14}$$

$$f_{\text{c}} = \frac{1}{2}\left(1 - \frac{d}{D}\cos\alpha\right)f_{\text{i}}^{(\text{r})} \tag{9-15}$$

式中　$f_{\text{i}}^{(\text{r})}$——滚珠轴承内圈旋转频率；

$f_{\text{i}}, f_{\text{o}}, f_{\text{e}}, f_{\text{c}}$——滚珠轴承内圈、外圈、滚动体和保持架的故障特征频率；

D——滚珠轴承节径；

d——滚动体直径；

α——接触角；

Z——滚动体个数。

4）滚珠轴承振动信号模型。

对于外圈固定的滚珠轴承，当外圈发生局部故障时，振动信号中会出现周期性冲击成分，外圈故障信号可以建模为一系列等间距指数衰减脉冲之和：

$$x_{\text{outter}} = \sum_{m=1}^{MM} h(t - mT_{\text{o}}) = \sum_{m=1}^{MM} \exp\left[-2\pi\varepsilon f_{\text{n}}(t - mT_{\text{o}})\right]\sin\left[2\pi f_{\text{n}}(t - mT_{\text{o}})\right] \tag{9-16}$$

式中　MM——冲击成分个数；

$h(t)$——指数衰减脉冲；

ε——衰减系数；

f_n——系统共振频率；

T_o——两个连续外圈故障脉冲的时间间隔，$T_o = 1/f_o$。

当轴承发生内圈局部故障时，由于外圈固定，所以内圈的转动会产生调幅效应，用一个以内圈转动频率为基频的 Hanning 窗表示：

$$x_{inner} = \sum_{m=1}^{MM} \underbrace{[1 + A_0\cos(2\pi f_i^{(r)}t)]}_{\text{内圈旋转调幅}}\exp[-2\pi\varepsilon f_n(t - mT_i)]\sin[2\pi f_n(t - mT_i)] \quad (9-17)$$

式中　A_0——调幅调频强度；

T_i——两个连续内圈故障脉冲的时间间隔，$T_i = 1/f_i$。

（2）多故障源耦合信号解耦

1）形态分量分析。

形态分量分析（Morphological Component Analysis，MCA）基于形态多样性和稀疏表示理论，认为信号是由多个形态不同的、可由不同字典稀疏表示的分量组成。基于 MCA 理论，一维振动信号 x 可以表示成 N 个不同分量的线性和：

$$x = \sum_{n=1}^{N} x_n = \sum_{n=1}^{N} S_n W_n \quad (9-18)$$

式中　S_n——第 n 个分量 x_n 的稀疏表示字典；

W_n——对应的系数矩阵。

为了得到信号 x 的最优稀疏表示，式（9-15）应同时满足下面两个条件。

条件 1：系数矩阵 W_n 的罚函数最小，这表示字典中用于信号重组的原子很少，即信号的表示足够稀疏，共振稀疏分解方法中以 L1 范数作为罚函数约束 W_n：

$$\min \sum_{n=1}^{N} \parallel W_n \parallel_1 \quad (9-19)$$

条件 2：稀疏重构后的信号在最小二乘意义上接近信号 x，即重构信号与原始信号足够的相似甚至相等：

$$\min \parallel x - \sum_{n=1}^{N} S_n W_n \parallel_2^2 \quad (9-20)$$

综合考虑上述两个条件，可以得到基于 L1 范数稀疏分解方法的目标函数：

$$J(W_1, W_2, \cdots, W_N) = \parallel x - \sum_{n=1}^{N} S_n W_n \parallel_2^2 + \sum_{n=1}^{N} \lambda_n \parallel W_n \parallel_1 \quad (9-21)$$

对于共振稀疏分解算法，只考虑高、低共振分量，基于 MCA 理论对信号 x 进行稀疏分解时（$N=2$），目标函数可以表示为

$$J(W_1, W_2) = \parallel x - S_1 W_1 - S_2 W_2 \parallel_2^2 + \lambda_1 \parallel W_1 \parallel_1 + \lambda_2 \parallel W_2 \parallel_1 \quad (9-22)$$

2）稀疏表示字典的选择。

基于 MCA 理论，对于信号 x 的不同分量需要选择不同的字典来稀疏表示，共振稀疏分解方法选择两个不同品质因子的小波字典作为稀疏字典。

品质因子 Q 是一个量纲为 1 的参数，定义为中心频率 f_r 与频率带宽 BW 的比值，是表征信号频率聚集程度的度量，品质因子越高，信号的频率越集中，表现在时域上就是波形振荡次数越多。

$$Q = \frac{f_r}{BW} \quad (9-23)$$

基于可调品质因子小波变换（Tunable Q – Factor Wavelet Transform, TQWT），通过设置不同的品质因子 Q、冗余因子 r 和分解级数 J 构建不同的小波基函数库（小波字典），以匹配不同振荡特征的信号分量。

3）共振稀疏分解方法流程

如图 9 – 11 所示，共振稀疏分解（RSSD）方法将信号中不同成分振荡程度的差异性作为信号稀疏分解的依据，通过可调品质因子小波变换（TQWT）分别建立原始信号的高、低品质因子小波字典 S_1 和 S_2；再基于形态分量分析（MCA），将信号稀疏表示为高、低共振分量的线性和，并构建目标函数 $J(W_1, W_2)$；然后利用分裂增广拉格朗日收缩算法（Split Augmented Lagrangian Shrinkage Algorithm, SALSA）求解 $J(W_1, W_2)$ 最小时的系数矩阵 W_1 和 W_2；最后通过 TQWT 逆变换，得到高共振分量和低共振分量。

（3）微弱故障特征信号增强

1）盲解卷积理论基础

盲解卷积的目标是从复杂的观测信号 x 中提取故障信号 s_0，可以表示为

$$s = x * h = (s_0 * g) * h \approx s_0 \qquad (9-24)$$

式中　g——未知的脉冲响应函数；

　　　h——逆滤波器；

　　　s——信号 x 经过盲解卷积得到的信号；

　　　$*$——卷积算子。

将式（9 – 24）写成矩阵乘法形式：

$$s = Xh \qquad (9-25)$$

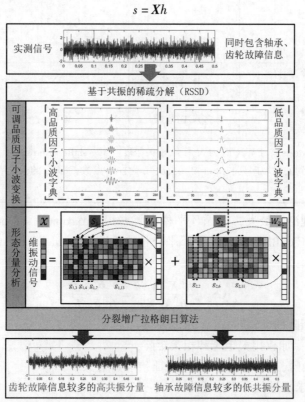

图 9 – 11　RSSD 算法流程

$$\begin{bmatrix} s[N-1] \\ \vdots \\ s[L-1] \end{bmatrix} = \begin{bmatrix} x[N-1] & \cdots & x[0] \\ \vdots & \ddots & \vdots \\ x[L-1] & \cdots & x[L-N-2] \end{bmatrix} \begin{bmatrix} h[0] \\ \vdots \\ h[N-1] \end{bmatrix} \qquad (9-26)$$

式中　L，N——s 和 h 的长度。

盲解卷积算法通过求解一个逆滤波器，使得解卷积后信号的某项指标达到最大或最小。在机械设备故障诊断领域，常用到的盲解卷积算法和对应的评价指标如表 9-5 所示。

2）最大二阶循环平稳盲解卷积

实际工程场景中的旋转机械振动信号通常可以看成是一阶循环平稳过程（First-order cyclostationarity，CS_1）和二阶循环平稳过程（Second-order cyclostationarity，CS_2）的混合。其中，CS_1 代表振动信号中的完全确定性部分，体现了信号中所有的周期性贡献；CS_2 则代表信号中的随机信号部分，主要表现了振动信号能量流的周期性波动。相较于只考虑了周期部分的解卷积方法，循环平稳方法更为现实和通用。

表 9-5　盲解卷积算法及对应的评价指标

解卷积算法	评价指标	计算方法
最小熵解卷积（MED）	峭度	$\kappa_4 = \dfrac{\sum\limits_{k=N-1}^{L-1}(s_k-\mu_s)^4}{\left[\sum\limits_{k=N-1}^{L-1}(s_k-\mu_s)^2\right]^2}$
最大相关峭度解卷积（MCKD）	相关峭度	$CK_M(T) = \dfrac{\sum\limits_{k=N-1}^{L-1}\left(\prod\limits_{m=0}^{M}s_{k-mT}\right)^2}{\left(\sum\limits_{k=N-1}^{L-1}s_k^2\right)^{M+1}}$
最优最小熵解卷积调整（OMEDA）	D 范数	$DN = \max\limits_{k=N-1,\cdots,L-1}\left(\dfrac{\mid s_k\mid}{\parallel s\parallel}\right)$
多点最优最小熵解卷积（MOMEDA）	多点 D 范数	$MDN(s,t_v) = \dfrac{1}{\parallel t_v\parallel}\dfrac{t_v^{\mathrm{T}}s}{\parallel s\parallel}$

注：κ_4 为峭度（Kurtosis）；$CM_M(T)$ 为 M 移位相关峭度（M-shifted Correlated Kurtosis）；s_k 为观测信号 x_k 经过盲解卷积得到的时域序列；$k=1,2,\cdots,L$，L 为样本点数，即 s_k 的长度；μ_s 为 s_k 均值；T 为信号周期。

基于循环平稳理论，最大二阶循环平稳盲解卷积（Maximum second order cyclostationary blind deconvolution，CYCBD）将二阶循环平稳性（Second-order indicators of cyclostationary，ICS_2）作为评价指标：

$$ICS_2 = \frac{h^{\mathrm{H}}X^{\mathrm{H}}WXh}{h^{\mathrm{H}}X^{\mathrm{H}}Xh} = \frac{h^{\mathrm{H}}R_{\mathrm{XWX}}h}{h^{\mathrm{H}}R_{\mathrm{XX}}h} \qquad (9-27)$$

式中　上标 H——矩阵的共轭转置；

R_{XWX}，R_{XX}——加权相关矩阵和相关矩阵；

W——加权矩阵，计算公式与故障特征频率 ω 有关。

CYCBD 算法的求解过程可以描述为

$$h = \arg\max_h ICS_2 \qquad (9-28)$$

上述过程等价于求解一个广义特征值问题：

$$R_{XWX}h = R_{XX}h\lambda \tag{9-29}$$

最大特征值 λ 就对应最大 ICS_2 值，如图 9-12 所示，可以通过以下迭代过程进行求解：

①初始化逆滤波器 h，根据输入信号 X 计算 R_{XX}；

②根据 h、X 和 ω 计算 W，进而计算 R_{XWX}；

③通过求解 $R_{XWX}h = R_{XX}h\lambda$，得到最大特征值 λ 和对应的特征向量 h；

④返回步骤②，更新逆滤波器 h 的参数，重复整个流程直至达到收敛条件。

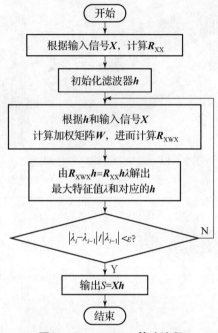

图 9-12　CYCBD 算法流程

2. 数据驱动的机械设备故障诊断

近年来数据驱动的方法特别是机器学习、深度学习方法在机械故障诊断领域逐渐被广泛探索使用。数据驱动的故障诊断方法实质上是人工智能中的分类问题。智能诊断模型输出的机械设备健康状态为一系列离散值，通过对训练集进行学习，可建立特征空间到标签空间的映射关系。基于深度学习的智能诊断主要步骤为特征自动提取及分类，与基于浅层模型的智能诊断相比，基于深度学习的诊断摒弃了数据特征提取过程中的人为干预，利用深度学习方法，如自编码神经网络、卷积神经网络、循环神经网络等，直接对输入的信号逐层加工，把初始与机械设备健康状态联系不太密切的样本特征，转化为与健康状态联系更为密切的特征表达，将特征提取和故障分类过程合二为一，直接建立特征与设备健康状态之间的非线性关系。

以某型号滚珠丝杠副润滑状态为例说明卷积神经网络在设备状态识别中的应用。在滚珠丝杠副可靠性实验台（见图 9-13）上模拟了滚珠丝杠副润滑状态的退化过程，即脂润滑状态、油润滑状态及无润滑状态，这三种状态模拟了滚珠丝杠在工作中润滑从好退化至差的过程，分别采集这三种状态下对应的振动信号，如图 9-14 所示，可以看出，原始信号在时域和频域都非常相似，区分度很小，这增加了状态识别的难度。为此建立一个 7 层卷积神经网络，前 6 层分别为卷积层和池化层的交互交叠，第 7 层为全连接层，将原始信号直接送入网络进行网络的训练，训练后的诊断模型在测试集上测试，采用 T 分布和随机近邻嵌入（t-SNE）方法对测试数据进行降维展示，如图 9-15 所示，展示了所构建 7 层诊断网络每一层的输出，其中数字和颜色分别代表三种状态的标签。可以看出，在输入层，各个状态的数据混杂地交叠在一起无法区分，随着网络的深入，设备不同状态的数据逐渐被区分开来，直到输出已经完全区分开，诊断的精确度达 100%。

图 9-13　滚珠丝杠副可靠性实验台

1—尾座；2—丝杠；3—振动传感器；4—螺母；5—三爪卡盘；6—线缆

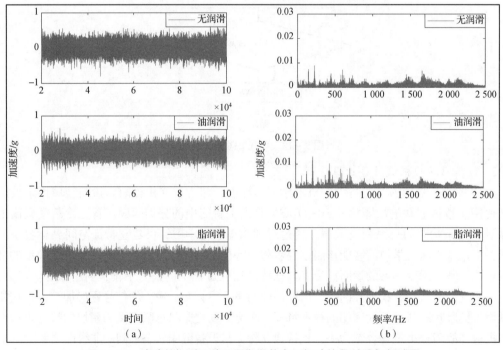

图 9-14　滚珠丝杠副三种不同润滑状态下振动信号时域与频域图

9.2.4　机械设备剩余寿命预测

机械设备剩余寿命（Remaining Useful Life，RUL）预测即通过分析设备偏离预期正常运行状态的程度来预测设备的未来性能或剩余可用寿命。通常设备的健康状况随着其使用的时间或者使用的次数线性下降，但是由于操作条件、环境变化和设备的复杂性，设备的退化状

输入层　　　　　　　　　　第一层　　　　　　　　　　第二层

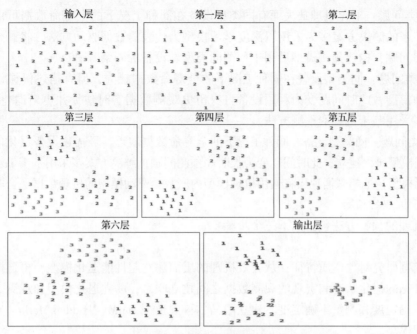

第三层　　　　　　　　　　第四层　　　　　　　　　　第五层

第六层　　　　　　　　　　　　　　　输出层

图 9 - 15　卷积神经网络诊断模型对测试数据的输出

态和剩余寿命预测关系之间并非是线性模型。

　　剩余寿命预测是智能运维关键技术中最为重要也最具挑战的部分，能够为系统维护间隔提供理论依据，优化维护资源，是实现从定期维护、视情维护到预测性维护跨越的核心技术。目前将预测方法分为基于机理的预测方法（Model - based Prognostics）、数据驱动的预测方法（Data - driven Prognostics）以及机理数据融合驱动的方法三大类。预测算法多样，每类方法都有自己的适用范围和优缺点，不能独立于工作环境选择预测方法，需要根据预测任务所面临的不同数据场景对问题进行建模，以选择合适的预测算法。预测算法分类及其适用场景如图 9 - 16 所示，通常将剩余寿命预测问题分为三类。

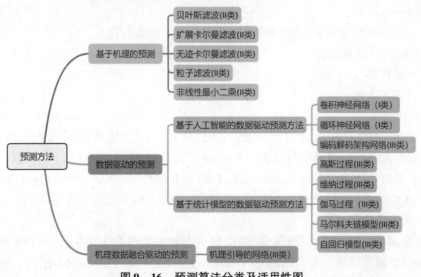

图 9 - 16　预测算法分类及适用性图

1）Ⅰ类问题：退化机理缺失而有同类型设备在同种工况下的全寿命数据可用，这种情况下，近年来的解决方案多为采用以深度学习模型为代表的数据驱动方法，将剩余寿命预测建模为回归问题，构建预测模型后用于预测同类型新设备的剩余寿命。

2）Ⅱ类问题：同类型设备在同种工况下的全寿命数据缺失，但有描述机械设备退化的动力学机理模型，此时问题变为利用设备自身历史观测数据实时估计并更新退化模型参数，此类问题多采用基于机理的预测方法。

3）Ⅲ类问题：同类型设备在同种工况下的全寿命数据缺乏，且描述设备退化的精确动力学退化机理模型难以建立，此时问题变为长时序预测问题，解决方案多采用基于 Transformer 结构构建预测模型，近年来涌现出将通用机理模型内嵌数据驱动模型的机理数据融合驱动方法。

1. 基于机理的预测

基于机理的预测方法包括以下三个步骤：

（1）建模

深入挖掘研究对象本质特征，从失效机理的层面建立起性能退化模型，再建模观测方程于隐含不可见的退化状态和宏观的观测数据之间建立联系，联立退化模型和观测方程，同时考虑过程不确定度和测量不确定度，建立隐马尔科夫模型 HMM（Hidden Markov Model），又叫状态空间模型。

（2）状态 – 参数估计

使用观测序列估计系统的退化状态 z 和 HMM 模型参数，通常是状态—参数概率分布随时间推移的轨迹。

（3）预测

任意时刻，基于状态—参数的概率分布，使用蒙特卡洛仿真或解析法给出未来时刻退化状态的概率轨迹或剩余寿命的概率分布。

$$\begin{cases} z_k = F_k(z_{k-1}, \theta) + w_k \\ y_k = H_k(x_k) + v_k \end{cases} \tag{9-30}$$

式中　z——系统退化状态，隐含不可见，需要通过宏观的观测数据推断；

　　　下标 k——时刻；

　　　F——退化模型（在状态空间模型体系中也叫作状态方程）；

　　　θ——退化模型参数；

　　　w——过程噪声；

　　　H——观测方程；

　　　v——观测噪声。

基于机理预测的最核心内容是状态—参数估计，广泛使用的方法包括卡尔曼滤波（Kalman Filter，KF）/扩展卡尔曼滤波（Extended Kalman Filter，EKF）、粒子滤波（Particle Filter，PF）、贝叶斯方法（Bayesian Method，BM）、非线性最小二乘（Nonlinear least squares，NLS）等。EKF、PF 和 BM 在理论上都隶属贝叶斯滤波，NLS 则属于传统的回归方法，四者均可处理非线性退化模型。

EKF 存在高斯假设，即假设任意时刻退化状态和模型参数为高斯分布，PF 释放了这一约束，因此可处理非线性、非高斯的退化模型，比 EKF 具有更普遍的适用性，但是由于在重采样环节复制大权重粒子而剔除小权重较粒子，经多次迭代后，权重大的粒子只集中在少数几个甚至一个粒子上，粒子多样性大大损失，无法用粒子权重表示状态—参数的分布，这对于高维状态—参数估计问题，常导致参数不能收敛到期望值。

基于机理预测方法的不足之处在于需要从失效机制层面建立退化模型，对于失效机理复杂的系统，建立封闭的、描述退化过程的数学模型难以实现，制约了该类方法在复杂系统中的应用。

2. 数据驱动的预测

数据驱动的预测方法从目标设备的历史数据中学习与挖掘目标设备的退化趋势，以预测设备剩余寿命，无须依赖退化机理模型。数据驱动的方法主要可分为统计模型和非统计模型两大类，其中非统计模型方法又以深度学习预测模型为代表。基于统计模型的数据驱动预测方法包括高斯过程、维纳过程、伽马过程及随机系数回归模型等，本部分主要讨论基于深度学习的预测方法。

该类方法将剩余寿命预测问题建模为回归问题，前提是需要事先获取与目标设备同类型的多组全寿命退化数据，然后将采集的原始数据或对原始数据进行手动提取的特征作为输入，对应的真实剩余寿命作为标签，对深度学习模型进行训练。在使用模型时，以同类型新设备退化过程中产生的原始数据或对原始数据进行手动提取的特征作为输入，模型给出预测结果。

假设有来自 M 台设备的 M 组全寿命数据，对每一台设备，在其服役的全寿命周期内，有 C 个传感器通道采集设备运行数据，数据以一定的时间间隔被记录。在每一组全寿命数据中，数据被切片成长度一致的样本，用 $x_t^m \in \mathbb{R}^{H \times C}$ 代表第 $m(m=1,2,\cdots,M)$ 台设备（其对应的全寿命数据记为第 m 组数据）的第 t 个样本，其中 H 为样本长度，t 代表时间步，可以看出，在每一个时间步上，可采集到设备上多通道传感器数据。将第 m 组全寿命数据集（来自第 m 台设备）记为 $\{x_t^m | t=1,2,\cdots,n_m\}$，其中 n_m 为第 m 组全寿命数据中的样本总数；用 y_t^m 代表第 m 组全寿命数据中第 t 时刻样本的 RUL 真实值，即第 t 时刻样本的标签。则用 $\{x_t^m, y_t^m\} | t=1,2,\cdots,n_m$，可构建用于训练深度学习模型的输入输出。基于深度学习的预测，其思想如图 9 - 17 所示。

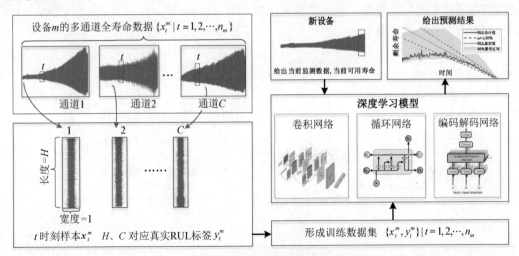

图 9 - 17　基于深度学习预测

在深度学习模型的选择上，卷积神经网络、循环神经网络、编码解码网络、时间卷积网络等都被广泛用于构建预测模型。循环神经网络通过创建的存储单元捕捉过去信息，并根据之前的计算预测未来序列，去挖掘给定数据集的序列信息，但是循环卷积网络容易出现梯度消失或爆炸的问题。卷积神经网络具有局部泛化能力和提取全局特征的能力，成为在深度学习中最流行的深度学习方法。相关文献给出了构建时间卷积模型对轴承、刀具等机械设备进行剩余寿命预测的详细数据与代码。

以深度学习为代表的纯数据驱动方法，对于建立精准动力学模型高度困难的场景具有不可替代的优势，但纯数据驱动预测模型仍存在诸多弊端：

1）缺乏机理引导，存在"黑盒"性质，高度依赖数据而泛化性差；

2）可能产生违背物理机理的预测结果而无法解释；

3）长时间序列预测易失稳，随时间推移累积误差增大，导致预测精度迅速衰减等。

上述因素在一定程度上限制了该类方法的应用。

3. 机理数据融合驱动的预测

可以看出，基于机理的预测与数据驱动的预测都存在各自的弊端：一方面，对于复杂系统在复杂工况下构建其精确服役退化模型高度困难；另一方面，以深度学习为代表的纯数据驱动模型缺乏机理引导、产生违背物理机理的预测结果而无法解释。放松对精确完美机理模型的追求，将非完美的机理模型嵌入以深度学习模型中，结合耦合机理—数据两种方法的优点，成为最具前景的发展方向之一。

机理引导网络，或内嵌物理机理网络（Physics – Guided/Theory – Guided/Physics – informed Neural Networks，以下简称 PGNN）的思想和框架于近年被提出，并初步探索于多目标优化智能决策、异常诊断、加工系统退化预测等具有较多机理模型积累的科学及工业领域，其本质是机理数据融合驱动的预测方法。在数据驱动模型中内嵌物理机理领域知识可从数据预处理、模型结构设计与惩罚奖励设计三个阶段入手，在每个阶段根据需求选择不同嵌入方式，如图 9 – 18 所示。其中在模型结构设计阶段，目前主要有四种嵌入技术：根据领域知识设计网络结构、利用微分卷积间的关系来设计受约束的卷积核、根据有限元法设计神经网络、通过约束模型输出的值域来嵌入先验知识。在奖惩设计阶段，主要做法为将领域知识转化为损失函数中的约束条件，通过在损失函数中引入预测结果与物理机制之间的差异从而将领域知识嵌入到神经网络中。

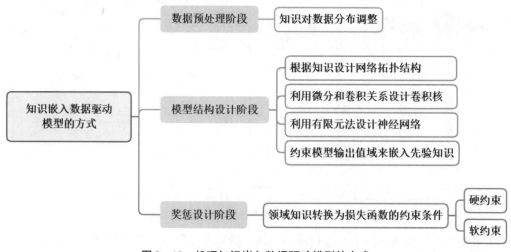

图 9 – 18　机理知识嵌入数据驱动模型的方式

9.3　智能运维系统架构

9.3.1　OSA – CBM 体系架构

智能运维一个较为典型的体系架构是 OSA – CBM（Open System Architecture for Condition – Based Maintenance）系统，是美国国防部组织相关研究机构和大学建立的一套开放式体系架构。OSA – CBM 体系结构是面向一般对象的单维度七模块功能体系结构，该体系结构重点考虑了中期任务规划和长期维护决策，对基于装备性能退化的短期管理功能考虑不足。CBM 体系结构如图 9 – 19 所示，将 PHM 的功能划分为七个层次，主要包括数据获取（Data Acquisition）、特征提取（Feature Extraction）、状态监测（Condition Monitoring）、健康评估（Health Assessment）、故障预测（Prognosis Assessment）、维修决策（Maintenance Decision）和人机接口（Human Interface）。

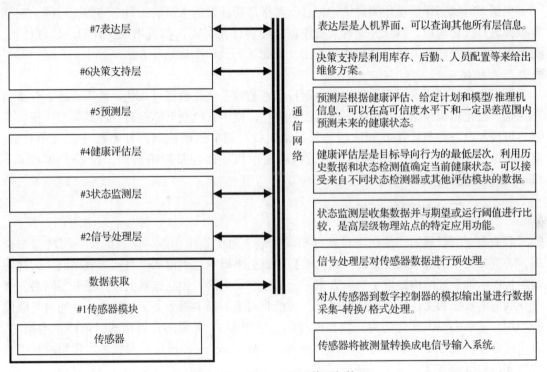

图 9 – 19　OSA – CBM 体系架构

1. 数据获取

数据一方面可以是来自设备上外接传感器的数据，如加速度传感器、测力仪、应变片、红外传感器、霍尔传感器等反应设备运行时的振动、切削力、应变、温度、位移等的数据，也可以是设备控制器内部的数据，例如从伺服驱动器中获取的电流、电压、转速等数据。获取的数据按照定义的数字信号格式输出，以支持后续的设备健康状态评估和预测。

2. 特征提取

对数据获取层获取的数据做特征提取，主要涉及信号时域、频域、时频域分析方法，特征融合方法（如主成分分析法、T分布和随机近邻嵌入法等），特征筛选方法（如斯皮尔曼相关系数法等），目的在于获得能表征设备异常、退化状态的特征。

3. 状态监测

对特征提取层提取到的特征与不同运行条件下的先验特征进行对比，对超出预先设定阈值的特征产生超限报警，涉及阈值判别、模糊逻辑等方法。

4. 健康评估

首要功能是判定设备当前状态是否退化，根据退化状态生成新的监测条件和阈值，健康评估需要考虑设备的健康历史、运行状态和工况等情况。

5. 故障预测

具有两方面功能，一是考虑未来载荷情况下根据设备当前健康状态推测未来，以预报未来某时刻的健康状态，给出未来时刻的状态评估；二是给出在给定载荷条件下的剩余寿命概率分布。故障预测涉及基于机理的预测、数据驱动的预测以及混合预测三大类方法。

6. 维修决策

根据当前状态评估及预测提供的信息，对维修所涉及的人员、工具、物料、时间、空间等资源进行优化决策，以任务完成、费用最小等为优化目标，制订出维护计划、修理计划，更换保障需求等。其涉及多目标优化算法、分配算法及动态规划等方法。

7. 人机接口

该层为功能的集成可视化，将设备运行状态监控、监测数据可视化、故障诊断、健康状态评估、退化趋势预测、维修决策等功能可视化，便于人机交互。此外，还具备产生报警信息后可控制设备停机，接收到诊断和预测结果后可调节驱动控制部件参数（如减小载荷，降低转速）等功能。设计时需要考虑的问题是单机实施还是网络协同，是基于 Windows/Linux 系统还是嵌入式系统等。

9.3.2　云边协同体系架构

制造企业所管理的终端制造设备分布较分散，对于集团企业，管理的设备可能遍布全国，若选择技术人员现场运维的方式，则会导致运维成本急剧增加，且运维效率低。云边协同的智能运维系统结构提供了解决方案。云是一个巨大的、相互连接的强大服务器网络，通过互联网将数据和文件传输到数据中心，为企业和个人提供服务。云计算是一种通过互联网按照用户需求去提供计算能力、数据库存储、应用和 IT 资源的计算范式，依赖于虚拟化、多用户管理、服务型体系架构（Service Oriented Architectures，SOA）等技术实现用户对来自物理实例的资源共享。

边缘计算是计算资源位于网络边缘，靠近甚至位于终端设备位置的一种计算范式。通过在边缘端部署低廉的计算设施进行对计算性能要求不高的任务如冗余数据的过滤、算法模型推理等，能有效地减少边缘端到远程云服务数据中心的网络连接的带宽需求，并解决网络通信延迟的问题，实现计算的高响应和低延迟。

在物联网领域中存在许多需要基于终端设备产生的数据进行实时操作或响应的时间敏感型业务场景，如车辆联网、工业控制系统等，因此边缘计算在物联网领域得以广泛应用。在旋转机械状态监测诊断与运维场景中，长时间、多设备、多测点、多信号类型、高采样率的监测模式导致监测数据体量巨大，而边缘计算通过在靠近设备的边缘端部署低廉的计算设备如智能芯片，对监测数据就地处理，如冗余数据过滤、故障诊断等，进而得到设备的健康状态，再将设备健康状态及相应的运维决策发布至中控运维管理人员。这种模式能够在保障计算性能的同时有效减少边缘端数据传输带来的成本，并且隐私数据在设备端处理能够避免泄露风险，非常适用于批量大、地理位置分布广的旋转机械实时状态监测故障诊断与运维。

云计算和边缘计算的优势各不相同。云计算的优势在于拥有弹性海量存储及强大的计算能力，而边缘计算则是实时数据处理的低延迟，支持设备的可移动性。二者面临的数据场景也不同，云计算面对海量、大规模、低实时性、长周期的数据，边缘计算面对小批量、实时性要求高、短周期的数据。因此在物联网的背景下，边缘计算和云计算需要相互协同，才能更好地满足任务场景需求，从而更好地利用二者的价值。

云边协同的终端设备管理概念图如图 9－20 所示，边缘层负责现场终端设备的数据采集、数据初步分析处理，并将结构及相关数据选择性上传到云端，供云端的数据挖掘。边缘层同时也接收云端下发的数据，根据云端下发的例如新的运行规则，调整终端设备的运行状态，从而达到设备自洽自控运行的目的。

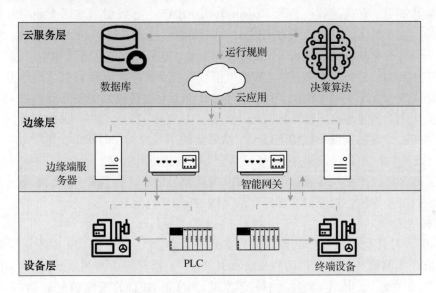

图 9－20 云边协同的终端设备管理

9.4 制造系统智能运维工程应用案例

9.4.1 加工过程中刀具的剩余切削次数预测案例

刀具作为加工系统中直接与工件接触的部分，对产品质量有着直接且至关重要的作用，刀具磨损退化会引起刀具形状和性能发生变化从而直接影响产品质量与精度，因此在加工过程中对刀具进行监测并对其可用剩余寿命做出准确预测，保证刀具失效前及时换刀，对降本增效同时保证加工质量有重要的实际意义，这对诸如航空发动机叶片、飞机梁框等高成本关键零部件的加工尤为重要。实际情况中同一类刀具，由于制造过程、工况、切削参数等的不确定性，即使在切削参数相同的情况下刀具退化过程及寿命也存在差异性和随机性，基于大样本条件并依赖概率统计数据计算得到的理论寿命难以满足个体刀具健康状态评估要求。

本案例基于多通道信号融合及贝叶斯理论，采用公开数据集，以切削加工中采集的振动和切削力信号为输入，对刀具的剩余可用切削次数进行预测，能够实时在线更新退化模型参数，以逐渐逼近刀具磨损退化趋势，同时对每个时刻的剩余寿命进行迭代估计。

1. 算法整体框架

整体框架如图 9-21 所示，包括 5 个步骤。首先对每个通道提取包括峰度、偏度、谱峰度标准差在内的 15 种时频域特征，构成每个通道的特征时间序列；基于斯皮尔曼等级相关系数对特征的单调性进行排序，并筛选单调性得分高于预先设定阈值的若干个特征；基于主成分分析法融合所筛选的特征并构建健康因子；构建退化模型，并构建贝叶斯-MCMC 采样计算框架对退化模型参数后验分布进行求解；基于蒙特卡洛思想从退化模型参数后验分布中采样，进而对刀具每时刻的剩余寿命分布进行估计。

2. 数据特征处理

实验验证如下，在高速数控机床 Roders Tech RFM760 上采用三槽球头硬质合金铣刀进行铣削实验，被切削工件材料为硬度 HRC52 的不锈钢，主轴转速为 10 400 r/min，进给率为 1 555 mm/min，径向切深为 0.2 mm，轴向切深为 0.125 mm。在切削过程中，以 50 kHz 采样速率采集切削力信号（三个方向）、加速度信号（三个方向）及声发射信号等共 7 个通道的信号，每完成一次工件表面铣削，用莱卡 MZ12 型号显微镜离线测量刀具磨损量，直至现场专业人员认为磨损量超出正常范围时停止实验，共完成 315 次切削。共使用 6 把刀具进行了 6 组切削实验。本案例以一次切削过程中所采集的信号为一个时间单位进行单一通道特征提取，共 315 个时间单位。用第 3~6 号刀具全寿命数据进行验证。

以 4 号刀为例，图 9-22 展示了切削力和振动信号的全寿命数据，可以看出，随切削次数增加导致的磨损加剧，切削力和加速度信号随时间有明显变化。

3. 预测结果

第 3~6 号刀具全寿命数据的验证结果如图 9-23 所示。图 9-23 中给出了剩余寿命 RUL 真实值、预测值及 95% 置信区间曲线。引入 $\alpha-\lambda$ 指标评价预测效果，$\alpha-\lambda$ 的值为逻辑值"真"或"假"，其含义为：在特定时间 t_λ 时刻 RUL 的预测值是否落在 α 精度区（α_{zone}）内，其中，$t_\lambda = t_s + \lambda(EOL - t_s)$，$t_s$ 为首次预测时刻，EOL 为真实寿命。t_λ 的含义为：从 t_s 开始到 EOL 为止整个时段的 λ 占比。α 精度区指相对于 RUL 真实值的 $\pm \alpha$ 区间。在本案例中，$t_s = 150$，EOL = 315，α 和 λ 的取值一般为 0.2 和 0.5，因此 $t_\lambda = 233$，α 精度区如图 9-23 中虚线所示，可以看出，所有 4 把刀具的 $\alpha-\lambda$ 指标值都为"真"，在前 150 次切削中，由于观测数据较少，预测方法未能很好地估计退化模型参数，导致 RUL 预测值未能很好地跟随真实值，但从第 200 次切削开始，RUL 预测值开始进入 α 精度区，并且随着时间推进，预测值越来越逼近真实值。

9.4.2 基于云计算的机械设备远程 PHM 系统案例

转子齿轮传动系统是航空航天、兵器、船舶等关乎国民经济与安全的工程领域中重大装备的主要动力传动装置，其中轴承、齿轮等零部件作为转子齿轮传动系统的动力传递与运动变化中不可或缺的核心传动基础件，其工况复杂多变且结构耦合性强，又常处在恶劣的工作

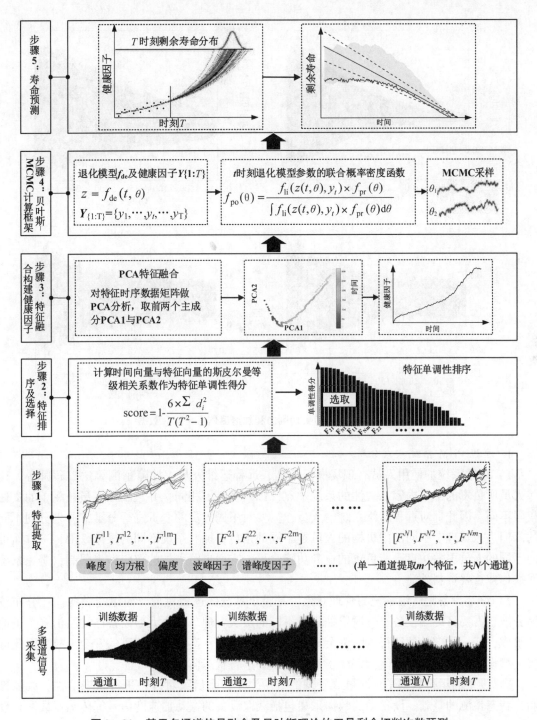

图 9-21　基于多通道信号融合及贝叶斯理论的刀具剩余切削次数预测

环境中，容易出现故障。据统计，转子齿轮传动系统中齿轮出现故障的占比为 60%，轴承出现故障占比为 19%，轴出现故障占比为 10%，其他部件为 11%。一旦出现故障或性能劣化，极易引起整个装备的性能下降或故障，严重时还会造成系统瘫痪甚至导致恶性事故发生。本案例中的机械设备以转子齿轮传动系统为例，如图 9-24 所示。

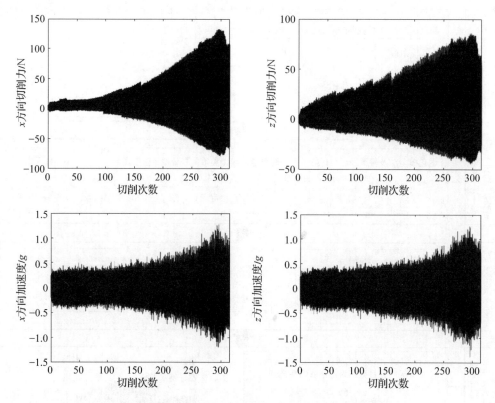

图 9-22　4 号刀具切削力和加速度信号全寿命数据

1. 远程 PHM 系统需求分析

1）运维系统的使用人员有现场操控人员、远程运维人员、故障预测算法工程师等。这些人员所负责的工作内容、关注的系统重点、细粒度各不相同，并且不同人员被赋予的责任权限不同。因此针对远程运维系统的人员，需要对不同人员的职责进行分类，并划分到不同的部门进行管理。不同部门机构的人员是不同的角色，拥有系统不同的操作权限，一方面可使不同的人员更关注自己所负责的业务功能，另一方面也对人员的权限做出限制，避免系统误操作或重要资料外泄。

2）终端设备是运维系统的管理对象，是整个系统的逻辑对象。而终端设备往往分布较为分散，需要将终端设备进行逻辑抽象成不同的层次管理。一个大型设备往往可由多个子部件组成，任一子部件的运行故障都会导致整个设备瘫痪，甚至造成严重的安全事故。因此可将大型设备分割为多个部件，每个子部件都需要进行状态监测。

3）设备的运行数据是预测健康管理的重中之重，是后续对设备进行状态监控、故障诊断、状态预测的基础。设备端的数据采集包括获取设备的振动加速度信号等传感器数据和设备控制器中设备运行数据等非传感器数据，并经过边缘端预处理后上传云端存储。针对采集的数据具有以时间为主轴、数据体量大、数据价值与时间成反比的特点，故应选择合适的数据库进行存储。

4）实现设备的远程运维需要在设备故障或即将故障前远程控制设备进行运行参数的调节或是设备的停止，并能在无人值守模式下实现设备运行状态的自我调整，从而减少设备运

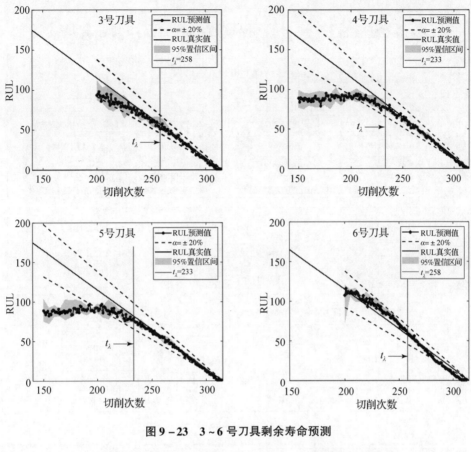

图 9 – 23　3 ~ 6 号刀具剩余寿命预测

图 9 – 24　转子齿轮传动系统

1—电机；2—联轴器；3—滚动轴承 6205；4—飞轮；5—振动加速度传感器（测点二）；
6—转速转矩传感器；7—行星齿轮箱；8—振动加速度传感器（测点一）；9—磁粉加载器

维受环境的限制和对运维人员的依赖，提高设备的自洽运行能力。因此需要实现设备在本地和远程的控制并且系统需要定时进行故障诊断，根据诊断结果自适应地调整设备的运行状态。

2. 远程 PHM 系统架构设计

参考 OSA – CBM 体系架构，基于云计算的远程 PHM 系统架构如图 9 – 25 所示，分为设备层、边缘层、云服务层，其中云服务层可根据业务逻辑将其分为云数据存储层、云业务逻辑层和云展现层。设备端包括转子传动系统及其控制器、用于监控现场情况的网络摄像头。设备层可实现终端设备的接入，包括试验台、传感器、摄像头和数据采集仪，是整个系统的业务逻辑对象。系统主要目的是实现设备层的多源设备的运维管理。

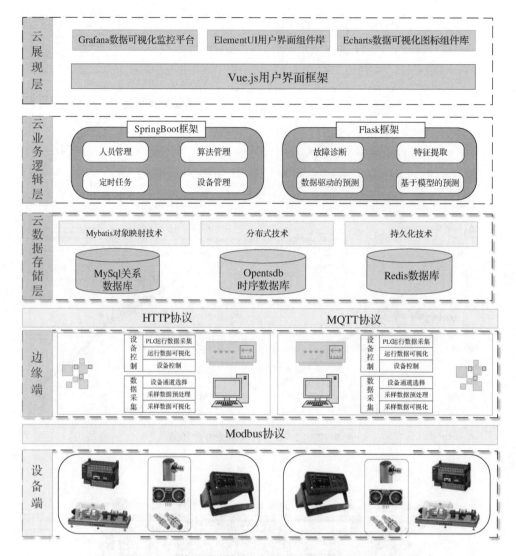

图 9-25 基于云计算的机械设备远程 PHM 系统架构

边缘层主要是负责现场终端设备的数据采集、数据初步分析处理，并将结构及相关数据选择性上传到云端。边缘层同时也接收云端下发的数据，根据设备健康状态，云端下发控制参数调整终端设备运行，从而达到设备自洽自控运行的目的。边缘端是云端与终端设备相通的桥梁，其与设备通过 Modbus 协议通信，而与云端通过智能网关 MQTT 协议连通。

云服务层中的云数据存储层针对整个系统所产生的具有不同特点的异构数据采用不同的数据库进行存储，其中 MySQL 关系型数据库进行系统结构化信息存储（如人员关系、设备管理、算法管理等），而 OpenTSDB 时序数据主要存储设备运行数据，Redis 内存数据存储系统的算法中间结构。系统设计采用前后端分离的思想，将前端页面与后端业务逻辑进行解耦，将前端工程进行工程化、模块化、可复用化，以提高整个系统项目的工程性、可迭代性。云业务逻辑层是系统的核心功能实现，根据业务需求，基于 Java 的 SpringBoot 后端框架实现系统管理功能，如故障信息管理、算法管理、人员管理、人员权限管理等；基于 Python 的 Flask 框架实现系统数据挖掘的核心功能，如故障诊断、基于机理的寿命预测、基于深度学习的寿命预测和特征提取等。云展现层是系统与用户的交互层，借助 Vue. js 框架搭建前端项目，并采用多种可视化插件如 Granfana、Echart 等实现页面丰富的图表展示。采用 Web-Socket 协议在前端和后端之间建立全双工通信，使双方可以同时进行数据的双向传输，满足业务逻辑需求。设备端控制器通过智能网关与 MQTT 协议实现与云端的数据双向通信如图 9 – 26 所示。

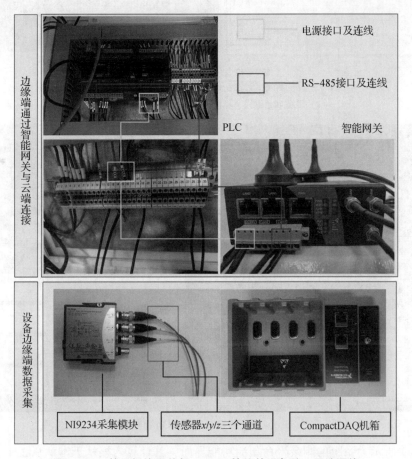

图 9 – 26 基于智能网关与 MQTT 协议的设备端 – 云端通信

3．系统实现与验证

远程 PHM 系统的部分功能界面如图 9 – 27 – 图 9 – 29 所示。图 9 – 27（a）所示为设备端的数据采集界面，数据采集设备通过 TCP 协议上位机通信；通过 ModBus/TCP 协议与机械设备的 PLC 控制器通信；通过 IP 地址和端口连接来实现 PLC 运行参数的变更；通过 MQTT 协议实现与远程 PHM 系统的通信，用户可登录远程 PHM 系统对机械设备进行控制。设备端采集到的数据自动保存到本地，当需要运行数据上传到云端时，单击相关功能按钮便将数据上传在阿里云 OpenTsdb 时序数据库中，图 9 – 27（b）所示为云端数据可视化界面。

图 9 – 28 所示为机械设备健康管理界面，该界面有三个功能区，信号特征值计算区可以计算所选信号的多种特征值；系统状态评估区根据系统运行记录对系统状态进行评估；系统故障诊断区根据输入数据诊断系统故障。

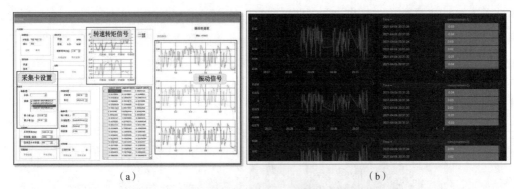

（a）　　　　　　　　　　　　　　（b）

图 9 – 27　设备端数据采集与云端数据可视功能界面

（a）设备端数据采集界面；（b）云端数据可视化界面

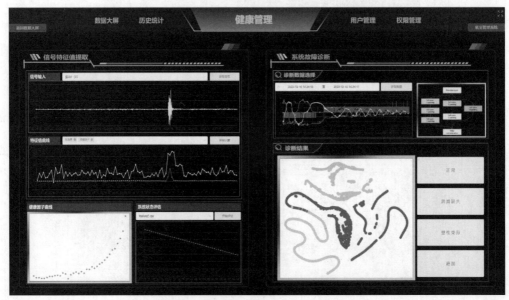

图 9 – 28　设备健康管理功能界面

图 9 – 29 所示为系统的剩余寿命预测功能界面，其计算内核基于本章 9.2.4 小节所述方法。系统提供基于机理的预测与数据驱动的预测两大类方法，用户根据问题类型选择合适的预测方法，执行算法后给出剩余寿命预测结果。

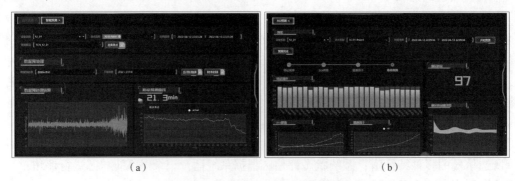

（a）　　　　　　　　　　　　　　（b）

图 9 – 29　剩余寿命预测功能界面

（a）数据驱动的预测；（b）基于机理的预测

终端设备分布分散、设备工作环境恶劣等问题都会导致设备的运维难度急剧增加。特别是在之前全球疫情时代下，因疫情隔离导致劳动力减少，设备系统缺少人员而无法正常工作，各国各地之间交流不便等，导致设备的售后维护极为困难，对实体行业造成了极大的打击。为了提高实体经济应对突然事件的韧性，需要对终端设备基于云边协作实现设备的远程智能运维，从而实现设备的运行状态监测、故障诊断、运行状态预测，提高设备系统自控自洽运行的能力，弱化设备运维受现场环境的限制，减少对人力资源的依赖。

因此远程视情控制是智能运维系统的重要功能之一，需要基于设备故障诊断结果在设备故障时或基于剩余寿命预测结果在设备即将故障前，自动推送邮件、短消息等给运维人员，由运维人员远程控制设备进行运行参数的调节或是设备的停止。更进一步，设备能够在无人值守模式下，以轮询的方式调用故障诊断和预测算法，并基于诊断预测结果实现自适应运行状态的自我调整，从而减少设备运维受环境的限制和对运维人员的依赖，提高设备的自洽运行能力。远程视情控制业务流程如图 9-30 所示。

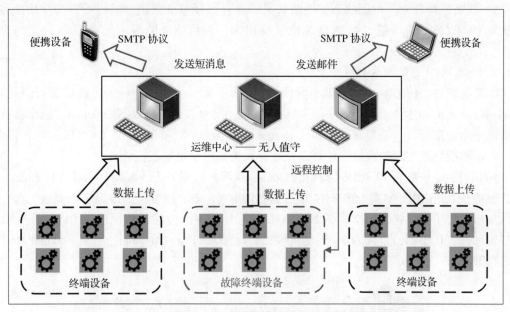

图 9-30　远程视情控制业务流程

9.4.3　基于边缘计算的机械设备 PHM 系统案例

本案例聚焦云边协同 PHM 架构中的边缘端系统设计与实现，机械设备对象仍为转子齿轮传动系统，如图 9-24 所示。基于边缘计算的机械设备状态监测与故障诊断系统（以下简称边缘 PHM 系统）的逻辑流程可简述为：采用外接传感器与数据采集卡的模式采集机械设备端的原始信号，如振动、电流、温度，或者采用通信协议采集设备控制器中的信号（如使用 OPC - UA 协议采集机床主轴负载、电流、转速等信号），采集到的原始信号经过信号处理算法以及深度学习模型集成到靠近设备端的边缘计算设备上对数据进行就地处理，最后将设备故障诊断与健康状态评估结果上传到云端系统。边缘端计算设备同时配备输入输出设备，使得工作人员能在机械设备服役现场或者远程登录云端系统掌握设备的状态。综上所述，边缘计算系统需求分析如下。

1. 边缘 PHM 系统需求分析

1）采用数据驱动的故障诊断方法时，大多需要运行深度学习模型，因此边缘计算设备硬件需带有图形处理器 GPU。

2）深度学习模型高度依赖所训练的数据，即使是同一设备，用不同测点采集的信号训练的模型也是不同的而且大多数不可互用，因此对于不同测点，会有与之适配的深度学习模型。通常需要对测点进行分级管理，将测点信息与模型信息关联，同时在系统中能直观可视测点的三维模型。

3）数据处理是系统的核心功能之一，系统需要能够实现对原始信号（如振动、电流、温度）进行预处理与简单分析，如计算傅里叶变换、求取包络谱、计算特征值等，能够与机械设备先验故障特征频率进行比对，实现初步故障诊断。

4）故障诊断：对于实际工况中存在的多激励源耦合情况，在特征提取、包络谱计算之外，系统需具备耦合数据解耦、微弱故障特征增强等高级故障诊断功能。

5）设备故障诊断与健康状态评估结果需要进行保存与可视化，因此需要统计功能将设备故障率、故障频次等统计数据直观地呈现出来，为后续故障原因追溯提供依据与决策支持。

2. 边缘 PHM 系统硬件构成

本系统硬件由传感器（加速度、温度）、数据采集卡、Jetson Nano 边缘计算设备组成。Jetson Nano 是英伟达公司出品的一款微型计算机，尺寸仅有 80 mm × 100 mm，适于在移动端或设备边缘端部署。其拥有一个四核 Cortex – A57 的 CPU，同时配备 GPU 和 128 个 CUDA 单元，能够很好地处理较大规模计算以及运行大型深度学习模型。

Jetson Nano 是基于 AARCH64 架构的 Ubuntu 系统，数据采集卡需要有能够支持 Ubuntu 系统的驱动，因此选用阿尔泰 USB 8814 型号数据采集卡，该卡拥有 8 个数据采集通道，每个通道采集参数可单独设置，支持最高 204.8kHz 的采样频率。传感器选用国产 INV9832 – 50 型号三轴加速度传感器，量程为 0 ~ 50 g，灵敏度为 100 mV/g，频率范围为 20 ~ 10 000 Hz。硬件选型如图 9 – 31 所示。

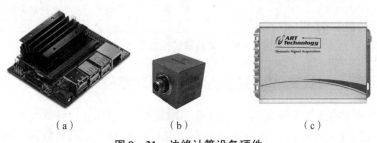

（a）　　　　　　　　　（b）　　　　　　　　　（c）

图 9 – 31　边缘计算设备硬件

（a）Jetson Nano；（b）三轴加速度传感器；（c）数据采集卡，支持 Linux 系统

3. 边缘 PHM 系统功能模块

系统功能模块如图 9 – 32 所示，包含测点管理、数据采集、数据处理、故障诊断、模型管理、统计管理等功能，以下对数据采集、数据处理与故障诊断三个核心功能模块进行介绍。

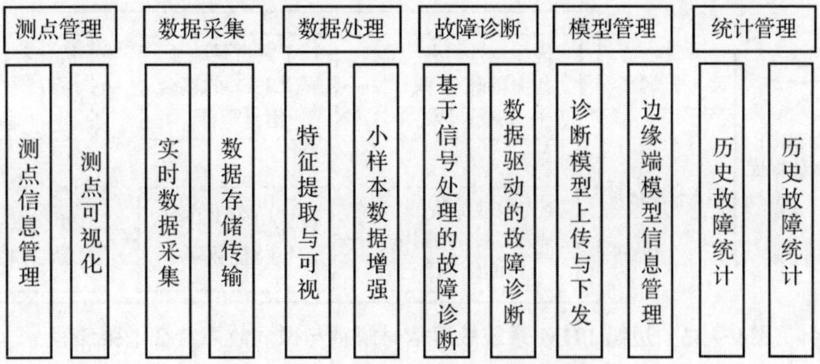

图 9-32 边缘 PHM 系统功能模块

（1）数据采集功能

基于 Jetson Nano 和数据采集卡，利用 Python 语言开发数据采集功能模块，实现最多八通道的多源数据采集。通过采集卡连接安装在设备上的振动加速度传感器，数据采集模块能够监测旋转机械设备的运行，采集振动信号，所采集的振动信号通过 OpenTSDB 时序数据库进行管理。通过选择传感器所在的设备测点，绑定采集数据和对应的测点信息，再根据传感器类型设置数据采集通道的相关参数，即可实现振动信号的采集，并且可以选择采集时间，自动将采集时间段的数据保存到本地。

（2）数据处理功能

数据处理功能模块的计算内核基于本章 9.1.3 小节所述方法，主要实现两大功能：对原始信号的特征提取与可视化，以及对小样本故障数据的增强。系统提供常用的时域特征提取，包括均值、标准差、偏度、峰度、脉冲因子、波峰因子、形状因子、边际因子、峰峰值、均方根、能量等。此外，系统还可进行频域特征的提取，如小波包能量、瞬时谱熵、瞬时频率等，上述特征一方面可直接作为故障判据，另一方面可作为深度学习诊断模型的输入。

对于小样本故障数据的增强，由于生成式对抗网络的训练耗时较长、需要的计算量大，因此只在 Jetson Nano 上部署已训练的改进 ACGAN 网络的生成器模型和判别器模型。其中判别器模型上传到边缘端系统用于状态诊断；上传的生成器模型用于生成数据；生成的数据和对应标签以及设备测点信息绑定保存在数据库中，后续用于深度学习模型的训练。

（3）故障诊断模块

系统的故障诊断模块集成了基于信号处理的故障诊断与数据驱动的故障诊断两大类方法。基于信号处理的故障诊断，除傅里叶变换、包络谱变换等初级方法外，对于实际工况中存在的多激励源耦合情况，需要耦合信号解耦与微弱故障特征增强等高级处理方法。在边缘 PHM 系统，其计算内核基于 9.2.3 小节所述的用于耦合信号解耦的共振稀疏分解（Resonance-based Sparse Signal Decomposition，RSSD）算法，以及用于微弱故障特征增强的最大二阶循环平稳盲解卷积（Maximum Second Order Cyclostationary Blind Deconvolution，CYCBD）算法，其在系统中实现的流程如图 9-33 所示。

首先用户以交互方式从 OpenTSDB 时序数据库中选取待分析的时域原始信号；其次调用优化算法对 RSSD 的参数进行寻优，以得到分解后的信号；接着继续调用优化算法对 CY-CBD 中的参数进行寻优，进而基于 CYCBD 算法得到经过分解与增强处理的时域信号；最后对时域信号进行包络谱变换，得到特征频率，与先验故障特征频率进行比对，从而得出故障诊断结果。

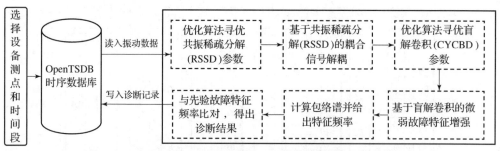

图 9 – 33　边缘 PHM 系统故障信号解耦与微弱故障特征增强流程

对于数据驱动的故障诊断，基于本章 9.2.3 小节中阐述的方法，系统集成了针对不同测点信号的已训练深度网络模型，在使用时，首先用户以交互方式选择信号的时间窗口，接着选择与该测点适配的诊断模型，执行算法后，能够以该测点信号为输入实现对故障类型的分类辨识，并给出诊断可信度供运维人员参考。

4. 系统实现与验证

图 9 – 34 ～图 9 – 37 所示为本案例中边缘计算系统部分功能界面。图 9 – 34 所示为设备测点管理与数据采集界面，测点管理可以对测点的信息进行增、删、改、查，测点三维可视化界面可以实现机械设备三维模型的平移、旋转和缩放，便于工作人员观察部署在设备内部的测点位置。数据采集界面中用户根据传感器类型和规格在系统中设置数采通道参数，实现振动数据的实时监测、采集和存储。

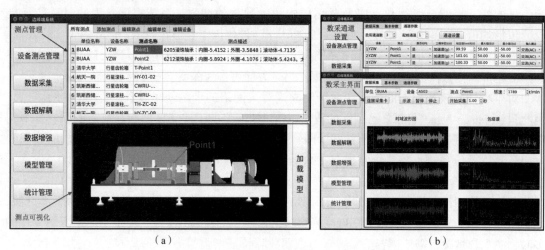

（a）　　　　　　　　　　　　　　　　　（b）

图 9 – 34　测点管理与数据采集功能界面

（a）设备测点管理；（b）数据采集

图 9 – 35 所示为基于共振稀疏分解的多激励源耦合信号解耦功能界面，首先采用优化算法对共振稀疏分解中涉及的参数进行自适应寻优，如图 9 – 35（a）所示，其中，待解耦信号为用户所选，一般为安装在传动部件壳体外部的传感器所采，该信号混合了多故障源激励引发的耦合信号；然后在此页面设置共振稀疏分解各个参数的优化区间和优化目标，单击"开始参数优化"按钮后执行求解过程；最后将最优参数值和适应值—迭代次数图作为参数优化结果展示出来。

图 9 – 35（b）所示为数据解耦分析界面。根据得到的最优参数，对待解耦信号进行共

振稀疏分解，得到高、低共振分量，分别对应不同传动部件的特征信号，该信号将作为后续基于盲解卷积的微弱特征增强的输入。

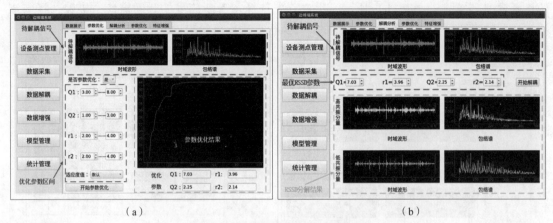

图 9 – 35　共振稀疏分解功能界面

（a）稀疏共振分解参数优化；（b）基于稀疏共振分解的数据解耦

图 9 – 36 所示为微弱故障特征增强界面。经过共振稀疏分解后的信号，大多数情况下故障特征不够明显，容易淹没在强背景噪声下造成误判。因此还需采用盲解卷积算法对特征进行增强。图 9 – 36（a）所示为盲解卷积算法参数优化界面，其"待特征增强信号"为上一步经过共振稀疏分解得到的高、低共振分量。在此页面分别为高、低共振分量信号设置盲解卷积算法的各个参数优化区间和优化目标，最后将最优的 CYCBD 参数值和适应值—迭代次数图作为参数优化结果展示出来。

图 9 – 36（b）所示为基于盲解卷积算法的特征增强界面，根据最优参数和高、低共振分量分别进行盲解卷积特征增强，最后给出特征增强后信号的时域波形图和包络谱。可以看出，经过共振稀疏分解与微弱特征增强处理后，在包络谱中呈现出明显的故障特征频率，分别为太阳轮故障与轴承外圈故障。

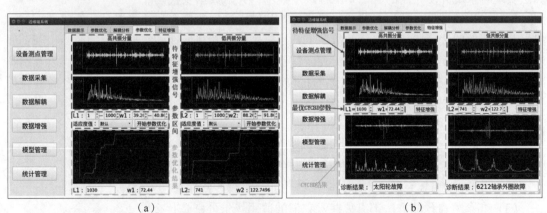

图 9 – 36　微弱故障特征增强功能界面

（a）盲解卷积算法参数优化；（b）基于盲解卷积的微弱故障特征增强

图 9 – 37 所示为边缘端系统中的数据增强与数据驱动故障诊断界面，用户通过选择与测点匹配的生成器模型，设置生成数据的标签和数量即可生成指定的数据样本并保存到本地，

如图 9 – 37（a）所示，展示了真实样本与部分生成样本的时域波形及评价指标，可以看出，生成样本与真实样本高度相似。在对小样本故障数据进行扩充后，可用来训练基于深度学习的诊断模型，如图 9 – 37（b）所示，用户首先选择待诊断信号的时间窗口，接着选择与该测点适配的内置已训练深度学习诊断模型，执行算法后可给出诊断结果。

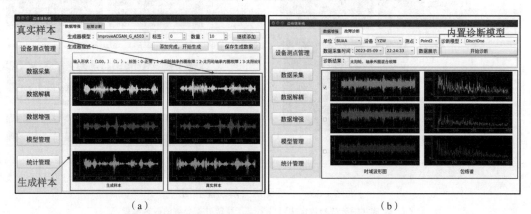

（a）   （b）

图 9 – 37　小样本数据增强与数据驱动故障诊断功能界面
（a）小样本故障数据增强；（b）数据驱动的故障诊断

9.5　小结与习题

本章 9.1 小节概述了智能运维与健康管理的概念；9.2 节围绕智能运维与健康管理的技术体系，阐述了数据采集、数据处理、故障诊断、剩余寿命预测等关键技术，其中重点介绍了异构数据采集的通信协议与存储技术，信号特征提取与小样本数据增强技术，基于信号处理与数据驱动的故障诊断技术，基于机理的预测、数据驱动的预测及机理数据融合驱动的预测；9.3 节从系统设计开发与应用角度，介绍了 PHM 系统常用架构；9.4 节给出了包括预测算法实现与系统开发在内的若干个工程应用案例，并附数据及代码。

通过本章的学习，学生能够了解智能运维与健康管理的概念和技术体系；能够计算旋转机械关键部件的故障特征频率，并借助工具对信号进行常规处理，实现简单的故障诊断；能够构建简单的深度学习模型并实现对故障信号的分类识别；了解预测算法的分类，以及每类方法的特点和适应场景；了解 PHM 系统的常用架构和系统开发的基础知识，为今后的科研工作奠定理论和技术基础。

【习题】

（1）简述智能运维与健康管理的概念和内涵。

（2）什么是 PHM 系统？它都包含哪些功能？有哪些常用架构？

（3）剩余寿命预测方法都有哪些？它们的适用场景分别是什么？

（4）提供滚珠丝杠在不同润滑状态下的振动信号，请设计深度学习模型将不同润滑状态区分开，给出测试精度。

（5）提供若干组轴承全寿命数据集，请设计深度学习模型实现，以其中某几组为训练数据构建剩余寿命预测模型，预测剩余几组轴承的剩余寿命，给出模型的均方根误差。

第 10 章
数字孪生驱动的智能制造

本章概要

在全球化经济的大背景下，各国对制造业的重视程度日益加强。对制造企业来说，一个核心的战略挑战在于如何应对并利用数字化、网络化和智能化的发展趋势，以在全球化的市场竞争中取得优势。其中，数字孪生（Digital Twin，DT）技术的应用就是一个值得关注和考虑的解决策略。

数字孪生是一个应用于智能制造的新型技术，其通过引入数字化技术到传统的方法或架构中，以达到实时监测智能制造系统的状态、预测系统故障、精准地进行决策和执行的目的，从而提升制造过程的智能化、效率和便捷性。

本章主要针对数字孪生的概念和相关技术进行介绍，并探讨数字孪生在各类工业场景中如何发挥其优势，为企业提供新的增长动力。

学习目标

1. 能够准确描述数字孪生的内涵与特征。
2. 能够熟悉和掌握数字孪生的技术边界。
3. 能够了解数字孪生技术的主要应用场景及其优势。

知识点思维导图

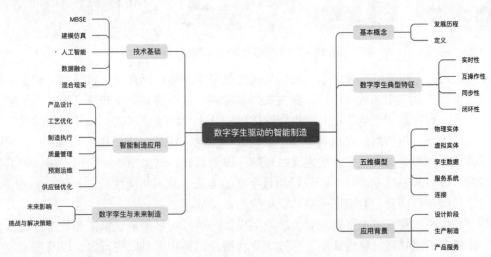

10.1 数字孪生的概念、内涵与特征

数字孪生技术源自航天军工领域，最初由美国国家航空航天局（NASA）提出，用以进行航天器地面仿真分析。经过一段时间的演进和发展，数字孪生技术已经在各行业得到了广泛的应用。不同行业间的应用差异使得对数字孪生的理解存在差异，而本书主要关注的是制造业中数字孪生的基本概念、内涵和应用场景。

10.1.1 数字孪生的基本概念

数字孪生的概念起源于 2003 年，由美国密歇根大学的 M. W. Grieves 教授在其产品全生命周期管理课程中提出。数字孪生是指在虚拟空间中构建的数字模型与物理实体的交互映射，这种映射能够忠实地描述物理实体全生命周期的运行轨迹。2010 年，NASA 在其技术报告中正式提出了"Digital Twin"这一概念，并将其定义为"集成了多物理量、多尺度、多概率的系统或飞行器仿真过程"。自此之后，数字孪生技术在飞行器健康管理等领域得到了进一步的应用和研究。

在智能制造领域，数字孪生被认为是用数字技术描述和建模一个与物理实体的特性、行为和性能一致的过程或方法，是一种实现制造信息世界与物理世界交互融合的有效手段。全球最权威的 IT 研究和咨询公司 Gartner 公司将数字孪生列为十大战略科技发展趋势之一，洛克希德·马丁公司（Lockheed Martin）将数字孪生列为未来国防和航空工业十大顶尖技术之首；中国科协智能制造学术联合体还将数字孪生智能制造装配评选为 2017 年智能制造十大科技进展之一。数字孪生的技术演进过程如图 10-1 所示。

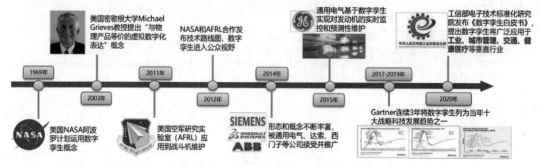

图 10-1 数字孪生的技术演进过程

从发展历程可以看出，数字孪生技术从概念的诞生到被广泛接受，再到如今被各个国家和各行业重视，其应用场景与作用不断被发掘和深入，甚至与其诞生初期已经发生了颠覆性的变化。这一点在数字孪生的定义上也能够体现，几十年的演进过程，公开发表的数字孪生定义不下几十条，包括概念提出者 Grieves 教授、NASA、DoD、GE、IBM、Deloitte、国内北航陶飞教授等都曾给出对数字孪生定义的理解，限于篇幅，这里不一一列出，感兴趣的读者可以参阅笔者另外一部专著《生产现场的数字孪生方法、技术与应用》。

对于智能制造而言，数字孪生被广泛接受的定义如下：

数字孪生是指现有或未来物理对象的数字模型，通过实际测量、模拟和数据分析，实时感知、诊断和预测物理对象的状态，通过优化和指令调整物理对象的行为，以及相关数字模

型之间的相互学习进行自我进化，并在物理对象的生命周期内改善利益相关者的决策。

数字孪生被认为是一种实现制造信息世界与物理世界交互融合的有效手段，通过数字孪生技术的使用，将大幅推动产品在设计、生产、维护及维修等环节的变革。基于模型、数据、服务方面的优势，数字孪生正成为制造业数字化转型的核心驱动力。

10.1.2　数字孪生的内涵与特征

数字孪生的基本要素包括数据、模型和软件，其中数据是基础、模型是核心、软件是载体。因此，数字孪生本质上是软件定义的物理空间。

与自动化产线、虚拟仿真等既有数字化技术相比，数字孪生技术依赖于高性能计算、先进传感器采集、模拟仿真、大数据分析、可视化呈现，实现对目标物理实体对象的实时、写实描绘，这种描绘不仅仅体现在物理实体的外观可视化表达，更多是内部运行状态、传感信息和与外部环境的交互等。

根据对数字孪生定义的理解，数字孪生具有以下典型特征：

1）实时性。基于实时传感等多元数据的获取，孪生体可以全面、精准、动态反映物理对象的状态变化，包括外观、性能、位置、异常等。

2）互操作性。数字孪生技术要求在数字空间构建物理对象的数字化表示，现实世界中的物理对象和数字空间中的孪生体能够实现双向映射、数据连接和状态交互。

3）同步性。在理想状态下，数字孪生所实现的映射和同步状态应覆盖孪生对象从设计、生产、运营到报废的全生命周期，孪生体应随孪生对象生命周期进程而不断演进更新。

4）闭环性。建立孪生体的最终目的，是通过描述物理实体内在机理，分析规律、洞察趋势，基于分析与仿真对物理世界形成优化指令或策略，实现对物理实体决策优化功能的闭环。

Grieves 教授提出了数字孪生三维模型，即真实世界的物理实体、虚拟世界的虚拟孪生体以及这两个世界数据和信息的连接。物理实体所对应的实体对象可以是产品、制造工艺、建筑部件或是人体器官，共同支持系统运行以及传感器采集设备和环境数据。虚拟孪生体是对物理实体的完整映射，包括几何形状、属性和特征。连接模型的作用是双向连接物理实体与虚拟孪生体及其相关信息，将物理实体的信息数据映射至孪生体上。

北京航空航天大学陶飞教授等在原有的三维模型中，加入了数据模型和服务系统两个维度，形成了数字孪生五维模型，其结构如图 10-2 所示。通过加入这两个维度，数字孪生模型不仅能实现物理实体和虚拟实体之间的连接交互，还能够利用物联网、大数据、人工智能等新技术，将物理实体和虚拟实体的数据融合，形成虚实双向连接，实现更全面、更准确的信息获取。服务系统的加入还可以进一步满足检测、预测、优化、决策等应用需求。

1）物理实体（PE）指真实世界中客观存在的实体及其所处的环境。物理实体上通常会部署

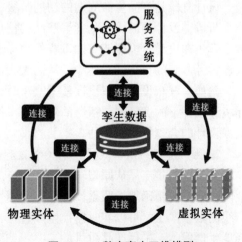

图 10-2　数字孪生五维模型

各种不同类型的传感器或其他数据采集设备，以实时监测并采集物理实体在真实场景中的运行情况和所处环境状况。

2）虚拟实体（VE）指的是上述物理实体在虚拟空间中的数字化映射，该模型由几何模型、物理模型、行为模型和规则模型共四种模型组成。其中，几何模型由尺寸、形状、装配关系等几何参数构成；物理模型用于分析应力、剪切力等物理属性；行为模型用于响应外界驱动及扰动作用；规则模型则是依据物理实体的运行规则而构建，从而使孪生模型具备监测、优化和预测等功能。

3）孪生数据（DD）用于驱动数字孪生模型的运行，该维度集成融合了物理实体、虚拟实体以及服务系统的相关信息数据和物理数据。这些数据会根据实时数据的变化而即时更新，实现物理空间和虚拟空间的同步，从而能够提供更加准确、全面的数据支持。

4）服务系统（SS）封装了数字孪生应用时不同领域的用户实现其相应业务的智能运行、精准管控与可靠运维等服务，该系统利用同化和处理的数据为特定用户创造价值。这种服务系统通常会以应用系统的可视化形式展示，以便用户在产生服务需求时能够方便地使用。

5）连接（CN）是实现物理实体、虚拟实体、孪生数据以及服务系统两两连接的互通桥梁，使得数据能够有效、快速地传输，这种传输往往是双向的、实时或近实时的。通过这种互联方式，定义了物理实体和虚拟实体之间的关系，实现了虚拟与现实的实时交互和融合，提升了系统的自我迭代优化能力。

10.1.3　数字孪生的应用背景

数字孪生作为一种连接物理世界和信息世界的虚实交互技术，已经在航空航天、电力、船舶、离散制造、能源等领域中发挥了巨大作用。数字孪生的实质是使用数据和模型来驱动，将业务和管理层面的数据流连接起来，通过实时、连接、映射、分析和反馈物理世界行为，使工业的全要素、全产业链、全价值链达到最大限度的优化，如图10-3所示。这对于推动制造业数字化转型和促进数字经济发展起到了关键作用。

从产品全寿命周期的角度来看，数字孪生技术在产品设计研发、生产制造和产品服务等环节提供了强大的支持。

1. 设计阶段——实现产品迭代式创新

设计阶段是产品生命周期的初期阶段，主要包括产品概念的生成、设计和模拟测试。在这个阶段，设计师需要充分理解产品的使用环境、用户需求，以及产品的功能和性能指标。数字孪生在设计阶段能够发挥重要作用。设计师可以创建产品的数字孪生，通过模拟测试，验证设计方案的可行性和性能，从而大大提高设计的准确性和效率。

例如，汽车设计师在设计新型汽车时，可以创建汽车的数字孪生，模拟汽车在各种驾驶环境和条件下的性能，包括燃油效率、操控性、安全性等，从而在产品真正生产出来之前就确保设计的合理性和优越性。

2. 生产阶段——实现生产制造全过程数字化管理

生产阶段是产品从原型转变为实际产品的阶段，主要包括制造、装配和质量检验。在这个阶段，需要精确地按照设计方案，利用生产设备和工艺，将设计转化为实物。通过创建生产线的数字孪生，可以实时监控生产过程，优化生产设备的运行参数，从而提高生产效率，降低生产成本，确保产品质量。

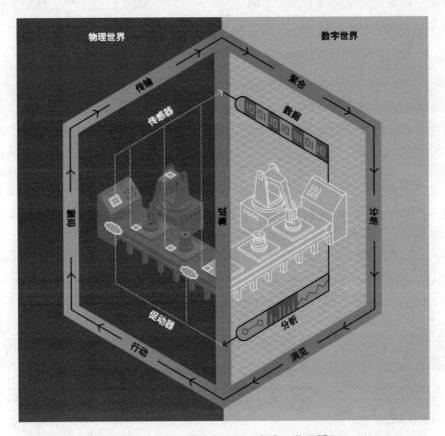

图 10 – 3 数字孪生与物理—数字—物理循环

例如，在智能手机的生产过程中，可以利用数字孪生监控生产线的运行状态，如设备温度、运行速度、生产良品率等，实时发现和解决生产问题，保证生产的稳定和产品的质量。

3. 产品服务阶段——实现设备预测性维护

服务阶段是产品投入使用后的一个重要阶段，主要包括产品的使用监控、故障预测、维修和优化。在这个阶段，需要持续监控产品的运行状态，发现并解决问题，以保证产品的稳定运行和最佳性能。通过收集和分析产品运行的数据，可以预测和识别产品可能出现的问题，进行及时的维修和优化，避免生产中断，降低维护成本。

例如，风力发电机经常处于恶劣的环境条件下运行，需要定期地进行维护和检修。通过风力发电机的数字孪生，可以实时监控其运行状态，预测可能出现的故障，提前安排维修，避免因设备故障导致的发电中断。

10.2 数字孪生技术基础

数字孪生作为一种实际应用先于理论概念的新兴科技理念，与 MBSE、建模与仿真、人工智能、数据融合、混合现实（VR/AR/MR）等技术有着紧密的关联性和延续性。数字孪生技术表现出的特点包括跨技术领域、跨系统集成、跨行业融合，其涉及的技术范围广泛，自提出以来，技术边界并没有十分清晰的定义。本节将尝试探讨数字孪生与相关技术的关系，特别是它们各自的侧重点，以供实践和研究参考。

10.2.1　数字孪生与 MBSE

MBSE 的基本概念和发展历程，可参阅本书第 2 章 2.1.1 节。作为一种正向数字线程技术，MBSE 以系统工程思维驱动复杂产品的研制流程，并利用系统模型形式化表达系统的复杂交互作用。在航空、航天和汽车等复杂产品领域，MBSE 受到了广泛的关注。中国工信部在 2021 年发布的《"十四五"软件和信息技术服务业发展规划》中明确指出，应当着力于关键基础软件，加强基于模型的系统工程等设计仿真系统软件的研发。美国国防部（DoD）发布的《数字工程战略》则提出了推进 DoD 数字化转型的目标，强调数字工程是 MBSE 的数字化版本。随着 MBSE 标准化工作的持续推进和波音 MBE 钻石模型等方法的提出，预示着 MBSE 与数字主线、数字孪生等数字化技术将进一步融合，如图 10-4 所示。

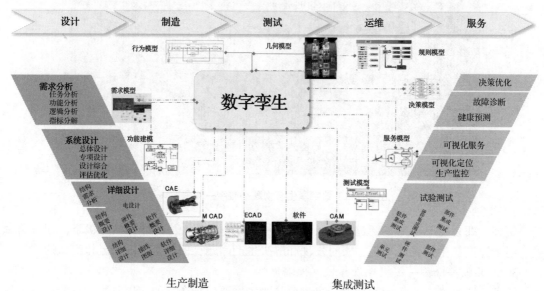

图 10-4　数字孪生为核心的 MBSE 工程

从系统生命周期的角度看，MBSE 可以作为数字主线的起点。它利用从物联网收集的数据，运行系统仿真来探索故障模式，从而随着时间的推移，逐步改进系统设计。

同时，数字主线提供的数字连接与数字孪生提供的可信数据和知识的结合，可以加速 MBSE 中系统工程过程的转换。人工智能算法、数字主线和数字孪生等所形成的数字化集成环境将为系统模型的构建提供可信的数据和知识，从而加速 MBSE 中使用的系统工程流程的转换，呈现向以系统模型为核心转移的发展趋势，并实现系统模型贯穿全生命周期活动。

未来 MBSE 的发展将以 AI 算法为支撑、以数字孪生和数字主线为驱动，贯彻以数据模型为核心生产要素的理念，全面实现 MBSE 系统模型全生命周期的关联追溯。

MBSE 是实现全生命周期集成研发的核心思想，数字孪生体将推动建模、仿真与优化技术无缝集成到产品全生命周期的各个阶段。这也是对加工、装配等 DFX 技术发展的重要支撑，是推动 MBSE 核心思想发展的重要着力点。数字主线是从过程业务数据驱动的角度实现全生命周期集成的重要技术。从狭义角度看，它为全生命周期各阶段业务模型的处理提供数据衔接传递支持；从广义角度看，它为整个全生命周期链条提供统一的信息模型规范支持。数字主线是数字孪生体在不同尺度上的数据获取与分析的具体体现，是数字孪生闭环控制模型的重要支撑。

案例：空中客车公司（Airbus）DDMS - MBSE 架构愿景。

空中客车公司提出了数字化设计制造与服务（Digital Design Manufacturing Service，DDMS）支持的 MBSE 愿景。所谓 DDMS，即实现从设计到制造到服务支持的数字孪生，利用数字世界降低风险并提高物理世界的性能。如图 10 - 5 所示，在数字孪生体的支持下，空中客车公司开发并完善了一个通用的 MBSE 框架 "MOFLT"，并在公司内部应用，以便在各部门之间高效且有效地构建与开发产品、工业系统和服务。

具体包括：

1）建立端到端的用例，为业务提供附加值；

2）打破各团队各自为政的现状，组建一个独立的 MBSE 总体团队；

3）定义一种治理方法，根据 DDMSBI 路线图调配平台、资源、方法和验证测试（POC）之间的平衡。

目前，空中客车直升机公司已经在 TigerMkllI 机型的验证测试中使用了该架构。

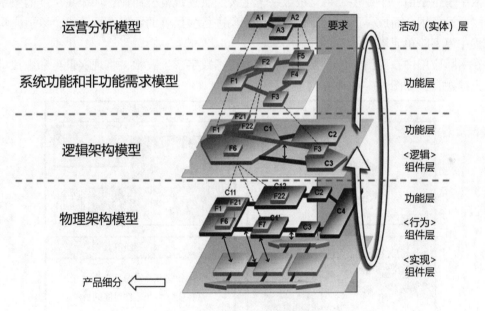

图 10 - 5　Airbus MBSE 架构

10.2.2　数字孪生与建模仿真

仿真技术是一种通过仿真硬件和仿真软件进行仿真实验，借助数值计算和问题求解，反映系统行为或过程的模型技术，它是一种将包含了确定性规律和完整机理的模型转化成软件的方式来模拟物理世界的方法，其目的是依靠正确的模型和完整的信息、环境数据，反映物理世界的特性和参数。但是，仿真技术只能以离线的方式模拟物理世界，并不具备分析优化功能，因此它缺乏数字孪生的实时性、闭环性等特性。

数字孪生依赖包括仿真、实测、数据分析在内的手段对物理实体状态进行感知、诊断和预测。通过对虚拟孪生模型的仿真模拟找到最优解，然后依据最优解得到的决策由虚拟空间向真实物理空间提供回馈，从而优化物理实体，同时更新自身的数字模型，实现真实物理空间和虚拟数字空间之间的不断循环迭代。因此数字孪生所使用的仿真应该是高频次、不断迭代演进的，使数字孪生产品的全生命周期中具备高保真度、实时性和闭环性的特征。

建立数字孪生的过程包括建模与仿真两个步骤。建模即创建一个能够在虚拟空间中准确反映物理实体外观、几何结构、运动构造、几何关联等属性的 3D 模型，同时结合实体对象的空间运动规律进行构建。模型构建技术是数字孪生体系的基础，各类建模技术的创新能够极大地提升孪生对象外观、行为、机理规律等的描述效率。仿真则是基于已经构建好的 3D 模型，结合结构、热学、电磁、流体等物理规律和机理，进行物理对象未来状态的计算、分析和预测。

例如在飞机研发阶段，可以把飞机的真实飞行参数、表面气流分布等数据通过传感器反馈输入到模型中，通过流体力学等相关模型，对这些数字进行分析，预测潜在的故障和隐患。

数字孪生是由一个或多个单元级数字孪生按层次逐级复合而成，如产线尺度的数字孪生是由多个设备耦合而成。因此，需要对实体对象进行多尺度的数字孪生建模，以适应实际生产流程中模型跨单元耦合的需要。

在实际应用中，西门子公司在车辆领域运用了数字孪生技术，将现实世界和虚拟世界进行了无缝融合，如图 10 – 6 所示。

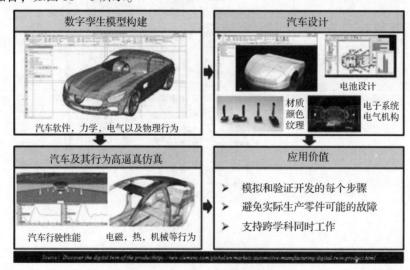

图 10 – 6　西门子车辆数字孪生

通过产品的数字孪生，制造商可以对产品进行数字化设计、仿真和验证，包括机械以及其他物理特性，并且将电器和电子系统一体化集成。此外，通过物理世界可持续反馈至产品和生产的数字孪生，可实现现实世界中生产和产品的不断改进，缩短产品设计优化的周期。

10. 2. 3　数字孪生与人工智能

人工智能（AI）是一种模拟和扩展人类的智能，使机器具有像人一样的感知、学习、理解和判断能力。通过学习和处理大量的数据，人工智能可以分析出其中的模式和关系，以做出预测和决策。

为了实现这个目标，同样需要三个关键的要素：数据、算法和计算能力。数据是训练算法的基础，它必须是大量的、多样的；算法是数据的处理工具，它必须是先进的、有效的；计算能力则是支持算法运行的基础，它必须是强大的、稳定的。

人工智能是数字孪生的一项重要使能技术。在数字孪生提供的数字化视图下，人工智能可以更加深入和精确地理解现实世界，做出更加智能和精确的决策。例如，在制造业中，人工智能可以通过分析工厂数字孪生的数据，预测设备可能出现的故障，提前进行维护，避免生产中断。

其实，我们可以通过一个简单的比喻来理解这两个技术的关系：数字孪生是"眼睛"，可以帮助我们实时观察并理解物理世界；而人工智能则是"大脑"，可以分析和处理这些信息，并为我们做出决策。这两者的结合，就像是为工业系统装上了一双"眼睛"和一个"大脑"，让其具备了观察、理解和决策的能力。

但是，实现这种交叉与融合并不简单。首先，这需要大量的数据。数字孪生需要实时、准确的数据来建立和更新模型，而人工智能则需要大量的数据来训练和优化模型。这就需要我们构建强大的数据采集和处理系统，保证数据的质量和实时性。

其次，我们需要有适合的算法。人工智能需要复杂的算法来处理和分析数据，发现其中的模式和关系，而数字孪生则需要精确的算法来建立和更新模型。这就需要我们不断地研发和优化算法，提高其精确性和效率。

此外，我们还需要考虑到数据的安全性和隐私性。在这个数据驱动的时代，数据的安全性和隐私性成了我们不能忽视的问题，我们需要在利用数据的同时，保护好数据的安全，尊重用户的隐私。

数字孪生和人工智能不仅是各自独立的技术，它们还可以结合起来，形成一个更加强大的工具，为我们提供更加全面、深入和精确的理解现实世界的方式，推动智能制造的发展。

10. 2. 4　数字孪生与数据融合

在工业现场，数据通常通过分布式控制系统（DCS）、可编程逻辑控制器系统（PLC）和智能检测仪表进行采集。近年来，随着深度学习和视觉识别技术的发展，各类图像和声音采集设备也被广泛用于数据采集中。

在模型构建完成后，需要通过多类模型的"拼接"来打造更完整的数字孪生体。在此过程中，模型融合技术发挥了重要的作用，其中主要包括跨学科模型融合技术、跨领域模型融合技术和跨尺度模型融合技术。

对于结构机理复杂的数字孪生目标系统，往往难以建立精确可靠的系统级物理模型，因此，仅采用目标系统的解析物理模型进行状态评估无法获得最佳的评估效果。相较之下，采用数据驱动的方法能利用系统的历史和实时运行数据对物理模型进行更新、修正、连接和补充，充分融合系统机理特性和运行数据特性，能够更好地结合系统的实时运行状态，获得动态实时跟随目标系统状态的评估系统。

目前将数据驱动与物理模型相融合的方法主要有以下两种：一种是以解析物理模型为主，利用数据驱动的方法对解析物理模型的参数进行修正；另一种是将解析物理模型和数据驱动并行使用，最后依据两者输出的可靠度进行加权，得到最后的评估结果。

数据融合的目的是通过整合来自多个信息源的证据，减少决策中的不确定性，从而改善最终决策的质量。更重要的是，这种技术应有效地利用资源之间的冗余和补充性，以在全局视图中实现最优的系统性能。然而，多源数据之间不同程度的数据相关性或冲突是无法避免的，这就需要相应的数据融合技术按照一定的规则对数据信息进行预处理、分析、融合和决策等过程，充分利用数据之间的联系，同时充分考虑数据各自的独特性，以提高决策结果的精确度。因此，多源数据融合具有一些单一来源数据所无法比拟的优势。

当前的多传感器数据融合技术已经不仅限于来源于传统传感器的数据，为了适用于更普遍的应用场景，数据融合的数据源不仅包括多种传感器，还包括人为输入的数据、计算机系统中的数据库等更广泛的数据获取系统。但对于非传统的"广泛定义"的传感器，有些特征信息是非电量信息，这就需要通过模拟至数字转换（A/D 转换）得到系统能处理的数据信息。然而，因为传感器自身属性或环境的影响，得到的信号可能存在一定程度的噪声数据，或者在几个数据库中存在着不同的数据结构和冗余数据，这就需要通过数据预处理来执行包括去重、去噪、填充等操作在内的一系列处理。最后进行数据的特征提取，从原始数据中提取数据融合的操作对象，即将要融合的特征属性，通过数据融合操作进一步得出融合结果。多源数据融合的一般流程如图 10 – 7 所示。

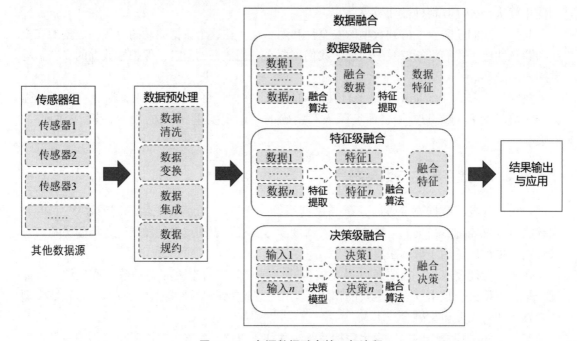

图 10 – 7　多源数据融合的一般流程

数据融合过程主要包括以下几方面：

1）数据信号的获取：在多传感器融合系统中，各应用所检测的目标特征和数据格式不同，获取这些信息后需要按照一定规则进行 A/D 转换，将模拟信号统一转换成数字信号，以进行后续操作。

2）数据信号的预处理：无论数据融合的信息源是何种类型，数据噪声、冗余和缺失都是不可避免的情况，因此，需要在数据融合前对数据进行预处理，以减少数据冗余和噪声，获得更简洁的原始数据。

3）数据特征提取：数据预处理后的信息具有更高效的特征信息，按照一定的规则进行特征提取后，得到的就是最终需要进行融合操作的信息。

4）数据融合计算：在数据融合计算阶段，将提取出的特征信息进行融合，以得到优化的决策。常用的经典数据融合算法包括粗糙集、神经网络、D–S 证据理论等，具体的算法选择需要根据实际应用的具体需求来决定。

案例：华为数据之道

如图 10 – 8 所示，面对不同的场景，华为将数据感知分为"硬感知"和"软感知"。基于物理世界的"硬感知"依赖数据采集，这是将物理对象映射到数字世界中的主要途径，是构建数字孪生的关键和基础，具体包括条形码和二维码、磁卡、RFID、OCR 和 ICR、图像数据采集、音频数据采集、视频数据采集、传感器数据采集、工业设备数据采集 9 类数据。"软感知"分为三类，即埋点、日志数据采集、网络爬虫，主要服务于产品的持续运营，通过感知产品日志、用户行为来改善产品功能。华为数据治理下的感知能力接入了数据供应链（Data Supply Chain），数据从感知采集到最终的分析消费，都纳入公司级的信息架构，作为数据资产进行管理。

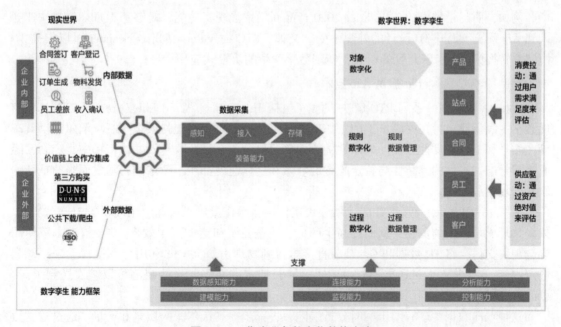

图 10 – 8　华为业务数字化整体方案

10.2.5　数字孪生与 VR/AR/MR

数字孪生系统的可视化技术被认为是理解有用信息和进行决策的最有效的方式，是构建数字孪生体系的一个重要环节。面对数据爆炸式增长，传统的可视化方法很难直接处理大数据，也难以及时有效地表达大数据背后的含义和价值。

混合现实（VR/AR/MR）技术可以以超现实的形式展现系统的制造、运行和维护状态，对复杂系统的各个子系统进行多领域、多尺度的状态监测和评估，将智能监测和分析结果附加到系统的各个子系统、部件中，在完美复现实体系统的同时，将数字分析结果以虚拟映射的方式叠加到创造出的孪生系统中。它能够提供视觉、听觉、触觉等各个方面的沉浸式虚拟现实体验，实现实时、连续的人机互动。

混合现实技术可以帮助用户通过数字孪生系统迅速地了解和学习目标系统的原理、构造、特性、变化趋势、健康状态等各种信息，并激发其改进目标系统的设计和制造，为优化和创新提供灵感。通过简单地点击和触摸，不同层级的系统结构和状态会呈现在用户面前，这对于监控和指导复杂设备的生产制造、安全运行及视情维修具有十分重要的意义，它提供了比实物系统更加丰富的信息和选择。

混合现实的发展带来了全新的人机交互模式，提升了可视化效果。传统的平面人机交互技术虽然不断发展，但仅停留在平面可视化。新兴的 AR/VR/MR 技术具备三维可视化效果，正在加快与几何设计、仿真模拟的融合，有望持续提升数字孪生应用效果。在操作员和数字孪生系统的交互中，也扩大了远程工作的范围，增加了便利性和灵活性，同时借助数字孪生系统的认知能力为人类劳动力提供了更好的控制能力和决策能力。这种协同作用可以为劳动者提供足够的反应时间做出应对措施，从而减轻工人在异常情况或设备故障条件下的压力和工作量。

例如，西门子推出的 Solid Edge 2020 产品新增增强现实功能，能够基于 OBJ 格式快速导入到 AR 系统，提升 3D 设计的外观感受。又如，PTC 的 Vuforia Object Scanner 可以扫描 3D 模型并转换为 AR 引擎兼容的格式，实现数字孪生的沉浸式应用。

案例：PTC 为 Volvo 提供 AR 技术

Volvo 集团利用一系列 PTC 解决方案（包括 ThingWorx、Windchill、Creo 和 Vuforia）实现数字主线建设，旨在提高员工的工作效率、缩短培训时间和增强质量控制。沃尔沃以其车辆在质量和工程优良性方面的战略性优势而倍感自豪。在当今瞬息万变的市场中，定制已经成为新常态。产品的复杂性与特定配置的数量和变化速度都在不断增加，随之而来的是新的质量合规挑战。

如图 10-9 所示，使用 Vuforia 增强现实体验，操作员可以快速调用最新的 3D 配置，以减轻整理成堆纸张的负担，从而提高生产力、质量控制和整体流程效率。AR 解决方案使用混合现实交付，将 3D 数据和 QA 细节直接覆盖到物理引擎上，并利用计算机视觉来跟踪和锚定内容。QA 技术人员还能通过 AR 体验捕获特定的缺陷，这些缺陷可以被发送到上游，以改进工程和制造流程。

这种双向数据共享有助于实时分析缺陷，进一步提高沃尔沃的质量和产量。通过建立数字线程创建的反馈回路提供了及时的运营见解，捕捉到重要的反馈，以改进未来的发动机设计，并进一步使沃尔沃在质量和工程卓越性方面脱颖而出。

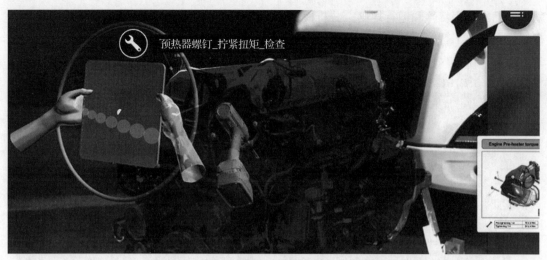

图 10 – 9　PTC 增强现实技术应用于 Volvo 公司

10.3　数字孪生驱动的智能制造

数字孪生在智能制造领域的主要应用场景有产品研发、设备维护与故障预测以及工艺规划。新一代制造的最大特点是数字孪生。数字孪生是智能装备的"灵魂"，但我国仍需要形成健全的生态系统，产业链上下游协同合作，才能达到数字孪生与物理实体的"共生"。

——李培根，中国工程院院士

数字孪生将是数字化转型的重要内容，结合物联网、5G、大数据、云计算、虚拟现实等技术，数字孪生的应用空间正不断扩展，但在运用中要注意高效协同、无缝衔接。

——谭建荣，中国工程院院士

10.3.1　数字孪生驱动的智能制造体系架构

前面提到，数字孪生具有实时性、互操作性、同步性、闭环性等特征，全面支持产品智能制造的全生命周期，其主要应用涵盖产品设计、工艺优化、制造执行、质量管理、预测运维和供应链优化等方面。下面，我们将探讨数字孪生在智能制造中的体系架构，其主要分为资源层、平台层和应用层，如图 10 – 10 所示。

（1）资源层构成了数字孪生体系结构的基础，主要分为物理产品和数字产品两个部分。

物理产品是指生产过程中的实体物品，包括各类机器、设备或生产线等。这些产品构成了制造业务的基础，同时，由它们产生的数据是构建数字孪生的关键要素。数字产品则是物理产品在数字环境中的孪生体。通过一系列传感器和设备，这些数字孪生体能够获取物理产品的运行数据，例如运行状态、位置、温度等信息。通过这些数据，数字产品能够实时反映物理产品的运行状况。

（2）平台层是数字孪生体系结构的中间部分，主要包括数字主线、机理模型、分析模型和业务功能。

数字主线是数字孪生的核心，它是一个数字信息流动的通道，可以无缝地将物理产品的各种数据整合到数字产品中。机理模型用于模拟物理产品的行为，它通过算法和公式来描述物理产品的行为特性和运行规则。分析模型则是用于处理收集到的数据的工具，它可以通过机器学习和人工智能等方法对数据进行深度挖掘，从而为决策提供支持。业务功能则是根据企业的具体需求设计的，它包括设备监控、生产过程控制、产品质量管理等功能。

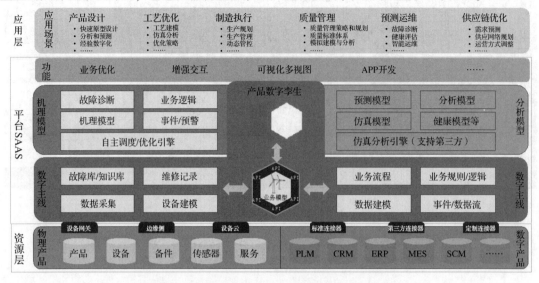

图 10-10 数字孪生驱动的智能制造体系架构

（3）应用层是数字孪生体系结构的顶层，主要包括产品设计、工艺优化、制造执行、质量管理、预测维护和供应链优化。

1）产品设计：通过对物理产品的模拟，设计师可以在数字世界中进行多次迭代设计，找出最佳设计方案。同时，也可以通过模拟测试，预测产品在实际使用中的性能和行为，提前发现和解决设计问题。

2）工艺优化：通过对生产过程的模拟，我们可以预测不同生产参数对产品质量和生产效率的影响，从而找出最佳的生产参数。同时，也可以通过模拟不同的生产方案，找出最佳的生产方案。

3）制造执行：通过对生产过程的实时监控，我们可以实时了解生产状态，预测生产问题，从而实现智能调度和智能控制。同时，也可以通过模拟不同的调度方案，找出最佳的调度方案。

4）质量管理：通过对产品的实时监控，我们可以实时了解产品质量，预测质量问题，从而实现实时的质量控制。同时，也可以通过模拟不同的质量控制方案，找出最佳的质量控制方案。

5）预测运维：通过对设备的实时监控，我们可以实时了解设备状态，预测设备故障，从而实现预测性维护。这不仅可以提高设备的可用性和稳定性，还可以降低维护成本。

6）供应链优化：通过对供应链的模拟，我们可以预测不同供应链策略对生产和销售的影响，从而找出最佳的供应链策略。同时，也可以通过实时监控，实时了解供应链状态，预测供应链问题，从而实现实时的供应链调度和控制。

10.3.2 数字孪生驱动的产品设计

在产品的设计阶段，利用数字孪生可以提高设计的准确性，并验证产品在真实环境中的性能。其功能主要包括以下几个方面：

1）建模：使用 CAD 工具开发出满足技术规格的产品虚拟原型，精确地记录产品的各种物理参数，以可视化的方式展示出来，并通过一系列的验证手段来检验设计的精准程度。

2）模拟和仿真：通过一系列可重复、可变参数、可加速的仿真实验，来验证产品在不同外部环境下的性能和表现，在设计阶段就验证产品的适应性。

数字孪生可用于改进新产品的设计方案。现有的产品数字孪生监控贯穿实体产品的全生命周期，记录产品生命周期数据从实体产品到虚拟产品的流动，以及从虚拟产品到实体产品的流动。对产品数字孪生的诊断、分析、仿真、实验、优化等结果确实有助于避免现有产品在新产品设计过程中的弊端，一般可以根据结果，以参数的形式获得设计建议。此外，产品设计对市场需求敏感，新产品的设计应满足新的要求。基于现有产品数字孪生的新产品设计流程和新要求如图 10 – 11 所示。

1）快速原型设计驱动创新。

数字孪生通过设计工具、仿真工具、物联网、虚拟现实等各种数字化的手段，将物理设备的各种属性映射到虚拟空间中，形成可拆解、可复制、可转移、可修改、可删除、可重复操作的数字镜像，这极大地加速了操作人员对物理实体的了解，可以让很多原来由于物理条件限制、必须依赖于真实的物理实体而无法完成的操作，如模拟仿真、批量复制、虚拟装配等，成为触手可及的工具，更能激发人们去探索新的途径来优化设计、制造和服务。

2）全面的分析和预测能力。

在一个产品的设计阶段，很难对隐藏在表象下的问题提前进行预判。而数字孪生可以结合物联网的数据采集、大数据的处理和人工智能的建模分析，实现对当前状态的评估、对过去发生问题的诊断，以及对未来趋势的预测，并给予分析的结果，模拟各种可能性，提供更全面的决策支持。

3）经验的数字化。

在传统的工业设计领域，经验往往是一种模糊而很难把握的形态，很难将其作为精准判决的依据。而数字孪生的一大关键进步，是可以通过数字化的手段，将原先无法保存的专家经验进行数字化，并提供了保存、复制、修改和转移的能力。

作为快速产品开发框架的核心，数字孪生通过融合虚拟空间和物理空间，连接产品设计、产品验证和产品制造。来自物理空间的数据流分别更新虚拟空间中制造系统和产品的数字孪生，这是在虚拟空间中完整执行产品验证的基础。数字模型承载了虚拟空间中产品设计、产品验证和数字孪生之间的各种数据流。

在虚拟空间中，新产品根据新的要求进行设计，包括概念设计和细节设计，其中可以参考现有产品的数字孪生和从物理制造过程中获得的设计建议。一旦设计过程完成，新产品的设计模型就可以发送到数字化试制系统，在虚拟空间进行试制。数字化试制系统是在相应的制造系统数字孪生的基础上构建的，根据新产品的设计方案与工艺规划联合优化。超高保真数字原型可以从数字试制中获得，可以在数字样机上进行产品验证实验，测试新产品的性能，即原型验证。如果原型验证通过，则新产品的设计方案可用于产品制造；否则，验证结果可用于在下一次迭代中改进新产品的设计方案。

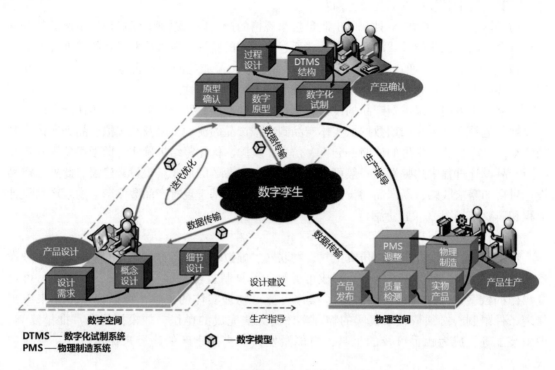

图 10 – 11　数字孪生驱动的产品设计

在物理空间中，可以根据虚拟空间中的产品设计和产品验证的制造指导来调整物理制造。数字化验证的数字化试制系统为新产品的制造活动准备提供了最佳解决方案。之后，开始新产品的实体制造，即可获得实体产品。最后，当质量测试通过后，新产品就可以上市了。

例如，达索公司利用用户交互反馈的信息不断改进信息世界中的产品设计模型，并反馈到物理实体产品当中，使得战斗机降低浪费 25%，质量改进提升 15%。其主要的数字孪生应用方式是推动社交协作，三维建模、虚拟仿真、智能信息处理，实时体验。该系统及其衍生系统至今仍活跃运用于工业设备、汽车、航天、船舶等制造行业的数字化建设中。

10.3.3　数字孪生驱动的工艺优化

随着产品制造过程的复杂化和多品种、小批量生产需求的增加，企业对生产制造过程的规划、排期的准确性和灵活性以及产品质量追溯的要求也越来越高。工艺是与产品质量和生产效率直接相关的专门知识，即使是在手工管理模式下，企业也应高度重视工艺。因此，在进行智能制造与工业互联网等技术研究和应用探索时，工艺成为重要的目标服务对象。传统的工艺过程建模与仿真往往是脱离实体的孤立运行，而数字孪生则是与实体双向连接的运行。

数字孪生驱动的工艺优化，是指使用数字孪生技术来模拟和分析现有的生产工艺，通过仿真计算和数据分析，找出工艺中的瓶颈和问题，然后优化生产流程，改善设备参数，提高生产效率和产品质量。

数字孪生驱动的工艺优化流程是一个系统性的过程，它涉及数据的采集、模型的建立、仿真分析、工艺的优化和实施等多个步骤。

1）数据采集：这是工艺优化的起始阶段，通过设备上的传感器和监控系统收集实时的工艺数据，包括设备状态、生产参数、产品质量等，这些数据将为后续的模型建立和仿真分析提供原始输入。

2）数字孪生建模：在这一步骤中，基于实时采集到的数据，构建出与实际生产工艺对应的数字孪生模型。这个模型是一个高度准确的数字化表现，可以真实地反映实体工艺的各种变量和参数。

3）仿真与分析：通过数字孪生模型，我们可以在无须实际操作或干预的情况下，进行各种工艺流程的仿真计算。通过这种方式，可以模拟实际生产环境、预测工艺流程的运行情况，并通过分析找出生产过程中可能存在的问题和瓶颈。

4）工艺优化：根据仿真和分析的结果，我们可以对生产工艺进行优化。这可能包括调整设备参数、优化生产流程布局、提高物料使用效率等。在这个阶段，我们可以通过模型测试不同的优化策略，并选择最优方案。

5）优化实施：这是最后一个阶段，也是将优化的工艺实施到实际生产中的阶段。我们可以通过设备控制系统将优化后的工艺参数设置到设备中，或者按照优化后的生产流程布局进行生产线的调整，从而达到优化的目标。

如图 10-12 所示，数字孪生驱动的工艺优化是一个完整的闭环过程，它从数据采集开始，通过建模、仿真分析、优化策略的制定，最后实施优化，完成了一次完整的优化过程。例如，PTC 公司的 MPMLink 通过一个完整的解决方案来支持制造过程管理（Manufacturing Process Management，MPM）进程。在该解决方案中，产品、进程和资源数据都在单一系统中进行管理，无须复制数据。达索公司的 DELMIA 数字制造解决方案建立于一个开放式结构的产品、工艺与资源组合模型（PPR）上，可以在整个产品研发过程中持续进行产品的工艺编制与验证。

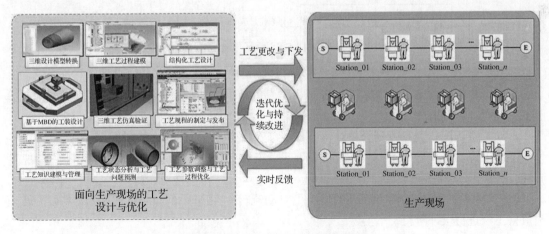

图 10-12　数字孪生工艺优化流程

案例研究：数字孪生在汽车部件装配工艺优化中的应用

1. 背景介绍

汽车后桥是汽车的驱动部分，是整个汽车传动系的最末端，构成了汽车的动力传动系统，对汽车的性能起着至关重要的作用，其结构的合理性会直接影响车辆的运行质量和平稳性，后桥中各部件的各种参数能够直接决定车辆的运行稳定性和乘坐舒适性。

某车企后桥装配线工艺布局如图 10 - 13 所示，该产线支持多个型号产品的混线装配，设有 40 个工位，其中包括 12 个人工工位、9 个自动工位、4 个夹具平移工位、13 个缓冲工位、2 个上下料工位。其中某型号产品简易装配流程如图 10 - 14 所示。

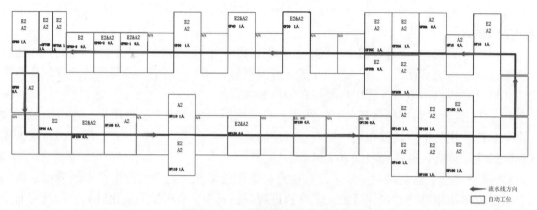

图 10 - 13　混流装配工艺布局图

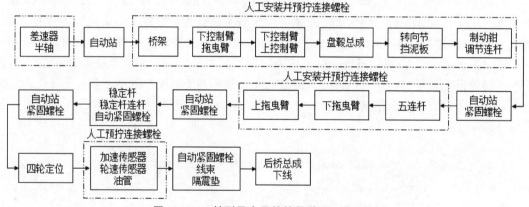

图 10 - 14　某型号产品的简易装配工艺流程

生产过程中，在不出现堵塞的情况下，夹具以预定的节拍流转到下一工位继续生产，线上工人及自动站同时作业。

自动工位：随行夹具收到合格信号且下一工位无随行夹具时自动流转。

手动工位：在预装和手工工作完成且下一工位无随行夹具及手动合格信号的情况下流转。

空工位：下一工位无随行夹具的情况下自动流转。在出现堵塞的情况下，夹具可流转至预留空工位进行缓冲等待。

2. 装配关键工艺参数

以 E2 ＊＊后桥产品装配为例，从装配活动的工艺要求出发，在满足装配标准的基础上，对其装配工序的工艺参数进行分析。在装配过程中，几乎所有的零部件都是用一个或者多个螺栓连接起来的。用螺栓连接方式进行装配，目的是让被装配的零部件被牢牢地紧固在一起，外力无法使其分开。其连接的质量好坏直接影响后桥产品的质量，进而影响汽车整车性能。因此，后桥装配过程的质量特性可用每道工序的装配工艺参数来表示，如表 10 - 1 所示。目前常用的装配工艺有扭矩法和转角法，扭矩法是直接拧紧至工艺要求的扭矩值；转角法是在拧紧时达到规定的扭矩之后，再按照工艺要求的角度转动螺栓。

表 10 - 1 E2 * * 后桥装配工艺参数

装配工艺参数	转角法/扭矩法	工位	设备
稳定杆连杆与稳定杆螺栓	转角法	OP20	电动扳手
盘毂螺钉	扭矩法	OP30	电动扳手
转向节轮毂螺栓	转角法	OP60 - 1	轴式工具
制动钳螺栓	转角法	OP60 - 2	轴式工具
拖曳臂与转向节螺栓	转角法	OP60 - 3	轴式工具
下控制臂与制动角螺栓	转角法	OP90	轴式工具
调节连杆与制动角螺栓	转角法	OP90	轴式工具
上控制臂与制动角螺栓	转角法	OP90	轴式工具
上控制臂与桥架螺栓	扭矩法	OP90	轴式工具
拖曳臂支架螺栓	转角法	OP100	轴式工具
稳定杆连杆与下控制臂螺栓	扭矩法	OP110	电动扳手
稳定杆螺栓	扭矩法	OP120	电动扳手
制动软管螺栓	扭矩法	OP140	电动扳手
轮速传感器螺栓	扭矩法	OP150	电动扳手
位置传感器自带螺母	扭矩法	OP150	电动扳手
位置传感器球头螺栓	扭矩法	OP150	电动扳手

因此，螺栓拧紧的主要工艺参数是扭矩值，由于螺栓有弹性变形，在完成既定的拧紧工艺之后，扭矩值会因此而发生改变，产生装配误差。除了螺栓本身的影响因素外，还存在很多如工具精度、工作人员的操作方式、工装及零件的固定位置、环境等因素，都会影响后桥总成的最终整体装配质量。

3. 数字孪生驱动的工艺参数优化方法

如图 10 - 15 所示，数字孪生驱动的汽车后桥装配技术由物理装配过程、虚拟装配过程、孪生数据和工艺参数预测优化组成。其中，物理装配过程是汽车后桥装配的客观活动和实体集合，涵盖装配生产线、装配执行、装配操作、装配工艺、物料配送和技术状态等。虚拟装配过程是物理过程的真实映射，并对实际装配过程进行监测、预测和管控等。孪生数据包括与物理装配过程、虚拟装配过程相关的数据集合，支持虚实数据的深度融合和交互。通过物理装配过程与虚拟装配过程的双向映射与交互，数字孪生驱动的汽车后桥装配过程可实现两者的集成和融合，实现装配体执行状态和技术状态在物理现实、虚拟模型之间的迭代运行，支持后续的装配过程、工艺参数与装机状态的智能优化和决策，实现汽车后桥装配的精准执行和优化控制。

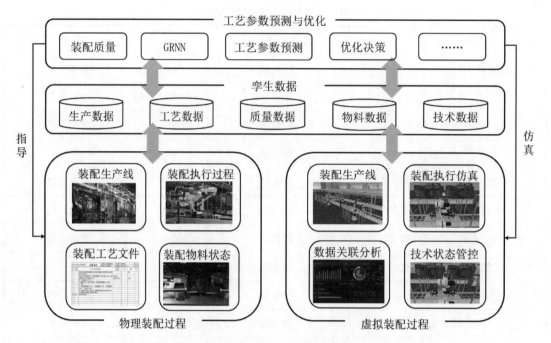

图 10-15　数字孪生驱动的装配工艺参数优化方法

（1）数字孪生建模

在装配线生产过程中，参与生产的关键要素分为产品/零部件、设备、人员等，同时生产环境的变化也影响着生产过程，因此装配线生产过程中数字孪生模型可以描述为

$$DT_{装配生产} = DT_{产品} \cup DT_{设备} \cup DT_{人员} \cup DT_{环境}$$

式中　$DT_{装配生产}$——装配线生产过程中数字孪生模型；

　　　$DT_{产品}$——生产的各种型号的产品数字孪生模型；

　　　$DT_{设备}$——装配线上相关生产设备的数字孪生模型；

　　　$DT_{人员}$——半自动化混流线上人工工位的人员分配数字孪生模型；

　　　$DT_{环境}$——生产环境的数字孪生模型。

1）产品孪生建模。

在不同的工艺阶段，不同型号的产品对应着不同的零部件组成（几何形态），并伴随着订单、质量、编码等全生命周期信息，这些信息可以利用数据接口存储在数字空间中每个产品的虚拟标签中，同时根据其工艺信息驱动产品的零部件组成（几何状态）的演变。因此产品数字孪生模型可以描述为

$$DT_{产品} = \{\text{StructI}, \text{InterfaceI}, \text{VRules}\}$$

式中　StructI——产品不同工艺阶段的结构组成，包括不同工位的产品零部件组成及外观表现形式；

　　　InterfaceI——获取相关生产辅助信息的数据接口，包括从追溯系统（PCS 系统）中获

取到的产品信息、订单等相关信息以及从 PLC 中获取的产品工艺信息、工艺质量数据；

　　　　VRules——驱动更新产品不同形态的虚拟行为规则，包括各工位产品状态驱动程序以及生产数据信息虚拟标签的更新程序。

　　产品模型名称、驱动数据、数据来源、虚拟行为规则见表 10－2。

表 10－2　产品模型名称、驱动数据、数据来源、虚拟行为规则

模型名称	驱动数据	数据来源	虚拟行为规则
E2＊＊ E2＊＊ E2＊＊ A2＊＊ A2＊＊	订单 质量信息 工艺信息	PCS PLC PLC／BOM	产品状态驱动程序 生产数据更新程序

　　X 公司混流生产的五种产品三维模型如图 10－16 所示。

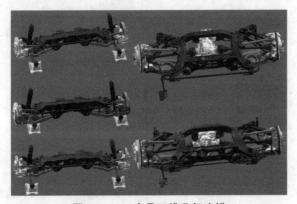

图 10－16　产品三维几何建模

　　2）设备孪生建模。

　　对于设备，不同的工艺阶段的生产设备功能不尽相同，如自动站机器人自动拧紧螺栓、线体电动辊筒传输夹具、线首条码打印机记录产品信息、下料机器人搬运产品下线等，为完成孪生模型对物理实体的真实映射，模型必须保证三维尺寸信息、行为规则与物理实体高度一致。同时，为了能够实时获取设备数据信息，孪生模型需要建立虚实通信传输接口；为了完成数据驱动行为，需要定义相关的虚拟行为规则信息。因此设备数字孪生模型可以描述为

$$DT_{设备} = \{FunctionI, InterfaceI, VRules\}$$

式中　FunctionI——与物理实体真实对应的功能模型，包括物理结构组成、三维几何尺寸、运行逻辑特性等；

　　　　InterfaceI——虚实交互的数据传输接口，虚拟模型可根据通信接口实时获取物理实体的运行数据；

　　　　VRules——数字空间对虚拟模型运行规则的约束、物理行为的指导、信号数据的处理等。

　　①工业机器人。

　　本部分研究的后桥装配线共有 15 台工业机器人，其结构及末端手爪不尽相同。首先根

据机器人实体构建三维几何模型，如图 10 – 17 所示。然后根据装配线平面布局图纸，进行各机器人空间位置的精确定位。最后依据实体行为建立虚拟模型运动结构，机器人的运动结构关键在于各关节轴旋转中心的定位。行为的实现是通过虚拟程序调用数据接口来驱动模型完成对不同信号的功能响应的。机器人模型名称、驱动数据、数据来源、虚拟行为规则如表 10 – 3 所示。

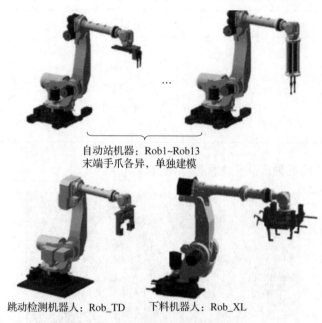

自动站机器：Rob1~Rob13
末端手爪各异，单独建模

跳动检测机器人：Rob_TD　　　下料机器人：Rob_XL

图 10 – 17　工业机器人三维模型构建

表 10 – 3　机器人模型名称、驱动数据、数据来源、虚拟行为规则

模型名称	驱动数据	数据来源	虚拟行为规则
Rob1 ~ Rob13 Rob_TD Rob_XL	关节数据 末端执行器数据	PLC	运动控制程序 信号处理程序

②线体。

线体在装配生产过程中承担着按序流转夹具和产品的功能。首先需要对装配线上的线体进行三维建模，如图 10 – 18 所示，同时划分每个工位模块，如图 10 – 19 所示，以便后续产品追溯信息的匹配对应。从首工位 N2 开始，流过人工工位时，人工扫码记录并上传当前工位在装产品的生命周期数据，符合产品在装工艺要求后，线体给予放行信号，夹具流转至下一工位；流经自动工位时，进站扫描产品型号，判断当前应该执行的工艺流程，待工艺质量数据合格后自动流转至下一工位。因此线体上需要记录每个 Nxx 工位的夹具占位信号、产品型号、放行信号、在装工艺信息、工艺质量数据等。实际流转过程中的行为控制，通过前述各工位的工艺信息及流转至下一工位的距离驱动，同时以各工位的占位信号作为辅助。

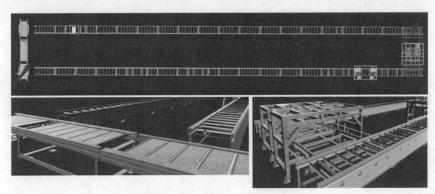

图 10 – 18　线体三维几何建模

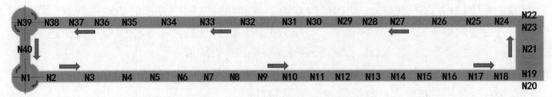

图 10 – 19　线体工位 N1 ~ N40 布局

线体模型名称、驱动数据、数据来源、虚拟行为规则如表 10 – 4 所示。

表 10 – 4　线体模型名称、驱动数据、数据来源、虚拟行为规则

模型名称	驱动数据	数据来源	虚拟行为规则
XT： N1 ~ N40	占位信号 产品型号 放行信号 在装工艺信息	PLC/PCS	运动控制程序 信号处理程序

③工装设备。

人工工位均会配置一把扫描枪，通过扫描当前工位产品零部件条码实现产品信息追溯。部分人工工位也配置有拧紧抢，实现人工拧紧螺栓，与自动站拧紧一样，会实时判断工艺质量数据是否合格。工装工具模型名称、追溯数据、数据来源如表 10 – 5 所示。

表 10 – 5　工装工具模型名称、追溯数据、数据来源

模型名称	渲染数据	数据来源
扫描枪	零件信息	PCS
拧紧抢	工艺质量数据	PLC

④夹具。

夹具主要起到支撑产品及工位之间流转的作用，同时结合 RFID，与产品进行匹配，实现产品数据的全流程追溯。通过翻转夹具上的支撑杆可以同时兼容五款车型产品，实现柔性化上料。其三维几何模型如图 10 – 20 所示。

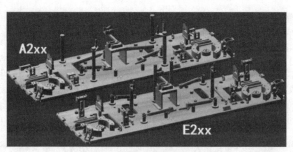

图 10 - 20　夹具三维模型

3）人员孪生建模。

对于人员，装配线上分配有多个人工工位，不同工位的人员位置、行为不同。通过三维模型确定人体结构，定义定位、动作接口获取人员的物理空间位置及关节动作数据，同时定义虚拟行为规则驱动数字模型的位置、动作的更新。因此人员数字孪生模型可以描述为

$$DT_{人员} = \{ StructI, InterfaceI, VRules \}$$

式中　StructI——人员的三维模型；

InterfaceI——获取人员数据信息的数据接口；

VRules——更新数字模型的虚拟行为规则，包括位置更新程序和信号处理程序。

人员模型名称、驱动数据、数据来源、虚拟行为规则如表 10 - 6 所示。

表 10 - 6　人员模型名称、驱动数据、数据来源、虚拟行为规则

模型名称	驱动数据	数据来源	虚拟行为规则
Human_N	空间位置数据	RFID	位置更新程序 信号处理程序

4）生产环境孪生建模。

生产环境孪生建模主要包括对装配线现场灯光，主要生产设备材质、纹理、贴图，辅助设备搭建及贴图，地面贴图，厂房搭建等的采集，实现对生产环境的真实渲染，提高孪生模型视觉上的逼真效果。同时，通过传感器实现对环境的温度、湿度等数据的采集。因此生产环境数字孪生模型可以描述为

$$DT_{环境} = \{ EnvironI, InterfaceI, VRMateria \}$$

式中　EnvironI——传感器获取的环境数据；

InterfaceI——环境数据传输接口；

VRMateria——真实环境的材质纹理。

环境模型名称、渲染数据、数据来源如表 10 - 7 所示。

表 10 - 7　环境模型名称、渲染数据、数据来源

模型名称	渲染数据	数据来源
生产环境	环境温度、湿度、PM2.5 等数据	传感器
	灯光、材质、纹理、贴图等	摄像机

（2）产线运行逻辑建模

为了构建由物理产线到虚拟产线的真实映射过程，需要对虚拟产线的生产系统运行逻辑进行建模，从而准确地描述虚拟产线动态行为。汽车后桥装配过程是典型的离散生产模式，装配任务的执行过程可以用事件和状态抽象表示，因此，为了实现虚实同步运行，采用Petri 网对生产过程的作业逻辑进行建模，并通过实时数据转化的事件驱动虚拟产线状态转换，动态映射物理产线现场生产运行过程。

实时数据驱动的生产系统状态变迁对变迁规则有较高要求，因此本案例采用扩展随机高级判断 Petri 网（Extended Stochastic High Level Evaluation Petri Net, ESHLEP – N）建立生产系统模型，以提高模型的推理和决策能力。

以 E2xx 产品的 OP40 和 OP50 两个工位工序的 ESHLEP – N 建模为例，工艺流程如表 10 – 8 所示，ESHLEP – N 关系模型如图 10 – 21 所示，模型中的库所、变迁以及变迁规则如表 10 – 9 所示。

由 E2xx 产品的 OP40 和 OP50 两个工位工序内容可知，OP40 的 5 道分工序为一人按序手工完成，本例暂将其视为一道工序；OP50 的工序为工业机器人自动完成。因此图 10 – 21 可以稍做简化处理，省略部分库所。

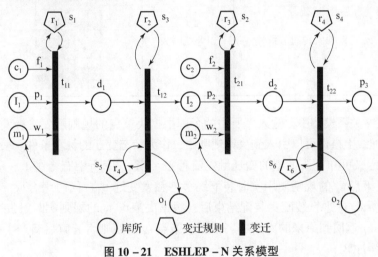

图 10 – 21　ESHLEP – N 关系模型

表 10 – 8　工艺流程

工位	工序名称	设备	装配图	人员
OP40	预装一侧制动钳	人工		1
	预装一侧拖曳臂			

续表

工位	工序名称	设备	装配图	人员
OP40	预装另一侧制动钳	人工		1
	预装另一侧拖曳臂			
	扫描制动钳条码			
OP50	自动拧紧转向节螺栓	工业机器人		0

ESHLEP – N 关系模型中，输入库所中的令牌根据决策点的规则触发，触发后令牌移入输出库所中；装配线上事件可以引入到决策规则中，作为状态变迁的触发条件。根据表 10 – 9 所示变迁规则的定义可知，该模型的变迁触发流程是：当 p_1 库所中有令牌 I_1，w_1 库所中有令牌 m_1，根据决策点 s_1 的规则使用实时装配线事件触发变迁 t_{11}，同时组合成 $< I_1，m_1 >$ 复合令牌，放入库所 d_1 中进行装配；装配结束后，根据决策点 s_3 的规则实时触发变迁 t_{12}，分解复合令牌后将 m_1 返回到原来的库所中，根据决策点 s_5 的规则将分解后新产生的 I_2 输出到第二道工序输入缓冲区 p_2。

表 10 – 9　变迁规则

元素	节点	含义
库所	f_1	第一道工序工业机器人空闲（此处无）
	p_1	第一道工序工件输入缓冲等待库所
	w_1	第一道工序工人空闲
	d_1	第一道工序正在装配
	o_1	第一道工序装配结束，工件进入输出缓冲区（此处无）
	f_2	第二道工序工业机器人空闲
	p_2	第二道工序工件输入缓冲等待库所

元素	节点	含义
库所	w_2	第二道工序工人空闲（此处无）
	d_2	第二道工序正在装配
	o_2	第二道工序装配结束，工件进入输出缓冲区（此处无）
	p_3	第三道工序工件输入缓冲等待库所
变迁	t_{11}	第一道工序开始装配
	t_{12}	第一道工序装配结束
	t_{21}	第二道工序开始装配
	t_{22}	第一道工序装配结束
决策点	s_1	t_{11} 变迁的发生规则（产品、工人就绪）
	s_3	t_{12} 变迁的发生规则（该工位装配完成）
	s_5	t_{12} 变迁后的输出规则（条码扫描完成）
	s_2	t_{21} 变迁的发生规则（夹具进站时自动识别 RFID）
	s_4	t_{22} 变迁的发生规则（该工位装配完成）
	s_6	t_{22} 变迁后的发生规则（装配工艺质量合格）

实际装配过程中，当第一道工序的夹具及产品抵达工位，工人处于空闲状态时，按照 s_1 决策点规则触发作业状态转换，空闲工人将待装零部件安装到桥架上，全部安装完毕，则第一道工序装配完成，根据 s_5 决策点规则，即扫描完该工位的全部条码，通过实时数据反馈驱动状态转换，触发下一个序列状态发生，继续进入第二道工序进行装配，同时第一道工序工人回到原位；当第二道工序的夹具及产品抵达工位，工业机器人处于空闲状态时，按照 s_2 决策点规则，即夹具进站时自动识别 RFID 确定工业机器人的装配流程，触发作业状态转换，工业机器人开始自动拧紧螺钉，全部螺钉拧紧完毕，则第二道工序装配完成，根据 s_6 决策点规则，即装配工艺质量合格，通过实时数据反馈驱动状态转换，触发下一个序列状态发生，继续进入下一道工序进行装配，同时第二道工序设备回到原位。依此类推，直到完成整个装配作业。

装配线上实时采集的数据可以作为装配线事件，如进站事件、装配合格事件、产品就位事件等，引入变迁规则中触发状态变化。也就是说事件用来触发装配作业的状态变化，而状态可以维持一段时间的稳定装配作业。将整个装配线工艺流程的作业逻辑均采用上述建模方法转换为 ESHLEP – N 关系模型，即可将实时采集到的数据与装配作业逻辑相结合，完成物理装配线到 ESHLEP – N 关系模型的动态映射，实现装配线作业全流程的同步运行逻辑建模。

要想实现物理装配线全作业流程在虚拟装配线中的实时准确映射，还需要建立装配线多层次多粒度的映射体系。如图 10 – 22 所示，虚拟装配线以装配线的三维模型为基础，通过事件触发夹具与产品在各工位间的流转。数据驱动的虚拟装配线运行模式分为夹具及产品流转映射、设备装配映射及产品全安装配过程映射三个层次。

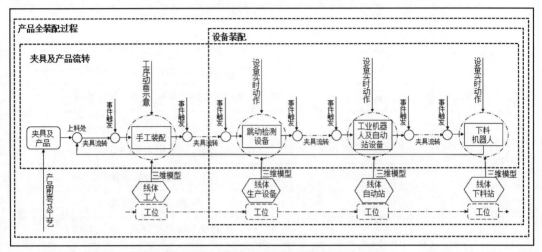

图 10 – 22　数据驱动的虚拟装配线运行模式

①夹具及产品流转映射。

不同产品的工艺流程不同，基于混流装配线，需要确定每个产品在线体工位间的流转位置，通过物理装配线实时感知数据转化的事件来驱动产品在不同工位间的流动，实现产品从上料处上线，以事件驱动，流经人工工位、自动站工位，直到下料处下线的全生命周期过程。

②设备装配映射。

产品流经自动站工位，通过 RFID 自动扫描确定相对应的工艺流程，触发工业机器人的启停，通过采集工业机器人的实时动作数据驱动虚拟模型完成动态映射，机器人的模型动作通常采用父子节点联动的方式，即构建机器人六关节轴之间的父子关系完成物理逻辑动作。

③产品全装配过程映射

以夹具及产品流转映射、设备装配映射为基础，根据不同产品所在的不同工位确定相应的工艺流程，实时驱动产品装配过程中的模型变化及零部件组成，完整映射产品的全装配过程。

（3）工艺参数预测算法

构建 ACO – GRNN 网络工艺参数预测模型，具体步骤如图 10 – 23 所示。

根据对后桥产品装配质量影响因素的分析，选取以下关键工艺参数并按上下游工序排序为：转向节轮毂轴承螺栓扭矩、制动钳螺栓扭矩、拖曳臂与转向节螺栓扭矩、下控制臂与转向节螺栓扭矩、上控制臂与转向节螺栓扭矩、上控制臂与桥架扭矩、稳定杆连杆与下控制臂螺栓扭矩、稳定杆与桥架螺栓扭矩。

以下控制臂与转向节螺栓扭矩控制点作为目标控制点为例，构建 GRNN 的初始网络模型，以目标控制点上游工序质量控制点的实际测量值及偏差值、目标控制点的工艺目标值组成输入向量 $X = \{x_1, x_2, \cdots, x_n\}$，其中，$x_1$ 为转向节轮毂轴承螺栓扭矩实际检测值，x_2 为转向节轮毂轴承螺栓扭矩偏差值，x_3 为制动钳螺栓扭矩实际检测值，x_4 为制动钳螺栓扭矩偏差值，x_5 为拖曳臂与转向节螺栓扭矩实际检测值，x_6 为拖曳臂与转向节螺栓扭矩偏差值，x_7 为下控制臂与转向节螺栓扭矩预定目标值。

输出向量 $Y = \{y_1, y_2, y_3\}$，其中，y_1 为下控制臂与转向节螺栓扭矩预测控制下限，y_2 为下控制臂与转向节螺栓扭矩预测控制上限，y_3 为下控制臂与转向节螺栓扭矩预测目标值。实际生产中，将预测的目标值反馈至装配线控制设备作业，并验证其实测值是否在预测的控制上下限范围之内。

若在 (y_1, y_2) 范围内，则该道工序装配质量合格。

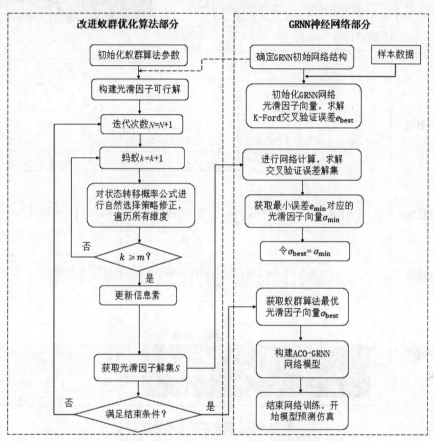

图 10 - 23　ACO - GRNN 网络运算流程

（4）系统实现

根据 X 公司后桥装配过程中的信息流动过程，搭建数字孪生装配工艺同步监控系统，如图 10 - 24 所示，采用 C/S 架构进行设计，将装配生产现场的三维制造资源模型数据存储在用户客户端中，服务端主要向客户端传输实时采集的数据信息。因此，在进行数据传输过程中，不需要再加载装配线的三维模型数据，而只需要传输装配生产过程中的数据即可，这样做大大降低了网络负荷，保证了同步监控系统的实时性和稳定性。

产线开始运行后，产品上线，在初始工位 RFID 读写器初始化标签，经过下一工位时，通过扫描 RFID 电子标签获取产品当前工位的装配工艺以及相应的工艺规范，同时以实时数据库和历史数据库为辅，进行数据分析处理。一方面，将实时数据传输至数字孪生系统中进行三维可视化同步监控；另一方面，将产品全流程工艺数据引入工艺参数预测模型中进行工艺参数同步优化，利用优化好的工艺参数完成装配过程。图 10 - 25 所示为基于数字孪生的工艺参数优化流程。

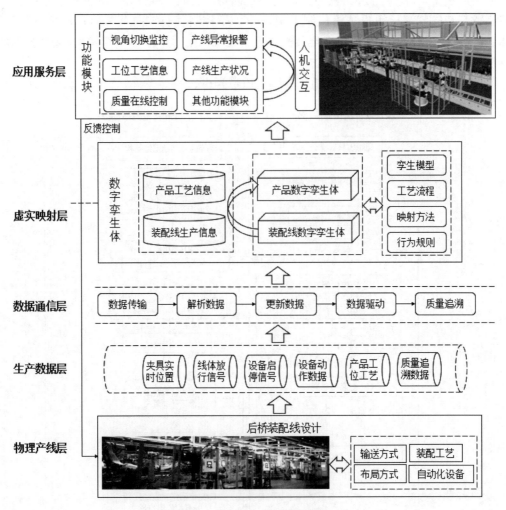

图 10-24　同步监控系统框架

实际装配生产过程中，通过扫描夹具及在制品二维码获取其相关工艺信息，包括其上游工序质量特性工艺数据实测值及误差值、当前工序质量特性工艺数据预定值，将这些数据作为上述 ACO-GRNN 网络模型的输入数据，获取当前工序质量特性工艺数据的预测目标值，并将其预测结果实时传输至装配线体 PLC 中，控制拧紧枪等设备的装配生产。当前工位装配完成后，从 PLC 中实时读取装配工艺数据实测值，通过与预测的上下限进行对比分析，判断当前工位装配质量是否合格。

10.3.4　数字孪生驱动的质量管理

2021 年 12 月 30 日，工业和信息化部公布了《制造业质量管理数字化实施指南（试行）》。这份指南强调了我国制造业质量和品牌影响力与规模增长之间的不对等，暗示了"大而不强、全而不优"的情况并未从根本上得到改善。推动制造业的高质量发展，塑造制造业品牌的新竞争优势，并推动我国制造业在全球价值链中向中高端水平跃升，都是我国经济发展中在当前及未来一段时间内的重大战略任务。

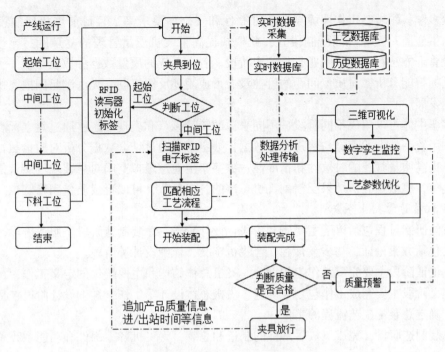

图 10-25　数字孪生工艺参数优化流程

随着新一代信息技术和数字技术的迅速发展，数字孪生的实现变得可能，也使得企业产品质量的追踪、监控、预警和修复变得更加即时、精确和有效。这些进步实现了从实物追踪到虚拟镜像的历史性跨越，这将为企业产品质量评估或"客户价值感知"带来革命性的突破。在数字孪生制造新业态下，未来企业质量管理的工作重点方向可以概括为以下几个方面：

1）质量管理策略和规划。未来的质量管理将不再只是减少错误，而是如何为客户创造价值。面对未来个性化需求的发展趋势，企业质量战略的核心是打造数字孪生质量平台，实现企业质量管理的平台化。

2）产品技术与质量标准体系的构建。产品技术与质量标准体系是企业质量管理工具和方法选择的参考依据，也是所有质量管理工作执行的目标方向。

3）数据建模及交互协同质量的控制。在产品研发、采购、制造、质量管理到交付的链条中，各环节的数据交互协同将会带来大量的挑战。

4）关键过程链的质量波动模拟建模与分析。在经济全球化和加速企业数字化转型升级背景下，市场竞争已经从企业间竞争变为基于关键过程链产品的质量竞争。

5）企业产品创新质量的精准控制。基于产品全生命周期数字孪生体的数据应用，可协助企业精准地锁定用户和表达用户需求。

6）产品使用过程的预测性维护质量管理。基于产品使用过程中大数据 AI 模型、机理模型、故障知识库深度融合，构建产品使用过程孪生体平台。

案例研究：基于数字孪生的飞机总装质量控制

1. 应用背景

飞机总装过程具有以下特点：研制阶段多、研制流程复杂、生命周期长、产品结构复杂、涉及多学科领域、工作环境复杂、可靠性和安全性要求高，且目前飞机研制遵循"主制造商－供应商"全球协同研制模式，此模式提高了飞机质量管理的复杂度，导致现有的飞机质量管理方法存在一些问题，如各个阶段、各个系统的质量数据分散且不统一，缺乏对质量问题的智能分析，对质量问题的管控没有形成闭环反馈机制，无法满足国内飞机制造产业的快速发展。

数字孪生体可以集成不同阶段、不同来源的统一接口和表现形态，通过建立标准化数据模型，采用统一的方式存储与管理质量数据；数字孪生通过结合数据分析对质量数据进行精准分析，提高质量管控的时效性和精准性；数字孪生通过虚拟空间对总装现场质量信息进行管理和监控，将数据分析结果反馈到飞机总装的各个环节，可以形成质量闭环管控。

2. 飞机质量管控业务分析

飞机的研制过程包括以下主要研制阶段：设计阶段、总装制造阶段、服务阶段。其中设计阶段又包括方案论证、初步设计和联合飞机定义、详细设计等阶段。

方案论证阶段主要完成工作包的划分、飞机总体结构和主要接口的定义工作；初步设计与联合定义阶段主要完成工作包划分确定、飞机总体设计等工作；详细设计阶段包括优化总体结构、确定总装配工艺流程等工作。

在总装制造阶段，完成飞机零部件的制造和总装，将飞机各零部件和功能系统总装为完整的飞机产品。

服务阶段确定服务计划、确定客户选择，完成首飞和适航取证工作，并完成飞行前的安全审查和质量审查等工作。

基于上述的分析，在飞机研制全生命周期的生产管理当中，由于质量信息分散在各个业务管理系统中，各个阶段都会涉及相应的质量管理。图 10－26 所示为由飞机研制过程管理业务抽取出的质量管理业务框架图，其分析了飞机研制过程中各个阶段所包含的具体管理业务，在飞机研制的每个业务流程中都充分考虑各个阶段的质量管理内容，并将质量管理重点围绕生命周期划分为设计过程、总装制造过程和服务过程三个阶段。其中，设计过程涉及的质量管理有设计质量改进、设计质量评审等；总装制造过程涉及的质量管理有质量数据统计分析、关键质量特性管理等；服务过程涉及的质量管理有客户质量档案管理和顾客满意度评价等。

3. 数字孪生体构建

数字孪生体是物理产品实体的研制进展与状态在数字空间的虚拟映射，可监控、诊断、预测、控制物理空间中产品实体的行为和状态。

本节研究的飞机总装数字孪生体的构建过程包括三个方面：飞机总装过程质量孪生数据建模、数字空间三维建模及其轻量化、孪生数据三维可视化。其中，最主要的过程是飞机总装过程质量孪生数据建模，孪生数据模型是物理世界中各实体的多维动态数字映射，应具有身份识别功能，并基于标准的协议与接口和其他系统顺畅地交换数据，使得所有资产之间的数据可以交互操作。孪生数据模型可以为数字孪生体提供单一数据源，也是后期孪生数据分析的数据来源和依据。数字空间的三维模型是用三维建模软件建立的软体，同样是物理世界的实体的映射，但其所包含的几何模型通常都体量巨大，需要通过优化计算来轻量化三维模型。三维模型也是可视化监控物理空间的载体，并结合与数据三维可视化数据分析的结果，为飞机总装数字孪生体实现总装过程质量管控提供基础服务。

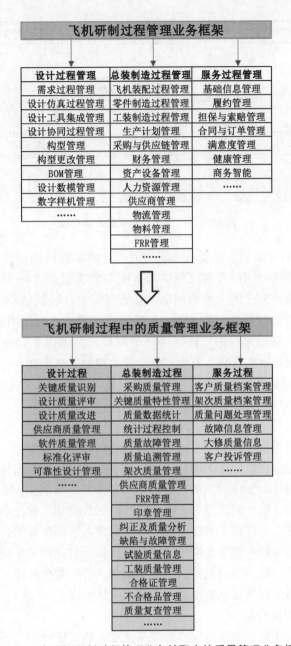

图 10 – 26　由飞机研制过程管理业务抽取出的质量管理业务框架图

　　为了建立质量数据模型，首先对飞机总装的质量业务模型进行分析，飞机总装质量业务模型如图 10 – 27 所示，其中图中的实线连接线表示包含关系。

　　在数字孪生体的构建过程中，将物理空间的实体资产包装成资产管理壳（the Asset Administration Shell，AAS），其核心思想是虚拟表示包括人、机、料、法、环所涉及的所有软、硬件资产，并给资产加上统一的接口。内部根据控制系统通信的需要，采用合适的通信协议进行 AAS 与所指资产之间的通信。如 AAS 通过设备提供的编程 API 与设备通信，也可通过 Profinet 协议与设备的控制器通信，多个 AAS 之间通过 OPC_UA 通信，数字孪生体通过 OPC_UA 与所有 AAS 通信。

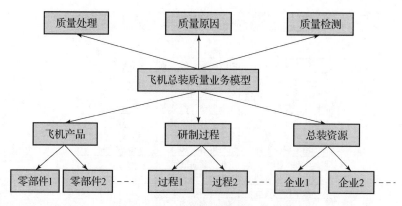

图 10-27　飞机总装质量业务模型

面向飞机总装的 AAS 架构，主要从飞机研制的时间和空间两个维度进行构建，即分别对飞机全生命周期中不同时间阶段和飞机结构空间上集成建立 AAS 架构。在时间维度，飞机数字孪生体存在于物理资产的全生命周期，其面向飞机总装的 AAS 架构需要集成统一飞机从"设计 – 制造 – 总装"各环节的数据，反映所指对象的全生命周期过程。在空间维度，飞机总装制造遵循"主制造商 – 供应商"协同研制模式，飞机总装过程中需要虚拟表示的资产包括从各个供应商处购买所得，其资产管理壳也包括了从原始制造商处继承所得，因此面向飞机总装的 AAS 架构需要描述多个物理对象，传递飞机质量全生命周期的唯一数据源，实现全生命周期的总装过程质量数据流的自由流动。

通过面向飞机总装的 AAS 架构进行定制化构建，将具有结构化层次结构的子模型作为质量数据分析程序的输入，可以加快对面向总装过程的质量管控原型开发。

针对飞机总装过程，在数字空间的全三维环境下，以飞机三维实体模型为基础，通过三维建模软件建模并导出飞机实体的结构三维模型和各系统三维模型，进行格式批量转换。

首先根据飞机的设计图、装配图等图纸建立产品三维模型，标注各级产品的属性，准确表达飞机的尺寸和结构，尤其是关键特征参数。在构建数字孪生体的过程中，由于三维建模软件所创建的几何模型一般不能直接应用，因此需要将所创建的三维模型转换为更普遍或者指定应用可交互的格式。最后需对飞机装配三维模型进行轻量化处理，快速有效地生成装配体的轻量化模型，提高系统的显示效果，改善用户的体验。

4. 飞机总装质量数据分析

首先分析飞机总装质量数字孪生管控的业务流程；然后设计基于管理壳的多维多层次关联规则算法，结合采用 FP – tree 查找频繁项集，并介绍了算法的具体步骤；最后对飞机总装质量数据进行实例计算分析，依据规则可以推测质量问题的影响因素，实时、全面、准确地反映总装现场的产品、部门、供应商、装配过程及人员之间的关联关系，并通过结合质量数据模型和三维模型可视化算法结果，实现数据分析与飞机数字孪生体的实时交互，及时、直观地将数据分析结果反馈给质量管理人员或总装现场，提高质量问题处理的效率和准确率。

5. 质量控制数字孪生实现

基于数字孪生的思想提出了如图 10 – 28 所示的飞机总装质量管控系统框架，其包括物理实体层、总装数据层、建模与分析工具层、质量管控层。

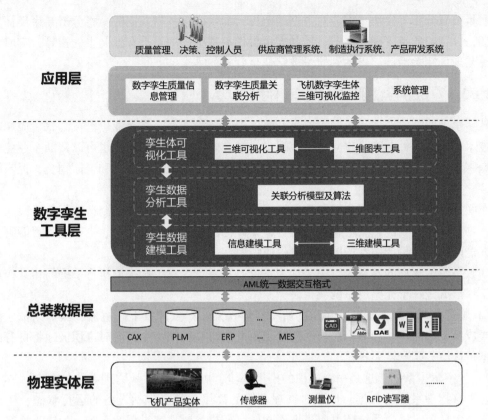

图 10－28　基于数字孪生的飞机总装质量管控框架

（1）物理实体层

在"工业 4.0"参考架构模型中，物理实体表示设备、产品、生产线、流程、图纸文件、软件等，物理实体层包含了飞机总装车间的所有物理实体，实体在物理世界中客观存在，并可完成制造、装配、检测等任务。

（2）总装数据层

各种类传感器、测量仪、RFID 等智能仪器部署在物理世界的各个采集点上，通过数据采集技术实时感知和采集，得到飞机总装制造过程中全面、准确的基础数据。数据层还包含分散在各个管理系统的质量数据，通过集成质量孪生数据，最终通过 AML 统一数据格式表示。

（3）数字孪生工具层

该层是重点研究内容，即通过语义资产管理壳技术数字化表达物理世界的质量相关资产，利用信息建模工具构建面向总装质量的信息模型，通过可视化工具与图形报表工具实现数据展示、数据分析结果展示与管控流程指导，并通过研究多维多层次关联分析算法并形成工具，以供应用层使用。

（4）应用层

应用层由具体质量管理模块与质量相关人员交互形成。建模与分析工具所求得的结果在数字孪生体中实时展现，通过物理信息世界不断迭代交互优化，孪生数据持续地完善质量管控系统的分析模型和数据，在飞机孪生体中实现包括数字孪生质量信息管理、总装质量监控、质量关联分析等模块，完成对数据的监控，提供决策依据。同时，将分析结果反馈至总装现场，分别给质量管理、决策、控制人员提供流程上、决策上和控制上的指导，实时动态调整总装现场相关活动，以达到质量数字孪生管控的需求。

10.3.5　数字孪生驱动的制造执行

数字孪生的技术应用逐步向工业生产的各个领域渗透，众多企业也已在尝试。应用数字孪生技术不仅可以针对产品建立可以实现虚实融合的数字孪生模型，也可以帮助企业建立工厂的数字孪生模型，从而实现工厂的可视化、透明化，优化设备布局和工厂物流，提高设备绩效。

车间是信息流、物料流和控制流的汇聚地。数字孪生车间通过在制造执行各阶段融合信息流、物料流和控制流，实现智能化运行，如异构设备互联与互操作、生产过程智能管理与控制，进而在保持生产柔性的同时实现提质增效。

在数字孪生驱动的制造执行中，物理系统、数字孪生系统和决策执行系统的相互作用和协同工作形成了一个完整的系统架构。

1）物理系统：此系统包括工厂的所有实体元素，如生产线上的机器、操作人员、原材料、半成品和成品等。它们不仅被动地接受决策执行系统的命令，同时也积极地将自身的运行数据传输给数字孪生系统。

2）数字孪生系统：这是一个虚拟的模拟环境，可以实时反映物理系统的状态。它接收并处理来自物理系统的数据，形成对物理环境的高度仿真，包括设备的运行状态、生产进度、物料消耗等。这个系统还可以模拟不同的生产决策对生产过程的影响，为决策执行系统提供数据支持。

3）决策执行系统：这是数字孪生系统的输出模块，也是与物理系统直接交互的接口。它根据数字孪生系统提供的数据，运用优化算法和人工智能技术，制定出最佳的生产决策，然后通过某种反馈机制（如 PLC 编程、自动化控制系统等）将这些决策转化为具体的操作指令传达给物理系统。

数字孪生驱动制造执行的过程主要包括以下五个步骤：

1）数据采集：工厂中的传感器和监控设备会实时监控物理系统的各项指标，并将这些数据实时传输给数字孪生系统。这些数据包括设备的运行状态、生产进度、物料消耗、产品质量等。

2）数据模拟：数字孪生系统接收到来自物理系统的数据后，立即进行模拟，以反映物理系统的实时状态。同时，该系统也会模拟不同的生产决策对生产过程的影响。

3）数据分析：数字孪生系统会对收集的数据进行深度分析。它会使用机器学习和人工智能技术来识别模式、发现问题、预测未来的设备状态和生产趋势。

4）制造决策：根据数据分析的结果，决策执行系统会制定出最佳的生产决策。这可能包括调整设备参数、修改生产流程、调度人员、更换物料等。

5）执行决策：决策执行系统会将这些决策转化为具体的操作指令，通过某种反馈机制传达给物理系统。物理系统接收到这些指令后，会调整自己的行为来执行这些决策。

空客、DNV GL、Volvo 等高端装备制造商基于数字孪生技术提高了产品研发和资产管理能力。空客通过在关键工装、物料和零部件上安装 RFID，生成了 A350XWB 总装线的数字孪生，使工业流程更加透明化，并能够预测车间瓶颈、优化运行绩效。目前在国内，比亚迪、三一集团、特斯联、中船重工等企业也在积极部署数字孪生系统。

案例研究：数字孪生车间物流动态调度

1. 应用背景

车间生产调度是指在一定条件下合理安排车间资源、加工的先后顺序和加工处理时间达到优化相应目标的效果。根据生产过程的离散和连续，将车间调度问题分为作业车间调度问题和流水车间调度问题，目前的车间生产调度问题主要集中在离散制造业，因此本案例我们主要关注作业车间的调度问题。

作业车间中存在紧急插单、设备故障等各种不稳定性因素，当其中某一环节出现问题时，整个系统都会受到影响。因此，及时针对作业车间中的动态事件做出响应是亟待解决的问题。然而在作业车间朝着高度信息化、智能化发展的今天，高度复杂特性及其动态多变的生产环境，使车间调度过程中产生的实时数据呈现出海量、多源和异构的特点，但由于缺乏实时可靠的信息获取手段和数据交互方式，调度车间的信息孤岛问题严重，导致车间运行的透明化、可视化程度较低，制约了车间调度效率。此外，作业车间调度建模与求解困难导致的实时决策能力弱也是当前作业车间实现智能化面临的一个挑战。

数字孪生驱动的车间调度优化实现了物理世界和虚拟世界的交互与融合，为车间运行主动管控模式提供了必要的保障和支撑。针对车间生产实时感知的动态异常进行调整，动态更新调度方案，实现生产车间调度的虚实演进，可以有效优化车间生产，提高生产效率，其总体框架如图 10-29 所示。

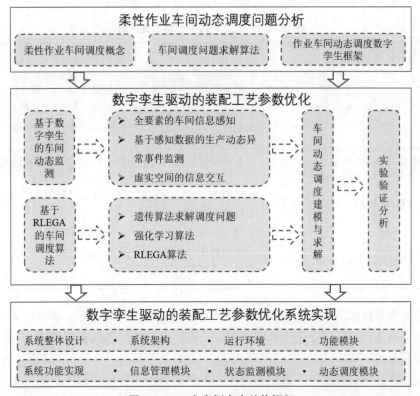

图 10-29　本案例内容总体框架

2. 问题分类

作业车间调度问题可以分为静态调度和动态调度两大类，如图 10 - 30 所示。静态调度即在开始生产前，已经获得了所有关于生产任务的信息，且生产环境稳定。而动态调度是指在生产环境不确定的情况下进行调度，更符合实际生产情况。在实际生产过程中，往往会发生诸如机器故障、紧急插单等突发状况。因此，动态车间调度比静态车间调度更为复杂，面向动态车间调度的研究也相对不成熟。

图 10 - 30　作业车间调度问题分类

作业车间调度问题被定义为：一个加工系统有 M 台机器，要求加工 N 个工件，其中，每个工件完工都需要经过一定的工序加工。各工序的加工时间已确定，并且每个工件必须按照工序的先后顺序加工，工件所有工序只有唯一的加工机器。调度任务是安排所有作业的加工顺序，在满足约束条件的同时，使性能指标得到优化。实际中完全符合车间调度模型的案例并不多，但是都是基于此基础模型进行的演变，表 10 - 10 列举了几种常见的车间调度问题。很显然，柔性作业车间动态调度问题更符合实际生产场景。

表 10 - 10　常见的几种车间调度问题

调度问题类型	描述
作业车间（Job - Shop，JS）	多个待加工工件均具有若干道工序，每道工序的加工顺序需要遵循一定的规则顺序。此外，车间每个设备单独负责一道工序，同一设备、同一时刻只能加工一个工件
流水车间（Flow - Shop，FS）	车间调度问题的特殊情形，每个工件都有相同的加工路线
柔性车间（Flexible Job - Shop，FJS）	车间调度问题的扩展，它允许工件在给定的几台功能相同的机器上加工
动态车间（Dynamic Job - Shop，DJS）	车间调度问题的扩展，在调度过程中可能会产生随机突发事件，从而影响调度流程

调度的对象与目标决定柔性车间中动态调度问题具有的复杂特性，其突出表现为调度目标的多样性、调度环境的不确定性和问题求解过程的复杂性。具体表现如下：

（1）多目标性

调度的总体目标一般是由一系列的调度计划约束条件和评价指标所构成，在不同类型的产品和不同的调度环境下，往往种类繁多、形式多样，这在很大程度上决定了调度目标的多样性。对于调度计划评价指标，通常考虑最多的是生产周期最短，其他还包括交货期、设备利用率最高、成本最低、最短的延迟、最小提前或者拖期惩罚、在制品库存量最少等。在实际调度过程中，有时不只是单纯考虑某一项要求，由于各项要求可能彼此冲突，因而在调度计划制定过程中必须综合权衡考虑。

（2）不确定性

在实际的调度系统中存在种种随机的和不确定的因素，如加工时间波动、设备故障、原材料紧缺、紧急订单插入等各种意外因素。调度计划执行期间所面临的环境很少与计划制定过程中所考虑的完全一致，其结果即使不会导致既定计划完全作废，也常常需要对其进行不同程度的修改，以便充分适应现场状况的变化，这就使得更为复杂的动态调度成为必要。

（3）复杂性

多目标性和不确定性均在调度问题求解过程的复杂性中得以集中体现，并使这一工作变得更为艰巨。众所周知，经典调度问题本身已经是一类极其复杂的组合优化问题，即使是单纯考虑加工周期最短的单件车间调度问题，当 10 个工件在 10 台机器上加工时，可行的半主动解数量大约为 $k(10!)^{10}$（k 为可行解比例，其值为 $0.05 \sim 0.1$），而大规模生产过程中工件加工的调度总数简直就是天文数字，如果再加入其他评价指标，并考虑环境随机因素，问题的复杂程度可想而知。

3. 求解算法

车间调度问题一直以来都是组合优化领域研究的重点。传统的车间调度问题主要有两类解决算法，分别是规则式方法以及元启发式算法。

1）规则式方法是指基于简单规则安排工件的调度顺序，又称优先调度规则（Priority Dispatch Rules，PDR），表 10 - 11 所示为几种常用的规则式方法。规则式方法虽然简单，但是以其超低的时间响应和对不同调度问题的较强泛化性，依然在某些调度场景中被广泛应用。此外，某些规则式方法在一些特定的调度问题上可以获得较高的准确度。

2）元启发式算法是解决车间调度问题最常用的优化算法，通过不同的优化迭代算子在车间调度问题上搜索得到局部最优解。元启发式算法在调度问题上可以获得高于规则式方法的准确度，目前在各类车间调度问题上应用广泛，表 10 - 12 所示为常用于车间调度问题的元启发式算法。然而，元启发式算法有 2 个主要的劣势。首先，由于优化算法计算量较大，且无法通过预训练模型的方式进行参数化存储，使得每次优化都需要从头开始，造成时间响应较长。此外，元启发式算法泛化性较差，对于不同的调度问题往往需要不同的参数调整，难以实现算法的直接迁移。

表 10 - 11 常用的规则式车间调度方法

方法名称	含义
先进先出（First In First Out，FIFO）	优先处理第一个作业
后进先出（Last In First Out，LIFO）	优先处理最后一个作业
最短处理时间（Shortest Processing Time，SPT）	优先处理具有最短处理时间的作业
最长处理时间（Longest Processing Time，LPT）	优先处理具有最长处理时间的作业

续表

方法名称	含义
最短总处理时间（Shortest Total Processing Time，STPT）	优先处理具有最短总处理时间的作业
最长总处理时间（Longest Total Processing Time，LTPT）	优先处理具有最长总处理时间的作业
剩余最少操作数（Least Operation Remaining，LOR）	优先处理当前最小剩余操作数的作业
剩余大部分操作（Most Operation Remaining，MOR）	优先处理当前最大剩余操作数的作业
下一任务最小等待操作（Least Queue Next Operation，LQNO）	优先处理下一个操作等待最少的作业

表 10 – 12 常用的元启发式车间调度算法

算法名称	算法机制
遗传算法（Genetic Algorithms，GA）	模拟生物优胜劣汰
禁忌搜索（Tabu Search，TS）	模拟人的记忆功能
模拟退火（Simulated Annealing，SA）	模拟热力学退火过程
蚁群算法（Ant Colony Optimization，ACO）	模拟蚂蚁觅食行为
粒子群算法（Particle Swarm Optimization，PSO）	模拟鸟群觅食行为
人工免疫算法（Artificial Immune，AI）	模拟生物免疫系统

随着人工智能技术的发展，以机器学习为代表的各类算法在图像识别、自然语言处理、组合优化等领域均取得了较大的成就。强化学习技术作为一种重要的人工智能技术，在机器人控制、游戏竞技等领域应用广泛。由于强化学习模型在训练完后可以重复使用，因此在解决车间调度问题时具有响应时间短、泛化性强的特点。此外，大量将强化学习应用于车间调度问题的研究表明，强化学习也可以获得接近于元启发式算法的准确度。

4. 数字孪生驱动的作业车间动态调度

在传统的生产车间中，调度过程通常缺乏智能性和实时性，处理新增订单等动态事件通常需要等待当前加工过程完成，这可能造成制造周期延长和产品延迟交付等问题。因此，车间物理空间和信息空间的交互是实现车间动态调度的关键。本案例结合数字孪生技术进行作业车间的动态调度，通过实体车间和虚拟车间的实时数据交互，不仅能在生产前验证生成初始调度方案的可行性，避免对正常生产的影响，而且在生产过程中也能实时检测到动态事件的发生并根据深度强化学习算法给出重调度方案，验证后进行重调度方案生产，进行更精确、有效的动态调度，以减少动态扰动带来的问题。

本案例以智能调度实验室的个性化定制汽车装配线为例，建立了如图 10 – 31 所示的数字孪生车间。该车间框架的建立是基于陶飞等提出的数字孪生车间模型（DTS），包括物理车间层、虚拟车间层、服务层和数字孪生数据（DT）层。其中，图 10 – 31 底部所示的订单插入事件是该智能调度实验室车间的生产内容。通过本实验室车间开发的定制化订货系统，可以定制 8 款汽车模型，每个模型包括底盘、前轮、后轮、车架、左门、右门、前盖和

LOGO 8 个工序，不同的车型分别在 8 个不同的机械臂上装配，且装配时间不同。加工过程中，用户可以在车间现场使用 iPad 端或通过智能调度车间数字孪生系统远程选择需要定制的汽车型号和数量。确认订单后，订单信息将传输到数据库，使用本案例的 GIN-PPO 算法进行求解。根据得到的结果，自动导引车（AGV）将运送物料，AGV 运行到指定工位后，启动机械臂程序组装小车。本案例的作业处理时间为 AGV 运输时间和机械臂装配时间之和。

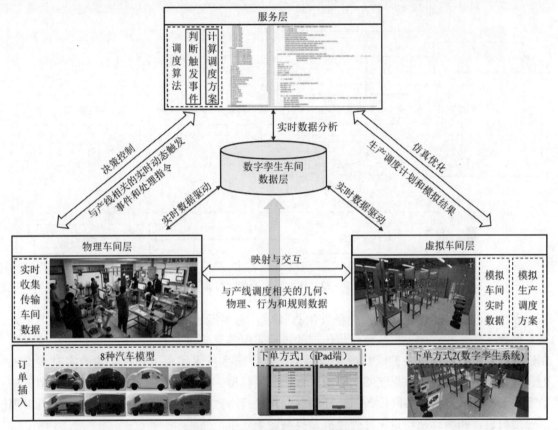

图 10-31 数字孪生车间总体框架

基于数字孪生的作业车间调度问题求解流程如图 10-32 所示。首先建立数字孪生场景，然后根据深度强化学习算法进行任务调度，对数字孪生场景下的调度结果进行仿真和交互，如果仿真结果满足预设要求，则将结果反馈给物理车间执行。同时，在求解过程中不断使用个性化定制订货系统进行任务分配，当出现订单插入时，通过数字孪生车间的感知，在 DT 数据发生变化后会触发重调度机制。当重调度发生时，新插入的订单和原未完成的订单一起求解，最终结果在数字孪生车间进行仿真验证。如果符合要求，则反馈到物理车间进行任务装配。

结果表明，基于数字孪生和深度强化学习的方法能够有效地应对实际生产过程中的突发情况，从而减少由于动态事件带来的不确定性，具有应用价值。

10.3.6　数字孪生驱动的预测运维

自动化生产设备在复杂化和综合化过程中遇到了较大的挑战，如模型驱动和数据驱动的预测性维护方法皆暴露出了明显的缺陷，包括模型方法的一致性欠佳，以及数据驱动算法对系统的物理特性考虑不足。这两个问题均可能导致预测精度较低，使得对复杂设备的故障诊断无法达到理想的结果。与此同时，目前在设备预测性维护领域中，获取传感器数据的难度大且耗时长，而对传感数据进行标定的可能性较低，这导致浅层的机器学习方法已经无法满足当前设备故障检测和预测性维护的需求。

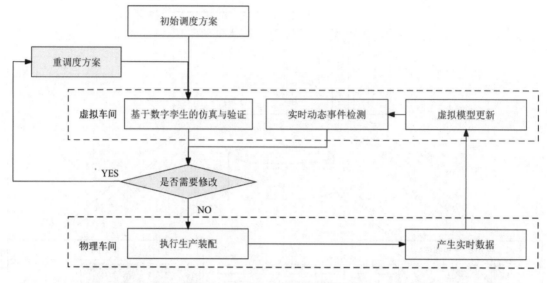

图 10－32　作业车间调度求解流程

　　在传统的设备运维模式下，设备发生故障后，需要经过一系列烦琐的流程才能得到处理。而数字孪生技术的提出，可以将传统的被动式服务模式转变为主动式服务模式，使设备制造商能够主动根据设备健康状况提供服务。数字孪生技术实现了物理实体的实时虚拟映射，使得设备传感器的数据能够实时输入数字孪生模型，并将设备的环境数据输入模型，使数字孪生的环境模型与实际设备工作环境的变化保持一致。通过这种方式，可以在设备出现问题之前进行预测，从而避免意外停机，提高运维效率。

　　数字孪生驱动的预测运维架构如图 10－33 所示，其在持续改进过程中的主要步骤如下：

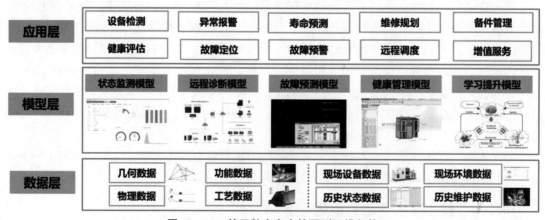

图 10－33　基于数字孪生的预测运维架构

1. 数据收集和整合

预测性维护首先依赖于大量的设备运行数据，包括设备的运行状态、环境因素、维护记录等。数字孪生技术可以实时收集并整合这些数据，为后续的数据分析提供基础。

2. 构建数字孪生模型

根据收集到的数据，构建相应的数字孪生模型，这个模型应该能够准确地模拟设备的运行状态和维护过程。对于复杂的设备，可能需要构建多个数字孪生模型，来模拟设备的各个部分或者子系统。

3. 进行故障预测

通过分析数字孪生模型的运行数据，可以预测设备可能出现的故障。例如，如果某个部件的温度或者振动超过了正常范围，则可能说明这个部件即将出现故障。此时，可以及时进行维护，防止设备出现停机或者损坏。

4. 优化维护决策

根据故障预测的结果，可以优化维护决策。例如，可以根据设备的实际运行状态，来调整维护的时间和方式，而不是按照固定的时间或者周期进行维护。这样可以减少不必要的维护，节省维护成本，同时避免因为故障导致的设备停机。

5. 持续优化和改进

最后，预测性维护是一个持续的过程。随着数据的积累和技术的发展，数字孪生模型和故障预测算法都需要不断地进行优化和改进。此外，预测性维护也需要与设备的设计、制造、运行等其他环节相结合，形成一个全面的设备管理体系。

目前，不少企业已经在故障预测和维护方面开始运用数字孪生技术。例如，GE 为了提高其核心竞争力和加强市场主导地位，利用数字孪生技术将航空发动机的实时传感器数据与性能模型结合，构建出自适应模型，精准监测航空发动机的部件和整机性能；空客等公司已经开始开发设备数字孪生体并与物理实体同步交付，实现了设备全生命周期的数字化管理，并依托现场数据采集与数字孪生体分析，提供产品故障分析、寿命预测、远程管理等增值服务；我国三一集团也将基于 IoT 的数字孪生技术与售后服务系统结合，将一些关键指标作为竞争指标，如工程师响应时间、常用备件的满足度、一次性修复率、设备故障率等，以此评估服务的优劣。

综上所述，通过建立基于数字化孪生技术的设备健康状态管理系统，可以实现生产设备健康状态的高效管理，确保生产的正常进行，同时减少设备停机时间，提高设备维护效率，为预见产品质量和制造过程、推进设计和制造的高效协同、确保设计和制造的准确执行提供了基础。

10.3.7 数字孪生驱动的供应链优化

数字孪生技术在供应链中的应用最早由 Gartner 于《2019 年八大供应链战略性技术趋势报告》中提出，在该报告中将这种应用定义为了数字供应链孪生，即通过构建真实供应链的虚拟模型，进行供应链动态分析和流程预测。

在传统的物理供应链中，主要以端到端的供应模式进行操作，其中涵盖了从所有供应商到所有客户的信息流、物流和资金流，这一模式包含了供应链中所有的产品细节和时间周期。当数字孪生技术扩展到供应链网络时，我们首先需要对整个端到端的供应链网络进行建模，并通过数据分析来优化供应链模型。数字孪生供应链的技术架构如图 10 - 34 所示，其主要由现实世界的物理层和虚拟世界的分析层、模型层所构成。

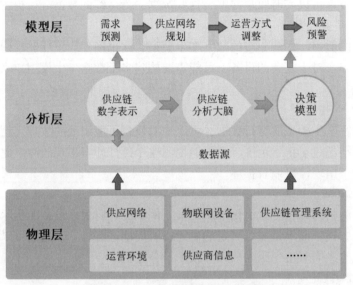

图 10 - 34　数字孪生供应链技术架构

1）物理层：这一层主要包括供应网络、运营环境、物联网设备、供应商信息以及供应链管理系统等，它涵盖了整个供应链中所有的数据源。

2）分析层：这一层利用物联网设备、运输数据库、供应商信息等采集的物理层数据源，通过供应链分析系统进行预测分析，以便发现供应链的业务状态和潜在机会，并生成决策模型，用于指导和优化物理供应链的实时业务决策。

3）模型层：这一层主要包含了反映供应链实时状态的数字模型，通过分析层的决策模型预测供应链需求，进而进行供应网络的整体规划，实时调整运营方式并对风险做出预警。

供应链数字孪生模型如图 10 - 35 所示，其可在以下方面优化供应链管理，降低供应链成本：

（1）优化整体供应链流程

通过数字孪生技术，可以对整个供应链流程进行建模与模拟，从供应商管理、原材料采购、生产计划、仓储物流到最终的销售与服务等每一个环节都能得到准确的数字化表示。这样，企业就能够实时监控整个供应链的运行状态，及时发现并解决存在的问题，优化整体供应链流程。同时，也能通过对数字孪生模型的分析，对供应链流程进行模拟优化，以提高整体的运行效率。

（2）规划交通和设施

利用数字孪生技术，企业可以建立交通与设施的数字孪生模型，通过对模型的分析与模拟，优化交通路径、调度物流车辆，以减少运输成本和提高运输效率。同时，也能优化设施的布局与使用，例如，通过模拟优化，可以合理安排仓库的空间使用，提高仓库的使用效率。

（3）优化库存

通过数字孪生技术，企业可以实时监控库存状态，根据需求预测与库存情况，自动进行库存补货或者减少库存，避免出现库存积压或者缺货的情况。同时，企业还可以通过对数字孪生模型的分析，对库存管理策略进行模拟优化，以降低库存成本，提高库存管理的效率。

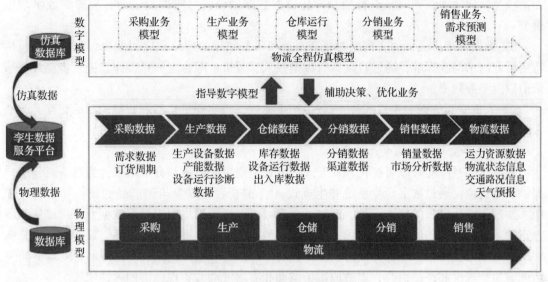

图 10-35　供应链数字孪生模型

（4）预测包装材料的性能

利用数字孪生技术，企业可以建立包装材料的数字孪生模型，通过对模型的分析，预测包装材料在各种环境条件下的性能，以选用最合适的包装材料，提高产品的保护效果，减少运输过程中的损失。

当然，数字孪生的意义不仅如此，还包括价值链上下游企业间的数据集成以及价值链端到端集成，本质是全价值链的协同。产品数字孪生作为全价值链的数据中心，其目标是实现全价值链的协同，因此不仅要实现上下游企业间的数据集成和数据共享，也要实现上下游企业间的产品协同开发、协同制造和协同运维等。

10.4　数字孪生与未来制造

上述章节中，描述了数字孪生技术正以其独特的优势成为一种革新生产流程和提高效率的关键工具。然而，这种新技术的应用也带来了一些挑战。另一方面，随着新一轮的科技革新，人工智能、大数据、元宇宙、空间计算等技术日益崭露头角。这些新兴技术将与数字孪生技术相结合，共同推动制造业的未来发展。本节主要讨论数字孪生驱动的智能制造面临的主要挑战和解决策略，以及数字孪生对智能制造的未来影响。

10.4.1　数字孪生对智能制造的未来影响

1. AIGC 与制造业生产效率的提升

以生成式预训练变换模型（Generative Pre-trained Transformer，GPT）为代表的生成式 AI 因其在人机对话和内容生成等方面的强大能力，为将数字孪生技术能力在提升一个层级带来全新的可能性。主要体现在：

1）数字孪生场景模型方面。经过事实验证，GPT-4在语义化建模能力上表现可观，通过将生成式AI技术同数字孪生场景生成相结合，不仅可以有效提升语义建模水平，大大提高模型构建效率；同时，语言模型与传感器数据融合，可实现更全面和准确的数字孪生模型。

2）数据治理方面。语言模型对复杂制造和服务领域的理解和应用能力大幅提高，包括特定行业的术语和标准，通过自动执行数据接入、分析、融合全流程操作，进一步提升数据价值以及服务效率。

3）人机交互方面。生成式AI与数字孪生集成，将实现更自然和智能的对话交互，改变人机关系。

2. 数字孪生与定制化生产的实现

数字孪生系统能够以可视化和交互式的方式呈现生产数据和分析结果，为制造商和用户提供决策支持。通过数字孪生系统和生成式AI，消费者可以参与到产品的设计和制造过程中，实现个性化需求的精准满足。同时，企业可以大规模采集用户偏好数据，迅速评估不同方案的效果，模拟和优化生产流程，并及时调整生产计划，提高生产效率。数字孪生系统能够实时响应市场需求和变化，支持快速调整的生产能力和供应链配置。这能够帮助制造商灵活调整生产规模和产品组合，以适应市场波动和需求波动，实现经济的弹性增长。

3. 推动环境友好和可持续生产

数字孪生的预测和优化能力也可以用于环境保护和可持续生产。通过数字孪生，企业可以模拟和优化生产环境，减少能源消耗，减轻环境压力。例如，企业可以通过空间计算优化工厂布局，提高能源利用效率，减少碳排放。通过建立开放的合作平台和共享机制，制造商可以获取来自不同领域的数据和专业知识，实现更全面的数字孪生建模和优化。

10.4.2　数字孪生技术的挑战与解决策略

数字孪生系统的成功应用仍面临着一些挑战，如技术标准的统一、数据互操作性的提升、复杂系统的建模等。为了充分发挥数字孪生系统的潜力，需要各方的合作与努力，推动技术的创新与应用。

1. 数据收集与处理的挑战

挑战：数字孪生技术需要大量的实时数据，这对数据收集和处理提出了很高的要求。同时，如何确保数据的安全和隐私，建立可信赖的数字孪生环境也是一个挑战。

解决策略：企业可以通过部署高效的数据采集系统，使用高性能的数据处理工具，以及实施严格的数据安全策略来解决这个问题。应采用加密技术、访问控制和数据去标识化等措施，有效保护数据的安全性和隐私，同时遵守相关的法律法规和隐私保护准则。

2. 高级应用的技术与人才需求挑战

挑战：数字孪生技术的高级应用，如预测性维护和优化生产流程，需要强大的计算能力，这对硬件设施和算法设计提出了高要求。另外，这些应用也需要深度的行业知识和技能，企业需要有足够的专业人才来开发和维护这些复杂的系统。

解决策略：通过云计算和大数据技术来增强数据处理能力；通过引入人工智能和机器学习技术来提高计算效率；通过培训和招聘来提升专业人才队伍。

3. 企业文化和组织结构的挑战

挑战：数字孪生技术的推广和应用，需要企业有一种开放和创新的文化，以及灵活的组织结构。

解决策略：企业可以通过改革组织结构，培养创新文化，以及提供员工培训和激励机制，来推广数字孪生技术。例如，一些企业正在实施扁平化管理，鼓励员工提出创新的想法和解决方案，以推动数字孪生技术的应用。

数字孪生系统将在未来制造中发挥重要作用，为制造行业的智能化、可持续化和创新发展提供支持。通过不断的研究和实践，我们相信，数字孪生系统将推动制造业迈向更高水平，并为经济社会的可持续发展做出重要贡献。

10.5 小结与习题

10.5.1 小结

本章首先梳理了数字孪生的概念体系，主要包括数字孪生的起源、技术演进过程，数字孪生基本概念、应用背景及其内涵与特征；其次，介绍了数字孪生相关技术基础，包括 MB-SE、3D 建模与仿真、模型与数据融合、AR/VR/MR 等，并分别列举空客、华为、PTC 等公司案例加以说明；然后，介绍数字孪生驱动的智能制造，包含数字孪生在产品设计、工艺优化、质量管理、制造执行、预测运维等方面的应用模式和效果；最后，展望了数字孪生对智能制造未来的影响及其挑战。作为连接物理世界与信息世界虚实交互的闭环优化技术，数字孪生将成为推动制造业数字化转型和高质量发展的重要抓手。

【习题】

（1）数字孪生的基本概念是什么？有哪些典型特征？

（2）什么是数字孪生五维模型？与 Grieves 教授提出的三维模型有何区别？

（3）数字孪生支撑技术有哪些？

（4）请列举出数字孪生在智能制造领域的 5 种主要应用场景，并选择其中 1 种说明其作用。

（5）针对设备智能运维需求绘制典型数字孪生系统技术架构图。

第 11 章
智能制造技术与系统应用案例

本章概要

  智能制造作为国家制造强国战略的主攻方向，在制造业领域得到极大的重视和推动，有效促进了国家制造业的高质量发展。从《中国制造2025》规划的十大领域来看，智能制造在新一代信息技术、高档数控机床和机器人、航空航天装备、节能与新能源汽车、农机装备等十大领域取得了显著进展。本章选取了农机装备和新能源汽车两个重点领域，从产品智能化、智能生产、智能运维等多个角度详细介绍智能制造技术与系统在这两个领域的具体应用情况。

学习目标

  1. 能够清楚辨析农机装备产品智能化的关键技术。
  2. 能够清晰阐明农机装备智能制造装配线的主要构成与制造执行系统的主要功能及农机装备智能运维的主要模式。
  3. 能够清晰阐明汽车大规模个性化定制的主要特征。
  4. 能够详细描述汽车生产线的主要工艺单元及其智能化特点。
  5. 能够具体阐述实现新能源汽车智能制造的关键工业软件/系统。

知识点思维导图

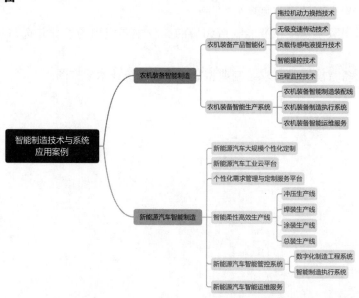

11.1　农机装备智能制造

自 20 世纪 90 年代开始，国外农业机械装备进入了全新发展时期，在广泛应用新技术的同时，不断涌现出新结构和新产品。近年来，随着全球市场对农机装备智能化需求的急速增长，农机装备的研究总体上呈现出系列化、大型化、多用途、多功能复合作业的特征，并更加倾向于节能环保的发展理念。

系列化、大型化是农业机械发展的重要趋势。纵观当今全球农业机械装备产业格局，欧美发达国家在农机装备研制方面保持绝对领先优势。以美国的约翰迪尔、凯斯纽荷兰、爱科，德国的克拉斯、意大利的赛迈道依茨法尔这 5 家公司为代表，其农机装备制造水平代表了当今世界的一流水平。上述欧美农机巨头均逐步实现其产品系列化进程，形成了多种不同规格的产品。

近年来，随着现代化农业的发展，国内土地流转速度加快，耕作土地规模化和集约化的发展趋势对精准作业和保护性作业提出了更高的要求。同时，随着城市化的发展，农村劳动力大大减少，耕作者需要集中在较短的时间内保质保量地完成较大面积的耕作，而另一方面，国家也在促进农机装备产业转型升级，加快推进农业机械化，推动重型农机等领域自主创新。正是在这种背景下，农机装备智能化发展成为当前我国农机制造业的主要发展趋势。

11.1.1　农机装备产品智能化

我国自实施农业机械化政策以来，农机装备行业由经过数年的"跨越式""超常规"发展逐渐回归"理性化"和"常态化"发展，行业制造能力、产品技术都取得了长足的进步。目前，从国内情况来看，十几年来受惠于国家政策的推动，我国的农机工业取得了辉煌的成就，但是目前产品以中低端为主，在高端、智能、重型农机装备的研制方面落后于欧美发达国家。因此必须突破现有的技术封锁，推动农机装备智能化关键技术突破与整机开发，提升我国农业装备制造业自主创新能力，促进整个农机装备制造业的升级。

农机装备产品智能化的关键技术主要体现在传动技术、液压电控技术、智能驾驶技术、远程监控技术四个方面。传动技术主要体现在动力换挡技术和无级变速传动技术方面，液压电控技术主要体现在负载传感电液提升技术方面，智能驾驶技术主要体现在智能安全驾驶室技术方面，远程监控技术主要体现在信息技术获取与信息交换方面。

1. 拖拉机动力换挡技术

动力换挡技术作为农机装备的核心技术，也是目前我国农机装备研发的重点方向。动力换挡技术，简而言之就是通过湿式离合器控制变速箱换挡，通过液压控制系统实现传动器的不间断换挡和换向操作。目前，常用的动力换挡变速箱可以分为两种：一种是定轴齿轮传动；一种是行星齿轮传动。

动力换挡变速箱是机电液一体化的产品，由齿轮式变速器、液压控制的换挡离合器、传感器、电子控制系统组成。它是在传统定轴式或行星式动力换挡变速器的基础上，应用电子技术和自动变速理论，以电子控制单元（Electronic Control Unit，ECU）为核心，通过液压执行系统控制摩擦结合元件的分离与接合、选换挡操作以及发动机节气门的调节，来实现不切断动力情况下的拖拉机自动换挡控制。

动力换挡变速箱的基本工作原理如图 11 – 1 所示，由农机手通过加速踏板、制动踏板和换挡手柄向变速箱控制器（Transmission Control Unit，TCU）表达意图，发动机转速、作业速度、挡位、节气门开度等传感器实时监测拖拉机的作业状况，并将相应的电信号输入 TCU，TCU 按存储在其中的设定程序模拟熟练农机手的驾驶规律（最佳换挡规律、发动机节气门的自适应调节规律等），通过选换挡液压执行机构对换挡离合器的结合及分离进行控制，以实现发动机和变速器的最佳匹配，从而获得优良的作业性能和迅速换挡能力。

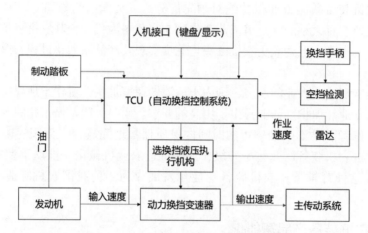

图 11 – 1　动力换挡自动变速器工作原理图

相比较于动力换挡农机装备，传统的农机装备在换挡过程中不仅需要农机手在很短的时间内实现观察、判断、分析和决策等一系列脑力劳动，同时还需要迅速做出踏离合、换挡、加油和打方向等一系列体力劳动。而应用了动力换挡技术之后，传动系统中的微电脑可以及时根据需要调整电磁阀门的开关及开口大小，进而控制液压油的流向和流量，推动机械机构实行各种动作。这不但把人从繁重的劳动中解放出来，而且相对人的判断和操作，智能化和自动化计算机控制会产生更高的综合效益。具有动力换挡的重型农机装备采用电子控制系统，可以实现农机装备在作业过程中实现不间断换挡转向，操作过程更加简单，农机手可以在很短的时间内完成作业过程，降低操作的难度以及劳动强度，大大提高了作业效率与作业质量。采用动力换挡的农机装备具有 4 大优点：

1）节省农机装备频繁换挡造成的时间、油耗损失，大大减轻农机手劳动强度。应用动力换挡技术，使整车性能和可靠性大幅提升。

2）工作效率高。动力换挡技术可让农机装备的前进速度提高 16%，农机装备在地头转弯时间能节省 50% 以上，换挡不用停车，大大提高工作效率。

3）由于应用动力换挡技术，对零部件的精密度、清洁度、密封性、装配工艺等各方面有更高的要求，因此需要在技术装备、工艺水平、人员素质全位提升，必然带来整机性能与可靠性的全面提升和飞跃。

4）省油、省力、省时间。计算机根据作业环境，自动调整加速踏板和挡位，避免不良操作习惯造成的油耗浪费；智能化按键操作换挡，避免频繁换挡造成的体力损耗。整机工作效率高，节省单位面积作业时间。

2. 无级变速传动技术

无级变速传动技术（Continuously Variable Transmission，CVT）是变速箱速比持续可变的一种传动系统，可以实现农机装备在各种作业条件下不停车换挡，具有可靠性高、与发动机的匹配性能好、更省油、速度更流畅的优点。

农机装备在田间进行工作时，由于农机手需要使用农机装备完成不同类型的犁地、耕作和运输作业等任务，再加上农机装备作业环境恶劣，外界负荷波动频繁，这就要求农机装备发动机或者变速箱的传递功率、速度变化范围宽，可以根据实际作业情况实时调整转速和转矩，以适应作业负荷和行驶阻力的变化，保障农机装备的动力性和燃油经济性。因此无级变速传动技术成为农机装备智能化关键技术之一。

另外，无级变速器农机装备的开发和研制已经被列入国家的重大科技攻关计划，结合世界先进技术，研究和开发适合我国国情的农机装备，符合未来我国农业机械化发展之路。

3. 负载传感电液提升技术

拖拉机悬挂系统是用来操纵悬挂式农机具或者半悬挂式农机具的动力装置。作为拖拉机牵引控制农机具的装置，拖拉机悬挂系统可以根据反馈的位置，选择不同的控制方式，以控制农机具的耕作效果。传统的机械控制悬挂系统结构复杂，在控制过程中容易出现迟滞、摩擦、热胀冷缩等情况，已经不适合现代农业机械化的发展。而负载传感电液提升器具有位置控制、力控制、力位综合控制、浮动控制等模式及特殊功能，适合多种土地类型和工况，在耕作效果、操作舒适性、智能化和节能等方面具有重大的意义。

目前，国外农机装备的负载传感电液提升器为了适应拖拉机配套机具的增多和保护性耕作复合作业的要求，采用了闭心式负荷传感液压系统以及电子反馈的悬挂系统，主要具有反应灵敏度提升，实现力、位、混合或浮动等方式的自动精确控制的功能。国内最早于 20 世纪 80 年代才开始电子化自动控制技术的研究，在 20 世纪 90 年代，电子控制技术才开始应用于拖拉机液压悬挂系统控制中。现如今，国内企业设计生产的电液提升器已经能够满足国产 120 马力①以下拖拉机的配套要求，而 180 马力的大功率拖拉机才开始匹配电液控制提升控制系统。但受整体装备制造水平的制约，国内在 120 马力以上拖拉机提升器的设计与控制方面还有较大的发展空间。

4. 智能操控技术

驾驶室是农机装备的重要部件之一，先进的驾驶室不仅要满足驾驶需求，而且应具备整车控制中心的功能。国外发达国家对驾驶室的振动、噪声、废气排放和防翻滚与落物制定了严格的标准，而我国近年来随着大马力农机装备的发展，驾驶室从最初遮风挡雨的简易功能发展到舒适、安全并符合人体工程学的要求，其技术发展的方向主要集中在安全性、操纵性、舒适性、外观造型和智能控制等方面。

1) 安全性：安全驾驶室结构要求当农机装备发生翻车等意外事故时，能够抵抗撞击和压力载荷，保证驾驶员的容身空间不受侵犯，同时应允许结构有一定的屈服变形，以吸收外部的撞击能量，这就是其安全强度准则。

2) 操纵性：采用动力换挡、无级变速、GPS（Global Positioning System，全球定位系统）导航、人机工程等技术，在操作部件布置中广泛采用悬吊式踏板，侧置式变速操纵，

----

① 1 马力（ps）=0.735 千瓦（kW）。

液压减震悬浮可调式驾驶室，组合仪表，驾驶室转向盘的高度与倾角可调，扶手集成了发动机、传动系统、液压系统的控制，使得操作更加舒适、轻便，极大地减轻了驾驶员的操纵疲劳强度。

3）舒适性：驾驶室视野开阔；采用高靠背可调减振座椅、隔声降噪（72 dB）、驾驶室安装高性能空调系统、悬浮系统等为驾驶员准备了良好的操作环境。

4）外观造型：采用圆弧形、流线型的现代驾驶室，具备防腐、美观及进行空气动力学模拟等功能。

5）智能化：目前，先进的驾驶室已完成了从监控功能向智能控制的过渡，并广泛采用CPU（Central Processing Unit，中央处理器）处理技术、总线控制技术、激光测量技术、GPS系统定位技术、卫星遥感技术等，实现农业装备的智能化控制。如：无级变速、动力换挡、负载传感全功率控制（具有压差的反馈伺服控制系统）、故障码自动检测系统、雷达测速系统等。利用 GPS、GIS（Geographic Information System，地理信息系统）和 GSM（Global System for Mobile Communications，全球移动通信系统）技术，为实现精准农业提供支撑。

5. 远程监控技术

随着农机装备车载控制器、全球定位系统、互联网大数据云计算技术的发展，农机装备的远程监控技术开始向自动化、智能化方向发展。基于 CAN（Controller Area Network）总线技术的网络管理、3S［RS（Remote Sensing，遥感）、GIS、GPS］技术的精准农业及远程通信的快速发展，智能化数字化性能监视系统、虚拟终端得到普遍应用，可视化及实时性得到显著提高。

故障自动诊断功能、地头管理系统、智能四驱系统、轮胎气压自动调节等在大功率机型上得到普遍应用。国外各大公司均推出精准农业系统，如约翰·迪尔的 Green 系统、凯斯·纽荷兰的 PLM 系统、爱科的 Fuse 系统及克拉斯的 Easy 系统，这些系统不仅能远程对机器进行监控、管理，还能实现智能转向、自动导航和生成产量图等。

自动化方面，凯斯于 2016 年 9 月发布无人驾驶概念拖拉机，如图 11-2 所示，在现有Magnum 传统拖拉机基础上，取消传统驾驶室，通过配合使用 GPS 和用于超精准导引以及即时记录传输现场数据的最精确卫星校正信号，可完整地进行远程配置、监测及操作设备，真正实现拖拉机无人自动化作业。

图 11-2　凯斯无人驾驶概念拖拉机

其他技术方面，数码成像及处理技术开始在农机装备上得到应用，如约翰·迪尔拖拉机的 360° 3D 相机系统、道依茨·法尔拖拉机上的 Driver Extended Eyes 系统，均采用数码摄像及成像技术显示拖拉机周围 360°影像，提高了驾乘安全性。

国内农机装备远程监控技术与电器控制技术同步发展。近几年来，随着农机装备车载控制器、北斗全球定位系统、互联网大数据云计算技术的发展，国内农机装备信息化控制技术开始向自动化、远程、智能化方向发展。目前，国内农机装备已全面进入 CAN 总线控制时代，结合国家北斗导航系统、互联网大数据云计算技术，开始实现远程控制技术、精准农业系统技术，并结合差分定位系统，开始应用自动驾驶技术。

同时，随着国内农业机械化程度的不断提升，农民对农机的认识程度及服务期望值逐步提高，农机企业高度重视服务创新和服务质量，从用户需求出发，率先提出了跟踪服务、上门服务、田间地头服务等，目前正致力于打造精准化、全程化、一站化、主动化、科普化的"5 化"服务模式。结合呼叫支持系统、GPS 定位系统、车载终端系统、服务配件信息管理四大系统，从客户信息查询、配件投递、故障车定位、服务车定位、GPS 导航等功能实现快速、准确化服务，保证用户无论在何时何地，均能提供精准化服务。

11.1.2　农机装备智能生产系统

1. 农机装备智能制造装配线

以国内某大型农机制造产业为例，重型拖拉机智能制造装配线分为四条分装线：铁十字（变速箱和后桥）装配线、底盘装配线、驾驶室装配线和整机装配线。目前智能制造装配线配备的主要设备包括超声波清洗、高压定点清洗、智能转运、智能拧紧、智能检测、G-Force 智能提升、动力换挡传动系加载磨合试验台等先进生产设备，具备污染物颗粒度在线检测、动力换挡功能检测等先进技术。在清洁度控制、装调在线质量控制、自动化、智能化生产等各方面均采用领先技术，制造技术水平国内行业领先。

（1）铁十字磨合测试和电检测试

铁十字磨合试验台如图 11-3 所示，是重型拖拉机铁十字装配线的关键工位，可以同时满足动力梭式换挡、动力高低挡、多速动力换挡等动力换挡机型的磨合需求，实现动力换挡变速箱对传动系统的压力、流量、输入扭矩、转速等参数的测试，以及换挡、4 驱、差速、制动等功能进行检测，保证传动系制造质量，与标杆企业水平相当。铁十字的磨合油通过油管与设备的过滤器连接，设备配有粗滤和精滤，在传动系统测试过程中，通过测试台的循环冲洗油路，工作油路多级过滤，将产品运转过程及装配过程产生的杂质不断进行循环过滤，从而保证传动系统总成的清洁度水平。

磨合台配备目视板以及手动操作面板，手动操作时，可自行切换测试挡位，方便与监测某一挡的磨合问题。自动磨合时，也可返回上一步进行检查，实时监控磨合质量。MES 系统与磨合台连接，对制造过程实时进行监控，不同的机型通过扫码自动调取程序，磨合完成后自动生成磨合报告并储存上传至系统，便于后续问题的查找以及追溯，提高制造水平和生产效率，避免人为失误。

（2）最终传动拧紧机

最终传动拧紧机位于重型拖拉机铁十字装配线的最终传动预装工位，如图 11-4 所示，用于案例企业生产线各机型最终传动总成装配螺栓的拧紧，该设备具备高效率、高精度和高

图 11 – 3　铁十字磨合测试台

可靠性等特点。

拧紧机整体结构为悬挂式单轴拧紧，具备多套拧紧程序，扭矩测量精度≤标定值的 ±3%，转角精度≤ ±2°；具有自动拧松、自动卸荷功能，便于拧紧机平滑退出螺栓；在拧紧过程中，合不合格能亮灯显示，当拧紧扭矩变化超出预定范围时，能及时报警，工作时噪声小，噪声≤65 dB。

该设备与 MES 系统相连，故可以实时将数据上传到系统，并根据系统中的订单自动识别机型，自动调取拧紧程序进行加扭，生产过程更加高效、更加可靠。

图 11 – 4　最终传动拧紧机

（3）物流转运 AGV

分装完成后的最终传动部件由 AGV 小车转运至清洁室进行下一步的装配。AGV 小车通过预铺设的磁条进行转运，以最大限度地缩短物流周转周期、降低物料的周转消耗及提高生产系统的工作效率。

同时 AGV 小车还有一套完善的安全防护能力，能够在许多不适宜人类工作的场合发挥独特作用。使用 AGV 进行转运，工人劳动强度大幅降低，工作效率高，同时增加了工厂的自动化程度，如图 11 - 5 所示。

图 11 - 5　AGV 小车

（4）立式装配工作站

通过翻转小车，变速箱的装配方式由普遍的水平装配升级为立式装配，提高生产效率，提升装配质量，更加符合人机工程。壳体通过夹持工装固定在翻转小车上，通过翻转小车实现壳体的旋转和上升下降，满足装配时各个工作角度和高度的需求，如图 11 - 6 所示。

图 11 - 6　立式装配 - 翻转小车

（5）电检单元

通过驾驶室电检测试台检测驾驶室总成的电气功能、性能，保证驾驶室总成制造质量，处于行业一流水平；驾驶室电检设备是一种有效的线束、电子、电器件的检测工具，整个驾驶室测试系统由电检设备、适配线缆、UUT（被测对象）、手持终端、MES 系统和打印机组成；通过驾驶室电检设备，实现拖拉机驾驶室在预装后、落装前进行电气及逻辑驾驶室电子器件的全面检测，将电气及逻辑问题提前查出并修复，避免了驾驶室落装后所有电气及逻辑问题落装后再返修；MES 系统与电检台的互联互通，对制造过程实时进行监控，提高了制造水平和生产效率，如图 11 -7 所示。

图 11 -7　电检测试台

（6）气密测试

传动系统密封性测试通过氮氢气密检测设备进行，即对检测产品在规定气压下的气体单位时间泄漏量进行检测，从而保证传动系统的密封性能，防止发生渗漏；探枪扫描泄漏点，强化过程质量保证，减少线下调试及返修；增加排气功能，气密完成后及时将箱体内的气体排出，提高作业效率，如图 11 -8 所示。

图 11 -8　气密测试检测机

（7）最终传动装配

装配最终传动壳体两侧轴承外圈时先将壳体吊至最终传动线体上，最终传动通过线体托盘上的定位块进行限位，将两个轴承外圈依次放在下压头和壳体上，启动压机的同时将两个轴承外圈压装到位；油封座双油封同时压装到位，通过限位工装进行限位，同时压装轴承和油封，大大提高了装配效率；装配后的最终传动壳体由翻转机自动翻转，由 G - Force 吊至驱动轴上进行下步装配；轴承内圈由伺服压机进行压装，通过压力曲线控制轴承压装，保证轴承压装质量，达到标杆企业水平；摩擦力矩由拧紧机自动测量加扭，测出初始力矩，拧紧行星架固定螺栓，一边拧紧一边测力矩，当力矩增量达到 14～20 N·m 时自动停止加扭，并将数据记录上传至 MES；装配螺栓锁片后，进入锁片检测系统，启动拍照防错功能，检测到已装配锁片视为合格，此时方可过站下线。整个装配过程由设备进行控制，锁片漏装、螺栓漏紧的质量问题发生率为零，安全风险值得到很大的降低，产品性能也从本质上得到改善，如图 11 - 9 所示。

（a）　　　　　　　　　　　　　　　　（b）

图 11 - 9　最终传动装配

（a）驱动轴分装；（b）最终传动间隙调整

2. 农机装备制造执行系统

制造执行系统（Manufacturing Execution System，MES）是企业针对农机装备，搭建面向车间精益制造的信息化平台，支撑公司精益制造业务开展，实现农机装备生产过程的柔性制造、高质量、过程透明、资源优化和决策科学。

（1）柔性制造：实现多种车型、多种配置的同时排产和混线生产，最大限度地提高企业的柔性化生产制造能力。

（2）高质量：全面、完善的质量管理，包括零部件、在制品、成品车、关键件的质量监控与追溯以及质量平台建立。

（3）过程透明：实时采集加工进度、物料消耗、质量变化、设备状态、人员状态以及生产异常等生产状态信息，实现生产全过程的动态监控。

（4）资源优化：优化配置生产过程中的人员、物料、设备等制造资源，降低生产成本，提高生产效率。

（5）决策科学：对加工进度、物料、产品质量、设备利用等信息进行科学分析，辅助生产人员进行生产控制决策。

MES 系统的功能架构如图 11 - 10 所示。其主要功能如下：

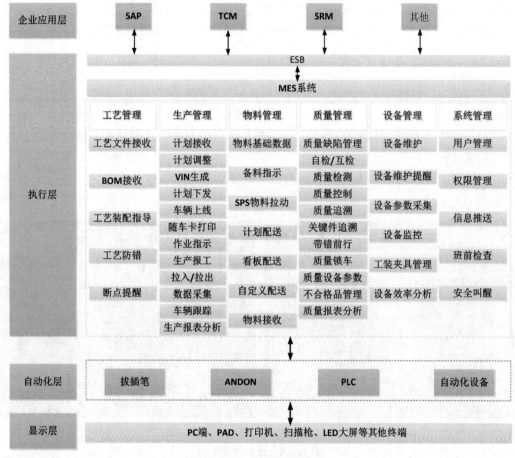

图 11 - 10　MES 功能架构

（1）系统管理：用户管理、权限管理、后台管理（包括信息推送数据维护、安全叫醒等信息维护）等。

（2）工艺管理：作业前、作业中、作业后检查界面显示指导，工艺文件查询，BOM 清单查询等。

（3）生产管理：工作日历维护，生产节拍维护，VIN 号规则维护，正常订单管理，车间计划管理，临时计划管理，随车卡打印管理，VIN 条码打印，分装线条码打印，车辆报工（触发报告）、产品跟踪、产品信息、订单属性查询。

（4）物料管理：线边物料信息维护、配送组信息维护、超限额领料原因维护、拉动配送组关系维护、配送单生成、配送单汇总查询、配送单打印、物料异常情况处理、物流大屏管理等。

（5）质量管理：关键件追溯、检测列表检测、缺陷信息录入、质量强制锁车、带错前行、偏差批准、不合格零件报告单生成等。

（6）设备管理：设备基础信息维护、设备 PM 计划导入、设备维修保养、PM 报告执行情况查询、设备状态监控、设备参数采集查询、设备运行效率分析等。

（7）ANDON：报警等级维护、报警联系人维护、ANDON 大屏管理、ANDON 报警提醒、车间可视化监控等。

11.1.3　农机装备智能运维服务

随着大型农业场站、农机合作社等新型农业组织快速发展，为了更好地为农机装备及集群提供及时的运维服务，大型农机制造企业结合农机作业过程中存在的连续工作时间长、服务范围广、响应速度快的实际需求，开始探索农业装备集群协同运维服务模式，为农机制造商、农机合作社、农机个体等提供信息和服务支持，实现基于服务平台的市场化精准运维，提高农机装备的数字化、智能化，促进我国农机装备产业转型升级。

1. 农机装备智能运维服务模式

（1）基于互联网 + 深度融合的作业管理模式

目前，农业生产的主要成本来自土地、生产资料和农田作业等方面，但是由于农机手与种植户之间的脱节，种植户可能会因为无法及时完成收割作业造成相关损失，而农机手则会因为缺少相应的信息渠道致使损失大量的路程成本。因此，通过结合互联网 + 的相关技术，构建农机作业平台，实现全国种植户与农机手之间的信息共享，以形成基于互联网 + 深度融合的作业管理模式。在农机作业平台上，种植户可以通过平台实时了解周边农机的分布情况，实现耕、种、管、收全作业链条的农机线上预定，保障农机作业的顺利进行，以便降低成本、提高收益；同时，农机手也可以通过平台了解作业信息的分布等情况，准确及时地进行农田作业，减少相关损失；此外，结合农机作业平台，通过农机手与种植户所发布的信息，可以实现线上信息发布、线上交易等信息匹配功能，帮助需求双方实现有效信息的精准对接。图 11 – 11 所示为作业管理平台界面示意图。

图 11 – 11　互联网 + 深度融合作业管理平台

（2）基于物联网的精准运维服务模式

1）自主维护服务模式：基于农机装备的基本故障，农机制造商针对基本故障对农机拥有者进行基本的故障维护培训，如果出现故障，农机拥有者在对故障进行基础的检修之后，可以进行简单的维护与处理；对于较大故障而难以自主维护，可以选择保修等方式，等待运维服务提供商派遣专业的维护工作人员进行维护。

2）精准运维服务模式：农机制造商会设置专门的信息技术中心，信息技术中心在接到农机用户的报修电话或者根据智能移动终端自动反馈的故障信息，通过定位系统自动定位故障农机的位置及相关信息，并联系当地的运维服务提供商根据故障情况派遣合适的维修工作人员进行上门维修，如图 11 - 12 所示。

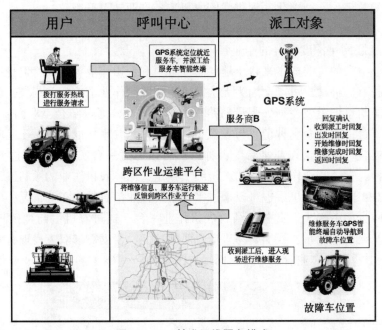

图 11 - 12　精准运维服务模式

3）主动维护服务模式：现有的在役农机通常安装智能移动终端，可以实时获取农机装备关键零部件的相关信息。通过智能移动终端定位和监控设备的运行状态，当检测到设备关键部件出现异常信息时，通过网络设备将相关信息传送至信息技术中心，信息技术中心结合智能移动终端的相关报送信息联系当地的运维服务提供商提供及时的运维服务，如图 11 - 13 所示。

2. 农机装备智能化服务终端

农机装备智能化终端是农用收获机和拖拉机等农机装备的智能显示终端，农机终端利用双核微处理器搭建硬件电路，实现了 GPRS、GPS、音视频、CAN 总线、网络、USB、显示接口等底层硬件驱动，通过文件系统和 GUI 图形系统，实现 HMI 人机交互，以及软件系统对硬件系统的高智能化控制和管理，并实现终端硬件平台与软件系统集成，形成集智能显示、定位跟踪、数据传输、远程控制等为一体的基于物联技术的农机智能化终端。一般而言，此类终端是在物联网技术基础上，通过机械装备性能状态检测、特征信息提取及传输技术、健康状态评估、远程故障诊断技术，结合嵌入式技术、GPS/GPRS 等物联网技术，集成开发的机械装备智能化终端产品，为实现机械装配完成后的"检测 - 仓储 - 运输 - 销售 - 使用 - 维修维护"过程的全程监测、跟踪，实时采集、存储和远程传输机械装备运行状态数据，实现对机械装备的远程故障诊断与维修服务提供硬件支撑。终端产品的系统架构如图 11 - 14 所示，分为以下三个层次：

图 11 – 13　主动维护服务模式

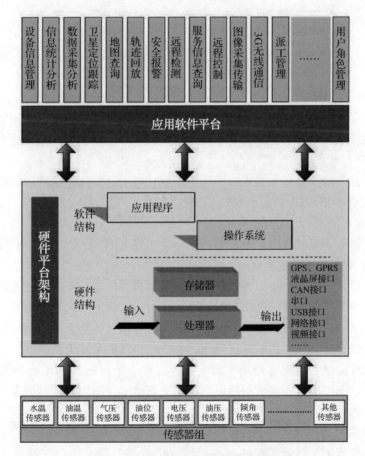

图 11 – 14　农机装备智能终端系统架构

底层：以传感器组为核心，具体包括水温、油温、气压、油位、电压、油压、倾角等传感器，通过上述传感器实现对现场工况信息的实时采集。

中间层：由两部分构成，一是以处理器、存储器为核心，构成了整个终端产品的硬件本体，并以底层传感器信息为输入，通过 GPS、GPRS、CAN 总线、USB 接口、视频接口等将处理的信息输出到终端显示屏上；二是以操作系统和应用程序构成的应用软件平台，实现对传感器上传信息的加工、转存与处理。

上层：以应用软件为核心的终端产品软件系统主要功能包括设备信息管理、信息统计分析、卫星定位跟踪、远程检测、远程控制、图像采集传输、派工管理等，并与终端显示屏集成，作为系统的人机交互界面。

农机装备智能终端具有以下功能：

1）数据采集分析显示。

车辆运行参数采集显示，显示器通过 CAN 连接发动机、变速箱和控制器采集车辆参数，如发动机转速、燃油油位、挡位、各种转速等，并将采集到的参数值分类显示到各级页面。

2）视频流输入。

四路视频信号输入，即支持四路视频流信号的输入，显示器能在显示粮仓、倒车等四路视频间切换显示。

3）计亩功能。

显示器根据 GPS 模块采集的数据经纬度数据，经过坐标转换模拟出平面地块，然后计算出作业亩数。

4）网络平台对接服务。

上传数据，实时监控车辆运行状态及位置，显示器采集车辆运行参数和位置信息，通过 GSM 模块将参数值实时地上传至服务器，网络平台就可以实时监测车辆的运行状态和位置。

5）盲区数据存储。

显示器中有自带的数据库，当连接服务器失败时显示器将保存车辆的数据，最多能保存30 天，当连接服务器正常后再将历史数据上传。

6）公告下发。

显示终端与服务器实时联网，服务器可以对显示终端下发公告、通知和服务信息等。

3. 农机装备智能运维服务平台

综合考虑农机装备集群运维服务需求动态、随机和多样化特点，通过配件管理与运维服务构件，实现配件及服务资源的透明化与规范化管理，实现对农机地理位置的实时查询、服务呼入位置即时显示、服务需求评估、服务调度、服务引导等功能。通过故障信息标准化上报、服务支持策略自动下发实现服务智能化、自动化；通过系统无缝集成、服务资源管理的标准化及服务远程调度，实现零距离、精准服务。整个平台的技术架构如图 11 – 15 所示，从下至上共包含以下层次：底层数据库层、数据交互层、公用组件层、服务支撑层和面向最终不同角色用户的业务层。

（1）底层数据库

最底层为数据库层，包括了配件服务系统、呼叫中心系统及 GPS 系统，并与企业内部的 PLM、ERP、MES、SRM 系统进行数据集成，按照各自的职责和权限相互之间交互信息，共同构筑农机装备集群实时作业服务与运维服务平台的数据库层。

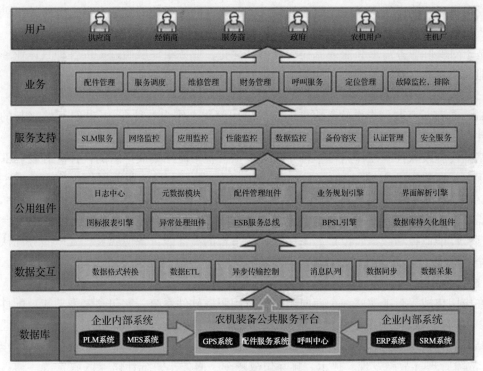

图 11-15 平台技术架构

（2）数据交换层

支持分布式的数据交换层，能克服网络环境下开发所带来的诸如互操作、数据交换以及相关的分布性、可靠性、安全性等复杂问题，它为企业级的分布式应用提供了一个通用的数据交换方式，使得应用软件开发与运行能够独立于特定的计算机硬件和操作系统平台。数据交换层提供了两种方式互联：

1）数据访问：为了建立数据应用资源互操作的模式，对异构环境下的数据库实现连接或文件系统实现连接，通过数据同步中间件完成。

2）远程过程调用：通过这种远程过程调用机制，程序员编写客户方的应用，需要时可以调用位于远端服务器上的过程，通过各种 API 完成。

（3）公用组件

公用组件层建立在底层数据库和数据交互层之上，整个应用集成平台通过共享公用组件层的各种基于标准规范和接口的组件，为上层的各种业务组件提供了全面的功能性支持和非功能性支持。例如，公共组件层中的数据库持久化组件，负责集成平台中所有的数据库和xml 文件的读写查询等操作，可适用于各种类型的商业数据库；BPEL 引擎则负责集成平台中所有的流程管理，包括流程的定义、流程的验证、流程的执行和异常捕获等；日志组件则记录了集成平台中的各种操作、异常等信息，为平台的维护提供客户以及即时的依据。

（4）业务组件

业务组件是一系列不可分割的业务活动，是构建企业应用系统的功能模块基本组成单元。按照业务组件构建软件系统功能模块有两大优势：一组件之间通过松散耦合方式进行链接，具备灵活、响应快、适用能力强的特点；二组件内各活动的凝聚力强，可对外提供效率高、质量好的服务。

基于对实际业务需求和业务流程的分析、优化，业务组件层通过提供各种具体业务相关的功能模块单元，解决各种协同问题，满足农机装备公共服务平台的要求。

（5）SaaS 服务支撑层

SaaS 是基于互联网提供软件服务的软件应用模式。作为一种在 21 世纪开始兴起的创新的软件应用模式，SaaS 是软件科技发展的最新趋势。在 SaaS 模式的支持下，企业统一部署网络基础设施及软件、硬件运作平台并负责维护，整个应用集成平台的设计、开发和部署实施过程中，便采用了 SaaS 这种最先进的软件应用模式，而 SaaS 服务层作为应用集成平台的服务支撑层，全面保障了 SaaS 模式下应用软件的高性能、高可靠性、高可扩展性和高安全性等需求。SaaS 服务层中的应用监控和 SLA 服务保障功能，是为了保障应用集成平台的高可靠性；性能监控和数据监控是为了保障集成平台的高性能；备份容灾、安全服务和认证管理则全面保证了集成平台的安全性。

（6）应用层

在应用集成平台上建立一个面向用户的应用服务软件系统，它包含若干功能：配件管理（采购、库存、销售）、服务管理（响应、调度）、维修管理（现场、旧件）、财务管理（索赔、结算）、呼叫服务（信息收集、发布）、定位管理（定位故障车、服务车，统计作业区域）、故障管理（故障发现、提示、排除位故障车、服务车，统计作业区域）等。通过系统及平台应用，实现对用户的亲情关怀，服务于国家三农发展。

在系统平台的功能设计上，实现了农机实时状态监测、集群作业监控和调度管理、故障诊断与维修维护指导、配件管理与运维服务管理功能。以业务监控技术为基础，为数据管理人员提供交互式的专业分析及配置、管控平台，后端基于多机负载平衡软件开发的作业调度与控制，采用后台进程自动运行模式，以及数据库技术、通信技术、负载调度技术为整个共享平台系统提供数据传输存储管理和运行支撑，同时对外综合采用关系型数据库、文件、WEBGIS 空间数据等发布技术进行可视化发布。

运维服务平台对接企业现有 ERP、MES、WMS、SCM/SRM 以及整车销售系统等信息化系统，实现产品信息、客户信息、人员信息、经销商/服务商信息、服务车信息、配件信息等基础信息的规范化管理。在此基础上，运维服务平台实现终端监控管理、需求上报管理、远程故障诊断、智能化决策与调度，以及故障远程快速准确诊断和服务精准调度。服务完成后，呼叫中心通过服务平台实现客户回访管理、服务评价管理、任务执行跟踪、服务记录管理和统计报表管理，从而实现运维服务全过程跟踪与可视化。

11.2 新能源汽车智能制造

大规模个性化定制，是继福特大规模生产、丰田精益生产模式后最具行业发展指导意义的新模式，引领着世界汽车工业的发展潮流，更是我国汽车工业在智能制造时代获取竞争优势的重要途径，是我国新能源汽车企业突破既有产销模式、实现用户需求驱动的跨越式发展的重要手段。

以"智能化、电动化、低碳化和轻量化"的整车发展目标为指引，以"模块化设计、智能化生产、协同化运作"为特征的新能源汽车大规模个性化定制的智能制造新模式，颠覆了"从工厂到用户"的传统生产思维，转为"以用户需求为驱动"的个性化生产，通过产品模块化设计和个性化组合，满足用户的个性化需求。因此，为实现我国新能源汽车产业在智能制造时代的突破发展，占据行业发展的价值高地，推动以大规模个性化定制为特征的新能源汽车智能制造是我国汽车工业在智能制造时代获取竞争优势的重要途径，更是汽车行业缩短产品开发周期、提高制造效率、缩减制造成本、实现新能源增效的必然选择，对推动我国新能源汽车企业突破既有产销模式、实现用户需求驱动的跨越式发展，具有非常重要的现实意义和长远价值。

11.2.1　新能源汽车大规模个性化定制支撑平台

目前，领先的汽车企业已经广泛地采用模块化的理念开发新产品，以提高研发效率，降低成本投入，平台/模块化开发正逐渐成为汽车行业的主流研发模式。汽车个性化需求管理与定制服务和汽车工业云平台是实现汽车大规模个性化定制的两个重要支撑平台。

1. 新能源汽车大规模个性化需求管理与定制服务平台

为实现新能源汽车大规模个性化定制，首先需要获取客户的个性化需求，并以此为基础，通过产品的个性化选配、模块化设计，满足客户的个性化定制需求。通过个性化需求管理与定制服务平台，实现新能源汽车个性化定制的总体流程，如图 11 - 16 所示。利用网上商城渠道，完成定制车线上业务的构思，并以 C2M（Customer to Manufacturing，顾客对工厂）模式为基础，打造新能源汽车个性化需求管理与定制服务平台，实现客户在线选购，即从配车到支付的全购买流程。为实现汽车从个性化订单到生产、交付的全流程可视化，平台要实现与汽车厂商的内部管理系统，如分销管理系统、BOM（Bill of Materials，物料清单）管理系统、企业资源计划系统等实现集成，实现 C2M 订单生产；还需要与客户关系管理系统打通，实现客户及订单数据汇总，优化销售及管理流程，并支持与客户的多渠道实时互动，满足客户个性化定制汽车线上选购、实体 4S 店提车的需求。

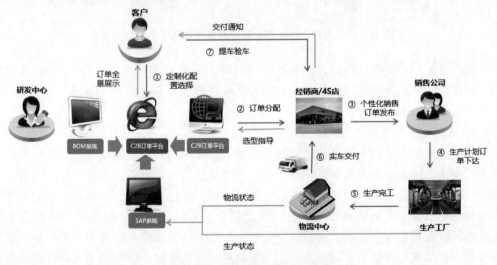

图 11 - 16　个性化定制整体思路

个性化需求管理与定制服务平台是连接客户、经销商和汽车厂商的三方互联平台，图11-17 所示为新能源汽车用户个性化需求管理与定制服务平台的系统构成，全面支撑个性化营销业务。平台通过五个系统进行搭建，即客户入口、电商服务系统、个性化需求管理系统、车型配置系统和智能服务系统，结合轻量化汽车网络云展厅和多层级网络服务台，运用智能互联技术、MR 和 VR 技术，为客户提供全方位的需求提取及整理、个性化车辆选配、一对一在线客服和全方位智能售后服务。客户通过电商平台配置爱车，再向经销商提交订单，经销商接收订单后，通知厂商进行排产。整个过程全程线上完成，平台对所有过程进行监控管理。电商平台提供官网、App 入口，打造了集客户访问、网店导航、车辆选配、订单沟通、订单下达、订单跟踪、车辆接收、在线客服等功能为一体的电商平台。

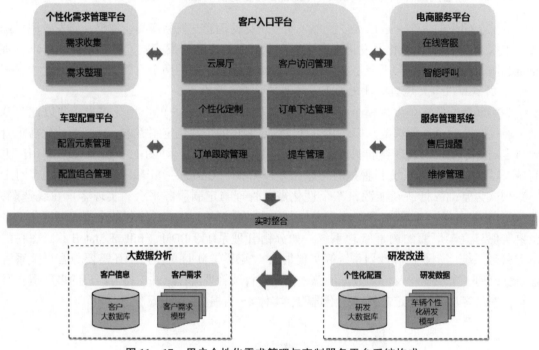

图 11-17　用户个性化需求管理与定制服务平台系统构成

定制服务平台可以将规模巨大但相互之间割裂、零散的购车需求整合在一起，以整体、规律、可操作的形式将需求提供给企业，能够大幅提高工厂的生产效率和资产、资金周转，大大减少了企业的库存压力。

2. 新能源汽车工业云平台

企业为实现新能源汽车的个性化定制，支撑个性化需求管理协同设计、分布式制造等智能制造新模式，建立新能源汽车工业云平台，围绕信息流及数据流，聚焦于核心的研发、高端基地的制造、终端的客户以及企业内部的高效协作，通过云计算、物联网、工业软件等技术，构建统一的分布式云计算技术平台，重点打造企业的研发云、制造云、协作云和客户云，工业云服务对象覆盖企业下属的研发基地、生产基地、销售公司及终端客户等，通过云平台实现内外部现有的信息资源整合，在汽车制造企业与合作伙伴间构建一种特色的服务生态系统，向用户提供资源和能力共享服务等，如图 11-18 所示。

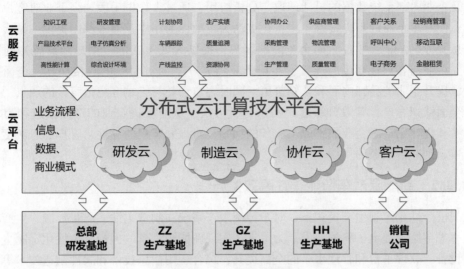

图 11 - 18　工业云架构

研发云基于 PDM 云共享平台建设，涉及汽车研究院、生产技术中心、质量中心、采购中心、各生产基地等相关部门，在整个产品创造过程中，数据需在各部门之间传递和使用。按传统系统架构，产品数据具有单体文件大，以及保密性、准确性等要求，仅局限在企业内部使用，其他部门使用时需要解密、审批等一系列流程，存在效率低、安全性不能保障等问题。通过研发 PDM 云共享平台建设，在各基地以及生技中心建立了分布式产品研发数据云平台，实现了产品数据共享及跨地域使用，大大提升了产品数据的使用效率和安全性，助力产品研发效率的提升。

制造云基于 DMES（企业数字化工厂）云共享平台建设，涉及企业下属多个生产基地，基于 DMES 云共享平台建设企业数字化制造工艺平台，企业各单位在该共享平台开展工艺管理和工艺设计，由于 DMES 系统是通过虚拟仿真平台（Tecnomatix）访问 PDM 系统数据进行仿真模拟，故 DMES 基于 PDM 云共享平台项目架构实现了云共享。在车辆生产制造过程中，DMES 云共享平台集成了工艺虚拟验证工具，以结构化、可视化的产品数据、工艺数据、工厂数据和资源数据，在计算机虚拟环境内，在整车全生命开发周期中进行制造评审、规划、虚拟仿真并输出指导生产的工艺文件，依此将原本繁杂的研发生产过程简化或重构，使得虚拟生产成为可能，从而减少物理样车数量，降低能耗，实现整车制造过程的改进和标准化，对于推进数字化制造和大批量定制化柔性生产意义重大。

协作云包括企业云盘及企业微信平台建设，通过建立企业云盘实现企业内部文档资源的归档、协同和共享等，保证公司数据安全可控；建立企业微信平台，打通 PC 端和移动端，作为业务系统扩展到移动端的统一移动门户入口平台，实现企业内部即时通信、视频会议、移动审批、AI 助手等丰富应用，实现办公高效协同。协作云平台建设不仅打通了同一公司部门与部门之间、科室与科室之间的沟通壁垒，有效促进业务往来和效率，更加强了各分、子公司之间的业务协作和信息共享，实现集约化的管理，将优秀的管理经验在各单位推广，推进企业整体的业务协作和流程服务标准化建设。

客户云基于智能网联云平台及用户 App 云平台建设，智能网联云平台采用阿里云 + 私有云的混合云架构，基于对客户、车辆、智能车机收集的车辆运行、故障代码、位置行程等数据以及企业内部系统数据的灵活调取与分析应用，通过大数据手段加强企业对客户及业务的管理，使汽车企业近距离接触车主，化被动为主动，为车主及业务部门提供一站式汽车智能化信息服务。App 云平台面向企业终端客户，提供无处不在的、用户随意感知的服务体验，建立企业与客户最直接的连接，实现企业和客户"面对面"的直接交互，全面提升客户体验，提升企业的品牌内涵和认知价值。同时客户云是与终端客户最直接的触点，可以帮助企业全面认识客户，有效升级客户需求分析方法，从而促进企业的产品改进和市场竞争力，改善和优化用户对企业品牌以及服务的认知，对提升客户的黏性、客户的忠诚度，促成客户销售起到非常积极的作用。

11.2.2 新能源汽车智能柔性高效生产线

大规模个性化定制生产模式下，对于传统生产系统在制造柔性、质量控制、生产成本和生产效率等多维度提出了新的要求。为了真正实现新能源汽车的大规模个性化定制生产，需要硬件设备、软件平台和管理水平的全面提升，综合运用信息技术和柔性制造技术等对生产线设备和规划管理平台进行升级，保证生产系统能够以大规模生产的成本和速度完成多品种、小批量产品的任意数量定制生产，本节从汽车制造四大工艺分别介绍智能柔性生产线。

1. 冲压生产线

冲压生产线的主要构成模块包括开卷落料线、高速冲压线以及多个物料和模具存放压，如图 11 – 19 所示。冲压生产线的工艺流程如下：上料→磁性分张→拆垛→双料检测→板料传输→板料清洗→板料涂油→双料检测板料对中→上料装置送料→（首台压力机冲压）→工序间送料→（压力机冲压）→（根据工序数量循环）→下料装置取料、送料→（末端压力机冲压）→线尾下料装置取料、放料→皮带机输送→人工检验→人工装箱→叉车入库。

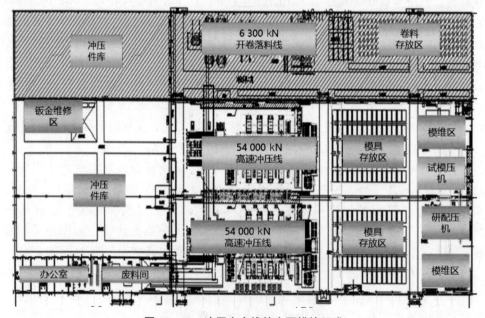

图 11 – 19 冲压生产线的主要模块组成

　　通过对现有冲压生产线的智能化改造，实现冲压车间对多品种车型的柔性化定制需求，具体包括冲压线双料检测优化和冲压线拆垛端拾器等技术的应用。

　　（1）冲压线双料检测优化

　　将双料检测安装在输送皮带上方，设置 3 个监测点，应对不同规格板料检测使用，无须人员拆卸更换，提高了现场工作效率，且保证了板料的检测精度，如图 11 - 20 所示。

图 11 - 20　双料检测新技术

　　（2）冲压线拆垛端拾器

　　拆垛端拾器设计为可编程控制形式，当生产不同规格的板料时，系统自动选定所需端拾器吸盘，实现自动控制，减少端拾器更换数量及人员劳动强度，提升工作效率，如图 11 - 21 所示。

图 11 - 21　拆垛端拾器设计新技术

2. 焊装生产线

焊装生产线主要完成汽车车身及其关键部件的焊装工作，汽车车身的轻量化水平直接影响整车的新能源效果。因此，针对新能源汽车车身的轻量化设计及大规模个性化定制的实际需求，在智能制造柔性生产线建设过程中，需要着重在以下方面进行技术研发与系统升级。按照世界先进工厂工艺进行规划，焊装生产线包含机舱线地板、侧围、主线和门盖线等，总拼采用 Open Gate 技术，可实现四平台、六车型柔性化共线，如图 11－22 所示。

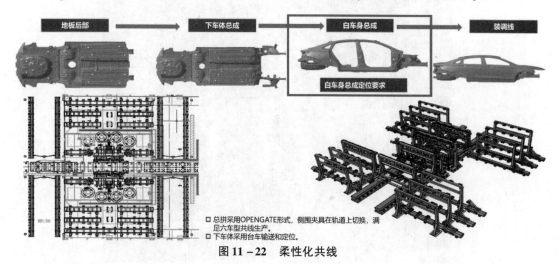

图 11－22　柔性化共线

对于焊装生产线，其主要有以下特点：

（1）机器人

目前拥有 KUKA 机器人两百余台，更大程度地保证焊接的一致性及质量，确保车身更安全。焊装生产线还配备机器人自动涂胶、弧焊、自动检测设备，保证车身的密封及焊接品质。焊装生产线为全自动化数字工厂，实时将车身质量数据通过网络传输到控制台，对车身质量进行实时监控，如图 11－23 所示。

图 11－23　机器人本体及外围设备

（2）自动涂胶系统

自动涂胶系统配备视觉检测系统、折边胶螺旋涂胶系统，同时采用 BPR（Body Panel Reinforcement）涂胶方式，可以实现自动精准涂胶。其中，机器人涂胶设备配置视觉检测系统，实时检测涂胶质量。当涂胶过程中出现质量缺陷时，系统将报警停机。另外，车身门盖折边胶采用螺旋涂胶的方式，增加涂胶面积，折边区填充效果好，提高了车身的防锈性能及减震隔声效果。此外，侧围、车门、顶盖等外板零件采用机器人喷涂 BPR 胶的工艺方法可加强结构强度、改善作业环境、降低成本，如图 11 – 24 所示。

图 11 – 24　自动涂胶系统

（3）焊接质量管理网络系统

建立焊接质量管理网络系统，将自动化生产线中的焊接设备联网，实时监控生产线焊接设备和焊接质量，如图 11 – 25 所示。

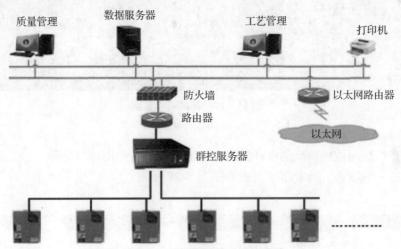

图 11 – 25　焊接质量管理网络系统

焊接质量管理网络系统可以实时监控生产线的焊接质量，焊接不良时，系统报警，依据报警信息和分析数据，及时在线优化焊接参数，解决设备故障，并按设备号查询当前或历史焊接质量信息。最后，可以汇总和统计历史信息，绘制每台设备的焊接质量分析图。

（4）在线测量系统

与在线激光测量设备 ACS 配合，通过精度传感器，对通过的每台车身的 90% 进行在线实时监测，与理论数据作对比，判断车身安装点是否发生偏移，并把数据传输到控制中心，对车身偏移原因进行分析，防止不合格车身流出，影响下道工序生产，对整车安全及性能造成影响，如图 11 – 26 所示。

（5）视觉引导系统

采用较先进的视觉拍照引导系统，对机器人抓取零部件进行精度监控，防止由于抓件定位不准，造成零部件磕伤及车身精度发生偏移，影响整车的生产及性能安全，如图 11 – 27 所示。

在线激光测量

图 11 – 26　在线测量系统

图 11 – 27　视觉引导系统

3. 涂装生产线

　　涂装生产线使用国内一流的设计公司，关键配套设备采用进口设备，与先进合资工厂持平，达到国内一流水准。涂装工艺流程如图 11 – 28 所示。

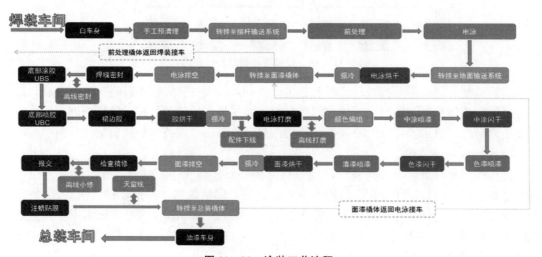

图 11 – 28　涂装工艺流程

对于涂装生产线，其主要有以下特点：

（1）机器人使用

涂装生产线均采用机器人自动喷涂底胶，同时增加色漆、清漆内板机器人的使用，提高生产效率，为企业获得更多利润。

（2）输调漆采用智能电动系统

实现供漆系统与机器人真正意义上的互锁，实现运行及休眠模式，降低运行能耗，减少对涂料的破坏，延长设备的使用寿命。

（3）防腐

电泳涂料选取行业内技术水平领先的高泳透力电泳漆，在外板膜厚相同的情况下，提高内腔膜厚，从而提升车身防腐性能，满足 9 年防腐性能要求，处于业内领先水平。

4. 总装生产线

总装生产线采用世界先进的 SPS 配货方式，SPS 是按每车装配量配送货物的方式，精准配送，并具备防错功能。总装设备广泛地采用摩擦技术、EMS 技术，以方便设备的保养维护，降低噪声；采用摩擦滑板 + 升降台的结构形式，作业高度可随工位调整，符合人机工程，减轻作业者额外的劳动强度。

对于总装生产线，其主要有以下特点：

（1）自动化输送线

输送系统广泛地采用摩擦技术，降低噪声，摩擦驱动，具有设备结构紧凑、便于维护、减少噪声、提高工人作业环境舒适度等优点。总装生产线的主要输送线、PBS 滚床、内饰线滑板线、底盘线、最终线、门线等均广泛运用摩擦驱动。

输送线设置 CCR 控制室，各线体采用 PLC 控制，PLC 上层采用光纤与 CCR 进行通信，实现上位系统对本系统的监控；PLC 下层的驱动设备采用 PROFINET 现场总线将所有变频器及总线站点组建成一个总线网络，实现现场输入信号的采集与处理。CCR 控制室可控制输送线的自动运行；CCR 控制室内设监控计算机，实现对生产线生产状况、设备运行状态、工艺参数及设备报警等数据的监视和控制，还可以提供故障历史记录及事后分析，并形成各种形式报表，以满足生产及维修的需要，如图 11 - 29 所示。

旋转滚床　　　　　滑板行走轨道　　　　　滑板驱动单元

底盘线主驱动　　底盘线驱动
车门线主驱动　　车门线驱动

图 11 - 29　输送线各单元模块

（2）AGV 牵引车

总装生产线规划 SPS 配货工位众多，包括内饰二线、终装线、车门线、仪表线，AGV

牵引车能够实现 SPS 集配区到线边工位自动完成 KIT（成套单辆份供给）料车运送、自动启停、上下料车、空料车返回等一系列循环作业。SPS 配送货物的方式，特点为精准，并具备防错功能，实施后可以有效地防止零部件的漏装错装现象，保证产品质量。AGV 应用示例如图 11-30 所示。

KIT 供给即为成套单辆份供给，在既定的集配场所按生产计划和工位区分，把一个或几个工位需要的单辆份零件集配到一个供给器具上，然后通过车辆或 AVG 供给到线边。图 11-31 所示为 KIT 供给实现示意图。

图 11-30　AGV 牵引车

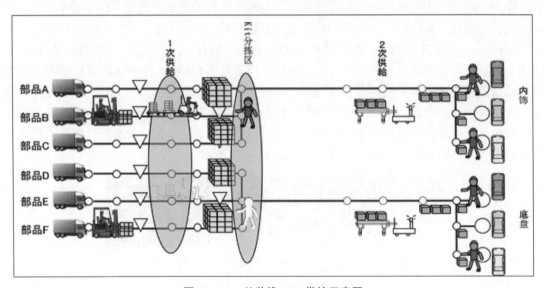

图 11-31　总装线 KIT 供给示意图

（3）扭矩管理系统

总装生产线共设 32 个数据采集站点，采用扭矩管理系统保证产品质量，关键工序拧紧点实现作业指导、数据采集、追溯和防错。以往的项目中，关键的力矩点通常采用拧紧机进行力矩保证，但各力矩点没有建成系统，互不关联，无法实现拧紧过程分析管理、拧紧数据分析管理。系统建成后，可实现针对螺栓拧紧数据进行系统的分析、处理与输出，主要包括单台统计、系统统计、单点统计、标定统计等功能。

（5）RFID 及电子工艺卡

应用 RFID 及电子工艺卡可以实现车身精准定位、车种识别、数据追溯和现场指导，每条线的线头、线尾布置读写头，建立精准的车型序列，车辆进站后，系统自动调出车辆信息和生产工艺文件进行展示。系统建成后，不同的车型显示屏上工艺卡自动调整，便于作业指导，建立精准的车体流动信息图，为其他设备和系统提供支持，并为未来扩展打下基础。

11.2.4　新能源汽车数字化制造工程系统

数字化数据管理、数字化工艺规划、数字化工艺管理和数字化虚拟制造是智能制造的核心驱动力，借助汽车数字化制造工程系统实现三维车间、立体生产线、产品仿真、工艺仿真、离线编程、虚拟调试、虚拟生产等技术的应用，打通研发、工艺、制造三大业务领域的数据传递。以国内某汽车集团为例，在推进新能源汽车大规模个性化定制的智能制造新模式过程中，建立了数字化制造工程系统（Digital Manufacturing Engineering System，DMES），以实现设计、工艺与生产的数字化、一体化。图 11-32 所示为该企业汽车数字化工厂的整体框架。

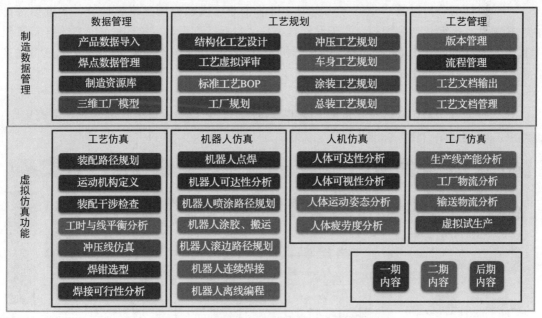

图 11-32　某汽车企业数字化工厂的整体框架

1. 数据管理

基于数字化制造工程系统（以下简称"DMES"），实现科学的产品数据开发和管理，以及合理的产品开发流程，具体可实现统一结构的虚拟样车、统一的设计成熟度规范、合理的发布控制和管理，可以帮助工艺设计部门确定阶段性设计要求，打通部门间的协同工作，并有效建立完善的反馈机制，形成科学的评审指标。如工艺部门需要实时获取设计部门最新状态的产品数据，以针对产品变更情况及时调整工艺。开发制造数据管理过程如图 11-33 所示。

图 11-33　数字化工厂开发制造数据管理过程

产品设计与分析以数字化的方式实现，目前企业已成熟应用三维设计软件，遵循标准化、模块化、平台化产品规划，实现设计数字化，包括造型设计、结构设计、CAE（计算机辅助工程，Computer Aided Engineering）分析、尺寸公差仿真分析等业务，并通过 PDM（产品数据管理，Product Data Management）系统与下游工艺部门实现业务协同。

2. 工艺规划

工艺规划基于 DMES 系统，以数字化手段满足工艺和设备验证、产品优化、资源重用、最优工厂规划及平台化、标准化等工艺需求。工艺规划过程如图 11-34 所示。

图 11-34　数字化工厂工艺规划过程

DMES 系统以树形结构体现工艺设计过程及结果，系统中定义工厂工艺（MEPrPlantProcess）、线体工艺（MEPrLineProcess）、工位工艺（MEPrStatnProcess）、工艺操作（MEOP）等工艺数据类型，定义工厂区域（MEPrPlant）、线体区域（MEPrLine）、工位区域（MEPrStation）等工厂数据类型，以及资源（MEResource）数据类型。通过 3PR（产品、工艺、工厂、资源）单一数据源，以工艺结构树为主干，将 3PR 各要素间相互关联和引用，各工艺节点下关联了相应的产品、工装及工具，通过提取工艺结构树信息，依照工艺文档模板输出工艺卡、控制计划、PFMEA 等工艺交付物，提高文档编制效率；各文档基于同一数据源，内部信息有效互联，以提高文档编制的准确性。

3. 工艺管理

DMES 系统的建设将大大提升企业的工艺管理能力，通过工艺早期规划，适时调整更新；基于制造工艺信息及时获取和共享工艺路线、工装设备清单、工艺文件等工艺交付物，形成作业标准化和知识积累，如工厂标准、送料标准、工艺标准、设备标准等；同时结合生产布局验证、人机仿真等功能模块，可进行早期的生产能力分析、模拟验证分析、优化分析、人机工程分析、生产次序分析等，如通过系统管理作业工时库，对工艺编程进行快速线平衡分析，并利用工艺仿真软件对生产节拍进行动态验证。通过对工艺的有效管理，从而缩短工艺开发周期，降低验证成本，提升制造效率。图 11-35 所示为工艺管理过程。

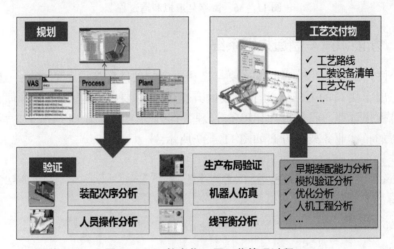

图 11-35　数字化工厂工艺管理过程

4. 数字化虚拟制造

在实物制造前，通过数字化模型，在计算机虚拟环境下模拟制造过程，验证工艺可行性，并进行设备调试，降低后期实物变更成本，缩短项目开发周期。通过 DMES 系统的建设，以及与研发云的数据交互和有效打通，不仅可以实现在产品开发时考虑生产制造时的需要，提升产品生产品质，降低工程成本，缩短产品开发周期，而且可以实现通过虚拟制造仿真，尽早发现并解决工程设计问题，保证整车开发进度，提高整车开发质量。实现产品开发数据贯通整个生产制造过程，以及生产制造环节前至产品开发过程中，再结合客户云提供的市场用户信息，可有效提升企业数字化制造水平和能力。数字化虚拟制造过程如图 11-36 所示。

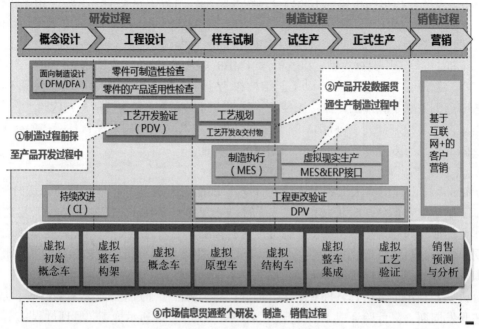

图 11-36　数字化虚拟制造过程

11.2.5　新能源汽车制造执行系统

大规模个性化定制生产模式不仅需要与之相适应的硬件生产设备的支持，还对生产系统的管理水平提出了更高的要求，为了有效提升整体（主要包括基础数据管理、订单管理、生产管理、目视化管理、质量管理、PMC 管理数据分析与报表管理）水平，智能制造执行系统（MES）的整体业务架构方案如图 11-37 所示。

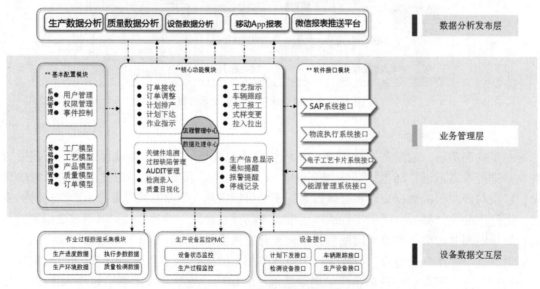

图 11-37　MES 整体业务架构方案

1. PMC 管理

生产过程状态数据是生产系统管理决策的重要依据，是实现智能柔性高效生产的基础，在 MES 系统中 PMC 管理模块主要进行设备状态数据的自动获取，从而实现生产状态的实时动态反馈。PMC 模块整体功能结构如图 11 – 38 所示，通过自动监控生产线生产设备、产线工作状态和通信状态，实现设备状态监控功能；通过集成机运线和自动扫描枪进行车辆队列监控，实现车辆信息实时查询；通过对生产状态和设备状态的异常实时监控与报警，满足生产现场报警信息显示的需求。

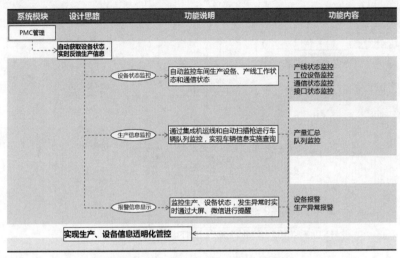

图 11 – 38　PMC 模块整体功能结构

2. 基础数据管理

基础数据管理主要满足系统内部数据的自动同步和交互，减少人工维护带来的工作量。基础数据管理主要包括对整车基础数据、订单基础数据、质量基础数据、工艺基础数据和 ANDON 基础数据等关键基础数据进行自动化同步和标准化管理，从而为后续的业务功能提供优质可靠的数据支持，其功能结构如图 11 – 39 所示。

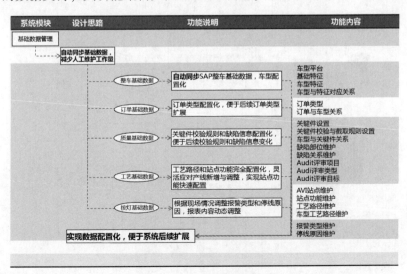

图 11 – 39　基础数据管理

3. 订单管理

在大规模个性化定制生产模式下，一个很重要的特征就是客户个性化定制的生产订单，因此在 MES 系统中针对个性化需求订单开发了订单管理模块。如图 11–40 所示，首先在订单接收阶段实现多类型车辆的分类管控，与 ERP 系统联通满足订单的自动导入和手动创建需求。利用多种排产策略和排产优化模型，对周计划、日计划等多维度生产计划进行优化调整，实现精准集中排序和柔性化智能排产。针对生产过程中紧急插单等应急需求，提供订单调整功能，支持系统多样化管控，解决紧急故障，提升排产计划的可靠性，实现精准计划生产。

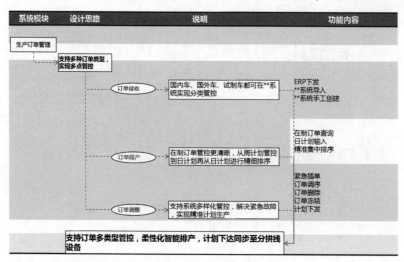

图 11–40　订单管理

4. 生产管理

在生产作业层级上，MES 系统拥有生产管理模块，用于实现对车辆制造过程中的生产控制和自动化跟踪管理。生产管理模块为现场生产提供精准的作业指示，例如生产单、作业统计表等，保障生产现场安全、准确、快速进行。同时通过条码和 RFID 对在制车辆进行自动跟踪，如图 11–41 所示，实现生产过程追溯，保证生产控制准确、高效进行。

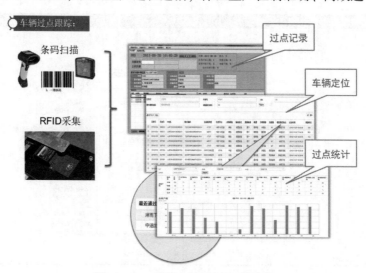

图 11–41　在制车辆进行自动跟踪

5. 质量管理

质量管理模块目的是通过及时发现问题、及时修复问题并有效杜绝问题保证生产的高效进行，并通过线上、线下同时录入绑定校验规则，实现对关键件的分类管理，支持关键件追溯，如图 11－42 所示。针对车辆生产过程中的关键工艺质量信息，利用 PAD 进行测量数据动态录入，支持过程质量问题任务协同。综合运用关键件校验规则和缺陷信息化，对产品进行评审和分析，保证产品的质量水平。

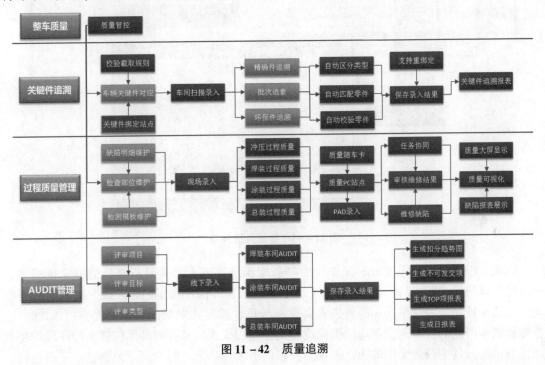

图 11－42　质量追溯

6. 数据分析

数据分析模块以采集的生产运行数据为基础，通过系统化的统计和分析手段为企业管理决策提供决策支持。基于 MES 系统采集的生产、质量、设备、接口等模块的信息，结合业务过程中的决策需求，针对不同决策场景进行统计分析，形成多类型数据报表，从多维度为生产决策提供数据依据，实现数据互通共享，如图 11－43 所示。

11.2.6　新能源汽车智能运维服务

根据市场预测，到 2030 年国内新能源汽车的产销量将达到近 1 700 万辆，其中纯电动汽车产销量将占据 90%，插电式混合动力汽车为 10%。国内新能源汽车产业迅猛发展必然源自政策、技术与市场三种驱动力量的综合作用效应，其中导向资源与环境保护的政策约束、激励机制起着重要的方向引导作用。然而，在近年来有关新能源汽车补贴政策整体退坡的情境下，技术与市场的价值驱动则成为激发新能源汽车产业活力的根本动因。首先，在电池与充电技术、整合式充电解决方案、换电模式以及移动充电领域持续实现的各种颠覆性创新，正迅速降低用户对续航里程、充电便利性等消费瓶颈因素的敏感度；其次，通过将各类基于互联网、云计算、大数据分析、人工智能等新技术的用户出行解决方案嵌入、融合至新能源汽车智造系统，已能够对用户的个性化出行需求予以敏捷性响应。

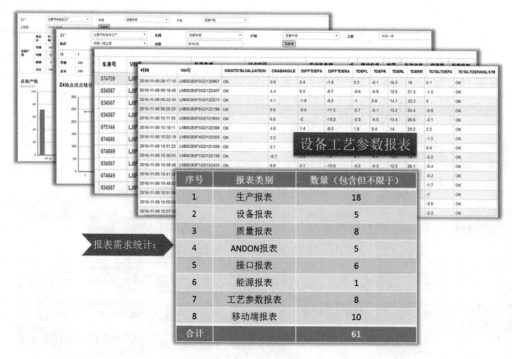

图 11-43　数据互通共享

因此，根据德勤公司发布的报告《中国新能源汽车五大趋势分析与价值链定位模式和战略思考框架解读》，新能源汽车已处于由"政策拉动"向"市场引领发展"过渡的关键时期，这意味着新能源汽车产业即将进入高度市场化、差异化发展的 2.0 时代。在 2.0 时代，新能源汽车产业的价值链、制造组织模式、业务流程模式以及固有的供应链支持环境均将被颠覆与重构，其中最为突出的变化表现为：以前由工程师定义的产品系统制造，正迅速转向由终端用户定义的、以技术和产品为载体的服务系统构建。

1. 基于数字化赋能新能源汽车产品及服务系统

新能源汽车的运维服务系统构建有赖于网络化价值链系统予以资源方面的支持与协同。相应地，网络化价值链系统客观要求网状供应链与之对应，而网状供应链中的业务协同特征、核心创新主体位置特征、主体间的合作广度与深度等因素呈现动态演化特征。新能源汽车产业的网状供应链系统特征及其演化主要由以下三类因素导致：

1）供应链因素：相比传统化石能源燃料汽车的供应链环境，新能源汽车的供应链支持要素分布零散、技术及市场支持不稳定，因而联盟化的产业组织不易形成，取而代之的是基于主体利益协同、资源柔性整合、跨供应链的网络平台组织。

2）用户因素：充电便捷性因素导致用户对经济或政策激励的灵敏度相对较低，同时以各类新能源汽车消费场景体验为依据的用户参与，成为新能源汽车产业价值体系构造的关键。

3）信息因素：电池使用动态监管、充电桩分布信息、电池寿命管理、电池更换以及汽车全生命周期内的各类安全数据监管等，均要求汽车制造企业与用户之间构建实时、高效的信息沟通机制，这要求新能源汽车的通信系统既具有中心控制特征，即车辆使用的任何问题状态能够实时地获得中心云的服务支持，同时还具有边缘控制特征（环境开放性），即车辆作为一个移动网络节点能够随时向环境接受或发布信息。

　　上述三类因素的综合效应客观上要求新能源汽车创新系统必须具有非连续复杂适应的敏捷性工程特征，而基于网联化、数据传感、数据分析、AI 决策的数字化技术体系恰恰能够"天然"地赋能这一特征需要，如云计算系统对电池损耗的信息监管，区块链技术对电池使用、驾驶行为、车辆运维的分布式数据记录，5G 技术用于地图和充电桩的精准导航，等等，如图 11-44 所示。同时，每一类数字化赋能都对应着特定的新能源汽车使用场景，不同场景之间的关联、嵌套效应实质上是新能源汽车产业各参与主体（用户、研发、制造、网络通信、汽车金融等）在业务对接、资源协同、权益分配等方面呈现的网络化价值分布。2013 年，该新能源汽车企业北京汽车新能源在全国有两万多台纯电动汽车，这些车的相关数据每 10 s 会上传一次，每台车每天至少传送 300 多条实时数据，系统监测的数据种类有280 多种，客户可通过企业新能源的远程 App 查询到 30 个数据。使用这些数据，2014 年正式推出了"智惠管家"服务体系，将"等客上门"的被动式服务转变为主动服务，从"驻点服务"转向"网络服务"，从"保姆式"服务转向"管家式"服务，力求实现如图 11-45 所示的服务愿景。因此，在数字化技术体系的驱动下，基于网络化场景价值驱动的"制造 + 服务"转型，正快速而深刻地改变着传统新能源汽车产业的组织形态。

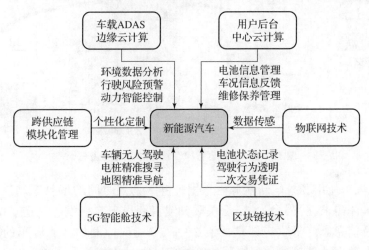

图 11-44　基于数字化赋能新能源汽车产品及服务系统

2. 基于网络化场景价值驱动的新能源汽车服务形式

　　新能源汽车产业的服务转型本质上是一场深刻的产业组织变革。一方面，变革的驱动力来自数字化技术体系的全方位渗透。例如，附着在 ADAS 系统上的人工智能决策模块可以通过边缘计算辅助用户进行行驶决策。另一方面，对于座舱或行驶参数、用户驾驶习惯、充电或换电等信息，可以通过移动网络系统传递给用户服务后台的中心云计算系统，用以为汽车用户提供实时性出行服务。事实上，整个车辆运维模式改变的实质体现了在网络通信、数据分析以及人工智能等数字化技术的介入下，传统汽车产业的营销模式已经由基于用户细分的产品营销模式，转变为基于用户新能源汽车使用场景、新能源汽车供应链端场景细分的服务营销模式。

　　图 11-46 呈现了基于新能源汽车使用场景、新能源汽车供应链端场景细分的两类场景交互效应。

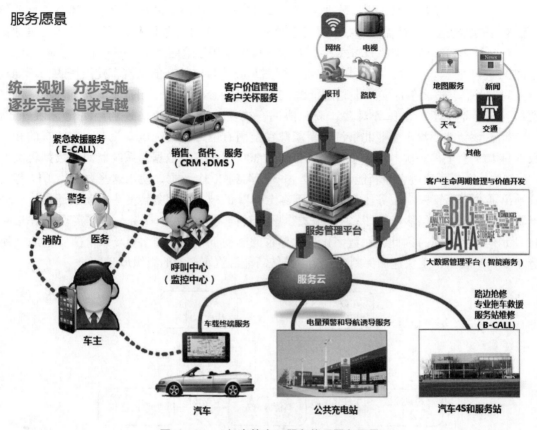

图 11-45 "智惠管家"服务体系服务愿景

1）新能源汽车使用场景与新能源汽车供应链端场景之间的场景联动效应，即用户车辆使用的某个具体需求（场景）一定会关联到或者获得来自研发、制造、配件/元器件供应、用户数据及信息服务等供应链端的制造—服务响应。例如新能源车的人车交互场景必然对应着后台数据处理、移动网络服务等供应链端的支持场景。在数字化技术环境下，新能源汽车的创新运维模式是由用户的车辆使用场景与供应链端支持场景两类价值需求共同驱动的。

2）新能源汽车使用场景之间、新能源汽车供应链端场景之间的场景嵌套效应。例如，在新能源汽车使用场景体系中，由车载传感器收集的用户驾驶习惯、电池监控、汽车维修保养等场景数据，可以利用区块链技术为二手车交易（场景）提供无法篡改的分布式凭证。用户的驾驶习惯、电池监控、汽车维修保养等场景需求与二手车交易场景需求之间形成了场景嵌套效应。而在新能源汽车供应链场景体系中，网络通信、数据处理、信息服务等供应链端也存在复杂的场景嵌套（叠加）效应，如在业务衔接、技术集成、资源整合等方面形成敏捷协同机制。

综上所述，以传感器、大数据分析、人工智能、区块链、移动网络为主要成分的数字化技术体系颠覆性地改变了传统汽车产业模式。

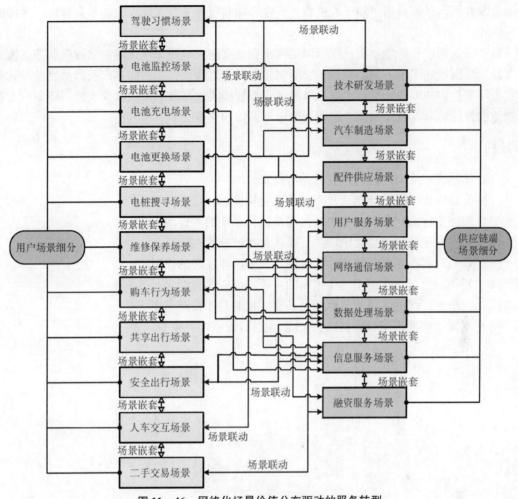

图 11-46　网络化场景价值分布驱动的服务转型

　　通过数据传感、数据分析、人工智能、区块链等数字科技的应用，重构了新能源汽车的网络化价值分布结构。在整个新能源汽车创新体系中，各类场景价值驱动、各类场景联动以及场景嵌套（叠加）效应作为一种激励要素，无疑成为推动新能源汽车运维服务的根本动力。

11.3　小结与习题

　　本章以《中国制造 2025》确定的十大重点领域中的农机装备和节能与新能源汽车两大领域的智能制造为背景，详细介绍了农机装备智能制造和新能源汽车大规模个性化定制的智能制造新模式。

　　针对农机装备智能制造，具体阐述了农机装备产品智能化的关键技术，包括拖拉机动力换挡技术、无级变速传动技术、负载传感电液提升技术、智能操控技术，以及农机装备的远程监控技术等。进一步结合某农机制造企业的智能制造装配线，概述了该装配线的关键设备及先进工艺，以及支撑农机装备企业实现智能制造的制造执行系统的主要功能。在农机装备智能运维方面，详细介绍了基于农机装备智能终端和服务平台实现农机装备集群协同运维的服务模式。

针对新能源汽车智能制造，本章以某汽车企业实施大规模个性化定制的智能制造新模式为背景，详细阐述了推进新能源汽车智能制造的具体过程，包括面向客户及产品研发设计等多业务环节构建的工业云平台、建设新能源汽车智能柔性高效生产线以及支撑新能源汽车智能制造的智能仿真与管控系统、智能运维服务系统构建等。

【习题】

（1）简述农机装备产品智能化的关键技术。

（2）简述农机装备智能制造装配线的主要构成。

（3）简述支撑农机装备智能制造的制造执行系统的主要功能。

（4）简述农机装备智能运维的主要模式及关键技术/系统。

（5）如何理解汽车大规模个性化定制对汽车产业发展的作用？

（6）新能源汽车大规模个性化定制的主要特征有哪些？

（7）汽车生产线的主要工艺单元及其智能化的具体特点有哪些？

（8）支撑新能源汽车智能制造的关键工业软件/系统有哪些？

参 考 文 献

[1] 周济，李培根. 智能制造导论 [M]. 北京：高等教育出版社，2021.

[2] 李培根，高亮. 智能制造概论 [M]. 北京：清华大学出版社，2021.

[3] 维纳. 控制论 [M]. 洪帆，译. 北京：北京大学出版社，2020.

[4] 孙东川，孙凯，钟拥军. 系统工程引论（第4版）[M]. 北京：清华大学出版社，2019.

[5] 王立平，张根保，张开富，等. 智能制造装备及系统 [M]. 北京：清华大学出版社，2020.

[6] 江志斌，林文进，王康周，等. 未来制造新模式：理论、模式及实践 [M]. 北京：清华大学出版社，2020.

[7] 乔立红，郑联语. 计算机辅助设计与制造 [M]. 北京：机械工业出版社，2014.

[8] 邓朝晖，等. 智能制造技术基础 [M]. 武汉：华中科技大学出版社，2021.

[9] Mikell P. Groover. 自动化、生产系统与计算机集成制造（第4版）[M]. 北京：清华大学出版社. 2016.

[10] 苏春. 制造系统建模与仿真 [M]. 北京：机械工业出版社，2021.

[11] 王隆太，吉卫喜. 制造系统工程 [M]. 北京：机械工业出版社. 2009.

[12] 梁桥康，王群，王耀南，等. 数控技术导论（第五版）[M]. 北京：清华大学出版社，2016

[13] 陈蔚芳，王宏涛. 机床数控技术及应用（第三版）[M]. 北京：科学出版社，2016.

[14] 王西彬，焦黎，周天丰. 精密制造工学基础 [M]. 北京：北京理工大学出版社，2018.

[15] 刘蔡保. 数控编程从入门到精通 [M]. 北京：化学工业出版社，2018.

[16] 郭洪红. 工业机器人技术 [M]. 西安：西安电子科技大学出版社，2012.

[17] 谭民，徐德，侯增广. 先进机器人控制 [M]. 北京：高等教育出版社，2007.

[18] 龚仲华，夏怡. 工业机器人技术 [M]. 北京：人民邮电出版社，2017.

[19] 萨哈. 机器人学导论 [M]. 付宜利，张松源，译. 哈尔滨：哈尔滨工业大学出版社，2017.

[20] 陈万米. 机器人控制技术 [M]. 北京：机械工业出版社，2017.

[21] 臧冀原，王柏村，孟柳，智能制造的三个基本范式：从数字化制造、"互联网＋"制造到新一代智能制造 [J]. 中国工程科学，2018（4）：13－18.

[22] 吕文晶，陈劲，刘进. 工业互联网的智能制造模式与企业平台建设——基于海尔集团

的案例研究 [J]. 中国软科学. 2019 (7): 1-13.

[23] 李葆文, 徐保强. 全面规范化生产维护从理念到实践 (第3版) [M]. 北京: 冶金工业出版社, 2005.

[24] 张映红, 韦林, 莫翔明. 设备管理与预防维修 [M]. 北京: 北京理工大学出版社, 2015.

[25] 陶飞, 刘蔚然, 刘检华, 等. 数字孪生及其应用探索 [J]. 计算机集成制造系统, 2018 (24): 1-18.

[26] 中国信通院, 工业互联网产业联盟. 工业数字孪生白皮书 [R]. 2021.

[27] 陈根. 数字孪生 –5G 时代的重要应用场景 [M]. 北京: 电子工业出版社, 2020.

[28] 中华人民共和国工业和信息化部. 制造业质量管理数字化实施指南 (试行) [Z]. 2022.

[29] 李培根. 工业软件支撑数字孪生 [EB/OL]. https://www.cinn.cn/gyrj/202106/t20210609_243072_wap.html. 2021-06-07.

[30] 谭建荣. 数字车间与数字孪生: 关键技术与发展趋势 [EB/OL]. https://baijiahao.baidu.com/s?id=1717044729086997271&wfr=spider&for=pc. 2021-10-21.

[31] 贾良跃, 郝佳, 商曦文, 等. 基于长短期记忆网络的桁架车身结构轻量化设计优化 [J/OL]. 计算机集成制造系统, 2023: 1-20.

[32] 张种平, 刘廉如. 工业互联网导论 [M]. 北京: 科学出版社, 2021.

[33] 刘怀兰, 惠恩明. 工业大数据导论 [M]. 北京: 机械工业出版社, 2019.

[34] 张晨, 蒋若宁, 何冰. 工业大数据分析在流程制造行业的应用 [M]. 北京: 电子工业出版社, 2020.

[35] 李贤荣, 向阳. 工业大数据实践工业4.0时代大数据分析技术与实践案例 [M]. 北京: 电子工业出版社, 2017.

[36] 中国电子技术标准化研究院, 全国信息技术标准化技术委员会大数据标准工作组. 工业大数据白皮书 (2019版) [R], 2019.

[37] 工业互联网产业联盟. 工业大数据技术架构白皮书 [R]. 1.0版. 2018.

[38] 黄永昌. Scikit-learn 机器学习常用算法原理及编程实战 [M]. 北京: 机械工业出版社, 2018.

[39] 肖莱. Python 深度学习 [M]. 张亮, 译. 北京: 人民邮电出版社, 2018.

[40] 米勒, 吉多. Python 机器学习基础教程 [M]. 张亮, 译. 北京: 人民邮电出版社, 2018.

[41] 高亮, 张国辉, 王晓娟. 柔性作业车间调度智能算法及其应用 [M]. 武汉: 华中科技大学出版社, 2012 (10).

[42] 张超勇, 等. 作业车间调度理论与算法 [M]. 武汉: 华中科技大学出版社, 2014.

[43] 雷亚国, 许学方, 蔡潇, 等. 面向机械装备健康监测的数据质量保障方法研究 [J]. 机械工程学报. 2021, 57 (4): 1-9.

[44] 陈雪峰, 訾艳阳. 智能运维与健康管理 [M]. 北京: 机械工业出版社. 2018.

[45] 张玲玲, 肖静. 基于 MATLAB 的机械故障诊断技术案例教程 [M]. 北京: 高等教育出版社, 2016.

［46］ 王艺玮，邓蕾，郑联语，等．基于多通道融合及贝叶斯理论的刀具剩余寿命预测方法 ［J］．机械工程学报．2021，13（57）：214－224．

［47］ 高亮，李玉良，等．优化设计 ［M］．北京：清华大学出版社，2023．

［48］ 朱平．先进设，理论与方法 ［M］．北京：机械工业出版社，2023．

［49］ 李元科．工程最优化设计 ［M］．北京：清华大学出版社，2019．

［50］ 范大鹏．制造过程的智能传感器技术 ［M］．武汉：华中科技大学出版社，2021．

［51］ 胡耀光．生产计划与控制 ［M］．北京：机械工业出版社，2023．

［52］ Arturo Molina，Pedro Ponce，Jhonattan Miranda，Daniel Cortés．Enabling Systems for Intelligent Manufacturing in Industry 4. 0——Sensing，Smart and Sustainable Systems for the Design of S3 Products，Processes，Manufacturing Systems，and Enterprises ［M］．Springer，2021．

［53］ R. K. Amit，Kulwant S. Pawar，R. P. Sundarraj，Svetan Ratchev．Advances in Digital Manufacturing Systems－Technologies，Business Models，and Adoption．ISBN 978－981－19－7070－2 ISBN 978－981－19－7071－9（eBook）https：//doi. org/10. 1007/978－981－19－7071－9

［54］ Monica Bellgran，Kristina Sfsten．Production development－design and operation of production systems ［M］．London：Springer，2010．

［55］ Grieves M. Digital Twin：Manufacturing Excellence through Virtual Factory Replication ［J］．Digital Twin White Paper，2015：1－7．

［56］ ISO 23247－1：2021．Automation systems and integration－Digital twin framework for manufacturing－Part 1：Overview and general principles ［S］．

［57］ Tao F，Zhang H，Liu A，et al. Digital twin in industry：State－of－the－art ［J］．IEEE Transactions on Industrial Informatics，2018，15（4）：2405－241．

［58］ Keller，James M，Derong Liu，and David B Fogel．Fundamentals of Computational Intelligence ［M］．1st ed. Wiley，2016．

［59］ Yiwei Wang，Lei Deng，Lianyu Zheng，Robert Gao．Temporal convolutional network with soft thresholding and attention mechanism for machinery prognostics．Journal of Manufacturing Systems ［J］．2021，60：512－526．

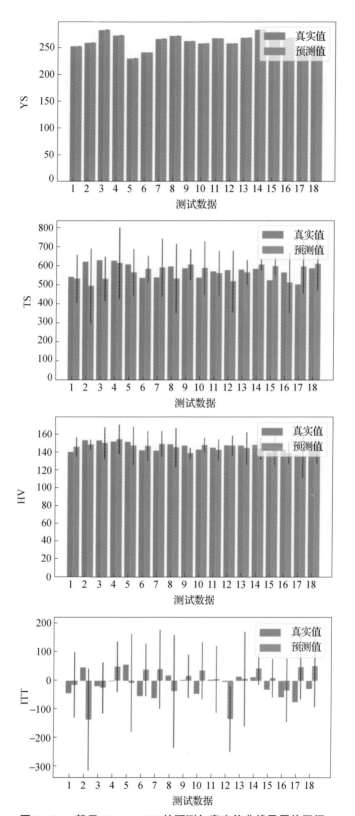

图 3 – 36　基于 Single – GP 的预测与真实值曲线及置信区间

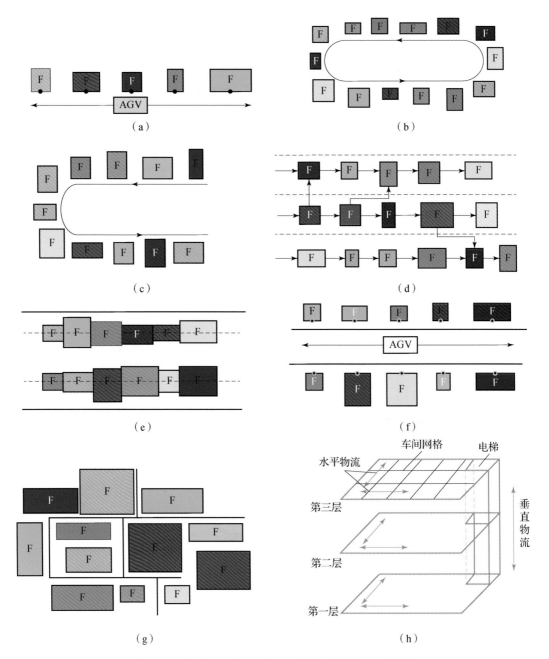

图 5 − 13　智能生产线/车间中各种形式的设施布局示意

(a) 直线布局；(b) 环形布局；(c) U 形布局；(d) 多行线性布局；(e) 平行布局；

(f) 双行布局；(g) 开放式布局；(h) 多层设施布局

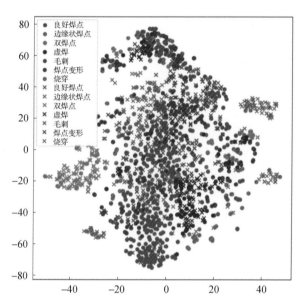

图 8 – 21 特征层对真实样本和通过预训练的 **ResNet – 50** 生成样本（x）对比结果

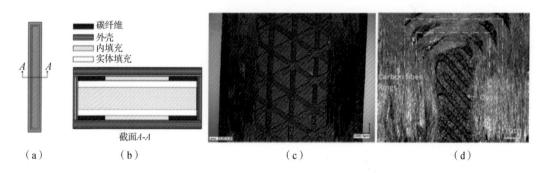

图 8 – 22 增材制造连续碳纤维增强复合材料（CCFRP）的内部结构

（a），（b）碳环、壳体、填充的位置；（c），（d）沿外环排布的碳环与内部填充结构